凝聚态物理学丛书·典藏版

金属物理学

第二卷 相变

冯 端等著

科学出版社

北京

内 容 简 介

本书为《金属物理学》的第二卷，主题为相变，涉及的材料既有金属与合金，也包括一些非金属材料. 本书致力于沟通凝聚态物理学与材料科学，论述中以基本物理问题为主要线索，而将各种材料的相变行为作为实例，穿插于各章之中，将基本理论与实际问题有机地联系起来. 全书共分四编：第六编为相变导论，在从热力学、结构变化及动力学观点讨论相变的主要类型之后，论述了朗道的唯象理论及其应用. 第七编为相变动力学，首先讨论了有成核、生长与粗化等阶段的非匀相转变，然后讨论了失稳分解及连续相变的动力学问题. 第八编为界面的稳定性与形态的演变，从溶质分凝、组分过冷等概念出发，一直到细致的分析线性动力学的界面失稳的判据；进一步用来分析枝晶生长、定向凝固、共晶凝固和分形生长过程中形态演变问题. 第九编为相变的微观理论，首先讨论了统计模型的准确解与近似解，然后扼要地介绍临界现象的近代理论，标度律与重正化群；进而阐述软模理论及其多种结构相变中的应用；最后论述了电子-声子相互作用所引起的相变及金属-非金属转变的理论.

本书可作为大学高年级学生的教学参考书；也可作为固体物体、金属物理与材料科学等专业的研究生用的教材，或供有关领域的科技工作者参考.

图书在版编目(CIP)数据

金属物理学. 第 2 卷，相变/冯端等著. —北京：科学出版社，1990.1 (2017.1 重印)

（凝聚态物理学丛书：典藏版）

ISBN 978-7-03-001231-9

Ⅰ. ①金… Ⅱ. ①冯… Ⅲ. ①金属学－物理学 ②相变 Ⅳ. ①TG111

中国版本图书馆 CIP 数据核字(2016)第 040061 号

科学出版社 出版

北京东黄城根北街 16 号

邮政编码：100717

http://www.sciencep.com

北京厚诚则铭印刷科技有限公司印刷

科学出版社发行　各地新华书店经销

*

1990 年 1 月 第 一 版　开本：850×1168 1/32

2017 年 1 月 印　　刷　印张：17 1/2

字数：456 000

定价：138.00 元

(如有印装质量问题，我社负责调换)

《凝聚态物理学丛书》出版说明

以固体物理学为主干的凝聚态物理学，通过半个世纪以来的迅速发展，已经成为当今物理学中内容最丰富、应用最广泛、集中人力最多的分支学科．从历史的发展来看，凝聚态物理学无非是固体物理学的向外延拓．由于近年来固体物理学的基本概念和实验技术在许多非固体材料中的应用也卓有成效．所以人们乐于采用范围更加广泛的“凝聚态物理学”这一名称．

凝聚态物理学是研究凝聚态物质的微观结构、运动状态、物理性质及其相互关系的科学．诸如晶体学、金属物理学、半导体物理学、磁学、电介质物理学、低温物理学、高压物理学、发光学以及近期发展起来的表面物理学、非晶态物理学、液晶物理学、高分子物理学及低维固体物理学等都是属于它的分支学科，而且新的分支尚在不断迸发，还有，凝聚态物理学的概念、方法和技术还在向相邻的学科渗透，有力地促进了材料科学、化学物理学、生物物理学和地球物理学等有关学科的发展．

研究凝聚态物质本身的性质和它在各种外界条件（如力、热、光、气、电、磁、各种微观粒子束的辐照乃至处于各种极端条件）下发生的变化，常常可以发现多种多样的物理现象和效应，揭示出新的规律，形成新的概念，彼此层出不穷，内容丰富多彩，这些既体现了多粒子体系的复杂性，又反映了物质结构概念上的统一性．所有这一切不仅对人们的智力提出了强有力的挑战，更重要的是，这些规律往往和生产实践有着密切的联系，在应用、开发上富有潜力，有可能开辟出新的技术领域，为新材料、元件、器件的研制和发展，提供牢固的物理基础．凝聚态物理学的发展，导致了一系列重要的技术突破和变革，对社会和科学技术的发展将发生深远的影响．

为了适应世界正在兴起的新技术革命的需要，促进凝聚态物理学的发展，并为这一领域的科技人员提供必要的参考书，我们特组织了这套《凝聚态物理学丛书》，希望它的出版将有助于推动我国凝聚态物理学的发展，为我国的四化建设做出贡献．

主　编：葛庭燧

副主编：冯　端

第二卷 序 言

在相变这一领域中，60 年代以后进展迅速，某些方面已经发生了根本性的变革．如若仅将原来的“金属物理”下册（1975 年，科学出版社出版，但主要部分成稿于 1965 年）中的相变章节予以改写和补充，显然已不能适应当前的需要，因而有必要改弦易辙，另立体系，进行彻底改写，从而成为面目全新的一本书．由于相变为跨越各种学科的学术领域，不同专业的学者往往强调其不同的侧面，例如，对于凝聚态理论物理学家而言，相变问题意味着朗道理论，伊辛模型的准确解与近似解、标度律、重正化群、软模、电子-声子相互作用、局域化与渗流等；而对于材料科学家而言，则意味着成核、生长、脱溶沉淀、胞区分解、马氏体相变、T-T-T 曲线、溶质分凝、组分过冷与共晶凝固等．虽然偶尔也有一些物理冶金学的课题，如失稳分解与沉淀相的粗化（奥斯瓦尔德熟化），得到理论物理学家的关注；而近年来，朗道理论与软模理论也开始受到材料科学家的重视；但是一般而言，双方的共同语言仍然不多，存在一条理解上的鸿沟，这显然不利于本领域的进一步发展．本书致力于沟通这两种不同的观点，填塞理解上的鸿沟，因此在论述中即以基本物理问题为主要线索，而将各种材料的具体相变行为作为实例，穿插于各章之中，将基础理论与实际问题有机地联系起来．以马氏体型相变为例，虽未列专章进行论述，但有 §12.6，§12.10，§13.14，§14.5、§19.10 及 §19.11 等节讨论了有关问题，某些方面反而可能讲得更深透一些．由于突出了物理问题，涉及材料的面相应地有所拓宽，除了金属与合金外，也包含某些非金属材料，特别是某些复杂氧化物，这是阐述朗道理论和软模相变的典型材料．这一拓宽，既和著者近年来的研究方向有关，也和学科发展的新形势相呼应.严格说来，本书已超出传统的金属物理学的范围，称之为"材料物理学"的"相变"卷，似乎更为恰当. 除了由于书名早已确定，中途更改会有困难外；又鉴于金属的含义也正在拓宽，合成金属(synthetic metal)已被用来描述一些具有金属导电性的链状或层状的无机或有机化合物及高分子材料；而新近发现的高临界温度超导体正好是具有畸变钙钛矿结构的复杂氧化物，显然也属于金属的范畴. 为此，我们在书末增加了论述金属-非金属转变的一大节，用以说明金属-非金属之间并不存在绝对不可逾越的界限. 在这一新形势下，"金属物理学"中用一定的篇幅来论述钙钛矿型氧化物的相变问题，也就显得顺理成章了. 这样，材料范围的拓宽也在学科的新近发展中找到了依据.

由于我们在写作中兼顾凝聚态物理学和材料科学这两方面的问题：既要重点论述一些已经确立的基础理论，又要适当介绍新近的进展，还要顾及在材料科学发展中所起的作用，这一任务显然是相当艰巨的，也缺乏先例可循.因此，不论在体系的建立，素材的取舍与处理的方式上，都是屡经斟酌，反复推敲的. 要取得成功，也许是奢望，但总不失为一次有意义的尝试.

在本书的写作过程中，获得了多方面的支持和协助. 首先应该感谢南京大学物理系和固体物理研究所对我们工作长期一贯的支持，而本书中的许多学术见解也和我们所处的研究集体中的科研工作分不开. 徐祖耀教授，法尔克（F.Falk）博士、奈维脱（M.Y.Nevitt）博士与朱劲松同志都提供了有用的参考资料，对本书的写作都产生了影响；郭可信教授、闵乃本教授、古斯脱（W.Gust）博士、冯国光博士、张泽博士、陈峻博士、潘晓晴与邹晓冬同志提供图片，使本书生色不少；陈廉方同志抄写了部分文稿，并在文字上作了润色；冯步云同志协助编纂了索引；陶冶、陈峻等同志校改了部分文稿；王业宁教授及闵乃本教授于百忙之中审阅了全稿，并提出了宝贵的意见；钱临照教授对于本书的写作一贯给予鼓励和关怀. 谨此致谢. 当然，由于我们的学识疏陋，水平不高，书中必然存在不少错误和欠妥之处. 这些完全由著者负责.

本书的第七编由刘治国撰写；第九编中的第十八、十九两章由杨正举撰写；第二十章由金国钧撰写；其余部分由冯端撰写。

冯　端

1987年10月4日

目　录

第　二　卷

第六编　相变导论

冯　端

引言 …… 1

第十二章　相变的基本类型 …… 6

I　按热力学分类 …… 6

§12.1　热力学函数 …… 6

§12.2　一级相变与高级相变 …… 8

§12.3　相变的热力学关系式 …… 11

II　按结构变化分类 …… 14

§12.4　重构型相变与位移型相变 …… 14

§12.5　位移型相变的一些实例 …… 16

§12.6　马氏体型相变 …… 19

§12.7　有序-无序型相变 …… 25

§12.8　相变的调制波表述 …… 27

III　按动力学机制分类 …… 31

§12.9　对于非局域涨落的稳定性 …… 31

§12.10　应变失稳 …… 36

§12.11　不同的生长模式 …… 39

第十三章　朗道理论及其应用 …… 42

I　朗道的唯象理论及其变型 …… 42

§13.1　序参量 …… 42

§13.2　朗道的二级相变理论 …… 44

§13.3　外场对于相变的影响 …… 47

§13.4　朗道理论的推广 …… 50

§13.5 二级相变的对称性变化(朗道条件) …… 56
§13.6 涉及宏观不均匀性的相变与栗夫雪兹判据 …… 59
§13.7 朗道理论与相图 …… 63
§13.8 序参量的涨落及其空间相关性 …… 67
II 朗道理论的若干应用 …… 70
§13.9 铁性相变 …… 70
§13.10 有序-无序相变 …… 73
§13.11 结构相变 …… 81
§13.12 相变引起的畴结构 …… 84
§13.13 无公度相及其相变 …… 89
§13.14 马氏体型相变 …… 93
§13.15 液固相变 …… 99
第六编 参考文献 …… 107

第七编 相变动力学

刘 治 国

引言 …… 111
第十四章 非匀相转变动力学 …… 114
I 成核 …… 114
§14.1 相变驱动力 …… 114
§14.2 均匀成核 …… 116
§14.3 关于成核理论的讨论 …… 119
§14.4 非均匀成核 …… 128
§14.5 马氏体型相变成核问题 …… 134
§14.6 经典成核理论的修正 …… 136
II 生长 …… 144
§14.7 界面控制型生长 …… 144
§14.8 吉布斯-汤姆逊定理 …… 150
§14.9 原子长程扩散控制型生长 …… 152
§14.10 长程扩散控制的台阶机制生长 …… 157
§14.11 胞区分解中新相的长大 …… 161

III 粗化…… 166
§14.12 弥散沉淀相的粗化(奥斯瓦尔德熟化)…… 167
§14.13 片状和纤维状组织的粗化…… 172
§14.14 晶粒的粗化…… 177
IV 非匀相转变动力学的形式理论…… 180
§14.15 约翰逊-迈尔-阿弗拉密（JMA）方程…… 180
§14.16 时间-温度-转变图…… 183
第十五章 匀相转变动力学…… 188
I 失稳分解…… 188
§15.1 逆扩散与经典扩散方程…… 189
§15.2 非均匀连续介质的自由能表式…… 191
§15.3 卡恩-希利阿德方程及其解…… 194
§15.4 失稳分解的实验研究…… 200
II 失稳有序化…… 203
§15.5 非均匀介质的离散格点模型…… 204
§15.6 离散格点模型中扩散方程解的讨论…… 208
III 连续相变的动力学…… 213
§15.7 均匀系统序参量的弛豫…… 213
§15.8 非均匀系统序参量的弛豫…… 215
第七编 参考文献…… 216

第八编 界面稳定性与形态的演变

冯 端

引言…… 221
第十六章 界面形态的稳定性…… 224
I 溶质分凝与组分过冷…… 224
§16.1 二元合金固液界面条件的宏观描述…… 224
§16.2 定向凝固中的溶质分布…… 226
§16.3 组分过冷…… 230
§16.4 快速凝固中的溶质分凝…… 234

II 界面形态失稳的动力学分析 …… 237
§16.5 传输理论的统一表述 …… 237
§16.6 平界面的失稳条件(单一传输模式) …… 239
§16.7 球形界面的失稳条件(单一传输模式) …… 244
§16.8 平界面的失稳条件(混合传输模式) …… 248
第十七章 界面形态的演变 …… 254
I 枝晶的自由生长 …… 254
§17.1 枝晶概述 …… 254
§17.2 枝晶主干的稳态生长 …… 258
§17.3 边缘稳定性判据 …… 262
§17.4 多面体生长的稳定性 …… 265
§17.5 固态相变中形成的枝晶 …… 267
II 合金定向凝固的界面形态 …… 271
§17.6 失稳后界面形态演变的经验规律 …… 271
§17.7 基于边缘稳定性的理论解释 …… 274
§17.8 枝晶生长的柱状区与等轴区 …… 278
III 复相合金的界面形态 …… 282
§17.9 共晶凝固概述 …… 283
§17.10 耦合生长的理论 …… 285
IV 分形生长过程及有关问题 …… 291
§17.11 扩散限制的聚集模型 …… 291
§17.12 分形与维数 …… 293
§17.13 分形生长的判据 …… 296
§17.14 分形生长过程与界面形态的演变 …… 297
第八编 参考文献 …… 299

第九编 相变的微观理论

杨正举　　金国钧

引言 …… 302
第十八章 统计模型与临界现象 …… 307

I　统计模型……………………………………………… 307
§18.1　一维伊辛模型 ………………………………………… 307
§18.2　二维伊辛模型 ………………………………………… 313
§18.3　三维伊辛模型的近似解 ……………………………… 328
§18.4　伊辛模型的推广与变型 ……………………………… 336
II　临界指数与标度律 ………………………………………… 342
§18.5　临界指数 ……………………………………………… 342
§18.6　标度律与普适性 ……………………………………… 351
§18.7　重正化群理论大意 …………………………………… 358
第十九章　软模理论与结构相变……………………………… 368
I　软模导论……………………………………………… 368
§19.1　软模的基本概念 ……………………………………… 368
§19.2　软模相变的简单理论 ………………………………… 371
§19.3　软声子模的本征矢与相变序参量 …………………… 376
II　结构相变的软模理论 …………………………………… 380
§19.4　位移型结构相变的理论——软声子描述 …………… 380
§19.5　有序-无序型结构相变的理论——赝自旋模型描述… 389
§19.6　关于结构相变的统一理论 …………………………… 402
III　中心峰………………………………………………… 408
§19.7　中心峰的唯象处理 …………………………………… 408
§19.8　运动畴壁理论 ………………………………………… 413
§19.9　缺陷与软模耦合理论 ………………………………… 424
IV　声频支软模相变的理论………………………………… 427
§19.10　马氏体型相变与弹性模量的软化…………………… 428
§19.11　马氏体型相变的软模理论…………………………… 430
第二十章　电子-晶格耦合系统 ……………………………… 437
I　电子-晶格相互作用 ……………………………………… 437
§20.1　多粒子系统薛定谔方程与绝热近似 ………………… 437
§20.2　电子-晶格相互作用的各种表示……………………… 440
§20.3　密度响应和科恩反常 ………………………………… 447
II　杨-特勒效应 ……………………………………………… 452
§20.4　杨-特勒定理以及对绝热近似的修正………………… 452

§20.5　基本理论模型和平均场结果 …………………………… 457
§20.6　主要材料和实验结果 …………………………………… 467
III　佩尔斯相变和电荷密度波…………………………………… 472
§20.7　佩尔斯失稳的物理内容 ………………………………… 472
§20.8　佩尔斯相变的定量理论 ………………………………… 479
§20.9　电荷密度波 ……………………………………………… 487
§20.10　佩尔斯相变的产生条件………………………………… 492
IV　金属-非金属转变 ……………………………………………497
§20.11　金属-非金属转变的几种类型 ………………………… 497
§20.12　狭能带强关联下的电子态：莫特转变………………… 501
§20.13　无序系统的电子态：安德森转变……………………… 509
§20.14　金属氧化物中的金属和非金属态……………………… 519
第九编　参考文献…………………………………………………… 526
人名索引……………………………………………………………… 533
内容索引……………………………………………………………… 537

第　一　卷

主要参考书目(附有按语)…… xii

绪论…… 1

第一编　金属的结构及其理论

第一章　金属的结构…… 5

第二章　金属结构的理论…… 31

第二编　合金的结构及其理论

第三章　合金的热力学…… 80

第四章　合金的结构…… 107

第五章　微观的合金理论…… 155

第三编　晶体的缺陷

第六章　点缺陷…… 215

第七章　位错…… 248

第四编　表面与界面

第八章　表面…… 376

第九章　界面…… 416

第五编 原子的迁移

第十章 金属中的扩散…………………………………… 475
第十一章 几个和扩散有关的实际问题……………………… 547

第六编 相变导论

冯 端

引 言

相变指的是当外界约束(温度或压强)作连续变化时，在特定条件(温度或压强达到某定值)下，物相却发生突变。突变可以体现为：(1)从一种结构变化为另一种结构，例如气相凝结成液相或固相，液相凝固为固相，或在固相中不同晶体结构之间的转变；(2)化学成分的不连续变化，例如固溶体的脱溶分解或溶液的脱溶沉淀；(3)某种物理性质的跃变：例如顺磁体-铁磁体转变，顺电体-铁电体转变，正常导体-超导体转变等，反映了某一种长程序的出现或消失；又如金属-非金属转变，液态-玻璃态转变等，则对应于构成物相的某一种粒子（如电子或原子）在两种明显不同的状态（如扩展态与局域态）之间的转变。上述三种变化可以单独地出现，也可以两种或三种变化兼而有之。如脱溶沉淀往往是结构与成份的变化同时发生，铁电相变则总是和结构相变耦合在一起的，而铁磁相的沉淀析出则兼备三种变化。

相变理论要解决的问题无非是：(1)相变为何会发生？(2)相变是如何进行的？前一个问题的热力学答案是明确的，但尚不足以解决具体问题，还有待于微观理论将一些参量计算出来。简化的统计模型，尽管和实际情况还有差距，对于说明某些相变为什么会发生则是相当重要的，虽在本书第一卷第五章中已经作了一些介绍，在本卷中还将作一些补充和引伸。至于从固体电子论的观点来说明相变问题，更是困难重重，它牵涉到电子与晶格相互作用的问题，目前还只有一些初步的线索。至于后一个问题的理论处理也决不是轻而易举的，它涉及物理动力学（physical kinetics）、晶格动力学、各向异性的弹性力学，乃至于远离平衡态的形态发生(morphogenesis)。这方面的理论还处于从定性或半定量阶段朝向定量阶段过渡的状态。

关于相变的科学研究开始于十九世纪的后半期．金属学家利用金相显微术对于钢铁热处理中相变前后的各种显微组织（如奥氏体、马氏体、珠光体等)进行了鉴定，初步掌握了钢铁中相变的一些经验规律。矿物学家对于石英等多种晶体进行了研究，发现同种化学成分可以对应不同的结构，而且它们之间有多形性（polymorphism）转变的迹象．物理学家对气-液相变进行了研究，发现了临界点和以临界乳光(critical opalescence)为代表的临界现象。1873年范德瓦耳斯（J.D. van der Waals）提出了范德瓦耳斯方程[1]，从分子动力论的观点来阐明气-液相变的连续性和不连续性，成为对相变进行微观理论研究的嚆矢。

1878年吉布斯（J.W. Gibbs）发表了题为“论复相物质的平衡”的有名论文[2]，对于复相平衡的热力学规律进行了全面的阐述，并且以高度的物理洞察力首次提出了有关相变动力学的一些基本概念，诸如新相的成核，光滑界面生长的症结，匀相转变的可能性等。本世纪初起，塔曼（G. Tammann）及其合作者进行了相变的实验研究，在凝固中观察到成核的现象[3]，而成核的经典理论则要到本世纪的二、三十年代，通过伏尔默（M. Volmer）、贝克(R. Becker)、夫仑克耳（Я.И.Френкель）等人的工作[4-6]，方始完备地建立起来。界面微观形貌控制的生长理论直到四十年代末，方由夫兰克(F.C. Frank）等人全面提出[7]，其中螺型位错露头处的台阶扮演了重要的角色．扩散控制的新相生长和等温转变曲线理论，则通过迈尔（R. F. Mehl）、柯耳莫戈罗夫（A. H.Колмогоров）、曾讷（C. Zener）等在三、四十年代中建立了起来[8-10]。至于吉布斯早就设想过的匀相转变，则一直等到六十年代初希拉特（M. Hillert）与卡恩（J.W. Cahn）对于脱溶固溶体的失稳分解（spinodal decomposition）的研究终于获得证实[11,12]。

一级相变涉及两相界面的运动，在运动过程中，界面形状是否保持稳定乃是一个重要问题，特别是在液相凝固过程之中。关于凝固问题的定量科学研究始于二次大战之后。半导体技术的发展，区熔提纯方法的提出，促使人们去注意研究固液界面推移引起的溶质原子的重新分布。查耳默斯（B. Chalmers）及其合作者则着重研究了金属凝固对显微组织的影响，于1953年提出以组分过冷（constitutional undercooling）作为定向凝固中平界面失稳的判据[13]。十年后，默林斯（M. M. Mullins）与塞克卡（R. F. Sekerka）提出了更加完备的形态稳定性动力学理论[14]。固液界面的失稳和瑞利-伯纳（Rayleigh-Benard）对流相似，也是远离平衡态中图象形成的现象，研究工作已经延伸到枝晶生长和共晶凝固。

十九世纪末，居里（P. Curie）对于铁磁相变进行了定量的研究[15]，明确了居里点的存在。本世纪初，外斯（P. Weiss）提出了平均场（他称之为"分子场"）理论来解释铁磁相变的出现[16]。三十年代中，对合金的有序-无序相变进行了全面的实验与理论的研究，平均场理论再次被提出来．1937年，朗道U。概括了平均场理论的实质，用序参量的幂级数展开来表示相变温度附近的自由能，从而提出了一种对二级相变具有普适性的唯象理论[17]．朗道理论形式简单，具有高度的概括性，强调对称性在相变中所起的作用．作适当的推广，也可用于处理一些一级相变的问题．朗道理论或其相变模型成功地解释了多种体系中的相变（如超导电性、超流性、位移型相变、液晶中的相变、公度-无公度相变等），甚至对于马氏体型相变、液相的凝固．准晶的形成等问题也取得一些有意义的结果，理所当然地受到学术界的重视．

在结构相变方面，合金的马氏体型相变由于技术上的重要性，早就为人们所注意和研究。其晶格关系早在二、三十年代之际经过贝茵（E.C. Bain）、库尔久莫夫（Г. В. Курдюмов）等人研究[18,19]，于四、五十年代建立马氏体型相变的唯象的晶体学理论[20]．1940年喇曼（C.V. Raman）等就在石英的 α-β 相变中观察到晶格振动频率降低的现象[21]。五十年代末，科克伦（W.Cochran）与安德森（P. W. Anderson）提出了铁电相变的软模（soft mode）理论[22,23]，建立了相变与晶格动力学之间的明确联系，为位移型相变提供了鲜明的原子图象。这种理论在本质上仍属于朗道理论范畴之内，它也被应用于其他类型的结构相变之中，六、七十年代软模理论获得了实验的证实[24]。

从六十年代起，朗道理论所导出的临界指数与实验值有明显的分歧引起了人们的关注，这表明在临界点附近朗道理论可能失效，从而引发了对临界现象大量的理论和实验的研究。通过这些工作概括出一些新的规律、标度律与普适性[25,26]。然后到七十年代初，威尔逊（K.G. Wilson）提出了重正化群的理论，使之得到完善的解释[27]。这样，建立了临界现象的近代理论。

相变为跨越多种学科的学术领域，因而受到不同专业学者（如物理学家、化学家、金属学家、陶瓷学家和地质学家）的关注。有关相变的文献也散布在各种专业的期刊上；有关相变的著作，即使标题相近，但由于作者的背景不同，素养各异，内容上往往差别甚大。

比较全面地介绍固体中相变的有拉奥（C. N. Rao 与 K. J. Rao）的入门书[28]，均衡兼顾理论与实验，物理和化学，侧重无机非金属材料中的问题。

物理金属学者重点研究的是金属与合金中一级相变的动力学问题。主要的研究方法为光学与电子显微术和X射线与电子衍射。原子排列的细节和晶体缺陷的作用得到了强调。克里斯青（J.W. Christian）的专著[29]，内容充实，论述精辟，已经成为这一领域的经典著作。法因（M.E. Fine）的书精简扼要，便于初学[30]。哈恰图良（А.Г.Хачатурян）的专著则务求详尽，不避繁琐，突出他自己参与的工作[31]。

结构相变的理论核心是软模理论；而验证理论的主要实验手段为中子非弹性散射和光散射。这方面的工作受到无机非金属材料科学家的关注。重要参考资料有：布鲁斯（A.D.Bruce）与考莱（R. A. Cowley）关于结构相变的专著[32]；布林斯（R. Blinc）与

泽克斯 (B. Zeks) 关于铁电与反铁电相变的专著[33] 及瓦达万(V.K. Wadhawan)关于铁弹相变的评述[34]。

至于理论物理学家，其注意力集中于连续相变和临界现象的基本理论问题，这也是可以理解的，因为这方面的理论具有普适性，和材料的具体结构与属性的关系不大，这在他们的著作中得到了充分的反映：斯坦莱(H. E. Stanley)的专著提供了必要的基础知识[35]；马上庚(S. K. Ma)的专著则着重于论述重正化群带来的新进展[36]；于渌与郝柏林的书通俗易懂而又引人入胜，则为进入这一领域指引了道路[37]。

相变引论分为两章：首章论述相变的分类问题[38,39]，分别从三个不同的观点(即热力学、结构变化和动力学)来进行讨论，并对主要的相变类型进行了描述。次章介绍朗道的唯象理论，先叙述朗道理论本身；然后将这一理论应用于不同体系中的相变问题。

第十二章　相变的基本类型

I　按热力学分类

相变的热力学规律是非常清楚的，而这些规律又和实际系统的具体相变机制有关联的。所以我们首先从平衡态的热力学着手考虑对相变进行分类。

§12.1　热力学函数

在讨论相变问题时，系统的吉布斯自由能起了热力学势的作用，对于流体，吉布斯自由能G可以表示为

$$G = G(T,P) = H - TS = U - TS + PV, \qquad (12.1)$$

这里H为焓，U为内能，S为熵，V表示体积，T为绝对温度，P为压强。对于固体，不仅有正应力施加影响，切应力也产生作用，所以上式应改写为

$$G = G(T,\sigma) = U - TS - \sum_{i,j} \sigma_{ij} e_{ij} V_0, \qquad (12.2)$$

这里的σ_{ij}为应力张量$\hat{\sigma}$的分量，e_{ij}为应变张量$\hat{e}$的分量，V_0为形变前的体积。

对于电介质或磁介质，吉布斯自由能的表示式，还应该增加相应的电能项或磁能项，即

$$G = U - TS - \left(\sum_{i,j} \sigma_{ij} e_{ij} + \sum_i E_i P_i\right) V_0, \qquad (12.3)$$

$$G = U - TS - \left(\sum_{i,j} \sigma_{ij} e_{ij} + \sum_i H_i M_i\right) V_0, \qquad (12.4)$$

这里的E_i为电场强度$\boldsymbol{E}$的分量，P_i为电极化强度$\boldsymbol{P}$的分量，H_i为磁场强度$\boldsymbol{H}$的分量，M_i为磁化强度$\boldsymbol{M}$的分量。

对于可逆过程，式(12.1)表示的吉布斯自由能的微分可写为

$$dG = -SdT + VdP。\tag{12.5}$$

余可类推，不一一赘述。

从式(12.5)中可以看出，S 和 V 都相当于 G 的一阶偏导数

$$S = -\left(\frac{\partial G}{\partial T}\right)_P，\tag{12.6}$$

$$V = \left(\frac{\partial G}{\partial P}\right)_T。\tag{12.7}$$

按照热力学第二定律，有

$$(dG)_{T,P} \leqslant 0，\tag{12.8}$$

这意味着在恒定温度和压强的条件下，增加吉布斯自由能的变化过程是不可能实现的，换言之，吉布斯自由能扮演了热力学势的角色。因此，如果在给定温度、压强条件下，两个相 I 与 II 的吉布斯自由能之间存在关系式 $G_{II} - G_I < 0$，那么，可以肯定，从 I 相变化到 II 相是可能的；反过来，从 II 相变化到 I 相则是不可能的。因此，在这种情况下，II 相是稳定相。在压强保持不变的过程中，就无需要区分焓与内能的差异，在这种情况下，玄姆霍兹自由能

$$F = U - TS \tag{12.9}$$

就起了热力学势的作用

$$(dF)_{T,P} \leqslant 0。\tag{12.10}$$

下面引入几种响应函数，即比热、压缩率和膨胀率，这些量在相变问题中也起重要作用。

当 x 值 ($x = P$ 或 V) 保持恒定，比热即定义为热量 Q 对 T 的导数，即

$$c_x = \left(\frac{dQ}{dT}\right)_x = T\left(\frac{\partial S}{\partial T}\right)_x，\tag{12.11}$$

因而定容比热

$$c_V = T\left(\frac{\delta S}{\partial T}\right)_V = \left(\frac{\partial U}{\partial T}\right)_V = -T\left(\frac{\delta^2 F}{\partial T^2}\right)_V。\tag{12.12}$$

如压强保持恒定，则 $dQ = dU + PdV = d(U + PV) = dH$，因而

$$c_P = T\left(\frac{\partial S}{\partial T}\right)_P = \left(\frac{\partial H}{\partial T}\right)_P = -T\left(\frac{\partial^2 G}{\partial T^2}\right)_P. \tag{12.13}$$

等温与绝热压缩率则分别定义为

$$K_T = -\frac{1}{V}\left(\frac{\partial V}{\partial P}\right)_T = \frac{1}{\rho}\left(\frac{\partial \rho}{\partial P}\right)_T = -\frac{1}{V}\left(\frac{\partial^2 G}{\partial P^2}\right)_T, \tag{12.14}$$

$$K_S = -\frac{1}{V}\left(\frac{\partial V}{\partial P}\right)_S = \frac{1}{\rho}\left(\frac{\partial \rho}{\partial P}\right)_S = -\frac{1}{V}\left(\frac{\partial^2 H}{\partial P^2}\right)_S, \tag{12.15}$$

这里的 ρ 为密度

第三个响应函数为热膨胀率 α，定义为

$$\alpha = \frac{1}{V}\left(\frac{\partial V}{\partial T}\right)_P = -\frac{1}{V}\left(\frac{\partial S}{\partial P}\right)_T. \tag{12.16}$$

§12.2 一级相变与高级相变

在相变点上，两相的热力学势(吉布斯自由能或自由能)应该相等，即系统的热力学势仍然保持连续。但作为热力学势的各阶导数(如熵、体积、比热等)却可能发生不连续的跃变，这就要看在哪一阶导数上首先出现这种不连续跃变，从而确定相变的级。这就是厄任费斯脱 (P. Ehrenfest) 首先提出的相变分类方案[40]： n 级相变被定义为，在相变点系统的热力学势的第 $(n-1)$ 阶导数保持连续，而其 n 阶导数则是不连续的。

显然，一级相变的 G(或 F) 的一阶导数在相变点上有不连续的变化，因而熵和体积的变化是不连续的，这意味着存在有相变的潜热。而在二级相变中，熵和体积在相变点上是连续的，而 G(或 F) 的二阶导数所确定的一些响应函数，如比热、压缩率和膨胀率，则有不连续的跃变。至于三级相变或更高级相变，可以据此类推，不连续跃变出现在 G(或 F) 的三阶或更高阶导数上。

图 12.1 示出了一级相变中吉布斯自由能、熵与比热随温度的变化；在相变点上，$G_{\rm I}$ 与 $G_{\rm II}$ 两条曲线相交，这样，当升温或降压时，将可能发生 II→I 的相变。在相变点 T_t 上，两相的焓值和

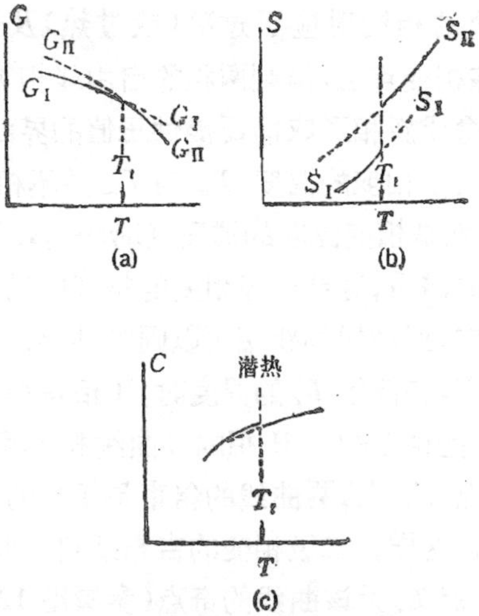

图 12.1　一级相变中几个物理量的变化。
(a) 吉布斯自由能；(b) 熵；(c) 比热.

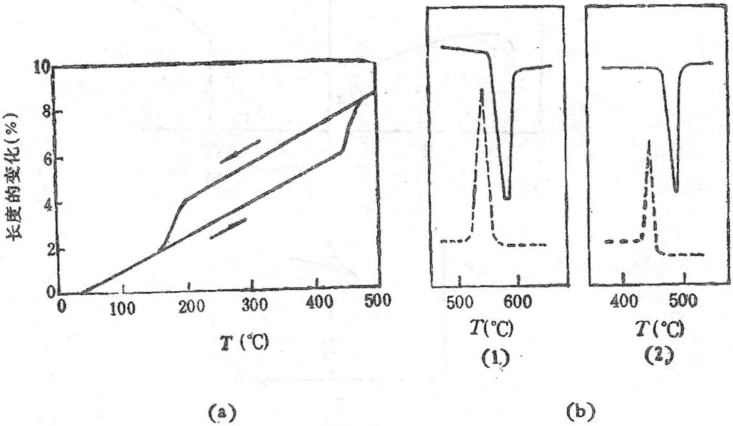

图 12.2　相变的温度滞后.
(a) 钴的多形性相变；(b) 显示滞后效应的差热分析曲线：(1) Li_2SO_4;(2) CsCl 实线为加热过程,虚线为冷却过程.

熵值均不相同，这表明两相在结构上存在差异。相变潜热就等于 ΔH。如果温度保持恒定,而压强连续变化，也可以得出类似的图形．在相变点两侧，两相的 G 值也有差异：具有低 G 值的相为稳定相，而具有高 G 值的相则对应于过冷（或过热）及过压缩（或过膨胀）的亚稳相．在相变点上，虽则两相的自由能相等，但由于结构重组需要越过势垒或新相形成需要提供正值的界面能，结果导致升温与降温过程发生相变的温度 T_+ 与 T_- 并不相等，而且 $T_+ > T_t$，$T_- < T_t$，这就是相变温度的滞后（hysterysis）现象，类似地也存在相变压强的滞后，这是一级相变的特征（参看图 12.2），而且在一级相变过程中，亚稳相和新相可以同时共存．

至于二级相变，在低于 T_c 的温度时，II 相是稳定的；在高于 T_c 的温度时，则 I 相是稳定的． II 相的 G 曲线和 I 相的 G 曲线在 T_c 相衔接．在相变点 T_c 上，两曲线的斜率是相同的，两曲线向前延伸就没有意义了．这样，二级相变的吉布斯自由能曲线实际上只是一根曲线，相变点 T_c 为该曲线的奇点（参看图 12.3）．因而不存在亚稳相，也没有相变滞后和两相共存的现象．在相变点 T_c，两

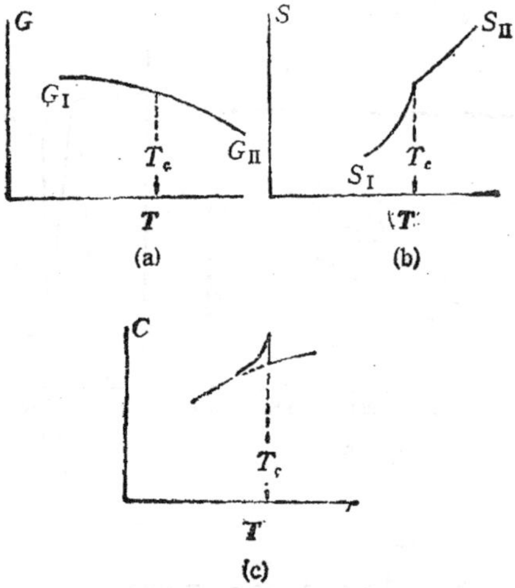

图 12.3 二级相变中几个物理量的变化．
(a) 吉布斯自由能；(b) 熵；(c) 定压比热．

相合二而一，不再有明显可察觉的差异．在二级相变中，由于热力学势的一阶导数，熵和体积都是连续的，因而没有相变潜热，但能

观测到比热的尖峰。在有些情况下，在 T_c 的比热会趋于无限大。这种比热一温度曲线的形状和希腊字母 λ 很相似，所以也被称为 λ 相变。其 T_c 被称为 λ 点。

在自然界中观察到的相变多半属于一级相变，金属与合金中相变也是如此。属二级相变的往往是一些比较特殊的相变：如在临界点的气液相变，铁磁相变，超导相变，超流相变，部分合金的有序-无序相变，部分铁电相变等。按照物理学界的习惯，在本书中将二级和高级相变通称为连续相变或临界现象，将一级相变称为不连续相变。

§12.3 相变的热力学关系式

在单组元系统中，两个相的热力学势可以用两个变量 P 与 T 的曲面来描述。一级相变发生于两个面的交截线，这个线的斜率的表示式就是克拉珀龙-克劳修斯关系式（Clapayron-Clausius relation）。由于在一级相变线上 G_{I} 与 G_{II} 相等，即

$$G_{\text{II}} - G_{\text{I}} = \Delta G = (V_2 - V_1)dP - (S_2 - S_1)dT$$
$$= \Delta V dP - \Delta S dT = 0,$$

因而

$$\frac{dP}{dT} = \frac{\Delta S}{\Delta V} = \frac{\Delta H}{T\Delta V}. \tag{12.17}$$

在二级相变或高级相变中，ΔS 与 ΔV 均等于零，因而上式就变为 0/0 型的不定式。但是仍然可求出和克拉珀龙-克劳修斯关系式相对应的关系式。如果令 S_{II} 与 S_{I} 分别表示在 T_c 的两个（实际上是虚拟的）相的熵，由于 $S_{\text{II}} - S_{\text{I}} = \Delta S = 0$，而 S 是 T 与 P 的函数，这样

$$\left(\frac{\partial \Delta S}{\partial T}\right)_P dT + \left(\frac{\partial \Delta S}{\partial P}\right)_T dP = 0.$$

根据式(12.13)及式(12.16)，可得

$$\frac{dP}{dT} = \frac{\Delta c_P}{VT\Delta\alpha}. \tag{12.18}$$

另外在相变点，$V_{\text{II}} - V_{\text{I}} = \Delta V = 0$

$$\left(\frac{\partial \Delta V}{\partial T}\right)_P dT + \left(\frac{\partial \Delta V}{\partial P}\right)_T dP = 0,$$

根据式(12.16)及式(12.14)，可求出

$$\frac{dP}{dT} = \frac{\Delta\alpha}{\Delta K_T} \tag{12.19}$$

式(12.18)及式(12.19)就是二级相变的厄任费斯脱关系式。适用于比热跃变为有限值的二级相变，如超导相变。

对于比热趋于无限大的二级相变（即 λ 相变），Δc_P 等量就变得没有意义了，在厄任费斯脱关系式中，将出现∞/∞型的不定式。在这种情况下，应该采用皮帕德（A. B. Pippard）所作的分析[41]。图 12.4 中示意式地表示了这类相变点附近的熵随温度变化的关系，在 T_c，$\partial S/T$ 趋于无限大，皮帕德假定在相变温度 T_c

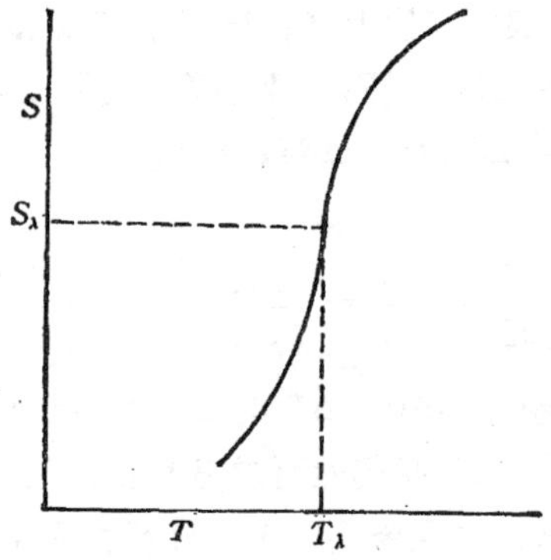

图 12.4 在 λ 点附近熵随温度的变化.

附近的 $S(T, P)$ 可以采用如下的圆柱近似，即

$$S_\lambda = S(P) + f(P - aT), \tag{12.20}$$

这里的 $a = (dP/dT)_\lambda$ 而 f 则用以描述图 12.4 所示的相变中熵的变化曲线的函数，分别对式(12.20)求 S 对 T 与 P 的二阶导数，得出

$$\left(\frac{\partial^2 S}{\partial T^2}\right)=a^2f'',\ \left(\frac{\partial^2 S}{\partial P^2}\right)_T=f'',\ \left(\frac{\partial^2 S}{\partial P\partial T}\right)=-af'',\quad (12.21)$$

这里的 f'' 表示 f 的二阶导数。这样可求出 a 的表示式为

$$a=\left(\frac{dP}{dT}\right)_\lambda=-\left(\frac{\partial^2 S}{\partial T^2}\right)_P\Big/\left(\frac{\partial^2 S}{\partial T\partial P}\right)$$

$$=-\left(\frac{\partial^2 S}{\partial T\partial P}\right)\Big/\left(\frac{\partial^2 S}{\partial P^2}\right)_T,\quad (12.22)$$

$$\frac{\partial}{\partial T}\left(\frac{\partial S}{\partial T}\right)_P=-a\frac{\partial}{\partial T}\left(\frac{\partial S}{\partial P}\right)_T=a\frac{\partial}{\partial T}\left(\frac{\partial V}{\partial T}\right)_P,\quad (12.23)$$

$$\frac{\partial}{\partial P}\left(\frac{\partial S}{\partial T}\right)_P=-a\frac{\partial}{\partial P}\left(\frac{\partial S}{\partial P}\right)_T=a\frac{\partial}{\partial P}\left(\frac{\partial V}{\partial T}\right)_P.\quad (12.24)$$

由式(12.23)或式(12.24)可导出

$$c_P/T_c=aV_\alpha+\text{常数},$$

即

$$c_P=aT_cV_\alpha+\text{常数},\quad (12.25)$$

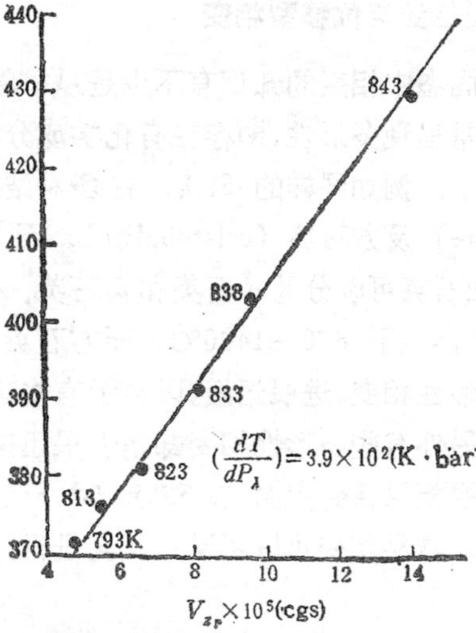

图 12.5 在石英 α-β 相变温度附近 c_p/T 对 V_α 的作图.

这表示了接近相变温度的 c_P 与 a 的比例关系，类似地，对于 T_c 附近的 $V(T,P)$ 作圆柱近似，可以推导出 α 与 K_T 的比例关系

$$\alpha = aK_T + \text{常数} \tag{12.26}$$

式(12.25)和式(12.26)被称为皮帕德关系式，可以作为厄任费斯脱关系式的一种引伸。图 12.5 表示了在石英 α-β 相变中对皮帕德关系式的验证[42]。

II 按结构变化分类

纯粹根据热力学观点来讨论相变，虽然涉及一些根本性的问题，但也有其明显的欠缺之处：由于热力学理论过于一般化，对于相变机制的反映比较间接，无法对于具体的相变提出鲜明的物理图象。因而进一步从晶体学的观点来阐明母相与新相在晶体结构上的差异，探讨两者之间如何过渡的可能途径，将是对热力学观点的一个重要补充。

§12.4 重构型相变与位移型相变

早期关于固态中相变的知识有不少是从矿物学研究中获得的。矿物晶体常呈现多形性，即存在有化学成分相同、而晶体结构互异的多种变型。例如同样的 SiO_2，有多种结构变型：石英、鳞石英 (tridymite) 及方石英 (cristobalite)，而上述每一种还可以继续区分，如石英可以分为 α 石英和 β 石英。石英存在于 870℃ 以下，鳞石英则存在于 870—1470℃，而方石英存在于 1470℃ 以上。这几种多形性相变，进展迟缓，以至于有些高温相可以长期在室温存在。而另外有些多形性相变却是进展迅速，以至于无法用淬火方法将高温相保留到室温。在 575℃ 时，β 石英-α 石英的相变就是一个例证。这种相变可以可逆地反复进行，而不会导致单晶体的解体。

布厄格 (M.J. Buerger) 概括了大量晶体在相变中结构变化的实验事实，提出了结构相变可区分为两种基本类型[43]，即重构型

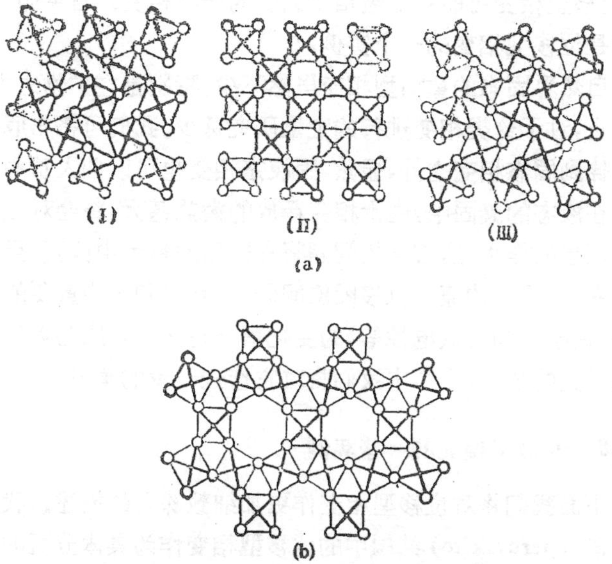

图 12.6 用假想的晶体结构来说明位移型与重构型相变的差异.
(a) (II) 为高温相，(I)(III) 分别通过位移型相变获得正向或逆向的低温相;
(b) 从 (a) (II) 到 (b) 只有通过重构型相变.

(reconstructive) 与位移型 (displacive)。 他用一张两维示意图(图 12.6)来说明两者之间的差异. 第一类是将原有结构拆散为许许多多小单元,然后再将这些小单元重新组合起来,形成新的结构(参阅图 12.6(a) (II), (b)), 这就是重构型相变. 在重构型相变中涉及大量化学键的被破坏,在重新组合之后,新相与母相之间在晶体学上没有明确的位向关系, 而且原子近邻的拓扑关系也要产生显著的变化. 这类相变经历了甚高的势垒,相变潜热甚大,因而相变的进展就相当迟缓. 上述的方石英-鳞石英及鳞石英-石英的相变即为重构型相变的例证. 另一类相变则表现为在相变前后原子近邻的拓扑关系仍保持不变,相变过程不涉及化学键的破坏,相变所对应的原子位移甚小,而它的途径也明确可辨,新相与母相之间存在明确的晶体学位向关系 (参看图 12.6(a) (II) → (I) 或 (III)). 这类相变经历的势垒甚小,相变潜热甚小或完全消失. 这样，位移型相变可能是二级相变或弱的一级相变。石英的 β-α 相变就是位移型相变的一个实例。

自然界固态的重构型相变虽然不少，特别是在矿物之中，但迄今为止，对于这类相变进行的定量研究甚少。我们可将布厄格的分类延伸到固态相变之外，显然，固液态相变也可以归入重构型这一类。在液态的凝固中，由于相变释放的潜热甚大，将会对相变的进程起明显的作用，这方面的问题将在以后的章节中谈到。至于位移型相变，由于它的原子位移图象明确，而且又和一些重要的物理性质（如铁电性和反铁电性等）的变化耦合在一起，成为近年来结构相变研究的焦点，下节中我们将对它作进一步的阐述。

§12.5 位移型相变的一些实例

下面我们将对位移型相变作更加细致深入的描述。我们将以钙钛矿（perovskite）结构中的位移型相变作为具体分析的例证。

钙钛矿结构为 ABO_3 氧化物的典型结构。其中对称性最高

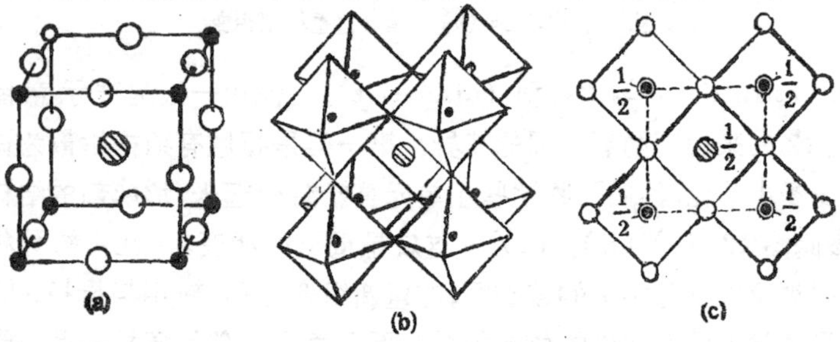

图 12.7 ABO_3 钙钛矿结构的原型[44]。
◍ 代表A原子；● 代表B原子；○ 代表 O原子。
(a) 晶胞的透视图 (b) 显示八面体联结的透射图 (c) 晶体结构在 (001)面投影图，实线用以表示八面体的轮廓，虚线表示晶胞。

的是立方钙钛矿结构，可以用图 12.7 来表示。图中划线的圆圈代表A原子，实心圈代表B原子，空心圈代表O原子（我们这里采用B原子位置为坐标原点，有的书则采用A原子位置为坐标原点，两

种原点的选择是等效的)。采取这种结构的有 $SrTiO_3$，$BaTiO_3$ 及 $KNbO_3$ 的高温相。在这里可以作位移型相变的结构原型（prototype)。相变以后的不同结构，可以从结构原型中原子作适当的位移——导出。

(a)B原子位移 B原子的位移可以沿着结构原型中的四重轴、三重轴或二重轴进行．最简单的情况是B原子沿了某一四重轴进行少量位移.这样位移结果使得原型中中心对称性丧失，也破坏了原有的立方对称性，使对称性下降为四方的。这就是钛酸钡在120℃所发生的立方-四方的结构相变。由于Ti原子偏离了氧八面体的中心，Ti-O 集团就具有不为零的电偶极矩，所以这种结构相变伴生着顺电-铁电相变。从整个晶体来看，Ti 原子位移从零增长到低温相的平衡值0.12埃(Å，1Å = 0.1nm)。对于这一类位移型相变，可以给予一种直观的物理解释：Ti原子处的势函数设

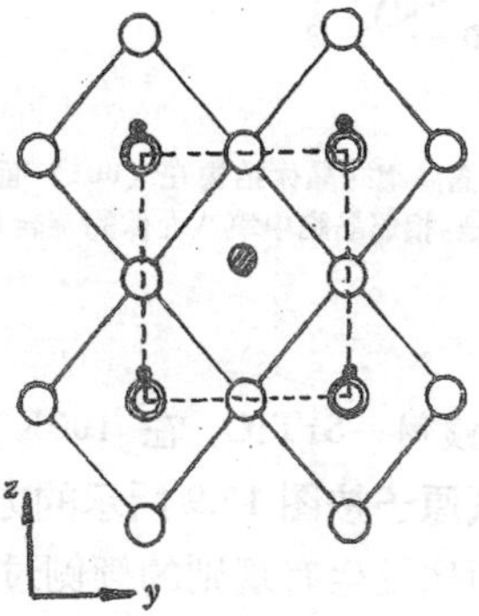

图 12.8(a) 钛酸钡立方-四方所引起的钛原子位移(示意图，夸大了位移量).

想为双势阱型，即

$$U(z) = Az^2 + Bz^4, \qquad (12.27)$$

这里 $A < 0$，$B > 0$，两个极小分处于中间的极大值的两侧（图 2.8(b))。势垒与势阱的能量差为 $\Delta E = A^2/4B$。若 ΔE 不大，即 $\Delta E/k_BT \ll 1$，在相变点之下，原子自发地发生集体位移，导

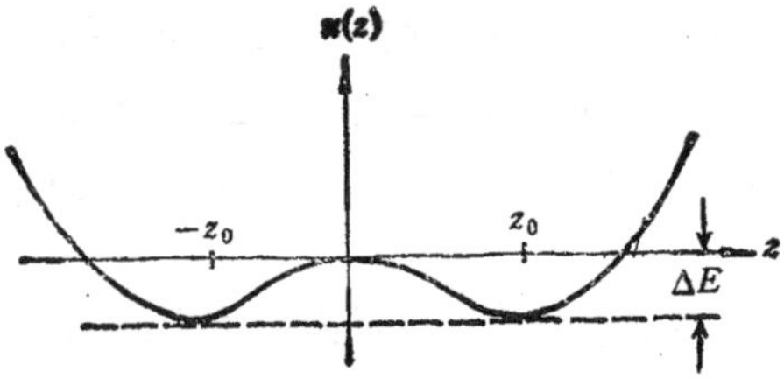

图 12.8(b) 钛酸钡相变中钛原子位移的双势阱模型。

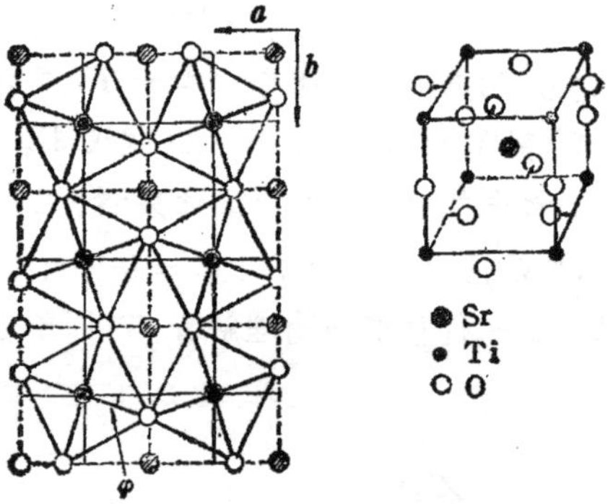

图12.9 $SrTiO_3$ 低温相的晶体结构在（001）面上投影图与透视图. 值得注意的是，相邻晶胞中氧八面体的旋转角 φ 正好相反.

致相变。

(b) 氧八面体的倾侧 $SrTiO_3$ 在 100K 发生了立方-四方的位移型相变，体现为氧原子按图 12.9 所示的方式进行位移[45]. 从投影图上来看，氧八面体发生有规则的倾侧过一定角度 $\varphi_0=1.3°$，而相邻的两个原型晶胞中倾侧的方向正好相反. 倾侧分别是沿了原型中三个四重轴进行的，相变后的晶胞在 a,b,c 三个方向都加倍，超结构的 k 矢量在原型中为 1/2,1/2,1/2. 由于在 $SrTiO_3$ 相变中阳离子均未作位移，因而氧八面体中并不产生电偶极矩，低温相的结构仍旧是非极性的. 类似地石英的 α-β 相变，主要可以归结为硅-氧四面体的倾侧，有关的晶体细节可以参阅文献[44].

Ti, Zr, H 合金中的 β-ω 相变，也具有位移型相变的特征.

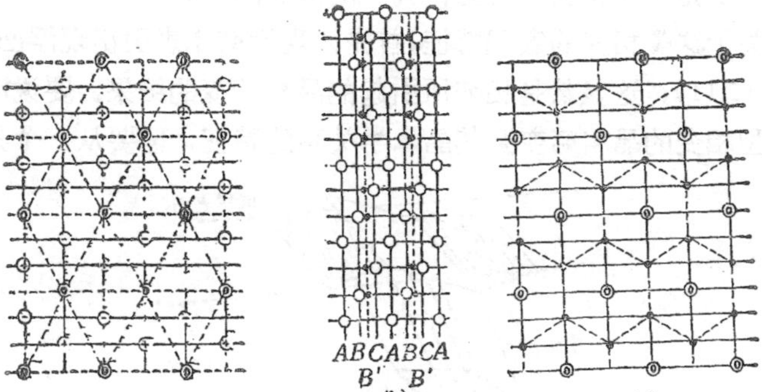

图 12.10 (a)β 相结构在 {111} 面上的投影图；(b)β 相结构在{110}面上投影图；(c)ω 相结构在(0001)面上的投影图. 图上圈中有○字表示图面上的原子，圈中有＋号为高出图面的原子，圈中有－号为低于图面的原子.

原始的 β 相为体心立方结构，而 ω 相则为密集六角结构，我们暂且忽略溶质原子引起的差异来讨论这种相变的晶体学关系[44,45]。

在体心立方结构中{111}面的堆垛顺序是 $ABCABC$ 式的(参看图 12.10 及第一卷图 1.3) 如果相邻 BC 两层中原子反向位移 (1/6) ⟨111⟩ a，合并成一层，这样就从原来的 ABC 三层堆垛变为$AB'AB'$ 式两层堆垛，从原来的体心立方结构变为六角结构（图 12.10)。

§ 12.6 马氏体型相变

上节所述的位移型相变是以晶胞中各原子之间发生少量相对位移为主，但也往往涉及少量晶格畸变，例如 $BaTiO_3$ 从立方相变为四方相，对应晶格在某一方面的伸长。严格说来，这类相变可称为第一类位移型相变。但是还存在另一类位移型相变，则是以晶格畸变为主，但也可能涉及晶胞内原子间的相对位移，后一种位移有人称之为挪动 (shuffle)。 这类相变可以称为第二类位移型相变，但更加通俗的名称则是马氏体型相变，由于钢中的奥氏体-马氏体相变是这类相变中首先得到广泛研究的[48]。

关于这类相变的宏观特征，首先体现于磨光表面出现浮凸(参看图 12.11)，这显然是相变所引起的晶格畸变的结果。要说明马氏体型相变的晶格畸变及其晶体学关系的特征，需要从一个具体

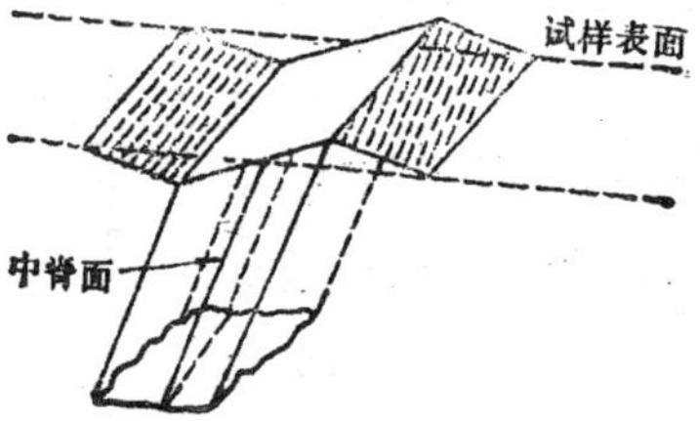

图 12.11 马氏体相形成的表面浮凸. (b) 表面浮凸的示意图.

实例来进行分析。钢中的奥氏体(面心立方结构)-马氏体(体心四方结构)相变虽然比较复杂，但由于技术上的重要性，它却是被研究得最多的一种马氏体型相变[29,48]. 下面即以此为例作一说明. 贝茵首先指出了这两种晶格之间的对应关系：奥氏体中原先存在有轴比为 $\sqrt{2}$ 的体心四方晶胞(图 12.12(a))，若沿长轴方向压缩 17%，而在垂直于长轴方向均为膨胀 12%，这样的均匀畸变(被称为贝茵应变) 即可使马氏体晶胞的 c/a 值与观测结果相符 (图 12.12(b))。 压缩轴与马氏体的 c 轴重合，而垂直于此轴的两个 $\langle 110\rangle_A$，即成为$\langle 100\rangle_M$. 这一特定的晶格畸变可以用矩阵 B 来表示，即

$$B=\begin{bmatrix}\sqrt{2}\ a/a_0 & 0 & 0\\ 0 & \sqrt{2}\ a/a_0 & 0\\ 0 & 0 & c/a_0\end{bmatrix}\simeq\begin{bmatrix}1.2 & 0 & 0\\ 0 & 1.2 & 0\\ 0 & 0 & 0.8\end{bmatrix},\tag{12.28a}$$

因而一般情形下的贝茵矩阵可以表示为

$$B=\begin{bmatrix}\eta_1 & 0 & 0\\ 0 & \eta_2 & 0\\ 0 & 0 & \eta_3\end{bmatrix}.\tag{12.28b}$$

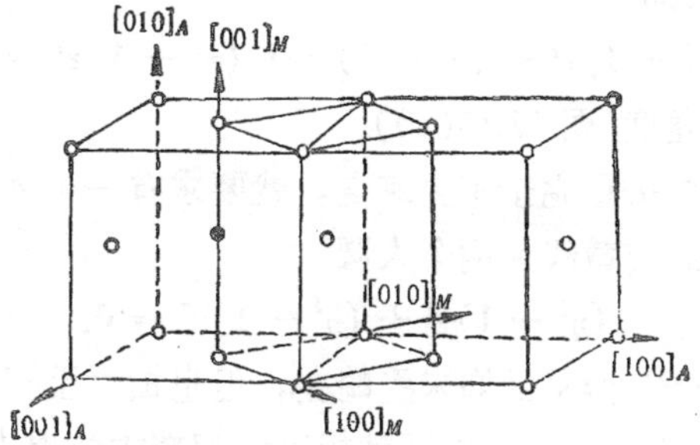

(a)

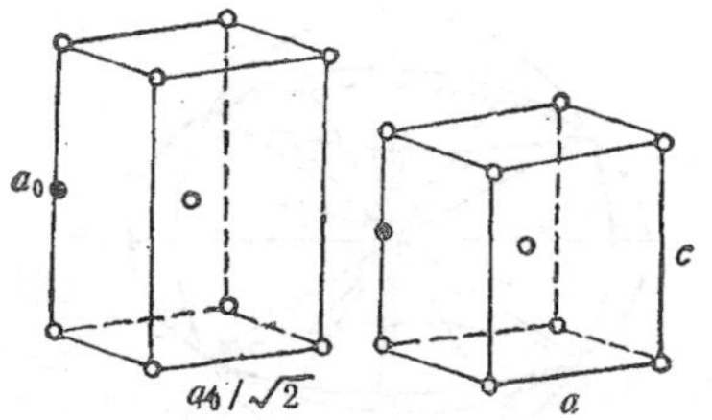

(b)

图 12.12　贝茵对应关系．(a) 在面心立方结构的奥氏体相中轴比为 $\sqrt{2}$ 的体心四方晶胞(马氏体相的原型)．黑圈表示炭原子位置；(b) 经过贝茵畸变后使体心四方的轴比从 $\sqrt{2}$ 缩至马氏体的轴比 c/a(a_0 为奥氏体立方晶胞的边长)．

这样的贝茵应变将使晶体中的一块立方转化成为边长分别为 η_1, η_2, η_3 的四方块。下面我们来探讨经过这样的畸变是否有不变平面或不变矢量存在。设想将贝茵应变施加于一个单位半径的球体 $x^2+y^2+z^2=1$，其结果为使球体畸变为一椭球体 $(x^2/\eta_1^2)+(y^2/\eta_2^2)+(z^2/\eta_3^2)=1$，只要诸 η 值中有大于 1 和小于 1 的，那么,椭球体和球体将交截于两个圆锥面上(图 12.13(a))。在两个锥面上长度均保持不变,交截的锥面可以表示为

$$\left(\frac{1}{\eta_1^2}-1\right)x^2+\left(\frac{1}{\eta_2^2}-1\right)y^2+\left(\frac{1}{\eta_3^2}-1\right)z^2=0。\qquad(12.29)$$

从中心画向此锥面的任意点的矢量的长度仍然保持不变，但相对

于原来位置，即

$$(\eta_1^2-1)x^2+(\eta_2^2-1)y^2+(\eta_3^2-1)z^2=0 \quad (12.30)$$

已转过一定角度(图 12.13(b))。

要使这些矢量完全不受畸变，就要求有一个 η 值等于 1，设 $\eta_1=1$，那么，交截线为两个大圆

$$(\eta_2^2-1)y^2+(\eta_3^2-1)z^2=0. \quad (12.31)$$

AOC 与 BOC 两平面均未受畸变，但也相对于相原来位置也经过了旋转(图 12.14)。这些面就相当于相变中的惯态面。

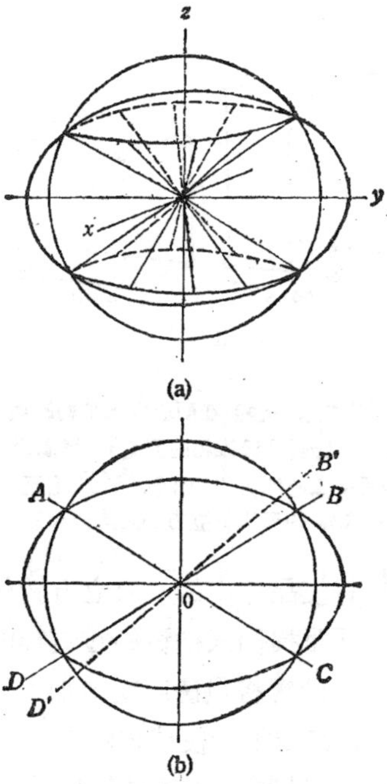

图 12.13 贝茵畸变用原来的球体变为椭球体来表示.
(a) 显示了长度未变的圆锥；(b) 长度未变线的原来位置（OB' 及 OD'）与终了位置.

但是原来贝茵矩阵中 η 均不为 1，因而还需设想出一个机制促使有一个 η 值为 1，这可以由一种被称为不变平面应变的切变

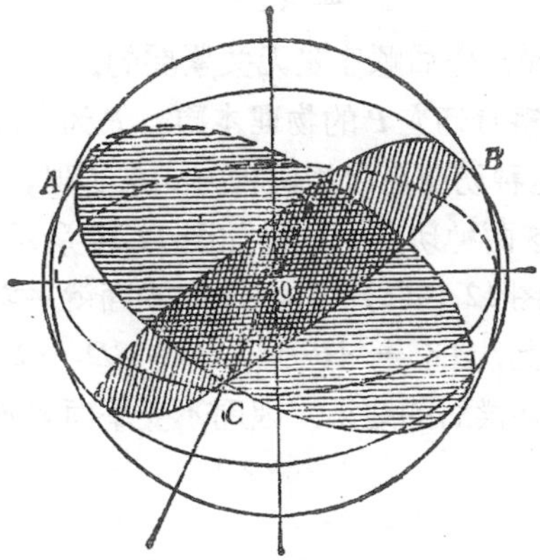

图 12.14　当一个主应变为 1，另外两个则分别小于 1 和大于 1，所引起球体与椭球的交截.

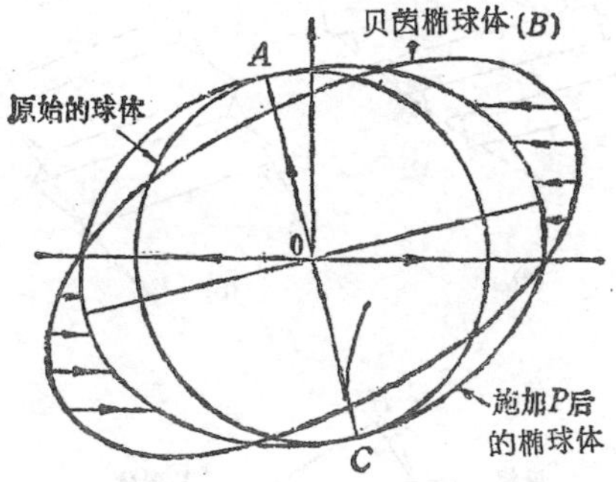

图 12.15　通过了对应于 P 的切变操作，使贝茵椭球体变形为具有无畸变平面的椭球体.

(参阅第一卷 § 9.11) 来实现，如图 12.15 所示，经过贝茵应变的椭球体遭受切变，使之和原有球面相切于 AOC. 如果还要使此平面未经旋转，那么，还需要沿适当方向作刚体式的旋转.

因此全部过程可以通过三步来实现. (a) 贝茵应变 B; (b) 不变平面应变 P; (c) 刚体式旋转 R，因此，全部的形状变化可以用矩阵M来表示，它等于

$$M = RBP. \tag{12.32}$$

式(12.32)中的操作先后顺序是无关紧要的。

下面我们来察看切变 P 的物理本质，P 为使和母相保持一不变平面的切变，这种切变可以用两种方式来实现，(a) 滑移切变，(b) 孪生切变. 这两种切变的结果如图 12.16 所示，图中的虚线相当于不变平面. 图 12.16(c) 中的 AZ 平面就平均而言，是未经畸变的，但实际上，$AZ = AB + BC + CD + DE + \cdots$ 相对于局部畸变相互补偿后的结果. 因而不变平面就不一定是低指数面。

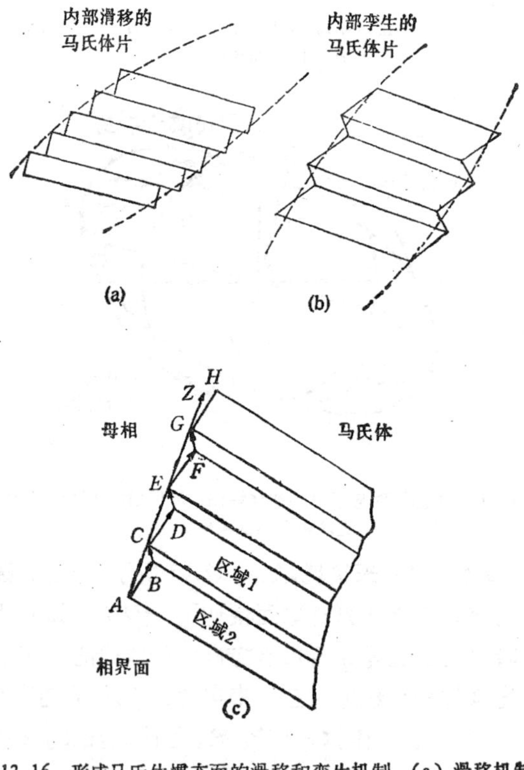

图 12.16 形成马氏体惯态面的滑移和孪生机制. (a) 滑移机制; (b) 孪生机制; (c) 马氏体相的惯态面.

式(12.32)就是马氏体型相变晶体学的唯象理论的出发点。但在具体应用的细节上各家略有差异，兹不赘述。详情可参阅文献[20,28,46]。

在金属中常见的马氏体型相变有下列几种类型：(a) 面心立方-体心四方，Fe-C，Fe-Ni，Fe-Cr-C 等属这一类。炭钢中奥氏体与马氏体的取向关系为库局莫夫-萨克斯 (Kurdjumov-Sachs) 型的，即 $\{111\}_P /\!/ \{011\}_M$，$\langle 01\bar{1}\rangle_P /\!/ \langle 11\bar{1}\rangle_M$。西山测定 Fe-Ni 合金在室温以上的取向关系为库尔久莫夫-萨克斯型的，但在低温为 $\{111\}_P /\!/ \{011\}_M$，$\langle 11\bar{2}\rangle_P /\!/ \langle 01\bar{1}\rangle_M$，现称为西山关系。而最精确测定的取向关系，Fe-Ni-C 中的格兰宁格-特罗依诺 (Greninger-Troiano) 型却处于两者之间。惯态面的变化范围就更大一些：炭含量甚低的钢，数据有些杂乱，惯态面接近于{111}；炭含量低于1.4%的炭钢，遵守库尔久莫夫-萨克斯位向关系，惯态面约为 {225}；当炭含量超过 1.4%，惯态面变为 {259}，而位向关系接近西山关系；而精确测定的格兰宁格-特罗依诺关系则是和惯态面 {3，10，15}相联系的；(b) 面心立方-面心四方，In-Tl(~21%Tl) 合金即属此类，惯态面为{101}；(c) 体心立方-正交，Au-Cd 合金属这类，取向关系近似为 $\{011\}_P /\!/ \{001\}_M$，$\langle 11\bar{1}\rangle_P /\!/ \langle 110\rangle_M$，惯态面为 $\{133\}_P$；(d) 体心立方-密集六角，一些纯金属如 Ti，Zr，Li 等的多形性相变属这一类。取向关系为伯格斯 (Burgers) 首先提出的，即 $\{110\}_P /\!/ (0001)_M$，$\langle 111\rangle_P /\!/ \langle 11\bar{2}0\rangle_M$，而惯态面为$(1\overline{28}9)$。另外如钴的多形性相变是从面心立方-密集六角，取向关系为 $\{111\}_P /\!/ (0001)_M$。

马氏体型相变不仅发生于金属之中，也可以发生于非金属晶体之中，如 $BaTiO_3$，$KTa_{0.65}Nb_{0.35}O_3$，ZrO_2 等。ZrO_2 的四方-单斜的相变曾被人们广泛研究，其取向关系为 $(100)_P /\!/ (100)_M$，$[001]_P /\!/ [010]_M$，而惯态面接近于 $(100)_M$。

§12.7 有序-无序型相变

(a) 固溶体　在第一卷 §4.6 及 §5.1—§5.4 中曾经讨论过有

关替代式固溶体中的有序-无序转变，涉及两种或多种原子在晶格坐位上排列的有序化问题．类似地填隙式固溶体，填隙原子也有位置有序的问题，较新的总结请参阅文献[49]．

(b) 氢原子跃迁　包含氢键的化合物可能由于氢原子在两个对称的偏心位置间跃迁的一种有序-无序转变．兹以 KH_2PO_4 (简称 KDP) 为例，作一说明．KDP 的晶体结构如图 12.17 所示，其结构基团为 PO_4 四面体，相邻的四面体的氧原子之间由氢键连接(图 12.17 中细虚线)．氢原子的位置按对称性要求应处于氧原子

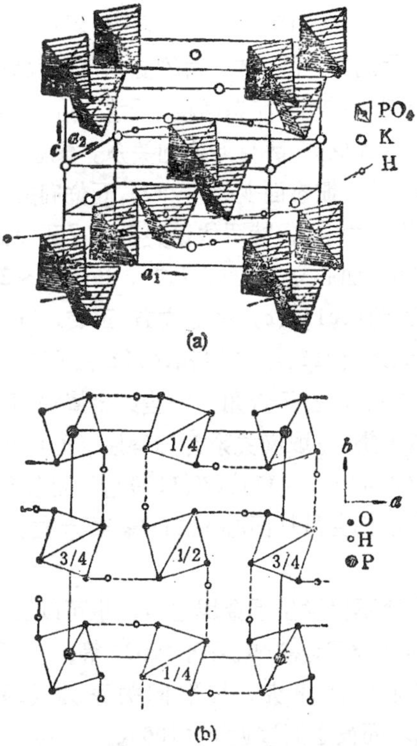

图 12.17　KDP 的晶体结构．(a) 透视图；(b) 面上的投影图．注意在氧四面体的联线上氧原子有二个偏心位置，在高温相氧原子无规分布于这两个坐位，因为其平均位置相当于联线的中点；在低温相，氢原子均占据同一侧的偏心坐位，导致对称性的下降．

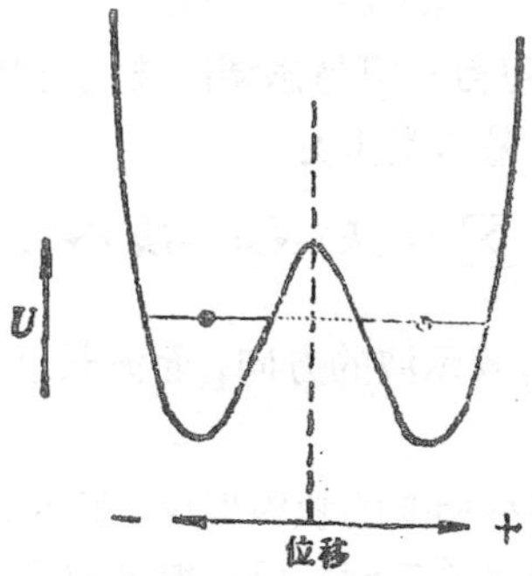

图 12.18　氢原子在两个坐位间隧道跃迁的示意图.

联线的中点。但原子势函数可以采用 § 12.5 中引入的双势阱模型，但 ΔE 甚大，即 $\Delta E/kT \gg 1$（见图 12.18）。在高温相，由于热运动的效应，使氢原子无规地分布在两个对称的偏心位置上，因此其统计平均位置相当于中点。在 123K 发生了相变，氢原子却跃迁（通过量子力学的隧道效应）到两组位置的一侧，如图 12.18 所示，导致了顺电-铁电的相变。

(c) 取向序　如果晶体结构中包含有小分子或分子-离子，而控制这些分子间取向关系的作用力比较微弱。在高温，由于热运动，分子取向可能是完全无序的，而随着温度的下降，可能发生分子按确定取向排列的相变，而且也可能发生不止一次的取向序的相变。例如将氰 CN 分子去取代硷卤化合物中的卤素元素的位置，构成了硷氰化合物。在 KCN 中，III-II 相的转变是 λ 型的，熵的增加约等于 $R\ln 2$，表示 CN^- 获得了两个可能的取向态。在 168K II（正交相）-I（立方相）的相变，熵的增加约为 $R\ln 4$，表示在立 KCN(I) 相中，CN^- 可以沿了八个⟨111⟩方向中任意一个方向取向。有关取向序的详细讨论，请参阅文献[50]。

§ 12.8　相变的调制波表述

晶体中的结构相变对应于电子密度从 $\rho_0(\boldsymbol{r}) \to \rho(\boldsymbol{r})$，像位移型相变或有序-无序相变的这一类轻微的变化，可以表示为

$$\rho(\boldsymbol{r})-\rho_0(\boldsymbol{r})=\delta\rho(\boldsymbol{r}). \tag{12.33}$$

将 $\delta\rho(\boldsymbol{r})$ 作傅里叶展开,可得一组静态调制波的叠加(图 12.19 示意地表示了调制波的两种基本类型):

$$\delta\rho(\boldsymbol{r})=\sum_i\sum_k Q_i(\boldsymbol{k})\exp(-i\boldsymbol{k}\cdot\boldsymbol{r}), \tag{12.34}$$

这里 $\boldsymbol{r}$ 为位矢,$\boldsymbol{k}$ 为波矢,表示波的方向,而波长 $\lambda=2\pi/k$,i 为波的偏振[51].

对于电介质中的位移型相变的软模理论,表示式(12.34)中的波就对应于被冻结的(频率趋于零)单一振动模式的光频支晶格波,$Q(k)$ 代表原子位移,如图 12.19(b) 所示,如果调制波的波长与晶胞尺寸与原来相同.这类的位移型相变被称为铁畸变型(ferrodistortive),铁电相变属之,$BaTiO_3$ 的相变就是一个实例. 如

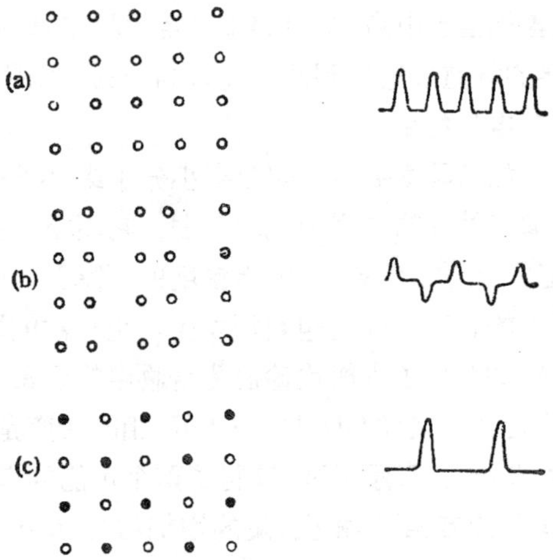

图 12.19 晶体中的两种调制波(示意图).
(a) 原始晶体;(b) 位移调制;(c) 浓度调制.

果调制波的波长为晶胞周期的加倍,因而 $\boldsymbol{k}=(1/2)\boldsymbol{g}$,其端点处于布里渊区的边界上. 这类 $k\neq 0$ 的位移式相变被称为反铁畸变型(anti-ferrodistortive),$SrTiO_3$ 相变为其实例. 有关晶格动力学与软模理论将于第十九章中再作较深入的讨论.

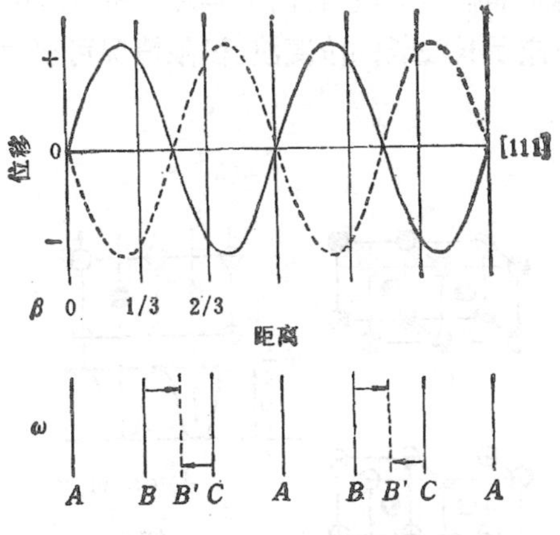

图 12.20 β-ω 相变中位移波的示意图.

在合金中位移型相变，如 $\beta \rightarrow \omega$ 相变，则对应于冻结的声频支的位移波，相当于体心立方结构中加一振幅 $a_\beta/6$(a_β 为 β 相晶格参数) λ 为 $(\sqrt{3}/2)a_\beta$，即

$$k = \frac{2}{3}\langle 111\rangle \cdot \frac{2\pi}{a_\beta}, \tag{12.35}$$

而马氏体相变(若忽略原子的挪动)所引起的畸变，则对应于波长为无限大的声频支位移波，即 $k=0$。

至于替代式合金的有序-无序相变，哈恰图良引入的浓度调制波表述，亦和式(12.34)相似，令 $n(\boldsymbol{r})$ 表 $\boldsymbol{r}$ 处晶格坐位的被占率，在无序相即应等于其平均浓度 $n(\boldsymbol{r})=c$，有序-无序转变的浓度调制波可以表示为(参看图 12.19(c))

$$n(\boldsymbol{r}) - c = \sum_{\boldsymbol{k}} Q(\boldsymbol{k}) \exp(-i\boldsymbol{k}\cdot\boldsymbol{r}). \tag{12.36}$$

当然实际用以描述有序-无序相变，也不过是少数傅里叶分量，例如 β 黄铜 (50%CuZn 合金)，有序化对应的浓度波的波长为 $\lambda = a\langle 100\rangle$ 型的，如图 12.21 所示. 应该指出，在这种情况下，体心立方结构变成了 CsCl 结构，晶胞实际上是扩大了，因为原来的

取的立方晶胞是非初基的，包含两个阵点. 所以对应的 $k \neq 0$，而失稳分解则对应于长波长的浓度波，极限情况可视为 $\lambda \to \infty$，即 $k=0$。

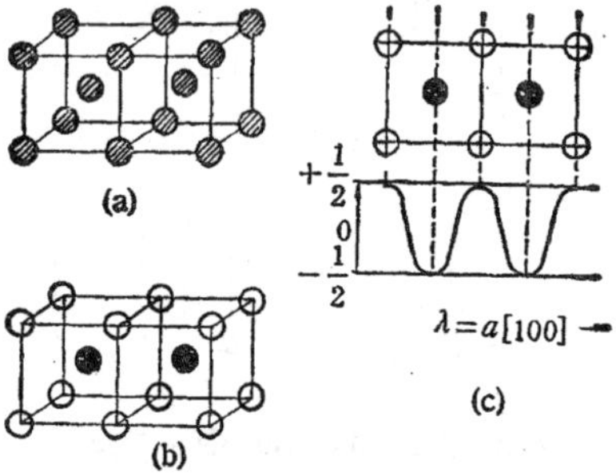

图 12.21　β 黄铜中有序化所对应的静态浓度波的示意图.

在顺磁-铁磁相变或顺磁-反铁磁相变，相邻坐位上自旋作平行的排列或反平行的排列.前者对应于 $k=0$ 的自旋波，而后者对应于 $k \neq 0$ 的自旋波；类似地可以用赝自旋波 (pseudo-spin-wave) 来对于有序-无序型铁电相变或反铁电相变来进行表述，氢原子在两个位置间的跃进，就和自旋的反向相对应。

按照调制波的类型，可以将相变分为表 12.1 中所列举的各种类型. 而用 $\boldsymbol{k}$ 空间表述来表征相变，对于铨释 X 射线，电子或中子衍射数据是特别方便，因为这些数据也是记录在 $\boldsymbol{k}$ 空间的.

表 12.1　相变按调制波分类

	$\boldsymbol{k}=0$	$\boldsymbol{k} \neq 0$
位移波(光频支)	铁畸变型	反铁畸变型
位移波(声频支)	马氏体型	β-ω 相变
浓度波	失稳分解	有序-无序型
自旋波	铁磁	反铁磁
赝自旋波	有序-无序型铁电相变	有序-无序反铁电相变

III 按动力学机制分类

前面已讨论过按热力学和晶体学两个方面来对相变进行分类。下面再从动力学机制上的差异来区分相变的类型。首先可以按匀相转变与非匀相转变（heterogeneous transformation）来区分：前者没有明确的相界，相变是在整体中均匀地进行；后者则是通过新相的成核生长来实现的。相变中母相与新相共存，所以是非匀相的过程。在非匀相转变中又可以根据控制时率过程的不同，而有界面控制，扩散控制和传热控制等之分。

§12.9 对于非局域涨落的稳定性

早在十九世纪，吉布斯就将导致相变过程的涨落区分为两类：第一类是程度甚大而空间范围甚小的涨落；第二类是程度甚小而空间范围甚大的涨落。第一类涨落导致的相变，如过饱和蒸汽中液滴的形成，也就是通过成核生长的过程来实现的非匀相转变。绝大部分实际观测到的相变属于这一类。第二类涨落所导致相变的实例，如在原始均匀固溶体中形成长波长周期性成分变化这一分解过程，通称为失稳分解。长期以来，对金属中相变的研究集中于按经典的成核生长方式来进行的非匀相转变。只是到近年来，方始对于吉布斯第二类涨落失稳引起的匀相转变给予了重视。下面以原始相为均匀无序的二元固溶体为例，对于发生这两类相变的物理基础进行探讨。

吉布斯的第二类涨落是非局域性的，我们不妨采用§12.8中静态浓度波或位移波(式(12.36)或式(12.34))来表示，只需假设其振幅为无限小，下面即以浓度波为例进行讨论。结果显然也可移用于位移波的情形。不论是有序化还是脱溶，均可以理解为无序固溶体对于静态浓度波的失稳：如果静态浓度波的波矢 $\boldsymbol{k}\to 0$，则失稳体现为失稳分解；如果波矢为有限值，那么，失稳就体现为无序-有序转变。

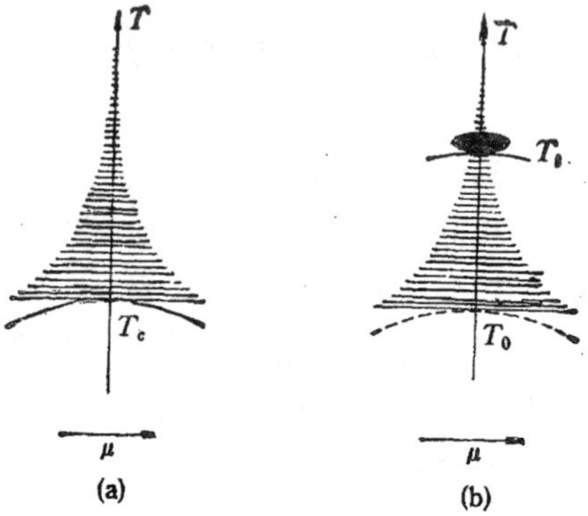

图 12.22　涨落与相变温度的示意图.

(a) 二级相变；(b) 一级相变，T_t 为平衡相变温度，上面划线区域表示假设一级相变的非匀相涨落，T_0 为绝对失稳温度.

无序-有序转变可以是二级相变，在这种情况下，在相变温度 T_c 将呈现对无限小振幅的静态浓度波的失稳。所以，一般地二级相变也是匀相转变。

脱溶分解属一级相变，而有些无序-有序转变也可能是一级相变。如果采用适当的淬火使之达到平衡相变温度 T_t 之下的某一温度 T_0，则亦有可能使它对无限小振幅的浓度波失稳，从而使相变得以按匀相转变的方式来进行（参阅图 12.22）。下面我们来具体分析导致这类失稳的条件[31]。

引入非均匀性参量 $\Delta(\boldsymbol{r})$，在某一位矢为 $\boldsymbol{r}$ 的晶格坐位上 B 原子的占有 n 率为

$$n(\boldsymbol{r}) = c + \Delta(\boldsymbol{r}). \tag{12.37}$$

由于自由能是原子分布的泛函，所以

$$F = F(\{\Delta(\boldsymbol{r})\}). \tag{12.38}$$

对于无限小的 $\Delta(\boldsymbol{r})$，则 F 可按 $\Delta(\boldsymbol{r})$ 作泰勒展开，即

$$F = F_0 + \sum_{\boldsymbol{r}} A(\boldsymbol{r})\Delta(\boldsymbol{r}) + \frac{1}{2}\sum_{\boldsymbol{r},\boldsymbol{r}'} B(\boldsymbol{r},\boldsymbol{r}')\Delta(\boldsymbol{r})\Delta(\boldsymbol{r}') + \frac{1}{3}\sum_{\boldsymbol{r},\boldsymbol{r}',\boldsymbol{r}''} C(\boldsymbol{r},\boldsymbol{r}',\boldsymbol{r}'')\Delta(\boldsymbol{r})\Delta(\boldsymbol{r}')\Delta(\boldsymbol{r}''), \tag{12.39}$$

这里的诸系数决定于无序相中自由能对 $\Delta(\boldsymbol{r})$ 的偏导数

$$
\left.\begin{aligned}
A(\boldsymbol{r}) &= \left(\frac{\partial F}{\partial\Delta(\boldsymbol{r})}\right)_{n=c},\\
B(\boldsymbol{r},\boldsymbol{r}') &= \left(\frac{\partial^2 F}{\partial\Delta(\boldsymbol{r})\partial\Delta(\boldsymbol{r}')}\right)_{n=c},\\
C(\boldsymbol{r},\boldsymbol{r}',\boldsymbol{r}'') &= \left(\frac{\partial^3 F}{\partial\Delta(\boldsymbol{r})\partial\Delta(\boldsymbol{r}')\partial\Delta(\boldsymbol{r}'')}\right)_{n=c},
\end{aligned}\right\}\quad(12.40)
$$

而叠加式则应遍及所有的晶格坐位。

由于在无序相中,所有的晶格坐位都是等同的,所以

$$A(\boldsymbol{r}) = 常数 = A, \tag{12.41}$$

而且 $\sum_{\boldsymbol{r}}\Delta(\boldsymbol{r}) = 0$，所以式(12.39)的一次项为零,即

$$\sum_{\boldsymbol{r}} A(\boldsymbol{r})\Delta(\boldsymbol{r}) = A\sum_{\boldsymbol{r}}\Delta(\boldsymbol{r}) = 0。 \tag{12.42}$$

为了分析无序相对于无限小涨落的稳定性，也可以将三次以上的项忽略,这样,式(12.39)可简化为

$$\Delta F = F - F_0 = \frac{1}{2}\ B(\boldsymbol{r},\boldsymbol{r}')\Delta(\boldsymbol{r})(\Delta\boldsymbol{r}')。 \tag{12.43}$$

由于系数 $B(\boldsymbol{r},\boldsymbol{r}')$ 是相对无序相而言的，它应对于原有的晶格平移 $\boldsymbol{T}$ 具有不变性,即

$$B(\boldsymbol{r},\boldsymbol{r}') = B(\boldsymbol{r}+\boldsymbol{T},\boldsymbol{r}'+\boldsymbol{T}), \tag{12.44}$$

这样

$$B(\boldsymbol{r},\boldsymbol{r}') = B(\boldsymbol{r}-\boldsymbol{r}'), \tag{12.45}$$

式(12.43)可改写为

$$\Delta F = \frac{1}{2}\sum_{\boldsymbol{r},\boldsymbol{r}'} B(\boldsymbol{r}-\boldsymbol{r}')\Delta(\boldsymbol{r})\Delta(\boldsymbol{r}')。 \tag{12.46}$$

采用浓度波表述,有

$$\Delta(\boldsymbol{r}) = \sum_{\boldsymbol{k}} Q(\boldsymbol{k})\exp(-i\boldsymbol{k}\cdot\boldsymbol{r}), \tag{12.47}$$

这样可以获得对角化的二次式

$$\Delta F = \frac{N}{2} \sum_{\boldsymbol{k}} b(\boldsymbol{k}) |Q(\boldsymbol{k})|^2, \tag{12.48a}$$

这里的

$$b(\boldsymbol{k}) = \sum_{\boldsymbol{r}} B(\boldsymbol{r}) \exp(-i\boldsymbol{k} \cdot \boldsymbol{r}) \tag{12.48b}$$

为无序相的特征函数，N为晶格中总坐位数，而式(12.47)的叠加式乃是对于第一布里渊区内所有可能波矢进行的。

如果所有的 $b(\boldsymbol{k})$ 均为正值，非零值的 $Q(\boldsymbol{k})$ 将引起自由能的上升，这就意味着无序相对于无限小涨落是稳定的。

若对应于 $\boldsymbol{k}_0, b(\boldsymbol{k}_0)$ 等于零或为负值，即 $b(\boldsymbol{k}_0) \leqslant 0$，则无序相对于特定的浓度波将是不稳定的。 可以令浓度波的振幅除 $Q(\boldsymbol{k}_0)$ 之外均等于零。这样，式(12.48a)中其他叠加项均消去了，只剩下

$$\Delta F = \frac{1}{2} N b(\boldsymbol{k}_0) |Q(\boldsymbol{k}_0)|^2, \tag{12.49}$$

当 $b(\boldsymbol{k}_0) \leqslant 0$，则 $\Delta F \leqslant 0$。

特征函数$b(\boldsymbol{k})$是无序相的热力学函数，因而取决于温度T、成分 c 和压强 P. 无序相在高温时是稳定的，所有的 $b(\boldsymbol{k})$ 均为正值。 当温度降至二级相变温度 T_c 或一级相变的绝对失稳温度 T_0^-，$b(\boldsymbol{k})$ 的极小值将等于零。这样就定出失稳波矢 $\boldsymbol{k}_0$ 和绝对失稳温度 T_0^- 所满足的条件，即

$$\left.\begin{aligned} & b(\boldsymbol{k}_0, T, c, P) = 0, \\ & \left(\frac{\partial b(\boldsymbol{k}_0, T, c, P)}{\partial \boldsymbol{k}}\right)_{\boldsymbol{k}=\boldsymbol{k}_0} = 0. \end{aligned}\right\} \tag{12.50}$$

零值的$\boldsymbol{k}_0$对于失稳分解(图 12.23(a))，非零值的$\boldsymbol{k}_0$则对应于失稳有序化(spinodal ordering) (图 12.23(b))。在二级相变中绝对失稳温度 T_0^- 就等于相变温度 T_c。而在一级相变中，平衡相变温度 T_t 是高于 T_0^-，因而在

$$T_t > T > T_0^- \tag{12.51}$$

温度范围内，均匀固溶体对于无限小的不均匀性是稳定的，换言

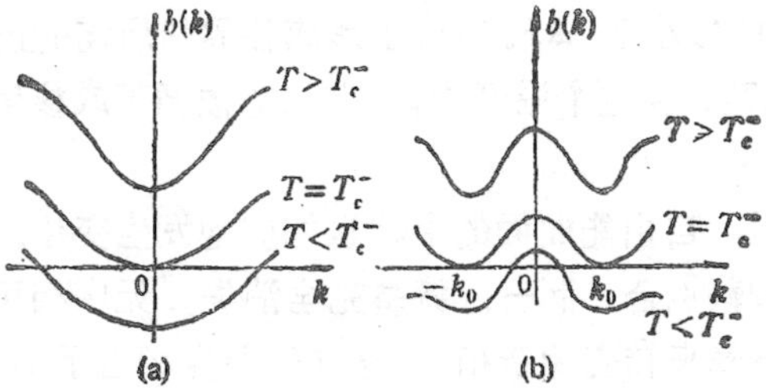

图 12.23　不同温度 $b(k)$ 对 k 的示意图.
(a) 失稳分解；(b) 失稳有序化

之，随着不均匀性的出现将导致自由能的上升．要产生不均匀性的必要条件是需要克服势垒．这势垒的极小值对应于形成临界尺寸新相的核所需作的功．只有通过热涨落才有可能克服形成临界核的势垒．通过热涨落克服势垒 ΔF_0 的几率可以表示为

$$W \sim e^{-\Delta F_0/k_BT}, \tag{12.52}$$

这样，在式(12.51)所确定的温度范围内，过冷的固溶体将对于无限小的振幅的浓度波是稳定的，但却可能对于形成临界尺寸的核是不稳定的．这样，新相的形成将通过成核的方式来进行．

上述的两种相变动力学机制上的差异，可以采用自由能图示法直观地予以说明．二元合金的任意状态可以用N个坐位的被占几率 $n(\boldsymbol{r}_1)$, $n(\boldsymbol{r}_2)\cdots\cdots n(\boldsymbol{r}_n)$ 来描述．实际上，由于晶格的周期性，可以将相互独立晶格坐位数大为缩减．例如对于有序化问题，只需考虑晶胞中的独立变数．因此，为便于设想起见，令 $N=3$，而且由于

$$n(\boldsymbol{r}_1)+n(\boldsymbol{r}_2)+n(\boldsymbol{r}_3)=c,$$

因而 $F(\{n(\boldsymbol{r})\})$ 只有两个独立变量．

在 $T>T_t$，无序相是稳定的．因而自由能曲面在 $n(\boldsymbol{r}_1)=n(\boldsymbol{r}_2)=c$ 处为一绝对的极小值(图 12.24)．

在 $T_t>T>T_0^-$，无序相是亚稳相，在 $n(\boldsymbol{r}_1)=n(\boldsymbol{r}_2)=c$ 处仍为一级小值，但在其邻近还有另一极小值，它的自由能要比无

序相更低，因而是稳定相．但在两个极小值之间存在有马鞍形的势垒．势垒的极小值 ΔF_0 对应于形成临界核所需的能量．一般地 $\Delta F_0 \gg k_B T_0$，在这个温区内，相变只能依循了成核生长的途径来实现．

继续降温，自由能曲面的形状也相应地发生变化．直到亚稳相的极小值和鞍点合二而一．势垒完全消失，无序相可以通过自由能的单调下降来转变为新相．这样的温度相当于绝对失稳温度．原来的无序相的自由能处于旋节线（即自由能对变量的二阶偏导数等于零)上，因而旋节线对应于绝对失稳限．

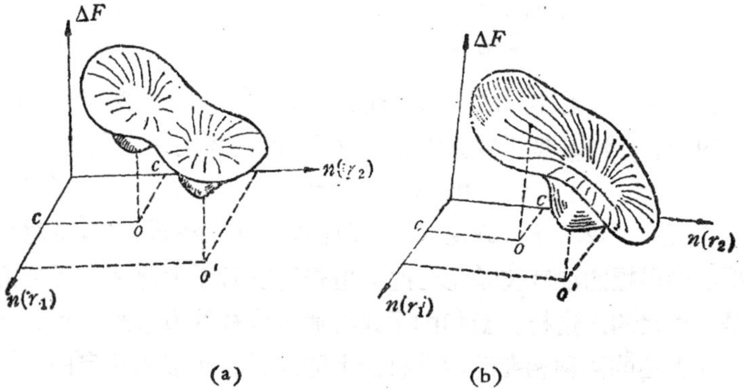

图 12.24　自由能曲面的示意图．自由能表示为两个独立变数的函数
(a) 两个极小值之间存在有鞍形势垒；
(b) 鞍形势垒消失，原始无序相绝对失稳．

§ 12.10　应变失稳

上两节中所述的问题显然也可以移用于位移型相变，需要考虑的是晶格对于无限小振幅的位移波的失稳，这里就无需细述了．至于以晶格畸变为主的马氏体相变，通常是一级相变，是否也可能存在类似的失稳现象，这是一个颇值得探讨的问题[52,53]．

原均匀相的自由能密度可以表示为应变张量诸分量的函数．平衡相对应于自由能的极小值．自由能曲面在极小值附近的形状决定了平衡相的弹性性质，$\partial^2 F/\partial e_{ij}\partial e_{kl}$ 表示了材料的弹性模量．

在两极小值之间存在有一点的鞍点态，其最小势垒决定新相成核所需的激活能。如果鞍点态周围存在负曲率的区域，在这区域内均匀相就对应不稳定的状态，这个区域的周界被称为旋节线（spinodal）。如果外应力在母相中产生应变 $\hat{e}$，使之进入旋节线内，系统就自发地降低其吉布斯自由能进入新相

$$G(\hat{e}) = F(\hat{e}) - \hat{e}\hat{\sigma}_{ex}。 \tag{12.53}$$

如果温度从平衡相变温度下降，自由能曲面 $f(\hat{\varepsilon})$ 将变形，其极小值的差值也将发生变化。自由能的差值 $\Delta F_0 = F_0^1 - F_0^2$ 表明了两个相的相对热力学稳定性。图 12.25 示出了自由能极小值，鞍点值和温度（或驱动力 $\Delta\mu_0 = \Delta F_0 + \hat{e}\cdot\hat{\sigma}_{ex}$）的关系。在等温状态，若母相与新相的自由能相等，对应的温度就是平衡相变的温度。如果终态相的自由能低于原始相，那么，母相即成为亚稳相，它可以通过热激活翻越势垒（即通过成核生长的方式），达到新相。母相也可以变为绝对的失稳，其条件为自由能对应变分量的二阶导数 $\partial^2 F/\partial e_{ij}\partial e_{kl}$ 为零，即母相的某些弹性模量的分量为零，此时，势垒消失，势谷简并，原始的均匀相对于晶格畸变丧失了稳定性，也导致某些物理性质的异常。

这样，就从均匀的母相，通过绝对失稳，形成具有自发应变的新相。这里的自发应变和马氏体的贝茵畸变非常相似。下面进行具体的分析，采用平方近似来表示自由能[52]。母相与新相的自由能可以设想为分别以 $\hat{e} = 0$，及 $\hat{e} = \hat{e}_0$ 为顶点的两个相交截的抛物面，即

$$F(\hat{\varepsilon}) = \begin{cases} F^1(\hat{\varepsilon}) = F_0^1 + \dfrac{1}{2}\sum\limits_{ijkl} c_{ijkl}e_{ij}e_{kl}, \\ F^2(\hat{\varepsilon}) = F_0^2 + \dfrac{1}{2}\sum\limits_{ijkl} c_{ijkl}(e_{ij} - e_{ij}^0)(e_{kl} - e_{kl}^0), \end{cases} \tag{12.54}$$

这里的 $\hat{e}^0$ 为自发应变张量，在贝茵应变的情形(参看式(12.28))，下，有

$$e_{11}^0 = \eta_1 - 1, e_{22}^0 = \eta_2 - 1, e_{33}^0 = \eta_3 - 1。 \tag{12.55}$$

在分水岭线上,即 $F^1(\hat{e}) = F^2(\hat{e})$, 对 $F(\hat{e})$ 求极值, 即可求出鞍点态的坐标（如果我们忽略了两相中弹性模量的差异)(参看图12.25)。

$$\left.\begin{aligned} e_{ij}^* &= \frac{1}{2}\left[1-(\Delta F_0/W)\right]e_{ij}^0, \\ F^* &= \left[1-(\Delta F_0/W)\right]F_0^a = \frac{1}{4}\left[1-(\Delta F_0/W)\right]W, \end{aligned}\right\} \tag{12.56a}$$

这里的 F_0^a 为产生自发应变的激活能,而

$$W = \frac{1}{2}\sum_{ijkl} c_{ijkl}e_{ij}e_{kl}. \tag{12.56b}$$

如果新相的自发应变就是贝茵应变, $e_{11}^0 = e_{22}^0$, 畸变能密度就等于

$$W = \frac{1}{2}\{[c_{11}(2(e_{11}^0)^2 + (e_{33}^0)^2] + 2c_{12}[(e_{11}^0)^2 + 2e_{11}^0 e_{33}^0]\}, \tag{12.57}$$

从而可以估计相变的激活能

$$F_0^a = \frac{1}{4}W \sim \mu(e_{11}^0)^2. \tag{12.58}$$

由于自应变很小,激活能与键合能相比也不高,后者约为切变模量的量级。

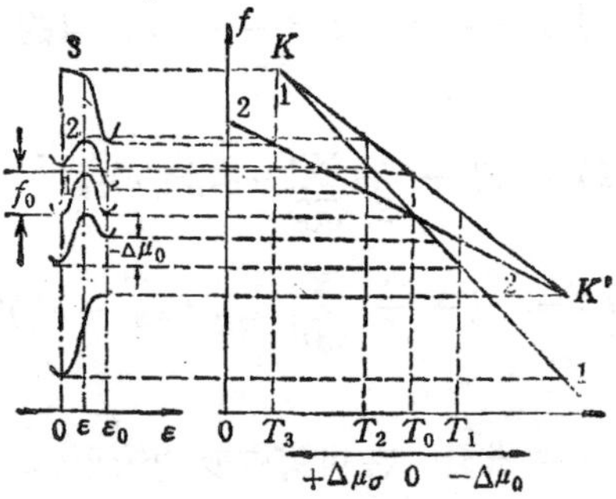

图 12.25 应变失稳的示意图(自由能和应变与温度的关系)。

为了估计均匀相发生应变失稳的可能性($F^* = 0$)，则应将W与可达到 ΔF_0 值相比(或 $\Delta G_0 = \Delta F_0 + \hat{\varepsilon}_0 \cdot \hat{\sigma}_{ex}$)。如果冷却到0K，后者就等于相变潜热。对于钢从面心立方→体心立方，$q \simeq 4\sim8 \times 10^9 \mathrm{erg/cm^3}$，而 $W \sim 2—6 \times 10^{16} \mathrm{erg/cm^2}$。曾讷很早就认为一些体心立方纯金属如钠，在低温下之所以会发生体心立方-面心立方的相变，就是由于弹性失稳的缘故，至于一般的马氏体型相变，多数还是通过非匀相转变来实现的。

§12.11 不同的生长模式

非匀相转变是通过成核生长的方式来实现的，如果这些过程不涉及原子扩散，即被称为无扩散相变，马氏体型相变和多形性转变即属于此类；另一类是涉及扩散的相变。涉及扩散的相变又可以按生长模式的差异来进一步进行分类。对于非匀相转变，新相的核如已存在，新相区域的扩大就有赖于相界的推移，在这种情况下，相变的驱动力为两相自由能之差值，即 Δf。在一定驱动力作用下相界的移动，需要通过一连串的过程来实现，其中进行的最缓慢的过程就仿佛一个缩颈，控制了整个过程的时率，因而生长模式的分类，通常就以时率控制过程的不同来区分。例如在凝固过程中有大量的潜热释放出来，如果热量不能及时传递出去，凝固就无法继续进行下去。生长的时率就是由传热来控制的。又如气相凝结成为晶体，晶体的表面微观形貌就起了突出的作用。如果晶体的表面是和密排面有小角度偏离的邻位面 (vicinal surface)，那么，生长过程是依赖于原子吸附于台阶处来进行的，台阶的侧向移动，导致相界面向前的推移(参看第一卷§8.2)。如生长的晶面是完全光滑的密排面，这种情况没有天然的台阶，生长将很困难，只有在高驱动力(高过饱和度)表面的二维成核提供生长所需要的台阶，等到一层原子完全铺平后，又需要再次二维成核，所以这样的界面的生长时率就是由二维成核的过程来控制的。如果晶体表面有螺型位错的露头处，这里自然形成台阶，而且随着原子在台阶处的不断填充，台阶永不消失(参看第一卷图 7.4及图 7.5)。这样的生长过程是由螺型位错露头处台阶的填充来控制时率的。气相凝结的晶体生长过程提供了界面控制生长时率的实例。在新相生长中，界面过程始终是存在的，这仅涉及原子的短程扩散。有些相变过程中，最困难的过程在于原子的长程扩散，沉淀相的生长每每属于这一类型。在这种相变过程中，界面的形貌往往是原子尺度上粗糙的非共格界面，因而界面过程是比较容易完成的。当然也不排斥在某些情况下存在有台阶的共格或半共格界面，只要完成它的界面过程比长程扩散更为容易就可以了。

综上所述，我们可以对涉及固体的相变(以金属与合金中的相变为主，但也包括非金属中的相变)进行图解式的分类(图 12.26)。罗埃（R. Roy）曾提出可按多维坐标来表示[39]，各坐标轴分别为热力学关系，结构变化类型、动力学类型和化学成分。这样的图解方案比较科学，但要用平面图来表示是有困难的。我们这里只有采用折衷的方案(见图 12.26)。为了避免图上曲线交叉过多，看不清楚，有一些弱一级相变可以通过非匀相转变的动力学方式来进行的联线略去未画。有广泛影响的克里斯青的分类图可以参阅文献 [28,38]。当然，一切分类方案都不可能是绝对的，总会有一些情况显得模棱两可，难以区分。奥氏体-贝氏体相变就是一个实例。贝氏体呈现表面浮凸，这是和晶格畸变相联系的，和马氏体型相变相类似[54]，但其生长却是由扩散控制缓慢进行的。相变是一门跨学科的学术领域，不同专业的学者在名词的应用上也有不少差异，有些还会引起混淆，导致误解。有鉴于此，在本书中我们对名词作了一些斟酌：连续相变指的是热力学势一阶导数是连续的相变，等同于二级或高级相变；而不连续相变等同于一级相变。匀相转变指的是，母相对非局域性的无限小的涨落(或振幅为无限小的调制波)表现出失稳，因而它既包括连续相变，也包括某些特殊的一级相变，如失稳分解和失稳有序化。有些学者将所有的匀相转变统称为连续相变[55]，这也容易造成误解。金属学界习用的连续沉淀和不连续沉淀也是会引起混淆的，本书一律将前者称为普遍沉淀（general precipitation)，将后者称为胞区沉淀或分解

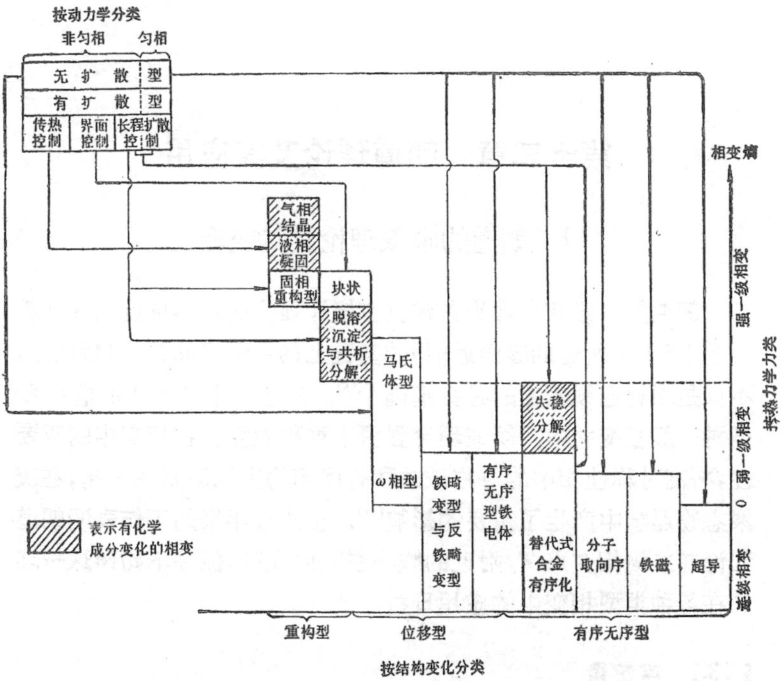

图 12.26 相变的分类(示意图)。

(cellular precipitation or decomposition)。

第十三章　朗道理论及其应用

I　朗道的唯象理论及其变型

朗道的二级相变理论是建立在统计理论的平均场近似（即第一卷 § 5.1 中所述的零级近似）的基础上的，形式简单，概括性强，不仅是理解连续相变的必要基础[17,56]，并且也相当成功地推广到多种一级相变之中．朗道理论强调了对称性变化在相变中的重要性，将高对称性相中的对称破缺和有序相的出现联系在一起，在凝聚态物理学中产生了重要的影响[57]．虽然近年来的工作表明朗道理论在二级相变点 T_c 附近的微小温区内失效，但并不妨碍这一理论在各种类型相变中的应用日益广泛．

§ 13.1　序参量

在上一章中我们已经介绍了多种形式的相变．现在我们希望能够从中概括出来一些共性的东西，从而建立具有普遍意义的理论．

例如，在无序-有序相变中，在位矢为 $\boldsymbol{r}$ 处晶格坐位上原子被占几率 $n(\boldsymbol{r})$ 与原子浓度的偏离 $\Delta(\boldsymbol{r})$，在无序相为零，而在有序相就不等于零． 又如在 $BaTiO_3$ 相变中，Ti 原子的位移 u，$SrTiO_3$ 相变中氧八面体的倾角 φ，也具有类似的特征．这样，我们可以引入反映系统内部有序化程度的参量，即序参量，它在高对称相等于零，而在低对称相则不等于零．相变即意味着序参量从零向非零值的过渡（或其逆过程）．图 13.1 示出了 $SrTiO_3$ 中序参量（倾角 φ）随温度 T 的变化关系．在相变温度 T_c，序参量从零变到无穷小的非零值，这是连续地过渡，这也正好是连续（二级）相变的特征．在 T_c 时，尽管序参量只变化了无穷小量，但对称性却发生

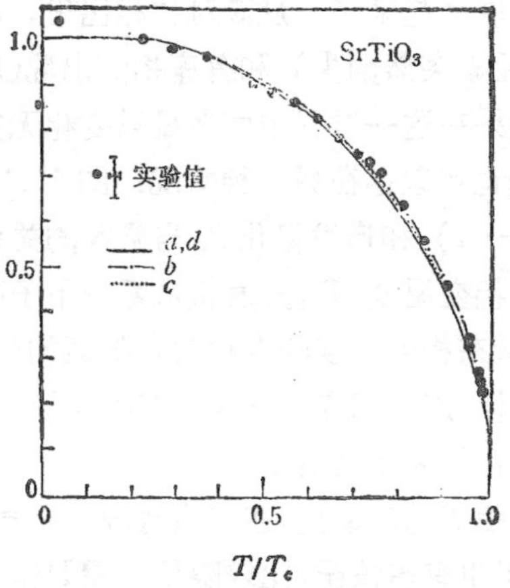

图 13.1　$SrTiO_3$ 中氧八面体倾角作为温度的函数. 黑点为实验值，不同的曲线表示不同的理论拟合值.

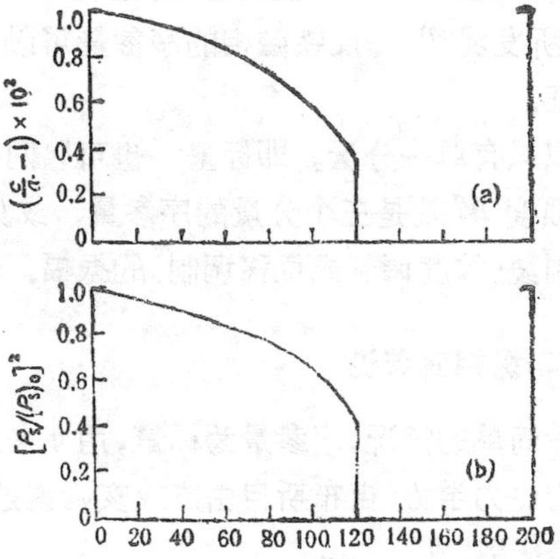

图 13.2　$BiTiO_3$ 中轴比 $\left(\frac{c}{a}-1\right)$ 与自发极化平方作为温度的函数(实验值).

了突变，在 $SrTiO_3$ 的情形，从立方变为四方. 对于系统是否存在某一对称元素的问题，其答案是不容模棱两可的，存在还是不存在，两者必居其一. 朗道理论的一个重要贡献，就在于将相变和系统的对称性突变联系起来了. 从高对称相出发，相变对应于对称破缺(某些对称元素突然消失) 和有序相的出现(序参量从零向非零值过渡),即如果在这一过程中序参量只变化无穷小量，那就是连续相变. 但是也可以存在另一种情况. 图 13.2 示出 $BaTiO_3$ 中晶胞轴比 ($c/a-1$) 和自发极化 P_s 与温度的关系. 如果以此为序参量,那么,在相变温度 T_s,其值将从零一下子跳跃到某一有限值. 这种序参量在相变温度的变化为有限值的相变就是不连续(一级)相变. 这样,连续相变与一级相变的差异,可以从序参量在相变温度处的变化行为上反映出来.

要确定某一相变的序参量,在有些情况下是直截了当的,一眼就可以看出来;但也有些情况,比较隐秘，需要作一番探索和研究后,方始能够揭示出来. 前者如顺磁-铁磁相变，序参量为宏观的磁化强度 $\boldsymbol{M}$; 后者为顺磁-反铁磁相变，由于反铁磁相的宏观磁化强度也等于零,所以长期为人们所忽视,直到三十年代方始为奈耳 (L. Néel) 所发现[57]. 反铁磁相的序参量可以用次晶格上的平均磁矩来表征.

序参量可以只有单一分量，即标量; 也可以两个或更多个分量. 例如磁化强度 $\boldsymbol{M}$ 就是三个分量的序参量. 或如式(12.34)所表示的几个调制波(浓度调制或位移调制)的振幅.

§ 13.2 朗道的二级相变理论

首先考虑最简单的情况,序参量为标量,用 η 来表示. 将相变点附近的系统的热力学势(吉布斯自由能或亥姆霍兹自由能)展开为序参量 η 的幂级数,即

$$\Phi(P,T,\eta)=\Phi_0+\alpha\eta+A\eta^2+C\eta^3+B\eta^4+\cdots, \quad (13.1)$$

这里的系数 α,A,B,C 等均为 P 与 T 的函数.

序参量值为 η_0 的某一相的稳定性条件为

$$\left(\frac{\partial\Phi}{\partial\eta}\right)_{\eta_0}=0,\ \left(\frac{\partial^2\Phi}{\partial\eta^2}\right)_{\eta_0}>0. \quad (13.2)$$

在高对称相，$\eta=\eta_0=0$. 在 T_c 以上,它是稳定相; T_c 以下应为

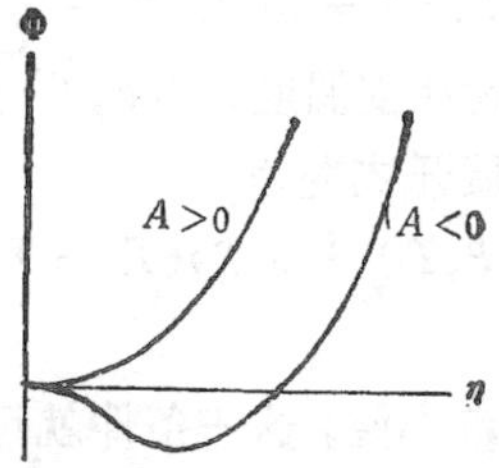

图 13.3　A 值的正负对 Φ-η 曲线的影响.

不稳定相。因而要求一次项不存在，即 $\alpha\equiv 0$，而二次项的系数 $A(P,T)$ 应满足下面的条件:

$$T>T_c,\ A>0,$$
$$T<T_c,\ A<0.$$

图 13.3 示出了 $A>0$ 和 $A<0$ 两种情形，Φ 值对 T 的示意图.由于相变点之上，$A>0$；相变点之下，$A<0$,所以就要求在相变点 $T_c, A(P,T)=0$。

但是如果相变点本身是稳定的,那么，这就要求三次项为零，四次项为正值,即

$$A(P,T)_{T_c}=0,\ C(P,T)_{T_c}=0,\ B(P,T)_{T_c}>0. \tag{13.3}$$

系数 B 在相变点为正值，那么，在相变点附近仍应为正值，至于 $C(P,T)$ 则可能存在如下的两种情况:(a) 由于系统的对称性要求 $C(P,T)\equiv 0$，即式(13.1) 中不出现三次项. 这样，相变点只有一个条件,即 $A(P,T)=0$，由此方程式可以确定 P 与 T 的函数关系. 这样在 P，T 平面上应有二级相变点所连成的曲线；(b) 若 C 并不恒等于零，那么，相变点将由两个方程 $A(P,T)=0$，$C(P,T)=0$，共同确定,这样,连续相变只能发生在孤立的点上，下面我们暂时只考虑情形 (a),即 $C\equiv 0$，热力学势可以表示为

$$\Phi(P,T,\eta)=\Phi(P,T)+A(P,T)\eta^2+B(P,T)\eta^4, \tag{13.4}$$

这里 $B>0$,在高对称相，$A>0$，在低对称相，$A<0$，相变点决定于 $A(P,T)=0$。

将 $A(P,T)$ 在相变点附近展开

$$A(P,T)=a(P)(T-T_c), \tag{13.5}$$

这里的 $T_c=T_c(P)$ 为相变温度，$B(P,T)$ 可用 $B(P,T_c)>0$ 来取代，这样，自由能的展开式变为

$$\Phi(P,T)=\Phi_0(P,T)+a(P)(T-T_c)\eta^2+B(P)\eta^4. \tag{13.6}$$

在 T_c 附近 $\Phi(\eta)$ 为极小值，这一条件就可确定 η 值与温度的依赖关系，即

$$\frac{\partial\Phi}{\partial\eta}=0,\ \eta(A+2B\eta^2)=0, \tag{13.7a}$$

这样，解出 $\eta_0=0$ 及

$$\eta_0=\pm\left(-\frac{A}{2B}\right)^{\frac{1}{2}}=\pm\left[\frac{a(T_c-T)}{2B}\right]^{\frac{1}{2}}. \tag{13.7b}$$

若 $a>0$，$T\geqslant T_c$，只有一个 $\eta_0=0$ 解，无序相为高温相；若 $a<0$，则反过来，无序相为低温相．由于通常情况下，无序相是高温相，即 $a>0$。图 13.4 表示了式 (13.6) 的作图，选择 $B=0.1$。

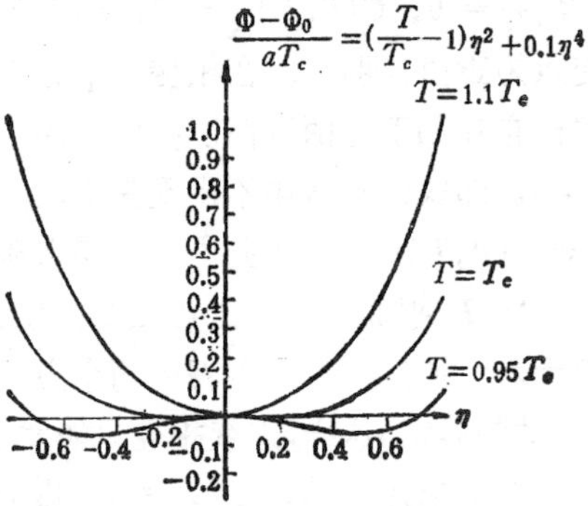

图 13.4　不同温度下朗道自由能作为序参量的函数．

可以看出，曲线是相对于 $\eta=0$ 对称的．当 $T\geqslant T_c$，极小值在 $\eta=0$ 处，无序相为平衡相；但当 T 愈来愈接近 T_c 时，自由能曲线

在 η_0 处变得更加平坦，在 $\eta=0$ 处，不仅 $\partial\Phi/\partial\eta=0$，而且 $\partial^2\Phi/\partial\eta^2=0$；当 $T<T_c$，$\eta=0$ 为极大值，而在 $\eta=\pm[-a(T_c-T)/2B]^{\frac{1}{2}}$ 处为极小值，表明有序相为稳定相，而且随着 T 从 T_c 下降，η 从零按 $|\eta|\sim(T_c-T)^{\frac{1}{2}}$ 增长。

其次，来求相变点附近的熵．对式(13.6)关于 T 求偏导数，可得

$$S=-\frac{\partial\Phi}{\partial T}=S_0-\frac{\partial}{\partial T}[a(T-T_c)\eta^2+B\eta^4]$$

$$=S_0-a\eta^2-2\eta\frac{\partial\eta}{\partial T}[a(T-T_c)+2B\eta^2], \tag{13.8}$$

式中 $S_0=-\partial\Phi_0/\partial T$．在高对称相中，$\eta=0$，故 $S=S_0$；而在低对称相中，$\eta^2=a(T_c-T)/2B$，因此

$$S=S_0+\frac{a^2}{2B}(T-T_c). \tag{13.9}$$

当 $T=T_c$，$S=S_0$，满足熵在 T_c 为连续的这一条件．

至于在 T_c 的比热 $c_P=T(\partial S/\partial T)_P$，可以对高低两相分别求出，在低对称相，对式(13.9)求偏导数，可得

$$c_P=T\frac{\partial S_0}{\partial T}+\frac{a^2T_c}{2B}, \tag{13.10}$$

而在高对称相 $c_P=T(\partial S_0/\partial T)$，因而在 T_c 的比热跃变为

$$\Delta c_P=\frac{a^2T_c}{2B}. \tag{13.11}$$

类似地可以求出定容比热、压缩系数、热膨胀系数的在 T_c 处的跃变．

§13.3 外场对于相变的影响

外场会对某些相变产生显著的影响，例如，磁场对铁磁相变，电场对于铁电相变，乃至于应力场对于铁弹相变(其序参量为自发应变)．设外场为 h，引起的附加自由能项为 $-\eta hV$，(V 为体积)．这样，在外场中，朗道理论的自由能表示式就修正为

$$\Phi_h(P,T,\eta) = \Phi_0(P,T) + a(T-T_c)\eta^2 + B\eta^4 - \eta hV. \tag{13.12}$$

由于外场的存在,即使是相当微弱的,也导致了在任何温度时序参量不为零．这样,将使高对称相的对称性下降,无序相与有序相的差异缩小．定性来看，外场附加项使得自由能曲线呈现不对称性(见图 13.5),在 T_c 以上,高温相极小值不在 $\eta = 0$ 处;在 T_c 以下,低温相的两个极小值变得不相等.根据平衡条件 $(\partial\Phi_h/\partial\eta)_{T,P,h} = 0$，即可求出

$$2a(T-T_c)\eta + 4B\eta^3 = hV, \tag{13.13}$$

这样可求出一定 h 值所对应的 η-T 曲线(见图 13.6) 或不同温度所对应 η-h 曲线(见图 13.7)．$T > T_c$，η 是 h 的单调函数,没有相变发生．如果 $T < T_c$，式(13.13) 左侧就不是 η 的单调函数，因而此方程式在一定的 η 值范围内有三个实根，这样 $\eta(h)$ 就不是 h 的单值函数．其范围可由如下条件:

$$\frac{\partial}{\partial\eta}[2a(T-T_c)\eta + 4B\eta^3] = 2a(T-T_c) + 12B\eta^2 = 0$$

定出．这样就得出

$$h_t = \left(\frac{2}{3}\right)^{\frac{3}{2}} \frac{[a(T_c-T)]^{\frac{3}{2}}}{VB^{\frac{1}{2}}}, \tag{13.14}$$

即 $|h| < h_t$ 范围内，$\eta(h)$ 将为图 13.7 所示的形式．显而易见，BB' 线段对应于热力学上的不稳态．至于线段 AB 及 $A'B'$，虽则自由能为极小值,但要比 $A'D'$ 及 AD 分别对应的极小值要高,这是外场导致的不对称性所引起的(参看图 13.5)．这样，AB 及 $A'B'$ 对应于亚稳态．$\eta(h)$ 平衡态值为 $DAA'D'$．如果在给定温度 $T < T_c$，外场作变化，经过 $h = 0$ 会产生一级相变，在此点上序参量为 $\eta = \pm[a(T_c-T)/2B]^{\frac{1}{2}}$ 的两个相相互平衡．实际上存在有滞后效应．当 h 从正值下降至零，$\eta(h)$ 沿 DA 变化,当反向场出现时,可能沿亚稳曲线 AB 变化,但不可能越过 B．类似地反向变化,也可能从 DA' 冲向 B'．这就是大家熟知磁滞回线或电磁回线． 当然在唯象理论中不可能给出回线的确切的形状,

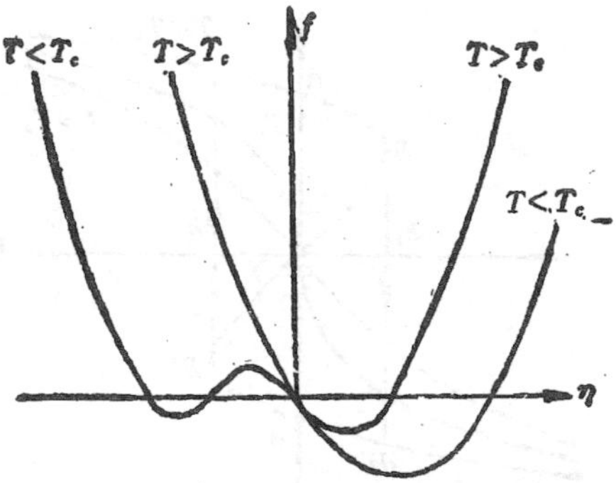

图 13.5　外场 ($h>0$) 对于朗道自由能曲线的影响.

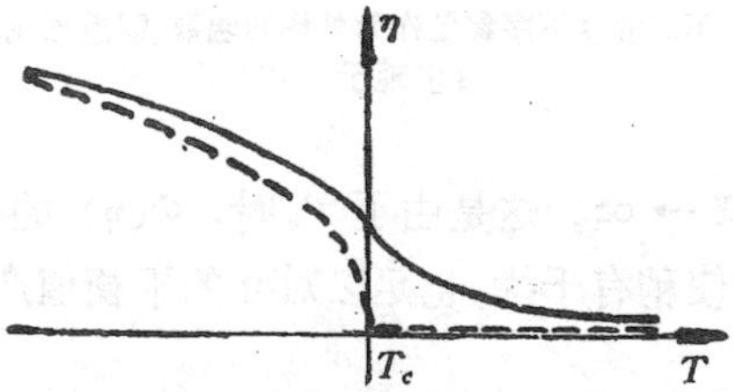

图 13.6　在外场作用下，序参量作为温度的函数(朗道理论). 虚线对应于外场为零.

而只能给出其上限.

磁化率或极化率可以定义为

$$\chi=\left(\frac{\partial\eta}{\partial h}\right)_{T,h\to0}. \tag{13.15}$$

对式(13.13)求导数，得出

$$\frac{\partial\eta}{\partial h}=\frac{V}{2a(T-T_c)+12B\eta^2},$$

这样，代入 $h\to0$ 的 η 值，可得

$$\left.\begin{aligned}\chi&=\frac{V}{2a(T-T_c)},\ T>T_c,\\ \chi&=\frac{V}{4a(T_c-T)},\ T<T_c.\end{aligned}\right\} \tag{13.16}$$

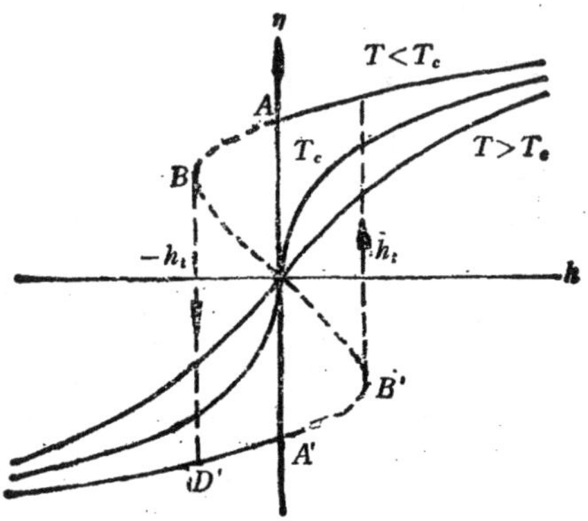

图 13.7 不同温度下序参量作为外场的函数(朗道理论). 一级相变出现于 $T<T_c$.

当 $T \to T_c$，$\chi \to \infty$，这是由于 T_c 时，$\Phi(\eta)$ 的极小值变得更加平坦，这样，即使稍有干扰，也足以对 η 的平衡值产生很大的影响.

§13.4 朗道理论的推广

(a) 朗道-德冯谢亚理论 朗道理论原来是针对二级相变提出的，作适当的修正也可以推广应用于一级相变. 德冯谢亚 (A. F. Devonshire) 为了处理铁电相变中的弱一级相变，提出如下的修正方案[59]: 即设 $B(P)<0$，为了保持低温相的稳定性，展开式必须包含六次项，并假定其系数 $D>0$，即

$$\Phi=\Phi_0+a(T-T_c)\eta^2+B\eta^4+D\eta^6. \tag{13.17}$$

图 13.8 给出了几个温度的自由能曲线，平衡态对应于 $\partial\Phi/\partial\eta=0$，即

$$2a(T-T_c)\eta+4B\eta^3+6D\eta^5=0.$$

除 $\eta=0$ 的解以外，其他的解满足如下条件:

$$\eta^2=\frac{-B\pm[B^2-3aD(T-T_c)]^{\frac{1}{2}}}{3D} \tag{13.18}$$

上式有实根的条件可以确定一极限温度，即

$$T^+ = T_c + \frac{B^2}{3aD} > T_c. \tag{13.19}$$

当 $T > T^+$ 时，Φ 只有一个极小值，即 $\eta = 0$；而当 $T \leqslant T^+$ 时，Φ 的极小值，除 $\eta = 0$，还有 $\eta \neq 0$ 的一对对称极小值 $\pm (B/3D)^{\frac{1}{2}}$，当温度从 T^+ 下降时，最初 $\eta \neq 0$ 的极小值大于 $\eta = 0$ 的极小值，表明无序相还是稳定相，而有序相为亚稳相。发生一级相变的温度 T_t 决定于三个极小值具有相同的 Φ 值，即可以根据 $\Phi - \Phi_0 = 0$ 有实根的条件求出

$$T_t = T_c + \frac{B^2}{4aD} < T^+. \tag{13.20}$$

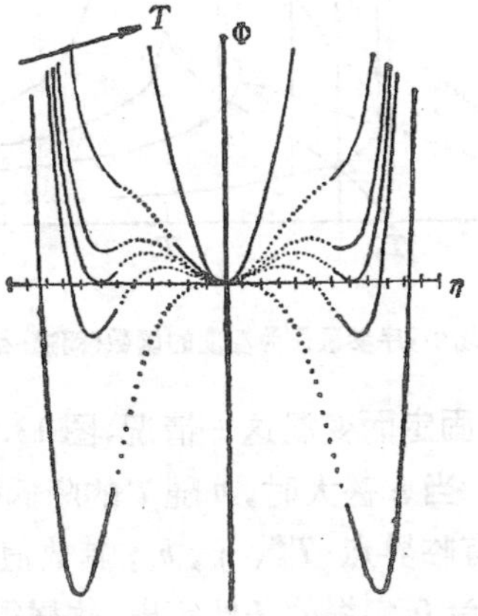

图 13.8 在不同温度下自由能作为序参量的函数（朗道-德冯谢亚理论）[60]．

此时 Φ 的极小值，除 $\eta = 0$ 处外，还在 $\eta = \pm(-B/2D)^{\frac{1}{2}}$ 处出现．极小值之间有一势垒，因而是一级相变．在相变点 η 值的阶跃就等于 $(-B/2D)^{\frac{1}{2}}$．如继续降温，无序相对应的极小值将高于有序相的极小值，此时，无序相成为亚稳相，而有序相为稳定相．式(13.18)中的负号与正号分别对应于 Φ 的极大值和极小值．若式(13.18)中取正号，该式就表示了 T_t 以下，η_0 随温度 T 变化的关系。在 $T = T_c$ 时，在 $\eta = 0$ 处 $\partial^2\Phi/\partial\eta^2 = 0$，$\Phi = 0$ 处的极小值

消失，T_c 即相当于无序相的绝对失稳限,此时 $\eta=\pm(2B/3D)^{\frac{1}{2}}$.

图 13.8 所示的自由能曲线对于 $\eta=0$ 轴是对称的,低温相有两个不同的等价取向. 如果施加外场 h，自由能表示式成为

$$\Phi_h=\Phi_0+a(T-T_c)\eta^2+B\eta^4+D\eta^6-h\eta V, \tag{13.21}$$

显然就破坏了自由能曲线的对称性. 平衡条件给出

$$Vh=2a(T-T_c)\eta+4B\eta^3+6D\eta^5. \tag{13.22}$$

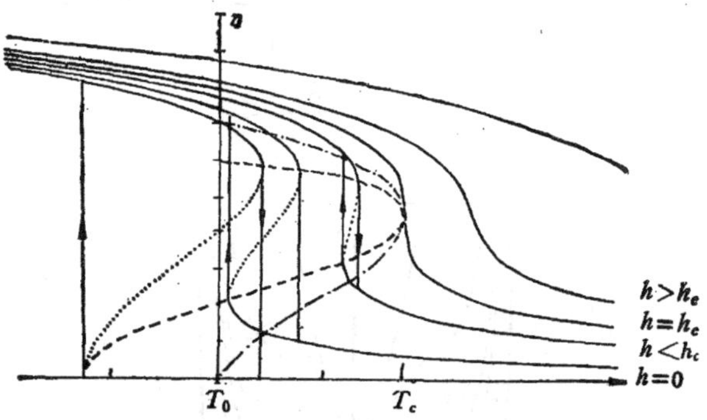

图 13.9　在不同外场中,序参量作为温度的函数(朗道-德冯谢亚理论)[60].

首先考虑外场固定而变温这一情况,图 13.9 显示了式(13.22)的一组 η-T 曲线. 当 h 甚大时，η 随 T 的降低而单调上升，因而不存在相变·存在有临界点 T_c^*，η_c，h_c，其数值可由对式 (13.21)求 $\partial\Phi_h/\partial\eta=0$ $\eta\neq0$ 实根的条件定出,这样得到

$$T_c^*=T_c+\frac{3B^2}{5aD},\quad \eta_c=\left(\frac{-B}{5D}\right)^{\frac{1}{2}},$$

$$Vh_c=\frac{16B^2}{25D}\left(\frac{-B}{5D}\right)^{\frac{1}{2}}. \tag{13.23}$$

在 $h<h_c$，可以得到温度诱发的一级相变，明显地有滞后效应. 在 η-T 曲线中的虚线部分(其周界为旋节线，图中破折线),虽然满足式(13.22)的平衡条件，但对应自由能的极大值，因而是不稳定的. 在给定的外场作用下,当温度和序参量处于区域之内,体系就分解为两个相. 这两个相的序参量对应于 η-T 曲线的实线部

分．设想在外场 ($h<h_c$) 中冷却，当 η-T 曲线和点划线曲线相交，两相具有相同的自由能值．因而这一点为平衡相变的温度．继续冷却，高温相成为亚稳相，到和破折线相交，高温相绝对失稳，这时必须发生相变(以向上的箭号表示)．这样点划线与破折线之间的区域为亚稳区．在升温过程中，低温相也经历亚稳区，然后完全失稳，按向下的箭号进行相变．这样就呈现出滞后现象．当然唯象理论无法预言实际体系中滞后的具体数值，只能给出其上限．

在临界点标志了 (T_c，η_c，h_c) 两相共存区的终结．在临界点以外，高温相可以逐渐转变为低温相，而不发生明确的相变．

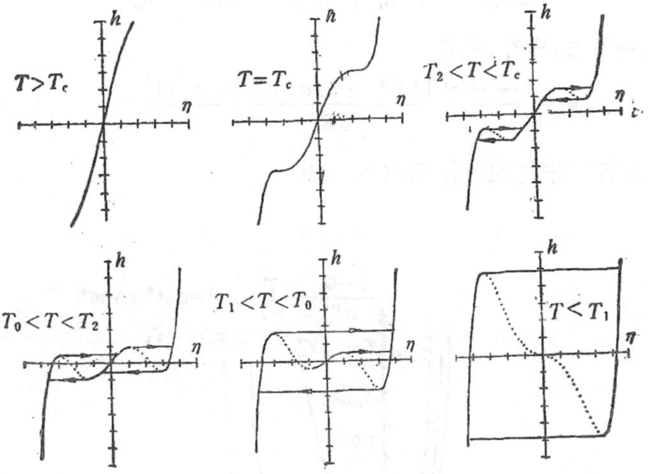

图 13.10 不同温度下序参量作为外场的函数（朗道-德冯谢亚理论）．虚线部分对应于非平衡态，将分解为两相共存[60]．

除了温度诱发的相变外，还可以有外场诱发的相变，在图 13.10 中示出了不同温度的 h-η 曲线．在 $T>T_c^*$，η 随 h 单调变化，不存在相变．在 $T_2<T<T_c$ 的区域，随了 h 的增加，可以发生高温相(小 η 值)向低温相（大 η 值）的相变．在 $T_2<T<T_1$，则随了 h 增大，除了高温相向低温相的相变外，还可以产生低

温相间不同取向的畴区的转变；在 $T < T_1$，只存在低温相畴区的转变。

(b) 朗道-德让理论 德让(P. G. deGennes)为了处理液晶中的一级相变，提出了朗道理论的另一修正方案[61,62]，即在自由能展开中保留三次项，即 $C \neq 0$，因而

$$\Phi = \Phi_0 + a(T - T_c)\eta^2 + C\eta^3 + B\eta^4 \tag{13.24}$$

仍然按照朗道理论原样 $B > 0$，而令 $C < 0$，从而使低温平衡相中的 η 值为正。图 13.11 给出了几个温度的自由能曲线。平衡态对应于 $\partial\Phi/\partial\eta = 0$，即

$$2a(T - T_c)\eta + 3C\eta^2 + 4B\eta^3 = 0.$$

除 $\eta = 0$ 的解外，还有

$$\eta = \frac{-3C \pm [9C^2 - 32aB(T - T_c)]^{\frac{1}{2}}}{8B}. \tag{13.25}$$

上式具有实根的温度限可以定出为

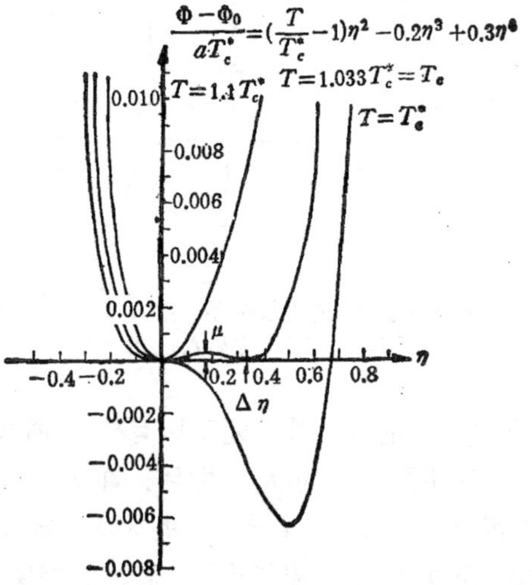

图 13.11 不同温度下自由能作为序参量的函数(朗道-德让理论)[62].

$$T^+ = T_c + \frac{9C^2}{32aB}. \tag{13.26}$$

在 T^+ 以下，对应于自由能的极值有三个解，除 $\eta = 0$ 外，还在 $\eta \neq 0$ 处有一极大值和极小值。发生一级相变的温度 T_t 可由 $\Phi - \Phi_0 = 0$ 有实根的条件定出，即

$$T_t = T_c + \frac{C^2}{4aB} < T^+. \tag{13.27}$$

此时两相的自由能相等，相变引起的序参量的跃变为

$$\Delta\eta = -\frac{C}{2B} \tag{13.28}$$

在 T_t 以下，平衡相为有序相，其序参量随温度下降而增长由式(13.25)中取正号给出。直到 $T = T_c$，$\eta = 0$ 处，$\partial^2\Phi/\partial\eta^2 = 0$，极小值变为旋节点。这样，$T_c$ 就相当于高温相的绝对失稳限，此时平衡相的 η 值为 $-6C/8B$

(c) *序参量与应变的耦合* 在结构相变之中，序参量往往和弹性应变耦合在一起，这样，在自由能展示式中将增加耦合项及弹性能项，使情况复杂化了。首先考虑单分量的序参量，和单一的应变参量 ε

$$\Phi = \Phi_0 + a(T - T_c)\eta^2 + B\eta^4 + C'\eta^2\varepsilon + \frac{1}{2}K\varepsilon^2 + \cdots\cdots, \tag{13.29}$$

这里的 C' 表示耦合系数，而 K 表示适当的弹性常数。在这里我们忽略弹性常数在 T_c 附近随温度的变化（当然有可能某些晶体在 T_c 附近弹性常数趋近于零或突然减小这一特殊情况，这类问题将在以后另作讨论）。此系统不受外应力的条件是 $\partial\Phi/\partial\varepsilon = 0$，这样，就得出

$$\varepsilon = \frac{C'\eta^2}{K}. \tag{13.30}$$

可以用以消去式(13.29)中的 ε，结果为

$$\Phi = \Phi_0 + a(T - T_c)\eta^2 + B^*\eta^4, \tag{13.31}$$

这里的

$$B^* = B - \frac{C'^2}{2K}, \tag{13.32}$$

这和式(13.6)相同，只是用 B^* 取代了 B，显然 $B^* < B$，应变与序参量的耦合可能驱使相变从二级变为一级。

§13.5 二级相变的对称性变化(朗道条件)

朗道理论的精萃在于将对称破缺这一概念引入了相变理论，将序参量不为零的有序相的出现和母相的对称性下降联系在一起。要再深入一步就有必要将晶体对称性(空间群)理论和§13.2中由直观引入的唯象理论结合起来进行考虑。

为此，引入密度函数 $\rho(\boldsymbol{r})$，用以描述晶体中原子在各位置上的几率分布，晶体平衡态的热力学势 Φ 是 P, T 的函数，因而在平衡态的附近，热力学势可以表示为

$$\Phi = \Phi(T, P, \rho(\boldsymbol{r})), \tag{13.33}$$

一般而言，这里的 $\rho(\boldsymbol{r})$ 是非平衡态的密度函数。只有对上式求绝对极小值，方能确定平衡态的密度函数.

当 P 为定值，在 T_c 附近 $\rho(\boldsymbol{r}, T, P)$ 作连续变化，它和 $T = T_c$ 时平衡态的 $\rho_0(\boldsymbol{r}, T, \rho)$ 只差一小量 $\delta\rho(\boldsymbol{r}, T, P)$，即

$$\rho(\boldsymbol{r}, T, P) = \rho_0(\boldsymbol{r}, T, P) + \delta\rho(\boldsymbol{r}, T, P), \tag{13.34}$$

这里的 $\delta\rho < \rho_0$

ρ_0 的空间群为 G_0；而 ρ 的空间群为 G，它应和 $\delta\rho$ 所对应的空间群相同，不会包含 G_0 所设有对称元素。因此 G 必须是 G_0 的子群.

按照群论(可参阅文献[63])，一个任意函数 ρ 总可以表示为某些函数 $\phi_1, \phi_2, \cdots$ 的线性组合，并且这些函数可以在 ρ 的对称群的所有变换中相互变换。这些变换矩阵构成了以函数 $\phi_1, \phi_2, \cdots$ 为基的群的表示。这些函数的选择不是唯一的。但我们总能够按下列方式来选择：它们可分为若干组，每组包含的函数的数目尽可能地少，而且每组函数在群的所有变换下，正好只是彼此

相互变换，这样一组函数的变换矩阵就构成了 G 群的不可约表示.

现在就用不可约表示的基函数 $\psi_i^{(n)}$ 来展开 ρ_0

$$\rho_0 = \sum_n \sum_i \eta_i^{(n)} \psi_i^{(n)}, \tag{13.35}$$

第一个求和式是对几个不可约表示进行，第二个求和式是对同一不可约表示中的不同基函数进行. i 的总数即代表这一表示的维数。这里的 $\eta_i^{(n)}$ 为标量系数。

和相变所对应的 $\delta\rho$ 的基函数，应是式(13.35)中的某一个或某几个不可约表示，但不可能是其恒等表示(因为它具 G_0 的对称性，因而不含产生相变所要求的对称性变化)。和两个不可约表示相对应的对称变换是相互独立的，它们应代表两个不同的相变.由于两个不可约表示的转变恰好在同一温度发生，纯属偶然，所以不妨认为在二级相变中的 $\delta\rho$ 只和高对称相的空间群 G_0 中的单一不可约表示相对应，即

$$\delta\rho(\boldsymbol{r}) = \sum_i \eta_i \psi_i(\boldsymbol{r}). \tag{13.36}$$

这样在二级结构相变中，确定可能的对称性变化的问题就简化为寻找空间群不可约表示和研究其性质。空间群的给定不可约表示的每一基函数可以写成如下的形式：

$$\psi_i(\boldsymbol{r}) = u_{i,\boldsymbol{k}} \exp(i\boldsymbol{k}\cdot\boldsymbol{r}), \tag{13.37}$$

这里的 $u_{i\boldsymbol{k}}(\boldsymbol{r})$ 具有晶格的周期性. 因而不可约表示是由倒格子中矢量 $\boldsymbol{k}$ 来表征. 在这里，我们可以看出，$\delta\rho$ 按不可约表示的基函数展开，实质上就是前面 §12.8 中用直观方法引入的调制波表述，$\boldsymbol{k}$ 即和调制波矢相当，而系数 η_i 与调制波振幅成正比。

系数 η_i 的数值乃由平衡条件来决定。 为了使晶体在 T_c 具有 ρ_0 的对称性，所以在这一点上诸 η_i 必须为零，即

$$T = T_c,\ \delta\rho = 0,\ \rho = \rho_0. \tag{13.38}$$

如果考虑的是二级相变，那么 $\delta\rho$ 必须以连续的方式趋于零，这就意味着在接近相变点时，系数 η_i 必须以无限小的值向零逼近。因而在临近 T_c 处，将热力学势以 η_i 的幂次来展开。由于自

由能必须与所选择的坐标系无关，所以展开式的每一幂次项必定只包含 η_i 相应幂次的标量不变式的组合。

在这里，可以对 η_i 进行归一化处理，即

$$\eta_i = \eta\gamma_i, \qquad \sum_i \gamma_i^2 = 1, \tag{13.39a}$$

因此

$$\eta^2 = \sum_i \eta_i^2, \tag{13.39b}$$

这样，热力学势的展开式就可以表示为

$$\phi = \phi_0(P,T) + \eta^2 A(P,T) + \eta^3 \sum_\alpha C_\alpha(P,T) f_\alpha^{(3)}(\gamma_i)$$
$$+ \eta^4 \sum_\alpha B_\alpha(P,T) f_\alpha^{(4)}(\gamma_i) + \cdots\cdots, \tag{13.39c}$$

这里的 $f_\alpha^{(3)}, f_\alpha^{(4)}\cdots\cdots$ 为由 γ_i 构成的三次，四次不变式，脚标 α 表示某一幂次相互独立的不变式。可以看出式(13.39)实质上相当于朗道自由能展开式对于多分量序参量的推广，而 η_i 对应于序参量的分量。

通过就 η 及 γ_i 对 Φ 求极小值，便可得到晶体的稳定态，稳定条件为

$$\frac{\partial\Phi}{\partial\eta} = 0, \qquad \frac{\partial^2\Phi}{\partial\eta^2} > 0. \tag{13.40}$$

因此，对于 $A>0, \eta=0$ 的相是稳定的；而对于 $A<0$，稳定相则对应于 $\eta \neq 0$. 这样，由于 A 的符号变化导致稳定相由 $\eta=0$ 向 $\eta \neq 0$ 变化，即对应于高对称相中某一不可约表示的 η_i 呈现非零值。这意味着在 $A=0$ 处，会发生高对称相 G_0 向低对称相 G 的相变。这要求在 $A=0$，$\eta=0$，晶体的自由能为极小值，那么，对应于 η 的正值或负值的微小变化必须导致 Φ 的增大。这种情况只有当自由能展示式中的三次相由于对称而等于零，即 $f_\alpha^{(3)}=0$，才能出现(除去 A, C 两系数同时为零这一特殊情况外)。

这样，我们就得出下述发生二级相变的三个必要条件：

(i) 相变中低对称相的空间群G是高对称相空间群G的子群。

(ii) 晶体的相变对应于 G_0 的单一不可约表示，但不能是其恒等表示。

(iii) 在序参量展开的自由能表示式中不存在三次项，即和相变对应的不可约表示中不能构筑三次不变式。

这些条件被称为连续相变的朗道判据，值得注意的是，这是发生连续相变的必要条件，而不是充分条件。换言之，实际发生的连续相变必须满足朗道条件；而满足朗道条件的却不一定是连续相变，仍然有可能是一级相变。

§13.6 涉及宏观不均匀性的相变与栗夫雪兹判据

前面所述的相变理论还是不全面的，即没有考虑到低对称相可能丧失宏观均匀性这一情况. 对于空间不均匀的系统，我们应该考虑作为位矢 $\boldsymbol{r}$ 函数的热力学势密度 φ，它是局域的序参量 η_i 及序参量梯度 $\nabla\eta_i$ 的函数，这样，整体的热力学势Φ表示为

$$\Phi = \int \varphi(\eta_i(\boldsymbol{r})\nabla\eta_i(\boldsymbol{r})P,T)dV, \qquad (13.41)$$

积分对于整个晶体进行。

显然，上节所述的朗道判据还不够全面，还需要进一步考虑晶体可能丧失宏观均匀性这一问题。对此，栗夫雪兹（E. M. Лифшиц）作了一个重要补充[64]。他的出发点在于考虑相变对于连续变化的 $\boldsymbol{k}$ 矢量的响应问题。在相变点 $T=T_c$，$\boldsymbol{k}=\boldsymbol{k}_0$，$A(\boldsymbol{k})$ 应为一极小值。通过此不可约表示的变换，$\boldsymbol{k}_0$ 就和一组 $\boldsymbol{k}$ 相连在一起，这组 k 被称为星$^*\{\boldsymbol{k}\}$.

$\boldsymbol{k}_0$ 的值决定了基函数 ψ_i 的平移对称性，因而决定了 $\delta\rho$ 和新相的周期性。新相要是稳定的，它的自由能应低于 $\boldsymbol{k}_0$ 附近 $\boldsymbol{k}$ 值所对应结构的自由能。具有 $\boldsymbol{k}=\boldsymbol{k}_0+\boldsymbol{\kappa}$（当$\boldsymbol{\kappa}$很小）的结构和具有 $\boldsymbol{k}=\boldsymbol{k}_0$ 的差别在于前者附加了一个空间调制，出现了周期为 $1/\boldsymbol{\kappa}$ 的不均匀性，其周期远大于晶格原来的周期，这种宏观的不均

匀性可以用序参量 η 在空间中缓变函数来描述。这一结果表明新相需要对丧失宏观均匀性保持稳定。这样，自由能密度 φ 的表示式中，应增加序参量对空间坐标求偏导数的项。如果限于最低次项，这些项应为包括

$$\frac{\partial\eta_i}{\partial x_p},\ \eta_i\frac{\partial\eta_j}{\partial x_p},\ i,j=1,2\cdots,d_\alpha;p=1,2,3$$

的不变式，这样，有

$$\begin{aligned}\varphi\left(P,T,\eta_i,\ \frac{\partial\eta}{\partial x_p}\right)&=\varphi_h(P,T,\eta_i)\\&+\sum_{i\ p}U_{i\,p}(P,T)\frac{\partial\eta_i}{\partial x_p}+\sum_{i,j,p}V_{i,j,p}(P,T)\\&\times\left[\eta_i\frac{\partial\eta_j}{\partial x_p}+\eta_j\frac{\partial\eta_i}{\partial x_p}\right]+\sum_{i,j,p}W_{i,j,p}(P,T)\\&\times\left[\eta_i\frac{\partial\eta_j}{\partial x_p}-\eta_j\frac{\partial\eta_i}{\partial x_p}\right]+\cdots\cdots。\end{aligned}\tag{13.42}$$

上式中右侧第一项表示原来的热力学势密度的展开式，而后面的三个附加项表示序参量梯度有关的项。 这些附加项也应对于群 G_0 的对称性保持不变性。下面考虑那些包含 $\partial\eta_i/\partial x_p$ 的项能够构筑不变式，如果不变式只与 $\partial\eta_i/\partial x_p$ 有关，则它对空间积分后将得出 η 的一次不变式。由于对 G_0 的对称操作保持不变的唯一的一次项为 ρ_0，所以式(13.42)右侧第二项必须舍弃。 至于第三项中包含

$$\eta_i\frac{\partial\eta_j}{\partial x_p}+\eta_j\frac{\partial\eta_i}{\partial x_p}$$

型的表示式，在对空间积分后，应得出二次项 $\eta_i\eta_j$，这种型式的二次项已经包含在 φ_h 之中。这样，需要考虑的只剩下了第四项。它包含

$$\eta_i\frac{\partial\eta_j}{\partial x_p}-\eta_j\frac{\partial\eta_i}{\partial x_p}$$

型的项，在对空间积分之后并不导致二次项。它的确可以构筑对

G_0 对称操作的不变式，即被称为栗夫雪兹不变式（Lifshits invariant）。按这种方式所构筑的不变式，进行空间积分，并适当地选择系数的正负号，可得到

$$\int \varphi dV = \int \varphi_h dV + \sum_{i,j,p} W_{i,j,p}(P,T)$$

$$\times \int \left(\eta_i \frac{\partial \eta_j}{\partial x_p} - \eta_j \frac{\partial \eta_i}{\partial x_p} \right) dV < \int \varphi_h dV, \tag{13.43}$$

这一结果表明，如果对称性不能排除栗夫雪兹不变式，将可能使得不均匀相比均匀相的自由能还要低，即使稳定相是空间上不均匀的也是这样。于是，我们可以表述连续相变的第四个条件，即栗夫雪兹条件：要实现两个宏观上均匀相之间的连续相变，则栗夫雪兹不变式应为对称性所排除。

当栗夫雪兹不变式存在时，与之有关的自由能密度可以表示为

$$\sum_{\alpha} W_{\alpha}(P,T) \sum_{i,j,p} W_{ijp\alpha} \left[\eta_i^{\alpha} \frac{\partial \eta_j^{\alpha}}{\partial x_p} - \eta_j^{\alpha} \frac{\partial \eta_i^{\alpha}}{\partial x_p} \right]$$

$$= \sum_{\alpha} W_{\alpha}(P, T) I_{\alpha}(\eta_i^{\alpha}), \tag{13.44}$$

对 α 叠加表示存在有一定数目的不变式。不变式 $I_{\alpha}(\eta_i)$ 的数目与形式取决于不可约表示 $D^{(k_0\beta)}$ 的类型，即星 $\boldsymbol{k}$ 与指数 β. 下面要考虑和高温相对称群的不可约表示的不同类型的星 $\boldsymbol{k}$. $\boldsymbol{k}$ 可按其在第一布里渊区中的代表点的情形，可区分为：(i) $\boldsymbol{k}$ 为一般点，因而可以在三维的范围中变化；(ii) $\boldsymbol{k}$ 为处于对称面上的一般点，因而可以在二维范围中变化；(iii) $\boldsymbol{k}$ 为处于对称轴上的一般点，因而可以在一维范围内变化；(iv) $\boldsymbol{k}$ 为特殊点，处在零维范围内。当 $\boldsymbol{k}$ 在上述范围内变化时，将引起表示 $D^{(\boldsymbol{k}_0,\beta)}$ 相应的连续变化，指数 β 保持不变，但系数 $W(P, T)$ 将随之而变化。令 $m(k_0)$ 表示 $\boldsymbol{k}_0$ 的自由度，这样，$\boldsymbol{k}_0$ 点的坐标为 $k_{01}, k_{02}, \cdots, k_{0m}$，$W(P,T)$ 将为这些坐标的函数，即 $W_{\alpha}=(P,T,k_{01},k_{02},\cdots,k_{0m})$. 如果在相变点 (P_c,T_c) 以下对于特定 P,T 值，$W_{\alpha}=0$，那么即使

是不均匀的晶体也可达到自由能的极小值，条件可以表示为

$$W_\alpha(P,T,k_{01},k_{02},\cdots,k_{0m})=0,$$
$$\alpha=1,2,\cdots;\ (P,T)<(P_c,T_c), \tag{13.45}$$

W 的数目等于不变式 I_α 的数目．独立的不变式的数目 m^I 将等于或大于 $m(\boldsymbol{k}_0)$，但不可能小于 $m(\boldsymbol{k}_0)$．如果 $m^I=m(\boldsymbol{k}_0)$，式(13.45)的方程数和变量（$k_{01},k_{02},\cdots,k_{0m}$）数相等．$\boldsymbol{k}_0$ 即可视为这些方程在（P, T）点的解．P 与 T 的无穷小变化将导致解的无穷小变化，这样，在（P, T）点附近的两维范围内，不可约表示的形式相同，但 $\boldsymbol{k}_0$ 可以随 P,T 而变化．如果 $m^I=m(\boldsymbol{k}_0)+1$，解只存在于（$P,T$）面的一条线上；如 $m^I=m(\boldsymbol{k}_0)+2$，解只存在于（$P$, T）面上的特定点．如果 $\boldsymbol{k}_0$ 处于布里渊区的特殊点，式(13.45)的解就不可能存在． 这就相当于满足了上述的栗夫雪兹条件，这是在连续相变中存在三维周期结构的必要条件[65]．

根据对称性的考虑，栗夫雪兹曾证明条件（d）对于 $\boldsymbol{k}$ 量施加了严格的限制；使可能满足此条件的 $\boldsymbol{k}$ 矢量的终点限于第一布里渊区中的某些特殊点(对应于对称元素的交点)，而将一般点对应的 $\boldsymbol{k}$ 完全排除掉，这样，需要考虑的不可约表示就大为简化了．按照这一判据，在 T_c 以下低对称相的 $\boldsymbol{k}$ 为原型相的 $\boldsymbol{k}$ 的简单分数而基矢 $\boldsymbol{a}_i'$ 只为原型相中基矢 $\boldsymbol{a}_i$ 的简单倍数，即

$$\boldsymbol{a}_i'=\sum_j l_{ij}\boldsymbol{a}_j,\ (i,j=1,2,3) \tag{13.46}$$

式中 l_{ij} 是整数．如果栗夫雪兹判据不被满足，那么低对称相的基矢 $\boldsymbol{a}_i'$ 将不是原型相 $\boldsymbol{a}_i$ 的简单倍数，这样，就出现了无公度相，即调制波的周期与原型相的周期是无公度的(或不可通约的)．我们将在后面讨论这类涉及无公度相的相变问题（参阅 § 13.12)．

另外，和相变问题相联系在一起的，有不同取向畴区或不同相之间的共存问题，因而在体系之中可能存在有界面或其他的不均匀性． 金兹堡（Б. Л. Гинзбург）与朗道为超导相变所提出的金兹堡-朗道方程首先计及了序参量梯度项的贡献[66]，这个方程将在本书的第三卷中加以论述．这里只考虑最简单的情况，即只有单

一序参量，而且由于对称性考虑，序参量和其梯度的一次项均不出现，那么，梯度项的最低次项就是二次项，因而金兹堡-朗道自由能密度可以表示为

$$\varphi(\eta,\nabla\eta,P,T)=\varphi_H(\eta,P,T)+K(\nabla\eta)^2, \qquad (13.47)$$

这里的 φ_H 为均匀的自由能密度. 而系数 K 一般为正值，否则此体系将自发分成无穷多的畴区来降低其自由能. 在无外场作用下，体系的总自由能为

$$\Phi=\int\varphi(\eta(\boldsymbol{r}),\nabla\eta(\boldsymbol{r}),P,T)dV, \qquad (13.48)$$

平衡态决定于总自由能的极小值. 这一条件决定了序参量在空间分布的状况. 因而可以根据它来求出畴界的结构，然后再代回式13.48)中，即可求出畴界的能量，当然，也不难将这一处理推广到多分量序参量的情形.

§ 13.7 朗道理论与相图

下面介绍朗道理论与相图的关系[17]. 朗道理论中的系数及序参量都是温度 T 和压强 P 的函数. 这样，在 T-P 图上，连续相变点 (T_c,P_c) 一般表示为一曲线，区分高对称相 I 与低对称相 II. 也可能出现连续相变线和一般相变线(图 13.12(a) 中的虚线与实线)相交的情况. 从同一高对称相 $(\delta\rho=0)$，沿 AB 及 BD 分别过渡到两个不同的低对称相 II$(\delta\rho_{\rm II}\neq 0)$ 及 III$(\delta\rho_{\rm III}\neq 0)$. $\delta\rho_{\rm II}$ 及 $\delta\rho_{\rm III}$ 的空间群都是高对称相 I 的空间群的子群，但它们之间却不相互形成子群关系，因此 $\delta\rho_{\rm II}-\delta\rho_{\rm III}$ 的差异并不能趋于零，所以相 II 与相 III 之间不可能有连续相变，只能是出现一级相变（图 13.12(a) 中的实线 BD). 在 B 点三相是等同的，而沿 AB，相 I 与相 II 是等同的(即 $\delta\rho_{\rm II}=0$)，而沿 BC，则相 I 与相 III 是等同的，即 $\delta\rho_{\rm III}=0$.

可以证明，两根连续相变线的相交只能以图 13.12(b) 所示的形式出现. 如果 I 是高对称相，那么，相 II 及 III 的对称性应较低，它们的空间群应是相 I 的空间群的子群. 而相 IV 的对称相

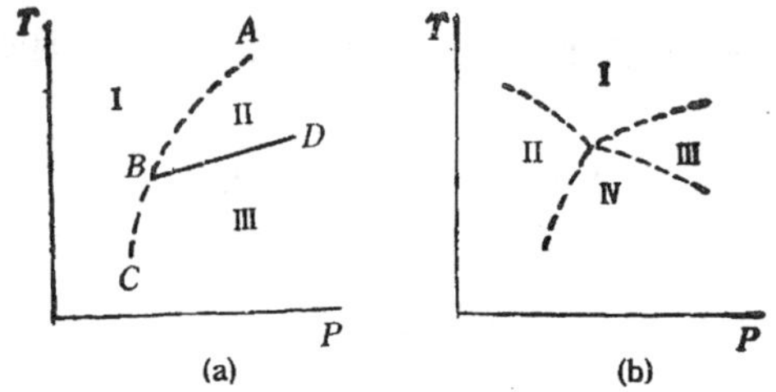

图 13.12 T-P 图上相变线的相交. (a) 连续相变线与一级相变线的相交; (b) 数根连续相变线的相交.

要比相 II 及 III 还要低. 相 IV 的空间群应同时是相II及相 III 的空间群的子群.

按照朗道理论, T-P 图上相 I 与相 II 间连续相变线可能在 K 点中止, 而接以一级相变线. 这种连续相变和一级相变曲线的交接点被称为连续相变的临界点(它和液-气相变的临界点是有其相似之处),在文献中被称为三临界点 (tricritical point).

我们可以应用 § 13.4 所述的朗道-德冯谢亚理论来具体说明三临界点的性质. 自由能展开式应写到六次项. 在连续相变曲线上, $A=0$, $B>0$; 而一级相变曲线上, $B<0$; 这样, 可以推断在三临界点 $K(T=T_{tc}, P=P_{tc})$, $B=0$. 在一级相变曲线 ($T=T_t$) 上,两相的热力学势相等,

$$T_t = T_c + \frac{B^2}{4aD},\ A = a(T_t - T_c) = \frac{B^2}{4D},$$

$$\Delta\eta = \pm\left(\frac{-B}{2D}\right)^{\frac{1}{2}}. \tag{13.49}$$

另外, $A=0$ 曲线延伸到一级相变中成为高温相的失稳曲线 T_{s_1}

$$T = T_c,\ A = 0,\ \Delta\eta = \pm\left(\frac{2B}{3D}\right)^{\frac{1}{2}}. \tag{13.50}$$

还有低温相的失稳曲线 T_{s_2}

$$T = T_c + \frac{B^2}{3aD},\ A = a(T^+ - T_c) = \frac{B^2}{3D},$$

$$\Delta\eta = \pm\left(\frac{B}{3D}\right)^{\frac{1}{2}}. \tag{13.51}$$

这样，一根连续相变曲线在 K 点分为三支（见图 13.13）．在 K 点上，由于 $B=0$，比热的跃变为无限大．

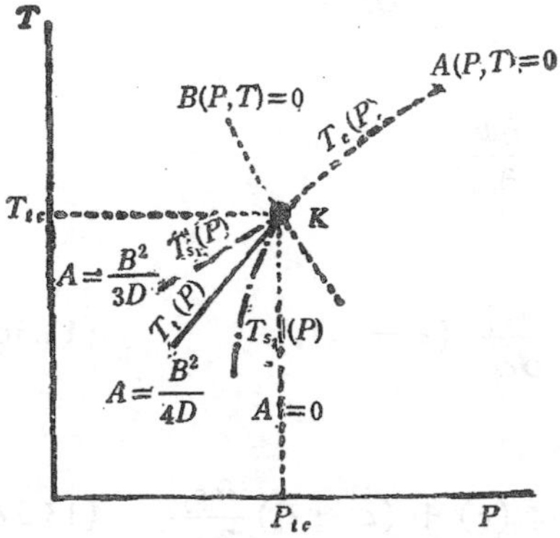

图 13.13　T-P 图上的三度临界点．

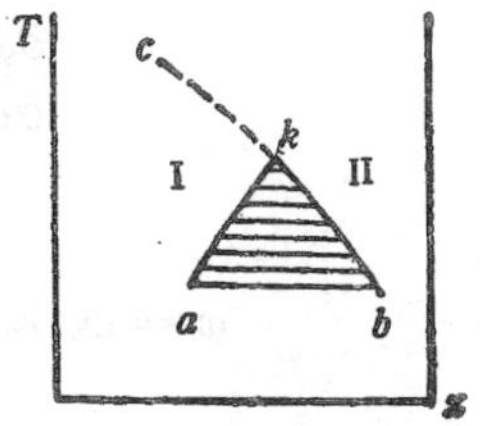

图 13.14　T-c 图上的脱溶曲线与三度临界点．

下面我们来探讨连续相变曲线和两相混合物脱溶曲线相交的情形(图 13.14)．考虑 K 点附近的自由能表示式．此时 Φ_0 及诸系数 A,B 不仅是 P,T 的函数，也是成分 c 的函数．两相混合物的平衡条件为两相的化学势相等，此时在脱溶曲线的两侧，一侧为高温相 $(\eta=0, \Phi=\Phi_0)$，另一侧 $\Phi=\Phi_0+A\eta^2+B\eta^4$．如果令 c_0 及 c 分别表示两相的成分，即平衡条件可表示为

$$\left.\begin{aligned} \frac{\partial\Phi_0}{\partial c_0} &= \frac{\partial\Phi}{\partial c}, \\ \Phi_0(c_0) - c_0\frac{\partial\Phi_0}{\partial c_0} &= \Phi - c\frac{\partial\Phi}{\partial c}. \end{aligned}\right\} \tag{13.52}$$

用 $\Phi=\Phi_0+A\eta^2+B\eta^4$ 代入上式，可得

$$\frac{\partial\Phi_0}{\partial c_0} = \frac{\partial\Phi_0}{\partial c} + \frac{\partial A}{\partial c}\eta^2, \tag{13.53}$$

在曲线上，$(\partial A/\partial c)$ 一般不为零，所以只需考虑到 η 的两次项为止。下面将 $(\partial \Phi_0/\partial c)$ 展开为级数

$$\frac{\partial \Phi_0}{\partial c} = \frac{\partial \Phi_0}{\partial c_0} + (c - c_0)\frac{\partial^2 \Phi_0}{\partial c_0^2}, \tag{13.54}$$

代入式(13.53)，可求出

$$-\frac{\partial^2 \Phi}{\partial c_0^2}(c - c_0) = \frac{\partial A}{\partial c}\eta^2, \tag{13.55}$$

取一级近似

$$\frac{\partial \Phi_0}{\partial c_0} \cong \frac{\partial \Phi}{\partial c_0},$$

可得

$$\Phi = \Phi_0(c_0) + \frac{\partial \Phi_0}{\partial c_0}(c - c_0), \tag{13.56}$$

以 $\Phi = \Phi_0 + A\eta^2 + B\eta^4$ 代入

$$A\eta^2 + B\eta^4 = \Phi_0(c_0) - \Phi_0(c) + (c - c_0)\frac{\partial \Phi_0}{\partial c_0}. \tag{13.57}$$

将 $\Phi_0(c_0) - \Phi_0(c)$ 展开为级数，代入上式可得

$$A\eta^2 + B\eta^4 = -\frac{(c - c_0)^2}{2}\frac{\partial^2 \Phi_0}{\partial c_0^2}, \tag{13.58}$$

再用式(13.55)中的 $(\partial^2 \Phi_0/\partial c_0^2)$ 代入，可得到

$$A + B\eta^2 = \frac{(c - c_0)}{2}\frac{\partial A}{\partial c}. \tag{13.59}$$

用平衡的 η 值 $(\eta^2 = -A/2B)$ 代入上式，可得

$$A - (c - c_0)\frac{\partial A}{\partial c} = 0. \tag{13.60}$$

利用式(13.60)消去式(13.55)的 $c - c_0$，可求得出

$$B = \left(\frac{\partial A}{\partial c}\right)^2 \Big/ 2\frac{\partial^2 \Phi_0}{\partial c_0^2}. \tag{13.61}$$

这样，在 K 点，B 并不等于零。而且由于合金热力学 $(\partial^2 \Phi_0/\partial c_0^2) > 0$，故 $B > 0$。在图 13.14 中，虚线 ck 为连续相变曲线，区分开

相 II (高对称相)与相 I (低对称相)。曲线 ck 以连续方式转变为 kb，而 ka 分岔出来。曲线 akb 为一级相变曲线，划线区域为相 I 与相 II 的共存区。k 为三临界点，由于 $B \neq 0$，三临界点上比热的跃变为有限值。

如果 Φ 的展开式中的三次项不恒等为零，连续相变只能出现于二次项与三次项的系数均等于零，即 $A(P,T)=0, C(P,T)=0$。其后果为不可能出现连续相变线，连续相变只能出现在孤立点上，这些孤立点是一级相变曲线的交点(如图 13.15 中的 O 点)。在图 13.15(a) 所示的情况中，相 II 与相 III 的对称性相同，差别只在 η 的正负号。在连续相变点 O，所有三相都变为等同的。图 13.15(b) 所示的是更复杂的情形，有两条或更多的一级相变曲线在 O 点相切，相 I 为高对称相，其余的相对称性较低；相 II 与相 III (或相 IV 与相 V) 的对称相同，所不同的只是在于 η 的正负号。

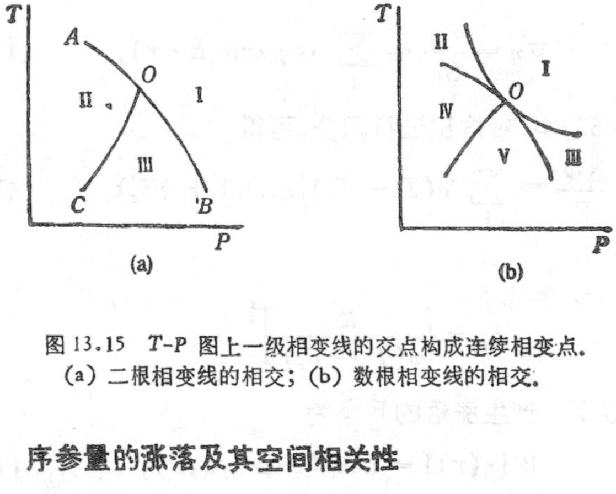

图 13.15 T-P 图上一级相变线的交点构成连续相变点。
(a) 二根相变线的相交；(b) 数根相变线的相交。

§ 13.8 序参量的涨落及其空间相关性

奥尔恩斯坦 (L.S. Ornstein) 与则尼克 (F. Zernicke) 早在 1914 年就研究了临界点附近的密度涨落问题[67]。这里着重讨论朗道理论中序参量的涨落及其空间相关性的问题[56,33]。

如 §13.6 中所述，在非均匀体系中，自由能密度可表示为

$$\varphi(\eta(\boldsymbol{r})P,T)=\varphi_0(P,T)+a(T-T_c)[\eta(\boldsymbol{r})]^2 + K[\nabla\eta(\boldsymbol{r})]^2+B[\eta(\boldsymbol{r})]^4-\eta h. \tag{13.62}$$

如果$K>0$,$K(\nabla\eta)^2$ 项将阻碍序参量在空间中的变化.在 T_c 点,系数K不等于零,因而在 T_c附近,K一般不是小值;对于$K<0$,自由能极小值应对应于η 在空间中是不均匀的.

由于涨落,高温相(序参量平均值为零,即$\bar{\eta}=0$)中局域的序参量 $\eta(\boldsymbol{r})$ 可以和平衡态的零值发生偏离. 由于序参量的涨落,单位体积中自由能的变化等于(忽略外场,近似到二次项)

$$\frac{\Delta\Phi}{V}=\frac{1}{V}\int(\varphi-\varphi_0)dV = \frac{1}{V}\int\{a(T-T_c)[\eta(\boldsymbol{r})]^2+K[\nabla\eta(\boldsymbol{r})]^2\}dV. \tag{13.63}$$

将 $\eta(\boldsymbol{r})$ 作傅里叶展开,即

$$\eta(\boldsymbol{r})=\sum_{\boldsymbol{k}}\eta_{\boldsymbol{k}}\exp i(\boldsymbol{k}\cdot\boldsymbol{r}), \tag{13.64a}$$

$$\nabla\eta=\frac{\partial\eta}{\partial r}=\sum_{k}ik\eta_k\exp(\boldsymbol{k}\cdot\boldsymbol{r}), \tag{13.64b}$$

代人式(13.63)中,对体积进行积分,可得

$$\frac{\Delta\Phi}{V}=\sum_{k}a(T-T_c)|\eta_k|^2(1+k^2\xi_c^2), \tag{13.65}$$

这里

$$\xi_c=\left[\frac{K}{a(T-T_c)}\right]^{\frac{1}{2}}.$$

在恒温 T,产生涨落的几率为

$$W[\eta(\boldsymbol{r})]=\alpha\exp(-\Delta\Phi/k_BT), \tag{13.66}$$

这里α为归一化常数,k_B 为玻耳兹曼常数.

可以求出序参量的傅里叶分量 η_k 的均方涨落

$$\overline{|\eta_k|^2}=\alpha\int_{-\infty}^{\infty}|\eta_k|^2\exp(-\Delta\Phi/k_BT)d\eta_k$$

$$=\frac{k_BT}{2a(T-T_c)(1+k^2\xi_c^2)}. \tag{13.67}$$

当 $T\to T_c$，对于 $k\neq 0$，$\overline{|\eta_k|^2}$ 趋于一有限值；而对于 $k=0$，$\overline{|\eta_k|^2}$ 随 $(T-T_c)^{-1}$ 而发散．这一结果表明在 T_c 附近将出现长波长的涨落．引入相关函数 $C(\boldsymbol{r},\boldsymbol{r}')$ 用以描述在空间不同点 $\boldsymbol{r}$ 与 $\boldsymbol{r}'$ 点上序参量涨落之间的相关量

$$C(\boldsymbol{r},\boldsymbol{r}')=\langle\Delta\eta(\boldsymbol{r})\Delta\eta(\boldsymbol{r}')\rangle. \tag{13.68}$$

采用式(13.64)的逆变换，得到

$$C(\boldsymbol{r},\boldsymbol{r}')=|\eta(\boldsymbol{r}_i)|^2\frac{\exp[-|\boldsymbol{r}_i-\boldsymbol{r}_j|/\xi_c]}{|\boldsymbol{r}_i-\boldsymbol{r}_j|}. \tag{13.69}$$

可以看出，ξ_c 具有关联长度的物理意义，当 $\xi_c=|\boldsymbol{r}_i-\boldsymbol{r}_j|$，相关函数即显著减小　而当 $T\to T_c$，$\xi_c\to\infty$，在 T_c 点相关函数的指数因子等于 1，相关函数随 $1/|r_i-r_j|$ 而衰减，其相关性显然比远离 T_c 的温度要大得多．

式(13.69)还表明体系形成了局域有序化，即使在高对称相，在尺寸相当于相关长度 ξ 量级的局部区域即是如此． 当从高温逼近 T_c 时，这些区域的尺寸发散．

在外场的作用下，序参量的平均值对于非均匀外场变化的响应为

$$\overline{\delta\eta(\boldsymbol{r})}=(k_BT)^{-1}\int C(\boldsymbol{r},\boldsymbol{r}')\delta h(\boldsymbol{r})dV, \tag{13.70}$$

这样，静态极化率即等于

$$\chi_{k=0}=\overline{\left(\frac{\partial\eta}{\partial h}\right)}=(k_BT)^{-1}\int C(\boldsymbol{r},\boldsymbol{r}')dV$$

$$=\frac{\xi_c^2}{K}=\frac{1}{a(T-T_c)}. \tag{13.71}$$

这一结果表明序参量涨落的关联长度的发散是如何引起静态极化率的发散的，一般地与波数有关的极化率为

$$\chi(k,0)=\frac{1}{V}\left(\frac{\partial^2(\Delta\Phi)}{\partial\eta_k^2}\right)^{-1}=\frac{1}{2a(T-T_c)[1+k^2\xi_c^2]}. \tag{13.72}$$

在相变温度附近 ($T \to T_c$)，序参量涨落的关联长度 ξ_c 与静态极化率 $\chi_{k=0}$ 均趋于无限大，这将导致朗道理论的失效。这一区域内的问题被称为临界现象，要正确地处理它，就有必要引入重正化群的理论，我们将在后面的第十八章中予以论述。

II 朗道理论的若干应用

朗道理论或其变型，虽有其局限性，但已被广泛应用于许多具体相变的研究，而且应用的领域尚在继续扩大。这里首先介绍一些比较成熟的应用：例如由于点群对称性变化而引起的宏观张量性质的出现，如铁磁相变，铁电相变及铁弹相变；涉及平移对称性变化的有序-无序相变，以及可能兼有点阵对称性和平移对称性变化的位移型结构相变。其次，我们将讨论一些较近期的发展，如无公度相变与马氏体型相变；最后介绍一些带有探索性，尚无定论的问题，如液相凝固中的结晶及准晶的形成。

§ 13.9 铁性相变

按照晶体物理学的诺埃曼原理 (Neumann's Principle)，晶体的宏观物理性质的方向性对称元素应包含于晶体的点群对称性[68]。由于这一原理将导致某一或某些张量性质为点群对称性所禁戒。例如在具有中心对称晶类中，不可能有自发极化出现，因为它和这些晶类中的反演对称性不相容。

如果晶体经历了点群对称性降低的相变，假如禁戒某一物性的对称元素在相变中消失了，就可以导致某一或某些原来被禁戒的张量分量取得非零值。也可以说由于出现某一或某些张量性质的分量导致了点群对称性的降低。例如铁电相变伴生了可以重新取向的自发极化分量的出现，总涉及点群对称性的降低。类似地，自发磁化的出现标志了对称性破缺的铁磁相变。

伴有点群对称性变化的相变，被称为铁性 (ferroic) 相变[34]。我们称一个晶体为铁性相，如果此相由对称性下降的铁性相变所产生；常称铁性相变的高温相为一特定的原型（prototype）结构(实在的或假想的)，从它可以导出铁性相。

除了常见的铁磁性和铁电性晶体外，还可能有其他铁性晶体。铁弹性晶体即为一个例子，它是铁磁性和铁电性在力学性质的类比物。点群对称性的变化是伴随着自发应变（具有极性的对称二阶张量性质)的出现或消失，很显然，铁性这一术语是带类比性的，它和金属学含铁材料，完全是两码事。

在铁性相变中，原型点群中的某一个或几个对称元素丧失了，这意味着在铁性相中存在两个或更多个不同取向，能量上简并的状态，相当于不同的畴。如果假设晶体处于外场之中，这包括电场 E_i，磁场 M_i 或单轴应力场 $\sigma_{ij}(i,j=1,2,3)$。这一取向态的自由能密度可以用如下的微分形式来表示：

$$d\varphi = SdT - P_i dE_i - M_i dH_i - e_{ij} d\sigma_{ij}. \tag{13.73}$$

电极化强度 P_i 可以表示为自发部分 $P_{(s)i}$ 与外场诱发部分的叠加，即

$$P_i = P_{(s)i} + K_{ij}E_j + \alpha_{ij}H_j + d_{ijk}\sigma_{jk} + \cdots, \tag{13.74}$$

这里的 K_{ij}, α_{ij} 与 d_{ijk} 分别是极化率张量，磁电和压电张量.在这里我们忽略了高次项及交叉项。类似地，磁化强度可以表示为自发部分 $M_{(s)i}$ 与外场诱发部分的叠加

$$M_i = M_{(s)i} + \chi_{ij}H_j + \alpha_{ij}E_j + Q_{ijk}\sigma_{jk} + \cdots, \tag{13.75}$$

这里的 χ_{ij} 及 Q_{ijk} 分别为磁化率张量和压电张量的分量，类似地应变可以表示自发部分 $e_{(s)ij}$ 与外场诱发的叠加，即

$$e_{ij} = e_{(s)ij} + S_{ijkl}\sigma_{kl} + d_{kij}E_k + Q_{kij}H_k + \cdots\cdots, \tag{13.76}$$

这里 S_{ijkl} 为弹性顺服张量的分量。

将式(13.74)，(13.75)，(13.76)代入式(13.73)，再进行积分，将给出取向态 S_1 的自由能密度 Φ_1，类似地可以求另一取向态 S_2 的自由能密度 Φ_2，两者之差 $\Delta\Phi = \Phi_2 - \Phi_1$ 将决定晶体是否从态 S_1 转至态 S_2，这样 $\Delta\Phi$ 的表示式等于

$$-\Delta\varphi = \Delta P_{(s)i}E_i + \Delta M_{(s)i}H_i + \Delta e_{(s)ij}\sigma_{ij}$$

$$+(1/2)\Delta K_{ij}E_iE_j+(1/2)\Delta\chi_{ij}H_iH_j$$
$$+(1/2)\Delta S_{ijkl}\sigma_{ij}\sigma_{kl}+\Delta\alpha_{ij}E_iH_j$$
$$+\Delta d_{ijk}E_i\sigma_{jk}+\Delta Q_{ijk}H_i\sigma_{jk}$$
$$+(1/6)\varepsilon_{ijk}E_iE_jE_k, \tag{13.77}$$

在此处，$\Delta P_{(s)i}$ 为态 S_2 与态 S_1 的自发极化的 i 分量之差，余可类推。ε_{ijk} 为三阶电极化张量，式(13.77)也可以根据朗道自由能密度展开式直接写出来[69]。我们可用式(13.77)来区分各种类型的铁性晶体。

如果至少有一对取向态，$\Delta P_{(s)i}\neq 0$（一个 i 值或不止一个），晶体即被称为铁电体。类似地由一对 $\Delta M_{(s)i}\neq 0$ 或 $\Delta\sigma_{(s)ij}\neq 0$，可以定义铁磁体或铁弹体。铁弹体是一种外形有变化的机械孪晶[70]。

上述的铁电体，铁磁体和铁弹体均为初级铁性体。如果所有的取向态间的 $\Delta e_{(s)ij}$ 均为零，那就不是铁弹体。但不管是否是铁弹体或其他铁物性体，有可能存在一对取向态的 $\Delta S_{ijkl}\neq 0$，这样的晶体被称为二阶铁弹体（ferrobielastic），二阶铁弹体是一种外形无变化的机械孪生[70]，像石英晶体是一种二阶铁弹体，其中的道芬（Dauphine）孪晶，即为二阶铁弹畴。

我们也可以用类似的方式来定义二阶铁电体或二阶铁磁体，分别对应于至少有一组 $\Delta k_{ij}\neq 0$ 或 $\Delta\chi_{ij}\neq 0$。另外如果有一组磁电极化率张量的分量 $\Delta\alpha_{ij}\neq 0$，对应于铁磁电体；类似地 $\Delta d_{ikj}\neq 0$，或 $\Delta Q_{ijk}\neq 0$，可以定义铁电弹体或铁磁弹体。这些连同二阶铁弹体，铁电体，铁磁体等构成了六类次级铁性晶体。

铁弹晶体具有自发应变，而且其自发应变的分量就构成了朗道理论中的序参量。这和我们上章中介绍过的马氏体型相变颇为相似。某些马氏体型相变显然就是铁弹相变，但值得注意的是，两者之间也可能存在一些差别。这主要反映在原型相与新相的对称性关系上。朗道理论强调在相变中原型相的某些对称元素的丧失，因而新相的对称群应为原型相的子群。而在马氏体型相变之中，这种群与子群的关系不一定被遵守。例如 Fe-Ni 合金的从面心立方到体心立方的相变，或 Co 中面心立方到密集六角的相变，这些都不遵循群与子群的关系，因此，严格说来，这些就不能称为铁弹相变。

铁性相变也有本征（proper）与非本征（improper）之分。在本征铁电相变中，自发极化足以充分说明晶体中空间群的变化；在本征铁弹相变中，自发应变扮演了类似的角色。下面我们以 $BaTiO_3$ 在 403K 从立方-四方（$P_{m3m} \to P_{4mm}$）相变为例来说明本征与非本征铁性相变的差异：这一相变的低温相兼具自发极化与自发应变，因而是铁电-铁弹相变。但在这一情形，自发应变不足以完全说明相变引起的对称性变化。因为如果我们将原型相沿立方轴之一作均匀的拉伸或压缩，将导致四方相出现，但这种四方相仍是具有中心对称性。而实际观测到的低对称相是极性的，丧失了中心对称性。因而序参量应是自发极化，而不是自发应变。所以这一相变是本征铁电性的，也是非本征铁弹性的。

§ 13.10 有序-无序相变

（a）连续相变的判据　和上节所述的铁性相变不同，有序-无序相殖根于平移对称性的变化。这就需要考虑无序相与有序相的空间群的关系。而有序化是和无序相中一组 $\boldsymbol{k}$ 矢量(即星 $\{\boldsymbol{k}\}$) 相联系的。在这种情况下；热力学势展开式中的三次项可以表示为

$$\Phi_3 = \sum_{\alpha} C_{\alpha}(P,T)\eta_{k_1}\eta_{k_2}\eta_{k_3}. \tag{13.78}$$

它应对无序相的点阵平移 $\boldsymbol{T}$ 具有不变性，这就要求

$$\sum_{\alpha} C_{\alpha}(P,T)\eta_{k_1}\eta_{k_2}\eta_{k_3} = \sum_{\alpha} C_{\alpha}(P,T)\eta_{k_1}\eta_{k_2}\eta_{k_3} \times \exp[i(\boldsymbol{k}_1 + \boldsymbol{k}_2 + \boldsymbol{k}_3)\cdot \boldsymbol{T}]. \tag{13.79}$$

这样三次项系数不为零可以归结为上式右侧指数项等于 1，即

$$\boldsymbol{k}_1 + \boldsymbol{k}_2 + \boldsymbol{k}_3 = \boldsymbol{g}, \tag{13.80}$$

这里的 $\boldsymbol{g}$ 为无序相的倒点阵矢量，所以这类相变的朗道-栗夫雪兹的条件可以归结为

(i) 有序相的空间群为无序相空间群的子群.

(ii) 有序化 $\boldsymbol{k}$ 矢量应终止于布里渊区的特殊点，有序相的晶胞尺寸应为无序相的简单整数倍.

(iii) 星 $\{\boldsymbol{k}\}$ 中三个矢量叠加起来不等于倒点阵矢量，即

$$\boldsymbol{k}_1+\boldsymbol{k}_2+\boldsymbol{k}_3 \neq \boldsymbol{g}, \tag{13.81}$$

这就是朗道判据.

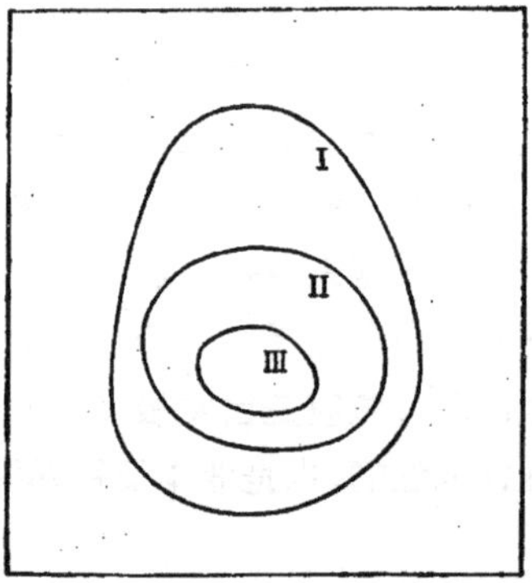

图 13.16 朗道-栗夫雪兹条件范围的示意图
(图中的 I,II,III 分别代表正文中所述的三个条件).

上面三个判据的范围可以示意地表示在图 13.16 之中，全图为所有有序相所组成的集，而 I,II,III 则分别表示满足上述三个判据的有序相. 当然，这些判据是连续相变的必要条件，这里就以一些实例来进行讨论.

(b) 体心立方替代式固溶体的有序相　首先讨论体心立方固溶体的有序化问题. 满足栗夫雪兹条件的特殊点（星 $\{\boldsymbol{k}\}$）有：

(i) (100),(010),(001) 或(111);

(ii) $\left(\frac{1}{2}\ \frac{1}{2}\ \frac{1}{2}\right)$, $\left(\frac{1}{2}\ \frac{1}{2}\ \frac{1}{2}\right)$;

(iii) $\left(\frac{1}{2}\ \frac{1}{2}\ 0\right)$, $\left(0\ \frac{1}{2}\ \frac{1}{2}\right)$, $\left(\frac{1}{2}\ 0\ \frac{1}{2}\right)$, $\left(\frac{1}{2}\ \frac{1}{2}\ 0\right)$,

$\times\left(0\ \frac{1}{2}\ \frac{1}{2}\right)\left(\frac{1}{2}\ 0\ \frac{1}{2}\right)$.

特殊点{100}及 $\left\{\frac{1}{2}\ \frac{1}{2}\ \frac{1}{2}\right\}$ 均满足朗道判据，即 $\boldsymbol{k}_1+\boldsymbol{k}_2+\boldsymbol{k}_3 \approx \boldsymbol{g}$；

$$(100)+(010)+(001)=(111);$$

$$\left(\frac{1}{2}\ \frac{1}{2}\ \frac{1}{2}\right)+\left(\frac{\bar{1}}{2}\ \frac{\bar{1}}{2}\ \frac{\bar{1}}{2}\right)+\left(\frac{1}{2}\ \frac{1}{2}\ \frac{1}{2}\right)$$

$$=\left(\frac{1}{2}\ \frac{1}{2}\ \frac{1}{2}\right),$$

这里的(111)及 $\left(\frac{1}{2}\ \frac{1}{2}\ \frac{1}{2}\right)$ 均不是体心立方晶体的倒矢量。

但特殊点 $\left\{\frac{1}{2}\ \frac{1}{2}\ 0\right\}$，却不能满足朗道判据

$$\left(\frac{1}{2}\ \frac{1}{2}\ 0\right)+\left(\frac{1}{2}\ 0\ \frac{1}{2}\right)+\left(0\ \frac{1}{2}\ \frac{1}{2}\right)=(110),$$

这里的(110)是体心立方晶体的倒矢量。

星{100}或{111}的 k 矢量为

$$\boldsymbol{k}=\exp_i 2\pi(\boldsymbol{a}^*+\boldsymbol{b}^*+\boldsymbol{c}^*)\cdot\boldsymbol{r},$$

其不可约表示的基函数为 $\psi=\cos 2\pi(x+y+z)$。有序相中晶格位置的被占几率可以表示为(η 为序参量)

$$n(r)=c-\gamma\eta\cos 2\pi(x+y+z).$$

对于 AB 合金 $c=1/2$，$\gamma=1/2$，则对于坐位：

$$\text{A}\quad [0,0,0],\ n=0,$$

$$\text{B}\quad \left[\frac{1}{2}\ \frac{1}{2}\ \frac{1}{2}\right],\ n=1.$$

AB 原子将分别占据晶胞中原点和体心的位置（图 13.17(a)）。βCuZn 及 AgCd 均属这一类型，实验也证实它们的有序化转变是连续相变。

至于星 $\left\{\frac{1}{2}\ \frac{1}{2}\ \frac{1}{2}\right\}$，

$$\psi_1=\cos\pi(x+y+z),$$

$$\psi_2=\sin\pi(x+y+z).$$

在这一情况下，有

$$n(r) = c - \gamma\eta[\cos\pi(x+y+z) - \sin\pi(x+y+z)].$$

对于 AB 固溶体，$c = 1/2, \gamma = 1/2$，具有两套等效的晶格坐位（按原始晶胞来标定），

$$8\text{A}\quad [000],\ \left[\frac{1}{2}\ \frac{1}{2}\ \frac{1}{2}\right],\ \left[\frac{1}{2}\ \frac{3}{2}\ \frac{3}{2}\right]\ [011],\ n = 0,$$

$$8\text{B}\quad [111],\ \left[\frac{3}{2}\ \frac{3}{2}\ \frac{3}{2}\right],\ \left[\frac{1}{2}\ \frac{3}{2}\ \frac{3}{2}\right]\ [001],\ n = 1.$$

实际上，超结构的晶胞的尺寸在 x, y, z 方向都加倍，晶胞中有 16 个原子(图 13.17(a))。

对应于星$\{100\}$与 $\left\{\frac{1}{2}\ \frac{3}{2}\ \frac{1}{2}\right\}$

的组合，由于

$$(111) + \left(\frac{1}{2}\ \frac{1}{2}\ \frac{1}{2}\right) + \left(\frac{\bar{1}}{2}\ \frac{\bar{1}}{2}\ \frac{\bar{1}}{2}\right) = (111),$$

仍然满足朗道判据。

此时对于 A_3B 型固溶体，

$$n(r) = \frac{1}{4} - \frac{1}{4}\eta_1\cos 2\pi(x+y+z) + \frac{1}{2}\eta_2\sin\pi(x+y+z).$$

原子坐位可以分为下面几类：

$$4\text{A}\quad [000],\ \left[0\ \frac{1}{2}\ \frac{1}{2})\right],\ n = 0,$$

$$4\text{A}\quad [111][001)],\ n = 0,$$

$$4\text{A}\quad \left[\frac{3}{2}\ \frac{3}{2}\ \frac{3}{2}\right]\ \left[\frac{1}{2}\ \frac{3}{2}\ \frac{3}{2})\right],\ n = 0,$$

$$4\text{B}\quad \left[\frac{3}{2}\ \frac{3}{2}\ \frac{3}{2}\right]\ \left[\frac{1}{2}\ \frac{1}{2}\ \frac{3}{2})\right],\ n = 1,$$

Fe_3Al 超结构即属于这类型(图 13.17(c))。

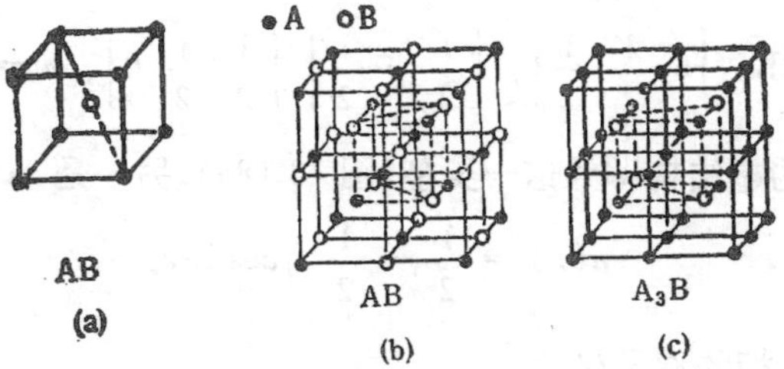

图 13.17 体心立方替代式固溶体的有序相[11].
(a) βCuZn 型; (b) NaTl 型; (c) Fe_3Al 型.

(c) 面心立方替代式固溶体的有序相 下面再讨论面心立方固溶体的有序化问题. 满足栗夫雪兹条件的特殊点星 $\{\boldsymbol{k}\}$ 有

$$(100),(010),(001),$$

$$\left(\frac{1}{2}\ \frac{1}{2}\ \frac{1}{2}\right),\ \left(\frac{\bar{1}}{2}\ \frac{1}{2}\ \frac{1}{2}\right),\ \left(\frac{1}{2}\ \frac{\bar{1}}{2}\ \frac{1}{2}\right),$$

$$\left(\frac{1}{2}\ \frac{1}{2}\ \frac{\bar{1}}{2}\right),$$

$$\left(\frac{1}{2}\ 1\ 0\right),\ \left(1\ 0\ \frac{1}{2}\right),\ \left(0\ \frac{1}{2}\ 1\right),\ \left(\frac{\bar{1}}{2}\ \bar{1}\ 0\right)$$

$$\left(\bar{1}\ 0\ \frac{\bar{1}}{2}\right),\left(0\ \frac{\bar{1}}{2}\ \bar{1}\right).$$

星 $\left\{\frac{1}{2}\ \frac{1}{2}\ \frac{1}{2}\right\}$ 及 $\left\{\frac{1}{2}\ 1\ 0\right\}$ 可以满足朗道判据. 但星{100} 却不能，由于

$$(100)+(010)+(001)=(111),$$

(111)为面心立方的倒矢量.

星{100}可对应于两种不同的有序结构，一是 AB_3 型

$$n(\boldsymbol{r})=\frac{1}{4}-\frac{1}{4}\eta[\cos 2\pi x+\cos 2\pi y+\cos 2\pi z].$$

完全有序相的原子坐位：

1A $[000]$, $n=0$,

3B $\left[0\ \frac{1}{2}\ \frac{1}{2}\right]$, $\left[\frac{1}{2}\ 0\ \frac{1}{2}\right]$ $\left[\frac{1}{2}\ \frac{1}{2}\ 0\right]$, $n=1$。

$AuCu_3$ 的超结构即为这一类型(图 13.18a),另一是 AB 型

$$n(r)=\frac{1}{2}-\frac{1}{2}\eta\cos 2\pi z。$$

完全有序相的原子坐位:

2A $[000]$ $\left[\frac{1}{2}\ \frac{1}{2}\ 0\right]$, $n=0$,

2B $\left[\frac{1}{2}\ 0\ \frac{1}{2}\right]$, $\left[0\ \frac{1}{2}\ \frac{1}{2}\right]$, $n=1$。

AuCuI 相即属这一类型,突出了 z 轴,由立方对称性下降为四方对称性(图 13.18(b))。实验表明,$AuCu_3$ 与 AuCuI 的有序化转变均为一级相变。

对应于星 $\left\{\frac{1}{2}\ \frac{1}{2}\ \frac{1}{2}\right\}$,AB 合金

$$n(r)=\frac{1}{2}-\frac{1}{2}\eta\cos\pi(x+y+z)。$$

完全有序相的原子坐位:

8A $[000][110)]\cdots$, $n=0$,

8B $[111]$ $\left[\frac{1}{2}\ \frac{1}{2}\ 0)\right]\cdots$, $n=1$。

超结构的晶胞沿 x,y,z 轴都加倍,晶胞中有 16 个原子(图 13.18(c))。CuPt 有序相属这一类型,虽然理论上不排除连续相变的可能性,但实测出来的是强一级相变。

星 $\left\{1\ \frac{1}{2}\ 0\right\}$ 所对应的有序结构为

$$n(r)=\frac{1}{2}+\frac{1}{2}\eta[\cos(2\pi x+\pi z)+\sin(2\pi x+\pi z)]$$

完全有序相的原子坐位为

$$4B \quad [000] \left[0\ \frac{1}{2}\ \frac{1}{2}\right] \left[\frac{1}{2}\ 0\ \frac{3}{2}\right] \left[\frac{1}{2}\ \frac{1}{2}\ 1\right], \ n=1,$$

$$4A \quad [111] \left[\frac{1}{2}\ \frac{1}{2}\ 0\right] \left[\frac{1}{2}\ 0\ \frac{1}{2}\right] \left[0\ \frac{1}{2}\ \frac{3}{2}\right], \ n=0.$$

结构为体心四方(图 13.18(d))。

至于星 $\left\{1\ \frac{1}{2}\ 0\right\}$ 与星{001}的组合

$$n(r) = \frac{1}{4} + \frac{1}{4}\eta_1 \cos 2\pi z + \frac{1}{2}\eta_2 \cos(2\pi x + \pi z)$$

$$2B \quad [000] \left[\frac{1}{2}\ \frac{1}{2}\ 1\right], \ n=1,$$

$$6A \quad \left[\frac{1}{2}\ \frac{1}{2}\ 0\right] \left[0\ \frac{1}{2}\ \frac{1}{2}\right] \left[\frac{1}{2}\ 0\ \frac{1}{2}\right] \left[0\ \frac{1}{2}\ \frac{3}{2}\right]$$

$$\times \left[\frac{1}{2}\ 0\ \frac{3}{2}\right] [111], \ n=0,$$

Al_3Ti 超结构即属于这一类型(图 13.18(e))。

哈恰图良将上述的考虑推广到体心立方和面心立方填隙式固溶体的有序相[31,71]。

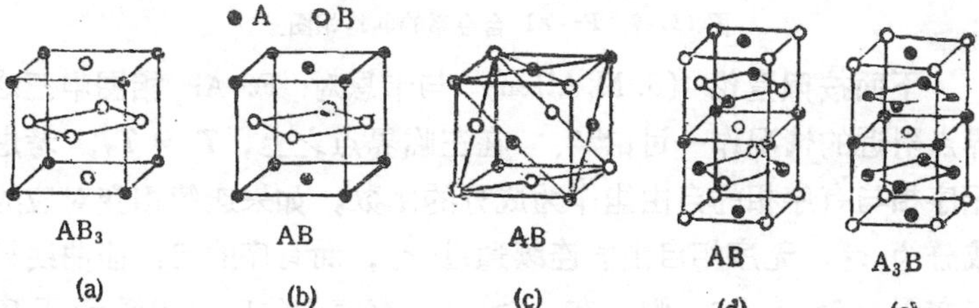

(a) (b) (c) (d) (e)

图 13.18 面心立方替代式固溶体的有序相[71].

(a) $AuCu_3$ 型; (b) AuCu 型; (c)CuPt 型; (d) 体心四方;(e) Al_3Ti 型.

(d) FeAl 合金相图的讨论 Fe-Al 合金系中既有连续相变又有一级相变，提供了本书中所讨论的三临界点的实例. 共格

Fe-Al 相图如图 13.19 所示，存在体心立方固溶界无序相 α 及两个有序相 FeAl（属 βCuZn 型）和 Fe_3Al。 $\alpha\rightarrow$ FeAl（有序）及 Fe-Al（有序）$\rightarrow Fe_3Al$（有序）均为连续相变。前一相变中平移对称性 $(1/4)a_0'\langle 111\rangle$（这里的 a_0' 为 Fe_3Al 有序相的晶胞参数）丧失了；而在后一相变中平移对称性 $(1/2)a_0'\langle 100\rangle$ 又丧失了。这样，又增加了一个序参量。在相图上 $\alpha\rightarrow$ FeAl 的连续相变线中止在 A 点，与一级相变线 $\alpha\rightarrow\alpha+$ FeAl 相衔接，A 点即为三临界点。

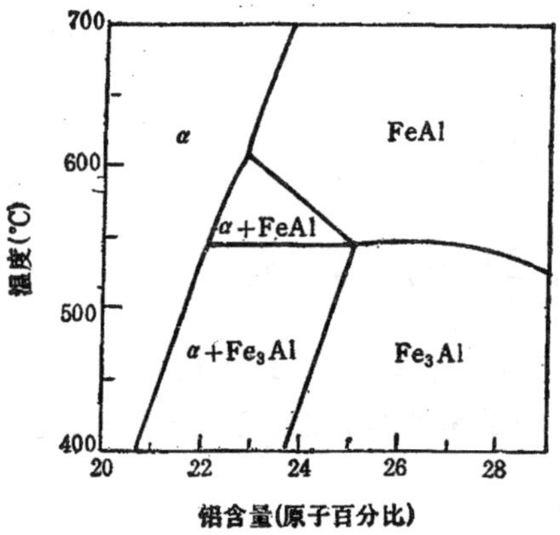

图 13.19 Fe-Al 合金系的共格相图。

下面按照爱伦（S. M. Allen）与卡恩对 Fe-Al 相图中三临界点附近的情况作一讨论[72]。在三临界点之上，$T=T_1$，考虑无序相与有序相的自由能作为成分的函数，如果连续相变对应的成分为 c_1^t，无序相自由能连续通过 c_1^t，而有序的自由能曲线只存在于 $c\geqslant c_1^t$ 这一侧，在 $c>c_1^t$，有序相的自由能低于无序相，在 c_1^t 点，两曲线衔合，具有连续的一阶导数。在三临界点，$T=T_2$，$c=c_2^t$，有序相的自由能的二阶导数 $\partial^2F/\partial c^2=0$（图 13.20），在三临界点以下，$T=T_3$，无序相自由能曲线出现 $\partial^2F/\partial c^2$ 为负值区域，

这样，就形成了溶解间隙，可以相应定出旋节点（$\partial^2F/\partial c^2=$

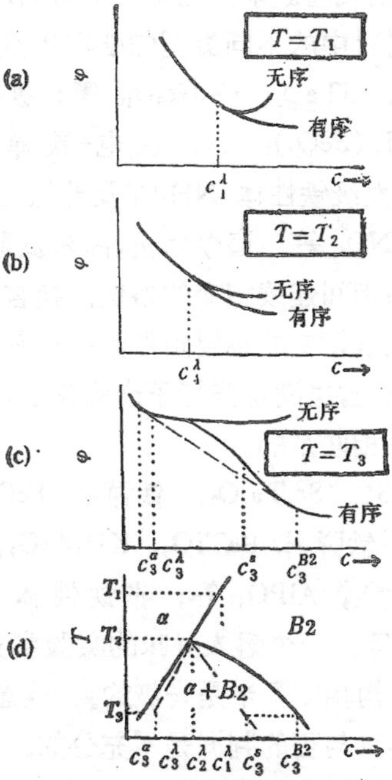

图 13.20 在 Fe-Al 合金的三临界点 A 附近自由能曲线的示意图.
(a) 温度高于 T_A; (b) 温度等于 T_A; (c) 温度低于 T_A;
(d) 对应的相图和失稳限.

0) c_3^λ，c_3^s。这样在相图上可以补出两条虚线，分别和失稳限相对应。

§ 13.11 结构相变

如果高温相的空间群 G_0 为已知,我们即可对每一不可约表示推导出低温相可能的空间群. 如果只需考虑满足朗道-栗夫雪兹条件（参阅 § 13.5 及 § 13.6) 的不可约表示,情况就得到简化. 具体的实例可参阅有关专著[65]. 下面对于理论与实验结果的对比作一扼要的综述[73].

(a) 相变连续与否的判据 (i) 所有晶相之间的连续相变均

和高温相中满足朗道-栗夫雪兹条件的单一不可约表示相联系的.

这一特征在大量材料中的不同类型的结构相变里得到了证实. 例如铁电体 TGS, $LiTaO_3$, $Pb_5Ge_3O_{11}$ 等; 铁弹体 LaP_5O_{14}, $YNbO_4$, $SrTiO_3$; $KH_3(SeO_3)_2$ 等, 铁电-铁弹体 KH_2PO_4, $NaKC_4H_4O_5$-$4H_2O$ 等;次级铁性体 NH_4Cl 及非铁性体 $Ag_2H_3IO_6$, $Bi_2Ti_4O_{11}$, $CsFeF_4$, $NaNO_3$ 等. 迄今为止,尚未发现过和朗道-栗夫雪兹条件相违背的晶相间连续相变的事例. 换言之,朗道-栗夫雪兹条件作为晶相间连续相变的必要条件已经得到实验事实的证实; (ii) 有不少一级相变,也满足群与子群的关系,而且也是和高温相的单一不可约表示相联系的.

实例有铁电体 SbSI, $Sr_2Ta_2O_7$; 铁弹体 FeO_2, $RbCdCl_3$, VO_2, Mn_3O_4 等; 铁电-铁弹体 $BaTiO_3$, KH_2AsO_2, $Gd_2(MoO_4)_3$ 等; 次级铁性体 $LaCoO_3$, $AlPO_4$ 等; 非铁性体 $CsH_3(SeO_3)_2$, $(NH_4)_2H_3IO_6$, Mg_3Cd 等. 一个耐人寻味的实验事实是, 由单一不可约表示所导致的结构相变多半是一级的. 这意味着朗道-栗夫雪兹条件作为相变连续与否的判据是不充分的. 要说明为什么这些相变属一级的就需要越出朗道理论的范畴. 其中有一种尝试就是采用重正化群的方法(参阅第十八章). 有些作者曾假定在朗道-威尔逊 ε 展开式中不具有稳定的不动点的相变将是一级的.但这一假设对于序参量分量数 n 小于 4 的体系并没有预言新的事物(因为 $n<4$ 的体系总存在稳定的不动点);而近年来在某些 $n\geqslant 4$ 不具有稳定的不动点的体系中也确实观测到连续相变. 从而说明这一理论并不能解决问题,问题仍然悬而未决;(iii)朗道判据是结构相变为一级的充分可靠的判据. 如果在自由能表示式中存在三次不变式,那么,这样的相变必然是一级的. 满足栗夫雪兹条件而不满足朗道判据的不可约表示有 230 空间群中的恒等不可约表示以及和菱形. 六角与立方布里渊区边界上的高对称点相应的几百个不可约表示.有一些同形相变(如 SmS 及 Ce 中的)和大量涉及对称性下降的相变(如 V_3Si, InTl, KCN, $AuCu_3$, $NiCr_2O_4$ 等)均属于这一类. 这类相变都是一级的,证实了朗道判据的有效性;

(iv) 有一些一级相变是和不满足栗夫雪兹条件的单一不可约表示相联系的。一般地不满足栗夫雪兹条件的不可约表示将导致非均匀的非公度相，和这一条件的物理含义相符。但也有一些正常晶态相之间的强一级相变（如 $CsCuCl_3$, $Cd(NO_3)_2$, FeS, $LiNH_4SO_4$ 等）和这类不可约表示有关；(v) 少量的一级相变可以解释为由不止一个不可约表示所诱发。

有少数一级相变是和一个以上的不可约表示相联系的，例如 $(C_6H_5CO)_2$, Ag_2HgI_4, $Bi_4Ti_3O_2$, N_3AlF_6 等。有人提出了一种涉及两个不可约表示的"触发"(triggering) 机制来解释为什么会发生这种对称性变化和相变反常现象。

(b) 临界指数 另一方面，朗道理论也给出了临界指数 β, γ 等，用以表明一些物理量（如序参量 η，极化率或磁化率 χ 等）在相变点附近的温度的依赖关系，即 $\eta \propto |T_c - T|^{\beta}$, $\chi \propto |T_c - T|^{-\gamma}$，按照式(13.7b)，序参量的临界指数 β 为 1/2；按照式(13.16)，而 γ 则为 1. 由于朗道理论在临界区域（即连续相变点附近微小的温区）内失效，根据它所求出的临界指数显然也不可靠。严格的统计模型计算和重正化群方法提供了推导正确的临界指数的有效方法。近年来，对于结构相变的临界指数进行了实验观测，尽管数据尚不充足，但表明某些情况下朗道理能论仍能得出正确的结果。

(i) 若在本征铁弹相变的情形，在倒空间中弹化模量软化方向的维数为 $m = 1$，则临界指数的实验值和朗道理论的预言相吻合。

在结构相变之中本征铁弹相变呈现一种特殊的临界行为，这是由于弹性常数软化具有强烈的各向异性。这种各向异性的效应使得发散的涨落局限于倒空间中有限的区域，例如沿特定方向 $(m = 1)$ 或沿特定平面 $(m = 2)$。这样，涨落将不会严重影响三维空间的临界行为，就使得在这种情况下朗道理论在临界区域内仍然有效。对于 $m = 1$ 的材料，如 LaP_5O_{14}, $TbVO_4$, $TmVO_4$, $KH_3(SeO_3)_2$, $PrAlO_3$, TeO_2 等的测量结果为 $\beta = 1/2$, $\gamma = 1$，和朗道理论吻合。至于 $m = 2$ 的铁弹体，情况却不明确。有的材料(如 KCN) 显示出和朗道理论吻合的临界指数；而另一些材料(如 NaN_3, $RbAg_4I_5$) 则否；(ii) 对于其他类型的结构相变，实测出的临界指数则和朗道理论有分歧，而且不仅朗道理论和实验结果不符，其他考虑涨落效应及空间维数 d 和序参量分量数 n 的临界现象理论也与之有分歧. 可能是这些理论中都未计及缺陷的影响，它们可能增强了涨落对于临界行为的影响.

§ 13.12 相变引起的畴结构

(a) 对称性与畴结构 在相变以后，低对称相中普遍存在着畴结构，这是由于低对称相往往是简并的，存在多种能量相等而取向有差异的状态. 可以应用居里原理 (Curie's principle) 来说明畴结构的形成. 如果我们令 Γ 表示相变序参量的对称群，则低对称相的空间群 G 等于 G_0 与 Γ 交截群 (intersection group)，用符号表示为

$$G = G_0 \cap \Gamma \quad . \tag{13.82}$$

或者用群论的语言来叙述，低对称相的空间群为 G_0 的使序参量保持不变的最大子群. 最大子群从有能量上考虑是合理的，这样使必需的畴界数为最小. 图 13.21 可以作为说明这一原理的例证. 这是 $BaTiO_3$ 在 403K, $G_0 = m3m$, $G = 4mm$. 序参量为自发极化，其对称性与圆锥相同 ∞mm.

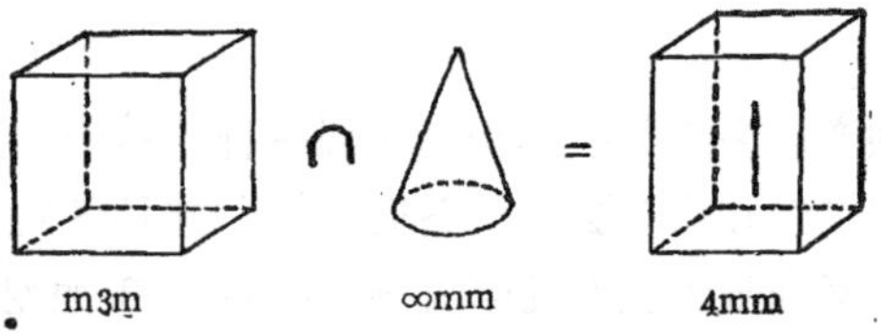

图 13.21 空间群 $G_0 = m3m$ 与 $\Gamma = \infty mm$ 的交截.

自发极化矢量可以沿 6 个方向，沿原型相的六方轴的正负方向 $+x, +y, +z; -x, -y, -z$. $m3m$ 与 $4mm$ 群的阶数分别为 48 与 8，取向态数的最大值为 $48/8 = 6$.

G_0 与 G 可能有如下三种不同的关系：

(i) $\boldsymbol{k}=0$，初基晶胞的大小没有变化，这是铁性相变，相变只涉及点群的变化。这样就导致取向畴，如 $BaTiO_3$，$KNbO_3$ 的铁电畴，即是一个实例。

(ii) $\boldsymbol{k}\neq 0$，G 与 G_0 有相同的点群，差异纯粹在于平移对称元素。低对称相的初基晶胞尺寸为原来的整数倍，可能畴区为反相畴，这在 Cu_3Au 的有序无序相变即是一个典型的例子。空间群从 $Fm3m$ 变为 $Pm3m$ 初基晶胞体积增加 4 倍。

(iii) $\boldsymbol{k}\neq 0$，但点群对称性也发生变化。存在有平移—取向畴，例如 $\beta Gd_2(MoO_4)_3$，从 $P\bar{4}2_1m$ 变为 Pba_2。在低对称相(空间群为 G)中，通过一定对称元素 ϕ 的操作，可转换成为另一畴区。这个对称元素就是相变时所丧失的对称元素。实际上可以有一组对称操作 $\phi_1, \phi_2, \cdots, \phi_n$，能使某一畴区转化为其他畴区，令原型相的空间群为 G_0，则

$$G_0=\phi_1 G+\phi_2 G+\cdots\phi_n G。\tag{13.83}$$

上式中的左陪集(left coset) $\phi_i G$ 即代表一个可能畴态，如平移对

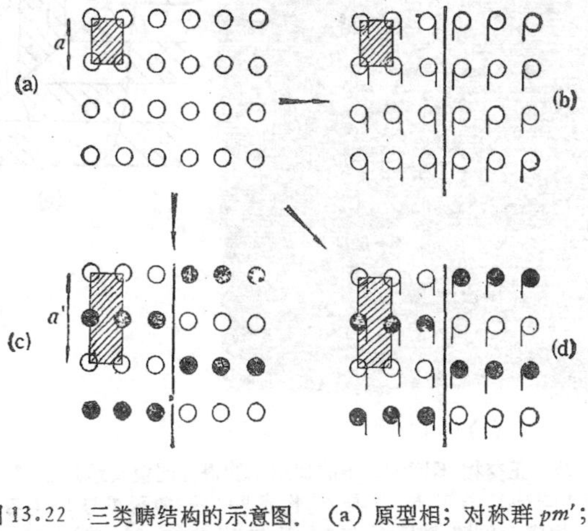

图 13.22 三类畴结构的示意图．(a) 原型相；对称群 pm'；(b) 铁性相，对称群 $p1$；(c) 非铁性相，对称群 pm，$a'=2a$；(d) 铁性相，对称群 $p1$，$a'=2a$。

称性没有变化，于是

$$G_0' = f_1G' + f_2G' + \cdots\cdots f_{n'}G', \tag{13.84}$$

则每一左陪集确定一取向畴. 如果取向畴的总数为 n'，则

$$n' = p/q, \tag{13.85a}$$

这里 p,q 分别为无序相与有序相点群 G_0'、G' 的阶数. 相变后平移畴的数目为

$$m = V/V_0 \tag{13.85b}$$

这里 V，V_0 分别为无序相与有序相晶胞的体积，而平移取向畴的数目为

$$n = mn'. \tag{13.85c}$$

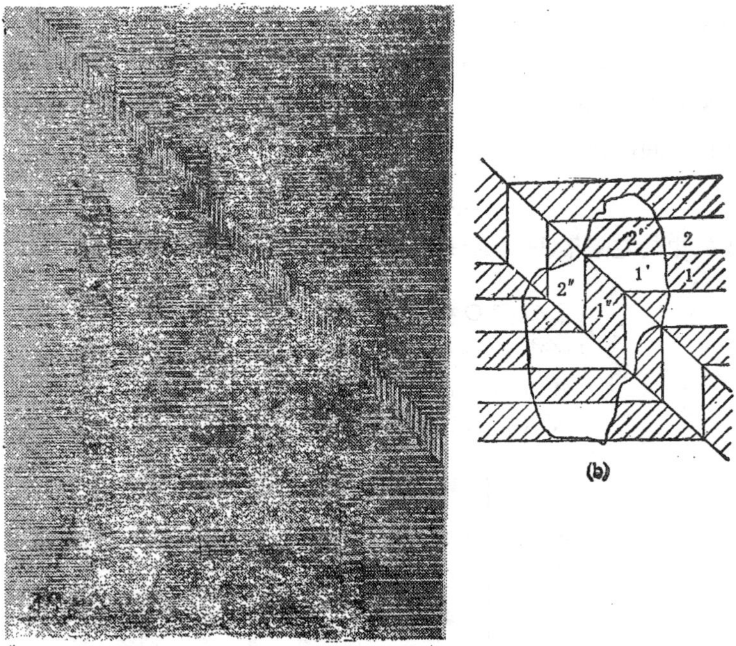

(a) (b)

图 13.23 正交相 $KNbO_3$ 中的畴结构的侵蚀图象及示意图[76].
(畴区 1 与2，1' 与 2' 与 1'' 与 2'' 构成 90° 畴，畴区 1 与 1'，2 与 2' 构成 180°畴，畴区 1' 与 1''，2' 与 2'' 构成 120° 畴).

关于利用对称性理论对相变后的畴及畴界进行分类的问题，

表 13.1 $BaTiO_3$（或 $KNbO_3$）中四方相及正交相中的畴界类型与取向

点群		四方 4*mm*		
自发极化矢量	P_{s_1}	[001]		
	P_{s_2}	$[00\bar{1}]$	[010]	[100]
不带电畴界		平行于 P_s	(011)	(101)
带电畴界		不平行于 P_s	$(01\bar{1})$	$(10\bar{1})$
畴界类型		180°	90°	90°

点群		正交 *mm*2			
自发极化矢量	P_{s_1}	[101]			
	P_{s_2}	$[\bar{1}0\bar{1}]$	$[10\bar{1}]$ $[\bar{1}01]$	[011] $[0\bar{1}\bar{1}]$ [110] $[1\bar{1}0]$	$[01\bar{1}]$ $[0\bar{1}1]$ $[\bar{1}\bar{1}0]$ $[\bar{1}10]$
不带电畴界		平行于 P_s	(100) (001)	(hhk) $(hh\bar{k})$ (hkk) $(hk\bar{k})$	$(1\bar{1}0)$ (110) $(0\bar{1}1)$ (011)
带电畴界		不平行于 P_s	(001) (100)	(110) $(1\bar{1}0)$ $(0\bar{1}1)$ (011)	(hhk) $(h\bar{h}k)$ (hkk) $(hk\bar{k})$
畴界类型		180°	90°	60°	120°

在文献中已有不少论述。

$BaTiO_3$ 及 $KNbO_3$ 的高温原型相均为立方钙钛矿结构．通过立方（$m3m$）→四方（$4mm$），四方（$4mm$）→正交（$mm2$）相变，形成了四方相及正交相，正交相的点群 $mm2$，虽然不是 $4mm$ 的子群，却是 $m3m$ 的子群．因而正交相中的取向畴仍可应用群论来分析．在这种情形下，p，q 分别为 48 及 4，因而 $n'=12$．在正交相中，自发极化矢量 $P_s /\!/ \langle 101\rangle$，这样，取向畴就对应于 $\langle 101\rangle$ 的 12 种可能的取向．如果按畴界两侧 P_s 的夹角来定义畴界的类型，那么畴界只有四种类型，即 180°，90°，60° 及 120°．畴界又可分为不带电和带电两类，要看畴界两侧 P_s 的法向分量是平行的，还是反平行的。

福塞克（J.Fousek）根据弹性相容性条件列出了 $BaTiO_3$（或 $KNbO_3$）铁电相中可能存在的畴界(表 16.1)[75]．图 13.23 示出了 $KNbO_3$ 中畴结构的侵蚀图像，观测结果全面证实了理论的设想[76]．至于平移-取向畴的类型和观测(则以 $\beta Gd_2(MoO_4)_3$ 为典型)已进行深入研究[77]．

(b) 畴界的结构及其能量　根据金兹堡-朗道理论，均匀相的自由能密度可以表示为

$$\varphi = \varphi_0 + a(T - T_c)\eta^2 + B\eta^4 + K\left(\frac{\partial n}{\partial x}\right)^2 \qquad (13.86)$$

在 § 16.2 中已经求出均匀低对称相的解（可令上式中的梯度项为零，求 $\partial\varphi/\partial\eta = 0$）为 $\eta_0 = \pm[a(T_0 - T)/2B]^{\frac{1}{2}}$，$\eta_0$ 的正负对应于能量相等的两种单畴晶体．如果晶体系由正、负畴区中间隔以畴界，那么序参量的梯度项将起重要作用，应对总自由能求极小值

$$\frac{\partial}{\partial\eta}\left(\int\varphi dV\right) = 0, \qquad (13.87)$$

这样，可以求出 η 随空间变化的解(孤子解)

$$\eta = |\eta_0|\tanh\left(\frac{x}{\delta}\right) \qquad (13.88a)$$

这样解在

$$x = \pm\infty \text{ 处}，\eta = \pm|\eta_0|，$$

在 $x = 0$，$\eta = 0$ 为畴界中心．畴界的宽度为

$$\delta = \frac{2}{\left(\frac{4B}{K}\right)^{\frac{1}{2}}|\eta_0|} = \frac{1}{[a(T_c - T)/2K]^{\frac{1}{2}}}. \qquad (13.88b)$$

由于畴界的产生而使系统的自由能密度的变化为

$$\Delta\varphi = a(T - T_c)\eta(x)^2 + B\eta(x)^4$$

$$+K\left[\frac{d\eta(x)}{dx}\right]^2-[a(T-T_c)\eta_0^2+B\eta_0^4]。\quad(13.89)$$

畴界能就等于

$$\sigma=\int_{-\infty}^{\infty}\Delta\varphi dx。\quad(13.90)$$

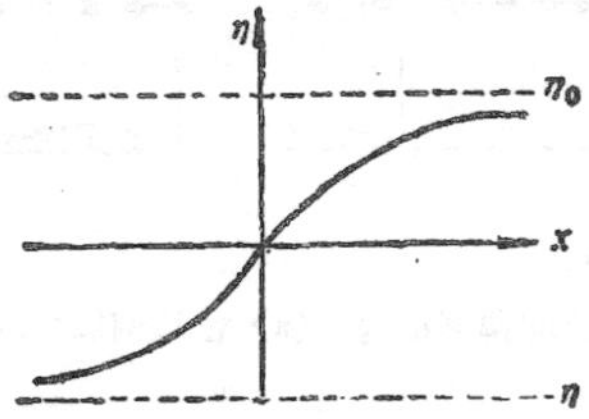

图 13.24 畴界的结构(示意图).

§ 13.13 无公度相及其相变[78]

在无公度相中，调制波的波长与原型中晶体结构的周期是无公度的,即它们之比为一无理数(见图 13.25)。涉及的调制波可以是结构上的调制,或成分上的调制,乃至于磁结构上的调制.

考虑从高温的原型相开始的降温过程,在 T_I 发生原型相到无公度相的相变 所对应的几率密度的变化为

$$\delta\rho_k(r)=\sum Q_i^k\phi_i^k(r)。\quad(13.91)$$

然后调制波矢 k,使之随温度改变而变化，一直降到 T_L,$k=k_c$, k_c 为低温公度相的波矢(它所对应的波长为原型相晶格周期的整倍数)．在 T_L 发生的相变被称为锁定 (lock-in)。 无公度相就存在于T_I 与 T_L 之间温度范围之内,即在高对称相与低对称相(这些都是晶态相)之间出现了严格说来是准周期结构的无公度相.已经发现了 100 多种材料存在着无公度相,例如 $NaNO_2$,$(NH_4)_2BeF_4$, $BaMnF_4$,$KSeO_4$,Rb_2ZnCl_4, $Ba_2NaNb_5O_{15}$，石英等．无公度相存在的温区窄的不过 1，2 度，宽的可达数十度.

无公度相在空间上是不均匀的，因而其自由能密度的展开式

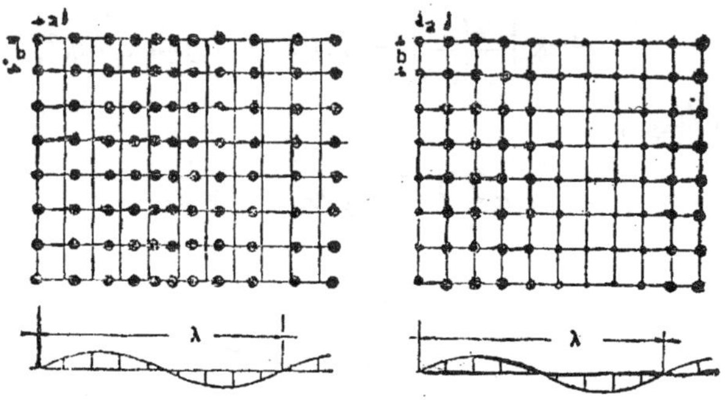

(a) (b)

图 13.25 无公度调制结构. (a) 位移调制; (b) 成分调制.

中必然存在序参量的梯度项，即栗夫雪兹不变式与金兹堡项。序参量至少有两个分量，即以 η_1 与 η_2 来表示，并设晶体的对称性容许有两个独立的四次项，$(\eta_1^2+\eta_2^2)^2$ 及 $\eta_1^2\eta_2^2$。这样，自由能密度的展开式为

$$\varphi=\varphi_1(\eta_i)+\varphi_2\left(\eta_i,\frac{\partial\eta_2}{\partial x}\right), \tag{13.92a}$$

$$\left.\begin{aligned}\varphi_1&=\varphi_0+A(\eta_1^2+\eta_2^2)+B_1(\eta_1^2+\eta_2^2)^2+B_2\eta_1^2\eta_2^2,\\ \varphi_2&=\delta\left[\eta_1\frac{\partial\eta_2}{\partial x}-\eta_2\frac{\partial\eta_1}{\partial x}\right]+K\left[\left(\frac{\partial\eta_1}{\partial x}\right)^2+\left(\frac{\partial\eta_2}{\partial x}\right)^2\right].\end{aligned}\right\} \tag{13.92b}$$

引入变换 $\eta_1=\rho\cos\theta$，$\eta_2=\rho\sin\theta$，令 $\alpha=2A$，$\beta_1=4[B_1+(B_2/8)]$，$\beta_2=B_2/2$，即得

$$\left.\begin{aligned}\varphi_1&=\varphi_0+\frac{\alpha}{2}\rho^2+\frac{\beta_1}{4}\rho^4-\frac{\beta_2}{4}\rho^4\cos4\theta,\\ \varphi_2&=-\delta\rho^2\frac{\partial\theta}{\partial x}+K\left[\left(\frac{\partial\rho}{\partial x}\right)^2+\rho^2\left(\frac{\partial\theta}{\partial x}\right)^2\right].\end{aligned}\right\} \tag{13.93}$$

这样，总自由能等于

$$\Phi=\int_V(\varphi_1+\varphi_2)dx \tag{13.94}$$

根据 $\partial\Phi/\partial\rho=0$ 及 $\partial\Phi/\partial\theta=0$，可以导出（考虑到全微商

积分后对决定自由能极小值不产生影响，我们可以求 $\partial\varphi/\partial\rho=0$，$\partial\varphi/\partial\theta=0$，再剔除全微商项）下面的 ρ 与 θ 耦合的方程：

$$\alpha\rho+\beta_1\rho^3-\beta_2\rho^3\cos 4\theta-2\delta\rho\frac{\partial\theta}{\partial x}-K\frac{\partial^2\rho}{\partial x^2}=0 \qquad (13.95a)$$

$$-K\rho\frac{\partial\rho}{\partial x}\left(\frac{\partial\theta}{\partial x}-\frac{\delta}{K}\right)+\beta_2\rho^4\sin 4\theta-K\rho^2\frac{\partial^2\theta}{\partial x^2}=0, \qquad (13.95b)$$

这是一组非线性方程，一般情形下只能得到数值解。下面考虑几种极限的情形。

(1) 严格的晶态相　要求 $\partial\rho/\partial x=0$，$\partial\theta/\partial x=0$，这样，式(13.95)可以简化为

$$\left.\begin{aligned}&\rho(\alpha+\beta_1\rho^2)-\beta_2\rho^3\cos 4\theta=0,\\&\beta_2\rho^4\sin 4\theta=0.\end{aligned}\right\} \qquad (13.96)$$

显然，它有两种解

(i) $\rho=0$，$\theta=$ 任意值，这对应于高温原型相。　(13.97)

(ii) $\rho\neq 0$，$\sin 4\theta=0$，确定了八个 θ 值，其中四个为极小值，取决于 β_2 值的正负，即

$$\left.\begin{aligned}&\theta=(2m+1)\frac{\pi}{4},\quad 当\ \beta_2>0,\\&\theta=\frac{2m\pi}{4},\quad \beta_2<0,\\&m=0,1,2,\cdots,\\&\rho^2=-\frac{\alpha}{\beta_1-\beta_2}.\end{aligned}\right\} \qquad (13.98)$$

令 $\alpha=\alpha_0(T-T_L)$，当 $T<T_L, \rho^2>0$，这对应于低温公度相（锁定相）。这样，我们可以看出 ρ-θ 平面上，代表低温相的点是一些孤立点，与原点距离为 ρ_e，而幅角为 θ_e（参看图 13.25）。

(2) 无公度相　在 T_I 附近，$\rho\simeq 0$，因而可以将 ρ 视为与 x 无关的小量，解具有平面波的形式 $\eta=\rho\exp(-ik_I x)$，即 $\theta=k_I x$。代入式(13.95b)，只保留 ρ 的最低幂次项，得到

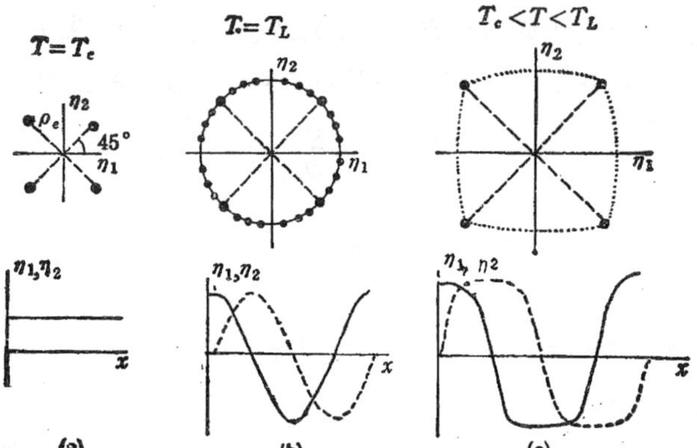

图 13.26 序参量空间中热力学势的稳定解 ($\beta_2>0$).

$$2K\rho\frac{\partial\rho}{\partial x}\left(\frac{\partial\theta}{\partial x}-\frac{\delta}{K}\right)=0, \tag{13.99}$$

这样,

$$k_I=\frac{\delta}{K}.$$

设 $\beta_1\gg\beta_2$, 忽略掉各向异性项,可得

$$\alpha_0\left(T-T_L-\frac{\delta^2}{\alpha_0K}\right)+\beta_1\rho^2=0, \tag{13.100}$$

即可求得 ρ

$$\rho_I^2=-\frac{\alpha_0(T-T_I)}{\beta_1}>0,(当\ T>T_I), \tag{13.101a}$$

$$T_I=T_L+\frac{\delta^2}{\alpha_0K}. \tag{13.101b}$$

T_I 为公度-无公度相变温度. 当 $T\to T_I$, $\rho_I^2\to0$, 是连续相变, 但 $T_I>T_L$, 可以看出,栗夫雪兹项的效应使 T_I-T_L 增大,而金兹堡项正好相反. 在 T_I 附近, 晶格受到一个简单平面波的调制,其调制波长为 $1/k_I\sim K/\delta$. 在序参量平面 (ρ-θ) 上. 局域稳定点位于以 ρ_I 为半径的圆上, 以 k_I 的圆频率转动 (见图 13.26

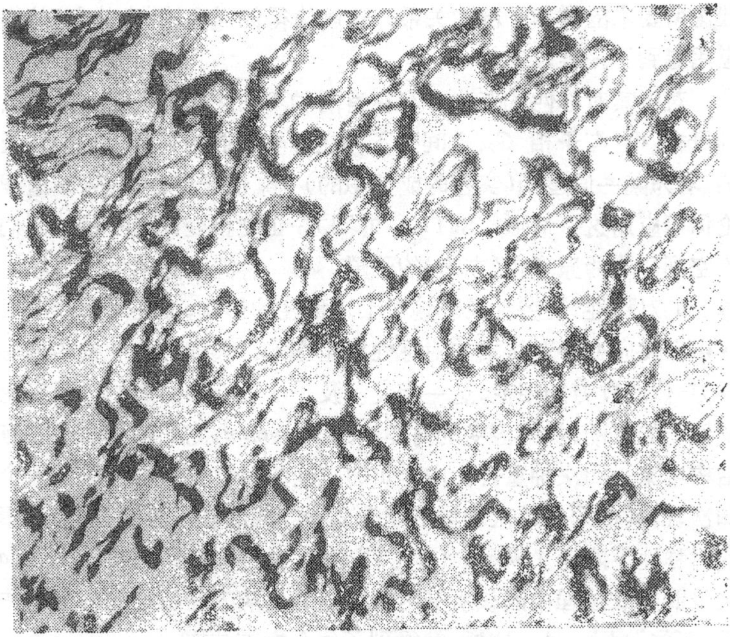

图 13.27　$Ba_2NaNb_5O_{15}$ 中的公度错.

(b)). 随着温度继续降低,各向异性能增加,ρ-θ 平面上代表点在圆上的分布不再是均匀的,而是密集在低温公度相的代表点附近. 式(13. 95)的数值解表明在 T_L 附近,无公度相中的调制波变为方波,相当于由许多公度畴所构成, 畴区内具有公度相结构,畴壁为非公变区, 被称为公度错 (discommensuration)[79]. 温度继续下降,畴区合并,最后在 T_L 点,转变为低温公度相. 图 13.27 示出了 $Ba_2NaNb_5O_{15}$ 中观测到公度畴分布的电子衍衬像[80].

§ 13.14　马氏体型相变

(a) *对称性关系的讨论*　马氏体型相变和 § 13.8 所述的铁弹相变有相似之处, 即自发应变在其中扮演了主角. 但马氏体型相变引起的晶格畸变更强烈,通常是强一级相变,往往不能满足朗道理论所要求的群与子群的关系。这就使得朗道理论(或其变型)的应用遇到了困难。

对待其对称性的变化，存在有两种不同的处理方法：一是虽则母相 G_1 与子相 G_2 之间并不存在群与子群的关系，但是 G_1 及 G_2 均为某一原型相(实在的或虚拟的) G_0 的子群。显然，朗道理论仍可应用这一情形。$BaTiO_3$ 的四方-正交相变即为一例。它们的空间群均为原型相(立方)的子群。另一种办法是不仅考虑晶体本身的对称性，还要计及环境对于对称性的影响，如在马氏体型相变中自发应变会对终相的对称性产生影响。具体讨论纯铁中面心立方-体心立方的相变，这一相变涉及了 § 12.6 中所述的贝茵应变及原子的挪动。贝茵应变的对称性为 ∞/mmm，它的轴与面心立方结构中某一四次轴重合。由于贝茵应变的对称性只容许保留一个四次轴，其他两个四次轴均下降为 $2/m$。因而在一般情况下，终相的对称性下降为 $4/mmm$ (体心四方)。但是体心四方相轴比 c/a 又受到生长过程中晶核所受附加应变的影响。在特定的应变条件下，可使 $c/a=1$，这样，就得到了体心立方结构。

另一种情况是，如果相变涉及部分邻近键的被破坏，也不存在包含 G_1 及 G_2 为子群的原型相。但由于 G_2 是由 G_1 经过连续形变而形成的，因而两个相中有一部分晶格坐位是等同的，这样，G_1 与 G_2 将具有非平庸的共同子群 G_s，即

$$G_s = G_1 \cap G_2. \tag{13.102}$$

可以设想存在二组相变，$G_1 \to G_s$，$G_2 \to G_s$，每一组相变有它的序参量和不可约表示 而实际的相变 $G \to G_2$ 对应于 $G_1 \to G_s$，$G_s \to G_2$ 的相继进行。在 ZnS 与 CdS 中，$G = Fm3m$，$G_2 \to F6_3mmc$，而 $G_s = R3m$。从 $Fm3m \to P6_3mmc$ 的对称性变化，可以通过一系列的中间相来实现。而假想的 $Fm3m \to R3m$ 及 $F6_3mmc \to R3m$ 可以分别用 $Fm3m$ 空间群的三个不可约表示和 $F6_3mmc$ 的一个不可约表示来表征。而 $Fm3m \to F6_3mmc$ 这一类型的相变可以在一系列的元素及合金中出现。它们之间并无群与子群的关系，但存在有明确的取向关系，而且两相的结构大部分

是相同的，例如，在钴的 676K 相变，面心立方相的(111)和六角相(0001)面，差别仅在于堆垛顺序上；又如锆，体心立方相的(110)面和六角相(0001)面相对应。

(b) *朗道-德冯谢亚理论的应用* 马氏体型相变的特征之一为具有形状记忆效应，不同温度下的应力-应变曲线略如图 13.28 所示。在高温，呈现线性弹性关系，在低温则表现出典型的铁弹性.而在中间的温度范围内，则呈现赝弹性 (pseudoelastic). 典型的形状记忆合金有 NiTi，CuZn，CuSn，$AuCuZn_2$，AuCd，AgCd。高温相为有序的体心立方结构(称为奥氏体或 β 相)。在经历一级马氏体型相变之后，形成了马氏体(见图 13.29)。这类相变的体积变化甚小(<0.5%)。基本上是沿母相{110}面⟨1$\bar{1}$0⟩方向的切变，切变的值约为 10%。由于对称性关系，这样的切变可以从单一的奥氏体相中产生 24 种取向不同的马氏体。法尔克 (F.Falk) 提出一种简化一维模型来处理这一问题[82]，他采用朗道-德冯谢亚理论，

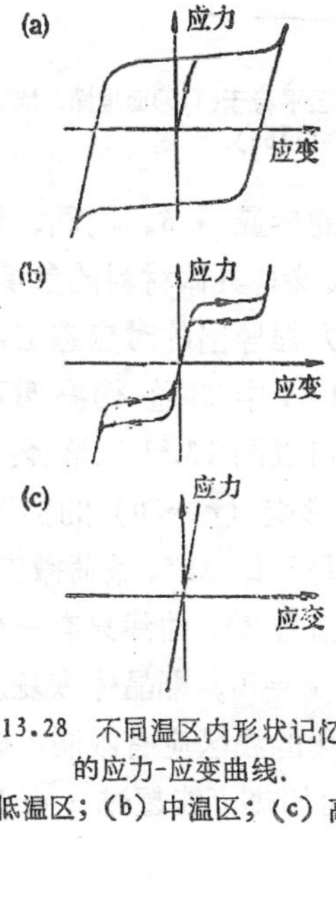

图 13.28 不同温区内形状记忆合金的应力-应变曲线.
(a) 低温区；(b) 中温区；(c) 高温区.

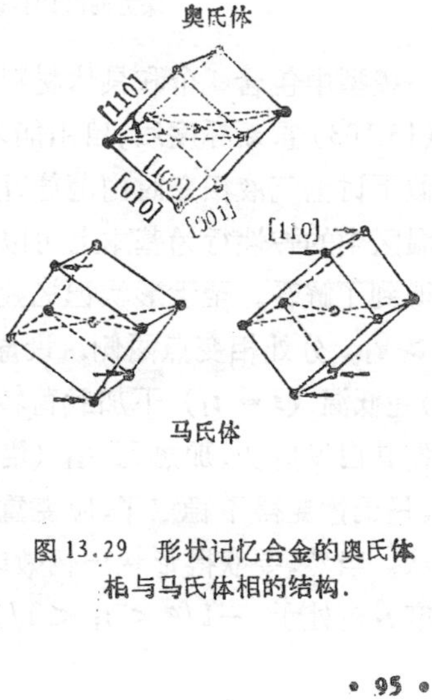

图 13.29 形状记忆合金的奥氏体相与马氏体相的结构.

令切应变 ε 为序参量，自由能展开式为

$$\varphi(\varepsilon,T)=F_0(T)+\alpha(T-T_1)\varepsilon^2-\beta\varepsilon^4+\gamma\varepsilon^6. \quad (13.103a)$$

为了简化讨论，引入无量纲量

$$f=\frac{\gamma^2}{\beta}\varphi \quad e=\sqrt{\frac{\gamma}{\beta}}\ \varepsilon,\ t=\frac{\alpha\gamma}{\beta^2}(T-T_1)-\frac{1}{4}, \quad (13.103b)$$

这样，我们就得到

$$f=f_0(t)+\left(t+\frac{1}{4}\right)e^2-e^4+e^6, \quad (13.103c)$$

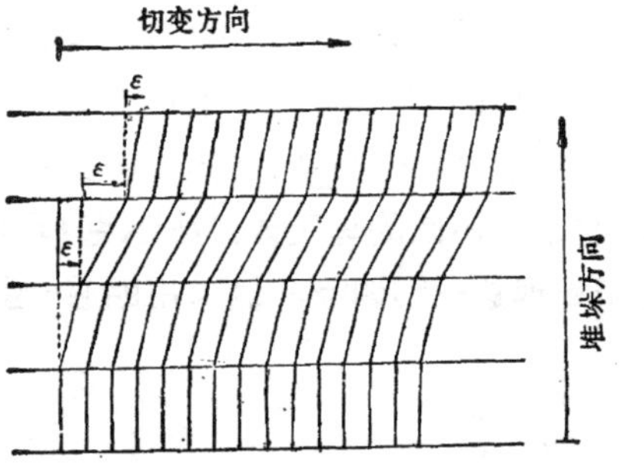

图 13.30 马氏体形变的一维模型(晶体层平行于(110)面堆垛．堆垛方向[110]，切变方向[1$\bar{1}$0])．

这一模型中包含 4 个和具体材料有关的参量 $\alpha,\beta,\ \gamma,T_1$，但通过式(13.103) 重新标度后，自由能表示式就与具体材料的参量无关，类似于讨论气液相变时由范德瓦耳斯方程导出的对应态定理。不同温区中的弹性行为基本上可以从 § 13.4 中朗道-德冯谢亚理论中得到了解释。至于形状记忆效应，可以图 13.31 来解释：这里 $t_{II}>t_I$，分处相变点两侧．设原始未形变（$e=0$）的奥氏体(A 点)在低温（$t=t_I$）下加载荷转变为马氏体 M^+，载荷撤去后，将保持其自发应变，加热到 t_{II}（沿图中箭号 2)，曲线只有一个极小值，马氏体变得不稳定了，应变重归于 $e=0$，即晶体恢复原来的形状。当然，要获得形状记忆效应，变化的温区应有限制，即起始温度 t_I 应处于 $-1/4<t_I<1/12$，而加热不能超过 $t=1/12$。

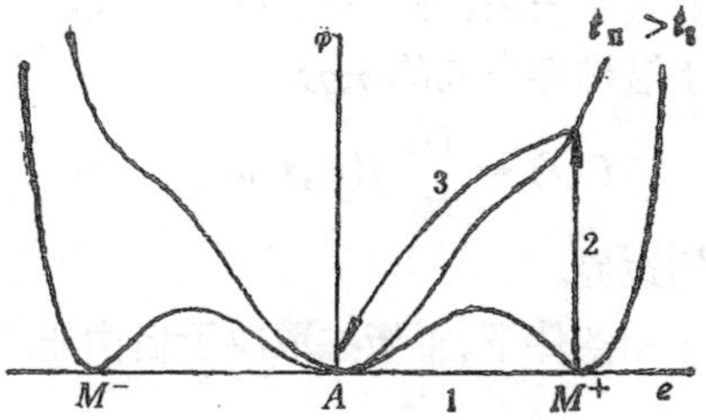

图 13.31 马氏体型相变点两侧的自由能-应变曲线，用以说明形状记忆效应.

(c) 金兹堡-朗道理论的应用　法尔克也将金兹堡-朗道理论用于马氏体型相变[83]. 在自由能密度的表示式中增加一应变梯度的二次项

$$\varphi(x,T)=\varphi_L+K\left(\frac{d\varepsilon}{dx}\right)^2=\varphi_0(T)+\alpha(T-T_1)\varepsilon(x)^2$$

$$+K\left(\frac{d\varepsilon}{dx}\right)^2-\beta\varepsilon(x)^4+\gamma\varepsilon(x)^6, \qquad (13.104a)$$

利用式 (13.103b) 进行重新标度，并令

$$\xi=\sqrt{\frac{\beta^2}{\gamma K}}\,x,\quad e'=\frac{de}{d\xi}, \qquad (13.104b)$$

得到

$$f(x,t)=f_L(x,t)+e'(\xi)=f_0(t)$$

$$+\left(t+\frac{1}{4}\right)e(\xi)^2+e'(\xi)^2-e(\xi)^4+e(\xi)^6. \qquad (13.104c)$$

这一体系对于应变有双重响应，首先为对应变的响应应力

$$\sigma=\frac{\partial f}{\partial e}=2\left(t+\frac{1}{4}\right)e-4e^3+6e^5, \qquad (13.105)$$

其次为对晶格弯曲响应的偶应力 L

$$L=\frac{\partial f}{\partial e'}=2e', \qquad (13.106)$$

偶应力只与弯曲成线性关系，与应变和温度无关。

总自由能为 f 沿堆垛方向的积分

$$F(t)=\int_{\xi_1}^{\xi_2} f(\xi,t)d\xi, \tag{13.107}$$

ξ_1 与 ξ_2 为体系的边界。

在不受外力作用条件下，平衡态取决于自由能的极小，经过计算可得

$$\left.\begin{aligned}\sigma-L'=0,\ (\text{体内}),\\ L=0,\quad (\text{表面上}).\end{aligned}\right\} \tag{13.108}$$

将式(13.105)及式(13.106)代入平衡方程(13.108)

$$\left.\begin{aligned}2\left(t+\frac{1}{4}\right)e-2e''-4e^3+6e^5=0,\ (\text{体内}),\\ e'=0,\quad (\text{表面上}),\end{aligned}\right\} \tag{13.109}$$

这样场方程有平庸的解，即 $e=e_0=$ 常数。均匀应变导致应力消失，这样我们有不受应力的奥氏体和 $e=e_0$ 的马氏体，对应于朗道自由能的极小。如果 $t<(1/12)$，朗道自由能不止一个极小值，场方程将有解对应于为畴界所隔开的两个共存相。

为了求得这种解，我们对场方程式积分一次

$$e'=\sqrt{f_L(e)-f_{L_0}}, \tag{13.110}$$

根据表面条件要求晶格弯曲 e' 在表面为零。而积分常数 f_{L_0} 的物理意义为表面上的朗道自由能密度。如果要求 e' 为实数，体内的朗道自由能密度将不小于表面的数值。我们可以根据式(13.110)得出畴界的形态，畴界的结构正如朗道自由能是和温度有关的。

对于 $t<-(1/4)$，f_2 只有对应于马氏体的极小值，畴界即为马氏体相的孪晶界(图 13.32(a))。应变比较陡峭地从一个畴区过渡到另一个畴区。至于 $(-1/4)<t<0$，自由能曲线有对应于奥氏体相的极小值出现，但比马氏体的要浅些，应变的变化就不那么直截了当，在奥氏体极小值处应稍有延缓。这表明在两个马氏体畴区之间夹住一小片奥氏体相（图 13.32(b)）。如果 $t=0$，所有极小值都相等。在这种情况下，不仅有马氏体间的畴界，也有马氏

体与奥氏体的相界(图 13.32(c))。至于 $t>0$，将不存在两相共存的情形，畴界也消失。

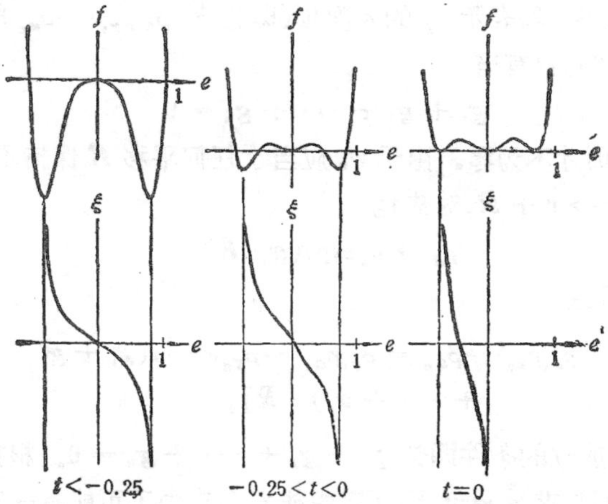

图 13.32　不同温度下的自由能曲线和相应的畴结构.
(a) $t<-0.25$; (b) $-0.25<t<0$; (c) $t=0$.

上述的理论是基于简化的一维模型。更加现实的三维模型有巴什 (G.R. Barsch) 与克鲁姆汉什尔 (J. A. Krumhansl) 的工作[84]。

§ 13.15　液固相变

(a) 液固相变为一级相变的论证　首先来考虑液态的凝固是否可能是连续相变这一问题. 在液态中，密度的分布是均匀，而且各向同性的，$\rho_0=$ 常数，凝固后 $\rho_0\to\rho_0+\delta\rho=\rho,\delta\rho$ (或 ρ) 将具有晶体的对称性，因而可作傅里叶展开

$$\delta\rho=\sum_{g}\rho_g \exp i(\boldsymbol{g}\cdot\boldsymbol{r}),\tag{13.111}$$

这里的 $\boldsymbol{g}$ 为晶体倒点阵矢量，由于 ρ 为实数，所以

$$\rho_g=\rho^*_{-g},\tag{13.112}$$

这里的符号*表示共轭复量. 在相变点附近，热力学势 Φ 可按 ρ_g

的幂次展开. 展开式可以表示为

$$\Phi = \Phi_0 + \Phi_1 + \Phi_2 + \Phi_3 + \Phi_4 + \Phi_5 + \cdots. \tag{13.113}$$

上式右侧 Φ_n 项表示 $\rho_{\boldsymbol{g}}$ 的 n 次项(即包含 $\rho_{\boldsymbol{g}_1}\rho_{\boldsymbol{g}_2}\cdots\rho_{\boldsymbol{g}_n}$ 的乘积). 下面将证明,只有当

$$\boldsymbol{g}_1 + \boldsymbol{g}_2 + \cdots + \boldsymbol{g}_n = 0 \tag{13.114}$$

时,Φ_n 的项才不为零. 由于 Φ_n 应当于任何平移 $\boldsymbol{R}$ 保持不变,作坐标变换 $\boldsymbol{r} \to \boldsymbol{r} + \boldsymbol{R}$,对应地

$$\rho_{\boldsymbol{g}} \to \rho_{\boldsymbol{g}} \exp i(\boldsymbol{g} \cdot \boldsymbol{R}),$$

这样,就要求

$$\rho_{\boldsymbol{g}_1}\rho_{\boldsymbol{g}_2}\cdots\rho_{\boldsymbol{g}_n} = \rho_{\boldsymbol{g}_1}\rho_{\boldsymbol{g}_2}\cdots\rho_{\boldsymbol{g}_n} \exp[i(\boldsymbol{g}_1 + \boldsymbol{g}_2 + \cdots + \boldsymbol{g}_n) \cdot \boldsymbol{R}], \tag{13.115}$$

这一等式成立的条件即为 $\boldsymbol{g}_1 + \boldsymbol{g}_2 + \cdots + \boldsymbol{g}_n = 0$. 根据这一条件,一次项要求 $\boldsymbol{g} = 0$,因而自由能表示式中不可能有一次项. 二次项只包括 $\rho_{\boldsymbol{g}}$ 与 $\rho_{-\boldsymbol{g}}$ 的乘积,即 $|\rho_{\boldsymbol{g}}|^2$,所以

$$\Phi_2 = \sum_{\boldsymbol{g}} A_{\boldsymbol{g}} |\rho_{\boldsymbol{g}}|^2. \tag{13.116}$$

在各向同性的体系中,A_g 只与 $\boldsymbol{g}$ 的大小有关,与其方向无关. 在相变点附近,对于特定的波矢 $\boldsymbol{G}$,Φ_2 也只与 ρ_G^2 有关. 因此,在相变点,$A_G = 0$. 这样,在相变中 $\delta\rho$ 对应于特定波长的平面波, G 值决定了该平面波的波长. 而其他的 $\rho_{\boldsymbol{g}}$ 均等于零,所以

$$\Phi_2 = A \sum_{\boldsymbol{G}} |\rho_{\boldsymbol{G}}|^2. \tag{13.117}$$

叠加式只对于不同取向的 $\boldsymbol{G}$ 来进行,至于三次项

$$\Phi_3 = \sum_{\boldsymbol{g}_1\boldsymbol{g}_2\boldsymbol{g}_3} C_{\boldsymbol{g}_1\boldsymbol{g}_2\boldsymbol{g}_3} \rho_{\boldsymbol{g}_1}\rho_{\boldsymbol{g}_2}\rho_{\boldsymbol{g}_3}, \tag{13.118}$$

这里的 $\boldsymbol{g}_1 + \boldsymbol{g}_2 + \boldsymbol{g}_2 = 0$. 而上面已经讲过在相变点附近密度波将具有相同的周期, 所以三次项中的 $\boldsymbol{g}_1, \boldsymbol{g}_2, \boldsymbol{g}_3$ 也应是取向不同,绝对值相等. 而 $\boldsymbol{g}_1 + \boldsymbol{g}_2 + \boldsymbol{g}_3 = 0$ 的条件又要求 $\boldsymbol{g}_1, \boldsymbol{g}_2, \boldsymbol{g}_3$ 应形成一个等边三角形. 由于液相是各向同性的, 多数 $C_{\boldsymbol{g}_1\boldsymbol{g}_2\boldsymbol{g}_3}$ 应只与等边三角形的大小有关,而和其取向无关. 这样,就保证了所有三次项的系数 $C_{\boldsymbol{g}_1\boldsymbol{g}_2\boldsymbol{g}_3}$ 应相同,可用 C 来代替,这样,

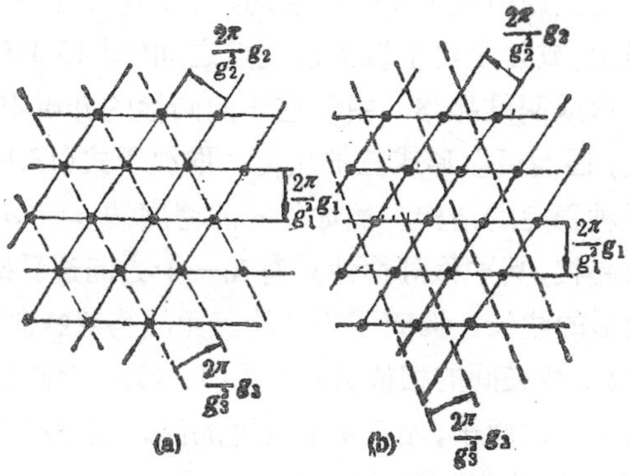

图 13.33　形成两维晶格的密度波的示意图.

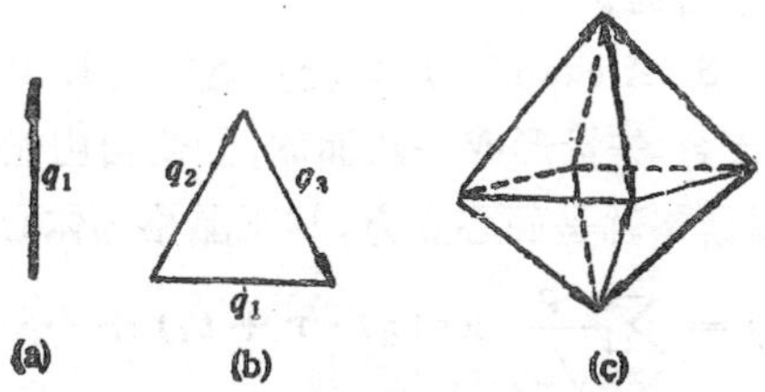

图 13.34　几种周期结构的密度波的波矢.
(a) 一维; (b) 两维; (c) 体心立方晶体.

$$\Phi = \Phi_0 + A(P,T)\sum_G |\rho_G|^2 + C(P,T)\sum_{|g_i|=G} \rho_{g_1}\rho_{g_2}\rho_{g_3} + B(P,T)\sum_{|g_i|=G} \rho_{g_1}\rho_{g_2}\rho_{g_3}\rho_{g_4} + E(P,T)\sum_{|g_i|=G} \rho_{g_1}\rho_{g_2}\rho_{g_3}\rho_{g_4}\rho_{g_5}. \qquad (13.119)$$

由于自由能展开式出现三次项，破坏了连续相变的朗道判据，所以液相的凝固只可能以一级相变形式出现.

(b) 结晶的密度波理论　从以上的讨论可以看出，在液固相变中，三次项起相当重要的作用. 为什么三次项这么重要？这也等于问，为什么不同取向的密度波的相对相位会在结晶中起重要作用呢？我们考虑构成二维晶格的三个密度波(图 13.33)，图中画出诸密度波的极大值. 第 i 个密度波的方向由 $\boldsymbol{g}_i$ 给出，而其波长等于 $\lambda_i = 2\pi/g_i$. 如果两个密度波的相对相位业已确定，那么第三个密度波的相就不能是任意的，它的极大值将处于两个极大值的交点上，或处于两个极大值交点之间(图 13.33(a)与(b))。这样就可以形成两维晶格。由于在各向同性的介质中，空间的取向可以任选，因而可以形成三维晶格，取决于式(13.119)中的系数，能导致多种稳定的结构。例如单一的密度波 $\rho = A\exp(i\boldsymbol{g}\cdot\boldsymbol{r})$ 导致近晶液晶相，其平移对称性只有在一个方向遭受破坏。三个构成等边三角形的波矢，构成了两维的三角晶格或蜂窝晶体(图 13.34(b))，取决于波矢间的相位关系(图 13.33)。二维晶格的实例为衬底上吸附的气体原子，如石墨上吸附的氙。在三维空间中，这类三重 $\boldsymbol{g}$ 结构表现为溶致液晶相，其中分子呈杆状，垂直于分子方向呈现两维周期性结构。

亚历山大 (S. Alexander) 与麦克塔格 (J. P. McTaque) 指出，可由六对 $\pm\boldsymbol{g}_i$ 矢量形成一八面体，而使自由能降低 (图 13.34(c))。这样，倒晶格就是面心立方，其正晶格为体心立方。

$$\rho(\boldsymbol{r}) = \sum_{\text{八面体}} \frac{\rho}{\sqrt{6}} \cos(\boldsymbol{g}_i \cdot \boldsymbol{r} + \theta_i) + \cdots \tag{13.120}$$

八面体具有四对三角形的面，因而单从三次项考虑体心立方结构显然要比二维晶格在能量上有利，当然不是所有 $\boldsymbol{g}_i \sim \{110\}$ 矢量都是相互独立的，它们构成一组三重 $\boldsymbol{g}_i$ 结构，外加高次谐波项，代入式(13.118)，可得

$$\Phi_3 = \sum \frac{C}{6\sqrt{6}} \rho^3 \cos(\theta_i + \theta_j + \theta_k). \tag{13.121}$$

如果令 $\theta_i + \theta_j + \theta_k = 2\pi p$，$p$ 为整数，将可使自由能为极小值。四个约束条件中只有三个是线性独立的，因而使自由能保持不变的只有三个自由度。它们对应晶体沿了三个正交轴向作刚体式平移，如果令这三个平移为 ϕ_1、ϕ_2 及 ϕ_3，而 ϕ 与 θ 间满足关系式：$\theta_1 = \phi_1 + \phi_2$，$\theta_2 = -\phi_2 + \phi_3$，$\theta_3 = -\phi_1 - \phi_3$ 等。由于液相的对称性，Φ_3 应与诸 ϕ 无关，而式(13.120)应对平移 $\theta_i \to \theta_i + 2\pi p_i$($p_i$ 为整数)保持不变。所以体心立方晶体的平移对称性既可以表示为三维的 ϕ 空间的平移，其中包括非本征平移 $\phi_i \to \phi_i +$

$\Delta\psi_i$（其中 $\Delta\psi_i \doteq 2\pi p_i$）；例如平移 $\psi_1 = \psi_1 + \pi$，$\psi_2 = \psi_2 + \pi$，$\psi_3 \to \psi_3 + \pi$ 将使体心立方结构保持不变。也可以应用另一方式来表达其平移对称性，即用六维 θ 空间来定义平移矢量 θ_i。亚历山大与麦克塔格用上述考虑来说明为什么绝大多数金属元素在熔点下的高温相为体心立方结构[85]。

(c) 准晶的密度波理论　1984年在快速冷却合金中准晶的发现(参阅第一卷 §4.12)为液固相变提出了新课题，准晶究竟是稳定相还是亚稳相？ 不同作者在朗道理论的范畴中处理了这个问题，这里简略介绍柏克 (P. Bak) 的理论处理[86]。他首先考虑密度波的5个波矢 $\boldsymbol{k}_i$ 构成一个闭合的正五边形。在这种情形下，有

$$\rho_i = (1/2\sqrt{5})\rho\exp(i\theta_i), \quad i = 1,2,\cdots,5, \tag{13.122}$$

这样，密度可以表示为

$$\rho(r) = \sum_{i=1}^{5}\frac{\rho}{\sqrt{5}}\cos(\boldsymbol{g}_i \cdot \boldsymbol{r} + \theta_i), \tag{13.123}$$

而自由能的五次项可以表示为

$$\Phi_5 = \frac{E}{25\sqrt{5}}\rho^5\cos(\theta_1 + \theta_2 + \theta_3 + \theta_4 + \theta_5), \tag{13.124}$$

对称操作 $\theta_i \to \theta_i + 2\pi p_i$ 将使 $\rho(r)$ 保持不变。但和两维的三角晶格和三维的体心立方晶格不同，这些操作不能用两维($d = 2$)的平移来表示。这是由于5个 $\boldsymbol{g}_i$ 不可能由2个矢量的线性组合来表示。这一组矢量中的4个是线性独立的。结果是对于 $\theta_i = 0$，$\rho(r)$ 具有五重对称性，但不能构成充满空间的布喇菲点阵。这相当于彭罗斯拼砌的推广，因而被称为广义彭罗斯结构。对于 $\theta_i = 0$，这种结构具有十重对称性，因为 $\theta_i \to \theta_i + \pi$ 将使它保持不变。图 13.35 将式(13.123)所表示结构具体化了，图中的诸直线用以表示单个密度波的极大，在中心 $r=0$ 处，各个波的极大都重合在这一点．对于 $\theta_i=\pi/2$，有

$$\rho(r) = \sum_i \frac{\rho}{\sqrt{5}}\sin(\boldsymbol{g}_i \cdot \boldsymbol{r}), \tag{13.125}$$

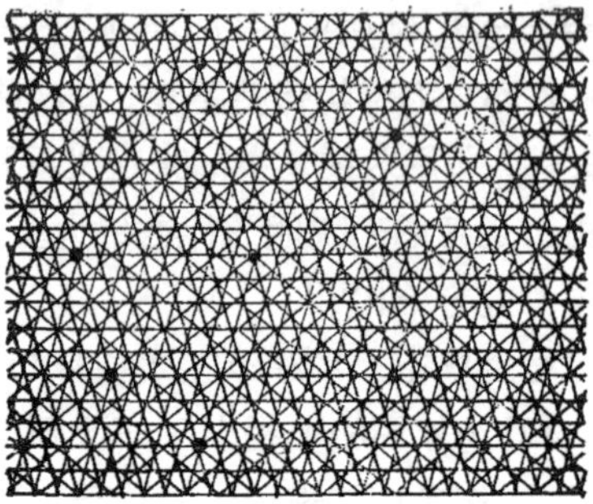

图 13.35　两维的广义彭罗斯结构和相应的密度波.

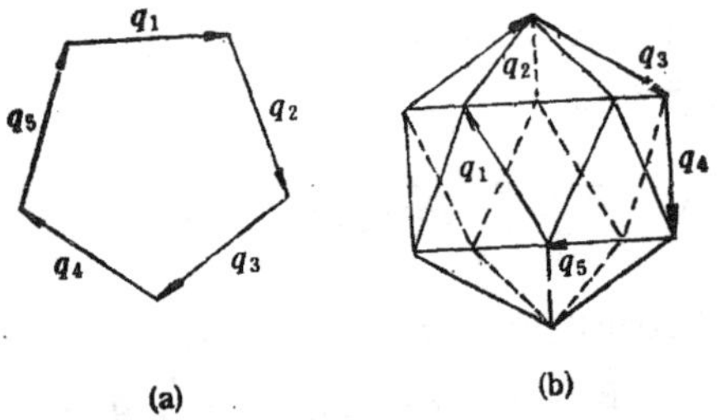

图 13.36　准周期结构的密度波矢.
(a) 两维彭罗斯结构；(b) 二十面体相.

这样的结构具有五重对称性，和原先的彭罗斯拼砌类似．这样的结构，虽则没有周期性，但其序参量 $\rho_i = (\rho/\sqrt{5})\exp(i\theta_i)$却是通体均匀的，符合长程序的严格含义．

在三维空间中，五次项加上三次项，可能使密度波矢构成正二十面体或十二面体的复杂结构在能量上有利．一个二十面体有二十个正三角形的面，十二个顶点，三十个棱边．这种结构可以用 15 对棱边矢量 $\pm \boldsymbol{g}_i$ 来确定

$$\rho(r) = \sum_i \frac{\rho}{\sqrt{15}} \cos(\boldsymbol{g}_i \cdot \boldsymbol{r}_i + \theta_i), \qquad (13.126)$$

而锁定相位的三次项及五次项变为

$$
\left.\begin{aligned}
\Phi_3 &= \frac{\rho^3 C}{15\sqrt{15}} \sum_{10\text{三角形}} \cos(\theta_i + \theta_j + \theta_k), \\
\Phi_5 &= \frac{\rho^5 E}{225\sqrt{15}} \sum_{6\text{五边形}} \cos(\theta_i + \theta_j + \theta_k + \theta_l + \theta_m).
\end{aligned}\right\} \quad (13.127)
$$

五次项是由这些 $\boldsymbol{g}_i$ 中可以挑五个来组成平面正五边形，如图 13.36 中的 $\boldsymbol{g}_1, \cdots, \boldsymbol{g}_5$。假定 C 与 E 符号一致，这样 Φ_3 与 Φ_5 均可由 $\theta_i = 0$ 或 $\theta_i = \pi$ 来确定其极小值。结果为

$$
(\Phi_3 + \Phi_5)_{\min} = -\frac{2\rho^3 C}{75\sqrt{15}} - \frac{2\rho^5 E}{3\sqrt{15}}. \quad (13.128)
$$

如果 C/E 很小，其自由能将可和体心立方的

$$
\Phi_3 = -\frac{2\rho^3 C}{3\sqrt{6}}
$$

相竞争。当然，也可以使五个二十面体的棱边矢量加起来为零，但不一定形成正五边形。例如其中三个构成正三角形，另外两个为 $\pm \boldsymbol{g}_i$。这些项将使二十面体结构在能量上更加有利。对式(13.127)求极小值导致对相位 θ_i 有 9 个线性独立的约束，这样，将存在有 6 个(正如体心立方结构有 3 个，彭罗斯结构有 4 个)自由度使结构保持不变。这是由于每一棱边矢量 $\boldsymbol{g}_i$ 可以表示为两个矢量的叠加

$$
\boldsymbol{g}_i = \boldsymbol{T}_\alpha + \boldsymbol{T}_\beta, \quad (13.129)
$$

这里的 $\boldsymbol{T}_\alpha$ 及 $\boldsymbol{T}_\beta$ 分别表示从中心到 $\boldsymbol{g}_i$ 矢量的两端顶点的矢量。这样，密度波 $\rho_i(\boldsymbol{r})$ 可以表示为波矢为到 6 个顶点的矢量的密度波，即

$$
\begin{aligned}
\rho_i(\boldsymbol{r}) &= \frac{\rho}{\sqrt{15}} \exp[i(\boldsymbol{g}_i \cdot \boldsymbol{r} + \theta_i)] \\
&= \frac{\rho}{\sqrt{15}} \exp\{i[(\boldsymbol{T}_\alpha + \boldsymbol{T}_\beta) \cdot \boldsymbol{r} + \phi_\alpha + \phi_\beta]\}。 \quad (13.130)
\end{aligned}
$$

15 个相位 θ_i 将和 6 个 ϕ 值相关；$\theta_i = \phi_1 + \phi_2, \cdots$ 和前面讨论体心立方结构相似。式(13.130)既对于平移 $\theta_i \to 2\pi p_i$（p_i 为整

数)是保持不变的，也对于平移 $\phi_\alpha \to \phi_\alpha + 2\pi p_\alpha$ 保持不变，而自由能是和相位无关的。因而准晶的结构对 ϕ 空间中一组平移保持不变性．而 ϕ 空间是六维空间，所以准晶也可以视为六维空间的周期结构，而在现实的三维空间具有准周期结构(quasiperiodic structure)。当然，准晶的密度波理论有多种不同的表述方式，这里不一一介绍．可以根据准晶理论的综述来查阅有关文献[87]。

(d) *液固相变的准普适性行为* 连续相变的特征为相变中的行为具有明显的普适性．前面叙述的朗道理论就是有高度普适性的，而随后发展起来的临界现象理论，亦是如此(参阅 §18.5-7)．而一级相变就迥然不同，随着体系与结构上的差异，微观细节上的出入，相变参量(如潜热、体积变化等)亦因之而异，很难期望能够获得具有普适性的规律．但固液相变的行为，却有特殊之处．某些经验或半经验的规律似乎蕴含着一定程度的准普适性[88]。

有关固体熔化或凝固唯象的经验规律，早已经有所总结[89]．例如：单原子固体的熔点温度 T_m 大体上与其切变弹性模量成正比的；金属的空位形成能与 T_m 之比几乎为一常数；而在碱卤化合物中，熔化引起的体积变化则和其正负离子半径比有系统的对应关系。

更深入一层，如林德曼方程 (Lindemann equation) 所蕴含的熔化判据，意味着当固体中原子的热振动振幅超过某一临界值时就会引起熔化，此临界值可以表示为 $L = (\overline{u_0^2})^{\frac{1}{2}}/a$，即热振动振幅的方均根值与晶体中原子间距的比值。根据熔化的计算机模拟或实验结果的间接推测，L 值几乎是接近于 0.1。有迹象表明，两种立方结构的 L 值略有差异，较开放的体心要大些(~ 0.12)，而密集的面心则要小些(~ 0.09)。

液固相变的序参量的平均值 $\bar{\rho}_g$ 则可以通过熔点附近穆斯堡尔谱线的德拜-瓦勒因子的测量来求出．求出的 $\bar{\rho}_g$ 的值约为 0.8，而 $\bar{\rho}_g$ 对于 g 的依赖关系为高斯型的。值得注意的是，两种立方结构的 $\bar{\rho}_g$ 值也略有差异，$\bar{\rho}_g \sim 0.75$ (体心)，$\bar{\rho}_g \sim 0.9$(面心)。

更有启发性的结果是，由对于简单液体的凝固所进行的大量

的计算机模拟研究所取得的.维莱脱(L. Verlet) 发现简单液体凝固时的结构因子的峰值 $S(k_m)$ 约等于 2.85。不同的简单液体，如 Ar 与 Na,乃至于一些模型体系，如硬球液体，莱纳德-琼斯液体和单一组元的等离子体，尽管其它方面差异甚大，但都在 $S(k_m)=2.9\pm0.1$ 的凝固。而液相的结构因子 $S(k)$ 为两体相关函数 $c(r)$ 的傅里叶变换。要激发波矢为 k，而振幅为 $|A_k|^2$ 的密度涨落所需要的能量约为 $|A_k|^2[k_BT/S(k)]$，因而 k_m 的模式是最容易激发的。因而凝固后固体的最短的倒格矢应该接近于 k_m，这和实验事实相符。维莱脱判据意味着在简单液体的凝固中序参量在凝固点的跃变值几乎相同(在 3% 范围内)。对于两维液体的凝固，势函数设为 r^{-n}，$n=16,6,3,1$，都得出 $S(k_m)\simeq5.25$ 的结果。

熔化引起的体积变化是随着压缩率的不同而有差异的，但压缩率是随着压强的增大而减小的。所以根据不同压强下测量熔化熵可以求出纯粹由结构变化引起的熔化熵 ΔS。对于 Ar，Na 分别求出约为 $0.9k_B$/晶胞、$0.77k_B$/晶胞；对于多种液态金属，ΔS 为在 $0.8-1.0k_B$/晶胞。

上述的一些结果表明，简单液体的凝固行为基本上是相似的，有一些几近普适性的规律，为发展液固相变的理论提供了依据.拉马克里什南(T. V. Ramakrishnan)等采用密度波的理论取得了一些有意义的结果[90]。但这一工作已越出了唯象理论的范畴，实质上是考虑粒子间相互作用的平均场理论，也有人用以处理准晶方面的问题[87]，这里就不予赘述了。

第六编参考文献

[1] van der Waals, J. D., Over de continuiteit van gas-en vloeistoistand, A. W. Sijthoff, Leiden (1873); English translation, North Holland, Amsterdam (1988).

[2] Gibbs, J. W., On the Equilibrium of Heterogeneous Substances, The Scientific Papers, vol. 1, Dover, 325(1961).

[3] Tammann, G., Lehrbuch der Metallographie, Leopold Voss, Leipzig (1914).

[4] Volmer, M., Kinetik der Phasenbildung, Steinkopf, Dresden (1939).

[5] Becker, R. and Döring, W., *Ann. Phys.*, 19, 719(1935).

[6] Frenkel, J., *J. Chem. Phys.*, 1, 200; 538(1939); Kinetic Theory of Liquids,

[7] Burton, W. K., Cabrera, N. and Frank, F. C., Phil. Trans. Roy. Soc. **A243** 299(1950—1951).
[8] Mehl, R. F., Hardenability of Alloys Steels, ASM(1930); Johnson, W. A. and Mehl, R. F., Trans. Met. Soc. AIME, 135, 416(1939).
[9] Колмогоров, A. H., *Изв. АНСССР*, № 3, 355(1937).
[10] Zener, C., *Trans. Met. Soc. AIME*, **167**, 550(1946).
[11] Hillert, M., *Acta Met.* **9**, 525(1961).
[12] Cahn, J. W., *Acta Met.*, **9**, 795(1961); **10**, 179(1962).
[13] Tiller, W. A., Jackson, K. A., Rutter, J. W. and Chalmers, B., *Acta Met.*, **1**, 428(1953).
[14] Mullins, W. W. and Sekerka, R. F., *J. Appl. Phys.*. **34**, 323(1963); **35**, 444 (1964).
[15] Curie, P., *Ann. Chim. Phys.*, **5**, 289(1895).
[16] Weiss, P. J., *J. de Phys.*, **6**, 667(1907).
[17] Landau, L. D., *Phys. Z. Sowj. Un.*, **11**, 26; 545(1937); Collected Papers of L. D. Landau (ed. Ter Haar, D.), Pergamon, 193(1965).
[18] Bain, E. C., *Trans. Met. Soc. AIME*, **70**, 25(1924).
[19] Kurdjumov, G. and Sachs, G., *Z. Phys.*, **64**, 325(1930).
[20] Wayman, C. M., Introduction to the Crystallography of Martensitic Transformation, MacMillan, New York (1964).
[21] Raman, C. V. and Nedungadi, T. M. K., *Nature*, **145**, 147(1940).
[22] Cochran, P. W., *Phys. Rev. Lett.*, **3**, 412(1959); *Adv. Phys.*, **9**, 387(1960).
[23] Anderson, P. W., Fizika Dielectrikov (ed. Skanavi, G. I.), Akad. Nauk SSSR, Moskow (1959).
[24] Scott, J. F., *Rev. Mod. Phys.*, **46**, 83(1974).
[25] Widom, B., *J. Chem. Phys.*, **43**, 3898(1965).
[26] Kadanoff, L. P., *Physics*, **2**, 263(1966).
[27] Wilson, K. G., *Phys. Rev. Lett.*, **26**, 584(1972); Wilson K. G. and Kogut, J., *Phys. Repts.*, **12C**, 77(1974).
[28] Rao, C. N. R. and Rao, K. J., Phase Transitions in Solids, MacGraw-Hill, New York (1978).
[29] Christian, J. W., The Theory of Transformations in Metals and Alloys, Pergamon, Oxford (1965); 2nd ed., vol. 1(1975).
[30] Fine, M. E., Introduction to Phase Transformations in Condensed System, Macmillan, New York (1964).
[31] Khachaturyan, A. G., The Theory of Structural Phase Transformations in Solids, New York, Wiley (1983).
[32] Bruce, A. D. and Cowley, R. A., Structural Phase Transitions, Taylor and Francis, London (1981); *Adv. Phys.*, **29**, 1; **111**; 219(1980).
[33] Blinc, R. and Zeks, B., Soft Modes in Ferroelectrics and Antiferroelectrics, North Holland, Amsterdam (1974).
[34] Wadhawan, V. K., Ferroelastic Phase Transitions, *Phase Trans.*, **3**, 3(1982).
[35] Stanley, H. E., Introduction to Phase Transitions and Critical Phenomena,

Clarendon Press (1971).

[36] Ma, S. K. (马上庚), Modern Theory of Critialtical Phenomena, Benjamin (1976).

[37] 于渌、郝柏林，相变与临界现象，科学出版社，北京，(1984)。

[38] Christian, J. W., in "Phase Transformations, York Conference Proceedings", Institute of Metallurgists, London, 1(1979).

[39] Roy, R., in "Phase Transitions and Their Applications in Material Science", Pergamon 13(1973).

[40] Ehrenfest, P., *Proc. Amsterdam Acad.*, **36**, 153(1933).

[41] Pippard, A. B., Elements of Classical Thermodynamics, Cambridge Univ. Press, Cambridge (1966).

[42] Hughes, A. J. and Lawson, A. W., *J. Chem. Phys.*, 3, 2098(1962).

[43] Buerger, M. J., in "Phase Transformations in Solids" (eds. Smoluchowski, R., Meyer, J. E. and Weyl, W. A.), Wiley, New York, 183(1951).

[44] Megaw, H. D., Crystal Structures; A Working Approach, Saunders, Philadelphia (1973).

[45] Unoki, H. and Sakudo, T., *J. Phys. Soc. Japan*, **23**, 546(1967).

[46] Williams, J. C., de Fontaine, D. and Paton, N. E., *Met. Trans.*, **4**, 2701(1973).

[47] Sikka, S. K., Vohra, Y. K. and Chidambarem, R., *Progr. Mater. Sci.*, **27**, 245 (1982).

[48] 徐祖耀，马氏体相变与马氏体，科学出版社，北京，(1980).

[49] de Fontaine, D., Configuration Thermodynamics of Solid Solutions, Solid State Phys. (eds. Ehrenreich, H., Seitz, F. and Turnbull, D.), vol. 34, Academic Press, 73(1979).

[50] Parsonage, N. G. and Stavely, L. A. X., Disorder in Crystals, Clarendon Press (1978).

[51] de Fontaine, D., in "Phase Transitions and Their Applications to Material Science", Pergamon, 169(1975).

[52] Roitburd, A. L., Martensitic Transformation, Solid State Phys. (eds. Ehrenreich, H, Seitz, F. and Turnbull, D.), vol. **33**, Academic Press, 317(1978).

[53] Susuki, T. and Wuttig, M., *Acta Met.*, **23**, 1069(1975).

[54] Ko, T. (柯俊) and Cottrell, S. A., *J. Iron Steel Inst.* (London), **172**, 307(1952).

[55] Cook, H. E., *Mater. Sci. Eng.*, **25**, 127(1976).

[56] Landau, L. D. and Lifshitz, E. M., Statistical Physics, 3rd ed., part 1, Pergamon, Oxford (1980).

[57] Anderson, P. W., Basic Notions of Condensed Matter Physics, Benjamin Menlo Park (1984).

[58] Néel, L., *Ann de Phys.*, **17**, 5(1932); *J. de Phys. Radium*, **3**, 160(1932).

[59] Devonshire, A. F., *Phil. Mag.*, **40**, 1040(1949); **42**, 1065(1951); *Adv. Phys.*, **3**, 85(1954).

[60] Falk, F., *J. de Phys.*, **43**, C4-3(1982).

[61] de Gennes, P. G., *Mol. Cryst. Liq. Cryst.*, **12**, 193(1971).

[62] Sheng, P. (沈平) and Priestley, E. B., The Landau-de Gennes Theory of Liquid Crystal Phase Transitions, in "Introduction to Liquid Crystals (Priestley, E. B.,

Wojtowwicz, P. J. and Sheng, P), Plenum (1975).
[63] 谢希德,蒋平,陆奋,群论及其在物理学中的应用,科学出版社,北京,(1986).
[64] Лифшиц, Е. М., *Ж. Э. Т. Ф.*, **11**, 255; 269(1941).
[65] Kocinski, J., Theory of Symmetry Changes at Continous Phase Transitions, Elsevier, PWN (1983).
[66] Ландаи Л. Д., Гинзбирг, Б. Л., *Ж. Е. Т. Ф.*, **20**, 1064(1950);Collected Papers of L. D. Landau (ed. Ter Haar, D.), Pergamon, Oxford 546 (1965).
[67] Ornstein, L. S. and Zernicke, K., Proc. K. Ned. Akad. Wet., **17**, 793(1914).
[68] Nye, J. F., Physical Properties of Crystals, Clarendon Press, Oxford (1957).
[69] Aizu, K., *J. Phys. Soc. Japan*, **34**, 121(1973).
[70] Классен-неклюдова, М. В., Механиеское двоникование кристаллов изд. Акад. наук СССР, (1960).
[71] Khachaturyan, A. G., *Phys. Stat. Sol.*, **60**, 9(1973).
[72] Allen, S. M. and Cahn, J. W., *Acta Met.*, **23**, 425(1976).
[73] Toledano, P., Applicability of the Landau Theory to Structural, Incommensurate and Magnetic Phase Pransitions, in "Spontaneous Symmetry Breakdown and Related Subjects" (eds. Michel, L., Mozrzymas, J. and Pekalski, A.), World Scientific, Singapore (1985).
[74] 陶瑞宝,第二类相变的对称理论,物理学进展,**3**,189(1983).
[75] Fousek, J., *Czech. J. Phys.*, **B21**, 955(1971).
[76] Chen, J. (陈峻), Wang, W. S. (王文山), Li, Q. (李齐) and Feng, D. (冯端), *Cryst. Res. Tech.*, **23**, 747(1988).
[77] Dvorak, V. Janovec V., *Japan. J. Appl. Phys.*, **4**, 400(1965).
[78] 顾本源,公度-无公度相变与朗道的相变唯象理论,物理学进展,**8**,125(1988).
[79] MacMillan, W. L., *Phys. Rev.*, **B14**, 1496(1976).
[80] Pan, X. Q. (潘晓晴), Hu, M. S. (胡梅生), Yao, M. H. (姚明辉) and Feng, D. (冯端), *Phys. Stat. Sol.*, **91**, 57(1985).
[81] Wadhawan, V. G., *Mater. Sci. Forum*, **3**, 91(1985).
[82] Falk, F., *Acta Met.*, **28**, 1773(1980).
[83] Falk, F., *Zeit. Phys.*, **B51**, 177(1983); **B54**, 159(1984).
[84] Barsch, G. R. and Krumhansl, J. A., *Phys. Rev. Lett.*, **53**, 1069(1984).
[85] Alexander, S. and McTaque, *Phys. Rev. Lett.*, **41**, 702(1978).
[86] Bak, P., *Phys. Rev.*, **B32**, 5764(1985).
[87] Henley, C. L., 准晶序，其起源及其后果：对于流行模型的综述,物理学进展, **7**,375(1987).
[88] Ramakrishnan, T. V., Liquid to Solid Transition, *Mater. Sci. Forum*, **3**, 57 (1985).
[89] Ubbelohde, A., Melting and Crystal Structure, Clarendon Press, Oxford (1965). (1965).
[90] Ramakrishnan, T. V. and Yussouf, M., *Solid State Comm.*, **21**, 309(1977); *Phys. Rev.*, **B19**, 2775(1979).

第七编 相变动力学

刘 治 国

引 言

相变动力学的任务在于具体地描述相变的微观机制，转变途径，转变速率及一些物理学参量对它们的影响．由于在相变的进程中,系统要经历一系列非平衡态,所以这个问题无法在平衡态热力学的理论框架内解决,必须主要依靠物理动力学的理论和方法．

从理论上考虑，存在两条可能解决这个问题的途径．一个办法是从非平衡态热力学的一般理论出发来解决问题． 实践表明，由于相变过程牵涉的因素很多,这方面的尝试尚未取得重要进展．第二个办法是针对不同相变系统的具体情况，对其原子过程作具体分析,对相变的各个不同阶段分别找出适当的物理模型,然后借助于统计物理和热力学的一些基本概念，对这些模型进行半唯象的理论处理．这后一种办法已被证明是比较有效的．本编的讨论即以此为基础．

在前一编的讨论中已经指出，相变按其动力学规律可以分为非匀相转变与匀相转变两类．早在上世纪末吉布斯就以高度的洞察力对这两类转变的基本特征进行了初步的论述．本世纪二十年代以来,随着实验技术的进步,人们对非匀相转变的动力学规律逐步取得了比较完整的认识．伏尔默在对过饱和蒸汽中液滴形成过程的研究中首先创立了经典成核理论[1]． 在此之后，贝克和杜林(W. Döring)[2]以及坦布尔 (D. Turnbull) 和菲舍尔 (J. C. Fisher)[3] 对这一理论进行了发展，并将其推广应用于固态相变．四十年代末曾讷[4]等人发展了新相长大的动力学理论。六十年代初栗夫雪兹 (I. M. Lifshitz) 和斯里沃佐夫 (V. V. Slyozov)[5]以及瓦格纳 (C. Wagner)[6] 发展了沉淀相粗化的完整动力学理论. 至此，非匀相转变各阶段的动力学理论框架已初步具备。在匀相转变动力学的研究方面直到五十年代末才出现了理论上的重要突破,卡恩[7-8]在希拉特初步工作的基础上将浓度波和梯度能的概念引入非均匀界质系统，并在此基础上成功地解释了失稳分解产生的组分调制结构的成因. 卡恩等人关于失稳分解的理论最终证实了吉布斯关于两类转变机制的预见的正确性。它标志着相变理论研究方面的一项重大进展.

近年来,随着实验技术的进步,一些高分辨率，高精确度的成像和分析手段例如透射电子显微术,高分辨率电子显微术,原子探针与场离子显微术,中子衍射,X 射线衍射等被越来越多地应用于相变(特别是相变早期的动力学与相变机制)的研究. 这些实验工作已提供了大批更为准确和可靠的资料，为相变动力学理论由半定量向定量的发展提供了条件.

在相变动力学的初步理论框架已经建立之后，近年来该领域内有如下三个值得注意的发展动向:

(1) 用更接近于真实的非线性扩散方程代替作为粗略近似的线性扩散方程，使相应的动力学理论也可适用于系统中原子浓度梯度较大的情况，从而扩大建立在扩散方程基础上的相变动力学理论的适用范围并大大改善其精确性.

(2) 用离散格点模型代替原有的非均匀连续介质模型，从而将对非均匀系统的描述置于微观的基础上. 这一模型在处理有序化转变问题中有特别重要的意义.

(3) 相变动力学过程的计算机模拟. 它的优点在于可以避免使用那些在种种物理模型中必须采用的近似和假设，而这些近似或假设往往是多少值得怀疑的. 计算机模拟还使得从量子力学的基本原理出发"从头算起"描述相变过程有了可能性 · 计算机模拟的主要困难在于找出更为准确可靠的原子间相互作用势函数·

随着这一问题的逐步解决，可以预期，计算机模拟在相变动力学理论研究中将发挥越来越重要的作用.

本编分为两章，分别讨论非匀相转变和匀相转变动力学，着重介绍与金属和合金中相变有关的问题，特别是重构型相变的动力学问题。

有关本编的内容，读者可参阅克里斯青[9]，法因[10]，哈恰图良[11]等人的专著以及阿朗森（H. I. Aaronson)[12]主编的文集和卡恩（R. W. Cahn)，哈森（P. Haasen)[13]二人主编的两卷本“物理金属学”。

第十四章　非匀相转变动力学

I 成　　核

当外界条件(例如温度，压力等)的变化使系统中某一相处于亚稳态，它便出现了转变为一个或几个较为稳定的新相的倾向.只要相变的驱动力足够大，这种转变就将借助于吉布斯的第一类涨落，亦即小范围内程度甚大的涨落而开始。这种小范围的区域即为新相的胚芽。由于胚芽与母相结构不同，它们之间一定存在界面。对于尺寸很小的胚芽，它的出现带来的体自由能下降不足以补偿界面能的增加，它经短暂的存在之后必将复归于消失。但是由于热涨落的作用，新相的胚芽将不断地出现。偶尔地，由于一连串有利的涨落，某一胚芽的尺寸增大到如此之大，以致于它可以稳定地存在并继续长大。这种尺寸大于某一临界值的胚芽被称为新相的核心或晶核。核心的出现标志着相变的开端。核心很小，理论的估算和实验观测都表明，它的尺寸在 1 至 5 纳米之间。本节的任务便是在对核心形成的原子过程进行分析的基础上讨论核心的尺寸，形态，形成势垒和生成速率，同时分析一些重要物理量及缺陷对它们的影响。

§ 14.1　相变驱动力

在定温定压条件下，系统的吉布斯自由能 G 应趋于最小值.但是，在大气压强下，吉布斯自由能 G 与亥姆霍兹自由能(简称自由能) F 的差别可以忽略不计，因此我们不妨认为在下面要讨论的相变过程中，系统的自由能 F 趋于最小值，系统中自由能的下降是相变的驱动力。

如果单位体积的新相 β 相由母相 α 相生成，不考虑相界面和

弹性畸变的出现，系统自由能的改变为

$$\Delta F_{\alpha\beta}^{V} = \Delta U_{\alpha\beta}^{V} - T\Delta S_{\alpha\beta}^{V}, \tag{14.1}$$

式中 $\Delta U_{\alpha\beta}^{V}$, $\Delta S_{\alpha\beta}^{V}$ 分别为单位体积 β 相生成引起的系统内能和熵的变化，T 为相变发生时的绝对温度。注意到在两相平衡温度 T_e 时有 $\Delta F_{\alpha\beta}^{V} = 0$，在过冷度 $\Delta T = T_e - T$ 不大的情况下容易推出以下关系：

$$\Delta F_{\alpha\beta}^{V} \approx \Delta H_{\alpha\beta}^{V} \cdot \frac{\Delta T}{T_e}, \tag{14.2}$$

其中 $\Delta H_{\alpha\beta}^{V}$ 为单位体积的相变潜热。$\Delta F_{\alpha\beta}^{V}$ 表征相变中“化学的”自由能的改变，又常被称为“体自由能的改变”。它便是相变的驱动力。

对于由 AB 两种原子组成的过饱和固溶体中的沉淀反应，系统在相变过程中体自由能的改变可由两相的自由能-成分关系曲线求出。考虑 B 组元浓度为 c_0 的过饱和 α 相分解为平衡的 α 相和 β 相，如图 14.1 所示。由合金热力学的知识可知，每摩尔过饱和母相分解导致的体自由能下降为图中 IJ 所示，J 点位于两条自由能-成分曲线的公切线上。每摩尔 β 相产生导致的体自由能下降为 KL。每摩尔 B 组元由母相中脱溶沉淀导致的体自由能改变为 MN，它相当于 B 组元处于浓度为 c_0 和 c_α 的 α 相中时其化学势的差值。

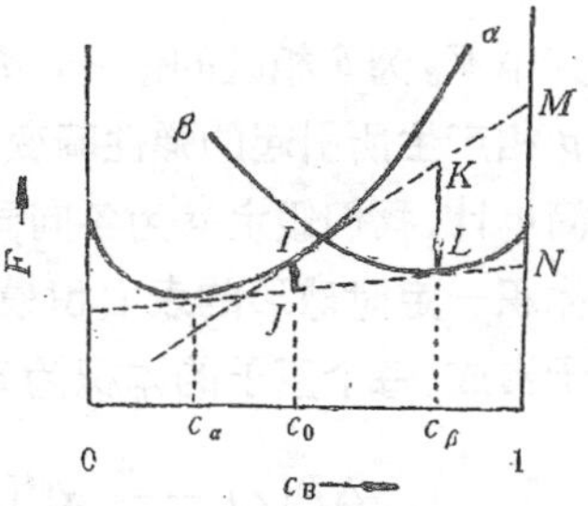

图 14.1 两元固溶体中 α 相和 β 相的自由能-成分曲线的示意，图中标明了成分为 c_0 的过饱和固溶体分解为 α 相和 β 相时自由能的改变.

如果 c_0 和 c_α 都很小，利用规则固溶体模型和亨利定律可以求出 $MN = RT\ln(c_0/c_\alpha)$。如果母相过饱和度不大，即 $(c_0 - c_\alpha) \ll c_\alpha$ 则近似有

$$KL = \frac{c_\beta - c_\alpha}{1 - c_\alpha} \cdot MN = \frac{c_\beta - c_\alpha}{1 - c_\alpha} \cdot RT\ln(c_0/c_\alpha).$$

显然，单位体积 β 相产生导致的体自由能改变为

$$\Delta F^V_{\alpha\beta} = -\frac{1}{V^m_\beta}\cdot KL = -\frac{1}{V^m_\beta}\cdot\frac{c_\beta - c_\alpha}{1 - c_\alpha}\cdot RT\ln\left(\frac{c_0}{c_\alpha}\right), \tag{14.3}$$

其中 V^m_β 为 β 相的克分子体积，c_0，c_α，c_β 分别为过饱和母相，平衡 α 相，平衡 β 相中 B 组元的浓度，R 为气体常数，T 为相变发生的绝对温度。

§14.2 均匀成核[1-3]

考虑一小块稳定的新相 β 相在亚稳的母相 α 相中生成。由于 β 相更为稳定，这将导致系统体自由能的下降。同时，由于 β 相和 α 相在结构上有明显差异，二者之间必定存在界面，界面能使系统的自由能上升。如果两相都是固相，那么一般说来，β 相的出现还会导致弹性畸变。作为近似可以认为畸变能与 β 相区的体积成正比。这样我们立即可以写出系统总自由能的改变为

$$\Delta F = V_\beta(\Delta F^V_{\alpha\beta} + E) + A_{\alpha\beta}\cdot\sigma, \tag{14.4}$$

其中 V_β 为 β 相区的体积，$A_{\alpha\beta}$ 为两相界面的面积，E 为单位体积 β 相产生所引起的弹性畸变能，σ 为单位面积相界面的能量。为简单计，我们假定 σ 为各向同性的，这意味着 β 相区为球形，因为体积一定时球形的表面积最小。设 β 相区半径为 r，共由 i 个原子构成，每个原子的体积为 v，于是式(14.4)可记为

$$\Delta F(r) = \frac{4}{3}\pi r^3(\Delta F^V_{\alpha\beta} + E) + 4\pi r^2\sigma \tag{14.5}$$

或

$$\Delta F(i) = iv(\Delta F^a_{\alpha\beta} + E) + (36\pi)^{1/3}i^{2/3}v^{2/3}\sigma. \tag{14.6}$$

显然，只有当 $\Delta F^V_{\alpha\beta}+E<0$ 时，α 相向 β 相的转变才可能发生。式(14.5)右边的第一项常称为体积项，第二项常称为界面项。ΔF 以及其体积项，界面项与 r 的关系见图 14.2。ΔF 存在一个极大值由 $d\Delta F/dr = 0$ 可以求出相应的半径 r^* 及 ΔF 的极大值 ΔF^* 分别为

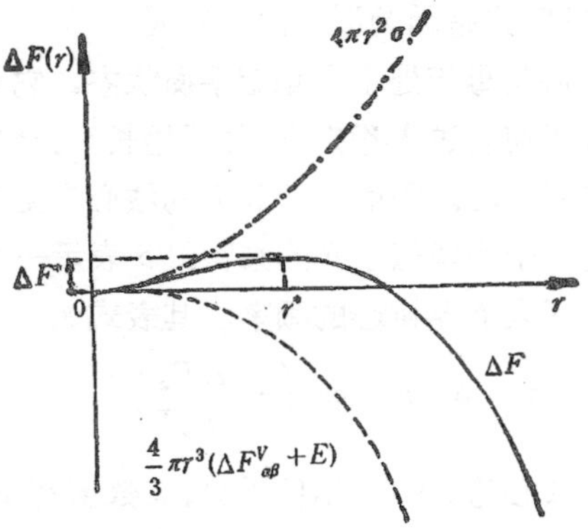

图 14.2 半径为 r 的球形 β 相在母相中生成时引起的 ΔF 及其体积项和界面项随 r 变化的情况.

$$r^* = -\frac{2\sigma}{\Delta F^V_{\alpha\beta} + E}, \tag{14.7}$$

$$\Delta F^* = \frac{16\pi\sigma^3}{3(\Delta F^V_{\alpha\beta} + E)^2} = \frac{4}{3}\pi r^{*2}\sigma, \tag{14.8}$$

这时 β 相区的大小亦可用它所包含的原子数来表示

$$i^* = -\frac{32\pi}{3v}\cdot\left(\frac{\sigma}{\Delta F^V_{\alpha\beta} + E}\right)^3. \tag{14.9}$$

显然，半径小于 r^* 的 β 相区(或者称为 β 相的胚芽)是不稳定的，而半径大于 r^* 的 β 相区(或者称为 β 相核心)是稳定的，可以继续长大。r^* 被称为临界核心半径，ΔF^* 为形成一个临界核心所必须越过的势垒，它又称为成核功。

在平衡条件下，根据玻耳兹曼统计，母相中临界核心的密度为

$$n^* = n_0\cdot\exp\left(-\frac{\Delta F^*}{k_B T}\right), \tag{14.10}$$

其中 n_0 为母相中可供成核的位置的密度，对于均匀成核过程，它即为母相单位体积中原子或分子的数目，k_B 为玻耳兹曼常量，T 为绝对温度。

应当强调指出，临界核心的平衡密度 n^* 并不就是系统中可以

长大的核心的密度，这是因为以下两个原因:

(1) 临界核心与母相处于不稳定平衡状态，它长大与消失的可能性相同。为了使它进入稳定态，并开始长大，至少需要一个原子由母相转入临界核心。因而开始长大的核心产生的速率应表为临界核心密度与一个频率因子 β 的乘积。β 表示一个临界核心附近母相中的原子闯入临界核心的频率，其表式为

$$\beta = S \cdot \nu_0 \cdot \exp\left(-\frac{\Delta F_a}{k_B T}\right), \tag{14.11}$$

其中 S 为与临界核心为邻的 α 相原子数，其数值在 10^2 量级；ν_0 为这些原子的振动频率，其数值在 10^{13}/秒的量级；ΔF_a 为这些原子进入临界核心所必须越过的势垒的高度，其数值在 $k_B T$ 的量级，k_B 为玻尔兹曼常量.

(2) 系统中核心的形成和长大为一动态过程。在此过程中，一批又一批临界核心因长大而离开了临界核心的队伍，同时热涨落又不断产生新的临界核心来进行补充。成核开始后一段时间之内系统中临界核心的密度将达到动态平衡，亦即出现稳定态。显然，在稳定态下临界核心的密度将低于平衡态下的密度。塞尔多维奇 (J. B. Zeldovich)[14] 从理论上分析了处于稳定态下系统中临界核心的密度与平衡态下密度的关系。同时考虑到大于临界尺寸的核心还存在重新分解而消失的可能，他建议这些因素导致的成核率的下降可以用乘以一个因子 Z 来表征，Z 称为塞尔多维奇因子，其近似表达式为

$$Z = \frac{-1}{2\pi k_B T}\left(\left.\frac{\partial^2 \Delta F(i)}{\partial i^2}\right|_{i=i^*}\right)^{1/2}, \tag{14.12}$$

式中 $\Delta F(i)$ 为 i 个原子形成的球形胚芽引起的总自由能变即式(14.6)，i^* 为临界核心中包含的原子数即式(14.9)。在典型情况下，Z 的数值在 0.05 左右，一般说来它的变化不大。

考虑上述两方面的影响，在稳定状态下系统中的成核率为

$$J_S = Z \cdot \beta \cdot n^* = Z \cdot S \cdot \nu_0 \cdot n_0 \exp\left(-\frac{\Delta F^*}{k_B T}\right) \cdot \exp\left(-\frac{\Delta F_a}{k_B T}\right), \tag{14.13}$$

其中各符号的含意与以前各有关式中相同。

实验证明，在非匀相转变中，在相变的条件具备的瞬间并不能立即成核，而要经历一段“孕育时间”。它反映了最初一批核心形成所需要的时间并受扩散的控制。考虑了“孕育时间”τ 的影响，罗素（K. C. Russell）建议，系统在 t 时刻的成核率可以表示为

$$J(t) = J_S \cdot \exp(-\tau/t), \tag{14.14}$$

式中 J_S 为稳定成核率，τ 为孕育时间。

显然，稳定的成核不能无限期地继续下去。在多形性转变中随着时间的推移系统中母相的量将下降。在沉淀反应中随着新相的成核和长大母相中溶质原子的过饱和度将要下降，从而导致相变驱动力的下降和成核势垒的升高。最终使成核过程趋于停顿。非匀相转变过程中新相粒子数随时间变化的示意见图 14.3。

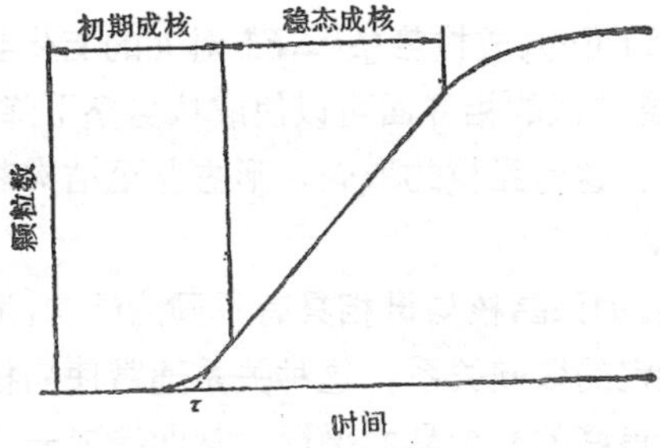

图 14.3　新相粒子数与时间关系的示意，它显示出孕育时间 τ 及存在一个稳态成核的阶段.

§ 14.3　关于成核理论的讨论

下面让我们从式(14.7)，(14.8)及(14.13)出发，对影响成核的各主要因素进行一些更具体的讨论，并在此基础上对涉及成核现象的一些主要实验规律给予定性的解释。

在上节中我们曾假定相界面能 σ 为各向同性的。对于过饱和

蒸汽的凝结这是很好的近似，但在固态相变中情况却有很大的不同。一般说来，固态相界面两侧的晶体具有不同的结构，随着二者结构与取向差异的变化，界面可能有如下三种不同的情况(参看第一卷 § 9.11—§ 9.13)：

(i) **非共格界面** 此时界面两侧晶体结构差异甚大，无一定的取向配合关系，有些类似于大角度晶界的结构。界面原子失配严重，界面能较高。

(ii) **共格界面** 此时界面两侧原子排布的方式类似，失配度很小，只需有少量弹性畸变二者便可完全匹配，相应的界面能较低。

(iii) **半共格界面** 此为介乎于以上两种界面之间的情况，其结构类似于小角度晶界，可以近似认为是由一段段共格界面加上一列等间距排布其间的失配位错构成。对于这个问题，范德默夫(J. H. Van der Merwe)[15] 曾作过很好的论述。

由式(14.8)可知，成核势垒 ΔF^* 对 σ 的变化非常敏感。那些匹配较好，能量较低的相界面可以使成核势垒下降，因而它们出现的机会特别大。这对晶核的取向，形态甚至结构都会产生很大的影响。

实验表明，如果晶核与母相具有不同的结构，那么它们之间往往存在某些确定的取向关系，这种关系通常使晶核的某晶面与母相中和它配合良好的一个晶面平行，从而造成一片能量较低的界面。一般说来，晶核就是由若干这种低能量界面包围而成的。因此，只要知道了新相和母相的界面能与界面取向的关系亦即界面的 σ 图，那么晶核的平衡形态便可借助于乌耳夫作图法而被确定。关于乌耳夫作图法的细节可参阅第一卷 §8.1。

这种界面能各向异性决定晶核取向和形态的一个典型例子是六方结构的 Ag_2Al 沉淀在面心立方的 Al 基体中成核的过程。这个沉淀反应的顺序是

$$\text{Al (面心立方)} \rightarrow \gamma' \text{ (六方)} \rightarrow Ag_2Al\text{(六方)},$$

它们的晶格结构示意见图 14.4(a)。由图可见，γ' 相的 (0001) 面

与Al的(111)面原子排列方式和点阵参数都相同. Ag_2Al 的(0001)面与Al的(111)面原子排列方式相同，而点阵参数差别很小，它们之间的匹配可以产生能量很低的相界面.实际观察表明，γ' 相及 Ag_2Al 相都是片状的，而且以面心立方的(111)面亦即六方结构的(0001)面为惯态面. 由于在片状 γ' 或 Ag_2Al 沉淀的窄面上，其原子排列方式与面心立方母相差别很大，所以窄面的界面能高得多. 图 14.4(d) 为相应的 σ-取向关系图的示意. 由此利用乌耳夫作图法可以定出片状沉淀的纵横比为 σ_2/σ_1，其中 σ_1，σ_2 分别为沉淀的宽面和窄面的界面能. 阿朗森[16]从理论上算出在 Al-Ag_2Al 沉淀系统中 $\sigma_2/\sigma_1 = 2.7$。弗兰特 (M. Ferrante)[17] 计算出在 Al-γ' 沉

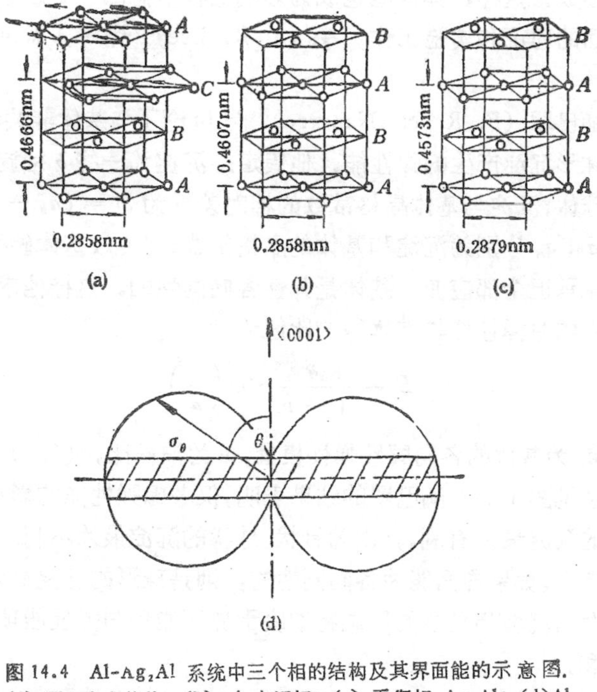

图 14.4 Al-Ag_2Al 系统中三个相的结构及其界面能的示意图.
(a) 面心立方基体; (b) γ' 中间相; (c) 平衡相 Ag_2Al; (d)Al-Ag_2Al 相界面的 σ-取向关系图，图中打斜线的区域为用乌耳夫作图法求出的晶核的形态.

淀系统中 $\sigma_2/\sigma_1=10$，这些理论计算与实际测量得到的沉淀相的纵横比大体符合。

界面结构决定新相晶核形态的另一个例子是 Ni-12at%Be 固溶体中的 β 沉淀相。利用场离子显微镜和原子探针进行的观察和分析表明，在面心立方的 α-Ni 基体与 CsCl 结构的 β 沉淀相之间存在匹配良好的惯态面(001)面。β 沉淀也是片状的，其纵横比为 10[18]。

在固态相变中，由于不同相的比容和结构不同，晶核的出现一般将使晶核及其附近母相的晶格发生畸变从而使系统中出现弹性畸变能。由式(14.8)可以看出，弹性能 E 越大，则成核的势垒越高。换言之，在其它条件相同的情况下，产生弹性能较少的晶核将优先形成。这样，弹性能也成为影响晶核形态的一个因素。关于这方面的理论和实验工作，李 (J. K. Lee)[19,20] 等人做过详细的总结。

纳巴罗 (F. R. N. Nabarro)[21,22] 讨论了与基体非共格的回转椭球形沉淀产生的弹性能。他假定：沉淀为一绕 b 轴旋转而成的椭球体；沉淀与基体晶格常数的相对差异为 $\delta=(a_\beta-a_\alpha)/a_\alpha$，其中 a_β，a_α 分别为沉淀和基体的晶格常数；沉淀较基体硬得多，因而基体承担全部应变；基体是弹性各向同性的。这样他求出该沉淀产生的总弹性能与其体积的比值为

$$E=\frac{\varepsilon_\alpha\delta^2}{1-\nu}\cdot\phi\left(\frac{b}{a}\right), \tag{14.15}$$

其中 ε_α 为基体的各向同性弹性模量，ν 为泊松比，$\phi(b/a)$ 与 b/a 的关系见图 14.5。纳巴罗的结果表明，仅考虑弹性能的影响，那么片状的沉淀最为有利，其次为针状，球状的沉淀最为不利。而从界面能考虑，如果界面能为各向同性的，则是球形的沉淀最为有利。因此共格沉淀相晶核的形态将取决于界面能项与弹性能项的竞争与调和。

共格沉淀相为了降低弹性能而呈现薄片状的最典型例子是 Al-Cu，Cu-Be 等固溶体在较低的温度下时效时析出的片状沉

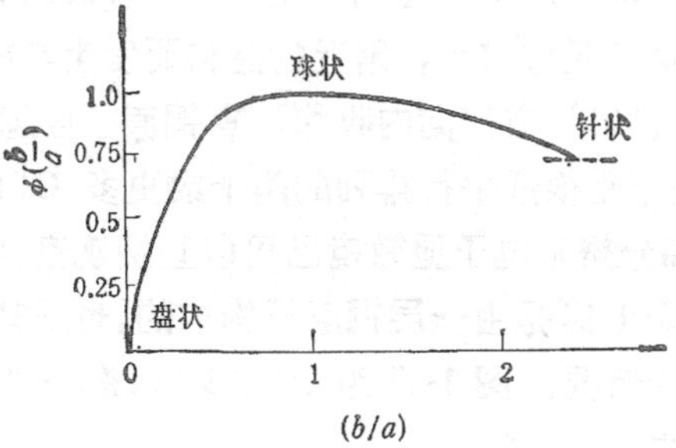

图 14.5 纳巴罗计算的 $\phi(b/a)$ 与 b/a 的关系。沉淀的形状为绕 b 轴回转而成的椭球。注意 $b/a \ll 1$ 椭球呈盘状，$b/a \gg 1$ 椭球呈针状。

淀。它们通常被称为纪尼埃（A. Guinier）-普赖斯顿（G. D. Preston）区，简称 G. P. 区。以含铜量在 2at% 左右的 Al-Cu 合金为例，铜原子的离子半径比铝小 12%。按平衡相图，此系统中与 α-Al 平衡的沉淀相是 Θ 相（$CuAl_2$）。它具有四方结构，与 α-Al 完全不共格，因而界面能很高（$\sigma > 1$ 焦耳/米^2）。这就允许出现一系列亚稳相。这些亚稳相也富含铜，但与 α-Al 结构更为接近。它们依次被称为 GPI，GPII 和 Θ′ 相。图 14.6 是 GPI 区右半边的示意图（左半边与此对称）。这是由格罗尔德（V. Gerold）提出

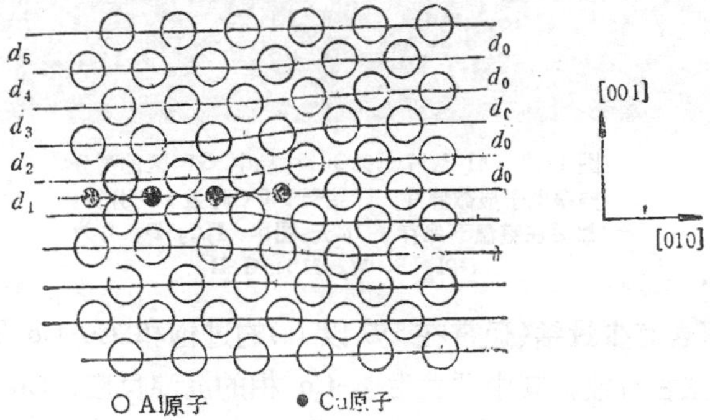

图 14.6 格罗尔德的 GPI 区模型。图中显示一个位于(001)面上的 GPI 区的右半部分的剖面。其左半部分与右半部分对称。

并广为接受的模型[23]。GPI 区由一层集中在(001)面上的铜原子组成。由于铜原子尺寸较小，附近的晶格要发生畸变。两边邻近的铝原子层沿〈001〉方向向内收缩．离铜原子层越远收缩越少．GPII 区则是由相距很近平行排列的两个或更多 GPI 区构成的．近年来，利用高分辨率电子显微镜已可以直接观察 GP 区的晶格像[24]，证实了 GPI 区是由一层铜原子构成的，也观察到了 GP 区附近晶格畸变的情况。图 14.7 为 Al-3.97wt%Cu 中 GP 区的高分辨率电镜照片。

图 14.7 Al-3.97wt%Cu 样品中 GP 区的高分辨率电子显微照片．样品于 140℃时效 180 分钟，然后在室温下保存了 26 天，图中 A，C，D，E 为 GPI，B，M，N 为 GPII．

将含有少量钴(通常在 5% 以下)的过饱和 Cu-Co 固溶体在 600℃左右时效，其中便发生 α-Co 相的沉淀反应。Cu-Co 的相图见图 14.8。由于这个系统中母相为稀薄固溶体，沉淀相中含钴量几乎达到 100%，沉淀颗粒又很接近于球形，它成了被研究得最多的均匀成核系统．钴在较低温度下具有六方结构，但这个系统

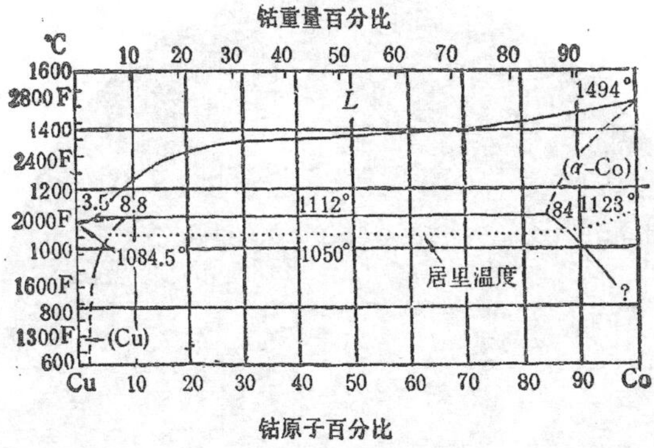

图 14.8　铜-钴平衡相图.

中的钴沉淀颗粒在尺寸较小时(小于几十纳米)却具有面心立方结构,并且和母相共格,二者之间的失配度较小,约为 −1.5%。只是在长大之后才转变成六方结构。这个现象是不难理解的,因为和母相具有相同的结构并共格,可以降低界面能从而大大降低成核势垒。 Cu-2.7at%Co 合金中早期 α-Co 沉淀相的场离子显微照片见于图 14.9[25]。样品于 550℃时效 5 分钟,Co 沉淀的平均直径为 1.7 纳米,大体相当于临界核心的尺寸。

在关于 Cu-Co 系统成核的研究中,莱戈斯(F. K. Le Goues)和阿朗森[26-28]的工作最为精确。他们利用透射电镜系统地研究了含钴量分别为 0.5wt%,0.8wt% 和 1wt% 的铜-钴合金在 470℃至 620℃ 温度范围内时效时钴沉淀的成核动力学。图 14.10 为 Cu-1wt%Co 合金在 600℃ 时效时样品中沉淀颗粒密度随时间变化的情况.据此可以求出相应的稳定成核率为 4.22×10^{13}/厘米^{3}秒.孕育时间为 100 秒。他们还用不同的物理模型对成核率和孕育时间进行了理论计算。计算结果与实际测量结果基本符合。

由式 (14.2),(14.8),(14.13)可知,成核率对$\Delta F^V_{\alpha\beta}$或者说得更具体一些,对过冷度 ΔT 的变化极为敏感.相比之下,式(14.13)中的对数前因子显得不太重要。对于固态相变中的均匀成核,将式(14.13) 中各参量赋以适当的数值后近似有

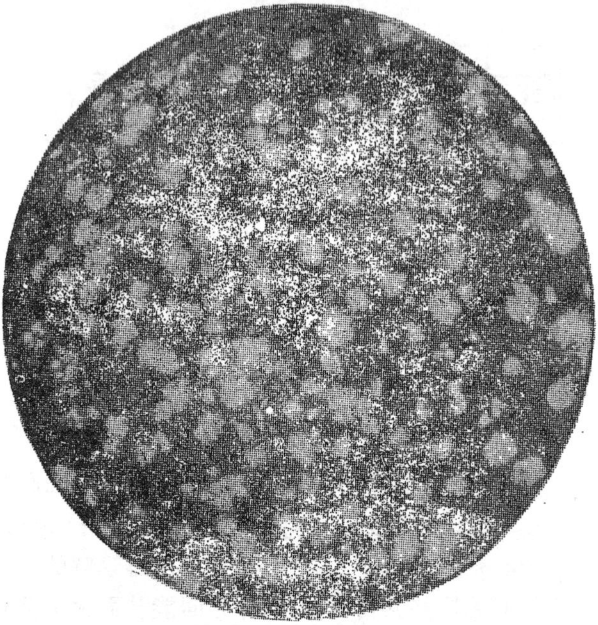

图 14.9　在 550℃ 经 5 分钟时效的 Cu-2.7at%Co 合金的场离子显微照片，其中亮的斑点为球形 Co 沉淀．沉淀颗粒的平均直径为 1.7 纳米，基体中沉淀颗粒的密度为 $7\cdot 10^{18}$/厘米^3．

$$J_S \approx 10^{30}\cdot \exp\left(-\frac{\Delta F^*}{k_B T}\right)\Big/\text{厘米}^3\cdot\text{秒}. \qquad (14.16)$$

克里斯青作了一个估计，若某一系统在过冷度为 50℃时，ΔF^* 为 $70k_BT$，这时按式(14.16)可算出，成核率为每立方厘米每秒一个晶核。在过冷度增大到 55℃时，ΔF^* 下降为 $55k_BT$，相应的成核率可激增至每立方厘米每秒一百万个晶核。大量的实验事实表明，这种成核率随过冷度快速变化的现象是所有成核过程的特征。当然，成核率随过冷度的增加并不是无限的。随着温度的下降，式(14.13)中的 $\exp(-\Delta F_a/k_BT)$ 项会成为新的制约因素，实质是成核率受到原子扩散过程的限制。

由式(14.2)，(14.7)还可以看出，临界核心的半径随过冷度的增大而变小。这种变化产生了如下的可能性：某些新相的胚芽在

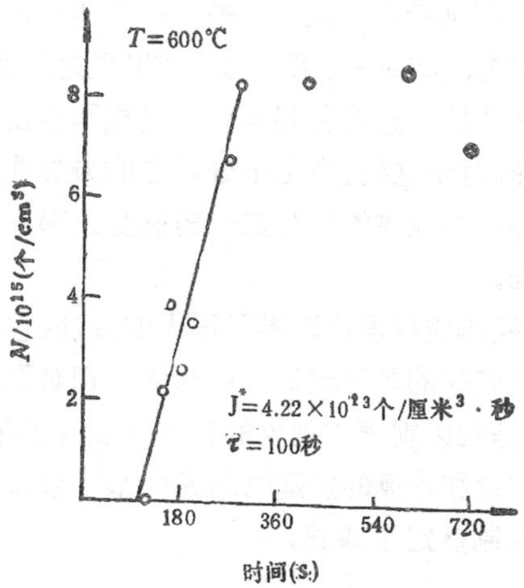

图 14.10　在 600℃时效的 Cu-1wt%Co 样品中沉淀颗粒密度与时间的关系．据此求出的成核率与孕育时间已标在图中．

过冷度较小时小于当时的临界半径，但随着过冷度的增大临界核心的半径变小，还是那些胚芽在较大过冷度下其半径却超过了临界核心的半径而变成稳定的核心。这种成核过程称为变温成核，在连续冷却导致相变的过程中有重要意义。

实际上，在大部分非匀相转变中成核发生所需要的过冷度明显低于均匀成核理论所预期的过冷度．这时成核不是在系统中"均匀"地发生，而是发生在系统的各种缺陷附近，缺陷的存在显著降低了成核势垒，对此将在下节中进行详细地讨论。

利用成核理论定量地解释有关实验事实还存在不少困难。究其原因，大约有以下几点：

(1) 缺少界面能 σ 的可靠资料。考虑到晶核中只含有几十或上百个原子，用大块界面的能量数据来表征如此小的颗粒的表面能显然不太合适，更何况对于大块界面的界面能，由于其各向异性，人们了解的也还不十分清楚．而且，成核势垒和成核率对 σ 的变化非常敏感。

(2) 类似的困难存在于人们对弹性畸变能 E 的估算。

(3) 对于脱溶沉淀过程，第一批晶核出现之后便开始长大，粗化的进程也随之开始，这将引起系统中过饱和度及由此而定的相变驱动力的下降，对于这些，尚无十分可靠的方法进行计算。

(4) 现存的有关成核的实验数据精确度大都不高，为理论分析带来不少困难。

尽管如此，经典成核理论取得了很大的成功。它可以定性或半定量地解释有关成核的各种现象，同时使人们对于成核这样一个变化迅速，过去是难以捉摸的现象的物理本质有了深入的了解，把它和一些可以测量和计算的宏观物理量联系了起来，为对成核过程进行人为的控制奠定了基础。

§14.4 非均匀成核

在前面的论讨中我们曾假定，相变系统中各个位置上成核的可能性相同。在实际系统中往往不是如此。蒸汽中悬浮着尘埃，液体中有杂质，固体中存在着界面，位错等缺陷。成核在这些特殊区域更容易发生。在这种情况下，核心在系统中将不是均匀分布的，相应的成核现象被称为非均匀成核。在自然界中存在许多非均匀成核的生动例子。如煮水时溶在水中的空气常先在器壁上形成汽泡。碘化银和冰表面原子排列方式相似，失配度只有 1.4%，二者之间界面能很低，因而在云中播撒碘化银粉末可使水滴包复在碘化银粉末上形成而施行人工降雨。另一方面，如果人为地将非均匀成核赖以形成的特殊区域减少或消除，例如把液体分散成细微的液滴，那么总可以使大多数液滴中没有上述特殊区域。这样，使液滴凝固所需的过冷度就可随液滴的减小而增大。例如，直径为 1—10 微米的锡液滴可以在 105℃ 的过冷度下还不凝固，而大量的液态锡很难过冷到 30℃。

非均匀成核之所以容易发生，主要有以下原因：依附在界面上形成的核心可以借用部分界面能来充当核心的表面能，从而使核心形成需越过的势垒下降。新相在伴有弹性畸变的缺陷附近成

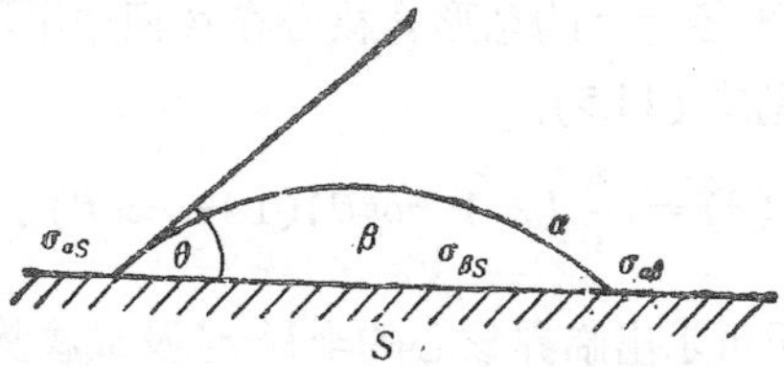

图 14.11　β 相核心在 α 相与杂质 S 的界面上形成的示意.

核可以使部分弹性畸变消弛，从而降低成核势垒。另外，有些缺陷附近存在某些溶质原子的富集，这些区域因此有利于富含这种溶质原子的新相成核。

首先让我们看一个最简单的情况。设过饱和母相中存在一个杂质 S，新相 β 相的核心依托着杂质的平表面形成，其示意见图 14.11。设 α-β 相界面能 $\sigma_{\alpha\beta}$ 为各向同性的，那么 β 相核心的形状为一曲率半径为 r 的球缺。设 α-S，β-S 界面能分别为 $\sigma_{\alpha S}$，$\sigma_{\beta S}$。考虑沿 S 面切向力平衡，接触角 θ 与各界面能（等于相应表面张力的大小）之间应满足以下关系：

$$\sigma_{\alpha\beta}\cos\theta + \sigma_{\beta S} = \sigma_{\alpha S},$$

亦即

$$\cos\theta = \frac{\sigma_{\alpha S} - \sigma_{\beta S}}{\sigma_{\alpha\beta}}. \tag{14.17}$$

不难求出，β 核心与 α 相及 S 的界面面积分别为

$$\begin{aligned} A_{\alpha\beta} &= 2\pi r^2(1 - \cos\theta), \\ A_{\beta S} &= \pi r^2\sin^2\theta. \end{aligned} \tag{14.18}$$

β 核心的体积为

$$V_\beta = \frac{\pi}{3} r^3(2 - 3\cos\theta + \cos^3\theta), \tag{14.19}$$

这个 β 核心的出现导致系统自由能的变化为

$$\begin{aligned} \Delta F_S(r) &= \sigma_{\alpha\beta}\cdot A_{\alpha\beta} + (\sigma_{\beta S} - \sigma_{\alpha S})A_{\beta S} + V_\beta(\Delta F^V_{\alpha\beta} + E) \\ &= \Delta F(r)\cdot f(\theta), \end{aligned} \tag{14.20}$$

其中 $\Delta F(r)$ 为半径为 r 的球形 β 核心在 α 相中出现导致的系统自由能的变化，见式(14.5).

$$f(\theta)=\frac{1}{4}(2+\cos\theta)(1-\cos\theta)^2. \qquad (14.21)$$

由式(14.20)立即可求出临界核心的半径 r_S^* 及成核势垒 ΔF_S^* 分别为

$$r_S^*=r^*, \qquad (14.22)$$

$$\Delta F_S^*=\Delta F^*\cdot f(\theta), \qquad (14.23)$$

其中 r^*,ΔF^*的表式分别见式(14.7),(14.8).容易看出，$f(\theta)\leqslant 1$，所以 β 相依托杂质表面成核总可以降低成核势垒，除非 $\sigma_{\alpha S}+\sigma_{\alpha\beta}\leqslant\sigma_{\beta S}$.

在固态相变中更常见的情况是新相在母相的晶界面上成核.这种成核机制的示意见于图 14.12. 设 $\sigma_{\alpha\beta}$ 为各向同性的，这样处于受力平衡的 β 相核心为球面凸透镜形.设其曲率半径为 r，半夹角为 θ. 界面能 $\sigma_{\alpha\alpha}$, $\sigma_{\alpha\beta}$ 与 θ 之间显然应满足以下力平衡关系:

$$\sigma_{\alpha\alpha}=2\sigma_{\alpha\beta}\cdot\cos\theta. \qquad (14.24)$$

在 $2\sigma_{\alpha\beta}>\sigma_{\alpha\alpha}$ 的情况下，可以求出此时成核势垒 ΔF_b^* 为

$$\Delta F_b^*=\Delta F^*\cdot g(\theta), \qquad (14.25)$$

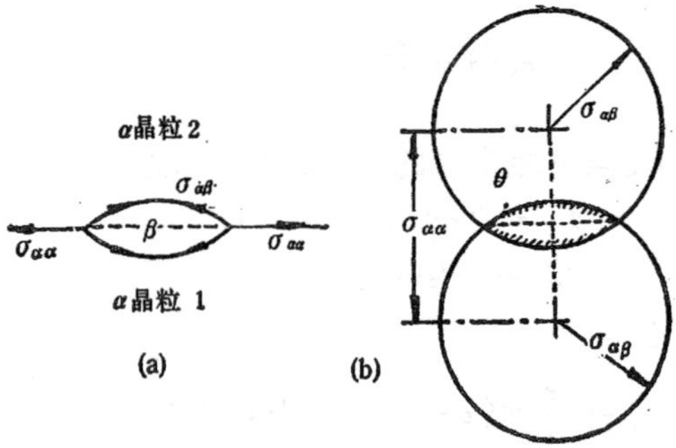

图 14.12 β 相核心在 α 相晶界面上形成的示意，其中右图表明 $\sigma_{\alpha\alpha}$, $\sigma_{\alpha\beta}$ 与半夹角 θ 的关系.

其中

$$g(\theta)=(1-\cos\theta)^2(2+\cos\theta)/2, \tag{14.26}$$

ΔF^* 为 β 相在 α 相中均匀成核的势垒。容易看出，晶界成核的势垒总是比均匀成核的势垒低。当 $\sigma_{\alpha\alpha}\geqslant 2\sigma_{\alpha\beta}$ 时，晶界成核势垒完全消失，这时 β 相将沿着 α 相的晶界做浸润式的扩展。若 β 为液相，这种现象将在工程材料（例如高温结构材料）应用中产生灾难性的后果，必须予以防止。

非均匀成核也常在晶粒的棱边（三个晶粒的交线）或角隅（四个晶粒的交点）上发生。计算表明，这时相应的成核势垒下降更多。在 $\sigma_{\alpha\alpha}/\sigma_{\alpha\beta}$ 取不同数值时，界面、棱边、角隅成核势垒与均匀成核势垒的比值见于图 14.13。但是同时应当看到，实际材料中的均匀成核位置，界面成核位置，晶棱成核位置和角隅成核位置依次递减，与材料的晶粒度有关。后三者与前者的比值依次近似为 (δ/L)，$(\delta/L)^2$，$(\delta/L)^3$，其中 δ 为晶界的"有效厚度"，L 为晶粒尺寸。显然，当成核地点的维数下降时，成核势垒下降，但同时可以提供的成核位置数也下降。这两种倾向竞争的结果可以概括在

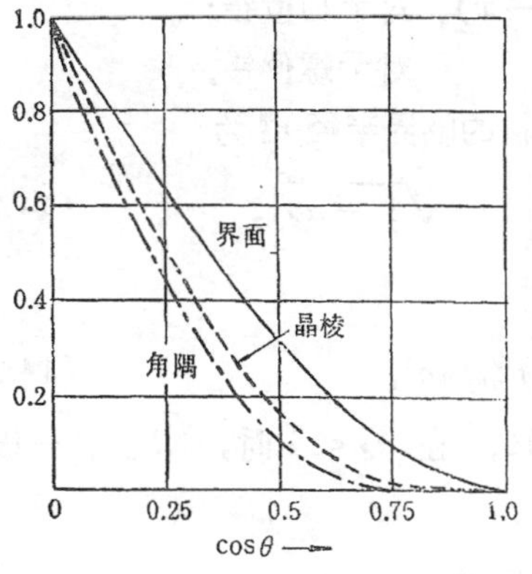

图 14.13 界面，晶棱，角隅成核势垒与均匀成核势垒的比值和 $\cos\theta=\sigma_{\alpha\alpha}/2\sigma_{\alpha\beta}$ 的关系.

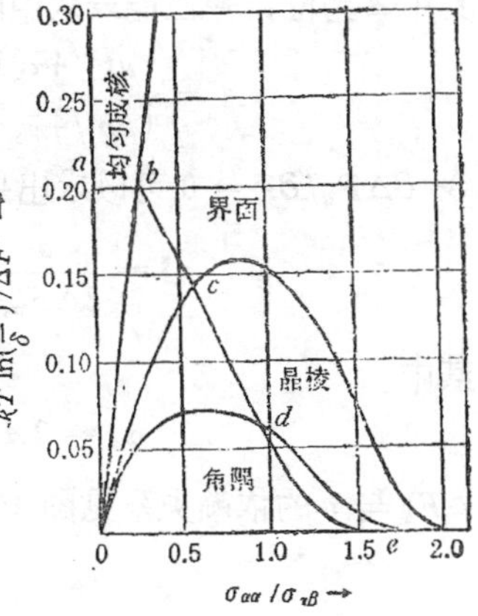

图 14.14 卡恩的成核机制图，图中标明在不同条件下何种成核机制贡献最大。曲线 $abcde$ 表示能够被探知的最小成核率发生的界限，在它的左下侧成核率太小，以致于无法探测到.

卡恩[29]总结出的"成核机制图中".图 14.14 即为这种以 $k_BT\ln(L/\delta)/\Delta F^*$ 为纵坐标,以 $\sigma_{\alpha\alpha}/\sigma_{\alpha\beta}$ 为横坐标的图。其中不同的区域分别标明哪一种机制对成核率的贡献最大。总的说来,大的相变驱动力(即小的 ΔF^*),大的晶粒度,小的 $\sigma_{\alpha\alpha}$ 有利于均匀成核。反之,则有利于角隅成核。这种倾向和实验结果完全一致。

由于固态相界面能是各向异性的,一般说来,新相晶核与其两侧晶粒之间的界面能并不相等。这时新相晶核将偏向并逐步长入与它匹配较好因而界面能较低的那个晶粒,而不是对称地夹在两个晶粒之间。

卡恩[30]还提出了新相在母相的位错线上成核的模型。他假定一个如图 14.15 所示的纺锤型 β 晶核以母相中的一根位错线为轴线生成,这个晶核的出现使它内部位错线的弹性能完全消弛.考虑晶核的一段,它相当于一个半径为 r 的扁圆柱体。由于它的出现,自由能的改变与其厚度 dl 的比值为

$$\Delta F_d = -A\ln r + 2\pi\sigma r + \pi r^2\Delta F^V_{\alpha\beta}, \qquad (14.27)$$

其中 A 为位错弹性能表式中的对数前因子,即

$$A = \begin{cases} \mu b^2/4\pi(1-\nu), & \text{对于刃位错;} \\ \mu b^2/4\pi, & \text{对于螺位错。} \end{cases}$$

令 $\partial\Delta F_d/\partial r = 0$ 可以求出晶核的临界半径 r_d^* 为

$$r_d^* = \frac{\sigma}{2\Delta F^V_{\alpha\beta}}\left[1-\sqrt{1-\alpha_d}\right], \qquad (14.28)$$

其中

$$\alpha_d = 2A\Delta F^V_{\alpha\beta}/\pi\sigma^2, \qquad (14.29)$$

ΔF_d 与 r 的依赖关系见图 14.16。在 $\alpha_d < 1$ 时,ΔF_d 有一极大

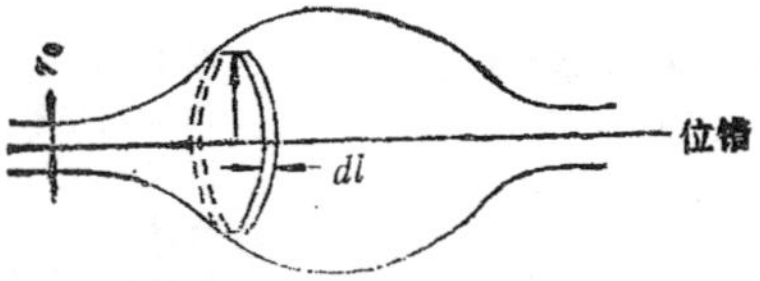

图 14.15 新相晶核包复在位错线上形成的示意.

和一极小值，存在成核势垒 ΔF_d^*。在 $\alpha_d > 1$ 时，ΔF_d 随 r 的增大而单调下降，成核势垒消失．卡恩指出，在一般情况下，$\alpha_d < 1$。这时位错成核势垒和均匀成核势垒的比值与 α_d 的关系见于图14.17。定量的估计表明，位错成核势垒与晶界成核势垒处于大致相同的水平．由于晶体中位错的密度往往很大，位错对成核的贡献是不容忽视的．位错线上新相成核已为电子显微镜观察反复证实[31]。

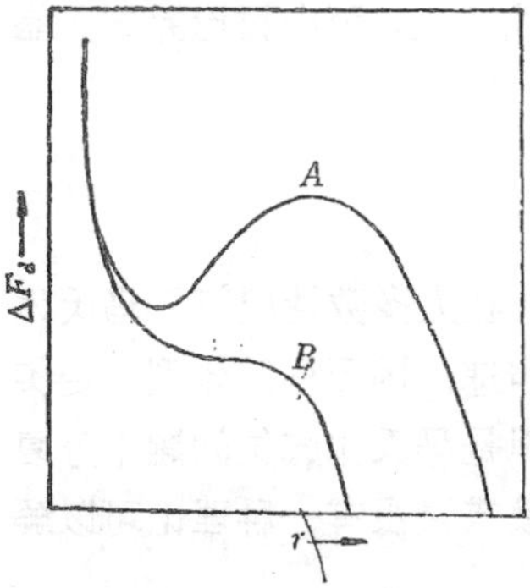

图 14.16 位错线上成核时自由能变化与核的半径 r 的关系。
A：$\alpha_d<1$； B：$\alpha_d>1$.

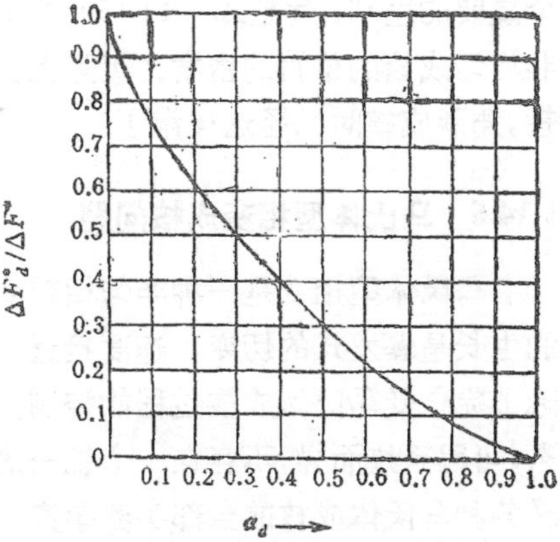

图 14.17 位错线上成核势垒与均匀成核势垒的比值和参数 α_d 的关系.

母相中的过饱和点缺陷，特别是空位，对成核过程也会产生影响．其作用主要表现在两方面：第一，如果新相的比容与母相不同，晶核的出现将造成弹性畸变，这种效应使成核势垒升高．弹性畸变区正好可以成为点缺陷的尾闾，点缺陷在畸变区消失可有效地松弛弹性畸变，从而使成核势垒下降．第二，过饱和的点缺陷使系统中各组元的扩散系统增大，它可以加速脱溶沉淀相变的成核过程．

近年来合金材料在强辐照下的稳定性问题引起了人们的很大兴趣．材料在强辐照下达到稳态时，其中点缺陷的浓度远高于其热平衡浓度．这不仅使扩散系数增大很多，导致一些原来因受扩散控制无法进行的相变可以发生，而且大量的过饱和点缺陷甚至可能改变系统中各相的相对稳定性，使一些按平衡相图为稳定的相变为亚稳或失稳，而出现一些平衡相图上不存在的新相．这些问题对核工程材料的稳定性至关重要．最近罗素[32]对此做了全面的总结．

描述均匀成核的稳态成核率的式(14.13)原则上也可用于非均匀成核．当然，要代之以非均匀成核的相应成核势垒．还有一个重要的差别，就是式（14.13）中的 n_0，此时应理解为可能发生非均匀成核的位置的密度．实际上，我们在本节中讨论界面，晶棱，角隅成核时已经这样作了．

§14.5 马氏体型相变成核问题

马氏体型相变是一种非匀相转变．在大多数情况下，马氏体的生长是爆发式的切变，速度接近于声速．因而马氏体型相变实际上完全受马氏体成核过程的控制．但是马氏体成核问题十分复杂，可因系统而异，不存在一个统一的模式．没有一种理论可以解释各种马氏体成核的全部实验事实．

克里斯青[33]指出：马氏体型相变的成核可以用三种过程来讨论，它们是

（1）热涨落形成的均匀成核或非均匀成核．

（2）变温成核．

（3）母相中某些缺陷的重排或相互作用形成了马氏体的晶核．

下面我们即以此为线索来进行一些讨论．

菲休[34]等人首先提出了马氏体相变的经典成核说．设马氏体核心为半径为 r，中心厚度为 $2c$ 的凸透镜形，如图 14.18 所示．它的出现导致系统的总自由能变化为

$$\Delta F \approx 2\pi r^2\sigma + \pi r^2 c\Delta F^V_{\alpha\beta} + \pi r c^2 A, \qquad (14.30)$$

式中右边第一项为界面能的贡献，第二项为体自由能的变化，第三

项为弹性畸变能。第三项是这样求出的；设马氏体核心的出现使以核心的中心为中心，半径为 r 的球形范围内产生剪应变，剪应变的大小为 c/r。于是可以求出总弹性畸变能为

$$\frac{4}{3}\pi r^3\cdot\frac{1}{2}\cdot\left(\frac{c}{r}\right)^2 A\approx\pi r c^2 A, \tag{14.31}$$

式中 A 为剪切弹性模量。由 $\partial\Delta F/\partial r=\partial\Delta F/\partial c=0$ 可以求出临界马氏体核心的半径 r^* 和半厚度 c^* 及其成核势垒，它们分别为

$$c^*=-\frac{8\sigma}{3\Delta F^V_{\alpha\beta}}, \tag{14.32}$$

$$r^*=-\frac{2Ac^*}{\Delta F^V_{\alpha\beta}}, \tag{14.33}$$

$$\Delta F^*_m=\frac{512\pi A^2\sigma^3}{27(\Delta F^V_{\alpha\beta})^4}. \tag{14.34}$$

曾经用上述均匀成核的模型解释了在某些置换型铁合金中观察到的等温马氏体转变特性。但在对变温马氏体型转变成核的解释方面，该模型存在很大的困难。柯亨(M. Cohen)[35] 等人对此问题进行的也许是更为精确的计算表明，在钢的马氏体相变中，成核势垒将高达 $10^5 k_B T$。这样高的势垒显然意味着均匀成核根本无法进行。

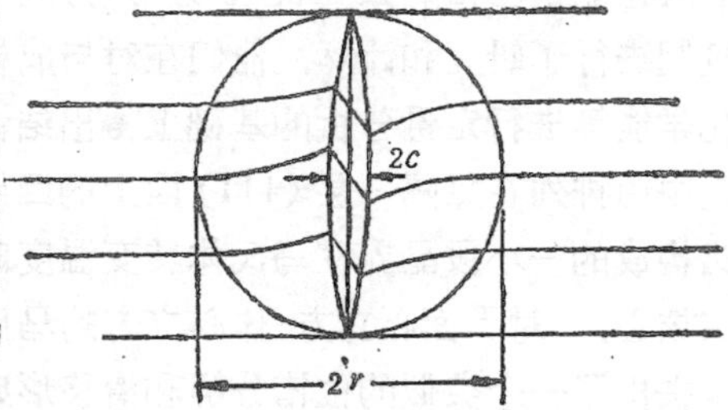

图 14.18．马氏体均匀成核及其造成的畸变区的示意.

豪洛蒙（J. H. Hollomon）和坦布尔[36] 指出，母相中的成分涨落可能是稀薄固溶体中马氏体成核的中心。例如，在铁碳合金奥氏体中存在着具有不同尺寸的“无碳区域”．在材料被迅速冷却时，它们可以被冻结下来。这些无碳区域发生马氏

体转变的化学驱动力较大，因而可能成为马氏体成核的有利中心．他们认为，随着温度逐步下降，系统中马氏体成核势垒逐渐下降，马氏体临界核心的尺寸逐渐变小．当系统被冷却至某一温度 T_m 以下，前面所介绍的那些无“碳区域”依次由大到小超过了当时的临界马氏体核心的尺寸而成了稳定的马氏体核心，并开始长大．考虑到这些“无碳区域”可能存在于某些特定的缺陷或内应力源附近，它们还可能受到弹性畸变能的帮助，因而成为马氏体核心的可能性就更大．

马氏体成核的位错机制近年来受到越来越多的重视．一个最简单的例子是钴及其某些合金中的面心立方-六方结构转变．众所周知，面心立方结构中的 $(a/2)\langle 110\rangle$ 型位错可以分解为两个肖克莱位错夹一片堆垛层错，从而在层错面范围内形成两个原子层厚的六方结构(见第一卷第七章)．如果具有同样伯格斯矢量的肖克莱位错被允许在面心立方点阵的每隔一个(111)面上运动，那么在它们共同扫过的范围内就发生了一种特殊的面心立方-六方结构转变．这种转变机制在钴被冷却至 420℃ 以下时可以被观察到．奥尔森（G. B. Olson）和柯亨[37]对铁-铬-镍合金(这种材料的层错能是已知的)的面心立方-六方的马氏体型相变的位错成核机制进行了研究和计算．他们在对与成核有关的界面能，弹性能，化学能等进行定量分析的基础上得出结论：面心立方铁-铬-镍合金中由排列在每隔一层 (111) 面上的四至五个 $(a/2)\langle 110\rangle$ 型位错构成的一小段晶界在马氏体转变温度时可以成为一个马氏体稳定核心．对于面心立方-体心立方的马氏体相变奥尔森和柯亨[38]也提出了一个类似的位错分解和滑移形成马氏体核心的模型，但还有待进一步的完善．

总的说来，马氏体成核是一个十分重要又相当困难的问题．目前的一些模型多为对个别情况的描述，未能形成完整的理论．

§14.6 经典成核理论的修正

从前几节的讨论不难体会到，成核势垒 ΔF^* 的计算在成核理论中占有重要地位．但是，由于核心尺寸甚小，性能与大块材料不同。人们对它的一些重要参量如相界面能 σ，体自由能的下降 $\Delta F^{V}_{\alpha\beta}$ 等了解得很不清楚．用大块材料的相应参量作为近似显然有较大误差，而且对于直径只有几个纳米，内中只有数百个原子的核心将其能量分为"体积项"与"界面项"本身带有一定的人为性．为了改进成核理论的精确度必须从对 ΔF^{*} 的计算入手对原有的模型进行修正。目前这方面的工作大体集中在三个方面[39]．

（1）非均匀连续界质模型　在经典成核理论中，新相和母相都被当作均匀的连续界质，它们被敏锐的相界面隔开，成分与结构的过渡是不连续的．实际上许多相界面在原子尺度上是弥散的，两相之间存在一个过渡区．这个过渡区的厚度完全可以和核心的尺寸相比拟．这时想把自由能分为体积项和界面项显然是困难的．

卡恩和希利阿德（J. E. Hilliard）[40,41] 将各向同性界质中的弥散相界面当作非均匀的连续界质来处理．考虑一个二元系统，其自由能-成分关系如图 14.19 所示．如果系统中成分沿 X 方向由 α 相逐步连续过渡到 β 相，那么其自由能表式为

$$F=\int_{-\infty}^{\infty}\left[f(c)+K\left(\frac{dc}{dx}\right)^{2}\right]dx,\qquad(14.35)$$

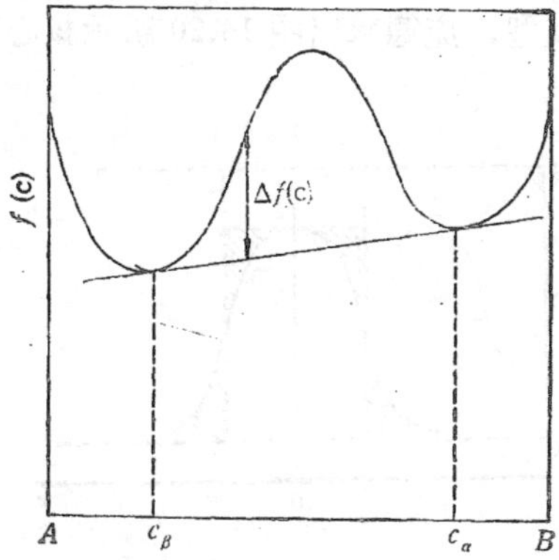

图 14.19　具有混溶间隙的二元系的自由能-成分关系曲线．

式中 c 为 B 组元的浓度，$f(c)$ 为浓度为 c 的单位体积均匀界质的自由能，式中右边第二项为由于系统中存在浓度梯度而引入的"梯度能项"，K 为梯度能系数，关于这一项的详细讨论可参阅第十五章．由于这一弥散界面的存在，系统自由能的变化可以求出为

$$\Delta F = \int_{-\infty}^{\infty} \left[\Delta f(c) + K\left(\frac{dc}{dx}\right)^2 \right] dx, \qquad (14.36)$$

式中 $\Delta f(c)$ 已表在图 14.19 中．显然，由于浓度的连续过渡，界面两侧溶质原子的浓度与平衡的 α 相或 β 相相比出现了差异，$\Delta f(c)$ 即为这种差异导致的体自由能的改变．右边第二项为梯度能项，注意使用式(14.36)的条件是 $\frac{dc}{dx}$ 不能太大，否则应考虑高阶导数的贡献．对于实际的相界面，其两侧的溶质原子浓度分布应使 ΔF 为最小值．注意这一条件及溶质原子数守恒，利用欧拉-拉格朗日条件(详见第十五章)可以求出实际界面两侧溶质原子浓度分布曲线 $c(x)$ 及与此相应的 ΔF 的最小值，这个最小值就是弥散型界面的界面能 σ．

庞德 (G. M. Pound)[39] 注意到许多核心的界面是弥散型的．例如，当液滴在过饱和蒸汽中成核时核心中心部位的密度也比大块液体的密度小，其密度分布示意于图 14.20．这时核心可被当作一个具有弥散表面的球体．利用前面介绍的卡恩和希利阿德关于弥散界面的模型，庞德求出图 14.20 所示核心出现所引起的

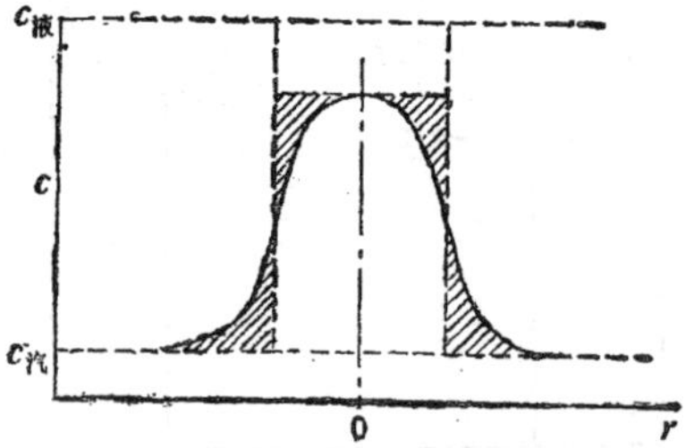

图 14.20　过饱和蒸汽凝结时核心中液体密度的示意．

自由能改变为

$$\Delta F = 4\pi \int_0^\infty \left[\Delta f + K\left(\frac{dc}{dr}\right)^2 \right] r^2 dr, \tag{14.37}$$

其中

$$\Delta f = f(c) - f(c_0) - (c - c_0)\left(\frac{df}{dc}\right)_{c=c_0},$$

式中 c 为 r 的函数，表示核心各处的密度，c_0 为平衡汽相的密度，$f(c)$为密度为 c 处的自由能密度．类似地，利用欧拉-拉格朗日条件可以求出与临界核心相应的 $c(r)$表式及成核势垒．由于一般说来 $f(c)$ 的表式不一定清楚，这一方法在使用时有时会遇到困难．

（2）**离散格点模型**　库克(H. E. Cook)等人[42]为了处理失稳有序化问题发展了描写共格非均匀固体的离散格点模型．这个模型我们将在第十五章中作详细介绍．现在先用一下有关结果．莱戈斯等人[26]利用由该模型导出的无共格畸变的共格非均匀固体的自由能表式 (15.33) 建立了面心立方结构中共格沉淀相成核的三维离散格点模型．莱戈斯等人的模型的要点是：考虑一个很大的溶质原子浓度为 c_0 的过饱和均匀无序 α 相固溶体中出现了一个共格的 β 相胚芽．于是在胚芽中及其附近格点上溶质原子的浓度便发生了变化．设 p 格点上溶质原子的“浓度”为 $c(p)$．实际上对于一个格点来谈浓度显然是不合适的，我们不妨将 $c(p)$ 理解为 p 格点被溶质原子占据的几率．这样便可以利用式(15.33)来求系统由于此胚芽的出现而导致的自由能变化 ΔF．莱戈斯等进一步假定系统为规则固溶体，得出式(15.33)中 $f(p)$的表式为

$$\begin{aligned} f(p) = f(c(p)) = k_B T[\, c(p)\ln[c(p)] \\ + [1 - c(p)\ln(1 - c(p))] \\ + 2k_B T_c c(p)\ln[1 - c(p)]. \end{aligned} \tag{14.38}$$

梯度能系数K的表式为

$$K = \frac{k_B T_c a^2}{6}. \tag{14.39}$$

上两式中 T_c 为两相平衡温度，a 为晶格常数．k_B 为玻尔兹曼常

量，T 为绝对温度. 于是由式(15.33)可以求出

$$\Delta F=\frac{1}{N_v}\sum_p\left\{k_BT\left[c(p)\ln\frac{c(p)}{c_0}+(1-c(p))\ln\frac{1-c(p)}{1-c_0}\right]-2k_BT_c[c(p)-c_0]^2+\frac{k_BT_c}{a^2Z}\cdot\sum[c(p+r)-c(p)]^2\right\},\qquad(14.40)$$

式中 Z 为 p 格点的第一近邻数，对于面心立方点阵 $Z=12$. 其中对 p 求和涉及胚芽及其附近的格点，远离胚芽处因 $c(p)=c_0$ 故对 ΔF 没有贡献. 对 r 求和涉及 p 格点的全部第一近邻格点. 显然，对于临界核心应满足

$$\frac{\partial\Delta F}{\partial c(p)}=0,\qquad(\text{对所有的 } p),$$

亦即：

$$k_BT\left\{\ln\frac{c(p)(1-c_0)}{c_0[1-c(p)]}\right\}-4k_BT_c[c(p)-c_0]+\frac{2k_BT_c}{a^2Z}\cdot[c(p+r)-2c(p)+c(p-r)]=0,$$
$$(\text{对所有的 } p).\qquad(14.41)$$

显然，由此得出的方程数与胚芽所波及的格点数相同，数目十分可观. 但考虑晶体的对称性之后方程的数目可以大大减少. 莱戈斯等人的结果表明，此时方程的数目少于 200 个，可以用计算机求出数值解. 将求出的一套 $c(p)$ 值代入式 (14-40) 则可以求出成核势垒 ΔF^*.

库克等人还通过在式 (15.33) 中增加一个表征共格畸变能的项，而将离散格点模型推广到有共格畸变的情况. 莱戈斯等人将此模型用于成核的离散格点模型求出 Cu-1at%Co 中 Co 沉淀的成核率和温度的关系并和他们的实验结果进行对比[28]. 二者的符合据信是很令人满意的.

与非均匀连续界质模型相比较，成核的离散格点模型的优越之处在于：它可以考虑晶体各向异性的影响，从而给出有关晶核

形态的信息．它允许界质中存在比较陡的浓度梯度，因而可以适用的范围更广．当然，离散格点模型的计算量较大．

(3) *成核的计算机模拟* 为了避免经典成核理论及前述两个模型所包含的各种多少有些令人怀疑的假设，特别是为了避免使用各种宏观热力学参量来描述成核这一微观过程，近年来计算机模拟被成功地应用于成核过程研究．计算机模拟的关键在于确定原子间相互作用势函数的具体形式．由于势函数的形式无法从理论上求出，常采用一些经验或半经验的势函数，其中的常数用实际测量得出的弹性模量及其它数据来凑合而定出．常用的势函数有如下几种(参阅第一卷 §2.1)：

莱纳德-琼斯势：

$$V(r)=\frac{A_n}{r^n}-\frac{A_m}{r^m}, \tag{14.42}$$

玻恩-梅耶势：

$$V(r)=A\exp[-\rho(r-r_0)/r_0], \tag{14.43}$$

莫斯势：

$$V(r)=A\exp[-2\rho(r-r_0)] - 2A\exp[-\rho(r-r_0)]. \tag{14.44}$$

主要的模拟方法有传统的分子动力学模拟方法和蒙特卡洛方法两种．

分子动力学模拟方法的基本想法是：把系统当作一个微正则系综，它具有一定的能量，体积和原子数．其中每个原子的运动可由该原子与其它各原子的相互作用由牛顿运动方程逐步求出．显然，系统中各原子的运动最后将使系统趋于平衡态．因此，这种模拟方法不仅可以描绘出最终的平衡态，而且可以给出系统由初态趋向平衡态的过程中经历的相轨道．对于成核过程这种模拟方法可以给出晶核形成的原子过程的生动描绘．

蒙特卡洛方法则是将系统当作一个正则系综，具有一定的温度，体积和原子数．这种模拟方法不能给出系统中状态变化的真实动力学历程，而是提供系统中出现各种状态的马尔可夫链．由此可以求出系统的自由能和其它物理量的平均值．由于自由能变化是成核的中心问题，这种方法在成核研究中可望得到重要的应用。

阿布拉汉（F. F. Abraham）和庞德等人[43-45]用蒙特卡洛方法模拟了过饱和氩蒸汽凝结的成核过程．他们用莱纳德-琼斯势来表征氩原子之间的相互作用势．模拟的具体作法是：设想N个氩原子置于温度为T，体积为V的球形容器内，任意选定一个初态，计算出这个状态下，N个原子的总势能U_N^0．然后设想某一随机选取的原子在容器内作一任意位移，这样就形成了一种新的状态，可以计算出新状态下N个原子的总势能U_N^1以及新，老状态总势能的差$\Delta U = U_N^1 - U_N^0$．如果$\Delta U \leqslant 0$，新状态便被接受．如果$\Delta U > 0$则有两种可能性，即新状态有$\exp(-\Delta U/k_BT)$的概率被接受，有$1-\exp(-\Delta U/k_BT)$的概率不被接受，于是系统回到原来的状态．在这样的基础上又一个随机选取的原子被移动，下一轮的模拟计算开始，如此反复．他们先作了五十万步模拟，使系统逐步趋近于平衡态，接着再作五十万步求出平衡态下各物理量的

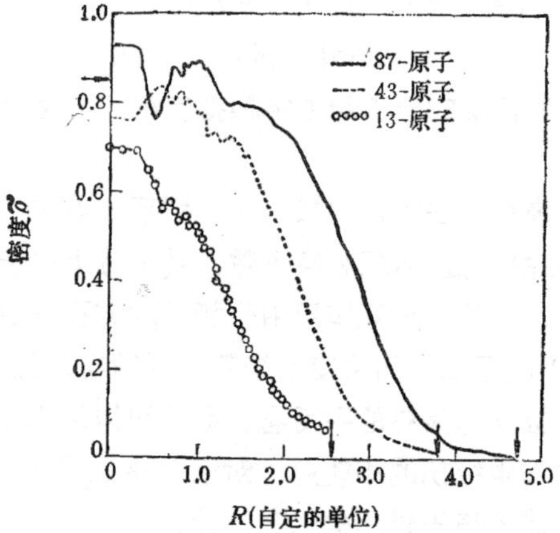

图 14.21　在 80K 时，由 13，43 和 87 个氩原子组成的原子团密度的径向分布．箭头标出了标准约束半径和大块液态氩的密度。图中密度和半径的单位为约化单位，和莱纳德-琼斯势中的一个常数 σ 有关．

平均值．图 14.21 是他们模拟计算出的在温度为 80K 时分别由 13 个，43 个和 87 个氩原子结成的原子团的密度的径向分布．由图中可以看出，原子团的表面是弥散的，由 13 个原子和由 43 个原子组成的原子团中心的密度低于大块液态氩的密度．图 14.22 则给出了模拟得出的在不同温度下由 100 个原子构成的原子团达到平衡态后的典型形态．氩的三相点为 84K．由图可以看出，在较低温度下原子团的结构较接近于有序态，而在较高温度下原子团看上去更像是液态．

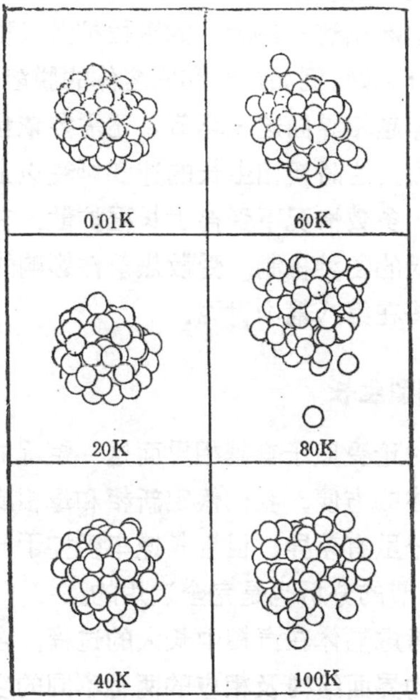

图 14.22　由蒙特卡洛模拟得出的在不同温度下由100 个氩原子构成的原子团趋于稳定态后的典型结构．氩的三相点为 84K．

计算机模拟成败的关键在于势函数的选取，目前的主要困难在于，对于大多数实际系统尚没有准确可靠的势函数可供利用．但这种情况正在逐渐改善．可以想像，随着势函数资料的积累和改进，计算机模拟特别是蒙特卡洛模拟方法将在相变动力学研究中发挥越来越重要的作用。

II 生 长

新相的核心一旦形成，随之便通过相界面的移动逐步消耗母相而长大.一般说来,生长的速度取决于相变的驱动力 $\Delta F^{V}_{\alpha\beta}$ 和热激活的原子迁移过程,后者又和相界面的形态有密切的关系.如果新相和母相具有相同的化学成分，那么新相生长的速度受原子由母相穿过界面到达新相这一热激活的短程扩散过程控制. 如果母相和新相化学成分不同,例如过饱和固溶体的脱溶分解,则新相生长不仅需要原子穿越相界面这一环节，还需要依赖母相中不同组分原子的长程扩散. 这时新相生长的速度则受以上两个过程中的较慢者控制. 在大多数情况下受控于长程扩散. 在本节中我们将讨论新相等温生长的各种机制. 受散热条件影响的生长及相应的界面稳定性问题将在第八篇中讨论.

§14.7 界面控制型生长

本节中我们讨论受原子穿越相界面这一短程扩散所控制的生长过程。为了叙述的方便，我们假定新相和母相成分相同。对于新相与母相的成分虽有差异，但生长速率受控于界面附近原子过程的新相生长,本节的分析也是完全适用的。

首先我们来考虑晶体在汽相中长大的过程。吉布斯早就设想了两种不同类型的界面结构及相应的两种不同的生长模式。第一种界面是微观上粗糙的，晶体表面外部每一个空的原子坐位都可以作为填补原子的场所。因为这种任意的填补并不会改变晶体表面粗糙的形态,所以这种界面的移动是完全连续的过程.在界面的各部位均可同时进行。一个原子穿过粗糙界面占据晶态一个格点位置过程中,自由能变化的示意见于图 14.23。由于这时晶体表面上有足够可供占据的空位,无论有多少原子越过汽-固界面势垒到

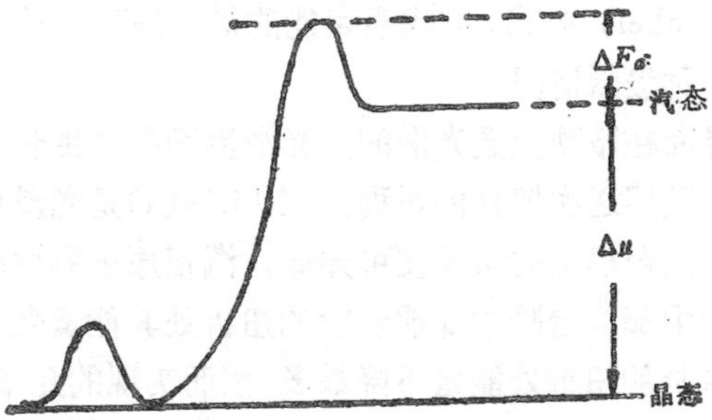

图 14.25　原子在汽相和晶态的自由能及穿越相界面的激活能的示意.

达晶体表面它们都可以被接受. 晶体生长的速率可按以下方式求出：单位时间内由汽相到达单位面积晶体表面的原子数 n_{vc} 和单位时间内由单位面积晶体表面跳到汽相的原子数 n_{cv} 分别为

$$
\begin{aligned}
n_{vc} &= n_0\nu \cdot \exp\left(-\frac{\Delta F_a}{k_BT}\right) \\
n_{cv} &= n_0\nu \cdot \exp\left(-\frac{\Delta F_a + \Delta\mu}{k_BT}\right),
\end{aligned}
\tag{14.45}
$$

其中 n_0 为单位面积晶体表面的坐位数。 ν 为界面附近原子振动的频率，ΔF_a 为汽相原子到达晶体表面所需越过的势垒的高度即激活能，$\Delta\mu$ 为汽，固相原子化学势的差。由式(14.45)立即可求出晶面向前推进的速度为

$$
\begin{aligned}
V &= \frac{n_{vc} - n_{cv}}{n_0} \cdot a \\
&= a\nu \cdot \exp\left(-\frac{\Delta F_a}{k_BT}\right) \cdot \left[1 - \exp\left(-\frac{\Delta\mu}{k_BT}\right)\right],
\end{aligned}
\tag{14.46}
$$

式中 a 为晶体表面的原子层间距. 如果 $\Delta\mu \ll k_BT$ 上式可简化为

$$V = a\nu \cdot \frac{\Delta\mu}{k_BT} \cdot \exp\left(-\frac{\Delta F_a}{k_BT}\right) = M \cdot \Delta\mu。 \tag{14.47}$$

M 称为迁移率，$M = \dfrac{a\nu}{k_BT} \cdot \exp\left(-\dfrac{\Delta F_a}{k_BT}\right)$. 这就是威尔逊-夫仑克

耳(Wilson-Frenkel) 公式，它代表可能的最大晶面生长速率，为晶面生长的一种极限情况.

第二种界面在微观上是光滑的. 光滑界面晶体生长是汽相原子在晶面上一层层逐次填补的过程. 图 14.24(a)是光滑界面的示意图. 由简单键合模型的考虑便可知道，汽相原子到达晶面后填补到晶面平台中部，台阶中部或台阶的扭折处其能量变化是不同的. 填补到台阶的扭折处能量下降最多，因而实现的几率最大. 这样准光滑界面就和粗糙界面不同，后者表面上每一坐位都可作为填补原子的场所，而前者生长场所仅限于台阶的扭折处. 由此不难想象，准光滑界面的生长应包括台阶与扭折的形成及汽相原子填补到扭折处这样两个环节.

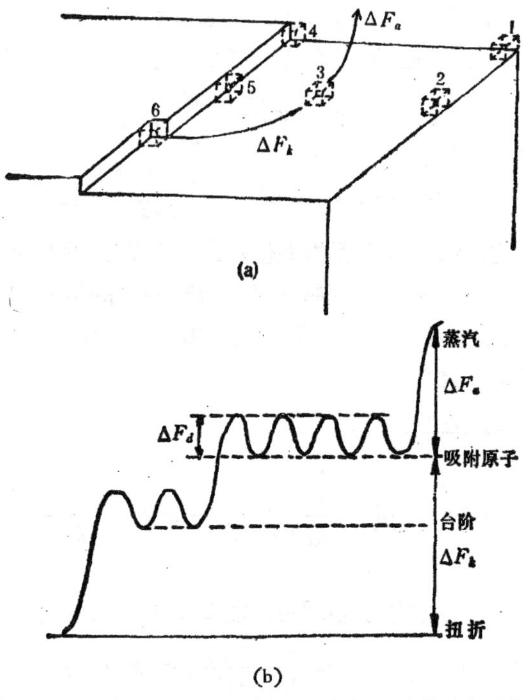

图 14.24 准光滑界面的生长.(a)准光滑界面形态的示意;(b)准光滑界面晶体生长势垒的示意.

我们先来分析在界面上已具备台阶和扭折的情况下汽相原子

占据扭折处座位的原子过程. 图 14.24(b)示出一个原子由汽相到达扭折处所经历的自由能的变化. $\Delta F_v = \Delta F_a + \Delta F_k$ 为一个原子的升华能,ΔF_a为汽相原子被吸附在平台中部时自由能的下降,ΔF_k 为一个原子由平台中部到达扭折处时自由能的下降,ΔF_d 为原子在平台上作表面扩散的势垒. 原子由平台中部到达扭折处的过程中,一般说来还应包括到达台阶中部,再沿台阶扩散到达扭折处的过程. 但是,定量的计算表明,由于扭折的形成能很低, 在不太低的温度下,台阶上总有足够多的扭折,因而我们不妨认为原子到达台阶上的同时便到了扭折上. 这样晶面生长的基元过程可简化为两步, 即: 平台上原子的吸附和吸附原子通过表面扩散到达扭折处.

平台上吸附座位被占据的几率 p 为

$$p = \exp\left(-\frac{\Delta F_k}{k_B T}\right). \tag{14.48}$$

吸附原子并不稳定, 它在表面上作表面扩散的同时也有重新蒸发的倾向, 其表面扩散系数 D 和平均寿命 τ 分别由以下二式给出:

$$D = a^2\nu \cdot \exp\left(-\frac{\Delta F_d}{k_B T}\right), \tag{14.49}$$

$$1/\tau = \nu \cdot \exp\left(-\frac{\Delta F_a}{k_B T}\right), \tag{14.50}$$

式中 a 为晶格参数, ν 为表面吸附原子的振动频率. 由此可以求出吸附原子在重新蒸发之前的均方根位移为

$$x = a\exp\left(\frac{\Delta F_a - \Delta F_d}{2k_B T}\right). \tag{14.51}$$

由于 $\Delta F_a - \Delta F_d \gg k_B T$, 故 $x \gg a$. 可以设 x 远大于台阶上扭折间距. 如果蒸汽与晶面处于平衡态, 则单位时间从蒸汽进入给定吸附座位的原子数应和从吸附座位重新蒸发的原子数相同, 即为 p/τ. 对于过饱和度为 α 的蒸汽, 单位时间内进入给定吸附座位的净原子数为 $\alpha p/\tau$. 平均来说,距离台阶小于 x 的吸附座位的原子可于重新蒸发之前到达台阶上的扭折处. 考虑到原子可以从

两侧来趋近台阶，单位时间内到达单位长度台阶的净原子数就等于 $2x\alpha p/a^2\tau$. 于是可以求出台阶移动的速度为

$$u = 2x\alpha p/\tau = 2x\alpha\nu \cdot \exp\left(-\frac{\Delta F_v}{k_B T}\right), \tag{14.52}$$

式中 ΔF_v 为升华能. 对于间隔为 λ 的平行台阶列，由于各台阶竞争俘获吸附原子，上式还应引入修正因子[46] $\tanh\left(\frac{\lambda}{2x}\right)$，于是有

$$u = 2x\alpha\nu \cdot \exp\left(-\frac{\Delta F_v}{k_B T}\right) \cdot \tanh\left(\frac{\lambda}{2x}\right) \tag{14.53}$$

那些与低指数的晶面成一不大的角度 θ 的表面即邻位面可以用图 14.25 所示的台阶模型来表示. 利用式(14.53)，可以求出表面向前推进的速度为

$$R = 2x\alpha\nu \cdot \exp\left(-\frac{\Delta F_v}{k_B T}\right)\tanh\left(\frac{h}{2x\,\mathrm{tg}\,\theta}\right) \cdot \mathrm{tg}\,\theta, \tag{14.54}$$

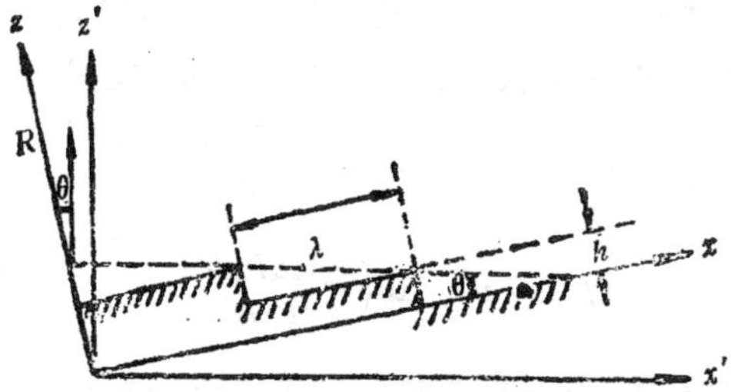

图 14.25　邻位面生长的示意图.

式中 h 为台阶的高度. R 有强烈的各向异性. 随着晶体的长大，高指数的邻位面必然逐渐消失，只剩下低指数的奇异面，这时准光滑界面生长的另一重要环节，即台阶和扭折的形成便成为控制生长速度的因素. 一般说来，奇异面的生长需要经历二维成核. 设想在一完全光滑的晶面上形成一个正方形的二维晶核如图 14.26 所示. 则其形成后的自由能的变化为

$$\Delta F = 4l\gamma' - l^2\Delta\mu/\Omega, \tag{14.55}$$

其中 γ' 为单位长度晶棱的自由能，$\Delta\mu$ 为两相化学势的差，Ω 为

一个原子所占的面积．与三维均匀成核理论类似，可以求出二维核心的临界尺寸 l^* 和成核势垒 ΔF^* 分别为

$$l^* = \frac{2\gamma'\Omega}{\Delta\mu}, \tag{14.56}$$

$$\Delta F^* = 2l^* \cdot \gamma'. \tag{14.57}$$

对于晶体汽相生长，$\Delta\mu = k_B T \ln(1+\alpha)$，$\alpha$ 为汽相的过饱和度．具体的计算和实际测量都表明，只有当系统的过饱和度足够大(20—50%)时，二维成核的发生才可导致可测量的晶体生长速度．由于这时过饱和度很大，二维核心可以快速长大，因而可以认为晶体生长的速度完全受二维成核速率的控制．亦即每当二维成核一次，晶面立即向前推进一个晶面间距 h，可以求出生长速度为

$$R = hSn_0 \cdot \exp\left(-\frac{\Delta F^*}{k_B T}\right), \tag{14.58}$$

式中 S 为生长晶面的面积，n_0 为单位面积晶面上的原子座位数．

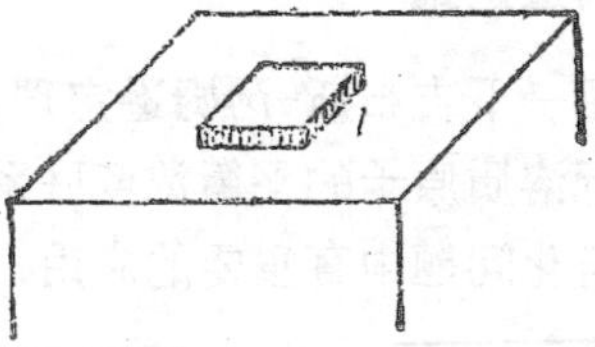

图 14.26　二维成核的示意．

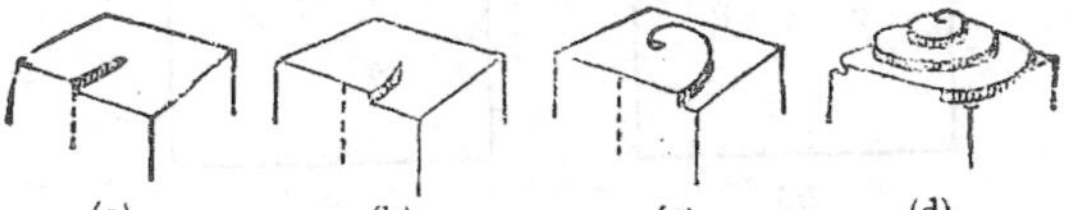

图 14.27　螺位错露头处生长线及生长丘的形成．

实验表明，在较低的过饱和度下，光滑界面也可以生长．1949 年夫兰克 (F. C. Frank) 提出了螺位错在表面上形成永远填不满的台阶，促进奇异面生长的机制．图 14.27 示出螺位错形成的表面上的台阶及其以恒速向前推进必然导致的生长螺线和中间隆起

的生长丘．这已在实际观测中多次被证实，成为螺位错的存在及螺位错生长机制的有力佐证．事实上，一般说来，只要有位错线在晶体表面露头，并且位错线的伯格斯矢量与晶面不平行，那么晶面上便可能出现永远填不满的台阶．由于通常晶体中位错的密度很大，它们对光滑晶面的生长会做出很大的贡献．

最后还要说明，光滑界面与粗糙界面之间并无一条明确的界限，随着系统各热力学参量的变化，它们有时还可以互相转化，对此可参阅有关的专著[47]．

本节的讨论虽然是针对晶体的气相生长的，但基本的分析方法也适用于其它界面控制型生长．在固态相变中，如果新相和母相完全不共格，则其生长机制类似于前面介绍的粗糙界面．如果两相结构不同，但两相的某些晶面之间匹配良好，如同§14.3介绍的那种情况，那么这些共格的界面的生长就会出现类似于光滑界面生长的情况，需要借助于台阶的机制．

§14.8 吉布斯-汤姆逊定理

本节我们来介绍一下吉布斯-汤姆逊定理，这个定理将界面的曲率半径和界面附近溶质原子的平衡浓度联系起来，在处理长程扩散控制型生长和粗化问题中有重要的应用．

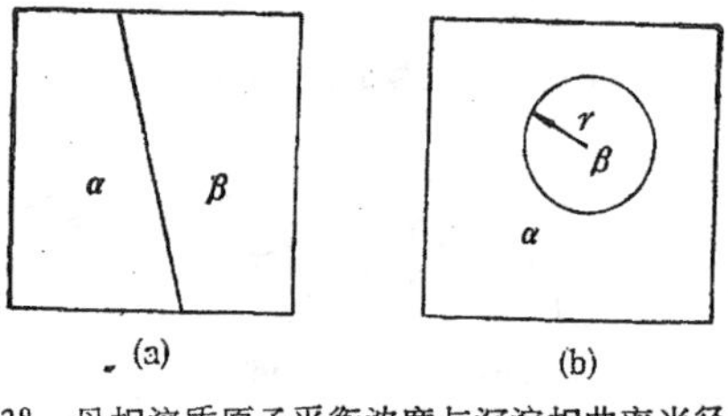

图 14.28　母相溶质原子平衡浓度与沉淀相曲率半径关系的示意．(a) 平界面；(b) 球形界面．

考虑一个二元二相系统，母相 α 相为 β 组元在 A 组之中的稀薄固溶体，浓度为 $c_\alpha \ll 1$．β 相为纯 B 组元构成．若 α，β 两相隔着平界面处于平衡态，如图 14.28(a) 所示，则 B 组元在两相中化学势相等，同时注意到 α 为稀薄固溶体，于是有

$$\mu_\beta^B(\infty) = \mu_\alpha^B(\infty) = \mu_0 + k_B T \ln a_\alpha^B(\infty), \qquad (14.59)$$

式中"∞"表平界面，μ_β^B, μ_α^B 分别为 B 组元在 β, α 相中的化学势，μ_0 为常数．a_α^B 为 B 在 α 相中的活度．

若 β 相为半径为 r 的球形，α, β 两相处于平衡，如图 14.28(b) 所示，考虑 B 组元在两相中化学势相等并注意表面张力使球形 β 相中 B 组元的化学势升高了 $\sigma \cdot \dfrac{dA}{dn}$，于是有

$$\mu_\beta^B(r) = \mu_\beta^B(\infty) + \sigma \frac{dA}{dn} = \mu_\alpha^B(r) = \mu_0 + k_B T \ln a_\alpha^B(r), \qquad (14.60)$$

式中"r"表示半径为 r 的球形界面．A 为界面面积，n 为球形 β 相中的原子数．由式(14.59)，(14.60)立即可以求出

$$k_B T \ln \frac{a_\alpha^B(r)}{a_\alpha^B(\infty)} = \sigma \frac{dA}{dn}. \qquad (14.61)$$

由于 α 相为稀溶体，依据亨利定律[48]有

$$\frac{a_\alpha^B(r)}{a_\alpha^B(\infty)} = \frac{c_\alpha^B(r)}{c_\alpha^B(\infty)}. \qquad (14.62)$$

对于球形沉淀相 $A = 4\pi r^2$, $n = 4\pi r^3/3v_B$，其中 v_B 为 B 原子体积，可以求出

$$\frac{dA}{dn} = \frac{2v_B}{r}, \qquad (\text{对球形}). \qquad (14.63)$$

对于无限长圆柱状沉淀，类似地可以求出

$$\frac{dA}{dn} = \frac{v_B}{r}, \qquad (\text{对柱形}). \qquad (14.64)$$

于是有：

$$\ln \frac{c_\alpha(r)}{c_\alpha(\infty)} = \frac{\alpha}{r}, \quad \begin{cases} \alpha = \dfrac{2\sigma v_B}{k_B T}, (\text{球形沉淀}), \\ \alpha = \dfrac{\sigma v_B}{k_B T}, (\text{柱形沉淀}). \end{cases} \qquad (14.65)$$

式(14.65)又称为吉布斯-汤姆逊方程，它的物理意义是：沉淀越

小，其中每个原子分摊到的界面能越多，因而其化学势越高．相应地，与它处于平衡态的母相中的溶质原子浓度也越高． 如果 $[c_\alpha^B(r)-c_\alpha^B(\infty)]/c_\alpha^B(\infty)\ll 1$，则近似有

$$c_\alpha^B(r)=c_\alpha^B(\infty)\left(1+\frac{\alpha}{r}\right). \tag{14.66}$$

§14.9 原子长程扩散控制型生长

在许多相变中，新相与母相的成分不同，例如沉淀相在过饱和固溶体中生成就是如此． 这时随着新相稳定核心的形成和长大，新相附近母相中出现了溶质原子贫化区域，从而使母相中出现了浓度梯度，在这一梯度作用下，远处的溶质原子向着新相区作长程扩散． 正是这种溶质原子的扩散流为新相的不断长大提供了材料．长程扩散于是成为新相生长的重要环节．在多数情况下，它是控制新相生长速率的因素．

曾讷[4]、沃特(C. Wert)[49]和哈姆 (F. S. Ham)[50,51]发展了受长程扩散控制的生长过程理论．先让我们来考虑如下三种生长方式：

(1) 无穷大片状沉淀的增厚(一维)；

(2) 无限长柱状沉淀的增粗(二维)；

(3) 球形沉淀的长大(三维)．

在这三种情况下，新相都是被封闭在溶质原子贫化区内，因而又被称为封闭式生长． 沉淀相 β 中的溶质原子浓度 c_β 可以低于或高于母相中溶质原子的浓度，这两种情况下，溶质原子浓度在空间分布的示意见于图 14.29(a)，(b)．其中空间坐标 R 从沉淀的中心算起．

为了叙述的方便，我们假定 $c_\beta>c_\alpha$，同时我们还假定扩散系数 D 为与浓度无关的常数．在相界面为曲面的情况下，靠近相界面的母相中溶质原子的平衡浓度应与相界面的曲率有关．为了使问题简化，我们暂时忽略吉布斯-汤姆逊效应，而取 $c_\alpha(r)=c_\alpha(\infty)$，并记为 c_α．在沉淀半径 r 不太小的情况下，这样作不会有

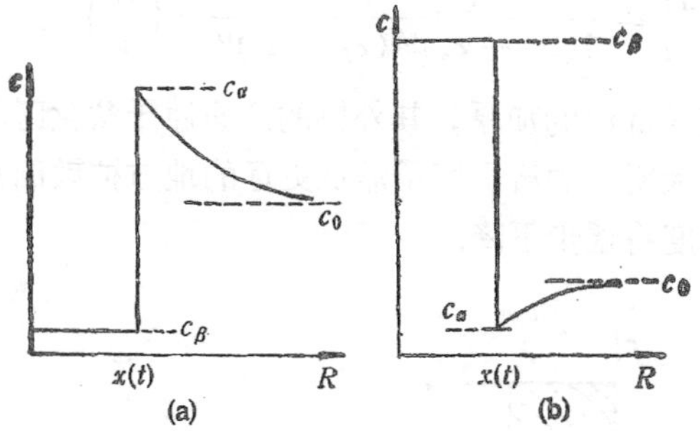

图 14.29 新相成长过程中系统内部溶质原子浓度的分布.
(a)新相溶质浓度低于母相; (b) 新相溶质浓度高于母相.

太大误差.

对于一维生长,由连续性方程立即可写出

$$(c_\beta - c_\alpha)dx = D\left(\frac{\partial c}{\partial R}\right)\bigg|_{R=x} dt, \tag{14.67}$$

于是可以求出生长速度 v 的表式

$$v = \frac{dx}{dt} = \frac{D}{(c_\beta - c_\alpha)} \cdot \frac{\partial c}{\partial R}\bigg|_{R=x}. \tag{14.68}$$

曾讷假设一维生长中沉淀附近母相中溶质原子浓度作线性分布,如图 14.30 所示. 显然,溶质原子守恒要求图中两块打斜线的区域面积相等,由此可以求出溶质原子贫化区的厚度 y_D 为

$$y_D = 2\frac{(c_\beta - c_0)}{(c_0 - c_\alpha)} \cdot x, \tag{14.69}$$

此时有

$$\frac{\partial c}{\partial R}\bigg|_{R=x} = \frac{c_0 - c_\alpha}{y_D}, \tag{14.70}$$

代入式(14.68),并且积分有

$$x^2 - x_0^2 = \frac{(c_0 - c_\alpha)^2}{(c_\beta - c_\alpha)(c_\beta - c_0)} \cdot Dt. \tag{14.71}$$

若 $x \gg x_0$,可以求出生长速度为

$$v = \frac{dx}{dt} \doteq \frac{(c_0 - c_\alpha)}{2(c_\beta - c_\alpha)^{1/2}(c_\beta - c_0)^{1/2}} \cdot \left(\frac{D}{t}\right)^{1/2}. \tag{14.72}$$

它表明，随着沉淀的加厚，其外侧的溶质原子贫化区的厚度也增大．继续长大所需的溶质原子需从更远的地方扩散而来，因而沉淀加厚的速度将逐步下降．

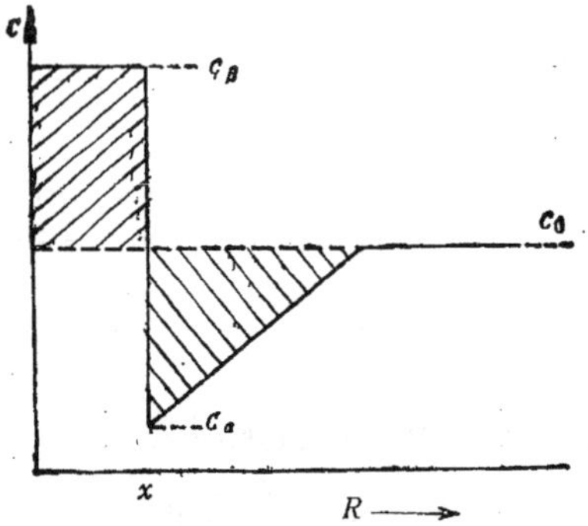

图 14.30 曾讷关于一维生长中溶质原子分布的近似．图中两块打斜线的区域面积相等．

对于球形沉淀的长大亦即三维生长，同样可以列出连续性方程

$$4\pi r^2(c_\beta - c_\alpha)dr = 4\pi r^2 D\left(\frac{dc}{dR}\right)_{R=r} \cdot dt. \tag{14.73}$$

在母相相对过饱和度 $\Omega = (c_0 - c_\alpha)/(c_\beta - c_\alpha)$ 很小的条件下，球形沉淀周围溶质原子贫化区的尺寸要比沉淀的尺寸大得多．这时可近似认为 r 为常数，由菲克方程求出满足边界条件的稳定态解为

$$c(R) = c_0 - (c_0 - c_\alpha)\frac{r}{R}, \tag{14.74}$$

以此代入式(14.73)，并积分有

$$r^2 - r_0^2 = \frac{2(c_0 - c_\alpha)}{(c_\beta - c_\alpha)} \cdot Dt. \tag{14.75}$$

对于 $r \gg r_0$，有

$$v = \frac{dr}{dt} = \frac{(c_0 - c_\alpha)^{1/2}}{2^{1/2} \cdot (c_\beta - c_\alpha)^{1/2}} \cdot \left(\frac{D}{t}\right)^{1/2}. \tag{14.76}$$

对于二维生长也可得出 $r \sim (Dt)^{1/2}$ 的结果.

事实上,由对量纲的考虑,可以预期对于一,二,三维生长均应有

$$v = \alpha_\lambda \cdot \left(\frac{D}{t}\right)^{1/2}, \tag{14.77}$$

α_λ 是一个与生长维数、几何形状及母相过饱和度有关的常数. 以此为线索曾讷求出了一,二, 三维生长的严格解[4]. 其数学颇为繁复, 解的形式与前面介绍的近似解极其相似, 只是分别在式(14.72)或式(14.76)前乘一个与 1 差别不太大的、与母相过饱和度有关的常数. 因此,一般说来,前面介绍的近似解已足够精确.

哈姆[51]对更普遍的椭球形沉淀相的长大过程求出了精确解. 他在假定沉淀附近母相中组分浓度是均匀的, 而且溶质原子到达沉淀相后便保持在它们最初到达的地方这样两个前提下得出了一个很重要的结论: 各种形状的椭球形沉淀在生长过程中形状保持不变,而其线度正比于$(Dt)^{1/2}$. 显然哈姆的假定并非无可非议,因为界面能的各向异性及各种干扰的作用, 生长界面很难保持如此高度的稳定.

单个的圆盘状沉淀在厚度保持不变的情况下沿径向长大和单个杆状沉淀相在粗细不变的情况下伸长则属于另外一类情况. 这时生长前沿只占界面的一小部分. 随着沉淀相向前伸展, 生长前沿可不断进入新的母相区域. 因而这又被称为开放式的长大机制. 这时在稳定的情况下包围生长前沿的溶质原子贫化区, 并不因沉淀的长大而变大. 因而可以预期, 这时生长速度可以保持恒定. 下面我们介绍曾讷和希拉特对厚度为 $2r$ 的单个圆盘状沉淀沿径向长大速率的近似计算方法.

考虑到圆盘的直径远大于其厚度, 他们假定盘的直径为无限大, 其边缘部分的剖面如图 14.31 所示。曾讷认为方程式(14.68)和(14.70)仍然可以适用,但要进行两项修正[52], 一是由于盘很薄,

边缘近似为曲率半径为 r 的柱面，其附近母相中溶质原子浓度的表式中要考虑吉布斯-汤姆逊效应，即式(14.66)，用 $c_\alpha(r) = c_\alpha \times [1 + (\alpha/r)]$ 代替式(14.70)中的 c_α，二是假设扩散距离 $y_D = cr$，c 为常数。经过这样的修正后盘的边缘向前伸展的速度表式为

$$v = \frac{D}{Cr} \frac{(c_0 - c_\alpha)}{(c_\beta - c_\alpha)} \left(1 - \frac{r_c}{r}\right), \tag{14.78}$$

其中常数 r_c 具有长度的量纲，称为截止半厚度。它反映了吉布斯-汤姆逊效应的影响，只有 $r > r_c$ 的盘才可以长大，而 r 很大亦即很厚的盘生长速度也会减慢，因为它们生长耗用的溶质原子较多。

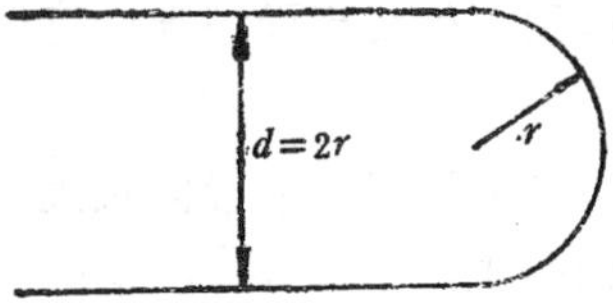

图 14.31 曾讷关于圆盘状沉淀沿径向长大模型的示意

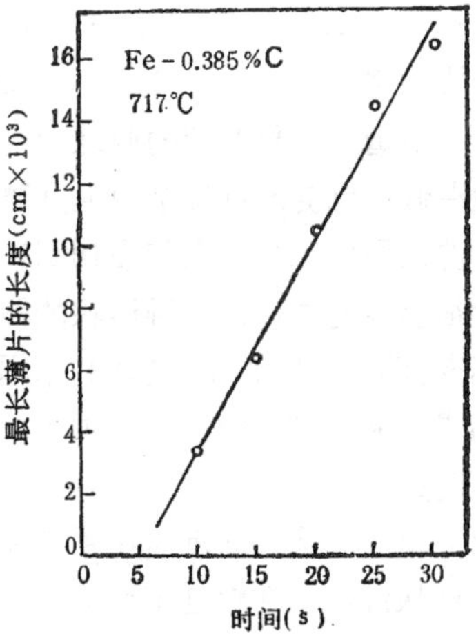

图 14.32 Fe-0.385%C 合金在717℃时效时前共析铁素体薄片的长大

曾讷进一步假定：薄片长大的过程中片的厚度趋于使生长速度为最大值。于是由 $\partial v/\partial r = 0$ 可求出相应的 $r = 2r_c$，此时生长速度为

$$v = \frac{D}{2Cr} \left(\frac{c_0 - c_\alpha}{c_\beta - c_\alpha}\right). \tag{14.79}$$

由于这一模型是定性的，很难给出 C 值的估计值。但这一模型确

认生长速度与时间无关，这点与实验观测是一致的．希拉特[53]对这个问题进行了更详尽的计算，如果式(14.79)中 C 值取为 2 就和希拉特的结果一致．因此式 (14.79) 通常被称为曾讷-希拉特方程，它给出了单个薄片长大速度与时间无关这一重要结果，已被作为经典方程而广泛应用．近年来特里弗第 (R. Trivedi)[54]对这个问题进行了严格的计算，数学十分繁复，也求出了不随时间变化的生长速率．阿朗森等人实际测量了 Fe-0.385%C 合金中前共析铁素体薄片在 717℃ 时效时加长的速率，其结果见图 14.32．薄片加长的速度确实与时间无关[55]．

§14.10 长程扩散控制的台阶机制生长

在 §14.3 曾经介绍过，在固态相变中既使新相与母相有不同结构，因为某些匹配良好的界面能量较低，也常会出现共格或半共格的相界面．阿朗森[56]指出，某些这类共格或半共格的界面可能不允许原子迅速迁移穿过这些界面，因为局部的穿越将使匹配良好的界面受到破坏．和晶体汽相生长中的光滑界面类似，这必将导致这类界面的移动要通过台阶机制．如果两相成分不同，台阶的横向移动速度要受到原子长程扩散的控制．这便是本节要讨论的主要问题．

让我们仍旧以六方 Ag_2Al 在面心立方的 Al 中沉淀为例来说明这种情况下相界面移动的问题，相界面结构的示意见图 14.33[57]．

由图 14.33(a) 可以看出，原始的相界面是完全共格的．如果下面的六方相要通过单个原子的迁移而长大，例如通过如图 14.33(b)所示的一个原子由 C 位移动到 B 位，这将产生一个包围这个 B 位原子的不全位错环（如果不全位错环的概念也能适用于单个原子的话），并且要造成一个 B 位原子处在另一个 B 位原子上方这样一种极不稳定的情况．如果在这一 B 位原子上方的那个原子也转入六方相，那么情况并未改善，具体情况参见图 14.33(c)图．情况继续发展，在图 14.33(d) 所示的状态下进入面心立方相的六方相原子列的顶部情况有些改善. 而到如图 14.33(e) 所示的状态时顶部的配合已经令人满意，但许多不全位错环无法消除. 如果再考虑到这种相变不仅涉及原子位置的移动即结构改变，而且还伴有化学成分的变化，那么显然，新相通过这种机制长入母相是极其困难的. 然而，如果界面上存在台阶，情况则顿时改观. 新相可通过这些台阶的横向移动而长大. 拜罗 (G. Bäro) 和格赖特 (H. Gleiter)[58] 在 α/β 黄铜（面心立方/体心立方）中就曾观察到迁移性台阶的例子.

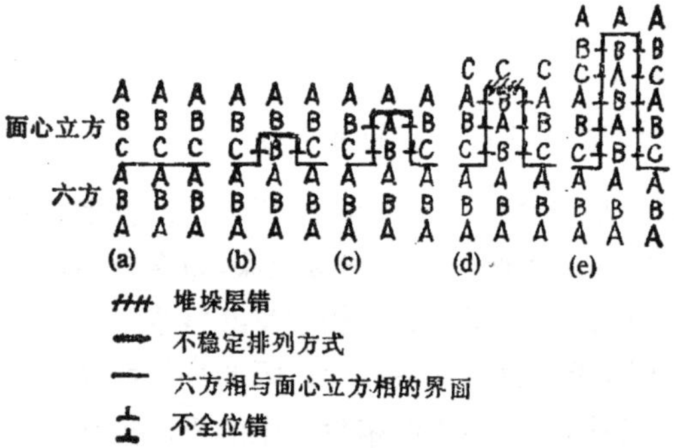

图 14.33 六方相穿过共格界面长入面心立方相区域时出现困难的示意图.

与光滑界面晶体汽相生长的邻位面机制类似，如果一组高度为 h，间距为 λ 的平行台阶各以速度 v_s 移动，那么相界面向前推进的速度为

$$v=\frac{hv_s}{\lambda}. \tag{14.80}$$

为了估计 v_s 的数值，最简单的方法是近似认为每个移动的台阶是一个受母相中溶质原子扩散控制而向前伸展的薄片. 唯有的不同是：这时扩散原子流仅来自母相一侧，薄片端部的曲率半径为 h，其示意见图 14.34.

由式(14.80)和式(14.79)不难求出

$$v_s=\frac{D}{4h}\Omega_0, \tag{14.81}$$

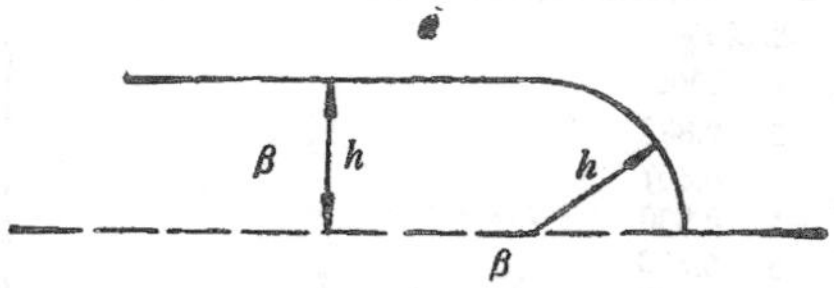

图 14.34 台阶受溶质原子扩散控制向前伸展的示意.

其中 $\Omega_0=(c_0-c_\alpha)/(c_\beta-c_\alpha)$ 为母相的相对过饱和度.

$$v=\frac{h}{\lambda}v_s=\frac{D}{4\lambda}\cdot\Omega_0, \tag{14.82}$$

这时界面推进的速度正比于扩散系数、过饱和度及台阶密度,但不依赖于时间.

琼斯 (G. J. Jones) 和特里弗第[59,60]求出了这个问题的严格解,其结果可表为

$$v=\frac{h\cdot v_s}{\lambda}=\frac{2D}{\lambda}\cdot p, \tag{14.83}$$

其中 p 是一个与相对过饱和度 Ω_0 有关的数,其典型数值为: $\Omega_0=0.01$, $p=0.03$; $\Omega_0=0.2$, $p=0.08$; $\Omega_0=0.4$, $p=0.24$. 这些结果与按曾讷-希拉特方程求出的式(14.82)差别并不大. 琼斯等还求出了匀速向前延伸的台阶附近溶质原子的浓度分布,结果见图 14.35.

根据他们的结果,台阶附近溶质原子贫化区的范围是很有限的. 它随母相过饱和度 Ω_0 及扩散系数的增大而减小. 因此,只要台阶的密度不太大,各台阶的扩散场并不重迭. 它们的移动是互相独立的.

台阶机制的生长速度还取决于 λ, 亦即取决于台阶的密度. 像光滑界面晶体汽相生长一样,台阶的来源是一个重要问题. 对于沉淀相的溶解,其边缘可以提供足够的台阶,因而台阶来源不成问题. 对于沉淀相的长大,人们设想了螺位错机制,二维成核机制等. 一般说来,这些设想只能定性地解释实验事实.

阿朗森等[16]利用透射电镜研究了 Al-4%Cu 中片状 θ' 相即

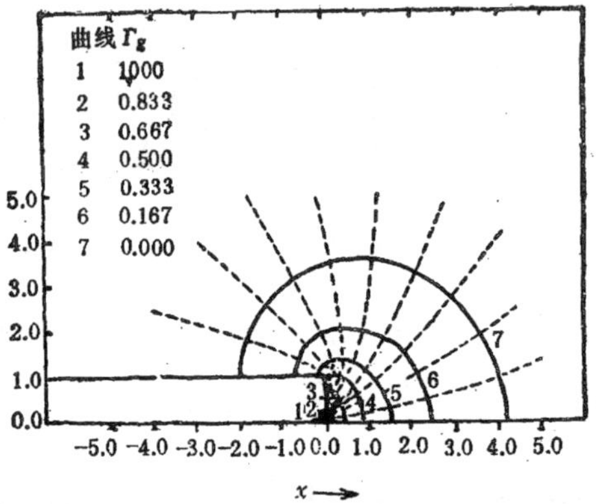

图 14.35 以匀速向前伸展的生长台阶附近溶质原子分布图，图上标出了与七条等浓度曲线相应的 Γ_g 值，其中 $\Gamma_g = 1-(\Omega/\Omega_0)$，而 $\Omega_0=(c_0-c_\alpha)/(c_\beta-c_\alpha)$ 为远离台阶处母相的相对过饱和度，$\Omega=(c-c_\alpha)/(c_\beta-c_\alpha)$ 为相对过饱和度.

Al-Cu 在 275℃ 时效时增厚的过程，其结果如图 14.36 所示. 结果表明片的厚度与时效时间成线性关系，而且生长速度明显低于由扩散控制机制即式(14.71)所决定的速度. 后者用一条虚线标在图中. 他们认为，这表明 θ' 片的加厚是按扩散控制的台阶机制进行的.

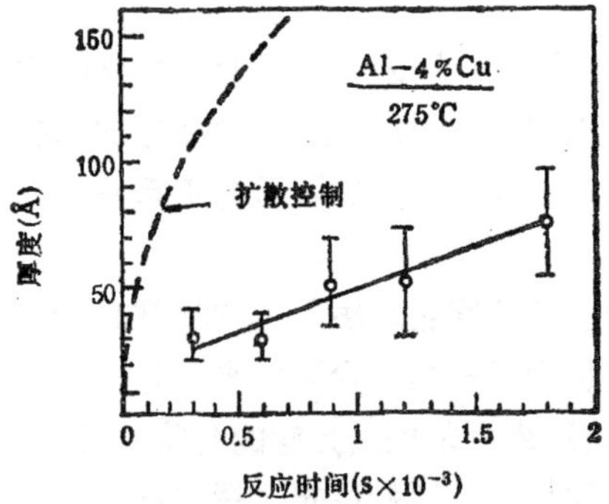

图 14.36 Al-4%Cu 在 275℃时效时析出的 θ' 相 Al-Cu 厚度随时效时间的变化. 虚线为长程扩散机制即式(14.71)的计算结果.

应当强调指出，本节介绍的由长程扩散控制的台阶机制生长只会发生在成分，结构都不相同的两相之间的共格或半共格界面上。如果两相结构相同，而仅仅成分有差异，或者两相结构不同，但不可能发生共格或半共格相界面，那么图 14.33 所示的问题就不会发生，因而也不会出现台阶机制。

§14.11 胞区分解中新相的长大

某些过饱和固溶体的分解发生在向着母相推进的反应前沿上，而产物是由两种平衡相组成的胞区结构，它们可以呈片状，条状或胞状。这种相变称为胞区分解，金属学文献中常称之为“不连续转变”，容易引起混淆(参见 §12.11)。它包括三类转变，即：共晶凝固，共析分解和胞区沉淀。前者将在第八篇中讨论。共析分解和胞区沉淀的机制很相似。其差别主要在于：共析分解产物中的两相都和母相结构不同，而胞区沉淀产物的两相中有一相和母相结构不同，另一相和母相结构相同，但具有平衡相的成分，一般说来它和母相也不共格。胞区分解之初，新相多以非均匀成核的方式在母相的晶界上出现，但是成核的具体细节则可能因系统而异。对于胞区沉淀反应 $\alpha' \rightarrow \beta + \alpha$ 的成核过程，史密斯 (S. Smith)[61] 作了这样的描述：最初一个 β 相核心在过饱和母相 α' 中晶粒 1 与晶粒 2 之间的界面上靠近晶粒 1 的一侧生成。从成核势垒来考虑，此核心一定与晶粒 1 有较好的取向匹配关系。若 β 相中溶质原子浓度高于母相，那么 β 核心附近便出现了溶质原子贫化区，这便是平衡 α 相出现的条件。 β 核心连带着旁边的平衡 α 相有两种选择，要么长入晶粒 1，要么长入晶粒 2。相比之下，长入晶粒 2 更为有利，因为晶界提供了一个很好的扩散通道，而且晶界随着新相的长大而推移，构成了永不消失的反应前沿。这一过程的示意见于图 14.37。 它可以解释为什么胞区沉淀相总是长入界面一侧的晶粒，而且是长入与新相匹配较差的晶粒。

胞区分解是受溶质原子的长程扩散控制的。 产物的分散度，例如片状组织的片间距则取决于扩散路径的长度与总界面面积的大小这两个因素的竞争与协调．太的片间距可使总界面能下降，但维持转变所需的原子扩散路程要相应地增大．小的片间距可以使扩散路程缩短，但总界面能却要增大．

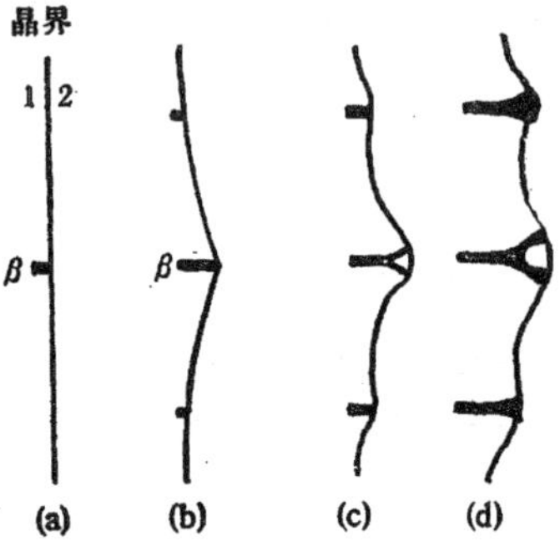

图 14.37 胞区沉淀在母相晶界上成核并随界面推移而长大的示意．

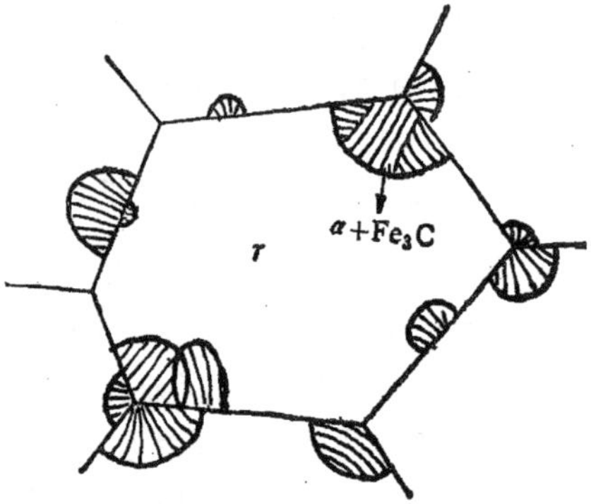

图 14.38 球团状的珠光体在晶界上成核和长大．

铁-碳系在 723℃ 发生的珠光体反应：$\gamma \rightarrow \alpha + Fe_3C$ 是共析分解最典型，也是实际意义最大的例子．球团状的珠光体最初在奥氏体(γ)的晶界上成核，珠光体中的片状 Fe_3C 和片状 α-铁是半共格的，它们一经形成便向晶界的一侧长大，通常是长入与其不共格的晶粒中，珠光体球团的形态见图 14.38．下面我们便以珠光体的形成为例，介绍曾讷关于共析分解的理论[52]．坦布尔[62]对胞区沉淀动力学的理论处理与此十分相似．为了弄清珠光体转变的动力学，必须从分析反应前沿附近各区域内碳原子的分布状况入手．图 14.39 为珠光体反应前沿的示意图． 图 14.40 为铁碳平衡相图有关部分的示意，我们尝试由相图找出有关反应前沿附近各区域内碳原子浓度的信息．严格说来，平衡相图不能用来描述处于过冷态的亚稳体系．但作为一种粗略的近似，在过冷度 ΔT 不大时可通过将平衡相图各相区界线外推而得出在过冷态下的“亚稳相图”，用以估计过冷各相中碳原子的浓度．在图 14.40 中 c_0 为共析奥氏体中碳的体积百分比，c_1 为与 Fe_3C 平衡的 α 相中碳的体积百分比，c_2 为与过冷的亚稳 γ 相平衡的 α 相中的碳体积百分

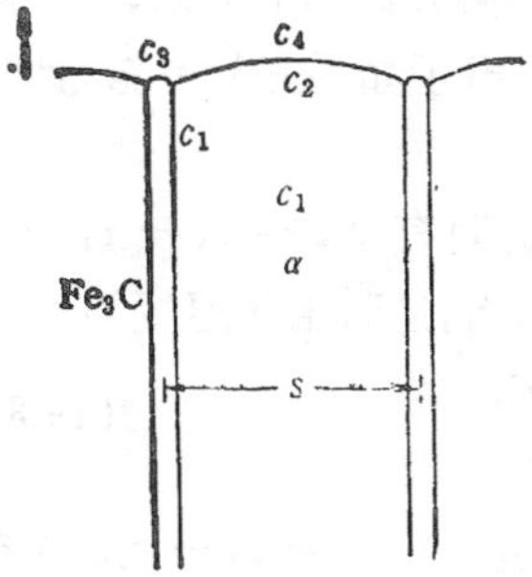

图 14.39　珠光体反应前沿的示意图,箭头表示生长方向. 图中标出了各区域碳浓度的代号,可参看图 14.40.

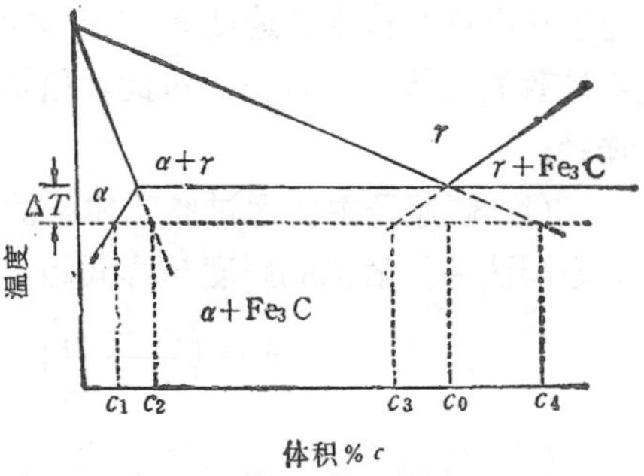

图 14.40　铁碳平衡相图有关部分的示意,其中标出了在过冷度 ΔT 下各相中碳的"亚稳平衡浓度"

比,c_3 为与 Fe_3C 平衡的亚稳 γ 相中碳的体积百分比,c_4 为与 α 相平衡的亚稳 γ 相中碳的体积百分比. 这些成分在反应前沿附近的分布已标明在图 14.39 中. 曾讷假定相变的速率受碳原子长程扩散到达 Fe_3C 的进程控制. 这样,考虑到珠光体中 Fe_3C 的量远小于 α 铁的量,为了形成单位体积珠光体必须通过扩散被移走的碳的总体积近似为 (c_0-c_1). 这些碳必须在反应前沿附近以扩散流的形式转移. 考虑单位面积反应前沿,立即可得出以下关系:

$$v(c_0-c_1)=Aj \tag{14.84}$$

其中 v 为珠光体生长的速度,j 为碳的扩散流密度,A 为相对扩散截面,它等于扩散场在反应前沿法线方向的有效厚度与珠光体片间距 s 的比. 扩散流 j 可由下式估计:

$$j=D\cdot\frac{\Delta c}{L}, \tag{14.85}$$

其中 D 为扩散系数,Δc 为扩散场两端碳原子的浓度差,L 为扩散路径的平均长度,曾讷将其估计为片间距 s 的一半即: $L=s/2$, 于是有

$$v=AD\left(\frac{\frac{2\Delta c}{s}}{c_0-c_1}\right). \tag{14.86}$$

为了求出珠光体生长速度 v，A 与 Δc 还必须被确定下来，而它们与扩散的具体路径有关。对此，曾讷提出了如下三条可能的扩散途径：

(i) 碳原子主要通过奥氏体扩散，此时有 $\Delta c = c_4 - c_1$，$A \approx 1$ 亦即认为扩散流的厚度与片间距 s 相当，这时生长速度为

$$v = \left(\frac{c_4 - c_1}{c_0 - c_1}\right) \cdot \frac{2D_\gamma}{s}. \tag{14.87}$$

(ii) 碳原子主要通过铁素体扩散，此时 $\Delta c = c_2 - c_1$，$A \approx 1$，生长速度为

$$v = \left(\frac{c_2 - c_1}{c_0 - c_1}\right) \frac{2D_\alpha}{s}. \tag{14.88}$$

(iii) 碳原子主要通过奥氏体和铁素体的相界面扩散，此时 $\Delta c = c_4 - c_1$，$A = \lambda/s$，其中 λ 为界面的有效厚度，D_B 为碳原子在界面中的扩散系数，生长速度为

$$v = \left(\frac{c_4 - c_1}{c_0 - c_1}\right) \frac{2D_B\lambda}{s^2}. \tag{14.89}$$

对于不同系统中的胞区分解相变，扩散的途径也各异。在珠光体反应中，由于 $D_\alpha > D_\gamma$，较多的人主张 α 相中的碳扩散起主要作用。也有人观察到界面扩散起主要作用的证具，尤其是在较低的温度下，因为晶界扩散的激活能较小。

为求出生长速度 v，面间距 s，界面能 σ 和过冷度 ΔT 之间的关系，曾讷作了以下进一步的分析：考虑单位体积奥氏体转变为珠光体，其自由能的变化为

$$\Delta F = \Delta F_{\alpha\beta}^V + \frac{2\sigma}{s} = \Delta S^V \cdot \Delta T + \frac{2\sigma}{s}, \tag{14.90}$$

式中 $\Delta F_{\alpha\beta}^V$ 为相变的体自由能下降，σ 为铁素体-Fe_3C 界面能，s 为珠光体片间距，ΔS^V 为相变时单位体积中熵的变化，ΔT 为过冷度。容易看出，对于一定的过冷度 ΔT 存在一个临界面间距 s_m，使 $\Delta F = 0$. s_m 的值由下式给定：

$$s_m = \frac{2\sigma}{|\Delta S^V \cdot \Delta T|}. \tag{14.91}$$

$s < s_m$ 的珠光体将无法形成。将式(14.91)代入式(14.90)，有

$$\Delta F = 2\sigma\left(\frac{1}{s} - \frac{1}{s_m}\right). \tag{14.92}$$

曾讷进一步假定：珠光体转变速度是受碳原子体扩散控制的，它应当满足以下关系：

$$v = \Gamma \cdot \frac{|\Delta F| \cdot D}{s} = \frac{2\Gamma D\sigma}{s^2 s_m}(s - s_m), \tag{14.93}$$

其中 Γ 为比例常数. 曾讷更进一步假定：实际出现的 s 的数值 s_p 应使相变速度 v 为最大。由 $\partial v/\partial s = 0$ 立即可以求出，此时有

$$s_p = 2s_m = \frac{4\sigma}{|\Delta S^V \cdot \Delta T|}. \tag{14.94}$$

实际生长速度为

$$v = \frac{\Gamma D|\Delta S^V| \cdot (\Delta T)^2}{4\sigma} = \Gamma' \cdot \frac{(\Delta T)^2}{\sigma} \cdot \exp\left(-\frac{Q_\alpha}{k_B T}\right), \tag{14.95}$$

式中 Γ' 为各种常数合并而成的一个新常数，θ_α 为碳原子在铁素体中扩散的激活能. 这样，曾讷的理论给出了珠光体生长速度与过

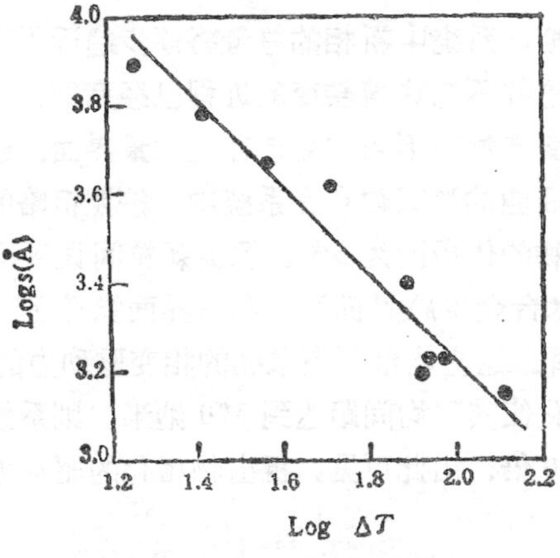

图 14.41 珠光体片间距与珠光体形成时的过冷度的关系. 由此数据利用式(14.94)求出 $\sigma = 2800$ 尔格/厘米^2，显然太高.

冷度，界面能和扩散系数的关系，相应的片间距可由式（14.94）求出。这些结论均和实验结果定性地符合。图 14.41 是实际测量的珠光体片间距 s 与过冷度 ΔT 的关系。可以看出，s 正比于 $1/\Delta T$，和式(14.94)一致。但由此求出的界面能 σ 却太高，表明曾讷的模型只是定性的。

希拉特对曾讷的早期理论进行了发展。通过解扩散方程他得出结论，胞区分解产物中还存在相当的过饱和度而并非平衡相。另外，反应前沿处界面的移动也需要一定的驱动力。详情可参阅他的总结文章[63,64]

卡恩提出了另一种控制胞区分解相变速度的机制。他认为反应前沿的移动速度是由自身的动力学因素而不是完全由碳的扩散决定的。他还认为面间距 s 的确定应使 $v \cdot \Delta F$ 为最大值，而不是曾讷提出的 v 为最大值[65]。看来，这些提法都缺乏充分的物理依据，在第八篇中将从界面稳定性的观点作一讨论。关于胞区分解方面进一步的工作可参阅古斯特（W. Gust）[66] 的总结。

III 粗 化

在转变的后期，系统中新相的总量将逐步趋近于平衡相图所给定的数量，但这并不意味着转变的进程已经完结。大量核心的形成和长大使相变产物中不可避免地存在大量界面。还有相当数量的自由能以界面能的形式贮存在系统中。按照粗略的估计，如果某合金中析出物的体积比为 5%，沉淀颗粒间距平均为 30 纳米，那么每立方米合金中总界面面积和总界面能分别达 10^7 平方米和 2×10^6 焦耳。这些能量可占最初的相变驱动力的 3% 左右。如果沉淀颗粒粗化使其平均间距达到 300 纳米，则系统中的总界面能可以下降 100 倍。由此可见，析出物粗化的驱动力还是相当可观的。

单相系统组织的粗化是通过大的晶粒吞并相邻的小晶粒来实现的，其速度受界面处原子穿越晶界的短程扩散控制。脱溶沉淀产生的组织的粗化可分为两种情况：如果新相为弥散的颗粒，粗化是通过小颗粒的溶解和大颗粒的长大来实现的．如果新相为胞区分解产物，那么粗化还可能以晶界为反应前沿，采取类似于胞区分解的方式，消耗原有的细的组织来长出新的粗的组织．在含有成分不同的两相的系统中，组织粗化的速度在绝大多数情况下是由溶质原子的长程扩散控制的．

近年的研究表明，粗化不只发生在转变的后期，在新相生长甚至在成核阶段粗化的倾向也是存在的．

§ 14.12　弥散沉淀相的粗化（奥斯瓦尔德熟化）

考虑一个沉淀系统，其中母相 α 相为 B 组元在 A 组元中的稀薄固溶体，沉淀相 β 相几乎为纯的 B 组元构成．沉淀为球形．它们在系统中所占的体积分数甚小于 1，这意味着沉淀颗粒之间的平均距离远大于颗粒的平均直径．首先让我们来分析相距不远，半径分别为 r_1，r_2 的两个沉淀颗粒之间母相中溶质原子的浓度分布，其示意见图 14.42．

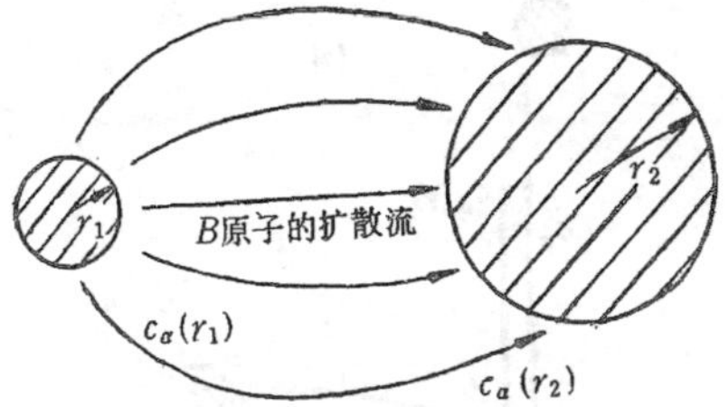

图 14.42　α 基体中两个半径不同的 β 相沉淀颗粒附近 B 原子扩散场的示意．

按吉布斯-汤姆逊定理，由于 $r_2 > r_1$，所以 $c_\alpha(r_1) > c_\alpha(r_2)$．这里 $c_\alpha(r_1)$，$c_\alpha(r_2)$ 分别为半径为 r_1，r_2 的球形沉淀表面外侧 α 相中 B 原子的平衡浓度．于是在两球之间便出现了浓度梯度，B 原子将从小球附近向大球附近扩散．这种扩散一旦开始，小球附近的 B 原子浓度将低于平衡浓度 $c_\alpha(r_1)$，而大球附近 B 原子浓度将高于平衡浓度 $c_\alpha(r_2)$．于是两球与其表面外侧的母相都不再能保持平衡。小球中 B 原子的化学势高于其附近母相中 B 原子的化学势，因而它们将在这个化学势差的驱动下跑向母相，结果是小球逐渐溶解。相反，大球将吸收其附近母相中的 B 原子而逐渐长大。

对于沉淀颗粒的这种兼并过程，格林伍德 (G. W. Greenwood)[67] 提出了一个简单明了的物理模型。设想系统中存在许多球形沉淀，沉淀间距远大于沉淀半径，沉淀的平均半径为 $\bar{r}$。这时母相中 B 原子的平均浓度为 $c_\alpha^B(\bar{r})$，它与 $\bar{r}$ 的关系近似由吉布斯-汤姆逊定理亦即式 (14.66) 给出。考虑图 14.43 中半径为 r 的一个球形沉淀，以其中心为原点建立球坐标系。该球表面外侧 α 相中

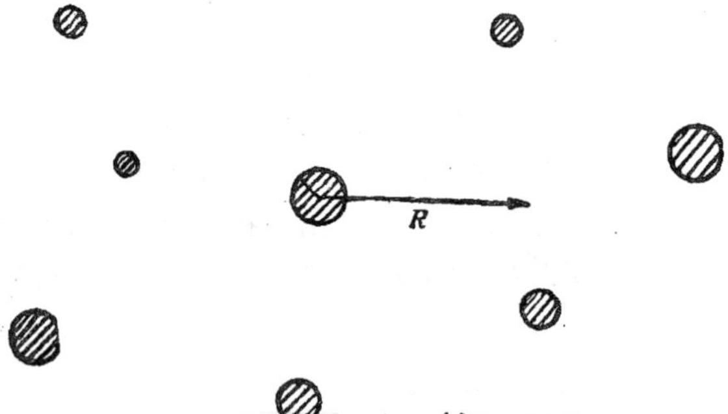

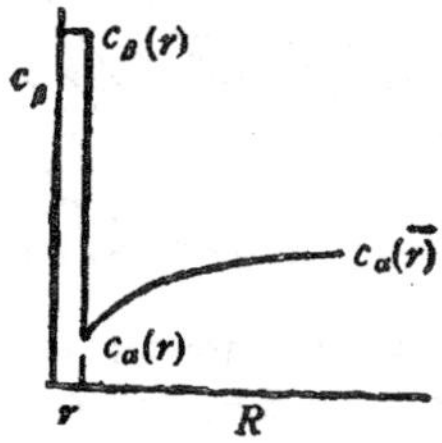

图 14.43 (a) 半径为 r 的球形沉淀及其环境的示意；(b) 该沉淀中及其附近溶质原子浓度分布的示意图。

溶质原子的浓度 $c_\alpha^B(r)$ 由式(14.66)给出。在远离此球形沉淀的地方一般说来应有 $c = c_\alpha^B(\bar{r})$。平均说来，如果 $r > \bar{r}$，此球将会长大；如果 $r < \bar{r}$，此球将逐渐缩小。在以此球为中心，半径为 R

的球面上，基体中溶质原子扩散的总流量为

$$J=-4\pi R^2\ \frac{dc}{dR}\cdot D \tag{14.96}$$

因为基体中溶质原子浓度很小，它的变化也很小，可以近似认为此球面上流入的原子被全部用于使其中心处的球形沉淀长大，于是有

$$4\pi r^2\frac{dr}{dt}=-4\pi R^2\cdot D\cdot\frac{dc}{dR}, \tag{14.97}$$

亦即

$$-\frac{dR}{R^2}=\frac{D}{r^2\left(\frac{dr}{dt}\right)}dc。 \tag{14.98}$$

取边界条件 $R=r$ 处 $c=c_a^B(r)$；$R\to\infty$，$c=c_a^B(\bar{r})$，将上式积分有

$$\frac{1}{r}=\frac{D}{r^2\left(\frac{dr}{dt}\right)}[c_a^B(\bar{r})-c_a^B(r)]。 \tag{14.99}$$

利用式(14.66)，有

$$\frac{dr}{dt}=\frac{2D\sigma v_B c_a^B(\infty)}{k_B T r}\left(\frac{1}{\bar{r}}-\frac{1}{r}\right). \tag{14.100}$$

由此式可画出 $\frac{dr}{dt}$ 与 r 的关系如图 14.44 所示． 它们的关系与 $\bar{r}$ 有关．由式(14.100)及图 14.44 可以看出以下四点：

(i) 半径小于 $\bar{r}$ 的沉淀颗粒都将收缩，收缩的速度随 r 变小而加大，这些颗粒最终必然消失．

(ii) 半径大于 $\bar{r}$ 的沉淀颗粒都可长大，$r=2\bar{r}$ 的颗粒长大的速度最大．

(iii) 显然，随着粗化的进程 $\bar{r}$ 将变大． 由于 $\bar{r}$ 的增大，那些在粗化进程的早期也曾长大过，但终因尺寸较小，因而长大速度也小的颗粒将被 $\bar{r}$ 赶上和超过．于是这些“相形见拙”的颗粒便成了

被淘汰的对象，它们将转而收缩，最终归于消失．这样，粗化是一个比较和淘汰的过程．只有那些最大的颗粒可以在竞争中吞食较小的颗粒而长大和存在到最后．

(iv) 随着 $\bar{r}$ 的增大，沉淀颗粒长大的平均速度逐步下降．

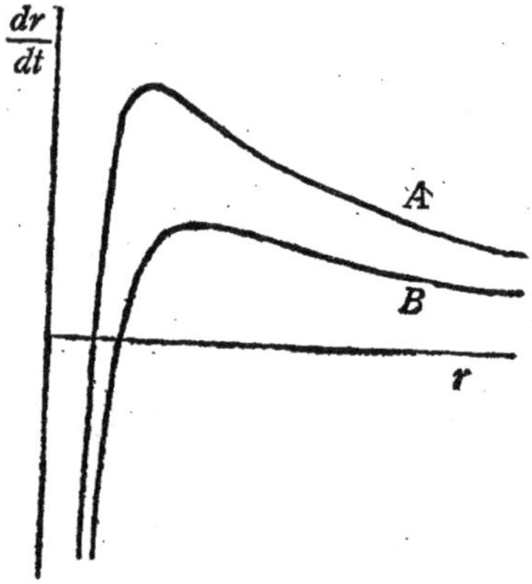

图 14.44 球形沉淀粗化时长大速度与球的半径的关系．与 B 曲线相应的 $\bar{r}$ 较 A 曲线的 $\bar{r}$ 大 50%．

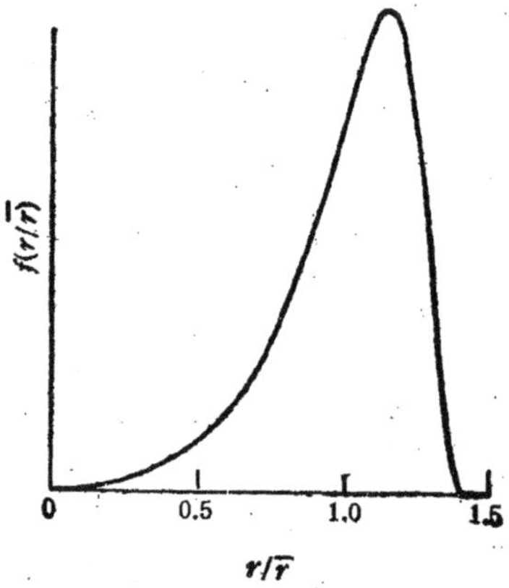

图 14.45 约化半径为 $r/\bar{r}$ 的颗粒出现的频度 $f(r/\bar{r})$ 与约化半径 $r/\bar{r}$ 的关系．按栗夫雪兹等人的计算结果．

为了求出 $\bar{r}$ 随时间变化的情况，格林伍德假定 $d\bar{r}/dt$ 应取生长最快的颗粒的生长速度，即

$$\frac{d\bar{r}}{dt}=\left(\frac{dr}{dt}\right)_{\max}=\frac{D\sigma v_B c_\alpha^B(\infty)}{2k_B T\bar{r}^2},\tag{14.101}$$

积分有

$$\bar{r}^3-\bar{r}_0^3=\frac{3}{2}\cdot\frac{D\sigma v_B c_\alpha^B(\infty)}{k_B T}\cdot t.\tag{14.102}$$

格林伍德在计算中作了不少近似处理，也无法给出粗化过程中系统里沉淀颗粒的尺寸分布．但他的模型描绘出了粗化过程清晰的物理图像．而且式(14.102) 和下面介绍的严格解的形式只差一个常数．这个模型是很成功的．

栗夫雪兹与斯里沃佐夫[5]以及瓦格纳[6]对沉淀颗粒粗化的问

题进行了更为严密的理论计算．他们除了沿用格林伍德的前提条件外还假定沉淀颗粒的初始尺寸分布为狭窄的高斯分布．根据他们的结果，如果定义颗粒的约化半径为 $r/\bar{r}$，那么系统中各种约化半径颗粒出现的频度 $f(r/\bar{r})$ 按约化半径的分布将逐步达到如图 14.45 所示的稳定态．由图可以看出，$f(r/\bar{r})$ 在 $r = 1.5\bar{r}$ 处下降为 0，因而预期不会出现 $r > 1.5\bar{r}$ 的沉淀颗粒．他们求出的颗粒平均半径 $\bar{r}$，单位体积中颗粒的数目 N_v 及系统基体中残余过饱和度 Δc 随时间变化的关系分别为

$$\bar{r}^3 - \bar{r}_0^3 = \frac{8}{9} \cdot \frac{D\sigma v_B c_\alpha^B(\infty)}{k_B T} \cdot t, \tag{14.103}$$

$$N_v = \frac{k_B T}{4\sigma D v_B c_\alpha^B(\infty)} \cdot t^{-1}, \tag{14.104}$$

$$\Delta c = \left[\frac{D k_B^2 T^2}{9\sigma^2 (c_\alpha^B(\infty))^2 v_B^2}\right]^{-1/3} \cdot t^{-1/3}. \tag{14.105}$$

注意式(14.103)与式(14.102)仅在常数上有差异．以上三式的正确性已为大量实验所证实．图 14.46 为阿德尔(A. J. Adell)等[68]测定的 Ni-Al 合金中 Ni_3Al(γ' 相)沉淀平均半径在不同时效温度

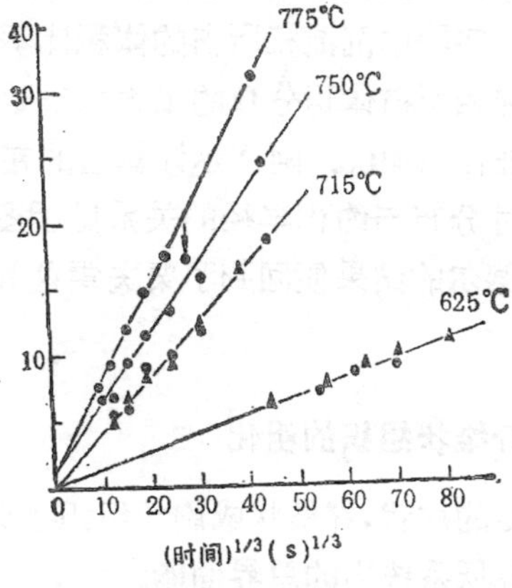

图 14.46　两种 Ni-Al 合金中 Ni_3Al (γ' 相) 沉淀的半径与时效时间的立方根的关系，时效温度见图．
图中▲：Ni-6.35wt%Al；　●：Ni-6.71wt%Al．

下随时效时间变化的情况.

但是大部分实验结果表明，系统中沉淀颗粒尺寸分布比图14.46所预期的为宽. 图14.47为将 Ni-Cu-Al 合金在580℃时效不同时间后其中 γ' 相球形沉淀的尺寸分布[69].

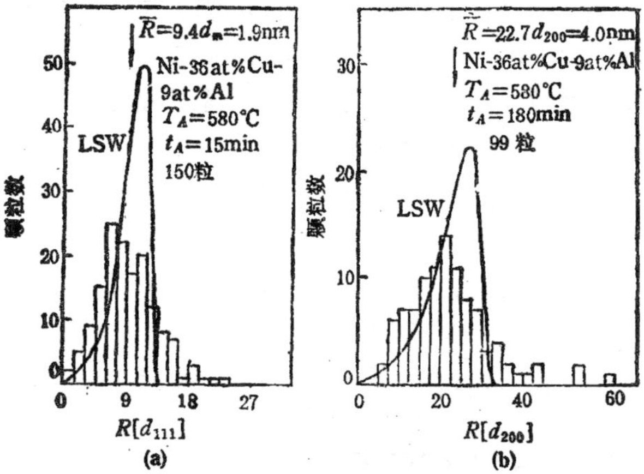

图 14.47 Ni-36at%Cu-9at%Al 合金在580℃时效后沉淀颗粒半径的分布，半径的单位为原子面间距.

值得注意的是，栗夫雪兹等人在计算中假设沉淀相所占体积比很小，而大部分实验中沉淀相所占的体积比不太小. 阿德尔[70]的计算表明，沉淀相所占体积分数的增大将导致沉淀颗粒尺寸分布的加宽和粗化进程的加快. 阿德尔计算出的在沉淀相占有不同体积分数 f_v 时尺寸分布与约化半径的关系见于图14.48. 在体积分数 $f_v \to 0$ 时阿德尔的结果便回到了栗夫雪兹等人的结果，即图14.45.

§ 14.13 片状和纤维状组织的粗化

胞区分解产生的片状，纤维状或胞状组织也会发生粗化，因为粗化可以显著地降低系统中的总界面能.

片状组织(例如珠光体)的相界面为平面. 由于界面形态与平面的任何小的偏离都会导致界面面积的增大，所以片状组织是相

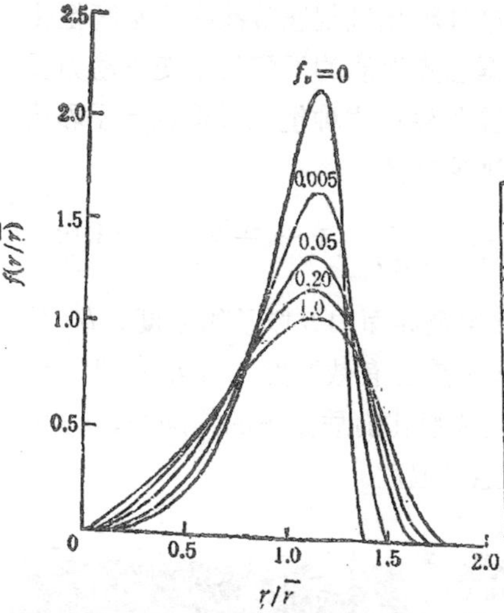

图 14.48　阿德尔求出的沉淀相体积分数 f_v 为不同值时沉淀颗粒尺寸分布.

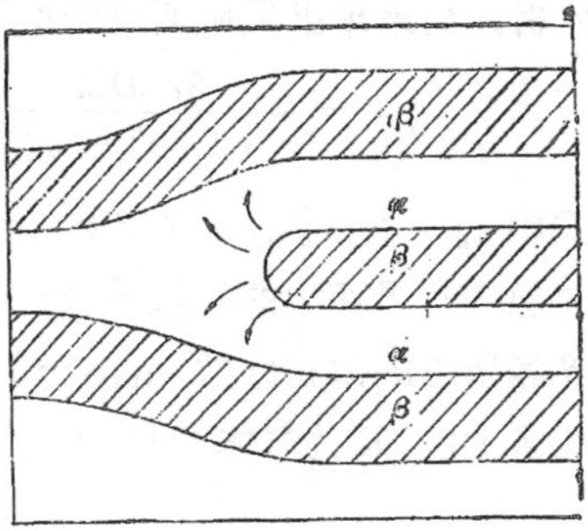

图 14.49　一个 β 相片层终止在片状组织内部的示意，图中箭头表示溶质原子流动的方向.

当稳定的。但是片状组织的排列中难免存在缺陷，系统中也会存在晶界，它们往往成为片状组织粗化发端的场所。图 14.49 为一个 β 相片层终止在周期排列的片状组织中间形成一个缺陷的示意图。片层终止处有一条棱边。棱边的曲率半径应和片的厚度在同一量级。按照吉布斯-汤姆逊定理，在棱边附近 α 相中的 B 原子浓度高于其它区域。这种浓度梯度将导致如图中箭头所示的 B 原子扩散流。结果将使中断的片层缩短，而附近的两个 β 相片层将加厚。在通常的胞区分解反应的产物中，例如图 14.38 所示的球团状奥氏体中并不乏如图 14.49 所示的这种缺陷，因而它们对粗化的作用是不容忽视的。

利文斯顿（J. D. Livinston）和卡恩[71]发现了片状组织粗化的另一种重要的机制。他们观察到，若将钴-硅，铜-铟，镍-铟等系统的多晶片状共析组织（或胞区沉淀组织）在接近共析温度（或沉淀平衡温度）时效，粗的片状组织可以在晶界上形成，并以晶界为移动的反应前沿消耗原有的细的片状组织而长大。其机制与共析分解(或胞区沉淀)十分类似．这种粗化机制通常被称为胞区粗化或不连续粗化．利文斯顿等依据总界面能的下降为相变驱动力及晶界为主要扩散途径这两个前提条件对这种粗化过程进行了理论分析．结果求出反应前沿的推进速度为

$$v=\frac{8c_b^B D_b\lambda}{f_\alpha^2\cdot f_\beta^2(c_\beta^B-c_\alpha^B)}\cdot\frac{\sigma_{\alpha\beta}}{s_2^2 s_1 RT}\left(1-\frac{s_1}{s_2}\right)\qquad(14.106)$$

式中 c_β^B, c_α^B, c_b^B 分别为 β 相，α 相及界面中 B 原子的浓度；D_b 为 B 原子在界面中的扩散系数；λ 为界面有效厚度；f_α, f_β 分别为 α, β 相所占的体积分数；s_1, s_2 分别为粗化前后组织的片间距；$\sigma_{\alpha\beta}$ 为相界面能，R 为气体常数；T 为绝对温度．

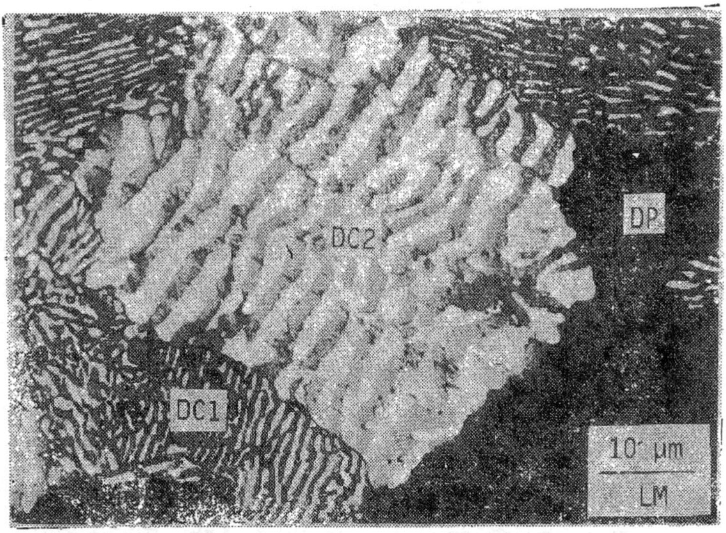

图 14.50 Ni-10at%In 于 924K 时效 4 小时后的金相照片．图中黑色区域 DP 为最初的胞区沉淀产生的细片状组织．因片很细，在照片上已无法分辨． DC_1, DC_2 分别为向 DP 推进的粗化组织．

图 14.50 为镍-铟系统中胞区粗化反应前沿的金相照片[66]．现有的关于胞区粗化的实验结果与式(14.106)定性地符合．但是实际观测得到的粗化前后片间距的比值 s_2/s_1 对于铜-铟，钴-硅系统为 5—7，对于镍-铟系统为 10—20．这明显地高于由式 (14.106)

按照曾讷关于反应速度为最大的假设或卡恩的 $v \cdot \Delta F$ 为最大的假设求出的数值．这个问题涉及到各种假设的可靠性，从理论上尚未解决．

纤维状组织原则上也可以按前面介绍的两种方式粗化，但是纤维组织的相界面为柱面，柱状界面远不及平界面稳定，因而纤维组织还较多地表现为按下面介绍的两种方式粗化．

一是按二维奥斯瓦尔德熟化的方式粗化，亦即粗的纤维中溶质原子化学势较细的纤维中的溶质原子低，因而可凭借这种优势逐步兼并细的纤维． 其数学处理也是建立在吉布斯-汤姆逊方程和溶质原子长程扩散控制的基础上，与上节介绍的三维奥斯瓦尔德熟化很相似．关于这方面理论与实验工作的详情可参阅克莱因(H. Cline)[72] 与阿德尔[73]的文章．由于胞区分解产生的纤维状组织粗细比较均匀，在粗化开始时及尺寸分布比球形沉淀的尺寸分布更为狭窄，因而纤维粗化达到稳定尺寸分布所需要的时间要长得多．

另外，一根粗细均匀的圆柱形纤维对于局部区段上直径的某些微小涨落是不稳定的． 例如对于沿轴向分布的波长大于 $2\pi R_0$ (R_0 为纤维半径)的正弦形直径尺寸涨落就是不稳定的，因为这种涨落可以在保持纤维体积不变的条件下使界面面积减小，其示意见图 14.51．这种现象又称为瑞利 (Rayleigh) 失稳现象．它因瑞利在上世纪研究了在空中喷射的液体细圆柱会自发破碎成一连串的球形液滴这一著名现象而得名．

克莱因[72]和尼古尔斯 (F. A. Nichols)[74] 从理论上研究了直径为 d，长度为 l 的单根纤维失稳时形态的演变． 其结果综合在图 14.52 中．

一根无限长的纤维，由于瑞利失稳最终将变成一列圆球，球的直径和间距取决于界面能和扩散系数．如果纤维很短，$l/d < 7.2$，那么它将逐步收缩为一个圆球．对于 $l/d > 7.2$ 的有限长纤维，失稳演变的最快途径将是一个个圆球依次在杆的端部形成，并与纤维脱开．如果纤维中存在晶界，或者在包围纤维的基体中存在与纤维相交的一组平行晶界，那么由于界面扩散的帮助，纤维则倾向于沿这些界面逐步断开，并逐段聚缩成球．纤维组织在经过上述演变过程后将继续按弥散球形沉淀粗化的方式继续粗化的进程．对于某些合金系统如钨-钠，铝-铅和非金属系统的实验研究结果似乎是支持上述理论预言的．

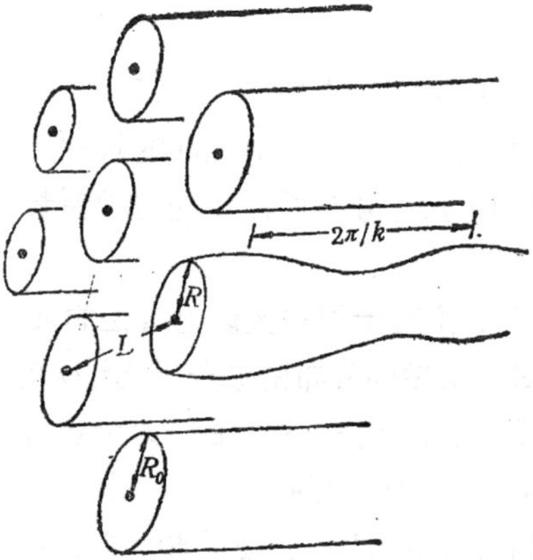

图 14.51　一组平行排列的纤维中有一根纤维的直径沿轴向的分布发生了正弦形的扰动，其波长 $\lambda=2\pi/k$．

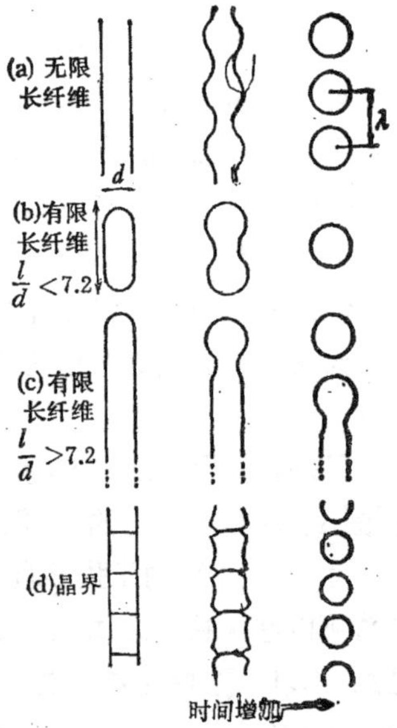

图 14.52　纤维状沉淀失稳变成一列球形沉淀的各种不同的机制，其中 d 为纤维直径，l 为纤维长度[79]．

片状和纤维状组织往往具有某些优良的性能，因而在工程上有重要的应用．组织的粗化可能破坏材料的稳定性，因而必须防止．某些合金元素的加入可产生富集在相界或晶界中的杂质原子气团，界面移动时必须拖着它们前进．这样它们便成了界面移动的累赘，从而大大减慢或抑制组织粗化的进程，于是可以改进材料组织的稳定性．

§ 14.14 晶粒的粗化

如果相变的产物是单相的，那么在系统向新相的转变完成之后，系统中仍可能存在大量的晶界或畴壁．据粗略的估计，在晶粒度为 50 微米时，系统中的晶界能量可达 10^4 焦耳/米^3，这些界面能就是晶粒粗化的驱动力．

一般说来，晶界能是各向异性的，但是从各向异性的界面能出发来分析晶粒粗化问题过于复杂，迄今尚无成功的尝试，因此我们姑且假设晶界能是各向同性的．一种最简单的情况是薄片样品中晶粒的粗化．若薄片的厚度小于样品中的晶粒度，可以近似认为所有晶界面都和薄片表面垂直，而将其当作二维问题来处理．二维系统中晶粒可以有一种稳定的平衡分布，即所有的晶粒成同样大小的正六边形，并互相密排在一起．但是由于相变的复杂经历，这种理想的状态一般不会发生．一种典型的实际晶粒分布形态见于图 14.53[76]．这时各晶粒无法处于平衡，于是出现了晶粒粗化的可能．从图中可以看出，一般说来，较小的晶粒边数较少，内角也较小．在三个尺寸不同的晶粒的交点如 A 点处，为了保持结点处界面张力的平衡，晶界面将凸向大晶粒一方．按吉布斯-汤姆逊定理，这将导致大晶粒中原子的化学势低于小晶粒中原子的化学势，从而使小晶粒中的原子越过界面向大晶粒中迁移．

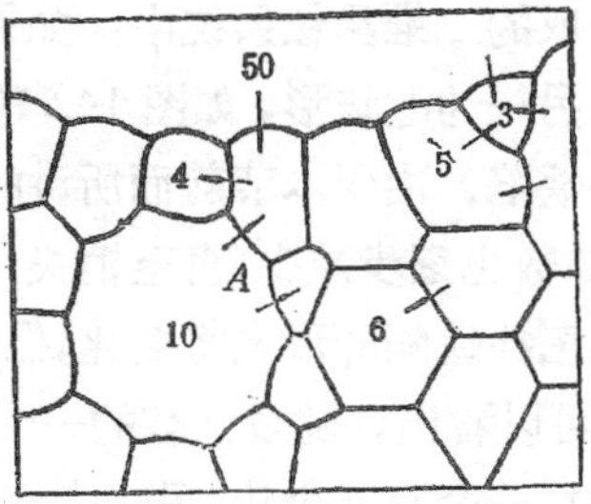

图 14.53 二维晶粒分布形态的示意，图中数字为晶粒的边数，箭头表示预期的晶界移动方向．

为了对此进行定量处理，必须大刀阔斧地取近似． 根据式

(14.64)，当一个原子进入曲率半径为 r 的圆柱状晶粒后，其化学势的升高为

$$\Delta\mu = \frac{\sigma v}{r}, \tag{14.107}$$

其中 σ 为界面能，v 为原子的体积．我们近似将一个二维晶粒界面的平均曲率半径记为 $r = \beta D$，其中 D 为晶粒的尺寸，β 为与晶粒形态有关的常数．这样，多晶系统中由于界面的存在原子化学势的平均升高近似为

$$\Delta\bar{\mu} = \frac{\sigma v}{\beta \bar{D}}. \tag{14.108}$$

和成分不变的相变类似，晶粒的粗化是受原子穿过界面的短程扩散控制的，由式(14.47)并考虑系统中各种晶粒的平均效果近似有

$$\frac{d\bar{D}}{dt} = M \cdot \Delta\bar{\mu} = \frac{M\sigma v}{\beta \bar{D}}. \tag{14.109}$$

积分有

$$\bar{D}^2 - \bar{D}_0^2 = \frac{2M\sigma v}{\beta} \cdot t, \tag{14.110}$$

式中 $\bar{D}_0$ 为粗化开始时系统的平均晶粒度，t 为粗化进行的时间，M 为晶界上原子的迁移率，其表式见式(14.47)．

希拉特[77]从另一种角度研究了二维晶粒粗化的问题．他指出，在大量六角形晶粒构成的二维晶粒系统中，如果存在两个特殊的晶粒，一个为五边形，另一为七边形，如图 14.54(a) 所示，那么这种组态即为一种拓扑缺陷．由于本节前面所讲的原因，五边形晶粒将逐步缩小，同时边数也逐步减少，直至消失．随着这个五边晶粒边数减少和消失该拓扑缺陷的形态将变化，但却永远不会消失．例如，在图 14.54 中可以看出，随着原有的一个五边形晶粒的消失，两个新的特殊晶粒，一个有五个边，另一个有七个边又产生了，于是开始了下一循环．基于这一原理，希拉特断言，在不存在这类拓扑缺陷的区域即使晶粒尺寸有变化所有六边形晶粒也都不会消失，因而平均晶粒尺寸不会变大．按希拉特的这一观点，二维晶粒

粗化的速度不仅取决于扩散而且依赖于这类拓扑缺陷的浓度。而后者是由系统中晶粒形成的历史决定的.在上述分析的基础上,希拉特也导出了类似于式(14.110)的二维晶粒粗化的表式。

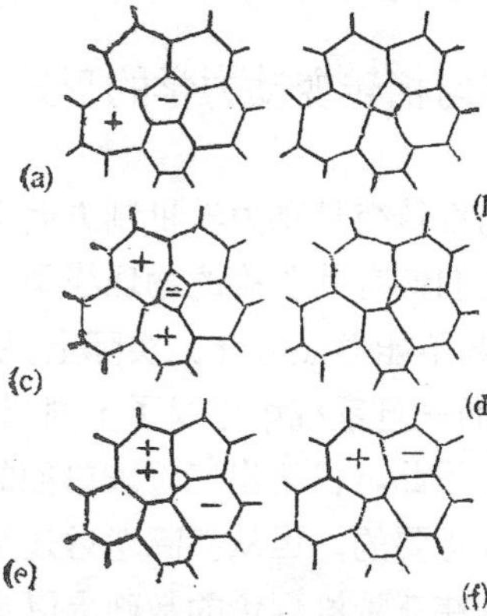

图 14.54 由六边形晶粒组成的二维晶粒系统中的一个拓扑缺陷,晶粒边数与 b 的差分别用“+”和“-”表示. (a)—(f)表示一个五边形晶粒消失后,该拓扑缺陷依然存在.

大块材料中的晶粒是三维排列的。众所周知,并不存在某种形状的三维图形,在把它在空间重复排列时能填满空间,同时又能稳定平衡界面的张力. 因而三维系统中晶粒粗化的倾向总是存在的[78]. 对于三维晶粒系统,为得到式(14.110)所作的全部讨论仍然有效. 唯一不同的是:此时一个晶粒的界面为三维空间的封闭曲面而不是柱面,应近似当作球面来处理,按吉布斯-汤姆逊定理式(14.60)和(14.63),应在式(14.110)的右边乘以 2,于是有

$$\overline{D}^2 - \overline{D}_0^2 = \frac{4M\sigma v}{\beta} \cdot t \qquad (14.111)$$

莫拉尔 (J. E. Morral) 和阿什比 (M. F. Ashby)[79] 把希拉特关于二维晶粒粗化的拓扑缺陷理论推广到三维晶粒系统.他们提出,在三维晶粒粗化中拓扑缺陷也起关键作用. 拓扑缺陷的“滑移”将导致晶界滑移,而拓扑缺陷的“攀移”将导致晶粒的粗化。

式(14.111)中 $\overline{D} \sim t^{1/2}$ 的关系在一些实验中得到证实,但也经常发现 $\overline{D} \sim t^n$,其中 n 在 0.3 左右,造成粗化减慢的一个重要原

因是许多材料中存在杂质，杂质在晶界中偏聚使界面的移动变得困难，这方面的实验工作和相应的理论解释可参阅马丁（J. W. Martin）和多尔蒂（R. D. Doherty）的有关专著[57]。

IV 非匀相转变动力学的形式理论

前已介绍，非匀相转变从动力学机制方面可以分为成核、生长、粗化三个阶段，它们各有其明确的物理模型．然而在实际相变过程中，这三个阶段却不能截然分开．实际上，从第一批核心出现时生长就已经开始，而一旦系统中出现了不同尺寸的新相区，粗化的条件就已经具备．因此，仅给出三阶段单独的动力学描述虽然从物理上考虑是十分重要的，但从实际考虑还是不够完整的．人们已作了许多尝试，在三阶段理论的基础上以更为明确的方式给出新相的转化率和新相的组织形态与反应时间的关系．本节将简略地介绍与此有关的问题．

§ 14.15 约翰逊-迈尔-阿弗拉密（JMA）方程

约翰逊（W. A. Johnson），迈尔（R. F. Mehl）[80]和阿弗拉密（M. Avrami）[81]发展了由成核率及新相生长速度求在等温转变中新相的体积分数和时间的关系的理论．这通常被称为相变的形式理论．先考虑一种比较简单的情况，设新相的生长速率 v 不随时间改变，前面介绍过的界面控制型生长和胞区分解都是如此．另外我们还假设成核率不随时间变化．设某一新相区在时刻 τ 成核并开始长大，在 t 时刻它的体积为

$$V = f u_x u_y u_z (t - \tau)^3, \tag{14.112}$$

式中 u_x，u_y，u_z 分别为新相沿 x，y，z 方向的生长速率，f 为一几何因子，与新相区的形状有关，对椭球形有 $f = \frac{4}{3}\pi$，对方形有 $f = 1$。为叙述简便，设系统的体积为 1 单位，在 τ 时刻共有体积 W 转变为新相． 此系统在 $\tau \to (\tau + d\tau)$ 时间间隔内出现的新核

心数为

$$dn = I(1-W)d\tau, \tag{14.113}$$

式中 I 为成核率，此处为常数。由此可推知

$$Id\tau = dn + IWd\tau, \tag{14.114}$$

式中 $Id\tau$ 为未扣除已经发生相变的部分而求出的在 $\tau \to (\tau + d\tau)$ 时间间隔内单位体积中的成核数，它当中包括真正的成核数 dn 和未能出现的核心数 $IWd\tau$ 两部分. $IWd\tau$ 被称为"幻想核"数. 在未扣除"幻想核"，也不考虑新相因为生长将互相碰挤的情况下可以计算出在 t 时刻新相的总体积 W_{ex} 为

$$W_{ex} = \int_0^t V \cdot Id\tau = \int_0^t If u_x u_y u_z (t-\tau)^3 d\tau$$

$$= \frac{f}{4} u_x u_y u_z \cdot I \cdot t^4, \tag{14.115}$$

W_{ex} 称为"扩张体积". 按其定义，它当中曾重复计算了一些区域的体积。这个情况可以用图 14.55 来说明. 图中空白的部分表示未转变成新相的区域，有斜线的部分表示已转变为新相的部分. 若图中被斜线覆盖一次的区域体积为 W_1，覆盖两次的区域体积为 W_2，覆盖 i 次的区域体积为 W_i，显然

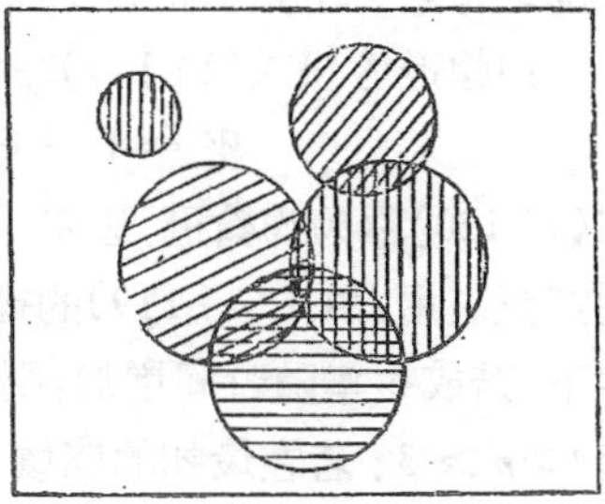

图 14.55 系统中已发生相变的部分及它们之间互相重叠的图示.

$$W_{ex} = \sum_i iW_i, \quad W = \sum_i W_i. \tag{14.116}$$

在相变进程中若W增大至 $W + dW$，同时相应的 W_{ex} 增大至 $W_{ex} + dW_{ex}$，由统计的考虑它们之间应满足以下关系:

$$\frac{dW}{dW_{ex}} = 1 - W. \tag{14.117}$$

于是可以求出

$$W = 1 - \exp(-W_{ex}) = 1 - \exp\left(-\frac{If}{4} u_x u_y u_z t^4\right). \quad (14.118)$$

如果新相区为球形，并且 $u_x = u_y = u_z = u$，则有

$$W = 1 - \exp\left(-\frac{\pi I}{3} u^3 t^4\right). \quad (14.119)$$

由 $\frac{d^2W}{dt^2} = 0$ 可求出在 $t = \left(\frac{9}{4\pi u^3 I}\right)^{1/4}$ 时新相体积转变速率为最大．可以这样来理解转变速率的变化：相变初期，新相区小而且少，线性生长所引起的体积增加不大．随着时间增加，老的核心体积长大，同样的线性生长速度可导致体积的更快增长，同时，新的核心也不断产生，更加快了转变的速度．而到了相变的后期，由于许多新相区都已长得很大，他们不可避免地互相碰挤，在碰挤处生长随之停止．于是新相体积转变速率又趋于下降．

约翰逊等将式(14.119)写成更一般的形式，即

$$W = 1 - \exp(-Kt^n). \quad (14.120)$$

式(14.120)称为约翰逊-迈尔-阿弗拉密方程，亦即 JMA方程，已得到广泛应用．由式(14.119)的推导过程容易看出，在线性生长的条件下，若成核率随时间增加，则有 $n > 4$；若成核率随时间下降，则有$4 > n > 3$；若在最初的成核之后成核率即下降为 0，则有 $n = 3$．

卡恩[82]讨论了在晶界面成核和晶棱成核条件下 JMA 方程的形式．根据他的计算结果，在晶粒不太小的情况下，晶界面或晶棱上的核心很快便会呈现饱和状态，这时新的核心已不能再形成，因而新相的生长只能采取附在晶界面上的新相向晶粒内平行推进或包附在晶棱上的新相沿径向加粗这样的方式进行．这时可以求出，相应的 JMA 方程中的 n 分别为 1 和 2．

克里斯青[83]等测量了 β 镁在不同温度下等温转变为 α 镁过程中 α 镁量随时间变化的情况，结果见图14.56．该结果与式(14.119)中表明的W和 t 的关系是很一致的．

在受原子长程扩散控制的沉淀反应中，根据式 (14.77)，一个

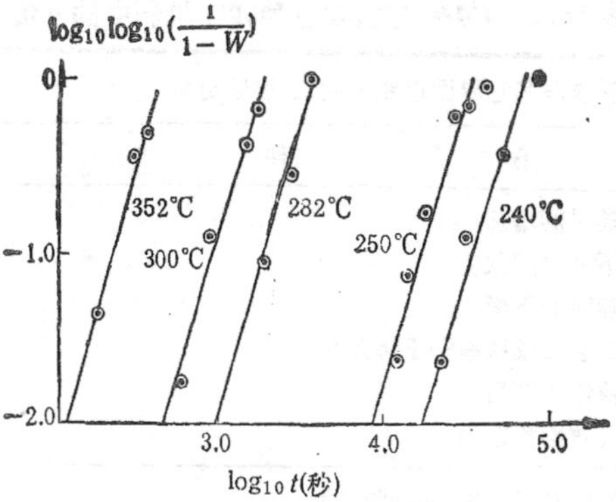

图 14.56 在不同温度下，β镁转变为α镁过程中转变分数与时间的关系.

在τ时刻成核的球形沉淀在t时刻的体积为

$$V(\tau)=\frac{4}{3}\pi\alpha_3^3D^{3/2}(t-\tau)^{3/2}. \tag{14.121}$$

考虑到沉淀反应完成之后，系统中β相的平衡体积分数为$(c_0-c_\alpha)/(c_\beta-c_\alpha)$，其中$c_0$，$c_\alpha$，$c_\beta$分别为原始母相，$\alpha$相，$\beta$相中溶质原子的浓度，在成核率$I$为常数的情况下，可以求出

$$W=\left(\frac{c_0-c_\alpha}{c_\beta-c_\alpha}\right)\cdot[1-\exp(-Kt^{5/2})], \tag{14.122}$$

其中K为常数．应当看到，随着新相的出现和长大，母相中的过饱和度要下降，所以新相成核率和生长速度都要下降．这样式(14.122)只能用来估计沉淀反应初期新相的体积比，在反应的中期和后期用此式求出的结果将会偏大．克里斯青用式(14.120)描述各种相变的进程时相应的n值综合成下表，它对估计具有不同机制的相变速率是很有帮助的．

§14.16 时间-温度-转变图

前面介绍的相转变的历程可以形象地反映在时间-温度-转变图(又称作 TTT 图)中．与平衡相图完全不同，TTT 图是描写

表 14.1 JMA 方程在各种转变机制中的 n 值

(a) 多型性转变与其它界面控制型生长，胞区分解

条件	n 值
成核率随时间增加	>4
成核率不随时间改变	4
成核率随时间下降	3—4
最初成核之后成核率即下降为 0	3
晶棱成核饱和之后	2
晶界面成核饱和之后	1

(b) 长程扩散控制型生长(初期阶段)

条件	n 值
从小尺寸开始的各种形状的生长，成核率随时间增加	>5/2
从小尺寸开始的各种形状的生长，成核率不随时间改变	5/2
从小尺寸开始的各种形状的生长，成核率随时间下降	3/2—5/2
从小尺寸开始的各种形状的生长，最初成核之后成核率即下降为 0	3/2
初始体积较大的颗粒的生长	1—3/2
有限长度的针状或片状沉淀的生长，沉淀物间距甚大于沉淀物的尺寸	1
长圆柱状沉淀物的加粗(由于端部互相碰挤，轴向生长已不能进行)	1
大片状沉淀的增厚(由于边缘互相碰挤，边缘部分已不能向前延伸)	1/2
位错线上沉淀(早期)	2/3

某一成分的材料在不同温度、不同的反应时间相变产物的结构及其数量的图．它是一种动力学相图．其纵坐标为温度，横坐标为反应时间或反应时间的对数．与各种组织反应开始及反应完成相应的温度和时间以曲线的形式标在图上．由于这些曲线多具有字母“c”的形状，故又常称为 c 曲线．TTT 图是通过对样品在不同温度下作一系列等温转变实验而测定出来的．图 14.57 为共析碳钢的 TTT 图．图中珠光体形成开始及完成的曲线都具有“c”的形状．从式(14.95)完全可以预期这一结果．在较高的转变温度，

虽然扩散系数较大，但是过冷度 ΔT 太小，故转变速度较慢．在

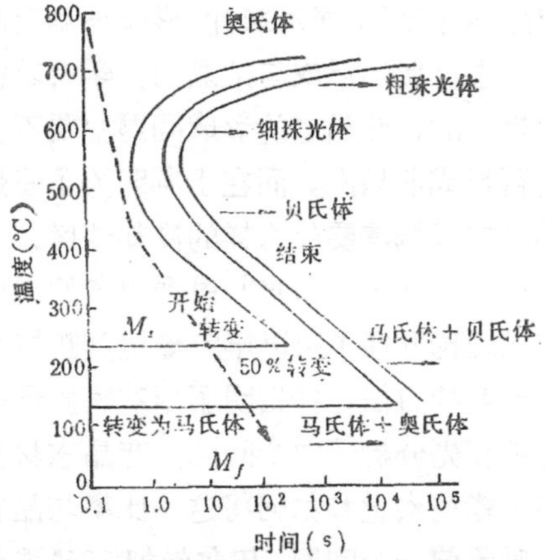

图 14.57　共析碳钢的时间-温度-转变图．图中标明了几种等转变量曲线 $W(t,T)=c$（实线）和一条连续冷却曲线 $T(t)$．

较低的转变温度，虽 ΔT 较大，但扩散系数又太小，转变速度也较慢．在 550℃ 时，综合相变驱动力与扩散两个因素的作用转变速度达到最大值．这个原理对于各种受扩散控制的反应都是适用的．作为位移型相变的马氏体相变则另当别论，它的转变曲线为一水平直线．

通常，人们假定通过恒温转变测定的 TTT 图对于变温反应也是近似适用的(虽然无法从理论上证明，但实际使用表明，一般说来问题不大)．这样，反映系统连续变温(冷却)过程的曲线 $T(t)$ 与图中等转变量曲线 $W(t, T)=c$ 的交点便是该连续冷却过程可望获得的组织．反过来，利用 TTT 图，人们可以编制出一定的冷却程序以期获得特定的组织．由图还可以看出，若要获得马氏体组织，则必须对材料进行迅速冷却，即“淬火”，以保证 $T(t)$ 曲线不与表示珠光体转变开始的那一根等转变量曲线相交，如图中虚线所示．迅速冷却会在材料中产生很大的内应力，这是实际应用中所不希望发生的．在碳钢中加入某些置换型的合金元素，则可将珠光体反应显著推迟．这将可以大大改善钢的热处理性能．显

然，TTT 图是钢铁和其它金属材料热处理的重要基础，具有重大的实际意义．关于 TTT 图的进一步的讨论可参阅有关文献[84]．

近年来非晶态金属(金属玻璃)的形成与稳定性问题引起了人们的注意．非晶态金属的形成与结晶动力学有着密切的关系．正如坦布尔[85]所指出的，非晶态的形成问题主要不在于讨论物质从熔态冷却时能否形成非晶态，而在于判明为了使熔体冷却后不出现可被觉察的晶态区域需要什么样的冷却速度．

伍尔曼 (D. R. Uhlmann)[86] 根据相变的成核生长理论及相变动力学的形式理论发展了可以半定量地判断熔体形成非晶态所需的最小冷却速度的方法，并指明了影响物质形成非晶态的各主要因素．为此他首先分析了两个问题：非晶态材料中含有多少晶态时这些晶态才能被察觉和如何将这一比率与晶态成核生长动力学联系起来．对于前一个问题，伍尔曼把 10^{-6} 取为在非晶态材料中包含晶态的上限． 对第二个问题，他则采用了 § 14.15 介绍的 JMA 方程，即式(14.119)．在W很小时，式(14.119)可近似表为

$$W = \frac{\pi I}{3} u^3 t^4, \tag{14.123}$$

这样，形成 10^{-6}比率晶态所需的时间立即可以按下式求出：

$$\frac{\pi I}{3} u^3 t^4 = 10^{-6}. \tag{14.124}$$

知道了材料在不同温度下的成核率 I 和晶态生长速度 u，就可以作出关于非晶形成的 TTT 图．图 14.58[87]给出了几种金属与合金形成非晶态的 TTT 图．由图可以看出，为了获得非晶态金属，熔体冷却的速度必须大于某一临界速度 U_c． U_c 的数值可以按下式定出：

$$U_c = \frac{T_m - T_n}{t_n}, \tag{14.125}$$

其中 T_m，T_n 分别为材料的熔点和 TTT 图中 c 曲线“鼻尖”相应的温度，t_n 为与“鼻尖”相应的时间．

对于绝大多数金属与合金，为了获得非晶态，需要熔体冷却的

速度高达 10^6℃/秒以上，因而要采取各种特殊的激冷措施。由式(14.124)可以看出，为了能在较低的冷却速度下获得非晶态可按以下途径去寻找解决办法：

(i) 增大晶态成核势垒 ΔF^*，从而使成核率 I 下降。为此要将熔体内导致非均匀成核的杂质尽量消除干净。此外，由式(14.13)和式(14.2)结晶时潜热较小的材料 ΔF^* 较大，固液界面能 σ 较大的材料 ΔF^* 也较大，这些材料易于获得非晶。

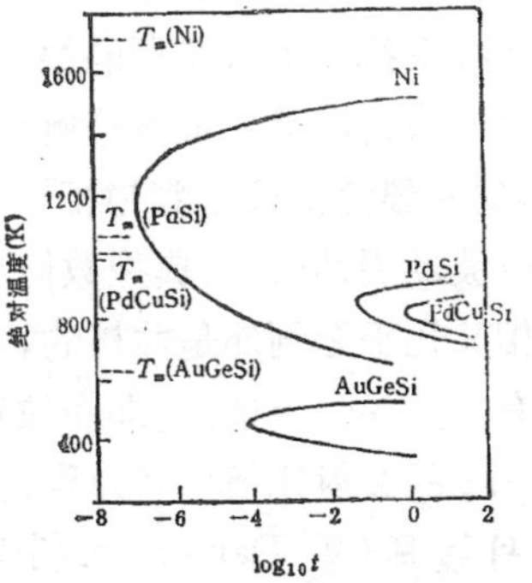

图 14.58 纯 Ni, $Au_{77.8}Ge_{13.8}Si_{8.4}$, $Pd_{82}Si_{18}$ 和 $Pd_{77.5}Cu_6Si_{16.5}$ 的 TTT 曲线，与 c 曲线相应的晶态体积比率为 10^{-6}

(ii) 如果材料在其熔点附近粘度较大，而且随着过冷度的加大粘度增加快，那么结晶动力学势垒就较大，原子由熔体进入晶态较为困难，因而晶体生长速度较慢，这样比较容易形成非晶态。

(iii) 如果结晶时要求原子作较大程度的重新分配，例如共晶成分的熔体结晶时就是如此，那么由于受扩散因素的限制，也能使晶态生长的速度减慢，从而比较容易获得非晶态。

(iv) 熔点较低的材料易于形成非晶态，因为熔点温度 $T_m = \Delta H/\Delta S$ (ΔH 为熔解热)，低的熔点表明以较少的能量可以造成较大的无序程度，这意味着熔态转变为晶态的驱动力较小，因而易于形成非晶态。

关于非晶态金属的形成，相分离，结晶等有关的动力学问题可参阅有关的专著[88]。

第十五章 匀相转变动力学

I 失稳分解

在§12.9中已经说明，当均匀固溶体中自由能与成分的关系满足 $\partial^2F/\partial C^2<0$ 时，系统对于吉布斯的第二类涨落将失去稳定而出现幅度越来越大的成份涨落并最终分解为两相．这就是失稳分解．虽然吉布斯早就从理论上预见到匀相转变的可能性，但由于失稳分解产生的成分波动周期很短，典型数值为5—10纳米，而且失稳分解产生的两相又几乎无例外是共格的，所以直到四十年代人们才发现了与此有关的第一个迹象，即布拉德莱(A. J. Bradley)在永磁合金 Cu-Ni-Fe 的X射线衍射斑点附近发现了"边带"或称为"卫星峰"．接着丹聂耳(V. Daniel)和利普森(H. Lipson)[89]指出：这种"边带"可能是由沿⟨100⟩方向的周期性组分调制产生的．但是，人们用斐克方程无法解释组分调制的由来．

对此在理论上进行解释的第一个尝试是由希拉特作出的[90]．他在借助于规则固溶体模型解离散格点中的一维扩散方程时考虑了相邻原子的化学成分差异对其交互作用能的影响．按他的数值计算的结果，在亚稳-失稳界限之内，亦即 $\partial^2F/\partial C^2<0$ 的条件下，应出现成分随空间坐标的周期性变化．对此，卡恩立即敏锐地觉察到，为了准确地处理失稳分解问题，必须在非均匀界质的自由能表式中考虑化学成分梯度的作用及由于化学成分涨落而带来的共格畸变的影响．在此基础上，卡恩建立了失稳分解的动力学理论[7,8]．这一理论成功地解释了失稳分解产生的成分调制结构的波长，而且阐明了材料的弹性各向异性对失稳分解产物形态的影响．这一理论取得了很大的成功，标志着相变动力学研究方面的一个重要进展．本节的介绍以卡恩的理论及希利阿德[91]的总结文

章为依据.

§15.1 逆扩散与经典扩散方程

如果一个原来稳定的单相均匀固溶体由于温度或其它因素的变化进入亚稳-失稳界限之内,亦即 $\partial^2 F/\partial C^2 < 0$,此固溶体就会失去稳定. 这时小的成分起伏将由于随之出现的逆扩散而加大,最终导致固溶体分解成为两相. 因此,失稳分解与逆扩散直接有关,这个问题的解决必须从解逆扩散方程入手.

考虑由 A,B 两种原子组成的系统,其中 B 的原子浓度为 c,相对于某一"绝对"参考系两种原子的扩散流密度分别为

$$J_1 = -N_v(1-c)v_1\frac{\partial \mu_1}{\partial x},$$
$$J_2 = -N_v c v_2 \frac{\partial \mu_2}{\partial x}, \tag{15.1}$$

式中 v_1, v_2 分别为 A, B 原子在单位化学势梯度作用下的扩散速度; μ_1, μ_2 分别为 A、B 原子的化学势; N_v 为单位体积中的总原子数. 为了使问题比较简单, 我们假设系统中只存在沿 x 方向的一维浓度变化.

B 组元相对于俣野界面的扩散流密度为

$$J = J_2 - c(J_1 + J_2) = -N_v c(1-c)\left[v_2\frac{\partial \mu_2}{\partial x} - v_1\frac{\partial \mu_1}{\partial x}\right]$$
$$= -N_v c(1-c)\left\{[(1-c)v_2 + cv_1]\cdot\left(\frac{\partial \mu_2}{\partial x} - \frac{\partial \mu_1}{\partial x}\right)\right.$$
$$\left. + (v_2 - v_1)\left[c\frac{\partial \mu_2}{\partial x} + (1-c)\frac{\partial \mu_1}{\partial x}\right]\right\}. \tag{15.2}$$

由吉布斯-杜埃姆关系 $(1-c)d\mu_1 + cd\mu_2 = 0$, 故

$$J = -N_v M\left(\frac{\partial \mu_2}{\partial x} - \frac{\partial \mu_1}{\partial x}\right), \tag{15.3}$$

其中

$$M = c(1-c)[(1-c)v_2 + cv_1], \tag{15.4}$$

M 称为 B 组元的迁移率. 由于 $N_v(\mu_2 - \mu_1) \approx \partial f(c)/\partial c$,式(15-

3)可记为

$$J=-M\frac{d}{dx}\left[\frac{\partial f(c)}{\partial c}\right]. \tag{15.5}$$

由连续性方程,并设 $\frac{\partial^2 f}{\partial c^2}$ 近似为常数可推知

$$\frac{\partial c}{\partial t}=-\frac{1}{N_v}\frac{\partial J}{\partial x}=\frac{M}{N_v}\cdot\frac{\partial^2 f}{\partial c^2}\cdot\frac{\partial^2 c}{\partial x^2} \tag{15.6}$$

将式(15.6)与斐克第二定律的通常表达形式

$$\frac{\partial c}{\partial t}=\widetilde{D}\frac{\partial^2 c}{\partial x^2} \tag{15.7}$$

相比较,可以看出互扩散系数 $\widetilde{D}$ 与迁移率M及 $\partial^2 f/\partial c^2$ 之间有以下关系:

$$\widetilde{D}=\frac{M}{N_v}\cdot\frac{\partial^2 f}{\partial c^2}. \tag{15.8}$$

此式表明,$\widetilde{D}$ 与 $\partial^2 f/\partial c^2$ 同号,在 $\partial^2 f/\partial c^2<0$ 时就会发生逆扩散.

假定 M,$\partial^2 f/\partial c^2$ 均不随 c 而变化,那么式(15.6)为线性方程,它的一个特解为

$$c(x,t)-c_0=A(\beta,0)\cdot\exp[R(\beta)t]\cdot\exp(i\beta x), \tag{15.9}$$

式中 $c(x,t)$ 为在 t 时刻,坐标为 x 处 B 组元的浓度;c_0 为系统中 B 组元的平均浓度;$A(\beta,0)$ 为 $t=0$ 时刻 B 组元波矢为 β 的浓度起伏的振幅、$\beta=2\pi/\lambda$ 为浓度起伏波长为 λ 的傅里叶分量的波矢;$A(\beta,0)\cdot\exp[R(\beta)t]$ 为 t 时刻该傅里叶分量的振幅;$R(\beta)$ 为一"增幅因子",其表式为

$$R(\beta)=-\frac{M}{N_v}\beta^2\cdot\frac{\partial^2 f}{\partial c^2}=-\widetilde{D}\beta^2. \tag{15.10}$$

显然,式(15.9)所表示的解的各种线性组合都是方程式(15.6)的解.

现在让我们分析一下解(15.9)的一些性质.如果 $\partial^2 f/\partial c^2>0$,则有 $R(\beta)<0$,各种波长的浓度起伏都是不稳定的,将逐步

衰减而消失，系统处于稳定态，没有分解的倾向. 如果 $\partial^2 f/\partial c^2 < 0$，则有 $R(\beta) > 0$，各种波长的浓度起伏的幅度都将随时间而增大，波长越短，增大的速度越快. $R(\beta)$和 λ 的关系如图 15.1 中的虚线所示. 这意味着增长最快的浓度波的波长应为晶格常数，也就是说，晶体中应出现 $ABABAB\cdots$ 的原子排列顺序亦即有序化，但是这种预期和 Cu-Ni-Fe 合金中存在波长在 5—10 纳米的浓度起伏这一事实相矛盾. 仔细考虑其原因，是因为在自由能 F 的表式中没有考虑原子浓度梯度或界面能的影响. 因此，为了解决失稳分解动力学问题必须在找出非均匀介质系统中自由能表式的基础上对经典扩散方程进行修正.

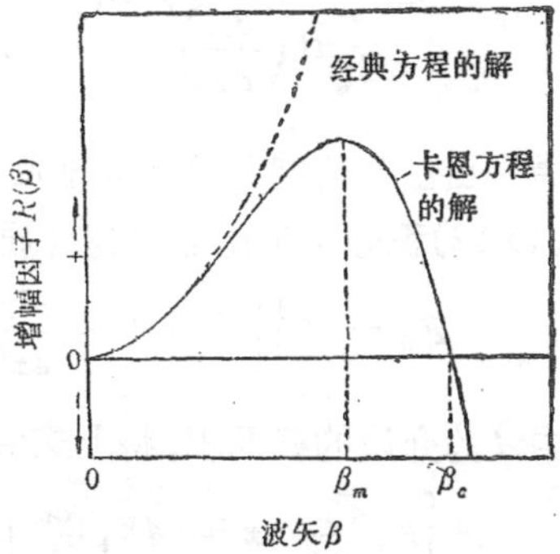

图 15.1 增幅因子$R(\beta)$和波矢 $\beta = 2\pi/\lambda$ 的关系. 虚线表示经典扩散方程的解，实线表示卡恩的方程的解.

§15.2 非均匀连续介质的自由能表式

具有成分调制的系统中浓度的最大值与最小值之间的逐步过渡可以类比于两相之间的弥散界面. 它具有相应于界面能的额外能量. 只要这一界面能为正，它就要使相变的驱动力下降，波长越短，相变驱动力的下降就越多. 这样，势必存在一个短波极限 λ_c，$\lambda < \lambda_c$ 的成分调制将不可能出现.

为了定量地估算这一界面能项，卡恩[92]提出，非均匀介质中浓度为 c 处的自由能密度 $f_{非均}(c)$ 与浓度为 c 的均匀介质的自由能密度 $f(c)$ 的差值可表示为该处浓度 c 对空间坐标的各阶导数的函数. 考虑沿 x 方向的一维浓度变化，应存在以下关系：

$$f_{非均}(c) - f(c) = F\left(\frac{dc}{dx}, \frac{d^2c}{dx^2}, \frac{d^3c}{dx^3}\cdots\cdots\right), \tag{15.11}$$

在 dc/dx，d^2c/dx^2，$\cdots$ 不大的情况下将式 (15.11) 右边在原点附

近作多变量泰勒展开，并略去三次和三次以上项可以得到

$$f_{\text{非均}}(c)-f(c)=L\left(\frac{dc}{dx}\right)+K_1\left(\frac{d^2c}{dx^2}\right)+K_2\left(\frac{dc}{dx}\right)^2, \qquad (15.12)$$

其中

$$L=\frac{\partial F}{\partial\left(\frac{dc}{dx}\right)},\ K_1=\frac{\partial F}{\partial\left(\frac{d^2c}{dx^2}\right)},\ K_2=\frac{\partial^2 F}{\partial\left(\frac{dc}{dx}\right)^2}.$$

考虑到自由能密度不会因 x 轴反向而变化，故必然有 $L=0$. 将式(15.12)积分可求出非均匀介质的总自由能为

$$F_{\text{总}}=A\int\left[f(c)+K_1\frac{d^2c}{dx^2}+K_2\left(\frac{dc}{dx}\right)^2\right]dx, \qquad (15.13)$$

式中 A 为介质的截面积，将上式右边第二项分部积分可以得出

$$A\int K_1\frac{d^2c}{dx^2}\,dx=AK_1\left.\frac{dc}{dx}\right|_S-A\int\frac{dK_1}{dc}\left(\frac{dc}{dx}\right)^2\cdot dx,$$

其中 S 为介质的表面，卡恩假定界质在表面上 $dc/dx=0$，(对于宏观尺寸的界质，即使 $\frac{dc}{dx}$ 在表面上不为 0，上式右边第一项也可以忽略不计). 于是式(15.13)变为

$$F_{\text{总}}=A\int\left[f(c)+K\left(\frac{dc}{dx}\right)^2\right]dx, \qquad (15.14)$$

其中 $K=K_2-\frac{dK_1}{dc}$ 为梯度能系数. 式(15.14)右边第二项称为梯度能项. 如果只考虑最近邻原子的相互作用并且忽略不同组分原子的尺寸差异可以求出梯度能系数 K 的表式为[92]

$$K=\frac{2}{3}h_{0.5}^{M}r_0^2, \qquad (15.15)$$

式中 $h_{0.5}^{M}$ 为单位体积浓度为 50% 的 AB 固溶体分解为 0.5 体积 A 组元加上 0.5 体积 B 组元所放出的热，r_0 为最近邻原子间距. 对于失稳分解系统 $K>0$.

如果 A, B 原子的尺寸不同，那么在不受应力时固溶体的晶

格常数将随固溶体中 B 组元的浓度变化而变化．作为近似，可以认为晶格常数与固溶体中 B 组元的含量成线性关系，即

$$a(c)-a_0=\eta(c-c_0)a_0, \tag{15.16}$$

式中 $a(c)$ 为 B 原子浓度为 c 的固溶体的晶格常数，a_0 为 B 原子浓度为 c_0 的固溶体的晶格常数(这里我们取 c_0 为失稳分解系统中 B 原子的平均浓度)，η 为 B 原子和 A 原子的失配度．

考虑弹性各向同性的立方晶系晶体，取晶体的三个(100)方向分别为 x，y，z 方向． 设沿 x 方向存在正弦形的成分调制，如图 15.2 所示．为了使成分不同的区域保持完全共格，这时系统中一定要出现共格畸变．对于沿 x 方向的正弦形成分调制，显然 $a(c)$ 沿 x 方向的平均值为 a_0，因而不会出现沿 x 方向的正应力，即 $\sigma_{xx}=0$．为了保持共格，y，z 方向的正应变应正好抵消成分调制带来的晶格常数的变化，亦即

$$e_{yy}=e_{zz}=-\frac{a(c)-a_0}{a_0}=-\eta(c-c_0), \tag{15.17}$$

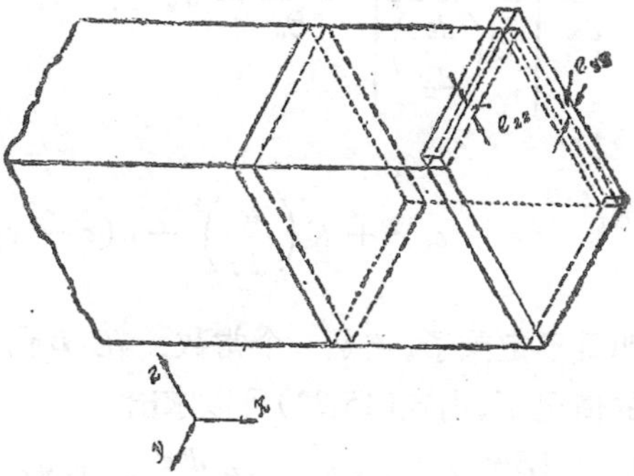

图 15.2　沿 x 方向的正弦形成分调制导致共格畸变的示意图．

由对称性的考虑可知，系统中各切应力为 0． 根据式 (15.17) 和 $\sigma_{xx}=0$，由弹性力学的基本方程式不难求出此时系统中共格畸变能密度为

$$f_{弹}=\frac{E\eta^2}{1-\nu}(c-c_0)^2, \tag{15.18}$$

式中 E 为介质的杨氏模量，ν 为泊松比．在考虑共格畸变能的贡献后非均匀介质中总自由能密度的表式为

$$F_{总} = A \cdot \int\left[f(c) + \frac{E\eta^2}{1-\nu}(c-c_0)^2 + K\left(\frac{dc}{dx}\right)^2\right]dx, \quad (15.19)$$

式中右边括号中第一项为均匀介质的自由能密度，第二项为共格畸变能密度，第三项为梯度能密度．

§15.3 卡恩-希利阿德方程及其解

在平衡条件下，非均匀系统的自由能．即式(15.19)应取极小值，同时还要满足介质中 B 原子浓度的平均值保持不变，即 $\int(c-c_0)dx=0$ 这一约束条件．这两个条件将决定浓度分布曲线的形式，由该曲线的形式利用式(15.19)可以求出系统的总自由能．在数学上，这是有条件的变分问题，它相当于利用拉格朗日不定乘子法解下述欧拉方程[93]：

$$\frac{d}{dx}\left[\frac{\partial I}{\partial\left(\frac{dc}{dx}\right)}\right] - \frac{\partial I}{\partial c} = 0, \quad (15.20)$$

式中

$$I = f(c) + \frac{E\eta^2}{1-\nu}(c-c_0)^2 + K\left(\frac{dc}{dx}\right)^2 - \alpha(c-c_0), \quad (15.21)$$

其中 α 为拉格朗日不定乘子，它是一个常数．在 $E\eta^2/(1-\nu)$ 及 K 均与 c 无关的情况下，由式(15.20)可以求出

$$\alpha = \frac{\partial f(c)}{\partial c} + \frac{2E\eta^2}{1-\nu}(c-c_0) - 2K\frac{d^2c}{dx^2} = 常数. \quad (15.22)$$

式(15.22)就是在平衡条件下浓度分布 $c(x)$ 应满足的方程式．可以证明，在这种浓度分布下，系统的总自由能取极小值．利用 α 代替式(15.6)中的 $\frac{\partial f(c)}{\partial c}$，便可以得到共格非均匀介质中的扩散方程[94]，即

$$\frac{\partial c}{\partial t} = \frac{M}{N_v} \frac{\partial}{\partial c} \left[\frac{\partial f(c)}{\partial c} + \frac{2\eta^2 E}{1-\nu}(c - c_0) - 2K \frac{d^2 c}{dx^2} \right] \cdot \frac{\partial^2 c}{\partial x^2}$$

$$= \frac{M}{N_v} \left\{ \left[\frac{\partial^2 f(c)}{\partial c^2} + \frac{2\eta^2 E}{1-\nu} \right] \frac{d^2 c}{dx^2} - 2K \frac{d^4 c}{dx^4} \right\}$$

$$= \widetilde{D} \left\{ \left[1 + \frac{2\eta^2 E}{1-\nu} \cdot \frac{1}{f''(c)} \right] \frac{d^2 c}{dx^2} - \frac{2K}{f''(c)} \frac{d^4 c}{dx^4} \right\}, \tag{15.23}$$

式中 $f''(c) = \frac{\partial^2 f(c)}{\partial c^2}$. 这个方程又称为卡恩-希利阿德方程.

如果我们假设式(15.23)右边 d^2c/dx^2 及 d^4c/dx^4 的系数与 c 无关,则可以利用傅里叶变换法求出卡恩-希利阿德方程的解,即

$$c(x, t) - c_0 = A(\beta, 0) \exp[R(\beta)t] \exp(i\beta x). \tag{15.24}$$

此式看上去与未经修正的扩散方程的解、即式(15.9)形式完全相同,大部分代号的意义也相同. 但有一个重要的差异,这里增幅因子 $R(\beta)$ 的表式为

$$R(\beta) = -\widetilde{D}\beta^2 \left[1 + \frac{2\eta^2 E}{1-\nu} \cdot \frac{1}{f''(c)} + \frac{2K\beta^2}{f''(c)} \right]$$

$$= -\frac{M}{N_v} \beta^2 \left[f''(c) + \frac{2\eta^2 E}{1-\nu} + 2K\beta^2 \right], \tag{15.25}$$

与式(15.10)相比,式(15.25)右边多了两项,即第二项和第三项. 这时为了使失稳分解可以发生,必须要 $R(\beta) > 0$, 注意到 M 恒为正值,故必须要求

$$f''(c) + \frac{2\eta^2 E}{1-\nu} + 2K\beta^2 \leqslant 0. \tag{15.26}$$

由于对于失稳分解系统 $K \geqslant 0$, 故要使式(15.26)成立必须满足

$$f''(c) + \frac{2\eta^2 E}{1-\nu} \leqslant 0, \tag{15.27}$$

这表明，为了使失稳分解得以发生，仅仅 $f''(c)<0$ 是不够的，必须有 $f''(c) \leqslant -2\eta^2 E/(1-\nu)$. 这意味着"化学的"失稳分解驱动力必须足够大得可以克服共格畸变这一障碍时失稳分解才可以发生. 如果说 $f''(c)=0$ 定义了"化学的"亚稳-失稳界限，那公式(15.27)取等号则定义了共格亚稳-失稳界限. 只有当两组元的失配度 $\eta=0$ 时，共格畸变消失，上述两种亚稳-失稳界限才统一起来. 显然，共格畸变的存在使失稳分解的有效驱动力下降，在一定程度上起了阻碍失稳分解的作用.

式 (15.25) 右边第三项为梯度能项或称界面能项. 注意到 $K\beta^2 = K/\lambda^2$ 恒为正值，所以对于小波长的成分调制这一项可以使 $R(\beta)$ 为负值. 这意味着这一项将阻止出现短波长的成分调制. 由式(15.26)取等号可以求出一个临界波矢 β_c

$$\beta_c = \sqrt{\frac{1}{2K}\left|f''(c) + \frac{2\eta^2 E}{1-\nu}\right|}. \tag{15.28}$$

所有 $\beta > \beta_c$ 的成分调制将衰减，所有 $\beta < \beta_c$ 的成份调制都将得到加强，但加强的程度又有差异. 利用 β_c 的表式可以将 $R(\beta)$ 的表式化为

$$R(\beta) = \text{正的常数} \cdot \beta^2(\beta_c^2 - \beta^2). \tag{15.29}$$

由此可以求出在 $\beta=\beta_m=\beta_c/\sqrt{2}$ 时，$R(\beta)$ 取极大值. $R(\beta)$与 β 的依赖关系已画在图 15.1 中。 由于 $A(\beta, t)$ 对 β 的变化极为敏感，波矢为 β_m 的成分调制的幅度将迅速上升而居于支配地位.

如果晶体材料是弹性各向同性的，或者虽然是弹性各向异性的，但其中 A, B 两种原子失配度 η 很小，以致于式(15.25)右边第二项的贡献可以忽略不计，那么失稳分解产生的成分调制的波矢并无一定的优先方向，而是随机分布的. 卡恩[94]对这种失稳分解产物的形态进行了计算机模拟. 他假设波矢大小均为 β_m，波的振幅按高斯分布，波矢的方向是随机分布的，对 100 个正弦波形叠加的结果表明，失稳分解的产物并不显示清楚的周期，而是互相连接的海绵状组织. 其剖面见图 15.3. 系统中 B 原子的平均浓度 $c_0=0.5$，图中打点的区域 $c>c_0$，而白色的区域 $c<c_0$. 图 15.4

示出永磁合金 Fe-Cr-Co 中早期失稳分解产物的场离子显微照片[95]．图中亮的区域为富含 Fe 和 Co 的 α_1 相，暗的区域为富含 Cr 的 α_2 相，两相完全共格且失配度很小。这种共格畸变很小的失稳分解产物的形态与卡恩模拟的结果即图 15.3 十分相似．

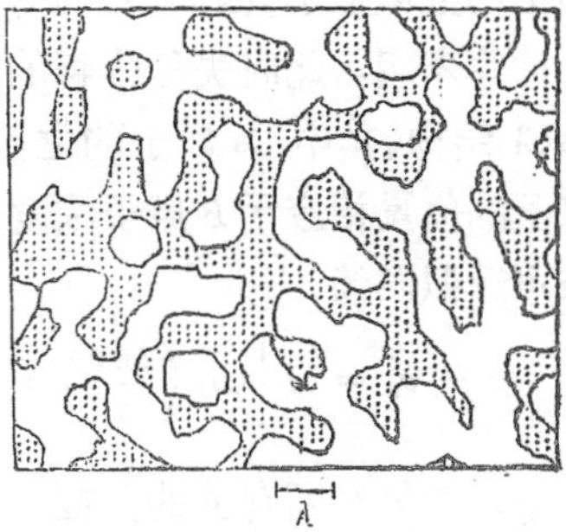

图 15.3 各向同性介质中失稳分解产物的计算机模拟剖面图，带点的区域 $c>c_0$，白色区域 $c<c_0$，$c_0=0.5$ 为界质中 B 原子的平均浓度．

如果材料是弹性各向异性的，失稳分解又导致不可忽略的共格畸变，那么对于沿不同方向的波矢，必须用各向异性弹性力学来计算共格畸变能，问题变得很复杂．我们也可以利用式(15.25)对弹性各向异性的影响作一定性的说明．不难看出，那些沿具有较小的杨氏模量 E 的方

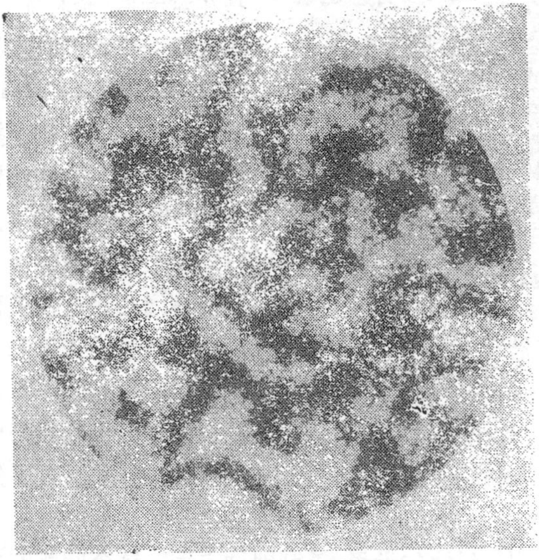

图 15.4 Fe-28.5Cr-10.6Co 永磁合金失稳分解产物的场离子显微照片，其中亮区为富含 Fe，Co 的 α_1 相，暗区为富含 Cr 的 α_2 相．

向的波矢将有较大的增幅因子 $R(\beta)$，因而将优先发展，并居于主导地位．对于立方晶系的材料，最常见的情况是沿〈100〉方向杨氏模量的数值最小，因而沿〈100〉方向的成分调制将优先形成．定量的计算表明，此时失稳分解的产物可以类比于"晶格常数"为 λ 的 CsCl 结构，其中 Cs 离子的位置相应于 B 原子浓度极大值位置，Cl 离子的位置相应于 B 原子浓度极小值位置．B 原子浓度的空间分布可近似表为

$$c - c_0 = A\left[\sin\left(\frac{2\pi x}{\lambda}\right) + \sin\left(\frac{2\pi y}{\lambda}\right) + \sin\left(\frac{2\pi z}{\lambda}\right)\right], \quad (15.30)$$

其中 A 为与时间有关的振幅．图 15.5 示出永磁合金 Cu-Ni-Fe 中这种各向异性失稳分解产物的透射电子显微照片[96]．从照片上可以清楚地看出沿〈100〉方向的调制结构．

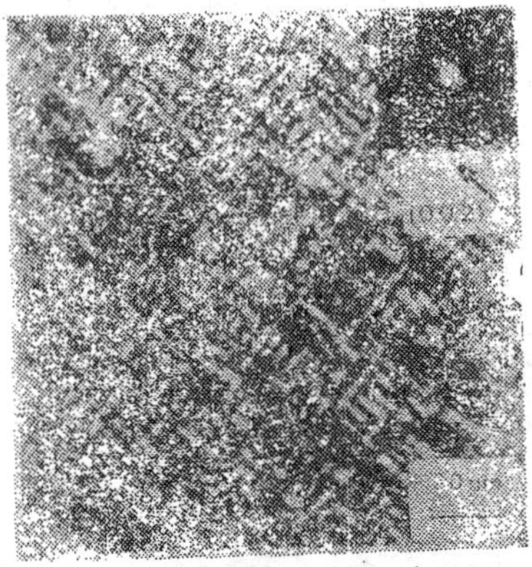

图 15.5 永磁合金 Cu-47.8% Ni-8%Fe 中各向异性失稳分解产物的透射电镜照片，可以看出沿〈100〉方向的调制结构，右上角为电子衍射照片，可见卫星斑．

应当看到，到此为止关于失稳分解动力学的主要结果都是在对卡恩-希利阿德方程作线性化近似，即假设式 (15.23) 右边 $d^2c/\partial x^2$，d^4c/dx^4 的系数不随 c 变化的基础上推导出来的．这决定了这些结果只适用于失稳分解的早期．按式 (15.24)，浓度波的振幅将随时间一直增长，这在失稳分解的后期显然是不正确的．究其原因，主要是由假定 $f''(c)=$ 常数造成的．这个假定意味着用一条开口向下的抛物线来代表系统的自由能-成分关系曲线．随着浓度波幅度的增大，这显然出现越来越大的偏差．为了从理论上研究失稳分解后期的有关动力学问题，必须回到非线性的卡恩-希利阿德方程．这个问题的解决存在两条可能的途径，一是采用不同的近似方法，作一些新的假定寻找非线性方程的解，主要是数值解．一般说来，求出的解只适用于特

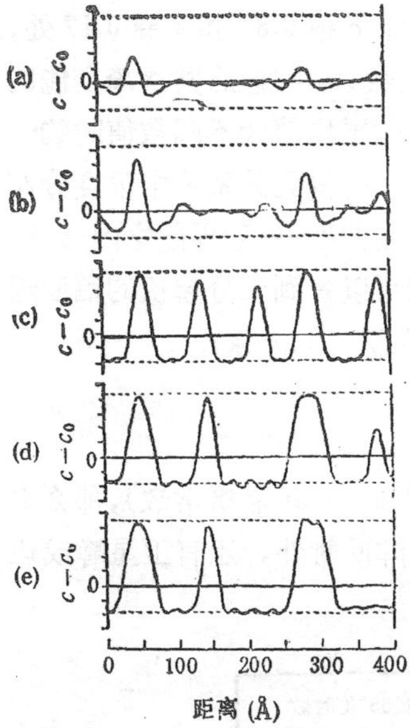

图 15.6 利用非线性卡恩-希利阿德方程求出的 Al-22.5% Zn 在 100℃ 时效时失稳分解产物的浓度分布，时效的时间分别为：(a) 10 分钟；(b) 13.3 分钟，(c) 60 分钟；(d) 400 分钟；(e) 416 分钟，水平的虚线表示两平衡相的浓度. c_0 为系统的平均浓度.

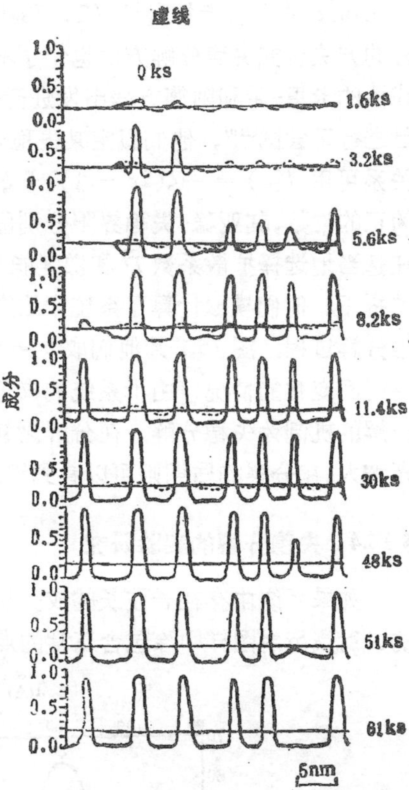

图 15.7 计算机模拟的某一假想系统失稳分解过程中浓度分布随时效时间变化的情况. 系统的平均浓度为0.2，分解产生的两相平衡浓度分别为0.98和0.02，亚稳-失稳界限分别位于 $c = 0.83$ 和 $c = 0.17$. 时效的时间分别标在相应的曲线上.

定的系统. 德丰泰纳 (D. de Fontaine)和希利阿德对于在 100℃ 经不同时间时效的 Al-22.5% Zn 合金中失稳分解产生的浓度分布求出了数值解，结果见于图 15.6[97]. 由图可以看出，求得的浓度分布与正弦波有明显差异，分解初期的产物(见图 15.6(a),(b)) 有些像 G. P. 区. 在分解的后期，两相分别达到平衡相的成分，但界面依然是弥散的，这时可明显觉察到组织的粗化. 此外，朗格 (J.

S. Langer)[98],查卡拉科斯（T. Tsakalakos)[99]在利用解非线性方程的方法研究失稳分解方面也作了不少工作。另一个方法是从非线性的卡恩-希利阿德方程出发进行失稳分解的计算机模拟，有人已进行了尝试[100]，他们假定某失稳分解二元系统自由能-成分的关系可用 $f(c)=-\zeta(2c-1)^2+\xi(2c-1)^6$ 来表征，其中 ζ，ξ 为正的常数，其亚稳-失稳界限分别位于 $c=0.83$ 和 $c=0.17$ 处。在适当地选择扩散系数 $\tilde{D}$ 和梯度能系数 K，并忽略共格畸变能的前提下，他们模拟计算了系统中浓度的平均值为不同数值时的一维分解过程。图 15.7 为他们取 $c=0.2$ 时得到的系统中浓度分布随时间变化的情况。由于系统的成分在亚稳-失稳界限之内，这时分解的机制为失稳分解。在分解之初可以看到成分起伏的幅度逐渐增大，在分解的后期则可以看到组织粗化的迹象。

§15.4 失稳分解的实验研究

如果系统中存在长波长的成分调制（$\lambda \gg$ 晶格常数），那么它的X射线衍射图样中除包含正常的点阵反射外，还有卫星峰或边

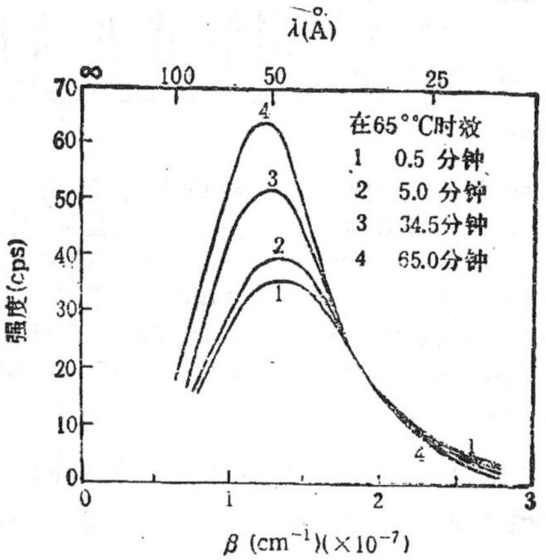

图 15.8 Al-22at% Zn 合金经从 425℃淬火然后在 65℃ 经不同时间时效后其X射线小角散射强度与 $\beta=\frac{2\pi}{\lambda}$ 的关系.

带. X 射线小角散射可较方便地用于研究失稳分解产生的成分调制结构，因为这种散射主要取决于两种原子散射振幅的差异而不受晶格畸变的影响[101]. 小角散射的强度的增加与系统中浓度波振幅的增加之间有直接的关系，具体计算表明，小角散射强度 $I(\beta, t)$ 应满足以下关系：

$$I(\beta, t) = I(\beta, 0) \cdot \exp[2R(\beta)t], \tag{15.31}$$

式中 $R(\beta)$ 为增幅因子，见式(15.25)，t 为样品时效的时间. 龙德曼（K. B. Rundman）和希利阿德[102]利用这种方法研究了在 65℃ 时效的 Al-22*at*% Zn 失稳分解产生的成分调制随时效时间变化的情况. 在四个经不同时间时效的样品中得到的 $I(\beta, t)$ 与 β 的关系见于图 15.8.

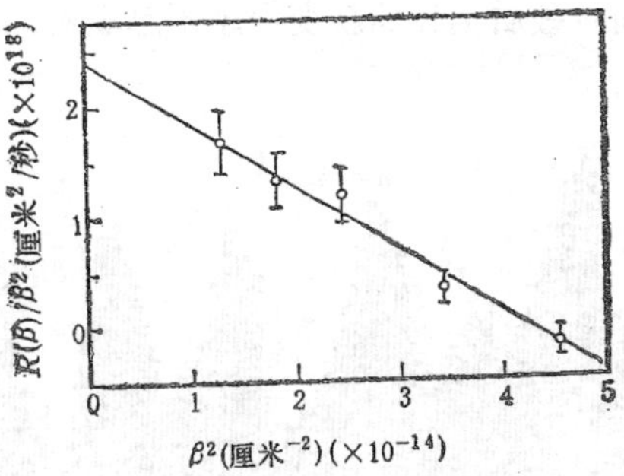

图 15.9 由图 15.8 所示结果求出的 $R(\beta)/\beta^2$ 和 β^2 的依赖关系.

由测量结果可见，对于每一个时效时间 t，小角散射强度与 β 关系曲线上存在一个极大值. 由式(15.31)，这意着 $R(\beta)$ 随 β 的变化存在一个极大值. 比较经不同时间时效的样品的结果可以看到，$I(\beta, t)$ 随 t 的加长而增大. 这些结论和对失稳分解的理论计算式(15.25)完全一致. 从图中还可以看出，四条曲线有一共同的交叉点. 这也不是偶然的. 依据式(15.25)和式(15.28)，存在一个 $\beta = \beta_c$，使 $R(\beta) = R(\beta_c) = 0$. 按式 (15.31)，此时 $I(\beta_c, t) = I(\beta_c, 0)$，与时效时间无关. 显然，图中四条曲线的交叉点相应的β值即为β_c. 对于具有这一波矢的成分调制，有 $R(\beta_c)=0$. 按式(15.25)，$R(\beta)/\beta^2$和β^2之间应存在线性关系. 图15.9即为由图15.8所示的实验结果求出的$R(\beta)/\beta^2$和β^2的关系. 它们的确近似为线性关系，而且由直线的截距求出的互扩散系数$\tilde{D}$也和由其它方法在较高温度测得的结果外推到65℃得到的数值大体一致. 这个实验的结果表明，卡恩等人关于失稳分解的理论是很成功的. 托马斯 (G. Thomas)[103]等利用高分辨率电子显微镜拍摄了经700℃时效10分钟的Cu-29at%Ni-3at%Cr合金失稳分解产生的成分调制结构的晶格像. 他们发现，此时晶格参数出现了调制. 调制波长为4.8±0.8纳米，与由电子衍射卫星斑求出的波长很一致，其结果见图15.10. 显然，这种晶格参数调制是由成分调制引起的. 他们还发现，在失稳分解的早期，相界面是弥散的，而在经长时间时效后相界面就变得越来越敏锐.

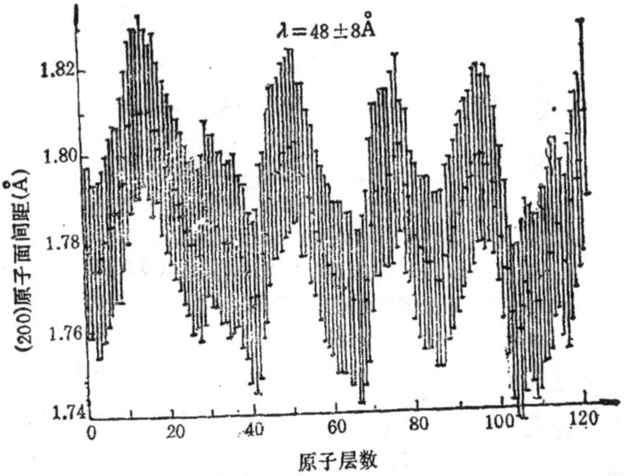

图15.10 由Cu-29at% Ni-3at% Cr合金的晶格像上求出的晶格条纹间距的分布，样品在700℃时效10分钟.

永磁合金Fe-Cr-Co是一种新型永磁材料，同时也是一个典型的失稳分解系统[104]，原子探针微区分析的结果表明：失稳分解的产物为富含Fe，Co的α_1相和富含Cr的α_2相. 在失稳分解的初期两相的成分均随时间变化，二者差别逐渐加大，最后分别达到两平衡相的成分．这和卡恩-希利阿德方程的计算结果完全一致．图 15.11 为测得的一种 Fe-Cr-Co 永磁合金在不同温度下失稳分解时 α_2 相中 Cr 的百分比随时效时间变化的情况．

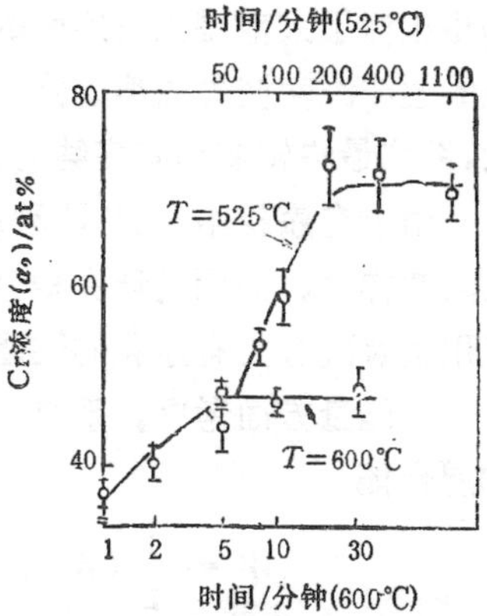

图 15.11 Fe-28wt% Cr-15wt% Co-1wt%Al 合金在 525℃和 600℃时效时 α_2 相中含 Cr 量（at%）随时效时间变化的情况，随时效时间的加长它逐渐达到平衡 α_2 相的 Cr 含量．

一般说来，失稳分解与经典成核生长机制在现象上表现出以下的差异：

(i) 失稳分解初期系统中化学成分的起伏是逐步建立起来的，两相的成分随着反应时间的加长连续变化，最终达到平衡相的成分．在成核生长相变中，新相的晶核一旦形成其化学成分便不再发生大的变化．

(ii) 失稳分解的产物为成分调制结构或海绵状组织． 成核生长相产生的多为杂乱分布的，互不连接的新相区．

(iii) 失稳分解在系统中到处几乎是同时地发生，并不优先在什么特殊区域开始．成核生长相变则经常在晶体缺陷或其它奇异区域非均匀成核．

(iv) 与成核生长相变不同，失稳分解的初期无须形成临界核心，因而没有相变孕育时期．

II 失稳有序化

无序-有序转变又称为有序化反应，是一类重要的相变．像其它相变一样，有序化反应也可能有两种不同的机制．一种是成核生长的转变机制，这时有序相在无序的基体中成核，然后通过由界面处原子短程扩散控制的生长过程消耗无序相而长大．这在动力学上和其它多型性转变没有很大的不同．有序化反应也可以类似于失稳分解的方式进行，这时随着温度下降到临界温度之下，无序的母相对于大范围内有序度的微小增加，亦即波长为晶格参数量级的短波浓度波失去稳定性，因而系统中各处的有序度均逐步增大，系统最终转变为有序结构．这就是失稳有序化．

由于有序相中 A, B 两种原子有规则地排列，系统中存在很大的浓度梯度，因而处理失稳分解时引入的非均匀连续介质模型不能用于解决有关有序化的问题，必须代之以离散格点模型．

从能量方面考虑，系统发生失稳分解的必要条件是该固溶体的混合能

$$W = \frac{1}{2}(W_{AA} + W_{BB}) - W_{AB} < 0,$$

这里 W_{AA}, W_{BB}, W_{AB} 分别为 A 原子和 A 原子，B 原子和 B 原子，A 原子和 B 原子处于最近邻位置时它们之间的相互作用能．按式(15.15)，这时系统的梯度能系数 $K > 0$．系统发生有序化转变的必要条件是 $W > 0$．如果这时“梯度能”的概念还可以适用的话，这必然导致 $K < 0$． 这种差别导致对失稳有序化的理论处理方法和前面介绍的关于失稳分解的处理有很大的不同．

失稳有序化的动力学理论是由库克，德丰泰纳，希利阿德等人[105-108]利用他们发展的关于非均匀介质的离散格点模型建立起来的．本节的讨论便以他们的工作为主要依据．

§15.5 非均匀介质的离散格点模型[105]

考虑由 A, B 两种原子组成的固溶体，设两种原子尺寸相同，没有共格畸变，其晶格属于立方晶系．引入一个表征格点位置的参量 P，它代表三个数 P_1, P_2, P_3 并给定某一格点的位矢 $\boldsymbol{x}$

$$\boldsymbol{x} = P_1\boldsymbol{a}_1 + P_2\boldsymbol{a}_2 + P_3\boldsymbol{a}_3, \tag{15.32}$$

其中 $\boldsymbol{a}_1$, $\boldsymbol{a}_2$, $\boldsymbol{a}_3$ 为晶格的三个基矢，P_i 取适当的整数或半整数则可以表示简立方，体心立方或面心立方晶格．定义 $C(P)$ 为 P 格点

被 B 原子占据的几率．显然，在相变过程中 $C(P)$ 为时间 t 的函数。系统的热力学性质可由 $C(P)$ 来描述，注意 P 取的数值应遍及系统的全部格点。

考虑系统中的某一区域 D，该区域经有序化反应后形成一个有序畴．出于类似于卡恩-希利阿德方推导过程中的考虑，我们将区域 D 中包含的总自由能 F 表为其中各格点原子自由能的叠加，而每个格点原子的自由能又由两部分组成，第一部分为浓度为 $c(P)$ 的均匀固溶体中一个原子的平均自由能，第二部分是因为原子分布不均匀而引起的"梯度能"．类似于推导式(15.14)时的考虑，并且只考虑最近邻原子的相互作用，可以将"梯度能"表为梯度能系数乘以相邻原子浓度差（实为相邻格点被 B 原子占据的几率之差）的平方．于是可以写出自由能 F 的表式为

$$F=\frac{1}{N_v}\sum_P\left\{f(P)+\frac{K}{2a^2}\sum_r\left[c(P+r)-c(P)\right]^2\right\},\qquad(15.33)$$

式中 N_v 为单位体积中的原子数，$f(P)$ 为单位体积浓度为 $c(P)$ 的均匀固溶体的总自由能，r 代表三个数 r_1, r_2, r_3．r 的变化使第二个求和号遍及 P 格点的第一近邻格点，P 的变化使第一个求和号遍及区域 D．式中 $K/2a^2$ 中的因子 $1/2$ 是由于在一根轴线上存在处于相反方向的两个最近邻格点而引入的．不难看出，如果将式(15.33)中的差分化为微分，亦即

$$c(P+r)-c(P)=\boldsymbol{x}(r)\cdot\nabla c(P),\qquad(15.34)$$

那么式(15.33)就变为式(15.19)，只是这里近似取共格畸变能为0。这样，离散格点模型就退化为非均匀连续界质模型．

$c(P)$ 的时间变化率取决于来自其各第一近邻格点的 B 原子流，由连续性方程可推知

$$\frac{dc(P)}{dt}=-\frac{1}{aN_v}\sum_r J_r(P),\qquad(15.35)$$

式中对 r 求和遍及第一近邻格点．$J_r(P)$ 为 P 格点流向其第 r 个最近邻格点的原子流密度．为了求出 $J_r(P)$ 的具体形式，库克等人假设：两相邻格点之间原子流正比于两点之间化学势的差，而

格点 P 上 B 原子的化学势为 $\partial F/\partial c(P) = F'(P)$，$F$ 为总自由能，其表式见式(15.33)．由式(15.3)

$$J_r(P) = -(MN_v/a)[F'(P+r) - F'(P)]. \qquad (15.36)$$

如果将上式右边的差分化为微分

$$F'(P+r) - F'(P) = \boldsymbol{x}(r) \cdot \nabla F'(P), \qquad (15.37)$$

则式(15.36)就退化为连续界质中的扩散方程式(15.5)．

为了求出 $dc(P)/dt$ 的表式，应先将式(15.35)的右边化为 $c(P)$ 的函数．为此，考虑 $c(P)-c_0$ 比较小的情况，这里 c_0 为系统中 B 原子的平均浓度．这时 $f(P)$ 可在 $c(P)=c_0$ 附近展开为泰勒级数，即

$$f(P) = f(c_0) + f'|_{c(P)=c_0} \cdot [c(P) - c_0] + \left.\frac{f''}{2}\right|_{c(P)=c_0} \cdot [c(P) - c_0]^2. \qquad (15.38)$$

将式(15.38)代入式(15.33)再对 $c(P)$ 求导，有

$$F'(P) = \frac{dF}{dc(P)} = \frac{1}{N_v}\left\{f' + [c(P) - c_0]f'' - \frac{K}{a^2}\sum_r \Delta_r^2 c(P)\right\}, \qquad (15.39)$$

式中 f'，f'' 分别表示将 $f(c)$ 对 $c(P)$ 求一次，二次导数，然后定值于 $c(P)=c_0$，Δ_r^2 为二阶差分，其表式为

$$\Delta_r^2 c(P) = c(P+r) - 2c(P) + c(P-r). \qquad (15.40)$$

类似地可以导出 $F'(P+r)$ 的表式，将 $F'(P+r)$ 及 $F'(P)$ 的表式代入式(15.36)，再代入式(15.35)可以得到

$$\frac{dc(P)}{dt} = \frac{M}{2a^2N_v} \cdot \sum_r \left\{f'' \cdot \Delta_r^2 c(P) - \frac{K}{a^2}\sum_{r'} \Delta_{r'}^2[\Delta_r^2 c(P)]\right\}, \qquad (15.41)$$

式中对 r 的求和遍及 P 格点的各第一近邻格点，对 r' 的求和遍及 $(P+r)$ 格点的各第一近邻格点．式(15.41)便是由离散格点模型导出的非均匀介质中的扩散方程，它是一个差分方程．由于我们

一开始就假设系统的共格畸变为 0，所以它和卡恩-希利阿德方程在共格畸变为 0 时的表式相对应．若将差分化为微分，则它便退化为相应的卡恩-希利阿德方程．

库克等进一步引入周期性边界条件，假定该畴的形状为正方形，其中包含有 L^3 个元胞，共计 N 个原子．利用离散格点的傅里叶变换可以将方程式(15.41)的解表为

$$c(P) - c_0 = \sum_h A(h)\exp[i\boldsymbol{K}(h)\cdot\boldsymbol{x}(P)], \qquad (15.42)$$

其中波矢

$$\boldsymbol{K}(h) = 2\pi(h_1\boldsymbol{b}_1 + h_2\boldsymbol{b}_2 + h_3\boldsymbol{b}_3), \qquad (15.43)$$

其中 $\boldsymbol{b}_1$, $\boldsymbol{b}_2$, $\boldsymbol{b}_3$ 为该晶格的倒格矢．由于周期性边解条件的引人，h_i 只能取一系列分立值即 $h_i = m_i/L$，m_i 为整数 1，2，…… L，$(i = 1, 2, 3)$．式(15.42)中求和遍及第一布里渊区中的 N 个点．在假设 M，f''，K 均不随 c 改变的情况下，库克等求出方程(15.42)的解为

$$c(P, t) - c_0 = \sum_h A^0(h)\cdot\exp[\alpha(h)t] \cdot \exp[i\boldsymbol{K}(h)\cdot\boldsymbol{x}(P)], \qquad (15.44)$$

其中

$$\alpha(h) = -\frac{M}{N_v}B^2(h)[f'' + 2KB^2(h)], \qquad (15.45)$$

其中

$$B^2(h) = \frac{1}{a^2}\sum_r\{1 - \cos[\boldsymbol{K}(h)\cdot\mathbf{x}(r)]\}, \qquad (15.46)$$

这里 $\alpha(h)$ 可以被理解为增幅因子，它将决定浓度起伏的各傅里叶分量增强或者衰减及其变化的速率．由于 M 恒为正值，由式(15.45)可知，$\alpha(h)$ 的符号由 $f'' + 2KB^2(h)$ 的符号决定．又注意到 $B^2(h)$ 恒为正，可以看出随着 f'' 与 K 幅号的变化可能有以下几种情况：

表 15.1 系统稳定性与 f'' 及 K 的符号的关系

	f''	K	情　　况
1	+	+	稳定或亚稳
2	−	+	稳定或不稳(失稳分解)
3	+	−	稳定或不稳(失稳有序化)
4	−	−	(一般不会出现这种情况)

表中第一行所列的情况下，$\alpha(h)<0$，系统稳定．表中二，三两行所列的情况与 $B^2(h)$ 有关．按式(15.46)，$B^2(h)$ 的值取决于浓度波的波矢．需对于具体的情况进行具体地讨论．至于表中第四行所列的情况，由于使系统由稳定趋于失稳的外部条件的变化总是连续的，f'' 与 K 同时由正变为负的可能性极小．

§ 15.6 离散格点模型中扩散方程解的讨论

利用式(15.46)不难写出几种立方晶系晶格中 $B^2(h)$ 的表式分别为

简立方:

$$B^2(h)=\frac{2}{a^2}[3-\cos(2\pi h_1)-\cos(2\pi h_2)-\cos(2\pi h_3)], \tag{15.47}$$

体心立方:

$$B^2(h)=\frac{8}{a^2}[1-\cos(\pi h_1)\cos(\pi h_2)\cos(\pi h_3)], \tag{15.48}$$

面心立方:

$$B^2(h)=\frac{4}{a^2}\{3-[\cos(\pi h_1)\cos(\pi h_2)+\cos(\pi h_1)\cos(\pi h_3)+\cos(\pi h_2)\cos(\pi h_3)]\}, \tag{15.49}$$

这些表式颇为复杂，为简单明了计，考虑沿体心立方晶体或面心立方晶体中〈200〉方向的波矢，此时，$h_2=h_3=0$，同时利用式(15.43)可以求出

$$B^2 = \frac{2}{d^2}\left[1-\cos\left(\frac{2\pi d}{\lambda}\right)\right] = \frac{8}{a^2}\left[1-\cos\left(\frac{\pi a}{\lambda}\right)\right], \qquad (15.50)$$

其中 $d = a/2$ 为沿⟨200⟩方向的晶面间距，$\lambda = \frac{2\pi}{K}$ 为浓度波的波长。由式(15.45)可以求出增幅因子 $\alpha(h) = \alpha(\lambda)$ 为

$$\alpha(\lambda) = -\frac{M}{N_v}\cdot\frac{8}{a^2}\left[1-\cos\left(\frac{\pi a}{\lambda}\right)\right]$$
$$\cdot\left\{f'' + \frac{16K}{a^2}\left[1-\cos\left(\frac{\pi a}{\lambda}\right)\right]\right\}, \qquad (15.51)$$

此时 $\alpha(\lambda)$ 的数值与 f''，K，$\frac{\pi a}{\lambda}$ 的数值有关。相应于表 15.1 中所列的 f'' 和 K 取不同符号的几种情况，$\alpha(\lambda)$ 与 a/λ 的依赖关系见于图 15.12。下面我们对它分别作一些讨论。

图 15.12(a) 表示表 15.1 中第一行所示的情况，即 $f''>0$，$K>0$，这时对于各种 λ 均有 $\alpha(\lambda)<0$。任何波长的浓度起伏都将衰减，系统处于稳定态或亚稳态。图 15.12(b) 表示表 15.1 第二行所示的情况，此时对于 $\lambda > \lambda_c$ 亦即 $\frac{a}{\lambda_c} > \frac{a}{\lambda} > 0$ 的浓度波，$\alpha(\lambda)$ 为正。对于 $a < \lambda < \lambda_c$ 的浓度波，$\alpha(\lambda)$ 为负。由于 $\lambda < a$ 的浓度波显然没有意义，图 15.12(a)，(b)，(c)，(d) 的右半部分都应不予考虑。由方程式(15.51)右边为 0 可以求出

$$\frac{a}{\lambda_c} = \frac{1}{\pi}\arccos\left(1+\frac{a^2 f''}{16K}\right). \qquad (15.52)$$

由 $\partial\alpha(\lambda)/\partial\lambda = 0$ 可进一步求出与 $\alpha_{\max}$ 相应的 λ_m 值为

$$\frac{a}{\lambda_m} = \frac{1}{\pi}\arccos\left(1+\frac{a^2 f''}{32K}\right). \qquad (15.53)$$

不难验证，在 $\lambda_c, \lambda_m \gg a$ 的情况下，$\beta_c = \frac{2\pi}{\lambda_c}$ 的表式退化为非均匀连续界质模型中 β_c 的表式，即式(15.28)，同时 β_m 与 β_c 的比值趋于 $\sqrt{2}$。这意味着对于长波浓度波，离散格点模型的结果与连

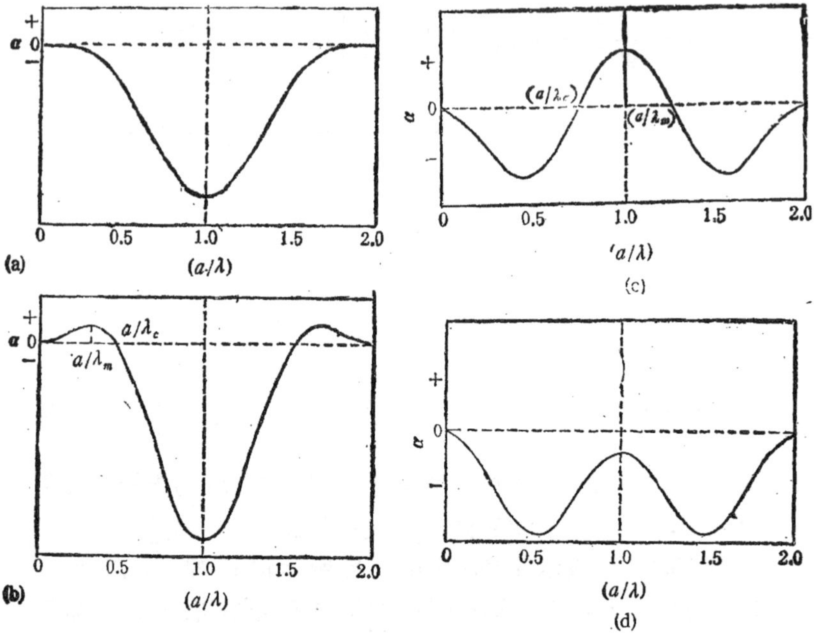

图 15.12 在不同情况下增幅因子 $\alpha(\lambda)$ 与 a/λ 的依赖关系，(a) $f''>0$, $K>0$; (b) $f''<0$, $K>0$; (c) $f''>0$, $K<0$，临界温度以下; (d) $f''>0$, $K<0$，临界温度以上.

续界质模型的结果相同. 由式(15.52),(15.53)还可以看出，如果由于温度或其它因素的变化使 f'' 的绝对值减小并逐步趋于 0，那么 λ_c，λ_m 的值将逐渐增大并趋于无穷，$\alpha(\lambda)$ 的最大值将逐渐减小而趋于 0，这次系统就转变为稳定态.

表 15.1 第三行所示的情况见于图 15.12(c)，这时情况和失稳分解正好相反，对于 $\lambda>\lambda_c$ 亦即 $\frac{a}{\lambda_c}>\frac{a}{\lambda}>0$ 的浓度波，$\alpha(\lambda)$ 为负值，这些波将逐步衰减. 由 $\partial\alpha(\lambda)/\partial\lambda=0$ 可以求出，这时 $\alpha(\lambda)$ 的极大值出现在 $\lambda=\lambda_m=a$ 处. λ_m 的位置不因 f'' 或 K 的数值变化而变化. 与 $\alpha(\lambda)$ 的极大值相应的浓度波长恒为 a，这表示晶格中原子出现 $ABABAB\cdots\cdots$ 类型的有序排列，其示意如图 15.13 所示. 当然，在有序化反应的初期，晶格中两种原子的排布远不及图 15.13 所示的这么规则，因为这时除 $\lambda=a$ 之外还有

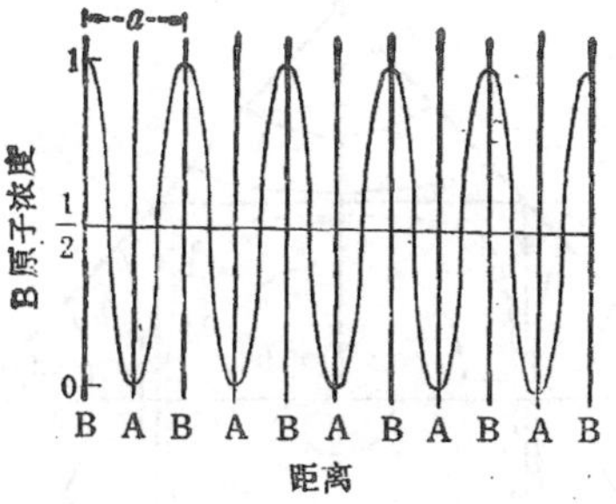

图 15.13 波长为 a 的浓度波相当于晶格中原子 ABABAB…… 类型的有序排列.

多种其它波长的浓度波的增幅因子也为正，因而得到增强. 但是，波长为 a 的浓度波幅度增强最快，很快便居于主导地位. 在晶体的不同区域内占主导地位的浓度波的波长均为 a，但位相可以不同，这便产生了不同的有序畴.

如果由于某种原因，例如温度升高，使 f'' 的数值逐渐增大. 按式 (15.51)，这将导致位于 $\lambda = a$ 处的 α 的极大值的数值逐渐下降，在某一临界温度终于使

$$f''(c = 0.5) = -\frac{32K}{a^2}, \tag{15.54}$$

这时 $\alpha(\lambda)$ 曲线在 $\lambda = a$ 处与水平直线 $\alpha = 0$ 相切. 温度继续升高，f'' 继续增大，$\alpha(\lambda)$ 继续减小，这样，对于各种波长均有 $\alpha(\lambda) < 0$，如图 15.12(d) 所示. 这时系统就进入稳定态，失稳有序化将不能发生.

前面的讨论不难推广到三维的情况，这时表征使 $\alpha = 0$ 的临界波矢不再只是两个点，而是散布在倒空间中的一个曲面上的许多点. 由式(15.45)，(15.46)，(15.48)，(15.49)可以求出，这些点应满足以下关系：

对体心立方晶格：

$$\cos(\pi h_1) \cdot \cos(\pi h_2) \cdot \cos(\pi h_3) = \tau, \tag{15.55}$$

对面心立方晶格：

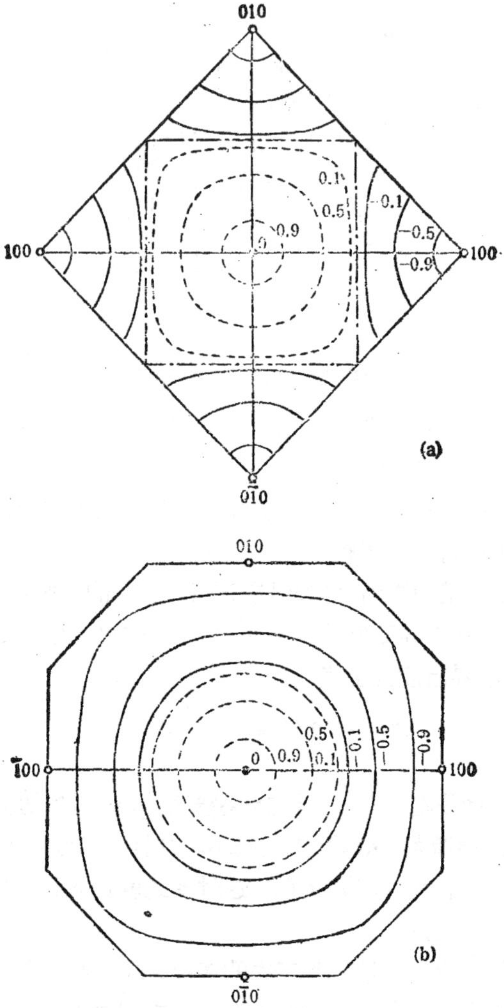

图 15.14 第一布里渊区内 $\alpha(h)=0$ 的曲面与(001)面的交线，线旁标出的数值为 τ 的值. 实线 $\tau<0$，相应于失稳有序化. 虚线 $\tau>0$，相应于失稳分解. (a) 体心立方晶体；(b) 面心立方晶体.

$$\cos(\pi h_1)\cdot\cos(\pi h_2)+\cos(\pi h_1)\cdot\cos(\pi h_3)+\cos(\pi h_2)\cdot\cos(\pi h_3)=1+2\tau, \tag{15.56}$$

其中

$$\tau = 1 + \frac{a^2 f''}{16K}. \tag{15.57}$$

对于体心立方和面心立方晶格，在 τ 取不同数值时，在第一布里渊区内 $\alpha(h) = 0$ 的曲面与(001)平面的交线分别示于图 15.14 (a), (b). 图中相应于 $\tau < 0$ 的交线为实线，对应于失稳有序化，相应于 $\tau > 0$ 的交线为虚线，对应于失稳分解[105]。

应当指出，本节的全部结果是在不考虑共格畸变能的条件下导出的，严格说来，这些结论只适用于 A, B 两种原子尺寸全同的系统。库克等对于由于两种原子尺寸不同而产生的弹性畸变对失稳有序化产生的影响[109]和有效弹性模量随成分的变化对失稳有序化产生的影响[110]进行了理论计算。结果表明，在有共格畸变的情况下，本节的结论大部分仍然是定性正确的。

在本节的计算中还曾假定 M, f'', K 均不随浓度变化，这个假定只能在转变的早期阶段成立。为了描述转变后期的动力学，必须在离散格点模型的框架内解非线性的扩散方程。这方面已有人进行了尝试[111]。

III 连续相变的动力学

前面所述的失稳分解为一级相变，而失稳有序化则可能为一级相变或二级相变。在二级相变中，系统状态的变化是用序参量 η 的变化来描述的。在第十三章中，我们已经介绍了连续相变(即二级相变)的朗道理论，它描述了系统处于热力学平衡态的性质。如果系统偏离平衡态，则其序参量必然发生弛豫过程。本节我们就来介绍对于连续相变普遍适用的动力学理论，内容以朗道与哈拉特尼科夫（И. М. Халатников）的理论为依据[112,113]。

§ 15.7 均匀系统序参量的弛豫

当某一系统处于平衡态时，其序参量 η 应使系统单位体积的热力学势 φ 取极小值，此时 $\eta = \bar{\eta}$. 设 φ 为温度 T, 化学势 μ 和序

参量 η 的函数，即

$$\varphi=\varphi(T, \mu, \eta), \tag{15.58}$$

于是 $\bar{\eta}$ 的数值可由下式确定:

$$\frac{\partial\varphi}{\partial\eta}=0. \tag{15.59}$$

如果系统的实际序参量 η 与 $\bar{\eta}$ 有差异，系统中就一定要发生弛豫过程，η 的数值将随时间变化，并逐步趋于 $\bar{\eta}$ 的数值．如果系统的状态与平衡态的偏离不大，那么 $\partial\varphi/\partial\eta$ 也不大，显然，这时弛豫的速率 $d\eta/dt$ 也不大．按照朗道与哈拉特尼科夫的理论[113]，可以假定 $d\eta/dt$ 与 $\partial\varphi/\partial\eta$ 之间存在线性关系

$$\frac{d\eta}{dt}=-\Gamma\frac{\partial\varphi}{\partial\eta}, \tag{15.60}$$

式中 Γ 为一动力学常数．这一关系表明了接近平衡的速率与“热力学恢复力”$\partial\varphi/\partial\eta$ 成正比(参阅 §13.2 中式(13.6))，由式(13.4)，在转变点附近，系统的热力学势的表式为

$$\varphi=\varphi_0(T, \mu)+(T-T_c)a\eta^2+B\eta^4. \tag{15.61}$$

由式(15.60)，(15.61)可以求出

$$\frac{d\eta}{dt}=-2\Gamma[(T-T_c)a\eta+2B\eta^3]. \tag{15.62}$$

考虑到系统与平衡态的偏离不大，故有 $\delta\eta=\eta-\bar{\eta}$ 很小．用 $\eta=\bar{\eta}+\delta\eta$ 代入式(15.62)，仅保留 $\delta\eta$ 的一次项并利用式(15.62)立即可以求出

$$\frac{d\delta\eta}{dt}=-\Gamma[2a(T-T_c)+12B\bar{\eta}^2]\delta\eta=-\frac{\delta\eta}{\tau_0}, \tag{15.63}$$

解出，得

$$\delta\eta(t)=\delta\eta(0)\exp(-t/\tau_0), \tag{15.64}$$

即 $\delta\eta$ 的值随时间作指数式衰减，当 $t\to\infty$，必然有 $\delta\eta\to 0$，故 $d\delta\eta/dt$ 与 $\delta\eta$ 符号一定相反，由此可以判定 $\tau_0>0$，由此又可推知，$\Gamma>0$．τ_0 为序参量的弛豫时间，即其值降至初始值 $\delta\eta(0)$ 的 $1/e$ 所经历的时间．

在高对称相，$\eta=0$，所以

$$\tau_0=\frac{1}{2\Gamma a(T-T_c)},\quad T\geqslant T_c, \tag{15.65}$$

而在低对称相，$\eta^2=a(T_c-T)/2B$，则

$$\tau_0=\frac{1}{4\Gamma a(T_c-T)}. \tag{15.66}$$

显然，当 $T\to T_c$ 时，有 $\tau_0\to\infty$. 即系统弛豫的速率随着 $T\to T_c$ 而趋于无限缓慢. 这反映了弛豫速率的临界变慢.

序参量在二级相变点(λ 点)附近的弛豫过程将引起声波的反常吸收. 由于在相变点的高对称相一侧无论对于平衡态还是非平衡态均有 $\eta=0$，因而在这一侧没有声波的反常吸收，而只是在低对称相一侧，反常吸收才是存在的. 查斯 (C. Chase)[114] 测量了液氦 II 趋于 λ 点时，其声吸收系数的变化，并求出相应的弛豫时间 τ_0 近似满足以下关系:

$$\tau_0=\frac{4\times10^{-13}}{T_\lambda-T}\text{秒},$$

这和式(15.66)的形式完全相同.

§15.8 非均匀系统序参量的弛豫[112]

对于非均匀系统，必须考虑系统的非均匀性对热力学势的贡献，这时系统的总热力学势 Φ 可表为

$$\Phi=\int[\varphi_0+a(T-T_c)\eta^2+B\eta^4+K(\nabla\eta)^2]dV. \tag{15.67}$$

将上式对 η 变分，并令其为 0，可以求出系统的平衡条件. 对梯度能项进行分部积分后可得到平衡条件的表式为

$$2a(T-T_c)\eta+4B\eta^3-2K\Delta\eta\approx\frac{\delta\eta}{r\tau_0}-2K\nabla^2\delta\eta=0. \tag{15.68}$$

考虑 $T<T_c$，在低对称相中，相应的弛豫方程为

$$\frac{\partial\delta\eta}{\partial t}=-\left[\frac{\delta\eta}{\tau_0}-2\Gamma K\nabla^2\delta\eta\right]. \tag{15.69}$$

对于函数 $\delta\eta(t,r)$ 的每一特定的傅里叶分量 $\delta\eta_k$ 可以求出

$$\frac{d\delta\eta_{\boldsymbol{k}}}{dt} = -\frac{\delta\eta_{\boldsymbol{k}}}{\tau_{\boldsymbol{k}}}, \tag{15.70}$$

其中

$$\frac{1}{\tau_{\boldsymbol{k}}} = \frac{1}{\tau_0} + 2\Gamma K\boldsymbol{k}^2. \tag{15.71}$$

可以看出,对于所有 $\boldsymbol{k} \neq 0$ 的傅里叶分量在 $T \to T_c$ 时 $\tau_{\boldsymbol{k}}$ 保持为有限,且随 $|\boldsymbol{k}|$ 的减小而增大.

最后，如果我们在热力学势 Φ 的表式中引入一项表征外场对相变的作用的项 $-\eta h$,于是弛豫方程(15.69)变为

$$\frac{\partial\delta\eta}{\partial t} = -\frac{\delta\eta}{\tau_0} + 2\Gamma K\nabla^2\delta\eta + \eta h. \tag{15.72}$$

若外场为周期性的,即

$$h \sim e^{i(\boldsymbol{k}\cdot\boldsymbol{r}-\omega t)}, \tag{15.73}$$

这时可以求出

$$\delta\eta_{\boldsymbol{k}} = \chi(\omega, \boldsymbol{k})/h, \tag{15.74}$$

其中 $\chi(\omega, \boldsymbol{k})$ 为广义极化率,其表式为

$$\chi(\omega, \boldsymbol{k}) = \frac{\Gamma}{(\tau_{\boldsymbol{k}}^{-1} - i\omega)}. \tag{15.75}$$

当 $\omega = \boldsymbol{k} = 0$ 时,它变为 $\chi(0, 0) = \dfrac{1}{4a(T_c - T)}$.

应该指出，本大节中的理论处理完全忽略了涨落的长程相关性,因此其有效的范围与朗道理论相同，即并不适用于 T_c 附近出现临界现象的微小温区。在临界区域内的相变动力学理论必须建立在第十八章中所述的临界现象的近代理论的基础上。有关这方面的问题,可以参阅有关的文献[115]。

第七编参考文献

[1] Volmer M. and A. Weber, *Z. Phys. Chem.*, **119**, 227(1926).
[2] Becker R. and W. Döring, *Ann. Phys.*, **24**, 719(1935).
[3] Turnbull D. and J. C. Fisher, *J. Chem. Phys.*, **17**, 71(1949).
[4] Zener C., *J. Appl. Phys.*, **20**, 950(1949).

[5] Lifshitz I. M. and V. V. Slyozov, *J. Phys. Chem. Soli.*, **19**, 35(1961).
[6] Wagner C., *Z. f. Elektrochemie*, **65**, 581(1961).
[7] Cahn J. W., *Acta Met.*, **9**, 795(1961).
[8] Cahn J. W., *Acta Met.*, **10**, 179(1962).
[9] Christian J. W. The Theory of Transformations in Metals and Alloys, Pergamon, Oxford (1965), 2nd Edition (1975).
[10] Fine M. E., Introduction to Phase Transformations in Condensed Systems, Macmillan, New York (1964).
[11] Khachaturyan A. G., Theory of Structural Transformations in Solids, John Wiley, New York (1983).
[12] Aaronson H. I. Ed. Phase Transformations, ASM, Metals Park, OH (1970).
[13] Cahn R. W. and P. Haasen Eds., Physical Metallurgy, North-Holland, Amsterdam (1983).
[14] Zeldovich J. B., *Acta Physicochim URSS*, **18**, 1(1943).
[15] Van der Merwe J. H., *J. Appl. Phys.*, **34**, 117(1963).
[16] Aaronson H. I. and C. Laird, *Trans. AIME*, **242**, 1437(1968).
[17] Ferrante M. Ph. D. Thesis, Sussex Univ. (1978).
[18] Cao Y. N., (曹嫦妮), Z. G. Liu (刘治国) and Feng Duan (冯端), Scripta Met. No. 9(1987).
[19] Lee J. K., Y. Y. Earmme, H. I. Aaronson and K. C. Russell, *Metallurg. Trans.*, **11A**, 1837(1980).
[20] Lee J. K. and W. C. Johnson, in: Solid-State Phase Transformations, the Pittsburg Conference, ed. H. I. Aaronson, Met. Soc. AIME, Warrendale, PA 127 (1983).
[21] Nabarro F. R. N., *Proc. Phys. Soc.*, **52**, 90(1940).
[22] Nabarro F. R. N., *Proc. Roy. Soc.*, **A175**, 519(1940).
[23] Gerold V., *Z. Metallkde*, **45**, 593, 599(1954).
[24] Yoshida H. in: Decomposition of Alloys: The Early Stages, Eds: Haasen P. et. al. Pergamon, Oxford, 191(1984).
[25] Wendt, H. and Liu, Z. G. (刘治国), Proc. of 30th International Field Emission Symposium, Ed. Graham, W. G., Univ. Pennsylvania Press, Philadelphia, 121(1983).
[26] LeGoues F. K., Y. W. Lee and H. I. Aaronson, *Acta Met.*, **32**, 1837(1984).
[27] LeGoues F. K., H. I. Aaronson and Y. W. Lee, *Acta Met.*, **32**, 1845(1984).
[28] LeGoues F. K. and H. I. Aaronson, *Acta Met.*, **32**, 1855(1984).
[29] Cahn J. W., *Acta Met.*, **4**, 449(1956).
[30] Cahn J. W., *Acta Met.*, **5**, 169(1957).
[31] Nicholson R. B., Nucleation at Imperfections, in [12], 269(1970).
[32] Russell K. C., *Prog. Mat. Sci.*, **28**, 229(1984).
[33] Christian J. W. 相变，见于 R. W. Cahn 主编，物理金属学 p542. 北京钢铁学院金属物理教研室译，科学出版社(1985)。
[34] Fisher J. C., J. H. Hollomon and D. Turnbull, *Trans. Met. Soc. of AIME*, **185**, 691(1949).
[35] Wayman C. M., Phase Transformation, Nondiffusive, in [13] 1053 (1983).

[36] Hollomon J. H., and D. Turnbull, *Progress in Metal Physics* **4**, 333(1953).
[37] Olson G. B. and M. Cohen, *Met. Trans.*, **7A**, 1897(1976).
[38] Olson G. B. and M. Cohen, *Met. Trans.*, **7A**, 1915(1976).
[39] Pound G. M., *Metallurgical Trans.*, **16A**, 488(1985).
[40] Cahn J. W. and J. E. Hilliard, *J. Chem. Phys.*, **28**, 258(1958).
[41] Cahn J. W. and J. E. Hilliard, *J. Chem. Phys.*, **31**, 688(1959).
[42] Cook H. E., D. de Fontaine, and J. E. Hilliard, *Acta Met.*, **17**, 765(1969).
[43] Abraham F. F., J. K. Lee and J. M. Pound, *J. Chem. Phys.*, **60**, 246(1974).
[44] Miyazaki J., J. A. Barker and G. M. Pound, *J. Chem. Phys.*, **64**, 3364(1976).
[45] Miyazaki J., G. M. Pound and F. F. Abraham, *J. Chem. Phys.*, **67**, 3851(1977).
[46] Burton W. K., N. Cabrera and F. C. Frank, *Phil. Trans. Roy. Sci.*, **A243**, 299(1951).
[47] 闵乃本,晶体生长的物理基础,上海科技出版社(1982).
[48] Haasen P., 物理金属学,肖纪美等译,科学出版社,(1984).
[49] Wert C., *J. Appl. Phys.*, **20**, 943(1949).
[50] Ham F. S., *J. Appl. Phys.*, **30**, 915(1959).
[51] Ham F. S., *J. Appl. Phys.*, **30**, 1518(1959).
[52] Zener C., *Trans AIME.*, **167**, 550(1946).
[53] Hillert M., *Jernkontorets Ann.*, **141**, 757(1957).
[54] Trivedi R., Proc. of an Int. Conf. on Solid-Solid Phase Transformation, Eds, H. I. Aaronson and D. E. Laughlin et al. Met. Soc. AIME(1982).
[55] Aaronson H. I., Decomposition of Austenite by Diffusional Processes, Interscience Publishers New York, 387(1962).
[56] Aaronson H. I., C. Laird and K. R. Kinsman, in [12] p313.
[57] Martin J. W. and R. D. Doherty, 金属系中显微结构的稳定性, p17, 李新立译, 科学出版社(1984).
[58] Bäro G. and H. Gleiter, *Acta Met.*, **22**, 141(1974).
[59] Jones G. J. and R. Trivedi, *J. Appl. Phys.*, **42**, 4299(1971).
[60] Jones G. J. and R. Trivedi, *J. Cryst. Growth*, **29**, 155(1975).
[61] Smith C. S., *Trans. Am. Soc. Metals*, **45**, 533(1953).
[62] Turnbull D., Rept Conf. on Defects in Crystalline Solids, Bristol, 203(1954).
[63] Hillert M., *Metall. Trans.*, **3**, 2729(1972).
[64] Hillert M., *Acta Met.*, **30**, 1689(1982).
[65] Cahn J. W., *Acta Met.*, **7**, 18(1959).
[66] Gust W., in: Phase Transformation, York Conference (The Institute of Metallurgists, London) II/27(1979).
[67] Greenwood G. W., in: Mechanism of Phase Transformations in Crystalline Solids, Institute of Metals, London, 103(1969).
[68] Ardell A. J. in: Mechanism of Phase Transformations in Crystalline Solids, Institute of Metals, London, 111(1969).
[69] Liu Z. G. (刘治国) and R. Wagner, Proc. of 31st IFES, Eds: P. Sudraud and P. Ballongue, J. De Physique, Colloque C9, 441(1984)
[70] Ardell A. J., *Acta Met.*, **20**, 61(1972).
[71] Livinston J. D. and J. W. Cahn, *Acta Met.*, **22**, 495(1974).

[72] Cline H., *Acta Met.*, **19**, 481(1971).
[73] Ardell A. J., *Acta Met.*, **20**, 601(1972).
[74] Nichols F. A., *J. Mat. Sci.*, **11**, 1077(1976).
[75] McLean M., *J. Mat. Sci.*, **12**, 113(1978).
[76] Coble R. L. and Burke, J. E., *Progr. Ceramic Sci.*, **3**, 197(1963).
[77] Hillert M., *Acta Met.*, **13**, 227(1965).
[78] McLean D., Grain Boundaries in Metals, Oxford, Clarendon (1957).
[79] Morral J. E. and Ashby, M. F., *Acta Met.*, **22**, 567(1974).
[80] Johnson W. A. and Mehl R. F., *Trans AIME*, **135**, 416(1939).
[81] Avrami M. J., *Chem. Phys.*, **9**, 177(1941).
[82] Cahn J. W., *Acta Met.*, **4**, 449(1956).
[83] Christian J. W., in [9], 475.
[84] Shewmon P. G. Transformations in Metals, McGraw Hill, New York (1969).
[85] Turnbull D. and M. H. Cohen, Modern Aspects of the Vitreous State, Butterworths, London (1960).
[86] Uhlmann D. R., *J. Non-Crys. Solids*, **25**, 42(1977).
[87] Davies H. A., *Phys. Chem. Glasses*, **17**, 159(1976).
[88] 李家治，黄熙怀，高逸群：非晶态固体的形成，相分离与结晶，见于郭贻诚，王震西主编非晶态物理学，科学出版社(1984).
[89] Daniel V. and H. Lipson, *Proc. Roy. Soc. London, Ser.*, A181, 368(1943).
[90] Hillert M., *Acta Met.*, **9**, 525(1961).
[91] Hilliard J. E., Spinodal Decomposition, in [12], 497.
[92] Cahn J. W. and Hilliard J. E., *J. Chem. Phys.*, **28**, 258(1958).
[93] Cushing J. T., Applied Analytical Mathematics for Physical Scientists, 236. John Wiley, New York (1975).
[94] Cahn J. W., *J. Chem. Phys.*, **42**, 93(1965).
[95] Soffa W. A., Brenner S. S. and Miller M. K., in: Decomposition of Alloys: The Early Stages, Eds: Haasen P. et al. Pergamon, Oxford, 227(1984).
[96] Wahi R. P. and J. Stajer, ibid. 165(1984).
[97] de Fontaine D. and J. E. Hilliard, see [12], 529.
[98] Langer J. S., *Acta Met.*, **21**, 1649(1973).
[99] Tsakalakos T., *Scripta Met.*, **15**, 255(1981).
[100] Miyazaki T., T. Kozakai and M. Doi, in: Decomposition of Alloys: The Early Stages, Eds. Haasen P. et al. Pergamon, Oxford, 27(1984).
[101] Kostorz G. X-ray and Newtron Scattering, in [13], 793.
[102] Rundman K. B. and Hilliard J. E., *Acta Met.*, **15**, 1025(1967).
[103] Wu C. K., Sinclair P. and Thomas G., *Metallurg. Trans.*, **9A**, 381(1978).
[104] Zhu F. (朱逢吾), Haasen P. and Wagner R., *Acta Met.*, **34**, 457(1986).
[105] Cook H. E., de Fontaine D. and Hilliard J. E., *Acta Met.*, **17**, 765(1969).
[106] Cook H. E., *Mat. Sci. Eng.*, **25**, 127(1976).
[107] de Fontaine D., *Acta Met.*, **23**, 553(1975).
[108] de Fontaine D., *Met. Trans.*, **12A**, 559(1981).
[109] Cook H. E. and de Fontaine, D., *Acta Met.*, **17**, 915(1969).
[110] Cook H. E. and de Fontaine D., *Acta Met.*, **19**, 607(1971).

[111] Yamauchi H. and D. de Fontaine, in: Order-Disorder Transformations in Alloys, Ed. Warlimont H., Springer, Berlin 148(1974).
[112] Lifshitz E. M. and L. P. Pitaevskii, Physical Kinetics, Pergamon, Oxford, 438 (1981).
[113] Landau L. D. and Khalatnikov I. M., *Doklady. Akad. Nauk. SSSR,* 96, 469 (1954).
[114] Chase C., *Proc. Roy. Soc.,* 220, 116(1953).
[115] Hohenberg P. C. and B. I. Halperin, *Rev. Mod. Phys.,* 49, 435(1977).

第八编　界面稳定性与形态的演变

冯　端

引　言

在生物学范围之外，人类所观察到的最为丰富多彩的形态就要数相变过程中的产物．和复杂的生物形态的演变问题相比较，相变中对应的问题显然要简单得多，有可能作为理解这一具有普遍性问题的突破口．长期以来，晶莹对称的雪花赢得了人们的赞赏和惊讶．在中谷的(U. Nakaya)的"雪晶"一书中[1]，汇集了大量的雪花照片，琳琅满目，令人爱不释手．翻阅金属学家为钢铁生产实践需要所编纂的金相图谱[2]，我们也为冶金和金属热处理过程之中所产生的千姿万态的显微组织所吸引，同时也体会到掌握这些形态演变的规律，在生产实践中也是至关重要的．赏心悦目之余，探索这些形态中蕴含的科学规律之心便油然而生．最早的尝试可以追溯到著名科学家开普勒(J. Kepler)于 1611 年发表的论文"论六角形雪花"[3]．他根据雪花外形的六重对称性，猜测出雪花内部原子应具有规则的排列，即为有周期性结构的晶体．当然当时的水平还无法解答雪花形态中最主要的特征，即枝晶生长．到了十九世纪初傅里叶 (J. B. Fourier) 首先对于热传导引入了偏微分方程边值问题求解的方法，为处理宏观物理学的问题开辟了一条康庄大道．但是在一级相变中，两相的界面是在运动着的，因而涉及的热传导或溶质扩散方程的求解问题也有其特殊性．十九世纪末，斯忒藩 (J. Stefan) 首先处理北极地区冰层涨厚问题，后来这一类移动界面边值问题就被称为斯忒藩问题[4,5]．当然能够求出解析解或近似解析解的斯忒藩问题限于界面为简单几何形状的一些特例，如界面为平面的、球面的、椭球面、抛物面等．这类问题的研究，联系冶金或晶体生长过程，于本世纪四、五十年代就开始了[6-9]．直观上来看，在凝固过程中若固液界面的前沿是过热的液体，那么界面就是稳定的，否则就是不稳定的．实际情况当然要复杂得多．二次大战后，查耳谟斯等对于金属的凝固问题进行了深入的研究，于 1953 年提出了在正温度梯度条件下平界面失稳的组分过冷判据，为界面稳定性取得了概念上的突破[10]．随后，六十年代初莫林斯与塞克卡对于斯忒藩问题的稳态解，引入波动式的干扰来考验其稳定性，从而提出了普遍有效的界面失稳的线性动力学理论[11]． 这和流体中的瑞利-贝纳对流失稳的线性动力学分析遥相呼应[12,13]．

在金属相变的研究中，早就接触到一系列的形态演变问题，如枝晶生长，沉淀相的生长，共析分解与共晶凝固中复相界面的间距问题等．首先是求出相应的斯忒藩问题的稳定解或保持形状的解．但这样的解往往是一连串的，某些参量是连续可变的．因而需要补充一个条件来选择出在现实中出现的特定的解．传统的做法是补充一个参量的极值(极小值或极大值)条件：例如最大生长速率假设[6,14,15]，最小自由能递减率“原则”[16]，最小熵增长率“原则”[17]等，因人而异，莫衷一是．虽然有时也能得出或凑出和实验相符的某些结果，但缺乏巩固的物理基础．正如克里斯青于 1965 年所指出的“基于这类变分原理的任何理论都是不太令人信服的．看来，最重要的物理条件在于界面间距、界面形态、成分等应对于任何干扰保持稳定．”[18]随后的发展证实了这一观点的正确性．七十年代中，格利克曼 (M. E. Glicksman) 等对于枝晶生长进行了一系列精心控制的定量化实验[19,20]，其结果否定了长期在枝晶生长理论中占统治地位的最大生长率假设．取而代之的是朗格与谬勒-克鲁姆哈尔 (H. Müller-Krumbhaar) 的边缘稳定性 (marginal stability) 判据[21]．这一判据在许多不同的形态演变问题的应用中都取得了成功，有的情况下推翻了原来的理论(如枝晶生长)；也有的情况下和原来的理论吻合(如共晶的耦合生长)[22]，从而补充了原来欠缺的物理基础．当然，边缘稳定性判据的成功也决非偶然，正如要解释许多非稳定的形态演变问题，它们的基础都应建立在更加全面的非线性动力学上，这方面的工作尚在进行之中．由此可见，由雪花的形态所引发的图象演变问题，目前可以说刚有头绪，距离彻底解决还相当遥远．

上述理论处理纯粹采用宏观物理学的方法．另外也可以采取更加微观的方法，类似于处理微粒布朗运动的方法，考虑微粒的随机运动与聚集．威登（T. A. Witten）与桑德（L. M. Sander）于1981年所提出的扩散限制的聚集（diffusion-limited aggregation）模型（简称 DLA 模型）[23]，即是一例．利用计算机模拟，也能获得和枝晶相似之处的分形（fractal）结构（具有分数维，无穷嵌套的自相似结构）．这方面理论尚处于草创的阶段．

包括组分过冷等问题的凝固方面的早期总结，可以参阅查耳默斯的专著[24]．关于线性动力学稳定性理论，已经多次综述[25,26]，朗格的评述既包括了这方面的内容，又介绍了引入边缘稳定性判据后的新进展[27]．至于有关扩散限制的聚集问题，则应参阅新近的会议文集[28,29]．本编涉及的一些实际问题，如晶体生长、冶金的铸锭与铸造，可分别参阅有关专著[30,31]．

本编分两章论述：首章先介绍了必要的基础知识，然后全面讨论了界面失稳的判据．次章论述了枝晶生长（自由或受约束的）、共晶凝固以及有关分形生长等问题．

第十六章 界面形态的稳定性

I 溶质分凝与组分过冷

界面稳定性的科学研究是从单相合金定向凝固过程开始的。因此在全面论述界面稳定性问题之前，有必要对于单相合金的定向凝固中的一些基本问题，特别是有关溶质的重新分布，进行重点介绍。然后就对组分过冷导致平坦固液界面的形态失稳进行初步的概念性分析，作为理解界面稳定性的入门台阶。当然，凝固过程中的溶质分凝本身也具有其重要性，技术晶体的生长，材料的提纯，乃至于快速冷却的新技术(如辊轧淬火，激光退火等)都和这一问题有关。

§16.1 二元合金固液界面条件的宏观描述

凝固属一级相变，凝固过程中存在明确的固液界面，而且伴有可观的熔化潜热释放出来。为简单计，这里暂且只考虑凝固后形成固溶体的 A, B 两组元形成的合金。当然，这里的结果不难推广到 n 组元的合金或凝固后形成复相合金等更复杂的情形。

固液界面的条件可以归结如下：

(1) *温度连续性* 通常认为穿过界面的传热相当快，以至于即使在热流甚大的情况下，温度在界面上始终保持其连续性，即界面温度

$$T_i = T'_i, \tag{16.1}$$

这里的 T_i 表示界面上液相一侧的温度，T'_i 为固相一侧的温度。今后在本章中凡涉及液相中和固相中共有的物理量，将固相中的量打撇号以示区分。

(2) *能量守恒* 当界面以 v 速度运动时，由于熔化热(以 L 表

示单位体积中的值)的释放,存在如下关系式:

$$D_T'(\nabla T\cdot \boldsymbol{n}) - D_T(\nabla T\cdot \boldsymbol{n}) = L(\boldsymbol{v}\cdot \boldsymbol{n}) \ , \qquad (16.2)$$

这里的 D_T 为热扩散系数, ∇T 为温度梯度, $\boldsymbol{n}$ 为界面的单位法线矢量。

(3) 质量守恒　二元合金只需要考虑一个组元 B 的成分 c,

$$D_c'(\nabla c'\cdot \boldsymbol{n}) - D_c(\nabla c\cdot \boldsymbol{n}) = \Delta c(\boldsymbol{v}\cdot \boldsymbol{n}), \qquad (16.3)$$

这里的 D_c 为溶质扩散系数, ∇c 为溶质浓度梯度, Δc 为界面上液相与固相的浓度差。

(4) 界面响应函数　这用以描述界面对于所处状态的响应。按照培刻 (M. Baker) 与卡恩[32],二元合金有两个响应函数,其一为界面温度 T_i,另一为界面浓度 c_i' (或 c_i),可以表示为

$$T_i = T(v,\ c) - \Delta T(K), \qquad (16.4)$$

$$c_i' = c_i(v,\ c) - \Delta c(K), \qquad (16.5)$$

这里的 K 为界面的平均曲率, $\Delta T(K)$ 及 $\Delta c(K)$ 分别代表由于吉布斯-汤姆逊效应所引起的温度及浓度的修正。 对于平的界面 $K=0$,后面一项就消去。界面两侧溶质浓度之比 $c_i'/c_i=\kappa$,定义为溶质分布系数。

在一般情况下,响应函数表示式中的 T 与 K 均为 v 与 c 的函数,反映了动力学和浓度的效应。 在平衡状态 ($v=0$) 平界面 ($K=0$) 的情况下,有

$$T_i = T(c), \qquad (16.6)$$

$$c_i' = c_i\kappa(c). \qquad (16.7)$$

此时 $T(c)$ 与 $\kappa(c)$ 的关系就单纯由相图来决定,为响应函数的热力学极限(图 16.1)。若界面温度为 T_i,在相图上, $T=T_i$ 线与液相线与固相线的交点分别确定液相和固相的平衡浓度 c_{eq} 与 c_{eq}',所对应的液相线及固相线的斜率为 m 及 m'。 从图 16.1 中可以看出,若溶质的添加使熔点温度下降,则 $\kappa<1, m<0$; 反之,若使熔点温度上升,则 $\kappa>1,\ m>0$。

当溶质浓度趋于零时,有

$$\kappa \rightarrow \kappa_0 = \left(\frac{c'_{eq}}{c_{eq}}\right)_{c_{eq}=0}, \tag{16.8}$$

κ_0 就与浓度无关，仅为材料性质决定的常数，被称为平衡分布系数．对于稀溶体，液相线和固相线可以近似地用直线来取代，于是有

$$T = T_m + mc, \ T' = T_m + m'c. \tag{16.9}$$

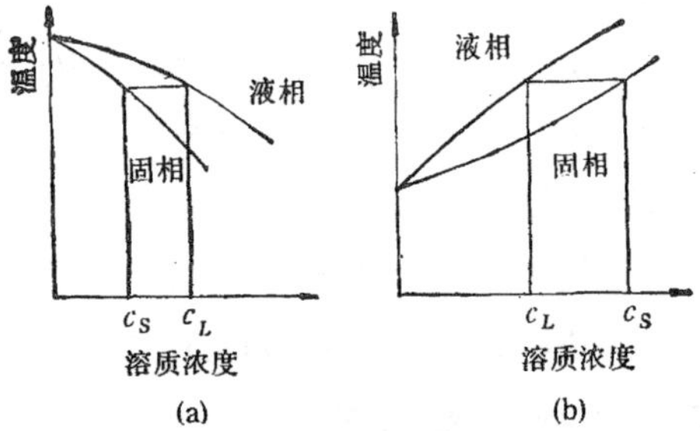

图 16.1 二元合金的相图与响应函数的热力学极限．(a) 溶质使熔点下降，$\kappa<1$，$m<0$；(b) 溶质使熔点上升，$\kappa>1$，$m>0$.

在通常的低速凝固过程中，尽管就整个过程而言是偏离了热力学的平衡态，但单就固液界面上局部地区而言，仍可认为局域的平衡态依然成立．这样，就可以忽略响应函数与界面速率的依赖关系，而采用其热力学极限．当然，在快速凝固过程中，就需要认真对待界面速率对响应函数的影响，这将在 § 16.4 中进行论述．

§ 16.2 定向凝固中的溶质分布

凝固涉及液相和固相内的热量和溶质传输过程，这类传输问题通常可以采用宏观物理学的方法来处理，即转化为移动边界条件下偏微分方程的求解，即斯忒藩问题．当然可以模拟冶金过程或晶体生长系统的实际情况来求解斯忒藩问题，这通常只能乞助于电子计算机来求数值解．能求得解析解或近似解析解的只限于少数简单几何形状的情形．这些解对于理解不少物理问题还是有

其重要性的。我们将于第 II 节中进行全面的论述。下面着重介绍定向凝固的问题，一方面它和许多实际问题（如晶体生长，区熔提纯及定向凝固合金的制备等）有密切联系；另一方面也是理解固液界面失稳问题的必要基础。

考虑图 16.2 上侧所示一维凝固系统，在实验室坐标系中（任意点的坐标为 x'），固液界面以 v 的速率移动。引入随界面运动的运动坐标系 x，界面处为 $x=0$，设 $\kappa_0<1$。在开始凝固后，由于凝固后溶质浓度减小，必然要将溶质排出固体，导致固液界面附近液区内溶质的富集。而溶质还要通过扩散或对流过程传至更远的液区。首先假设没有对流，那么，液体中的传质只能依靠扩散。另外，由于固相内的溶质扩散系统要小好多个数量级，就允许我们在处理本问题时，完全忽略固相内的扩散。在界面附近出现溶质富集的边界层以后，浓度梯度也逐步提高，直到界面排出的溶质流和扩散的溶质流完全相等，这样，在界面的前沿建立起稳态的边界层。

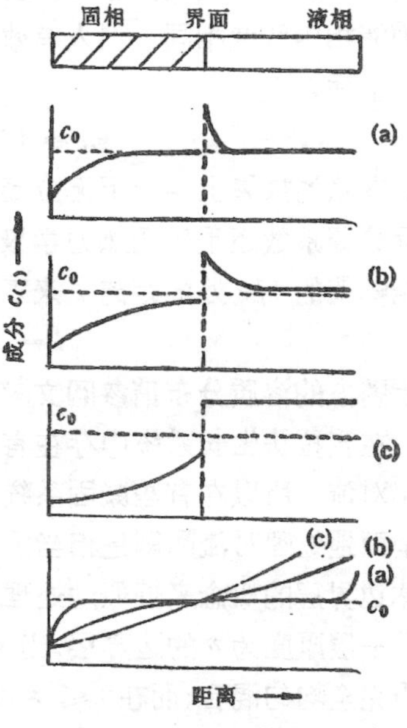

图 16.2 定向凝固中溶质分布.（a）液相中存在浓度梯度（无对流）（b）液相中存在浓度梯度（有对流）；（c）液相中不存在浓度梯度.

考虑在运动坐标系中距离原点为 x 处的体元，垂直于 x 轴为单位面积，而厚度为 dx，由于扩散流出体元的溶质流为 $-D(\partial^2 c/\partial x^2)$，而由于界面运动，流入体元的溶质流为 $v(\partial c/\partial x)$，因而在稳态有

$$D\frac{\partial^2 c}{\partial x^2}+v\left(\frac{\partial c}{\partial x}\right)=0, \qquad (16.10)$$

边值条件为

$$
\begin{aligned}
x &= 0, \quad c = c'/\kappa_0, \\
x &= \infty, \quad c = c_0,
\end{aligned}
\tag{16.11}
$$

这里应用了在界面上局域热力学平衡条件，而 c_0 为凝固前的液相中溶质浓度.

满足式(16.10)的扩散方程和式(16.11)的边值条件的解为

$$
c(x) = c_0\left\{1 + \frac{(1-\kappa_0)}{\kappa_0}\exp\left(-\frac{v}{D}x\right)\right\}. \tag{16.12}
$$

式(16.12)表示了稳态溶质边界层建立以后，溶质在液相中的分布(图 16.2(a))。可以看出，液相中浓度的峰值在 $x = 0$ 处，等于 $c(0) = c_0/\kappa_0 = c_s/\kappa_0$，这表示在凝固后固体内的溶质浓度 c_s 和凝固前液相中浓度相同. 引入有效分布系数 κ_{ef}，$\kappa_{ef} = c'/c_0$，即在稳态建立后，有

$$
\kappa_{ef} = 1 > \kappa_0 \tag{16.13}
$$

虽然在总的效果上相当于无分凝的凝固，但在凝固过程中，界面上实际分凝系数还是采用热力学极限 κ_0。边界层的厚度可以用浓度降至峰值的 $1/e$ 处的距离 l 来表征，从式(16.12)可得到

$$
l = D/v. \tag{16.14}
$$

至于瞬态的溶质分布请参阅文献[33].

在直拉法生长系统中存在有晶体以及坩锅的旋转，在熔体中引起对流. 所以在有些凝固系统中液相的对流并不可忽略. 但是要全面地处理对流问题是相当困难的. 勃顿(J. A. Burton)等采用流体边界层的概念来近似地处理这个问题[34]. 他们认为，在界面附近有一层厚度为 δ 的边界层，当 $x > \delta$ 时，由于对流的搅拌作用，溶质完全均匀混合；而在 $0 \leqslant x \leqslant \delta$ 处，即边界层之内，宏观流动只是平行于界面的层流，因而扩散是溶质传输的唯一机制. 至于 δ 的值则取决于宏观对流，即搅拌的程度. 这样，在边界层内式(16.10)表示的扩散方程依然存立，只需将边值条件改换为

$$
\begin{aligned}
&x = 0, \quad c(0)(1-\kappa_0)v + D\frac{dc(0)}{dx} = 0, \\
&x = \delta, \quad c(\delta) = c_0.
\end{aligned}
\tag{16.15}
$$

满足这一边界条件的式(16.10)的解为

$$c(x)=c'+(c_0-c')\exp\frac{v}{D}(\delta-x),\quad x\leqslant\delta. \tag{16.16}$$

以 $x=0$ 代入上式,得出边界层的厚度为

$$\delta=\frac{D}{v}\ln\frac{c-c'}{c_0-c'}=\frac{D}{v}\ln\frac{\kappa_{ef}(1-\kappa_0)}{\kappa_0(1-\kappa_{ef})}, \tag{16.17}$$

这里的 κ_{ef} 为有效分布系数

$$\kappa_{ef}=\frac{c'}{c_0}=\frac{\kappa_0}{\kappa_0+(1-\kappa_0)\exp\left(-\frac{v}{D}\delta\right)}. \tag{16.18}$$

解式(16.16)将如图 16.2(b)所示,固相中的浓度达不到 c_0,有效分凝系数 κ_{ef} 也小于 1.

如果界面移动速率为无限缓慢,即 $v\to 0$,那么,凝固时排出的溶质将有足够时间扩散出去,使液相内溶质完全均匀混合,令 x 代表实验室坐标,界面从 $x=0$ 起,至 $x=l$ 止. 当界面移至 x 处时,由于 dx 薄层凝固,溶质的排入液相,将使残余液相中浓度增加. 根据溶质总量守恒的关系

$$(1-\kappa_0)c(x)dx=(l-x)dc(x),$$

即

$$\frac{dc(x)}{dx}=\frac{1-\kappa_0}{l-x}c(x), \tag{16.19}$$

积分出来

$$c(x)=\alpha\left(1-\frac{x}{l}\right)^{\kappa_0-1},$$

这里 α 为待定的常数. 边值条件为

$$x=0,\quad c=c_0,$$

这样

$$c'(x)=\kappa_0 c(x)=\kappa_0 c_0\left(1-\frac{x}{l}\right)^{\kappa_0-1}, \tag{16.20}$$

这里的 x/l 等于凝固部分占总量的分数，这就是正常凝固的夏耳(Scheil) 方程(见图 16.2(c))。

图 16.2 示出了三种不同情况下获得定向凝固后固体中溶质分布曲线，曲线(a)与(c)分别为两种极端的情形，即液相中完全没有混合和完全混合，而实际情况应处于两者之间. 蒲凡 (W. G. Pfann)曾建议将式(16.18)所表示的 κ_{ef} 去取代式(16.20)中的κ_0[35]，这样式(16.20)也能得到和实验数据符合得较好的结果[36]. 总之，定向凝固中的溶质分凝效应导致固体中溶质的不均匀分布，它既影响熔体法晶体生长的质量；也对于金属的铸锭和铸造过程产生作用;而另一方面，也为区域熔化这一技术提供必要的理论基础. 这几方面的具体问题，这里不拟细论，有兴趣的读者可以参阅有关专著[35].

§16.3 组分过冷

在产生定向凝固的具体装置中，总是将低温端和固相接触，而高温端和液相接触，而热量由冷端传走. 这样的安排是使固液界面处朝向液相有正值的温度梯度，从而有利于保持稳定相态的固液界面. 如果颠倒过来，液相这一侧温度反而低的话，将导致液相中迅速结晶，而不能保持界面的稳定推移. 但即使正常情况下的定向凝固，在生长速率过高的情况下，也可能观察到平界面失稳的现象. 图 16.3 所示的 $LiNbO_3$ 晶体的生长条纹照片就说明了这一点. 照片上的条纹反映了生长过程中固液界面的形态，条纹的间隔表示旋转一周界面推移的距离. 在照片上方显示了一系列平行的固液界面，表明界面形态保持其稳定性. 但随着条纹间隔的加大(即界面速率提高)，终于导致平界面的失稳.

下面对此作一简单的分析：在上节中曾推导出稳态凝固中液相内溶质浓度分布的表示式 (16.12)，而界面附近的温度可以近似地认为是随 x 作线性变化的，令 G_T 表示温度梯度，T_i 表示界面温度，那么

$$T(x) = T_i + G_T x, \tag{16.21}$$

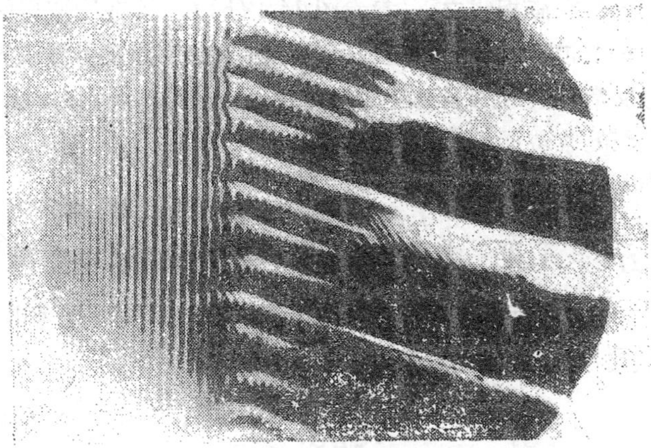

图 16.3 $LiNbO_3$ 晶体生长过程中固液界面的失稳[30].

这样,我们只需将式(16.12)中的变数 x 按式(16.21)变换为 T, 就可求得 $c(T)$, 即 c 作为温度的函数关系. 将 $c(T)$ 画在相图上,即得到图 16.4 中的破折线. 要注意, c_0 为凝固前溶液浓度,根据稳态定向凝固的边值条件 (16.11), 它就等于固相的浓度. 所以根据 $c = c_0$ 直线与固相线的交点就确定界面温度 T_i, 而 $T = T_i$ 直线与液相线的交点,就确定固液界面处液相浓度的峰值 c_{eq} (界面上满足局域热力学平衡条件). $c(T)$ 曲线在界面(即 $T=T_i$)附

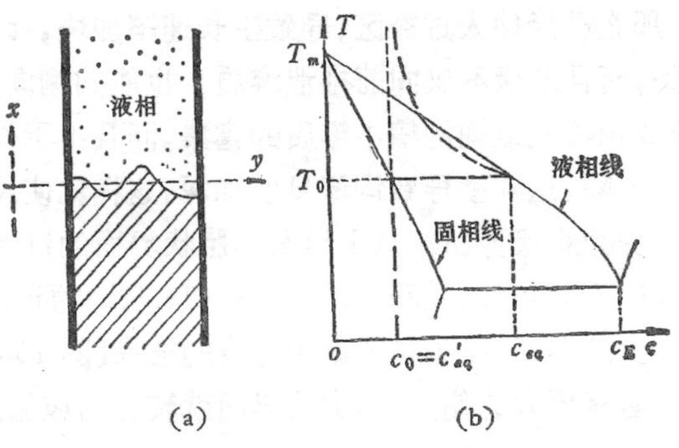

图 16.4 组分过冷的说明(示意图).

近，可能落在液相线之下(参看图 16.4 (b))，即在固液界面的前沿出现一个过冷区，这种过冷区的出现是由于固液界面边界层溶质组分反常所造成的，被称为组分过冷. 从图 16.4 可以看出，组分过冷出现的临界条件就绝对值而言，$c(T)$ 曲线（图中的虚线）在 T_i 点的斜率要大于液相线的斜率，即

$$\left|\frac{dc_{eq}}{dT}\right|=\frac{1}{|m|}<\left|\frac{dc(T)}{dT}\right|_{T=T_i}=\frac{1}{G_T}\left|\frac{dc(x)}{dx}\right|_{x=0}. \qquad (16.22a)$$

引入界面处的浓度梯度 G_c，其数值可由式(16.12)，而且考虑到 m，G_c 正负同号，因而组分过冷的判据可表示为:

$$\frac{mG_c}{G_T}=-\frac{mc_0(1-\kappa_0)v}{\kappa_0 DG_T}>1, \qquad (16.22b)$$

这个关系式是蒂勒（W. A. Tiller）等于 1953 年首先导出的[6]，标志了界面形态稳定性理论的开始. 从式(16.22b)可以看出，容易导致组分过冷的，就外界约束条件而言，界面速率过高（v 大）或温度梯度过小(G_T 小)；就材料参量而言，为溶质浓度高（c_0 大），液相线斜率陡（$|m|$ 大），平衡分布系数小（κ_0 小），或扩散系数小（D 小）. 下面来探讨满足了组分过冷条件的实际后果. 因为在定向凝固过程之中，界面总会不可避免地受到一些干扰. 例如干扰使界面产生一系列的局部凸缘(参看图 16.5). 如果界面前沿没有组分过冷区，那末凸缘就伸入高于熔点区域，随即熔化，从而使界面恢复平坦，在这种情况下，平界面是稳定的. 如果界面前沿存在组分过冷区，那么凸缘伸入过冷区，导致生长速率加快，因而凸缘不会自动消失，而且凸缘不仅向前排泄溶质，也能向侧向排泄溶质，这样，会导致相邻凸缘间沟槽中溶质的富集，而且由于熔点随溶质浓度增高而下降，这样就导致沟漕日益加深，这样就使原来平坦的界面失稳而变为胞状界面. 从平界面向胞状界面的过渡正好对应于组分过冷的临界条件，从而可以检验式(16.22b)的正确性. 这方面进行了不少工作，获得了和理论相符合的结果(图 16.6). 当生长参量和临界值有更大的偏离时，胞状界面就转化为枝晶的列阵(或柱状枝晶).

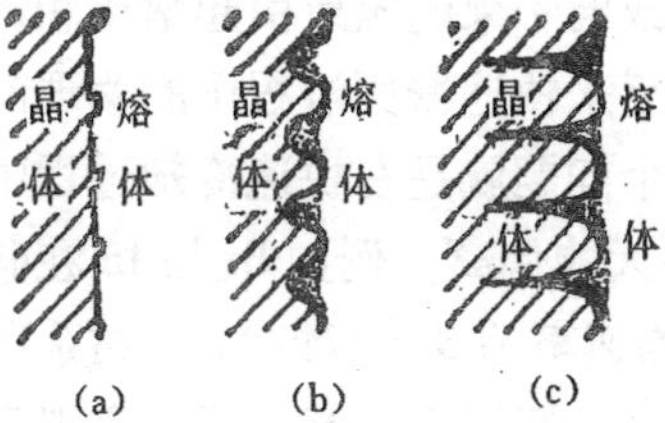

图 16.5　胞状界面的形成过程（示意图）.

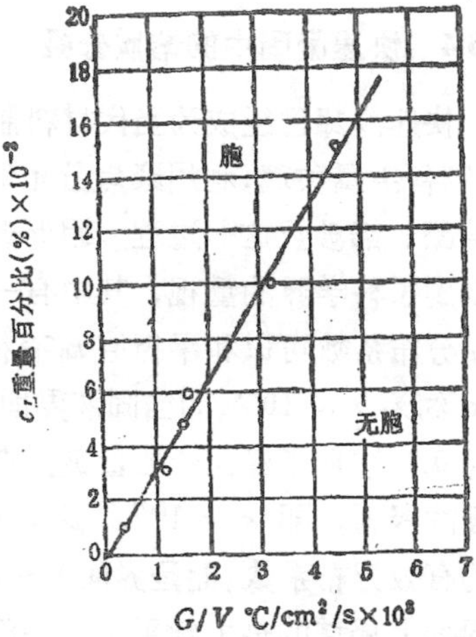

图 16.6　Pb-Sb 合金中组分过冷临界条件的实验验证．图中圆圈为实验值，直线为理论值．

在单晶生长中胞状界面的出现，引起沿胞区周界溶质富集，造成晶体品质低劣，这是应该尽量避免的．式(16.22)的导出，指明了避免组分过冷所应采取的有效工艺措施．又如铸锭突然冷却下来，周界温度较低，先进行凝固，因而就温度场而言，和定向凝固相似，是有利于保持界面的稳定性的，但由于组分过冷的效应，将导致界面形态的严重失稳，造成一丛丛枝晶向内部生长，造成溶质的偏析．这些事实都说明了组分过冷这一理论在生产实践中有重要意义．另一方面，它也初步阐明了定向凝固中平界面的失稳现象，为界面形态稳定性的科学理论开辟了道路．当然，也应该看到，这一理论的不足之处：诸如，表面张力的影响完全被忽略了，过分依赖热力学关系，而对至关紧要的动力学因素没有予以充分考虑．我们将在第 II 节中介绍更加全面而且定量化的界面失稳动力学理论，在此基础上再回过来更深入地处理定向凝固中的界面失稳问题（第十七章第 II 节）．

§16.4 快速凝固中的溶质分凝

快速冷却已经成为当代材料制备和处理技术中的一个重要手段，制备金属玻璃，利用聚焦激光束或电子束的照射引起熔化和重新结晶，都涉及这一过程。因而近年来快速凝固过程中的物理问题受到了科学界的重视，其中有一个问题就是在快速冷却过程中溶质分布系数可以和平衡值 κ_0 有很大的偏离，例如 Bi 与 In 在硅中 κ_0 约为 5×10^{-4}，而当固液界面的速率为 5 米/秒时，分布系数约为 0.3，增加了好几个数量级。在有些情况下，甚至可以实现无分凝的凝固，即 $\kappa=1$[37]。这里所讲分布系数并不是 §16.2 中所讲的有效分布系数，而是界面上实际的分凝系数，表明在快速冷却中界面上局域的热力学平衡条件已经不复成立。培刻与卡恩首先引入用式(16.4)，(16.5)表示的响应函数，探讨了界面上无分凝的凝固过程的可能性[32]。在他们的处理中放弃了界面上局域的热力学平衡条件，而只保留一个热力学的制约条件，即凝固过程应导致系统中自由能的下降。下面来具体考虑一种 AB 两组元的合金。图 16.7 示出某一温度 T_i 的固、液两相的自由能曲线，并将对应于浓度 c' 及 c 点的切线也画出来。凝固的热力学条件为，当无穷小量的浓度为 c 的液相在温度 T_i 转变为浓度为 c' 的固相时，自由能的变化 ΔG 应为负值，即

$$\Delta G=(\mu_A'-\mu_A)(1-c')+(\mu_B'-\mu_B)c'\leqslant 0. \qquad (16.23)$$

在缓慢凝固过程中，通常认为在界面上存在局域平衡，即 $\mu_A'=\mu_A$，$\mu_B'=\mu_B$，换言之，c' 与 c 应位于两自由能曲线的公切线上，式(16.23)取等号。图 16.7 示出 ΔG 为负值时的情况，这样就导致分布系数和平衡值的偏离，这种现象被称为溶质拘陷(solute trapping)[37]。下面我们来分析式 (16.23) 这一热力学条件对溶质分凝的影响。这可以用图 16.8 来予以说明。假设凝固前液相的成分为 c_0，那么图中的影线区就代表凝固后界面上固相成分的可能范围。当温度刚冷却到和液相线相交时，此时和液相浓度 c_0 相对应的固相浓度是唯一的，只可能等于其平衡浓度，这就相当于影

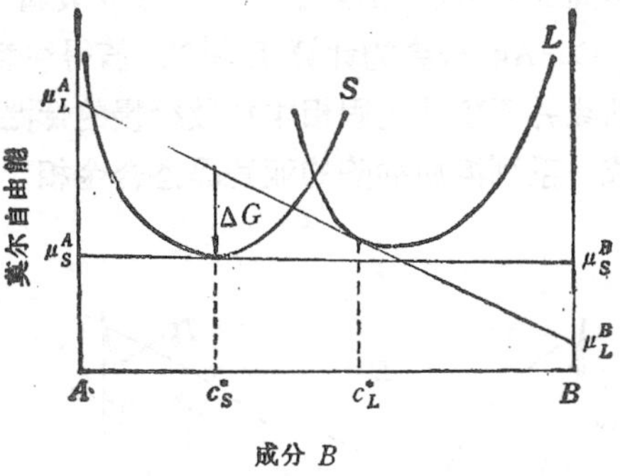

图 16.7 快速凝固中，自由能变化 ΔG 的示意图。从成分为 c 的液相凝固为成分为 c' 的固相，处于非平衡条件下，因而 $\mu_A \neq \mu'_A$，$\mu_B \neq \mu'_B$.

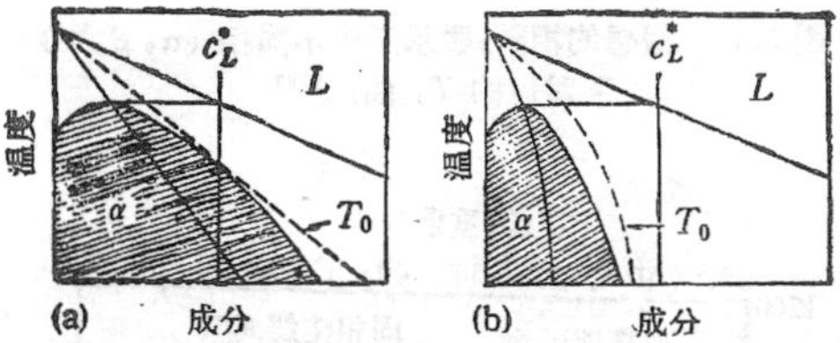

图 16.8 快速凝固中热力学条件允许的固相成分区（影线区）. 原始液相成分为 c_0，T_0 为该成分无分凝凝固的最高温度. (a) $c = c_0$ 和 $T_0(c)$ 曲线相交；(b) $c = c_0$ 和 $T_0(c)$ 曲线不相交.

线区的顶点. 继续下降温度，允许存在的固相浓度范围也相应地扩大了. 特别值得注意的是处于液相线和固相线之间的 $T_0(c)$ 曲线. $T_0(c)$ 曲线上每一点的 T 与 c 的值就表示在该温度和浓度，固相与液相有相同的自由能. 因而当界面温度达到 T_0 曲线时，固相的浓度可以等于液相的浓度，即实现无分凝的凝固. 不同的合金中 T_0 曲线是有差异的. 图 16.8(b) 所示的 T_0 曲线下降得很陡，在这种情况下，对于成分 c_0 就不可能实现无分凝凝固. 即使以很高的速率凝固时，分布系数也不会等于 1. 有人认为，不可能实现无分凝凝固是和形成玻璃态有联系的[38]. 例如图 16.9 所示出的是假想的三种不同的固相所对应的 T_0 曲线，图中的影线区为不可能实现无分凝凝固成分范围,相当于有利于形成玻璃态的区域.图16.10中示出了 Cu-Ag 合金的计算相图[39]. 值得注意的是,在这一合金中,T_0 曲线并不延伸到固相中扩散缓慢的低温区. 这样,快速冷却将形成一系列溶质掏陷的亚稳晶态合金相,而不形成玻璃态.

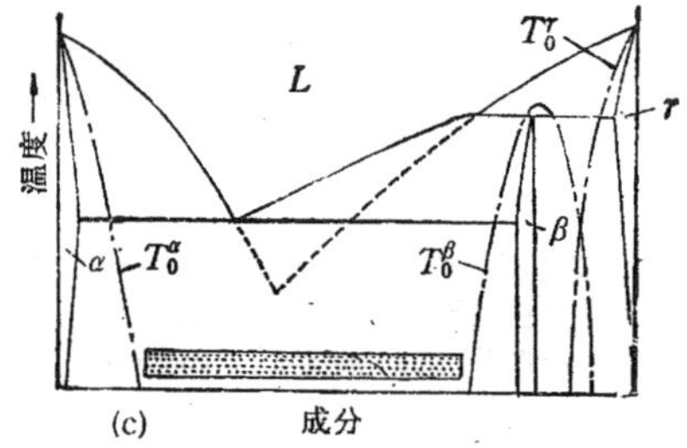

图 16.9 假想的相图,显示三个不同相(α, β, γ)所对应的 T_0 曲线[38].

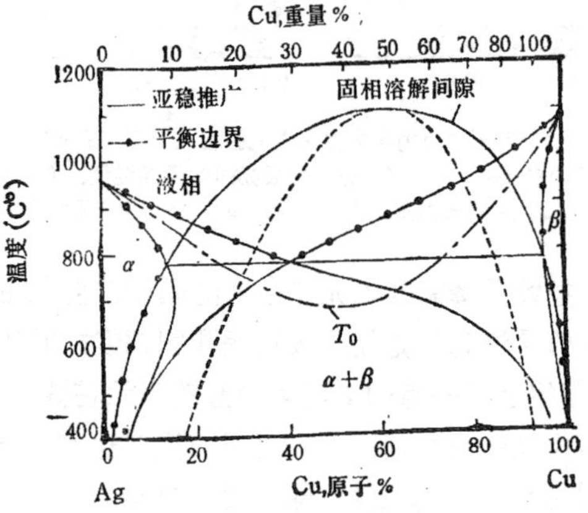

图 16.10 Cu-Ag 合金的计算相图,显示出连续的 T_0 曲线[39].

既然快速冷却可以避免溶质分凝,那么,固液界面前沿将不出现溶质富集的边界层,从而使组分过冷区也不会出现. 显然,式(16.22)所表示的界面形态失稳判据将对快速凝固失效. 可以预期,当固液界面以甚高的速率运动时,界面形态仍将保持稳定(理

论分析参看 §16.8)。

II 界面形态失稳的动力学分析

上节对于定向凝固过程中平界面的失稳进行了初步分析，提出了组分过冷的概念。这种界面形态失稳是具有普遍性的，需要作更加深入的理论探讨。莫林斯与塞克加于 1963 年首先进行了系统的线性稳定性分析，说明了此过程内在的动力学本质。这种分析也被推广到处理其他的几何形态和其他的传输现象引起的失稳。为了避免繁复的数学，突出问题的物理本质，这里主要介绍这一理论的准稳态近似，处理的方法大体上依循朗格的评述性论文[27]。本节中既考虑单一传输模式起作用的情形，如纯物质的凝固，或在等温场中沉淀相的生长；也考虑两种传输模式同时起作用的情形，如合金的定向凝固。

§16.5 传输理论的统一表述

界面失稳问题总是和溶质传输或热量传输问题联系在一起的，需要求解扩散方程或热传导方程。而这两种方程的数学形式是相同的，它们的解可以相互套用。虽然温度场与浓度场在性质上有许多相似之处，但也有差异之处，这表现在界面的边值条件上。在固液界面上温度是连续的，而溶质浓度却是不连续的，其差异决定于分布系数 κ。如果采用化学势来代替溶质浓度，就可以消除这种差异。令 μ 表示溶质原子相对于溶剂原子的化学势，$\tilde{\mu}$ 表示 μ 和温度为 T^* 两相平衡的化学势平衡值 $\mu_e(T^*)$ 的差异，即

$$\tilde{\mu} = \mu - \mu_e(T^*), \tag{16.24}$$

如和平衡偏离不大，可以写为

$$\begin{aligned} \tilde{\mu} &= \delta c \left(\frac{\partial \mu}{\partial c}\right)_{c=c_e}，(\text{液相内})， \\ \tilde{\mu} &= \delta c' \left(\frac{\partial \mu}{\partial c}\right)_{c=c'_e}，(\text{固相内})， \end{aligned} \tag{16.25}$$

这里的 δc 表示局域的浓度偏离.

这样,扩散方程就可以写为

$$D_c\nabla^2\tilde{\mu} = \frac{\delta\tilde{\mu}}{\delta t}, \tag{16.26}$$

这和热传导方程

$$D_T\nabla^2 T = \frac{\delta T}{\delta t} \tag{16.27}$$

完全相似,而

$$D_c = M\ \frac{\partial\mu}{\partial c}, \tag{16.28}$$

这里的M和迁移率成正比. 这样,式(16.3)可改写为

$$n\cdot(M'\nabla\tilde{\mu}' - M\nabla\tilde{\mu}) = \Delta c v_n. \tag{16.29}$$

而在界面上 $\tilde{\mu}$ 是连续的,其数值为

$$\tilde{\mu}^* = -\left(\frac{\gamma}{\Delta c}\right)K, \tag{16.30}$$

γ, K 的定义见式 (16.4). 这就显示出用化学势来取代浓度的优越性. 浓度场中可能有不连续的界面, 而且可能有上坡扩散或逆扩散, 即溶质由浓度低处流向高处. 而在化学势场中总是下坡扩散(参阅本书第一卷 §10.3).

下面为了强调传热与传质的等效性. 可以引入无量纲的场量 u

$$u = \begin{cases} \dfrac{T - T_m}{L/c_p}, & (\text{传热模型}), \\ \dfrac{\tilde{\mu}}{\Delta c\left(\dfrac{\partial\mu}{\partial c}\right)}, & (\text{传质模型}). \end{cases} \tag{16.31}$$

连续性条件可表示为

$$v_n = D[\beta\nabla u' - \nabla u]\cdot n, \tag{16.32a}$$

这里

$$\beta = \begin{cases} D'c_p'/Dc_p, & (\text{传热}), \\ M'/M, & (\text{传质}). \end{cases} \tag{16.32b}$$

而界面的吉布斯-汤姆逊关系可写为

$$u^* = -d_0K, \tag{16.33a}$$

这里的 K 为界面曲率，d_0 为表示表面张力(其系数为 γ) 效应的毛细长度

$$d_0 = \begin{cases} \gamma T_m c_p/L^2, & (\text{传热}), \\ \gamma/(\Delta c)^2 \left(\dfrac{\partial \mu}{\partial c}\right), & (\text{传质}). \end{cases} \tag{16.33b}$$

下面我们就采用这统一的表述来处理界面形态失稳的问题，从简单的情形开始.

§16.6 平界面的失稳条件(单一传输模式)

定向凝固虽然从几何条件上来看是最简单的，但物理上却包含了复杂性.即传质和传热同时在进行，而且固液界面上正值的温度梯度对运动界面起了稳定作用.下面首先考虑更简单的情形，即几何条件和定向凝固相似，但只有单一传输模式在起作用，例如只有热传导，而无溶质扩散；或者反过来，有扩散而无热传导。前者相当于纯材料的凝固. 考虑垂直于 x 轴的平固液界面以 v 的速率沿 x 轴运动. 如果沿 x 轴存在正的温度梯度，那么，这样的运动界面显然是稳定的，无需乎仔细分析；值得研究的是沿 x 轴有负的温度梯度的情况，这样，界面的前沿存在过冷的区域. 但是过冷也不能过于厉害，否则界面根本是不稳定的，就不存在从稳态到失稳的转变.因此我们感兴趣的是界面前沿有微弱过冷这一情形.正如我们在 §16.2 中所做的那样，我们要将扩散方程转换到以 v 速率运动的坐标系 x，达到稳态时，扩散方程有如下的形式

$$\nabla^2 u + \frac{1}{l}\frac{\partial u}{\partial x} = 0, \tag{16.34a}$$

这里的 l 为扩散长度，即

$$l = \frac{D}{v}, \quad \left(l' = \frac{D'}{v}\right). \tag{16.34b}$$

式(16.34a)满足连续性条件的解为(参看图 16.12(a))

$$u = \begin{cases} \exp\left(-\frac{x}{l}\right) - 1, & x \geqslant 0, \text{ 液相}, \\ 0, & x \leqslant 0, \text{ 固相}, \end{cases} \tag{16.35}$$

界面处于 $x = 0$ 处. 这里选择的边值条件为

$$\begin{aligned} x = 0, \quad & u = 0, \\ x = \infty, \quad & u = -1, \end{aligned} \tag{16.36}$$

这种比较轻微的过冷，足以导走界面释放出来的潜热，使稳态的解(对任意的 v 值)可能存在. 因此形态稳定性分析的第一步是找出扩散方程的稳态的解. 至于这样的解所对应的界面是否会发生形态失稳，那就需要在界面上引入微小的干扰来考验这个解是否在物理上是稳定的.这是界面形态稳定性分析最关键的一步.如果干扰会自发地消失,这就意味着界面在物理上也是稳定的;如果干扰不仅不消失,反而增长起来,那么，界面就是不稳定的. 在固液界面运动过程中会受到各种形式的干扰，我们可以设想干扰为沿界面具有周期性的微小变形. 干扰波的波矢 $\boldsymbol{k}$ 与 x 轴垂直，我们即可选择坐标轴 y 就沿了 $\boldsymbol{k}$ 的方向. 这样，在干扰前平界面的解为 $x = 0$，在干扰后界面的坐标变为

$$x(y, t) = \delta(y, t) = \delta_k \exp(iky + a_k t), \tag{16.37}$$

其几何关系如图 16.11 所示. 这当中最关键的参量为 a_k，它等于振幅的相对增长率，即

$$a_k = \frac{1}{\delta_k} \frac{\partial \delta(t)}{\partial t}. \tag{16.38}$$

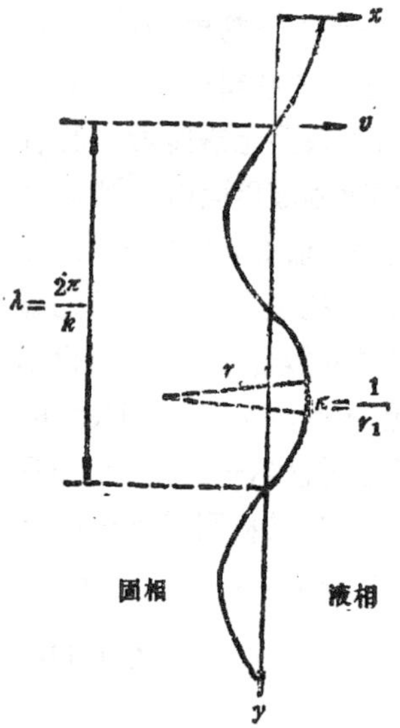

图 16.11 界面干扰波的几何关系.

如果 a_k 是正值，那么，干扰振幅与时俱增，界面是不稳定的；如果 a_k 为负值，干扰振幅将随时间而趋于零，表明界面对干扰是稳定的.

严格说来，下一步应该去解式(16.26)的扩散方程，求出干扰增长率 a_k 的表达式。这里我们采用准稳态近似，在原有的稳态解(16.34a)上再加一项反映干扰波的效应。这样，液固两相的解分别为

$$\left.\begin{aligned} &\text{液相，} u \simeq \exp(-x/l) - 1 + u_k \exp(iky - qx + a_k t), \\ &\text{固相，} u' \simeq u'_k \exp(iky + q'x + a_k t). \end{aligned}\right\} \quad (16.39)$$

上式中 q 和 q' 项前的符号正好相反，这反映了干扰对于 u 的影响将随 x 点远离界面而衰减。将式 (16.39) 代入稳态扩散方程(16.34)，可以求出 q 及 q' 所满足的方程，即

$$\left.\begin{aligned} -\frac{q}{l} + q^2 - k^2 = 0, \\ \frac{q'}{l} + q'^2 - k^2 = 0, \end{aligned}\right. \quad (16.40)$$

q', q 应为此方程的正值的根。剩下待定的还有系数 u_k 和 u'_k，这可用边界条件(16.36)来确定. 在$x=\delta_k$处，界面的曲率为$K \simeq k^2\delta_k$ (见图 16.11)，

$$(u)_{x=\delta_k} = (u')_{x=\delta_k} = -d_0 k^2 \delta_k. \quad (16.41a)$$

考虑到 u_k, u_k 和 δ_k 都是微小的量，可以进行线性化处理，即在级数展开中舍弃高次项，即得

$$-\frac{\delta_k}{l} + u_k = u'_k = -d_0 k^2 \delta_k. \quad (16.41b)$$

下面的问题就在于利用连续性方程(16.32) 来推导出 a_k 的表示式. 由于干扰波的影响，界面的运动速率就由原来的 v 变为 $v+(\partial\delta(t))/\partial t)$，所以在 $x=\delta_k$ 处，式(16.32)的连续性条件可表示为

$$v + a_k\delta_k = D\left(\beta\frac{\partial u'}{\partial x} - \frac{\partial u}{\partial x}\right)_{x=\delta_k}. \quad (16.42a)$$

在利用式(16.39)来求 $\partial u'/\partial x$ 及 $\partial u/\partial x$ 的值时，也采用线性化处理，得到

$$a_k\delta_k = -\left(\frac{v}{l}\right)\delta_k + Dqu_k + \beta Dq\,u'_k. \quad (16.42b)$$

用式(16.41b)来消去这里的u_k和u'_k，终于求出了a_k的表示式，即

$$a_k = v\left[q - \left(\frac{1}{l}\right)\right] - D(q + \beta q')d_0k^2. \qquad (16.43a)$$

在界面速率较低的情形，$(1/2)kl \gg 1$，即 $k \gg v/2D$，此时 $q \simeq q' \simeq k$，上式可简化为

$$a_k \simeq kv[1 - (1 + \beta)d_0lk^2] \qquad (16.43b)$$

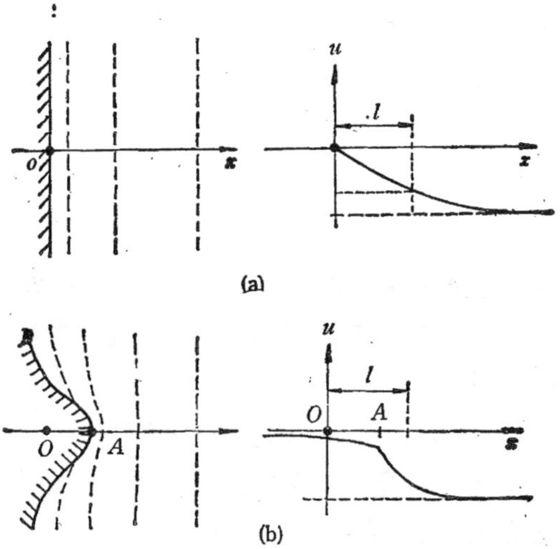

图 16.12 平界面的失稳(单一传输模式)示意性的说明.
(a) 干扰前； (b) 干扰后.

下面对式(16.43)的物理意义作一些解释：公式主要包含两项，一项具有正值，它和界面运动速率 v 成正比，其效果是导致失稳的；另一项具有负值，是和表面张力有关的，起了稳定表面形态的作用，其作用可以用图 16.12 来阐述. 图 16.12(a) 表示干扰前的稳态解，虚线相当于温场的等温线. 图 16.12(b) 示出了干扰引起的凸缘. 如果不考虑表面张力的作用，由于等温线间距被压缩，凸缘进入过冷区域，将导致凝固速率的增大；而另一方面 B 点处进入过热区域，将导致回熔. 而表面张力的作用，根据式(16.33)所表示吉布斯-汤姆逊关系式，由于曲率不同，将使曲率大的 A 点处

熔点下降较多，不易凝固；而曲率较小的 B 点处，熔点下降甚小，而且热流从 B 流向 A，导致平界面的恢复。所以这两种因素的消长，就决定了干扰波振幅增长率的符号。

下面来讨论干扰波的波数或波长 $\lambda=2\pi/k$ 对于界面稳定性的影响.求解 $a_k=0$，一个根为 $k=0$，表明对于长波干扰，界面是不稳定的。另外两个根为 $1-(1+\beta)d_0lk^2=0$，这样，可以确定临界的干扰波长

$$\lambda_c=\frac{2\pi}{k_c}=2\pi\sqrt{\frac{(1+\beta)d_0D}{v}}. \tag{16.44}$$

而干扰振幅增长率的极大值出现于 $da_k/dk=0$，即

$$\lambda_m=\frac{2\pi}{k_m}=\sqrt{3}\,\lambda_c \tag{16.45}$$

图 16.13 表示了 a_k 与干扰波长 λ 的关系。

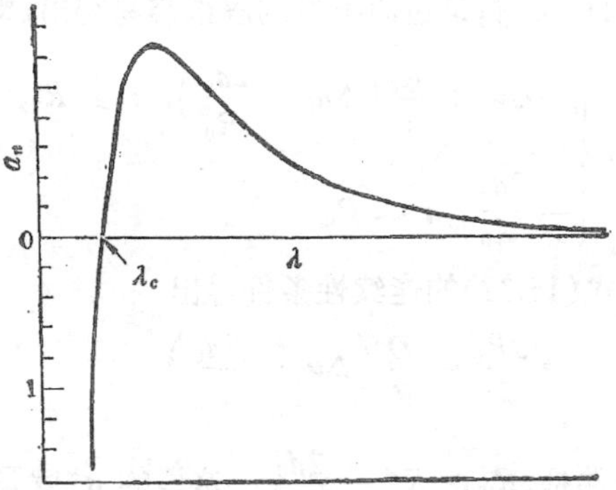

图 16.13 干扰振幅的相对增长率作为干扰波长的函数(示意图).

在界面失稳问题中，临界干扰波长 λ_c，起了很重要的作用，它确定了失稳图象的特征尺寸，特别是在失稳的初期。扩散长度一般是宏观的量级，而 d_0 相当于界面厚度，为埃的量级。β 值在传热情况下约等于 1，而在扩散情况近于零，表明前面设定的 $(1/2)\ kl\gg 1$ 的条件的确可以被满足。这样定出 λ_c 的值约为微米的量级。

§ 16.7 球形界面的失稳条件(单一传输模式)

下面我们来考虑另一种几何形状的问题,即球体的生长过程. 严格说来,这种情况是没有真正的稳态解,因为球体生长的速率是与其半径有关的,在这种情况下,值得注意的问题是, 在什么条件下球体可以保持其球形生长? 我们考虑半径为 R_0 的球体,在准稳态近似中,扩散场满足下述拉普拉斯方程:

$$\nabla^2 u(r)=0. \tag{16.46}$$

在无穷远处保持一定的过冷度 Δu_0, 而吉布斯-汤姆逊关系式(16.33)则给出球面 $r=R_0$ 的边值条件

$$\begin{aligned} u(r)_{r=\infty} &= -\Delta u_0, \\ u(r)_{r=R_0} &= -\frac{2d_0}{R_0}. \end{aligned} \tag{16.47}$$

这样,式(16.46)满足边值条件的解很容易得出,即

$$u_0(r)\begin{cases} -\Delta u_0+\dfrac{R_0}{r}\left(\Delta u_0-\dfrac{2d_0}{R_0}\right), & r\geqslant R_0, \\ -\dfrac{2d_0}{R_0}, & r\leqslant R_0. \end{cases} \tag{16.48}$$

生长速率可由式(16.32)的连续性条件导出

$$v_R=\frac{dR_0}{dt}=\frac{D}{R_0}\left(\Delta u_0-\frac{2d_0}{R_0}\right), \tag{16.49}$$

v_R 为正值的条件是,$R_0>R^*=\dfrac{2d_0}{\Delta u_0}$。这里的 R^*就是成核的临界半径. 式(16.49) 表明 v_R 的值是随着 R 的增大而变化的, 只有当 Δu_0 值甚小时,球体半径 R 将随时间作缓慢地增长, 方可近似地作为准稳态过程来处理. 我们可以对单一传输模式的球体生长给出两种不同的物理解释:一是传热模型,式(16.48)给出的温场分布如图 16.14(a)所示. 在球面上的温度比熔点 T_m 略低一些(吉布斯-汤姆逊关系),在球面外液相中的温度是随 r^{-1} 递减的,到 $r\to\infty$, $T\to T_\infty$, Δu_0 标志无穷远处的过冷度 (T_m-T_∞)。凝固潜热沿

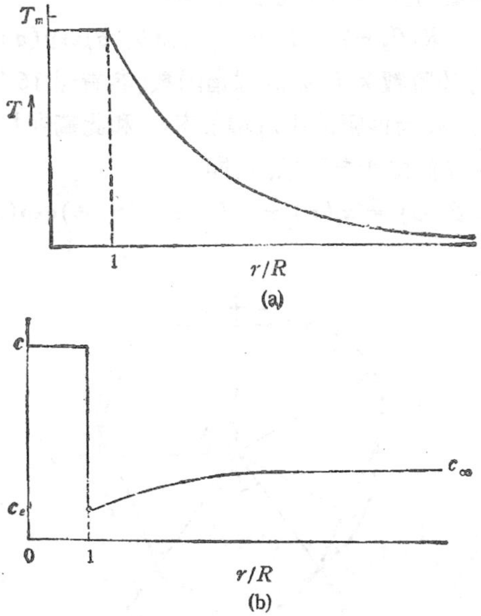

图 16.14　球对称的稳态扩散场.
(a) 传热模型； (b) 传质模型.

着负值的温度梯度而缓慢外流，从而导致球体的长大. 另一是传质模型，对应于高溶质浓度的沉淀相从溶液中析出. 此时溶质分布系数 $\kappa = c'/c > 1$，即 $\Delta c = c - c' < 0$. 对于稀溶液 $\partial\mu/\partial c \simeq 1$，因而式(16.48)所表示的化学势和平衡值偏离的分布实质上代表了溶质浓度和平衡浓度偏离的分布，即过饱和度的分布.因而液相中溶质浓度的分布可以表示为

$$c(r) = c_\infty + (c_e - c_\infty)\frac{R_0}{r}. \qquad (16.50)$$

浓度在无穷远处最高，而在固液界面处最低(见图16.14(b))溶质从浓度高处朝向低处扩散，一直到越过界面进入固体. 最后一步就浓度梯度而言，为上坡扩散；但是就化学势梯度而言，仍然是下坡扩散，在 $\kappa<1$ 的情形，球体不会自发地长大.

下面引入干扰来考验上述的解的稳定性. 如果对半径为 R 的

球体加以少量畸变，那么，在极坐标中

$$R(\theta, \phi) = R_0 + \delta_j Y_{j,m}(\theta, \phi)\exp(a_j t) \qquad (16.51)$$

这里的 $Y_{j,m}$ 为阶数为 j, m 的球谐函数(参看图 16.15)。δ_j 为微小畸变的振幅，a_j 为振幅的相对增长率。和此畸变相应的扩散场可由球坐标的拉普拉斯方程求出，即

$$u(r, \theta, \phi) = u_0(r) + u_j(r)Y_{j,m}(\theta, \phi)\exp(a_j t) \qquad (16.52)$$

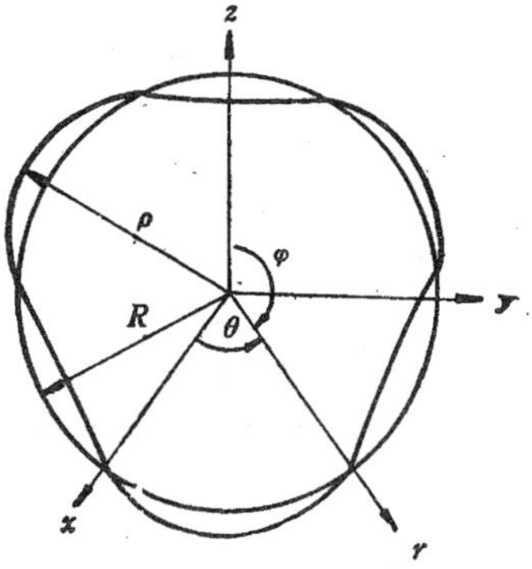

图 16.15 球谐函数所对应的球形畸变 ($x = r\sin\varphi\cos\theta$, $y = r\sin\varphi\sin\theta$, $z = r\cos\varphi$).

这里的

$$u_j(r) = \begin{cases} \dfrac{b_j}{r^{j+1}}, & 液相, \\ b'_j r^j, & 固相, \end{cases} \qquad (16.53)$$

这里的 b_j 和 b'_j 都是待定的系数。我们可以利用边值条件式(16.36)来确定它。具体计算中需要知道略有畸变的球面的曲率表示式

$$K = \frac{2}{R_0} + \frac{Y_{j,m}\delta(j-1)(j+2)}{R_0^2}, \qquad (16.54)$$

它对坐标 θ, ϕ 的依赖关系和 $Y_{j,m}$ 的相同. 我们可在固液界面上来确定，即

$$(u)_{r=R_0} = (u')_{r=R_0} = -d_0\left[\frac{2}{R_0} + \frac{Y_{j,m}\delta_j(j-1)(j+2)}{R_0^2}\right]. \qquad (16.55a)$$

由于 δ_j 为一小量，级数展开式的高次项可以舍弃（线性化处理），而且取值可以在 $Y_{j,m}\simeq 1$ 处进行，这样，就可以 b_j,b'_j 的表示式

$$-\frac{v_R}{D}\delta_j+\frac{b_j}{R_0^{j+1}}=b'_jR_0^j=-\frac{d_0}{R_0^2}(j-1)(j+2)\delta_j。\quad(16.55b)$$

下面就可以利用连续性条件 (16.32) 来确定 a_j。由于干扰的影响，界面运动速率应为

$$\frac{dR}{dt}\simeq\frac{dR_0}{dt}+a_j\delta_jY_{j,m},\quad(16.56)$$

这样，在界面处

$$v_R+a_j\delta_jY_{j,m}=D\left(\beta\frac{\partial u'}{\partial r}-\frac{\partial u}{\partial r}\right)_{r=R}。\quad(16.57a)$$

上式仍在 $Y_{j,m}\simeq 1$ 处取值，并对 δ_j 的展开式作类似的线性化处理，可得到

$$a_j\delta_j=-\frac{2v_R}{R_0}\delta_j+\frac{(j+1)Db_j}{R_0^{j+2}}+j\beta DR_0^{j-1}b'_j。\quad(16.57b)$$

利用式 (16.55b) 消去上式中 b_j 与 b'_j，即可以求得干扰振幅的相对增长率的表示式，即

$$a_j=\frac{(j-1)}{R_0}\left\{v_R-\left(1+\frac{1}{j}+\beta\right)\frac{Dd_0j(j+2)}{R_0^2}\right\}。\quad(16.58)$$

此式和式(16.43b)极其相似，而且在 $R_0\to\infty,j\to\infty,j/R=k$ 的极限，两者就等同了. $a_j>0$，干扰振幅就会增长. 我们也可以应用式(16.49)将 v_R 消去，将增长率表示为 Δu_0 或 R^* 的函数. 这样可以求出 $a_j=0$ 的条件为

$$\frac{R_j^*}{R^*}=1+\frac{1}{2}\left(1+\frac{1}{j}+\beta\right)j(j+2);\ j\geqslant 2。\quad(16.59)$$

最小的 R_j^* 值出现于 $j=2$. 若 $\beta\simeq 1$（传热），则 $R_j^*\simeq 11R^*$；若 $\beta\simeq 0$（传质），即 $R_j^*\simeq 7R^*$，表明球形的失稳起始比临界核的半径大不了多少. 式(16.59)表示的条件被称为失稳判据. 考虑到球体半径也在随时间增长，虽然发生了失稳，但形态的变化并不很明显. 可以再引入显著失稳判据，即

$$a_j = \frac{v_R}{R_0}, \tag{16.60}$$

即当 $a_j > v_R/R_0$ 时，球体的变形就可以明显察觉，这里 a_j 用式(16.58)代入，即可求出

$$\frac{R_j}{R^*} = 1 + \frac{1}{2}\frac{(j-1)}{(j-2)}\left(1 + \frac{1}{j} + \beta\right)j(j+2). \tag{16.61}$$

显然 $j \geqslant 2$，如果令满足此条件的最小值 $j = 3$ 代入，若 $\beta = 1$，则 $R_j = 36R^*$；若 $\beta = 0$，则 $R_j = 21R^*$。

§ 16.8 平界面的失稳条件（混合传输模式）

现在回到 § 16.6 中讨论过的平界面失稳问题，所不同的是考虑凝固的材料为二元合金，这就涉及溶质扩散问题；另外还要加上一个促使界面稳定化的温度场，即沿 x 轴加一正的温度梯度 G_T。这样，问题就复杂化了，既要考虑溶质扩散的传质模式，又要考虑热量传输的传热模式。由于温度存在不均匀性，使式(16.3)中的 Δc 要用特定的参考温度 T_0 下的 Δc_0 值来取代。同时，由于 Δc 在空间中作不均匀的分布，式(16.32)所表示的连续性方程也要改写为

$$\left(\frac{\Delta c}{\Delta c_0}\right)v_n = D[\beta(\nabla u') - (\nabla u)]\cdot \boldsymbol{n}. \tag{16.62}$$

由于传质与传热同时在进行，就需要考虑两种毛细长度间的量级关系，按照溶质凝固的克拉泊龙-克劳修斯关系式，潜热 L 等于

$$L = -T_m(\Delta c)\left(\frac{d\mu}{dT}\right)_{cx}, \tag{16.63}$$

这里的 $(d\mu/dT)_{cx}$ 表示在 μ-T 平面上两相共存线的斜率，即

$$\left(\frac{d\mu}{dT}\right)_{cx} = \left(\frac{\partial\mu}{\partial c}\right)\frac{dc_{eq}}{dT} + \frac{\partial\mu}{\partial T}. \tag{16.64}$$

解出 $(\partial\mu/\partial c)$，代入式(16.33b)中传质模型的 d_0 表示式中

$$d_0 = \frac{\gamma\dfrac{dc_{eq}}{dT}}{(\Delta c)^2\left(\dfrac{L}{T_m\Delta c} + \dfrac{\partial\mu}{\partial T}\right)}. \tag{16.65}$$

对于稀溶体，当 Δc 甚小时，$\partial\mu/\partial T$ 这个量可以忽略不计，这样

$$d_0=\frac{\gamma T_m}{(\Delta c)L}\frac{dc_{eq}}{dT}=\frac{1}{(\Delta c)}\left|\frac{dc_{eq}}{dT}\right|\frac{L}{c_p}(d_0)_T, \tag{16.66}$$

这里 $(d_0)_T$ 为传热模型的毛细长度，要比传质模型的 d_0 小好几个数量级，所以在定向凝固问题可以将传热的毛细长度忽略不计。这样，当界面发生位移 δ，由于温度梯度和吉布斯-汤姆逊效应，Δc 将和 Δc_0 有偏离，因而

$$\left(\frac{\Delta c}{\Delta c_0}\right)\simeq 1-\frac{(1-\kappa_0)}{l_T}\delta+\left(\frac{\mu_c}{\mu_c'}-1\right)d_0K, \tag{16.67}$$

这里 κ_0 就是合金凝固溶质分布系数(§16.1)，而

$$\frac{u_c}{u'_c}=\frac{\left(\frac{\partial\mu}{\partial c}\right)_{c=c_{eq}}}{\left(\frac{\partial\mu'}{\partial c}\right)_{c=c'_{eq}}},\frac{\frac{dc'_{eq}}{dT}}{\frac{dc_{eq}}{dT}}=\kappa_0. \tag{16.68}$$

定义导热长度 l_T

$$\frac{1}{l_T}=\frac{G_T}{(\Delta c_0)}\left|\frac{dc_{eq}}{dT}\right|, \tag{16.69}$$

类似地

$$\frac{1}{l'_T}=\frac{D'G_T}{\beta D(\Delta c_0)}\left|\frac{dc'_{eq}}{dT}\right|. \tag{16.70}$$

扩散方程的解仍可由式(16.39)，(16.40)给出，而热力学边值条件为吉布斯-汤姆逊关系式

$$\mu-\mu_{eq}(T)=-\left(\frac{\gamma}{\Delta c}\right)K. \tag{16.71}$$

对于位移 δ 作展开，取一级近似，有

$$\left.\begin{aligned}\tilde{\mu}(\text{液相界面})&=-\left(\frac{\gamma}{\Delta c}\right)K+\left(\frac{\partial\mu}{\partial c}\right)_{c=c_{eq}}\frac{dc_{eq}}{dT}G_T\delta,\\ \tilde{\mu}(\text{固相界面})&=-\left(\frac{\gamma}{\Delta c}\right)K+\left(\frac{\partial\mu'}{\partial c}\right)_{c=c'_{eq}}\frac{dc_{eq}}{dT}G_T\delta,\end{aligned}\right\} \tag{16.72}$$

这样，有

$$\left.\begin{aligned} u(\text{液相界面}) &= -d_0K - \frac{1}{l_T}\delta, \\ u(\text{固相界面}) &= -d_0K - \frac{1}{l_T'}\delta. \end{aligned}\right\} \tag{16.73}$$

经过代数运算，可得干扰振幅的相对增长率为

$$a_R = v\left(q - \frac{1}{l}\right) - \frac{D_q}{l_T} - \frac{\beta D q'}{l_T'} + \frac{(1-\kappa_0)D}{l l_T} - \left[q + \beta q' - \frac{1}{l}\left(1 - \frac{\mu_c}{\mu_c'}\right) D d_0 k^2\right]. \tag{16.74}$$

在一般情况下 $D \gg D'$，因而上式中带有撇号的项可以忽略不计，再引入平界面前的浓度梯度 $G_c = v(\Delta c_0)/D$ 和吉布斯-汤姆逊参量 $\Gamma = \gamma T_m/L$ 这样可将式(16.74)重新整理表示为

$$a_k = \frac{v}{mG_c}\left\{mG_c\left(q - \frac{v}{D}\right) - G_T\left[q - \frac{(1-\kappa_0)v}{D}\right] - \Gamma k^2\left(q - \frac{(1-\kappa_0)v}{D}\right)\right\}, \tag{16.75a}$$

而 q 的表示式可由式(16.40)导出，即

$$q = \frac{v}{2D} + \left[\left(\frac{v}{2D}\right)^2 + k^2\right]^{1/2}. \tag{16.75b}$$

从式(16.75a)的右侧可以清楚地看出，控制合金定向凝固的三项主要因素是：第一项是溶质扩散场所引起的，其效应可能导致界面失稳；第二项为温度场所引起的正值的温度梯度，导致界面的稳定化；第三项为表面张力所引起，也导致界面的稳定化，它和 k 有强烈的依赖关系，其效应在高 k 值(即短波长)的干扰特别显著，式(16.75)所表示的 a_k 包含了 k 的三次项，几种典型的情况可以用图16.16来表示：曲线1具有明显的失稳区域，低于 k_c^* 的区域，界面对于长波长的干扰是稳定的，这主要是溶质沿界面扩散不足所引起的；高于 k_c 的区域，界面对于短波长干扰是稳定的，这主要是界面能起了作用；而在 $k_c^* < k < k_c$ 区间内，则是平界面失稳的区域，当 $k = k_{\max}$，a_k 具有极大值，这种干扰波长对于界面失稳最

具有威协性。曲线 2 则为临界的情形，a_k 的极大值正好等于零。曲线3则全部处于负值的区域，即平界面始终保持稳定. 在$k=0$处，$a_k=-\kappa_0 v^2 G_T/mG_c D$，为接近于零的小负值. 几种情况的差异是由于凝固参量(为 v,D,G_T,c_0,κ_0 等)数值上不同所造成的.

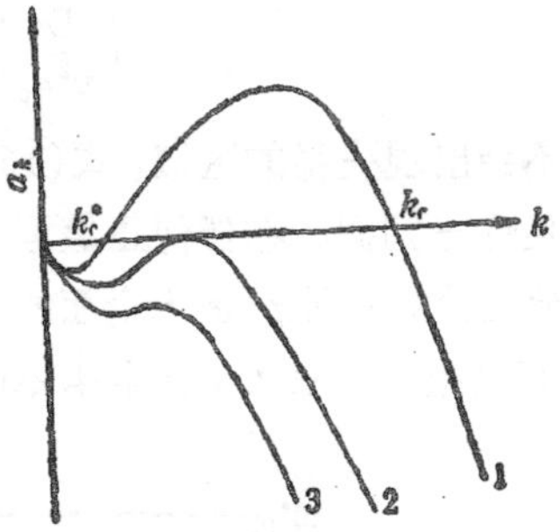

图 16.16 定向凝固中干扰振幅的相对增长率作为波矢的函数(示意图). 曲线 1 在 k_c^* 与 k_c 之间为失稳区域;曲线 2 在 k_c 处和 $a_k=0$ 相切;曲线 3 不发生失稳.

下面分别讨论式 (16.72) 的两种极限情形:

(i) 低速区，$k \gg v/2D$，在这种情形，式(16.72)可以简化为

$$a_k = \frac{kv}{mG_c}(mG_c - G_T - \Gamma k^2)。 \qquad (16.76)$$

失稳的判据为括号中的量大于零，实际上前面两项就是与 k 值无关的组分过冷的判据(式 16.22)

$$mG_c - G_T > 0。 \qquad (16.77)$$

后面增加的一负值项表明表面张力有助于界面的稳定化，特别是短波长的干扰和表面张力有助于界面保持稳定，细致的实验全面证实了式(17.76)所表示的界面稳定性判据.

(ii) 高速区，当 $v/2D \gg k$，就需要回到式(16.75)，经过整理判据 3 表示为

$$\frac{\left(q-\dfrac{v}{D}\right)}{\left[q-\left(\dfrac{(1-k_0)v}{D}\right)\right]} - \frac{\Gamma}{mG_c} - k^2 - \frac{G_T}{mG_c} > 0. \qquad (16.78)$$

利用 $v/2D \gg k$ 的近似，可使上式中第一项近似等于

$$F(k) = \left(\frac{D^2}{V^2\kappa_0}\right)k^2. \qquad (16.79)$$

令 $G_T=0$，界面稳定性问题就取决于 $F(k)$ 与表面能项两项的叠加，可能存在两种情况，一种是如图 16.16 中曲线 1 所示，存在有一个不稳定的区域(从 $k=k_c^*$ 到 $k=k_c$)，但如果满足了条件

$$\left(\frac{D^2}{v^2\kappa_0}\right)-\frac{\Gamma}{mG_c}<0, \tag{16.80}$$

将不会出现失稳的区域，式(16.80)被称为绝对稳定性判据，只要满足这一判据，在任何正值温度梯度条件下总是稳定的。这说明组分过冷判据显然是不全面的，快速运动界面反而是稳定的。图 16.17 示出了 Al-Cu 合金中不同铜含量界面稳定性判据的计算结

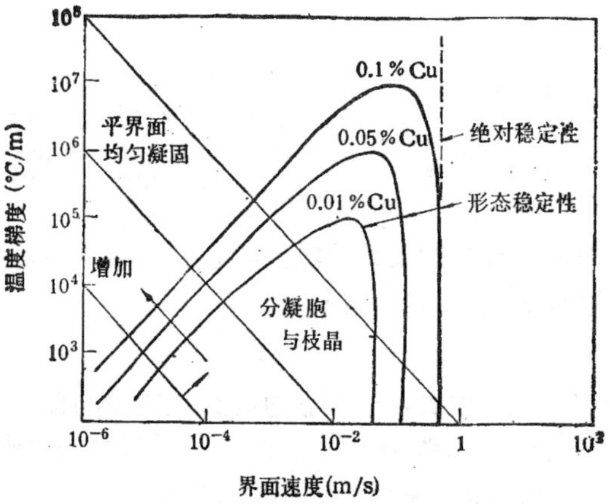

图 16.17　Al-Cu 合金中界面稳定性判据的计算结果[38].

果[38]，当界面速率趋于一极限值后，界面稳定性就和温度梯度无关，纯由绝对稳定性判据所控制。平界面的绝对稳定性之所以出现是由于表面张力的效应。当界面运动速率甚高时，导致扩散长度的大幅度下降。此时液相中横向溶质扩散所起的作用减少。干扰引起的突缘将导致表面面积大量增加。表面张力就足以使平界面保持稳定。快速冷却的实验结果(图 16.18)也支持上述推论[37]，虽则稳定极限的实验值比式(16.80)所估计的还要低一些，这可能是由于理论尚未估计到 § 16.4 所述的在高速运动界面上溶质分布系

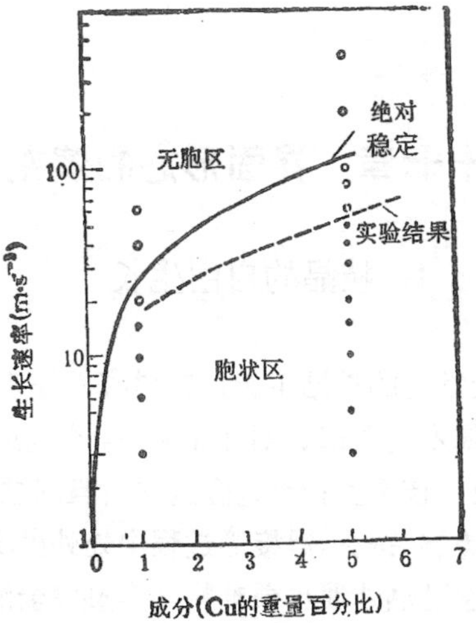

图 16.18 Al-Cu 合金电子束熔化和重新凝固后微结构的观察结果(空心圈为无微分凝的情形,实心圈为胞状或枝晶结构).

数和平衡值的偏离的缘故.

在上述的理论处理中都忽略了流体中对流所起的作用.对流的效果使得溶质扩散限于溶质边界层中,所造成的溶质分布曾在§16.2 中讨论过,主要取决于边界层的宽度与对流的具体情况关系不大。德尔夫斯(R. T. Delves)曾经分析了对流对于定向凝固平界面的失稳的影响,发现如果干扰波的 $\boldsymbol{k}$ 矢量与液流方向正交,则前述的失稳判据不受影响;如 $\boldsymbol{k}$ 矢量与液流方向平行,则对流对界面起一定的稳定化的作用[26,40].

第十七章　界面形态的演变

I　枝晶的自由生长

雪花是一种最常见的枝晶生长，其形成机制涉及界面形态选择和演变，但这一基本问题却长期悬而未决，直到近十年来，方始显现出解决的端倪．枝晶生长也是金属材料凝固过程中经常遇到的现象，在金属的铸锭、铸造、焊接等过程中处处出现，而且伴有溶质的分凝和偏析，通过热处理也很难将其痕迹完全消除，因而对于金属的使用性能也会产生影响．所以对于这一过程的理解在生产实践中也有非常重要的意义．本节只处理最简单的情况，即纯物质在完全不受外界约束条件下的枝晶生长．

§17.1　枝晶概述

枝晶生长是一种相当普遍的现象．自然界的雪花就是在过饱和的水蒸汽中结晶过程中出现的枝晶，其实际形态千姿百态，美不胜收．图 17.1 展现了一些典型的图象[42]．从这些图象中还可以隐约看出雪晶形态演变的过程．在生长初期，界面形态为正六边形(这是雪晶的各晶面生长速率各向异性的具体反映)，随后多面体生长形态的稳定性遭受破坏，出现了沿六个顶角处快速生长的枝蔓状晶体，而且各个分枝的间隔也基本相同．雪花实际上还是相当复杂的问题，因为这涉及光滑生长界面(即高相变熵界面)的失稳问题，我们将在以后的 § 17.4 中讨论这个问题．

在金属凝固过程中，枝晶也屡见不鲜．这个问题要比雪花简单，因为金属凝固的界面通常是粗糙的，不涉及复杂的界面动力学过程．可以设想在过冷熔体中生长的球体，当过冷度大，生长速率高，就会引起球形界面的失稳，引起凸缘的四向生长，这些凸缘延

图 17.1 若干雪花的图形[49]

伸进入过冷度更大的区域,而且散热迅速,因而其尖端生长速率高于其侧向生长速率. 这样,凸缘就长成细长的针状晶体,构成枝晶的主干,而主干又与周围过冷熔体间的界面发生失稳,形成一串旁枝. 然后各旁枝的尖端仍向前延伸,而侧面又失稳形成次级旁枝. 这样的过程可以持续进行下去,形态和树枝的不断分叉有相似之处,故被称为枝晶(图 17.2). 但不同之处也值得注意,就是枝晶仍然保留一些晶体学对称性的特征. 例如面心立方和体心立方金属的主干和分枝方向,都是沿了〈100〉方向(表 17.1).

枝晶生长首先遇到的问题就在于如何从球状晶体转向枝晶. 由于枝晶轴向反映了晶体学的对称性,问题就变为晶体的各向异性对于球面失稳如何施加影响. 格利克曼等对于一种便于观察的琥珀腈(succinonitrile, CN-C_2H_4-NC)透明晶体的枝晶生长问题进行了深入的研究[19,20]. 这种晶体具有立方结构,实验测出固液

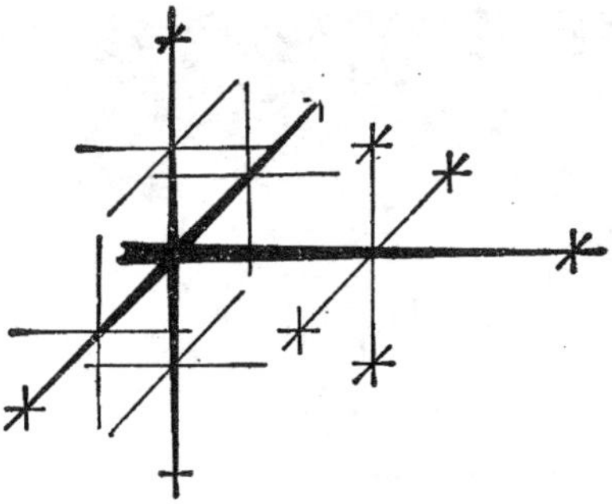

图 17.2　合金中枝晶的示意图.

表 17.1　枝晶轴向

结　构	枝　晶　轴
面心立方	〈100〉
体心立方	〈100〉
密集六角	〈10$\bar{1}$〉
体心四方	〈110〉
锡	〈001〉

界面能的各向异性是很微弱的，〈100〉方向和其他方向的差异不超过 1%. 它的熔化熵也不大，可以作为一种模拟金属的凝固过程的材料. 实验观察表明，从球面生长转向枝晶生长确实是沿〈100〉方向突出去的. 其他作者关于 NH_4 及稀 Al-Cu 合金的枝晶生长的实验观测也获得类似的结果. 要对这样的实验事实作出理论的解释，就需要检查一下 § 16.7 中所述的球面生长失稳理论的结果. 可以看出，式 (16.58) 所表示的相对振幅增长率，或是从它推导出的失稳判据式 (19.59) 和显著失稳判据式 (16.60)，都包含了一些各向异性的参量：如 β 因子包含了固相与液相热传导系数的比值，而反映球面形态干扰的球谐函数的指标 i 也反映了对称性，例如 $i=2$，相当于球面沿一轴线方向略为伸长的椭球面，具有沿长轴的对称性；而 $i=6$，则相当于球面沿一正八面体的六个顶角方向略有突出，呈现立方对称性. 而琥珀腈中观察结果似

乎表明，破坏球面稳定性的球谐函数指标 i 应取和晶体对称性相容的最小值．这样的解释对于弱各向异性的晶体，大体上是合理的．至于强各向异性的晶体，情况不这么简单，看来还要另辟蹊径，我们将在 § 17.4 中讨论这个问题．

枝晶生长的进一步发展就在于针状主干的稳态生长和旁枝的非稳态萌生．图 17.3 就很生动地说明了这一过程．这是一张琥珀酯生长过程中多次曝光的照片，不同瞬间的界面形态历历可

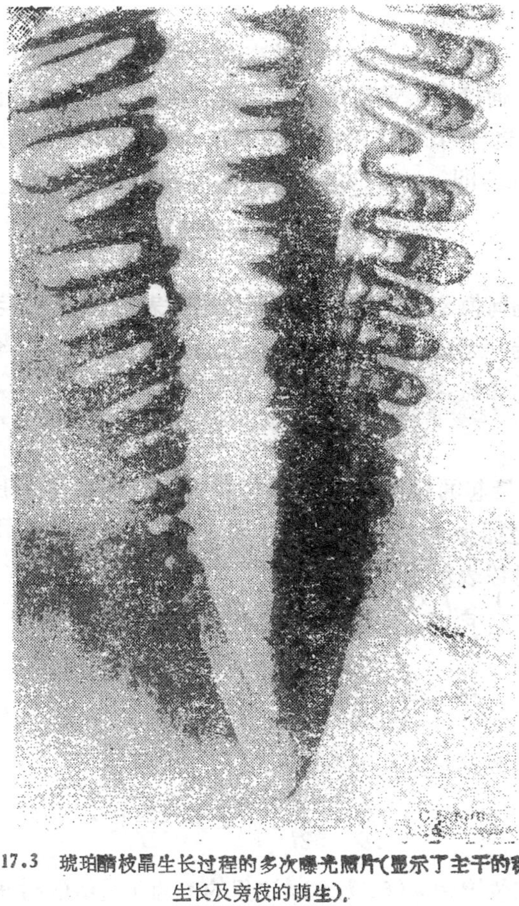

图 17.3　琥珀酯枝晶生长过程的多次曝光照片(显示了主干的稳态生长及旁枝的萌生)．

辨．对于这一问题进行理论分析是相当困难的，是枝晶生长理论的核心问题，下面两小节专门论述这个问题。

§17.2 枝晶主干的稳态生长

主干的稳态生长与旁枝的非稳态萌生实际上是耦合在一起进行的，但由于两者之间相互干扰不大，所以也不妨分开来进行处理。这里先处理前一问题．主干端点的曲率半径为 ρ，生长速率为 v。图 17.4 示出了实验分别测出的生长速率与曲率半径和过冷度之间的定量关系．

为了导出主干生长速率与过冷度之间的定量关系，一定要采用适当的几何模型，最简单的就是将尖端用等曲率的球面来代替（图 17.5），这样，我们可以借用 § 16.7 中式（16.49）所表示的 v 与 Δu_0 的关系式，即

$$v \simeq \frac{D}{\rho}\left(\Delta u_0 - \frac{2d_0}{\rho}\right). \tag{17.1}$$

更逼真的几何模型是用旋转抛物面体来代表枝晶主干．我们引入和主干尖端一起运动的抛物坐标系 ξ, η, θ（图 17.6）． 令原点 o 为抛物面的焦点，抛物线坐标可以表示为

$$\xi = \frac{r - z}{\rho}, \quad \eta = \frac{r + z}{\rho}, \tag{17.2}$$

r 为从 o 点量起的径向距离，ρ 为抛物线一端的曲率半径，主干表面各点的坐标为 $\eta=1$，θ 表示沿 z 轴的转角，这种情况下，准稳态扩散方程可以表示为

$$\frac{1}{\eta+\xi}\left(\frac{\partial}{\partial\eta}\eta\frac{\partial u}{\partial\eta} + \frac{\partial}{\partial\xi}\xi\frac{\partial u}{\partial\xi}\right) + \frac{1}{4\eta\xi}\frac{\partial^2 u}{\partial\theta^2} + \frac{p}{\eta+\xi}\left(\eta\frac{\partial u}{\partial\eta} - \xi\frac{\partial u}{\partial\xi}\right) = 0, \tag{17.3}$$

这里的 p 为派克莱数（Péclet number），等于

$$p = \frac{\rho v}{2D} = \frac{\rho}{2l}, \quad \left(p' = \frac{\rho v}{2D'}\right). \tag{17.4}$$

界面的瞬态位置为 $\eta_s(\xi, \theta, \tau)$，这里的 τ 为无量纲的时间，即

$$\tau = \frac{2vt}{\rho}。 \tag{17.5}$$

这种情形下，式(16.32)的连续性条件变为

$$\eta_s + \xi\frac{\partial\eta_s}{\partial\xi} + (\eta_s + \xi)\frac{\partial\eta_s}{\partial\tau}$$

$$= \frac{\beta}{p}E[\eta - \eta_s(\text{固相})] - \frac{1}{p}E[\eta - \eta_s(\text{液相})], \tag{17.6a}$$

这里

$$E = \eta_s\frac{\partial u}{\partial\eta} - \xi\frac{\partial\eta_s}{\partial\xi}\frac{\partial u}{\partial\xi} - \frac{\eta_s + \xi}{4\eta_s\xi}\frac{\partial\eta_s}{\partial\theta}\frac{\partial u}{\partial\theta}。 \tag{17.6b}$$

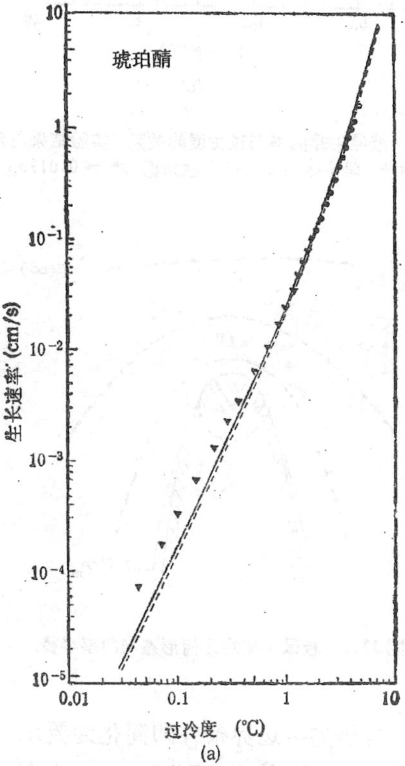

图 17.4(a) 枝晶尖端生长速率与过冷度的关系(实验结果与理论结果的对比，理论结果采用稳定性判据 $\sigma^* = 0.0195$)。

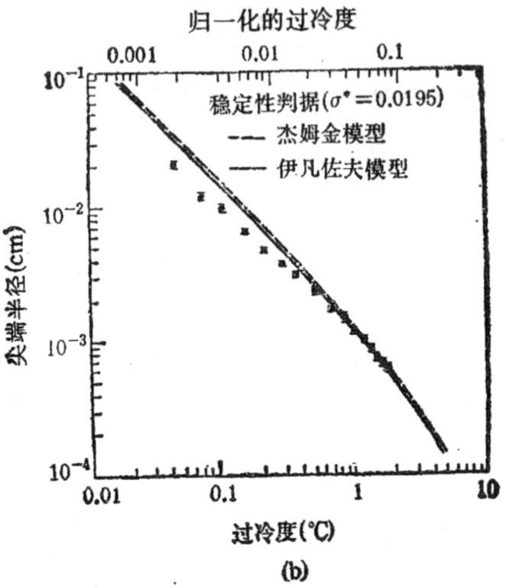

图 17.4(b) 枝晶尖端曲率与过冷度的关系(实验结果与理论结果的对比，理论结果采用稳定性判据 $\sigma^*=0.0195$).

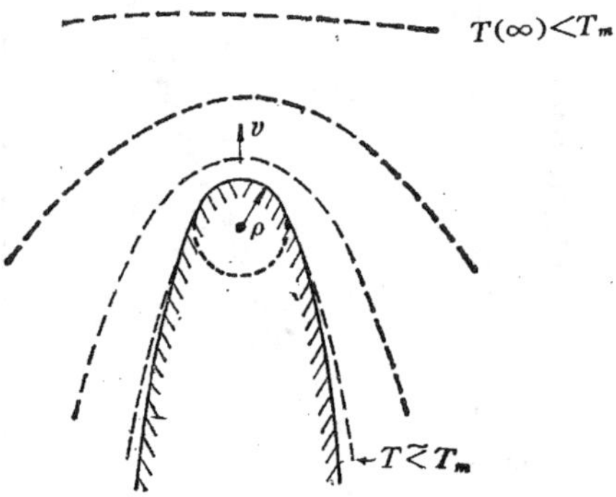

图 17.5 枝晶尖端的几何形态与曲率半径.

如果忽略表面张力，热力学边界条件即简化为要求界面 $u=0$. 伊凡佐夫（Г. П. Иванцов）首先得到了 $\eta_s=1$ 的解析解[9]. 此时，场 $u_s=u_z$ 只是坐标 η 的函数，即

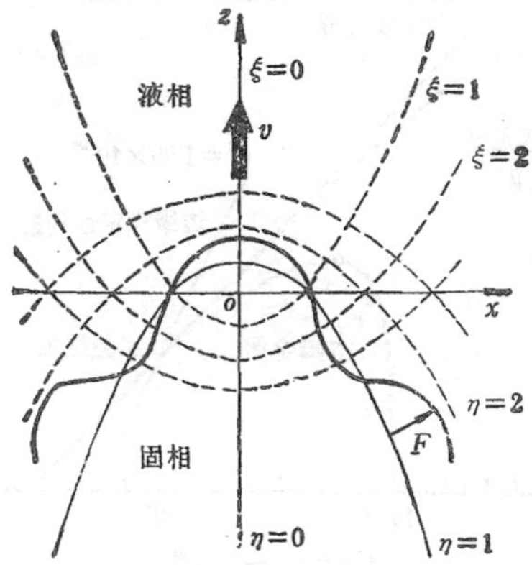

图 17.6 描述枝晶主干生长的抛物坐标系.

$$u_s=\begin{cases}0, & \eta\leqslant 1,\\ -\Delta u_0+\dfrac{\Delta u_0}{E_1(p)}E_1(p\eta), & \eta>1,\end{cases} \tag{17.7a}$$

这里的 E_1 为一指数函数的积分,即

$$E_1(y)=\int_y^{\infty}\frac{\exp(-y')}{y'}dy'. \tag{17.7b}$$

式(17.7)表示的解满足式(17.6)的连续性条件,只需 Δu_0 等于

$$\Delta u_0=p\exp(p)E_1(p). \tag{17.8}$$

这样,式(17.8)所表示的稳态条件,过冷度 Δu_0 只确定了 p,换言之,确定了 ρv 的乘积,尚不能分别确定 ρ 与 v.

伊凡佐夫解的缺点是忽略了表面张力,不能满足吉布斯-汤姆逊关系式.后来杰姆金(Ц. E. Темкин)与塞克卡都对这个解作了一些修正[14,15]. 但是所有这些解(包括球面近似)都只确定了在一定过冷度 Δu_0 条件下 ρ 与 v 的关系,如图17.7所示.因而这些稳态理论有一个不足之处,就是还需要补充一个条件方能确定在一定过冷度下的 ρ 和 v 的数值.在过去的文献中常采用一些缺乏物理根据的极值条件来选择 ρ, v 曲线的工作点. 其中长期占主导地位的是最大速率假设,即工作点的确定于一定过冷度下 ρ, v

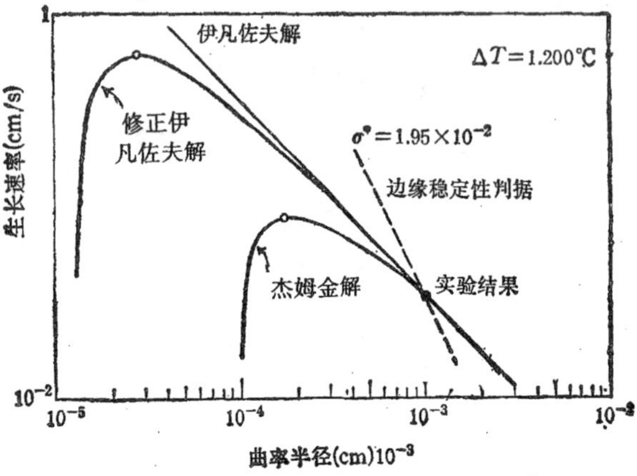

图 17.7　生长速率与曲率半径之间关系(理论计算结果和实验结果的对照)[20]

曲线中 v 为极大值那一点．但是格利克曼等的实验结果却将这一假设完全否定，图 17.7 中的黑点代表实验结果，和曲线的峰值处相去甚远．因而确定工作点的判据就需要另找．

§ 17.3　边缘稳定性判据

枝晶理论所面临的困难，实际上是具有普遍性的，稳态生长理论只提供一种可能的生长模式，而工作点的确定尚有赖于附加条件．最大生长速率假设被否定后，取而代之的是朗格与谬勒-克鲁姆哈尔所提出的边缘稳定性判据[21]．他们的基本观点是生长界面的尖端正好处于稳定性的边缘，即干扰振幅的增长率为零，即

$$a_k = 0, \tag{17.9}$$

而此时干扰波的临界波长 λ_c 就决定此问题的基本尺度，即尖端处的曲率半径

$$\lambda_c = \frac{2\pi}{k_c} \simeq \rho. \tag{17.10}$$

他们理论的原始形式是求抛物面的生长对干扰的响应，然后施加式 (17.9)，(17.10) 所表示的边缘稳定性条件，具体计算比较复杂．但采用平界面或球形界面近似，可以获得大体上相类似的结

果，下面就只介绍简化模型的处理结果。

(a) 平界面模型　在此模型中将枝晶的尖端视为以枝晶生长速率运动的平界面上的一点，可以根据式(16.44)定出临界干扰波长，再施加式(17.10)所确立的条件，可求尖端曲率半径ρ与生长速率的关系式

$$\rho \simeq 2\pi\sqrt{\frac{(1+\beta)d_0D}{v}}, \tag{17.11}$$

这样，边缘稳定性判据可以表示为($\beta \simeq 1$)

$$\sigma = \frac{2Dd_0}{v\rho^2} = \frac{1}{4\pi^2} = 0.0253。 \tag{17.12a}$$

(b) 球界面模型　球界面显然更加接近于尖端的实际形状.

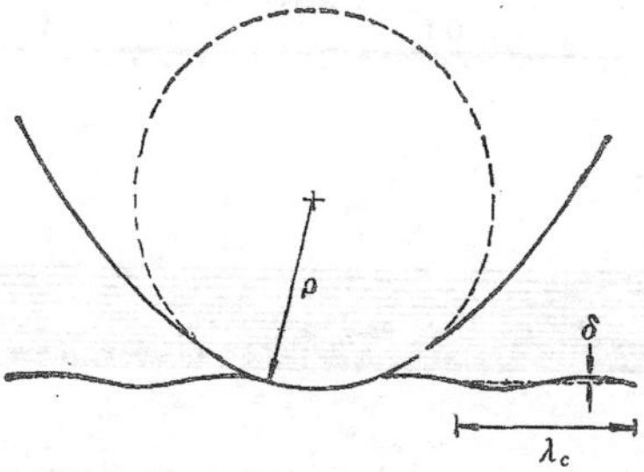

图 17.8　枝晶生长边缘稳定性判据的平界面模型(示意图).

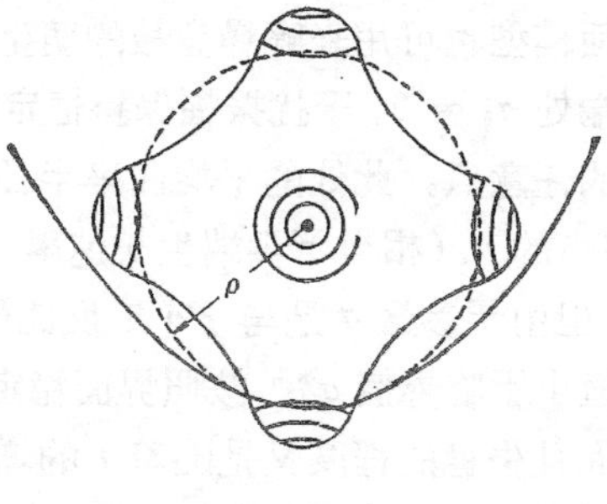

图 17.9　枝晶生长边缘稳定性判据的球型界面模型(示意图).

我们可以令 § 16.7 中式 (16.58) 等于零，再用 $v_R = v$，$R_0 = \rho$ 代入，$\beta \simeq 1$，并考虑到琥珀腈的立方对称性，取 $j = 6$

$$\sigma^* = \frac{2Dd_0}{v\rho^2} = \frac{2}{(j+2)(2j+1)} = 0.0192, \quad (17.12b)$$

这样求出的 σ^* 值和琥珀腈的实验结果 $\sigma^* = 0.0195$ 更加接近。

按照边缘稳定性理论，$v\rho^2$ 应为常数，而且 σ^* 的绝对值也可以和实验结果比较，图 17.10 显示了琥珀腈中的实验值和理论值的比较[20]，基本上是令人满意的，小过冷度实验值的偏离，可能是对流影响的结果。利用边缘稳定性判据所确定的工作点，即可将过冷度与 ρ 和 v 的关系分别得出，和图 17.4 中实验值的比较也是令人满意的[20]。

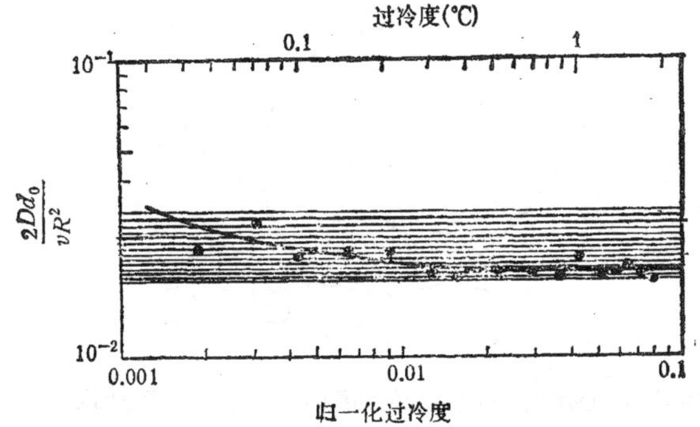

图 17.10　琥珀腈中 σ^* 参量与过冷度的关系[20]。

利用球形界面模型也可用来解释旁枝的萌生问题。边缘稳定性判据要求在尖端处 $a_k = 0$，干扰振幅保持恒定值。但距离尖端为 r 处抛物面上的任意点，此处的平均曲率半径 ρ 显然要大于尖端处的 ρ，虽然该点的 v_n（相当于尖端生长速率 v 在该点法向的投影）略有减小，但由于参量 σ 是与 $\rho^2 v$ 成反比的，$r \neq 0$ 的总的效果应使该点 σ 值小于临界值 σ^*。按照界面稳定性理论，$\sigma < \sigma^*$，就意味着失稳，而且失稳的程度又是随着 r 的增大而增长的。所以沿着主干的侧面会产生一系列的旁枝，旁枝的间距是和干扰波

长有关的，而距离尖端愈远的旁枝也长得愈快．图 17.11 为朗格等根据较严格的理论的计算结果，可以明显看出它和图 17.3 所示照片非常相似．当然，边缘稳定性判据的成功决非偶然．它应植根于非线性的动力学稳定性理论．这方面的进展请参阅文献[27]。

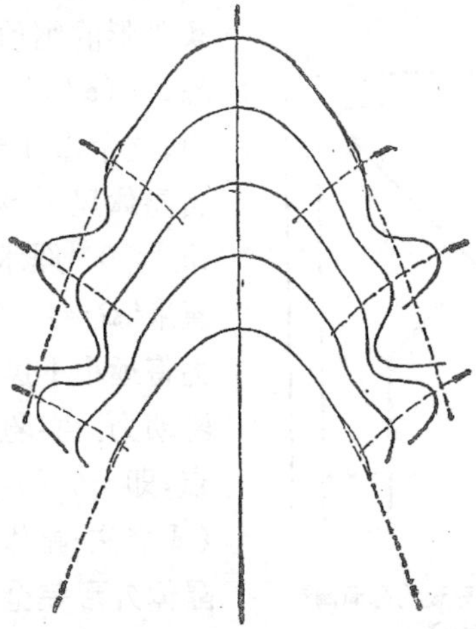

图 17.11　边缘稳定性理论计算的结果[27]．

§ 17.4　多面体生长的稳定性

在 § 8.1 中已经讲过表面能具有强烈各向异性的晶体，在成核阶段，自由能极小的条件，应呈现满足乌耳夫法则的多面体外形，即晶体的平衡外形为（γ_i 为第 i 个面的表面张力系数，h_i 为该面至中心的垂直距离）

$$\frac{\gamma_1}{h_1}=\frac{\gamma_2}{h_2}=\cdots=\frac{\gamma_i}{h_i}。\tag{17.13}$$

对表面能强烈各向异性的晶体，吉布斯-汤姆逊关系式应修正为

$$\frac{\gamma_1}{h_1}=\frac{\gamma_2}{h_2}=\cdots=\frac{\gamma_i}{h_i}=\frac{k_BT}{2\Omega}\ln\left(\frac{P}{P_\infty}\right),\tag{17.14}$$

这里的Ω为原子体积．当然压强的关系也可以换成浓度比或整个对数函数用过冷度来取代．

可以设想，由干扰，$h_i \to h_i + \Delta h_i$，相应地就有

$$\frac{2\gamma_i \Omega}{h_i + \Delta h_i} = k_B T \ln \frac{P}{P + \Delta P} = k_B T \ln \frac{\alpha}{\alpha'}, \qquad (17.15)$$

这里的 $\alpha = P/P_\infty$，$\alpha' = (P + \Delta P)/P_\infty$．这样将使晶体回复到平衡外形的驱动力应等于或小于$k_B T \ln(\alpha/\alpha')$．吉布斯早已指出，这个量和晶体尺寸成反比．当晶体尺寸为微米量级，即$h_i \simeq 10^{-4}$厘米时，$\gamma \simeq 10^{16} k_B T$厘米^2，$\Omega = 10^{-24}$厘米^3，则此驱动力将远小于通常晶体生长中的驱动力．实验结果也证实这一点，即当体积甚小的蒸气-晶体（或溶液-晶体）的封闭系统中，晶体外形完全符合平衡形态理论的预期．当晶体尺寸长大后，晶体仍然出现多面体外形，那显然不是表面能直接的效应，而是生长界面动力学的效应，也就是各个晶面生长速率各向异性的结果．生长速率快的晶面被淘汰，剩下来的将是生长速率最缓慢的晶面（参看图 17.12）．虽则这些晶面往往是低指数的密排面，也是表面张力系数最小或次小的晶面．但乌耳夫法则的定量关系不被满足，而且生长条件的差异，杂质含量的不同，都会对外形产生影响．

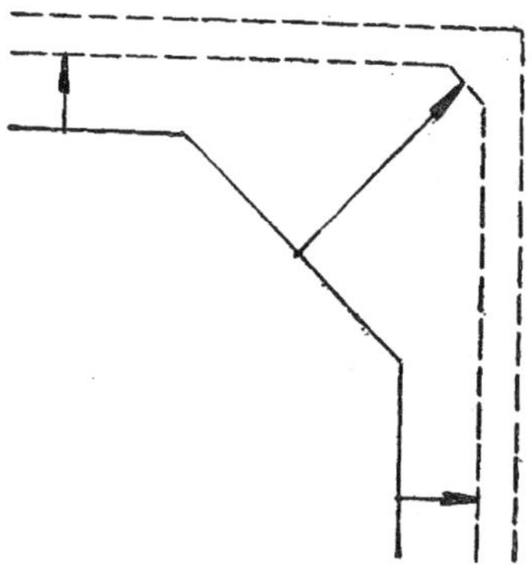

图 17.12 生长速率导致的晶面淘汰法则（示意图）．

多面体外形的稳定性的问题是有其特殊性的，其界面的微观形态对它有显著影响．考虑多面体晶体在溶液生长中的传质问题，溶质浓度场 c 应满足拉普拉斯方程，即

$$\nabla^2 c = 0. \qquad (17.16)$$

在界面上浓度梯度应处处相等，即

$$\frac{\partial c}{\partial n}=G_e, \tag{17.17}$$

而生长速率 v 应与 G_c 成正比。

塞格 (A. Seeger) 曾获得多边形边值条件下的二维扩散方程的解[44]，其结果表明，在晶面上各处的溶液浓度并不相同，边界处最高，中央最低。这和伯格 (W. F. Berg) 老早的实验结果相符，文献中被称为伯格效应[45]。为什么界面各处浓度 (或过饱和度) 并不相等，而晶界却可以作为一个整体以一定速率向前生长呢？夫兰克提出如下的解释：即晶面的生长速率取决于晶面上某些特殊场所的过饱和度，例如按照螺型位错机制生长，这些特殊场所就是螺型位错的露头点；若按照二维成核机制生长，这些特殊场所就在棱角处。切尔诺夫 (A. A. Чернов) 指出，晶界整体按同一速度生长，这就意味着晶面各处斜率与台阶速率的乘积为一常数(参看 § 14.7)。

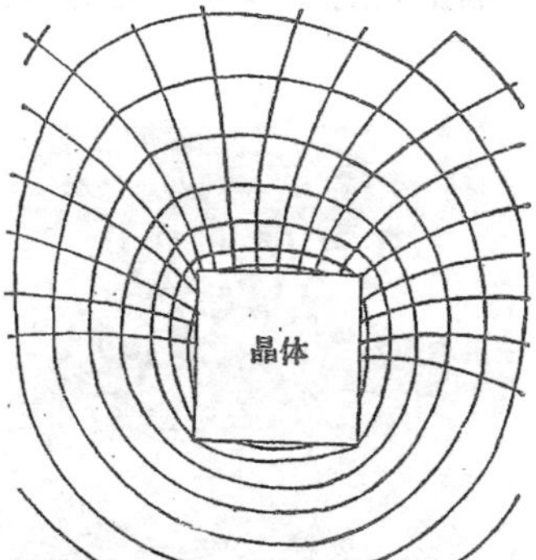

图 17.13 实验测定的 $NaClO_3$ 的等浓度曲线[45]。

切尔诺夫在界面稳定性的动力学理论中引入了生长速率各向异性系数来分析光滑界面生长的稳定性，其结果表明晶体生长的各向异性显著地增加了界面稳定性[46]。

§ 17.5 固态相变中形成的枝晶

从原则上来说，关于凝固过程中枝晶生长的理论也应适用于固态中的相变。但实际观察到纯由固态相变形成枝晶的事例要少得多，其原因需要探索。

最接近液相凝固的是从非晶态的基质中晶体的形成。在这种情形下界面是完全无序的，这与固液界面比较相似．对于铅-钠-硅酸盐玻璃中氧化硅析出的研究表明[47]，在大的过冷度中，观察到类似于雪花的图象，清晰地显示了枝晶的主干和旁枝（图 17.14(a))，当过冷度降低，形态即有明显变化(图 17.14(b)—(d))．最初看到旁枝的聚并起来，形态上中心部分像六角形晶体，而枝晶主干从棱角处伸出，继续降低过冷度，终于导致枝晶的迹象完全消失，相当于正常六角形的晶体在生长．这一观察说明了和凝固过程中的枝晶生长的相似性，但更接近于 § 17.4 所述多面体晶体生长的

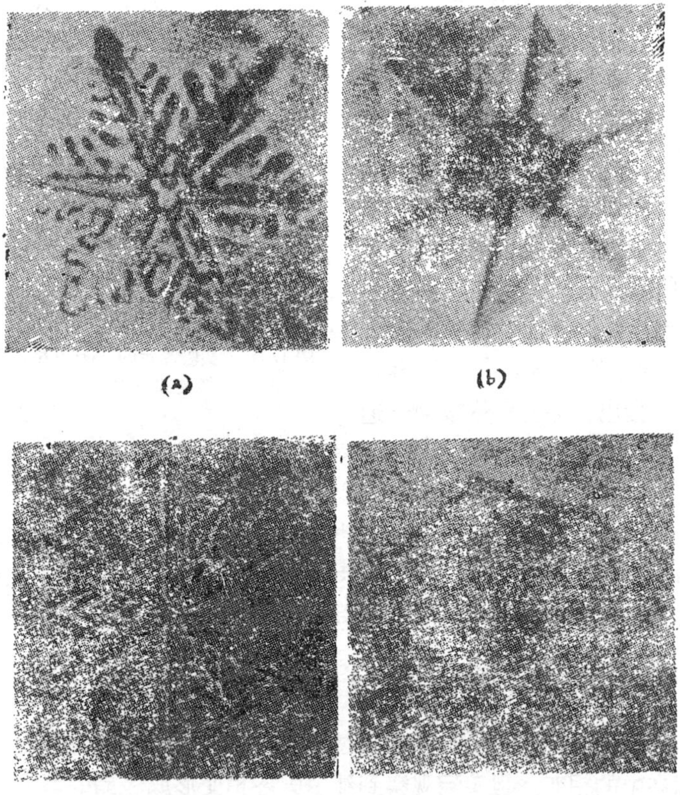

(a) (b) (c) (d)

图 17.14　不同等温转变温度下铅-钠-硅酸盐玻璃中析出的氧化硅沉淀相的形态．
(a) 1013K；(b) 1023K；(c) 1103K；(d) 1173K．

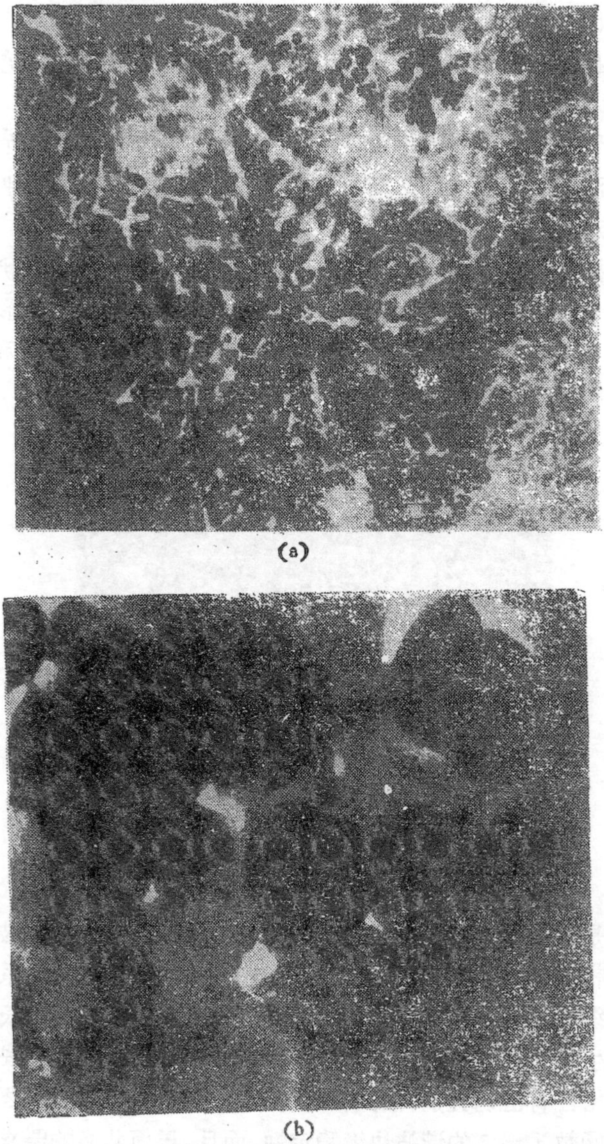

(a)

(b)

图 17.15 准晶-非晶界面的形态.

(a) Al-Mn 合金(此图是邹晓东，冯国光提供)；(b) Ti-Ni-V 合金(此图是张泽，郭可信提供).

枝晶理论。最近对于非晶态基质中准晶的形成进行了研究，和上述结枝晶果有相似之处，也观察到了枝晶和接近多面体形态的图象(图 17.15)。

至于晶态之间的固相转变，情况可能更加复杂些。例如固相中的沉淀相就有很多种形态[48]。在这一问题上界面的共格性和畸变性都对形态产生影响。

如果固相转变中界面是完全无序的，那么，在片状或针状的沉淀相中也可以看到旁枝的出现，即纯固态中的枝晶。这类形态曾在Cu-Zn，Cu-Sn与Cu-In合金中观察到(图17.16)，形态和液态凝固的枝晶颇为类似[49]。

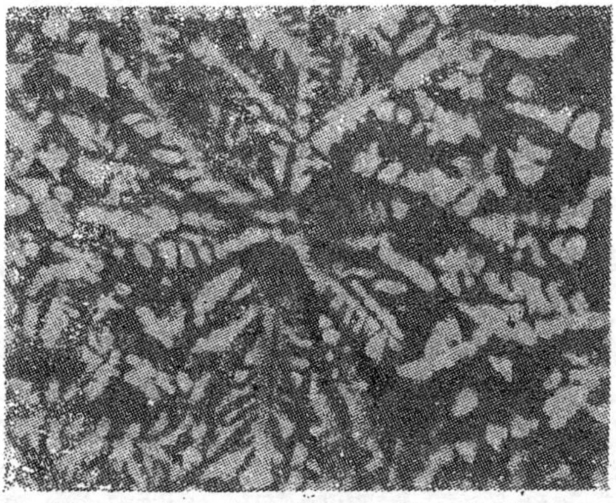

图 17.16 Cu-Sn 系中固态相变中形成的 δ 相枝晶[47]。

但是更加常见的固相沉淀体，往往是片状或针状的，和枝晶的主干有相似之处，但并无旁枝出现。在图 17.17 中，Fe-C 系中的魏氏组织就是一个明显的例子。最近特里弗第对于片状魏氏组织的稳态生长问题进行了稳定性的分析。发现尖端和稳态生长的界面的共格性有密切关系，而共格的约束，使得界面尖端只需要考虑对球谐函数 $j=2$ 的谐波边缘稳定性，而且，界面共格的要求将有效地抑制旁枝的萌生。很有趣的是，在这一情况边缘稳定性的判据却和最大生长速率假设的结果相吻合。

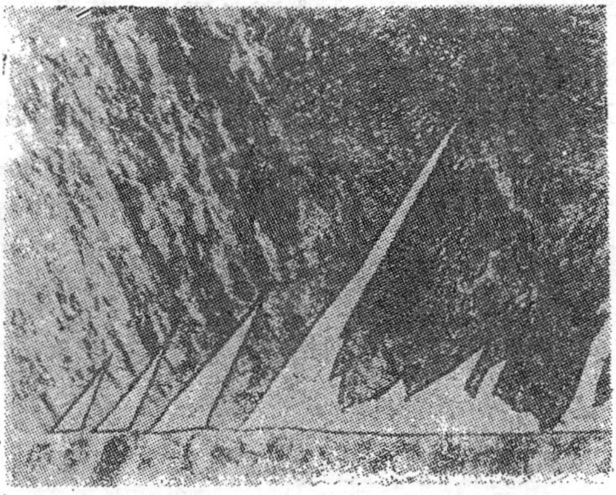

图 17.17 Fe-C 系中没有分枝的魏氏组织型的铁素体片[47]。

II 合金定向凝固的界面形态

我们已经在§16.3中对于合金定向凝固的界面失稳问题进行了初步的介绍，随后又在§16.8中对它作了更全面的理论分析．本节要讨论的是界面失稳以后的形态演变，即胞状界面、柱状枝晶和等轴枝晶等问题．由于形态演变伴生着溶质的重新分布，这将对合金的性能产生深远的影响．所以不论是从生产实践还是基础理论的角度来看，这一问题都是有其重要性的．这里首先介绍近年来通过深入细致的实验所取得的一些经验规律，然后根据简化了的边缘稳定性理论进行解释，本节只考虑凝固后形成单相合金的情况，将复相合金的凝固问题留待下节讨论．

§17.6 失稳后界面形态演变的经验规律

在常态的低速凝固区域，平界面失稳的条件大体上可以用参量 $(mG_c/G_T) > 1$ 来表征(参看§16.3及16.8)．失稳后首先出现的胞状界面，随着参量 mG_c/G_T 和1偏离的增大，胞间的沟槽日益加深，胞端的曲率半径日益减小，到一定程度，就会发生胞状界面向柱状枝晶的转变．而且随着参量 mG_c/G_T 的进一步增大，枝晶尖端的曲率半径ρ和主干的间距λ亦复减小。在稳态情况下，一定的参量值mG_c/G_T是和一定的ρ值及λ值相对应的。在实验中，参量mG_c/G_T的变化可分别由单一因素（如速率v，成分c_0或温

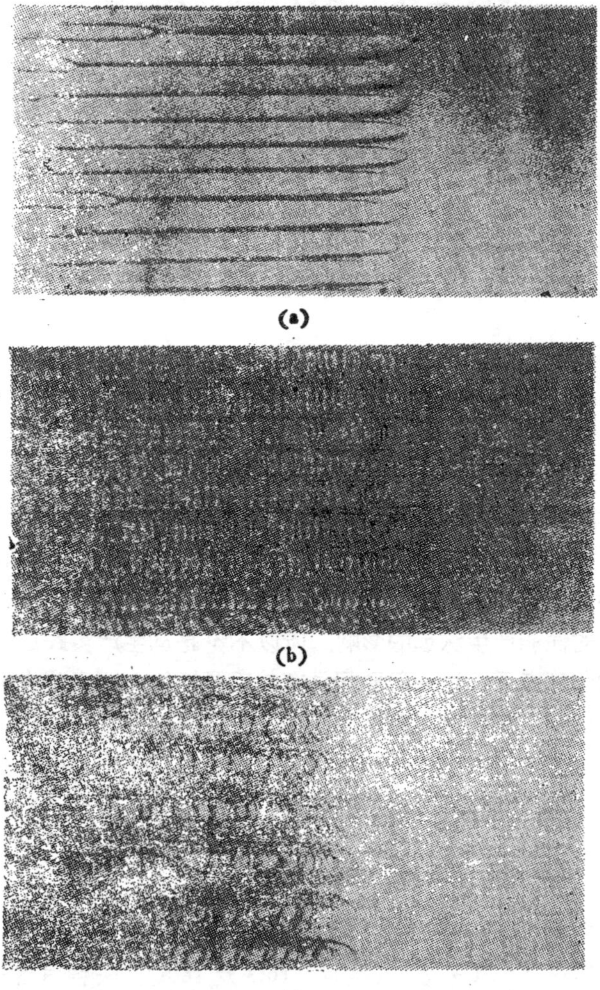

图 17.18 琥珀腈-冰醋酸溶液的界面形态（$v = 55\mu m \cdot s^{-1}$（微米·秒$^{-1}$），$G_T = 6.4K \cdot cm^{-1}$（K·厘米$^{-1}$）），冰醋酸的重量百分比

(a) 0.25； (b) 0.55； (c) 1.0.

度梯度 G_T) 的变化所导致，图 17.18 示出了 v，G_T 固定，而溶质成分 c_0 改变，所得到的一系列照片，从 (a) 到 (b) 可以明显地看到胞状界面到柱状枝晶的转变[47]。图 17.19 示出了尖端曲率半径与界面速率的经验关系. 至于主干间距λ与生长速率及温度梯度间的关系，也有不少测量结果[50]，近似地可用

$$\lambda = A G_T^{-m'} v^{-n'}, \tag{17.18}$$

这里的 A, m', n' 均为常数，$m' \approx 0.5$，$n' \simeq 0.25$，尖端的过冷度 ΔT 也取决于 v，G_T 及 c_0，经验关系式为[50]

$$\Delta T = \frac{G_T D}{v} + A'(c_0 v)^{\frac{1}{2}}. \tag{17.19}$$

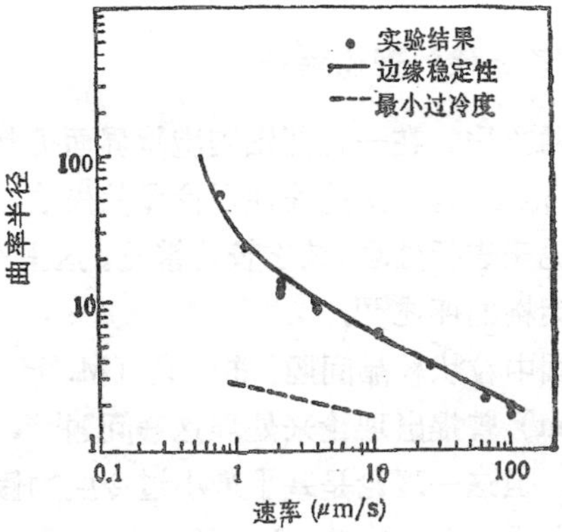

图 17.19 实验测定的尖端曲率半径与界面速率的关系(琥珀腈-冰醋酸溶液).

由于尖端过冷度 ΔT 和尖端曲率半径 ρ 都是取决于 v，G_T 与 c_0 的数值. 那么，ΔT 与 ρ 的关系究竟如何呢？ 这对理论解释是很关键的问题，即工作点的选择是决定于最小过冷度的条件(在一定界面速率下，过冷度为极小；与一定过冷度下，界面速率为极大是一致的)呢？ 还是其它的判据（如边缘稳定性)？ 图 17.20 给出了过冷度与尖端半径的关系[47]，工作点显然和最小过冷度不符，而和边缘稳定性理论 ($j = 6$) 的结果吻合，这对于理论解释的选择有重要意义.

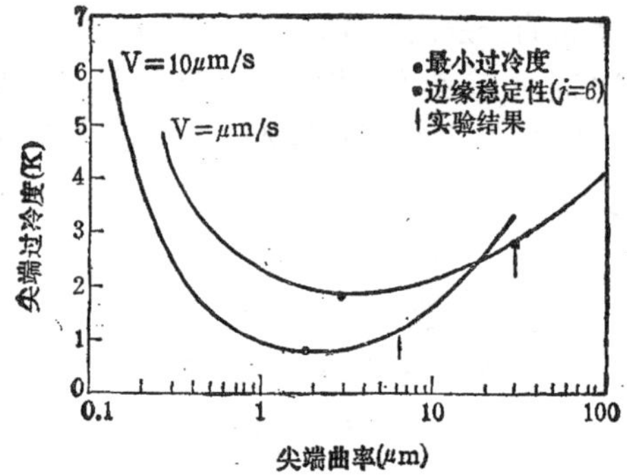

图 17.20 枝晶尖端过冷度与尖端半径的关系.

§ 17.7 基于边缘稳定性的理论解释

在平界面失稳之后，在一定范围内胞状界面仍然可以保持稳态的生长，但这一范围内，干扰的线性理论显然失效，就需要采用非线性动力学理论来进行处理，数学较为繁复，这里不拟介绍，有兴趣者可以参阅朗格的评述[27].

至于定向凝固中粒状枝晶问题，布尔且 (M. H. Burden) 与亨特 (J. D. Hunt) 曾提出理论来处理这一问题[50]，某些结果和实验符合得尚好. 但这一理论是基于最小过冷度的假设，如上节所述已为实验事实所否定. 库兹 (W. Kurz) 与费休 (J. D. Fisher) 和特弗第都提出了简化的边缘稳定性理论来解释这方面的现象(包括胞状界面的阶段)[52,53]. 这里简略介绍库兹与费休的理论[52].

这一理论将胞状界面和枝晶主干进行统一的理论处理，其几何模型如图 17.21 所示. 其基本假设为将尖端半径等同于界面失稳的临界半径，即

$$\lambda_c = \rho, \tag{17.20}$$

而临界半径即可根据式 (16.75) 求出，取 $\kappa_0 \simeq 0$ 的近似1)，则

1) 仅在计算稳定极限时忽略掉 κ_0，在下面计算溶质浓度场时就需要重新引入 κ_0.

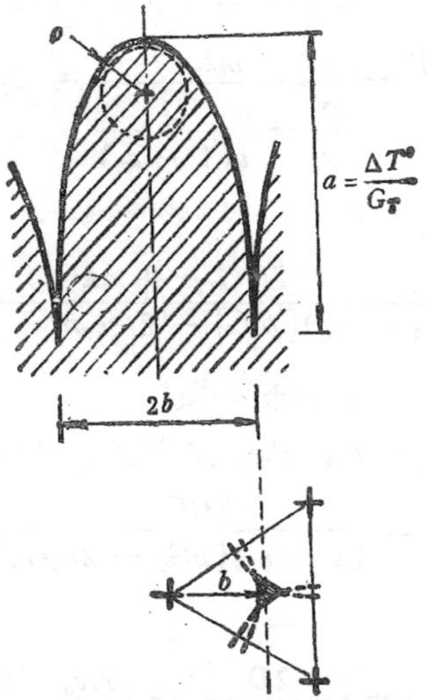

图 17.21 柱状枝晶主干(或胞状凸缘)的几何关系.
(a) 平行于生长方向的剖面; (b) 垂直于生长方向的剖面.

$$a_k=\frac{v}{mG_c}\left(q-\frac{v}{D}\right)(-\Gamma k^2-G_T+mG_c)=0,$$

可解出

$$\lambda_c=\frac{2\pi}{k_c}=2\pi\left(\frac{\Gamma}{mG_c-G_T}\right)^{\frac{1}{2}}, \tag{17.21}$$

而在定向凝固中

$$G_c=-\frac{v}{D}c^*(1-\kappa_0). \tag{17.22}$$

另一方面,由于可把枝晶尖端近似地看为半径为 ρ 的球体,故采用枝晶凝固的半球近似,可以求出尖端处过饱和度 c^*的表示式

$$\frac{c^*-c_0}{c^*(1-\kappa_0)}=\frac{v\rho}{2D}. \tag{17.23}$$

从式(17.22)中消去 c^*,可得

$$G_c=\frac{c_0}{\frac{\rho}{2}-\frac{D}{v(1-\kappa_0)}}. \tag{17.24}$$

应用边缘稳定性判据，从式(17.20)及(17.21)中可得到

$$\frac{4\pi^2 T}{\rho^2}=\frac{mc_0}{\dfrac{\rho}{2}-\dfrac{D}{v(1-\kappa_0)}}-G_T, \tag{17.25}$$

这样，就得到了

$$v=\frac{2D(G_T\rho^2+4\pi^2\Gamma)}{(1-\kappa_0)[\rho^3 G_T-2\rho^2 c_0 m+4\pi^2\Gamma_\rho]}. \tag{17.26}$$

下面区分两种极限情况来考虑：

(i) 低速区　v 不大，相应地 ρ 甚大，式(17.26)可以简化为

$$v\simeq\frac{2DG_T}{(1-\kappa_0)(\rho G_T-2c_0 m)},$$

而

$$\rho=\frac{2D}{(1-\kappa_0)v}+\frac{2mc_0}{G_T}. \tag{17.27a}$$

(ii) 高速区　v 甚大，而 ρ 很小，式(17.26)可简化为

$$v=\frac{4D\pi^2\Gamma}{\rho^2(1-\kappa_0)c_0(-m)},$$

而对应于 c_0 的液相线与固相线的温度差 ΔT_0 为

$$\Delta T_0=\frac{-mc_0(1-\kappa_0)}{\kappa_0},$$

这样

$$\rho=2\pi\left(\frac{D\Gamma}{v\kappa_0\Delta T_0}\right)^{\frac{1}{2}} \tag{17.27b}$$

两个区域间临界速率可由式(17.27a)与式(17.27b)相等条件得出

$$v_{tr}=\frac{G_T D}{\Delta T_0\kappa_0}=\frac{v_{cs}}{\kappa_0}, \tag{17.28}$$

这里的 v_{cs} 为发生组分过冷的临界速率。

下面讨论有关枝晶主干间距的问题，对于枝晶整体（尖端加主干）可以近似地看为旋转椭球体，它比旋转抛物体有利之处在

于尖端处和抛物体的尖端近似；而在下面部分界面大体上与生长方向平行，和柱状区中实际枝晶相似。而溶质偏析效应在尖端处是以溶质边界层效应为主；而在下部则以夏耳方程（式 16.20)为主。

按照图 17.21 所示的几何关系，假设最后的液相凝固于距离尖端为 $a=\Delta T'/G_T$ 处，合金处于最大固溶限。椭球体是按六角点阵排列 ($b=\lambda_1/\sqrt{3}$)，而尖端曲率半径 $\rho=b^2/a$。根据椭圆的几何关系，可以求出 ρ 与 λ_1的关系式，即

$$\rho=\frac{\lambda_1^2 G_T}{3\Delta T'},$$

即

$$\lambda_1=(3\Delta T'\rho)^{\frac{1}{2}}G_T^{-\frac{1}{2}}, \tag{17.29}$$

这里的 $\Delta T'$ 表示尖端温度与非平衡态的固相线之差，其数值将随速率 v 的不同而有很大的差异。当分凝导致少量的枝晶间共晶体的沉淀

$$\Delta T'=T-T_e-\Delta T^*,$$

ΔT^* 表尖端处的过冷度，$\Delta T_0=T-T_e$ 相当于在 c_0 浓度液相线与固相线的温度差，当 $v<v_{tr}$ 时，有

$$\Delta T'=\frac{T_0}{(1-\kappa_0)}\left(1-\frac{G_T D}{v\Delta T_0}\right). \tag{17.30}$$

在组分过冷极限，上式括号中的值为零。所以 $\Delta T'=0$，$\lambda_1=0$。

将式 (17.27a) 或式 (17.27b) 表示 ρ 值分别代入式 (17.29)，可以得出

$$\lambda_1\simeq\left[\frac{6\Delta T'}{G_T(1-\kappa_0)}\left(\frac{D}{v}-\frac{\Delta T_0\kappa_0}{G_T}\right)\right]^{\frac{1}{2}}, \text{（低速区）}, \tag{17.31a}$$

$$\lambda_1\simeq 4.3\Delta T'^{\frac{1}{2}}\left(\frac{D\Gamma}{\Delta T_0\kappa_0}\right)^{\frac{1}{4}}v^{-\frac{1}{4}}G_T^{-\frac{1}{2}}, \text{（高速区）}. \tag{17.31b}$$

图 17.22 示出 Al-Cu 合金中 ρ 与 λ_1 和 v 的函数关系 ($G_T=100\mathrm{K}\cdot\mathrm{cm}^{-1}$)。图中不同区域内的界面形态已示意地表示出来，反映了平界面失稳以后，一系列的形态特征。说明简单的理论可以定性或半定量地说明问题。

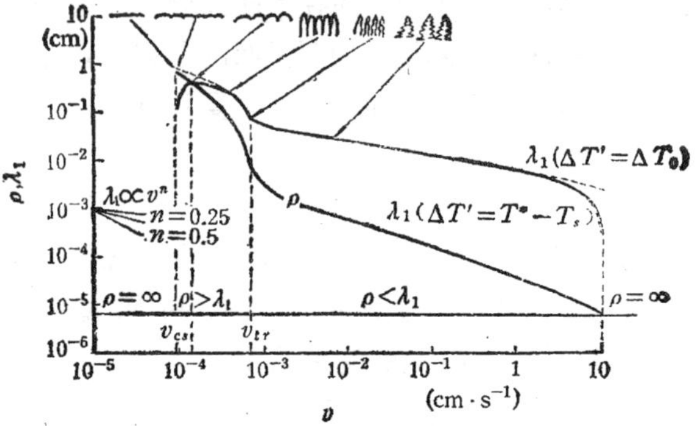

图 17.22 不同界面速率下界面形态的示意图（ρ 与 λ_1 对 v 的作图 $G_T = 100K \cdot cm^{-1}$）.

§ 17.8 枝晶生长的柱状区与等轴区

当液态合金在模内进行凝固后所出现的典型组织将如图 17.23 所示，在铸锭表层内有一个冷却层（chill layer），其中包含了一层晶粒甚细晶体；接着就是一个柱状区，由长的柱状晶体所构成，长轴的方向是垂直于铸锭表面，朝向铸锭的内部生长。而在铸锭的中心存在有等轴区，其中晶粒大体上是等轴的。对于铸锭的实验观察表明，柱状晶体往往是枝晶式的，具有择优取向，在立方晶体材料是〈100〉平行于生长方向，而铸锭中心的等轴晶粒也是枝晶，但其取向是任意的。

为了理解铸锭中柱状区向等轴区的转变，可以采用实验室模拟的方法。这里介绍的定向凝固中稳态生长的柱状区与等轴区的研究[54]，这可以帮助我们定性地了解铸锭的结构的问题。

通常认为定向凝固中生长阵面应是柱状式的，但实际情形并非总是如此，也可能存在稳态的等轴生长。我们可引入随生长速率移动的运动坐标系，在稳态的空间中晶粒形成，长大，而终于相互接触。在一特定时刻，其分布将如图 17.24 所示，这里假定等轴晶粒是由非均匀成核所形成。设单位体积中可供非均匀成核的衬

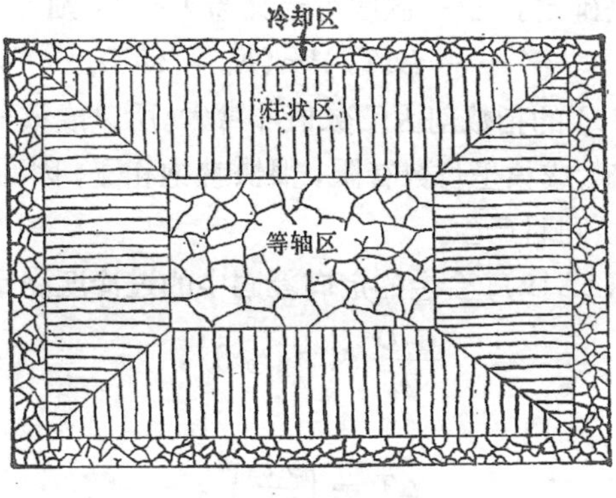

图 17.23 铸锭中微结构的示意图.

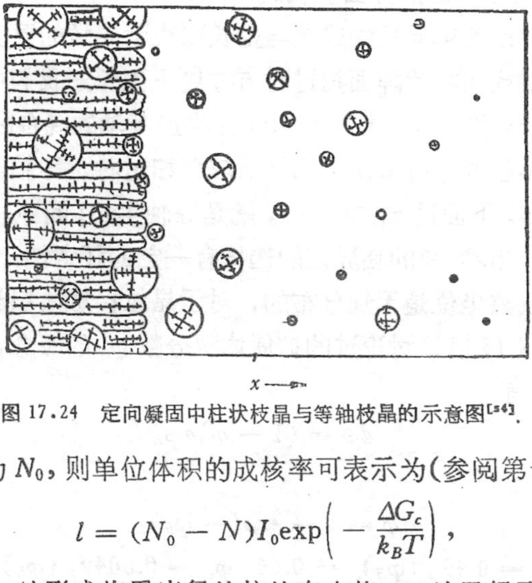

图 17.24 定向凝固中柱状枝晶与等轴枝晶的示意图[54].

底粒子数为 N_0，则单位体积的成核率可表示为(参阅第十四章)

$$l=(N_0-N)I_0\exp\left(-\frac{\Delta G_c}{k_BT}\right), \qquad (17.32)$$

这里，ΔG_c 为形成临界半径的核的自由能，N 为已经形成了的核的数目，I_0 为一常数，与液相扩散系数有关，$I_0\simeq 10^{20}$，对于小过冷度 ΔT，$\Delta G_c\sim 1/(\Delta T)^2$，这样，有

$$I=(N_0-N)10^{20}\exp\left\{-\frac{W}{(\Delta T)^2}\right\}, \qquad (17.33)$$

这里 W 为与衬底粒子有关的常数。W 的数值可由非均匀的成核的

温度 ΔT_N 来确定，这一温度可定义为 $I=1$，则

$$W = -(\Delta T_N)^2 \ln(N_0 \times 10^{20}). \tag{17.34}$$

由于式(17.33)的指数前因子数值非常大，所以成核一旦发生，则随温度的降低，成核坐位数有限，很快就饱和了，因而可以近似地认为所有的核同时产生。

按照式(17.19)，合金的定向凝固中的过冷度满足

$$\frac{G_T D}{v} \ll A(c_0 v)^{\frac{1}{2}},$$

可表示为

$$\Delta T = \left(\frac{v' c_0}{A}\right)^{\frac{1}{2}}, \tag{17.35}$$

这里的 v' 表示实际的界面生长速率。

我们假设等轴晶粒的成核与生长取决于局域的温度，直到它们相互接触或为柱状阵面扫过时方才终止生长。我们可以区分三种稳态生长类型：(i) 柱状；(ii) 柱状加等轴的混合区；(iii) 等轴。生长类型的区分取决于当柱状阵面扫过时，等轴晶粒所占的体积分数 φ，下面设 $\varphi_{c_1} > 0.49$，就是等轴生长；而 $\varphi_{c_2} < 0.0049$，则为柱状。当然，φ 的临界值的选择有一定的任意性。

由于成核坐位是无规分布的，对于晶粒接触所引起的修正可以采用§14.15已经讨论过的扩展体积分数 φ_E 的概念，在小的时间间隔中，有

$$d\varphi = (1-\varphi)d\varphi_E \tag{17.36a}$$

即

$$\varphi = 1 - \exp(-\varphi_E). \tag{17.36b}$$

这样，$\varphi_{c_1} = 0.49$，$(\varphi_E)_{c_1} = 0.66$，$\varphi_{c_2} = 0.0049$，$(\varphi_E)_{c_2} = 0.0066$

既然所有晶粒几乎是同时形成，在时间 t 以后的等轴晶粒的半径为

$$r = \int_0^t v' dt, \tag{17.37}$$

这里的 v' 由式(17.35)给出，即 $v' = A(\Delta T)^2/c_0$。

由于生长处于稳态，有

$$\frac{dT}{dt} = -vG_T = \frac{d(\Delta T)}{dt}, \qquad (17.38)$$

v 为稳定生长速率，G_T 为强加的温度梯度，ΔT 为局域的过冷度，将式(17.37)中的 v' 与 dt 取代，得

$$r = \int_{\Delta T_N}^{\Delta T} \frac{A(\Delta T)^2}{vG_Tc_0} d(\Delta T) = \frac{A[(\Delta T)^3 - (\Delta T_N)^3]}{3vGc_0}, \qquad (17.39)$$

$$\varphi_E = \frac{4\pi r^3 N_0}{3} > (\varphi_E)_{c_1}. \qquad (17.40)$$

利用式(17.39)以及 $\Delta T = \Delta T_c$ 的条件(ΔT_c 为柱状阵面的过冷度)，可得

$$G_T < 0.617 N_0^{\frac{1}{3}} \left[1 - \frac{(\Delta T_N)^3}{(\Delta T_c)^3}\right] \Delta T_c, \qquad (17.41a)$$

这是等轴生长的条件，而柱状生长的条件为

$$G_T > 0.617(100N_0)^{\frac{1}{3}} \left[1 - \frac{(\Delta T_N)^3}{(\Delta T_c)^3}\right] \Delta T_c. \qquad (17.41b)$$

图 17.25(a) 示出了 Al-Cu 合金(Cu 含量为 3% 重量)的结果。可以看出，柱状生长区出现于低速和高温度梯度的情形，而混合区只出现高梯度的情形。图 17.25(b) 示出了几种高温合金的柱状区与等轴区的界限[55]，趋势大体上和理论估计相符合。

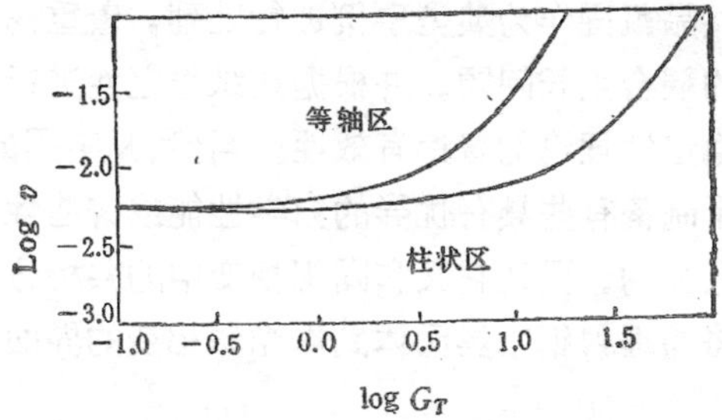

图 17.25(a) Al-Cu 合金中生长形态区的划分(理论计算结果)[54]
$N = 10^3$ 厘米$^{-3}$，$T_N = 0.75$K，$c_0 = 3\%$(重量).

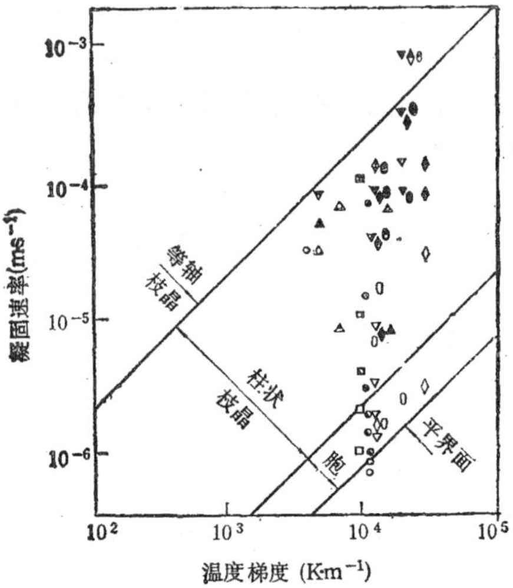

图 17.25(b) 几种高温合金生长形态区的实验结果[55]. $\log v$ 对 $\log G_T$ 作图，各区域的界限为等 G_T/v 值的轮廓线. 不同符号的点代表不同的高温合金材料.

III 复相合金的界面形态

这一节涉及更加复杂的情况，即复相合金的界面形态的问题. 对于这样一个复杂的问题，要进行全面的科学分析，目前尚有困难。这里以共晶凝固作为典型事例进行处理，着重论述定向凝固中层状共晶的耦合生长问题，并根据边缘稳定性进行了讨论。从而说明界面稳定性理论的普遍有效性。当然，从实用的角度来看，共晶凝固对于制备有些具有优异的力学性能或铸造性能的合金材料也是很有意义的；况且它又和固相相变中的共析分解有许多相似之处，也将为理解钢中奥氏体到珠光体相变的界面形态问题提供了线索。

§ 17.9 共晶凝固概述

共晶凝固是从液相中同时形成两个或更多个不同的固相。从铸造的角度来看，共晶凝固是很有利的，因为它的凝固温度更比纯组元的熔点低得多，而且在凝固之中容易避免阻碍液流枝晶的形成，从而改善了铸造性能。从共晶凝固中可以获得多种显微组织（参看图 17.26），取决于组分和凝固的条件，特别值得注意的是可能获得规则排列层状或杆状的第二相，应用这一技术已经发展了一些具有优异性能的原位复合材料（in-situ composite）。

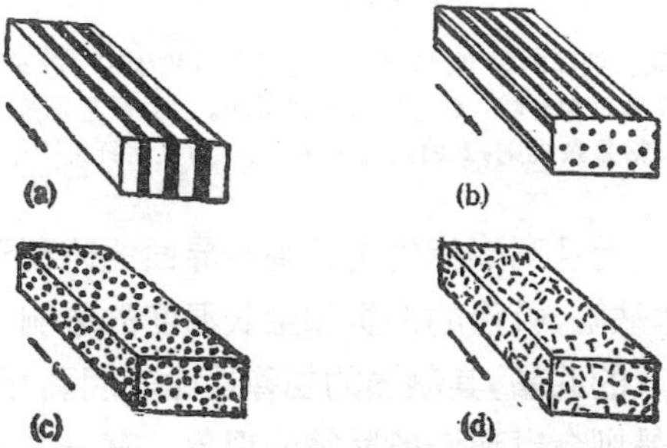

图 17.26 几种典型的共晶微结构（示意图）.

由于共晶合金微结构形式繁多，就需要将这些微结构和合金的基本参量建立联系。比较成功的尝试是将合金的显微组织和其 α 相与 β 相的熔化熵和对应的体积分数建立联系[57]。假定其中一种相的熔化熵是低的，即非小面化的（non-faceted）（参阅第一卷 § 8.4）；另一相的熔化熵和体积分数对于显微结构的影响如图 17.27 所示。当第二相熔化熵低（也是非小面化的），被称为正常共晶，在定向凝固时出现规则杆状相（其中有一相的体积分数较低）或平行的层状相（两相的体积分数相近）；当第二相熔化熵较高时，凝固是出现小面，则被称为反常共晶，微结构形态不很规则。熔化熵高低的界限约为 $23\mathrm{J\cdot mol\cdot K^{-1}}$。这是由于低熵相的生长通常是纯由扩散控制的，在相同的过冷度中，通常低熵相的生长速率要

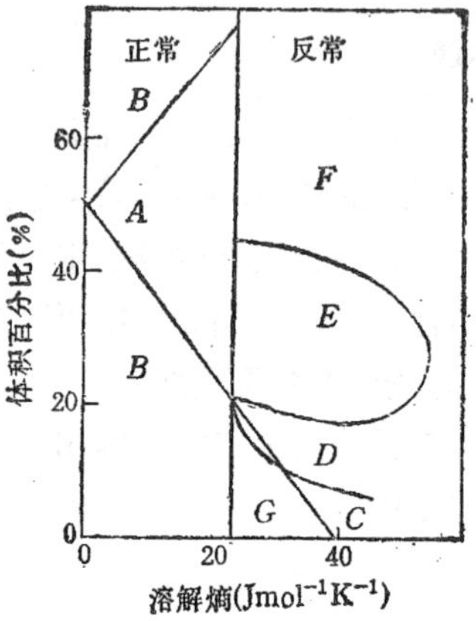

图 17.27 共晶微结构的类型(按第二相的熔化熵及体积分数分类)，其中 A 为正常层状，B 为正常杆状，C 为反常破碎层状，D 为反常不规则片状，E 为反常复杂规则，F 为反常准规则，G 为反常纤维[57].

比高熵相要高。而且高熵相的生长则与界面的微观形态有密切的关系，受到晶体缺陷、吸附的杂质和生长温度的影响甚大。所以全部由低熵相构成的共晶，其凝固的规律性比较明确；而高熵相与低熵相混合的共晶则会出现许多反常的现象。有一些重要的工程合金，如 Al-Si 与铸铁，则属于后者。

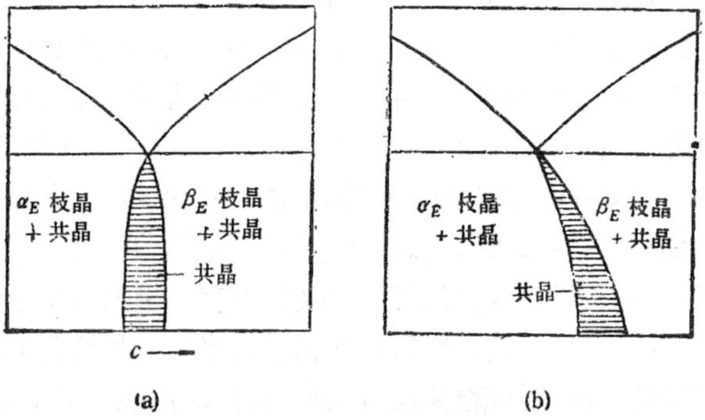

图 17.28 两种类型的耦合区.
(a) 正常共晶；(b) 反常共晶.

下面重点讨论两相组分比较接近，共晶凝固是由两相耦合生长来实现的。图 17.28 示出正常和反常共晶的两种情况，耦合区域的宽窄受到生长条件(如速率、温度梯度等)的影响，正常共晶呈现出对称的耦合区;而反常共晶则呈现歪斜的耦合区。

§ 17.10 耦合生长的理论

在定向凝固条件下，耦合生长的共晶出现规则的两相排列(层状或杆状)，具有特定的周期 λ。曾讷认为规则周期的出现是 α，β 两相的界面能（它随 $1/\lambda$ 而增大）与扩散路程(它随 λ 而增大)之间相互妥协的结果[6]。杰克逊（K. A. Jackson）与亨特进一步提出了更完善的耦合生长理论[22]。这里介绍克莱因（H. E. Cline）对此理论的另一表述[58]，并用干扰来检验结果的稳定性[58,59]。

假定生长中的固液界面是稳定的，界面与运动坐标系的 $x = 0$ 面重合。α，β 两相交替层片的几何关系如图 17.29 所示。

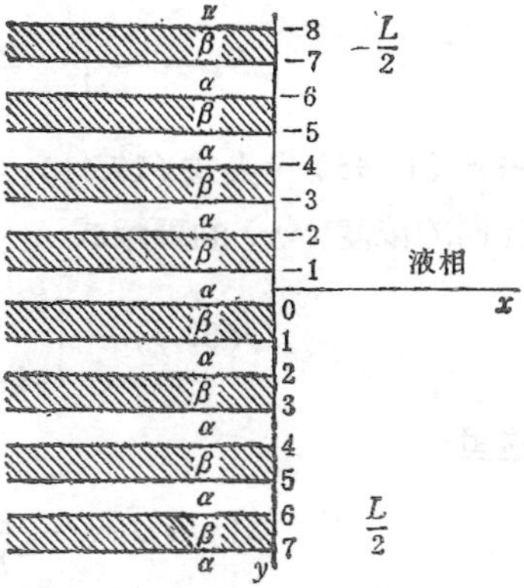

图 17.29 共晶耦合生长的几何关系.

这基本上是一个两维扩散场，扩散方程为

$$\nabla^2 c + \frac{v}{D}\frac{\partial c}{\partial x} = 0. \quad (17.41c)$$

为简化计，可以完全忽略固相内部的扩散，边界条件可以表示为

$$x = \infty, \quad c = c_E, \qquad (17.42a)$$

c_E 为共晶成分。

$$\left.\begin{aligned} x = 0, \quad (\nabla c)_n &= -\frac{v}{2D}, \ (\alpha\text{ 相固液界面上}), \\ (\nabla c)_n &= \frac{v}{2D}, \ (\beta\text{ 相固液界面上}). \end{aligned}\right\} \quad (17.42b)$$

$(\nabla c)_n$ 为固液界面处浓度梯度的垂直分量。而在 α-β 相界处，存在有一系列浓度的奇点(即浓度梯度 $\partial c/\partial y$ 为无穷大)。相当于溶质的泉源或尾闾。

满足扩散方程的解可以表示为

$$c(x, y) = \sum_{n=1}^{\infty} B_n[\cos k_n y]\exp(-k_n x), \tag{17.43}$$

这里 $k_n = 2\pi n/L$，而层周期为 $\lambda = L/n$。

在界面处的溶质浓度系由界面处的法向浓度梯度的条件来确定，即

$$\nabla_n c(y) = -\sum_{n=1}^{\infty} B_n k_n \cos k_n y. \tag{17.44}$$

而傅里叶系数 B_n 可由上式乘以 $\cos k_n y$，再对曲界面进行积分，即

$$B_n = -\int_{-\frac{L}{2}}^{\frac{L}{2}} \frac{\cos k_n y' \nabla_n c(y') dy'}{k_n}. \tag{17.45}$$

将式 (17.45) 代入式 (17.41)，并且对调叠加与积分的次序，可得界面的浓度 $c(y)$ 的表示式

$$c(0, y) = \int_{-\frac{L}{2}}^{\frac{L}{2}} G(y/y')\nabla_n(y')dy', \tag{17.46}$$

这里

$$G(y/y') = -\frac{2}{L}\sum_{k=1}^{\infty} \frac{\cos k_n y \cos k_n y'}{k_n} \tag{17.47}$$

是稳态扩散方程的格林函数，相当于处于 $y' = 0$ 处的单位点源引起的在 y 轴上浓度的分布。这一无穷级数的收敛甚慢，可用一解析式来代替

$$G(y/y') = \frac{1}{2\pi}\ln\left\{2 - 2\cos\left[\frac{2\pi(y-y')}{L}\right]\right\}. \tag{17.48}$$

利用式 (17.48) 所表示的格林函数，代入

$$c(x, y) = \frac{v\lambda}{D\pi^2}\sum_{n=1}^{\infty} \frac{\sin\left(\frac{1}{2}n\pi\right)\cos(2\pi n/\lambda)y}{n^2}\exp(-k_n x). \tag{17.49}$$

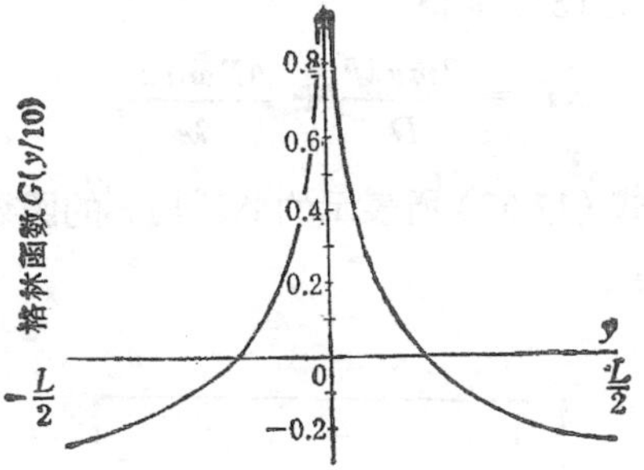

图 17.30　扩散方程的格林函数 $G(y/0)$.

在 α 相前固液界面上的平均浓度

$$\bar{c}=\frac{1}{\frac{1}{2}\lambda}\int_{-\frac{\lambda}{4}}^{\frac{\lambda}{4}}c(0,y)dy=\frac{2v\lambda}{D}P, \tag{17.50a}$$

这里

$$P=\sum_{n=1}^{\infty}\frac{\sin^2\left(\frac{1}{2}\pi n\right)}{(\pi n)^3}\simeq 0.0338. \tag{17.50b}$$

令过冷度 ΔT，取决于固液界面的平均浓度 $\bar{c}$ 和平均曲率 $\bar{K}$，所以对 α，β 两相的 ΔT 值可以分别表示为

$$\left.\begin{aligned}(\Delta T)_\alpha &= m_\alpha\bar{c}_\alpha+\Gamma_\alpha\bar{K}_\alpha,\\ (\Delta T)_\beta &= -m_\beta\bar{c}_\beta+\Gamma_\beta\bar{K}_\beta.\end{aligned}\right\} \tag{17.51a}$$

为了简化，设 α 相与 β 相的液相线的斜率的绝对值是相等的，即 $m=m_\alpha=m_\beta$，并且设 $\Gamma_\alpha=\Gamma_\beta=\Gamma$，这样，式 (17.51a) 可简化为

$$\Delta T=m\bar{c}+\Gamma\bar{K}. \tag{17.51b}$$

平均浓度 $\bar{c}$ 已由式 (17.50) 给出，因而剩下的问题就是求平均曲率 $\bar{K}$。令液-α-β 三相交结处的界面角(固液界面与 y 轴的夹角)为 θ，则三相交结处的 K 值约为 $\sin\theta$，而在 $\lambda/4$ 间隔范围内 K 值由 $\sin\theta$ 变为 0，所以平均曲率可近似地表示为

$$\bar{K}\simeq\frac{4\sin\theta}{\lambda}. \tag{17.52}$$

这样，代入式 (17.51b)，即得

$$\Delta T=\frac{2mv\lambda P}{D}+\frac{4\Gamma\sin\theta}{\lambda}. \tag{17.53}$$

图 17.31 示出了式 (17.52) 所表示的 ΔT 与 λ 的函数关系，在 $\lambda=\lambda_c$ 处，ΔT 为极小。

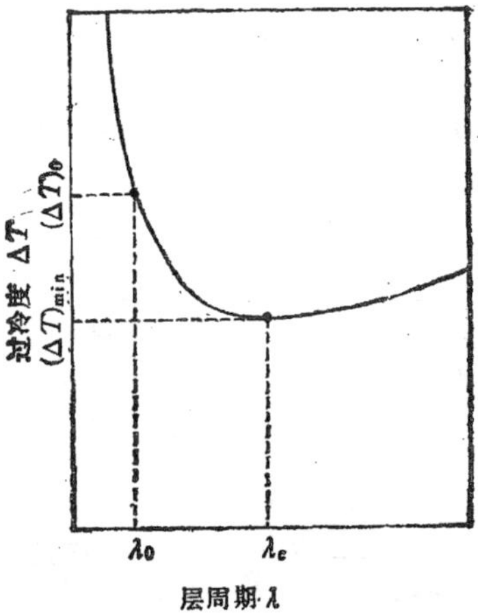

图 17.31　过冷度与层周期的函数关系.

设想原来层周期为 λ_0 的周期性共晶结构中引入波数为 k 的干扰波，导致 α-β 与 β-α 相界沿 y 轴发生位移 u，并假定干扰波的波长 $2\pi/k$ 远大于 λ_0[59]。干扰引起的相界位移波 $u(y)$ 的效果为局域的层周期 $\lambda(y)$ 和 λ_0 发生偏离，即

$$\lambda(y)\simeq\lambda_0\left[1+\frac{\partial u(y)}{\partial y}\right]. \tag{17.54}$$

而 $\lambda(y)-\lambda_0=\lambda_0(\partial u/\partial y)$，则以波的形式出现 (见图 17.32)。图 17.31 表明固液界面的过冷度是 λ 的函数；和 λ_0 相应的过冷度为 $(\Delta T)_0$，当 $\lambda(y)$ 偏离 λ_0 时，ΔT 也对应地和 $(\Delta T)_0$ 发生偏离。定向凝固是在沿 x 轴保持恒定的温度梯度 G_T (相对于移动界面) 条件下进行的。所以局域过冷度的偏离 $\Delta T(\lambda)-(\Delta T)_0$ 将诱发

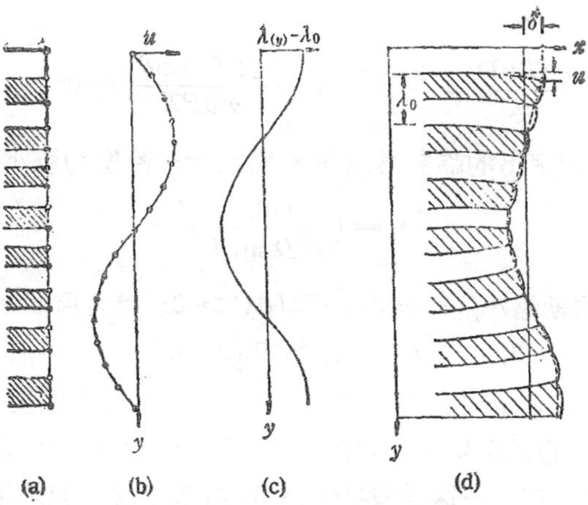

图 17.32 受干扰的共晶耦合生长(示意图).

(a) 干扰后的 α-β 层的排列; (b) $u(y)$; (c) $\lambda(y)-\lambda_0=\lambda_0\partial u/\partial y$;
(d) 干扰后的畸变的固液界面与 α, β 层的排列.

固液界面沿 x 轴向的位移 $\delta(y)$ (见图 17.32), 其数值决定于关系式

$$\delta G_T = -[\Delta T(\lambda)-(\Delta T)_0], \tag{17.55}$$

这样,固液界面也偏离了平界面。当然,可以选择生长参量以保证这样的固液界面保持其稳定性。

在耦合生长中,局域内 α-β 相界面和固液界面应接近于正交,即存在有几何约束条件

$$\frac{\partial u}{\partial t}\simeq -v\frac{\partial \delta}{\partial y}. \tag{17.56}$$

对于式 (17.55) 的两侧求以 y 为变数的两阶偏微商, 考虑到几何约束条件式 (17.56) 及干扰引起的层间距变化的关系式 (17.54), 就可以得出 $\lambda(y,t)$ 所满足的偏微分方程

$$\frac{\partial \lambda}{\partial t}=\frac{v\lambda_0}{G_T}\frac{\partial^2}{\partial y^2}\Delta T(\lambda)=\frac{v\lambda_0}{G_T}\frac{\partial}{\partial y}\left[\frac{\partial \Delta T(\lambda)}{\partial \lambda}\frac{\partial \lambda}{\partial y}\right]. \tag{17.57}$$

式 (17.57) 是判断共晶周期对于干扰是否稳定的基本关系式, 其关键在于 $\partial\Delta T(\lambda)/\partial\lambda$ 值的正负, 分界线由条件 (式 (17.53) 对 λ

求微商)

$$\frac{\partial \Delta T(\lambda)}{\partial \lambda} = \frac{2mvP}{D}\left(1 - \frac{2\Gamma D \sin\theta}{mvP\lambda_c^l}\right) = 0 \tag{17.58}$$

所确定，这样定出的临界层周期 λ_c 对应于过冷度为极小处，即

$$\lambda_c = \left(\frac{mPv}{2\Gamma D \sin\theta}\right)^{\frac{1}{2}}. \tag{17.59}$$

干扰使层周期缩小的区域内，$\partial^2\lambda/\partial y^2 > 0$；使层周期增大的区域内，$\partial^2\lambda/\partial y^2 < 0$。若 $\lambda_0 > \lambda_c$，$\partial\Delta T(\lambda)/\partial\lambda > 0$，在前一区域内，$\partial\lambda/\partial t > 0$，在后一区域内，$\partial\lambda/\partial t < 0$，产生层周期复原的倾向，因而是稳定的；若 $\lambda_0 < \lambda_c$，情况正好颠倒过来，在前一区域，$\partial\lambda/\partial t < 0$，在后一区域 $\partial\lambda/\partial t > 0$，导致干扰振幅的增长，因而是不稳定的。这样，在共晶凝固中边缘稳定性的判据和最小过冷度假设正好吻合，但为后者提供了原来欠缺的理论基础[59]。

图 17.33 示出稳定区与失稳区中干扰演变的计算机模拟图象[58]。当 λ 略大于 λ_c，局域增大的周期将逐步减小，恢复正常(图 17.33(a))；当 λ 略小于 λ_c，局域减小的周期，将继续缩小(图 17.33(b))。而偏离最大之处，发展得也最快，最终可能层厚趋于

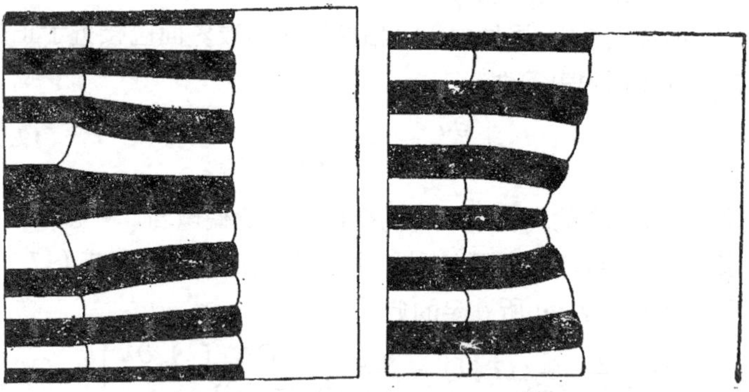

(a) (b)

图 17.33 层周期受干扰后演变情况的示意图.
(a) $\lambda^2 = 1.2\lambda_c^2$; (b) $\lambda^2 = 0.8\lambda_c^2$.

零，即异常层片的完全消失，从而使整体的层周期陡然增大，导致 $\lambda \to \lambda_c$。

至于反常共晶的耦合生长，λ 值往往大于 λ_c，即不处于过冷极小处。由于高熵相的生长不单纯由溶质扩散控制，也与受界面微观形貌影响的界面动力学过程有关，问题显然要复杂些，目前尚无定论。有关共晶耦合生长显然可以推广应用共析分解中的耦合生长，如钢中珠光体的形成及其层间距的问题，此时共析相中的溶质扩散不能完全忽略不计，所以问题更为复杂。

IV 分形生长过程及有关问题

前面论述的理论都是采用宏观物理学的方法，先求出传输(或扩散)方程在边值条件下的解，然后引入干扰来检验解的稳定性，并且根据边缘稳定性判据来探讨界面图象的演变过程。七十年代以后，曼德尔布罗特（B. B. Mandelbrot）对于分形进行了广泛的研究，揭示了自然界许多现象的分形本质，对物理学研究产生深远的影响[60]。在此影响之下，八十年代初，威登与桑德应用计算机模拟布朗运动粒子的聚集过程，提出了扩散控制聚集（DLA）模型，取得了很有启发性的结果[23]。这样，就为界面图象演变问题开辟了一条更加微观的研究途径。目前，这方面的工作尚在发展之中。我们在这里对 DLA 模型及有关问题作一概述。

§17.11 扩散限制的聚集模型

威登与桑德首先采用计算机来模拟粒子聚集成簇的问题[23]。他们考虑二维的点阵，模拟的规则是很简单的。首先在点阵中心处安放一个粒子，作为籽粒。另一个粒子从远处作无规行走过来(扩散)，如果这一粒子到达籽粒的最近邻坐位，就停下来。然后再发出一个无规行走的粒子，一直到达前面两个粒子的最近邻的坐位，又停下来。然后让这一过程反复进行，直到形成一个相当大的粒子簇。图 17.34(a) 显示了 3000 个粒子的模拟结果，它和电沉

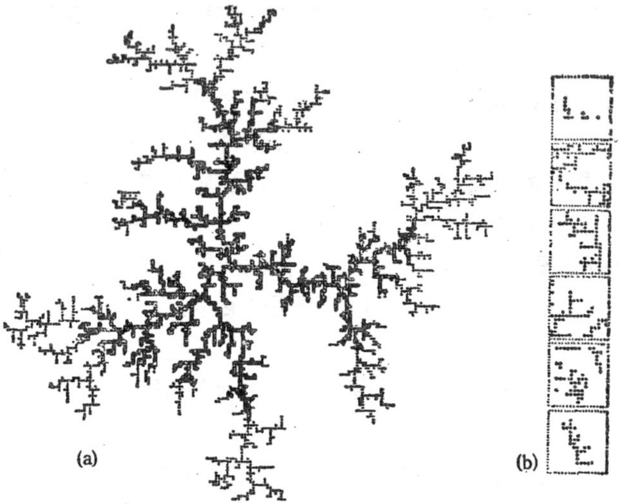

图 17.34 (a) 在正方点阵上 3000 个粒子形成的聚集簇. 先到达的 1500 个粒子用空心圈来表示，后到达的 1500 个粒子用点表示；(b) 同一簇中无规选取的碎片.

积（电解过程中电极上金属颗粒的析出）及尘埃的图象极为相似. 它和枝晶图象也有相似之处，但缺乏明显的各向异性。在图中将开头的 1500 粒子和后来的 1500 粒子区分开来，也可以看出，尽管簇的内部还残留着许多待填的空缺，但后来的粒子多半是依附于簇的边缘继续生长，这表明簇的存在对于扩散来的粒子起一定的屏蔽作用。在图 17.34(b) 中，将聚集簇的局部无规采样，表明局域上是均匀而且各向同性的. 而整个图象又具有标度不变性，即采用不同放大倍率来观察，图象都是相似的，这一类物体具有分形的特征。DLA 模型显然可以推广到三维空间[61].

为了定量地检验标度不变性，对于图 17.34(a) 所示聚集簇密度相关函数

$$c(r)=\frac{1}{N}\sum_{r'}\rho(r+r')\rho(r') \tag{17.60}$$

进行直接测量，对于多个簇的测量结果，如图 17.35 所示，数据可以用 r 的非整数幂的函数来拟合.

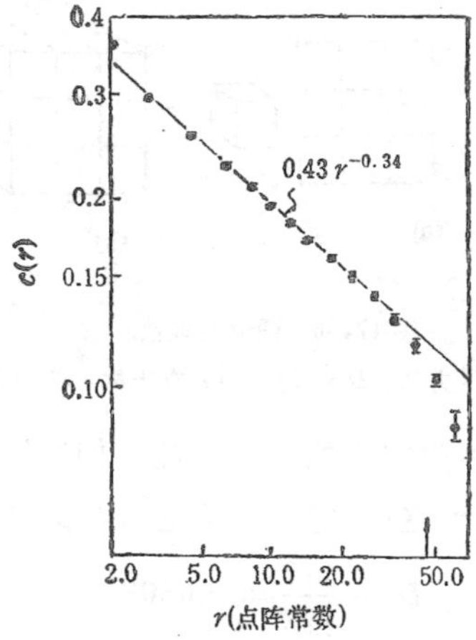

图 17.35 聚集簇的密度相关函数[23]。

§ 17.12 分形与维数

上节引入了具有非整数幂次的相关函数来表征聚集簇的几何性质，需要作进一步的阐述。空间维数 d 是大家早已熟悉的，图形或几何对象的维数，通常在习惯上是将它和空间维数等同起来的。但事实上并不一定如此[62]。如果我们将尺度放大 l 倍，对于 D 维的几何对象将能获得 k 个原来的几何对象，这样，有

$$k = l^D, \tag{17.61}$$

对于正方形，当 $l = 3$，$k = 9$，即 $D = 2$；对立方体，当 $l = 3$，$k = 27$，$D = 3$ 和直观的空间维数正好吻合，豪斯道夫即用

$$D = \frac{\ln k}{\ln l}, \tag{17.62}$$

来定义几何图形的维数，被称为豪斯道夫维数，豪斯道夫维数并不限于整数。但是我们设想一些图形具有和空间维数 d 不等的几何图象，例如可以构筑康托尔杠（Cantor bar），其形成过程如图 17.37(a) 所示，从最上面一根均匀的杠出发，截去中间 1/3 段；然后再将剩下的杠都截去中间 1/3 段，这样，可以反复地进行下去，

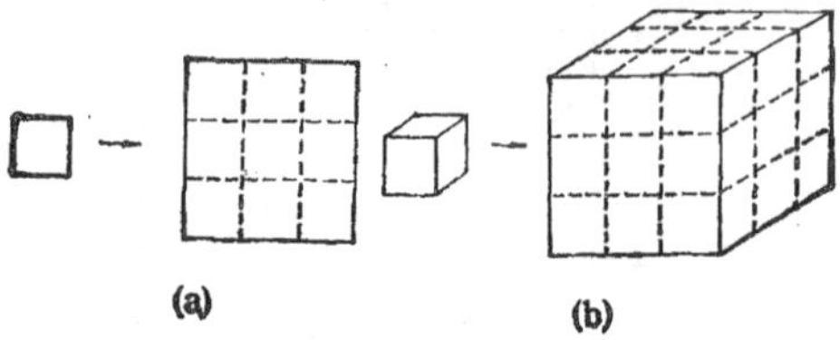

图 17.36　图形的维数.

(a) 平方形，$D=2$；(b) 立方体，$D=3$.

就可以获得中间有不少空隙的康托尔杠。如果尺度增加 3 倍，基本单元数只增加 2 倍，这样，它的豪斯道夫维数为

$$D=\frac{\ln 2}{\ln 3}\simeq 0.6309.$$

另外，又可以构筑出西尔宾斯基箭头(Sierpinski arrowhead)，其形成过程如图 13.37(b)所示：从左边的三角形里挖去中间一个颠倒的小三角形(占面积 1/4)，然后对于剩下的三角形再作同样的操作，这样，也可以持续地进行下去，可以看出，当尺度增加 2 倍，基本单元数增加 3 倍，即

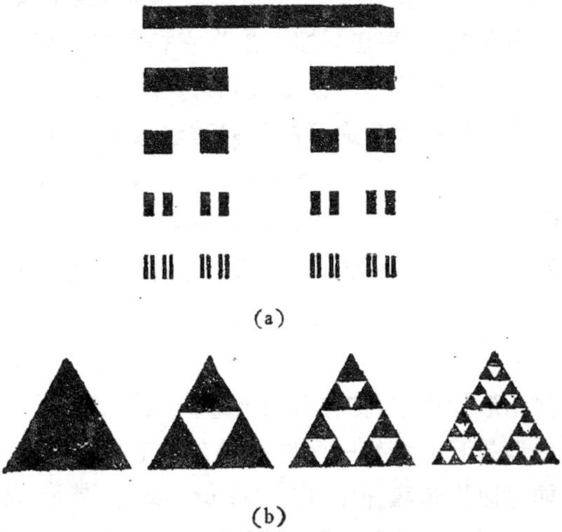

图 17.37　典型的规则分形图象[60]

(a) 康托尔杠，$D\simeq0.6309$；(b) 西尔宾斯基箭头，$D=1.5849$.

$$D = \frac{\ln 3}{\ln 2} \simeq 1.5849,$$

这一类维数 D 低于相应空间维数，具有标度不变性的无穷嵌套的几何图象被称为分形。

分形的维数 D 也不限于非整数,在某些特殊的情况,也可以是整数。例如,考虑图 17.38 中的正方形,每边四等分,得出 16 个正方形，只保留角上的 4 个。然后对剩下的正方形再作同样的操作，也可以持续地进行下去。所得的几何图象将具有维数

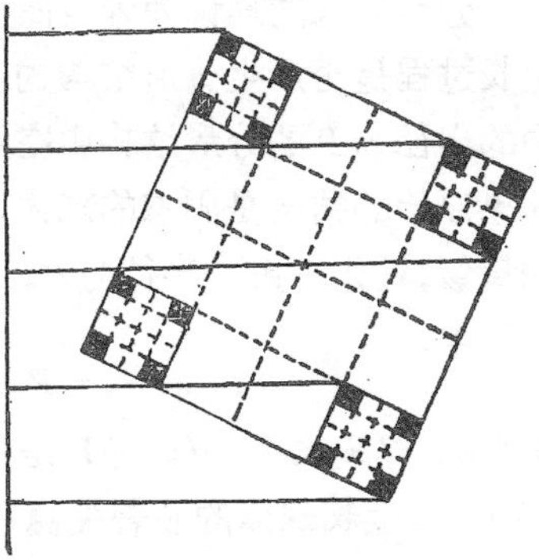

图 17.38　$D = 1$ 的分形图象.

$$D = \frac{\ln 4}{\ln 4} = 1.$$

将剩下的正方形投影左边的直线上,正好可以将直线填满,形象地说明了 $D = 1$ 的几何意义。

上面举的几个例子都是人为构筑的分形图象，其特征是非常规则，但曼德尔布洛特曾详尽地讨论了自然界中许多图象也具有分形特征,虽然不那末规则[60]. DLA 模型的结果也证实了这一点.在 $d = 2$ 的情形, $D \simeq 1.7$; 而在 $d = 3$, 则 $D \simeq 2.4$。而且 DLA 模型也只是分形生长过程的一种。 DLA 模型只容许一个成核中心，和尖点上电沉积的实验结果近似。如果放松成核的条件，容许不同的核来形成众多的簇,这样可以获得更加开放的分形结构, $D \simeq 1.4 (d = 2)$; $D \simeq 1.8 (d = 3)$。自然界的烟和胶体就接近于这一情况。但是也有一些生长过程和上述的密切相关，却并不形成分形结构，而是普通的固体 ($D = d$)。例如弹道式聚集 (ballistic aggregation)，所有微粒平行地投射过来，或者粒子不是象 DLA 那样,一个一个地聚集,而是许多微粒同时聚集，即所谓多粒子聚集 (multiparticle aggregation)。还有用以描述肿瘤生长的艾

登模型（Eden model）也是如此，在这一模型假定周界上所有坐位的生长几率都是相同的。

§17.13 分形生长的判据

分形生长的理论尚未全面地建立，这里按照桑德的分析，提出生长过程是否产生分形结构的基本判据[63]。首先应该考虑到生长中的半径为 R 的分形结构中空隙的尺寸，同时也应该是 R 的量级。如果原始的结构是固态的球体，那么必须失稳的干扰波长达到 R 的量级，具体考虑一半径为 R 的球体，受到少量畸变 δ，这样，在球坐标中

$$r = R + \delta f(\theta, \phi), \tag{17.63}$$

这里的 $\delta/R \ll 1$，$f(\theta, \phi)$ 是角度的缓变函数。我们可以依照 §16.7 中生长球体的显著失稳判据式 (16.60)，给出参量

$$\beta = \left(\frac{1}{\delta}\frac{d\delta}{dt}\right)\Big/\left(\frac{1}{R}\frac{dR}{dt}\right) - 1 = \left(\frac{R}{\delta}\right)\left(\frac{d\delta}{dR}\right) - 1. \tag{17.64}$$

可以区分三种情况，即

$$\beta \begin{cases} > 0, & \text{潜在的分形生长；} \\ = 0, & \delta\ \text{具有标度不变性；} \\ < 0 & \text{非分形生长。} \end{cases}$$

下面将这一判据应用到一些生长过程，首先考虑 DLA，这里可以采用连续统计近似来描述这一过程。在聚集簇的外面，无规行走的几率密度 u 满足扩散方程

$$\frac{\partial u}{\partial t} = D\nabla^2 u, \tag{17.65}$$

而界面边值条件为粒子的吸附

$$(u)_s = 0,\ (\text{界面上})。 \tag{17.66}$$

而界面上一点法向生长速率 $v_n \simeq (n\cdot\nabla u)_s$，由于 DLA 是缓变过程，可以采用准静态近似，即略去式 (17.65) 中的 $\partial u/\partial t$。令式 (17.63) 中的 f 函数为

$$f(\theta) = \cos j\theta.$$

对 δ 进行线性化处理，可得

$$\beta = j - 2.$$

这样，对于 $j > 3$，波长为 R/j 的畸变将导致分形的生长。

类似地可以处理其他的聚集过程，对于艾登模型或者弹道式聚集，不管表面是否有一凸缘，各处均作等量的生长，结果 $d\delta/dt = 0$，即 $\beta = -1$，对应于稳定的固态生长。

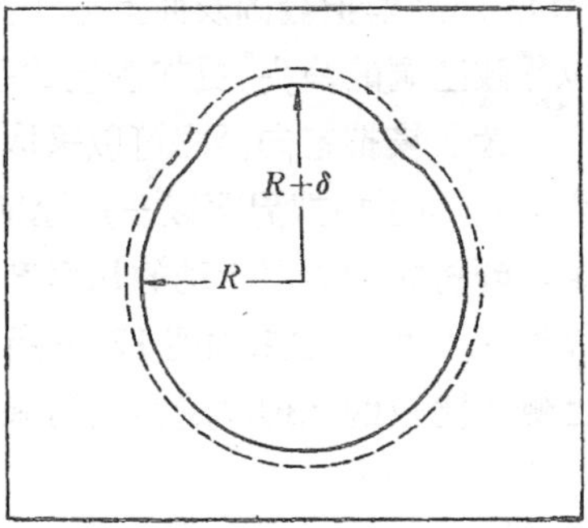

图 17.39 按照艾登模型生长的稍有畸变的球体.

至于多粒子聚集，我们就不能舍弃 $\partial u/\partial t$ 项，这将引入一个新的长度参量，即扩散长度

$$l = \frac{D}{dR/dt}. \quad (17.67)$$

在界面上距离超过 l 的点之间，无从相互影响，这样，界面对于波长大于 l 的干扰将是稳定的。

§17.14 分形生长过程与界面形态的演变

前面我们已经介绍了关于图象的形成与演化问题的两种主要方法，即纯宏观物理学的方法和以 DLA 模型为代表的更加微观的方法。因而进一步的问题就在于如何将这两种方法结合起来，通过模拟粒子无规运动过程来获得关于界面形态演变更细致的信息。这里介绍这方面一些新近尝试。

维赛克 (T. Vicsek) 对于 DLA 模型作了一些推广和修正[64]：粒子还是以无规行走的方式(对应于非局域的扩散场)来到聚集簇附近，但补充了两个规则：(i) 假设粒子的粘着几率是与表面的局域曲率有关，如果粒子不粘着于表面，就将继续扩散。这样，在界面曲率大的地方，生长速率将减低；(ii) 当粒子一旦着陆后，就将弛豫到附近的能量更低的坐位（具有最大数目被占近邻的坐位）。这一方法实际上结合了两种方法：一是对于个别聚集粒子的扩散

运动的直接模拟；另一是对于凝固问题的连续统方程的蒙特卡罗模拟。这里的粘着几率与界面曲率有关（规则 (i)）相当于连续统理论中吉布斯-汤姆逊关系式确定的边值条件；而表面弛豫(规则 (ii)) 用来模拟凝固表面上分子的调正位置的动力学过程，这样可以导致空洞的消失，更加密致的基体和光滑的表面。

为了模拟定向凝固可以采取粒子沉积在一条线上（而不是一点上）；为了模拟界面以一定速率运动，可以引入有偏向的无规行走，即将朝向界面运动的几率 P 大于离开界面运动的几率，即 $P/P' > 1$，所得结果如图 17.40 所示，呈现胞状界面的图象，和该图上侧作比较的琥珀酯的实验结果颇为相似。

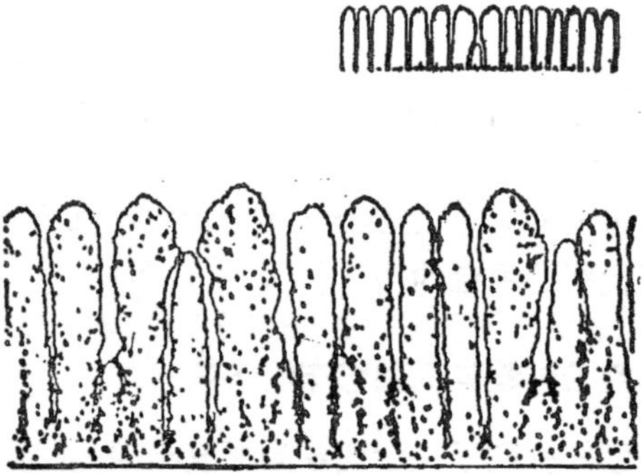

图 17.40 胞状界面的计算机模拟[64]. 上侧与 i 对照的为琥珀酯中的实验结果.

为了模拟枝晶生长，则仍可采用对一点的沉积。开始时获得几近球形的簇，此时表面效应对生长起主导作用；随着簇的长大，到一定程度后就向枝晶过渡，这可以从簇中表面坐位数对于原子数的作图(见图 17.41) 可以明显看出斜率从 0.5 到 1.0 的突变，即对应于枝晶的出现。最近在规则点阵上用弛豫方法来求解拉普拉斯方程满足边值条件的解，而界面则采用类似于 DLA 模型的方式来添加粒子。如果改变反映凝固过程中的物理和环境条件参量的数值，可以获得许多不同枝晶图象，如图 17.42 所示[65]。值得注意的是，这些图象和图 17.1 中某些雪花的形态惊人地相似。

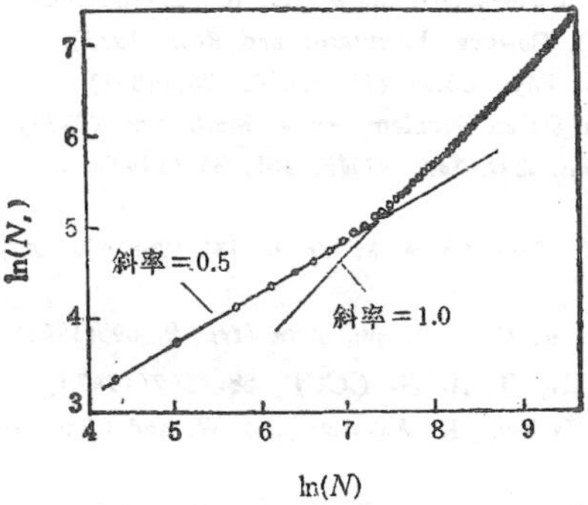

图 17.41 聚集簇中表面坐位数对粒子数的作图[64]。

图 17.42 雪花形态的计算机模拟[65]。

上面讲到，对于 DLA 模型作一些修正和补充后，可以从微观上来理解枝晶生长(或胞状界面)的出现，这是强调它们之间的相似之处；但是也应该注意到，它们之间还存在有差异。原始的 DLA 模型不象枝晶生长那末对称和规则，呈现更加混沌式 (chaotic) 的迹象。大体来看，非平衡态的现象可以分划为三个区域：第一个区域为接近于平衡态的稳态行为，晶体生长中的多面体生长，液体层中的纯热传导区属之；第二个区域为图象形成区，对应于枝晶生长或流体层中的瑞利-伯纳对流胞；第三个区域为混沌态 (chaotic state)，对应于 DLA 模型的聚集过程或液体层中的湍流行为[29]。

第八编 参考文献

[1] Nakaya, U., Snow Crystal, Natural and Artificial, Harvard Univ. Press, Boston, (1954).

[2] Habraken, L. et al, De Ferri Metallographia, Pr. Academiques Europeennes, Brussells (1966—1967).

[3] Kepler, J., On a Hexagonal Snowflake, in "Crystal Form and Structure" (ed. Schneer, C. J.), Dowden, Huchinson and Ross (1977).
[4] Stefan, J., *Ann. Phys. Chem.* (N. F.), **42**, 269(1891).
[5] Rubinstein, The Stefan Problem, Amer. Math. Soc. (1971).
[6] Zener, C., *Trans. Met. Soc. AIME*, **169**, 550(1949); *J. Appl. Phys.*, 20, 950 (1950).
[7] Ham, F. S., *J. Phys. Chem. Solids*, **6**, 335(1958); *J. Appl. Phys.*, 30, 915; 1518(1959).
[8] Horvay, J. W. and Cahn, J. W., *Acta Met.*, **9**, 695(1961).
[9] Иванцов, Г. П., *Д. А. Н. СССР*, **58**, 567(1947).
[10] Tiller, W. A., Jackson, K. A., Rutter, J. W. and Chalmers, B., *Acta Met.*, **1**, 428(1953).
[11] Mullins, W. W. and Sekerka, R. F., *J. Appl. Phys.*, **34**, 323(1963); **35**, 444 (1964).
[12] Chandrasekhar, S., Hydrodynamic and Hydromagnetic Stability, Clarendon Press, Oxford, (1961).
[13] Whitehead, J. A. Jr., A Survey of Hydrodynamic Instabilities, in "Fluctuations, Instabilitities and Phase Transitions" (ed. Riste, T.), Plenum (1975).
[14] Темкин, Ц. Е., *Д. А. Н., СССР*, **132**, 1307(1960).
[15] Sekerka, R. F., *J. Phys. Chem. Solids*, 28, 983(1967).
[16] Cahn, J. W., *Acta Met.*, 7, 20(1959); 8, 556(1960).
[17] Kirkaldy, J. S., *Cand. J. Phys.*, **36**, 907(1958); **37**, 739(1959).
[18] Christian, J. W., The Theory of Transformations in Metals and Alloys, Pergamon Press, 463(1965).
[19] Glicksman, M. E., Shaefer, R. J. and Ayers, J. D., *Met Trans.*, **A7**, 1747 (1976).
[20] Huang, J. S. and Glicksman, M. E., *Acta Met.*, 29, 701; 717(1981).
[21] Langer, J. S. and Muller-Krumbhaar, H., *Acta Met.*, 26, 1681; 1689; 1697 (1978).
[22] Jackson, K. A. and Hunt, J. D., *Trans. Met. Soc. AIME*, **236**, 1129(1966).
[23] Witten, T. A. and Sander, L. M., *Phys. Rev. Lett.*, 47, 1400(1981); *Phys. Rev.*, **B27**, 5686(1983).
[24] Chalmers, B., Principles of Solidification, Wiley, New York, (1964).
[25] Sekerka, R. F., Morphological Stability, in "Crystal Growtht, an Introduction' (ed. Hartman, P.), North Holland, Amsterdam, (1973).
[26] Delves, R. T., Theory of Interface Stability, in "Crystal Growth" (ed. Pamplin, B. R.), Pergamon, Oxford (1975).
[27] Langer J. S. Instabilities and Pattern Formation in Crystal Growth, *Rev. Mod Phys.*, **52**, 1(1980).
[28] Family F. and Landau D. P. (eds.), Kinetics of Aggregation and Geletion, North Holland, Amsterdam (1984).
[29] Pietroneno, L. and Tossati, E. (eds.), Fractals in Physics, North Holland, Amsterdam (1985).
[30] 闵乃本，晶体生长的物理基础，上海科技出版社，上海，(1982).

[31] Flemings, M. C., Solidification Processing, McGraw-Hill, New York (1974).
[32] Baker, J. C. and Cahn, J. W., in "Solidification", ASM, 23(1971).
[33] Smith V. G., Tiller Tiller, W. A., Rutter, J. W., Canad. J. Phys. 33, 723(1955).
[34] Burton J. A., Prim, R. C. and Slichter, W. P, J. Chem. Phys., 21, 1987(1953).
[35] Pfann, W. G., Zone Melting, 2nd. ed., Wiley (1966).
[36] Weinberg, F., *Trans. Met. Soc. AIME*, **227**, 231(1963).
[37] Boettinger, W. J., Coriell, S. R. and Sekerka, R. F., *Mater. Sci. Eng.*, **65**, **27** (1984).
[38] Mehrabian, R., *Int. Met. Rev.*, **27**, 185(1982).
[39] Murry, J. L., *Met. Trans.*, **A15**, 261(1985).
[40] Delves, R. T., *J. Crys. Growth*, **314**, 562(1968); **8**, 13(1971).
[41] Boettinger, W J., Shaefer, R. J., Biancaniello, F. S. and Shechtman, D., *Met. Trans.*, **A15**, 55(1984).
[42] Bentley, W. W. and Humphries, W. J., Snow Crystals, MacGraw-Hill, New York (1931).
[43] Frank, F. C., in "Growth and Perfection of Crystals" (eds. Doremus, R. H., Roberts, B. W. and Turnbull, D.), Wiley, New York, 1(1958).
[44] Seeger, A., *Phil. Mag.*, 44, 1(1953).
[45] Berg, W. F., *Proc. Roy. Soc.*, **A164**, 79(1938).
[46] Chernov, A. A., *J. Crys. Growth*, **24/25**, 11(1974).
[47] Trievedi, R., Interface Stability and Evolution of Microstructures, Mater Sci. Forum, **3**, 45(1985).
[48] Aaronson, H. I., in Decomposition of Austenite by Diffusional Processes, Interscience, New York, p. 387(1962).
[49] Simonen, E. P. and Trivedi, R., *Acta Metall.*, **25**, 945(1977).
[50] Burden, M. H. and Hunt, J. D., *J. Crys. Growth*, **22**, 99; 109(1974).
[51] Trievedi, R. and Somboonsuk, K., *Mater. Sci. Eng.*, **65**, 65(1984).
[52] Kurz, W. and Fisher, D. J., *Acta Met.*, 29, 11(1981).
[53] Trievedi, R. J., *J. Crys. Crowth*, **49**, 219(1980).
[54] Hunt, J. D., *Mater. Sci. Eng.*, **65**, 75(1984).
[55] Quested, P. N. and McLean, M., *Mater. Sci. Eng.*, **65**, 171(1984).
[56] Winegard, W. C., An Introduction to the Solidification of Metals, Institute of Metals (1964).
[57] Elliot, R., *Mater. Sci. Eng.*, **65**, 85(1984).
[58] Cline, H. E., *J. Appl. Phys.*, **50**, 4780(1979); *Mater. Sci. Eng.*, **65**, 93(1984).
[59] Langer, J. D., Pattern Formation During Crystal Growth: Theory, in "Nonlinear Phenomena at Phase Transitions and Instabilities", (ed. Riste, T.), Plenum (1981).
[60] Mandelbrot, B. B., The Fractal Geometry of Nature, Freeman (1983).
[61] Meakin, P., *Phys. Rev.*, **A27**, 604(1983).
[62] 于渌，郝柏林，相变与临界现象，科学出版社(1984).
[63] Sander, L. M., in [28], 13.
[64] Vicsek, T., *Phys. Rev. Lett.*, **53**, 2281(1984); in [29], 247.
[65] Family, F., Platt, D. E. and Vicsek, T., *Bull. Amer. Phys. Soc.*, **32**, 631(1987).

第九编　相变的微观理论

杨正举　金国钧

引　　言

在本卷的前几编中，我们根据物理问题的线索，比较全面地总结了多种材料中相变各个侧面的基本实验事实和初步理论分析．应该指出，这些理论分析多半限于唯象的热力学和动力学，顶多是补充一些比较直观的原子图象或计算机模拟，并没有深入到微观理论的领域。显然，要从根本上来阐明相变为何会发生和如何进行的这两个基本问题，还需要引入相变的微观理论，这正好是本编的任务。

在微观理论之中，统计理论乃是发展最早、而且最为成熟的一个领域。早在二十年代楞次（W. Lenz）与伊辛（E. Ising）就提出了一种用以解释铁磁相变的简化统计模型[1]，被称为伊辛模型。多年来，伊辛模型的研究就成为相变统计理论的核心问题．该模型提出后不久，就证明了一维伊辛模型不可能有相变[1]；至于二维伊辛模型，问题就困难得多，直到 1944 年昂萨格（L. Onsager）方始求出了其严格解[2]，为统计理论作出重大突破；至于三维伊辛模型，迄今为止，尚未求出其严格解，仍需求助于各种近似方法。1934 年布喇格（W. L. Bragg）与威廉斯（E. J. Williams）在处理合金的有序-无序转变理论时，求得了三维伊辛模型的平均场近似解[3]，其根源还可以追溯到外斯 1907 年的铁磁相变的分子场理论[4]，或 1873 年用以描述气-液相变的范德瓦耳斯方程[5]．平均场理论构成了朗道的唯象相变理论（第十三章）的微观基础，在相变问题中获得广泛的应用。更加精确的近似方法有贝特(Bethe)近似[6](等同于第一卷第五章中的准化学近似)、集团近似[7]以及基于图形法发展起来的级数展开法[8,9]。

二维伊辛模型的严格解对于平均场近似能否正确地解释临界现象提出了疑问。因为两种理论所预言的临界指数的数值存在明显差异;而且前者所算出的自由能在相变点具有奇异性,不是一个解析函数,和后者的结果有分歧。三维伊辛模型展开也表明平均场理论可能有问题。这就导致物理学家在六十年代对于反映临界现象(出现在连续相变点附近的微小温区内)的物理参量的变化进行了一系列精密测量。这些结果指出了平均场理论确实不能正确地描述临界现象,尽管这一理论具有普适性,而且在描述一般的相变问题中取得了巨大的成功.要建立正确的临界现象理论,必须改弦易辙,另辟蹊径。实验结果也表明,测定的临界指数都满足标度关系,而且临界行为和系统的物理特征、键合类型、晶体结构等反映材料性质的参量几乎无关,主要只取决于空间的维数和序参量的分量数。这表明临界现象还具有普适性。这些结果终于导致卡丹诺夫(L. Kadanoff)于 1966 年提出标度不变性的假设[10]。这是临界区域中涨落的关联长度趋于无穷大的必然后果,即用任何标尺来测量关联长度都应等于无穷大。1972 年威尔逊提出了重正化群的理论方法[11],能够很自然地推导出标度不变性和普适性,成为处理临界现象的强有力的工具。现在一般称平均场或朗道理论为临界现象的经典理论,而重正化群理论为临界现象的近代理论.应该指出,平均场理论对于处理临界现象以外的相变问题仍然是有效的,因而依然在相变理论中保持其重要地位。

微观理论的另一方面,就涉及声子和电子的过程。如果用以描述分子系统或固体的绝热近似(adiabatic approximation)能够成立[12],那末我们就可以将声子过程和电子过程截然分开来处理.玻恩与黄昆就在绝热近似的基础上建立了晶格动力学理论[13]。假如完全局限于晶格动力学的谐振动近似(harmonic approximation),那么,相变就不会发生;只有在非谐振动的情况下,方才能够建立相变与晶格振动的联系. 1959 年科克伦与安德森各自独立地提出了铁电相变的软模理论[14,15]，使结构相变的微观理论取得了突破。这一理论的基本观点是某一模式的光频支声子的频率在相变点趋于零。这样，相变的发生就对应于这一模式的晶格振动冻结为静态的位移波.这一理论的先驱可以追溯到 1949 年夫留里希（H. Fröhlich）的介电理论[16]和 1941 年的里旦-萨克斯-特勒(Lydanne-Sachs-Teller)（或 LST）关系式[17]。 六十年代以后大量的中子非弹性散射和光散射的实验结果全面证实了软模理论，随后软模理论也被推广应用于各种类型的结构相变。但也有些问题,如非弹性散射中出现在零频率处的中心峰（central peak)，虽然已有不少研究,迄今尚无定论。

当体系中电子与声子有较强的相互作用，可能导致绝热近似的失效，此时体系中的哈密顿量中就包含电子-声子耦合项，从而引起另一类型的（电子-声子混合型的）结构相变的出现。若电子处于局域态(局域于原子的附近)，电子与分子构形的耦合可以导致杨-特勒效应（Jahn-Teller effect)：即电子能级劈裂诱发了分子构形的变化。问题是由朗道与特勒所首先提出来的，得到了杨与特勒的理论证明[18]。随后也在固态相变中有重要的应用，如表现为合作杨-特勒转变（cooperative Jahn-Teller transitions)。若电子处于扩展态(即公有化的状态)，电子与晶格相互作用可能导致佩尔斯转变（Peierls transition)：当一维金属的导带只填充到一半,倍周期的畸变使费密面处出现能隙,使整个系统电子能量下降。若系统的电子能量的下降超过了畸变能,那么,畸变将自发的出现，原来的金属将转变为非金属。这种转变的基本物理图象是 1955 年佩尔斯所首先提出的[19]，近年来在许多低维材料（如链状化合物，层状化合物等)中观测到不少事例[20]、在佩尔斯转变中是结构相变和金属-非金属转变耦合在一起进行的.也可能单独地出现金属-非金属转变,即电子从扩展态转化为局域态。这一问题也涉及广义的电子与晶格相互作用。早在 1938 年维格纳（E. P. Wigner）就设想过稀薄电子气体中可能由于电子间的库仑相互作用导致电子结晶[21]，即电子分别处于局域化的晶格坐位上。莫特于1949年考虑窄能带晶体中电子间相互作用和晶格参数的变化可能导致金属-非金属转变[22]，这类由电子相互作用引起的局域化被称为莫特转变。安德森于1958年提出固体中晶格无序化达到一定程度后，也可能导致电子的局域化[23]，这被称为安德森转变，但是实际材料（例如过渡金属氧化物）中的金属-非金属转变往往相当复杂，不一定是单一机制在起作用。许多问题的澄清还有待于进一步的工作。

有关统计理论方面，明斯脱（A. Münster）的两卷本教科书包含很多可供参考的内容[24]；伍法岳等的评述对于整个领域作了全面扼要的总结[25]。为了进一步了解详情，有关统计模型的准确解，可以参阅巴克斯脱（R. J. Baxter）的专著[26]；有关重正化群理论，可以参阅马上庚的专著[27]以及文献[28, 29]。而题为"相变与临界现象"的多卷本文集则为这一领域提供内容丰富的资料库[30]；同题的于渌与郝柏林的小书[31]，写得生动活泼，读来兴趣盎然，在科普著作与专著之间架设了桥梁。关于软模理论的基本内容，可以参阅布林斯与泽克斯的专著[32]；新近的进展则可以从题为"结构相变"的文集[33]中查到线索。全面讨论电子-声子相互作用所引起的相变的有论文集[34]；关于杨-特勒转变，可以参阅文献[35, 36]；关于佩尔斯转变，可以参阅文献[20, 37]；关于金属-非金属转变，可以参阅文献[38, 39]。

本编共分三章：首章论述统计模型与临界现象的理论。鉴于本书第一卷第五章中合金的统计理论已经对伊辛模型的平均场近似（零级近似）及准化学近似（一级近似）作了推导。为了避免重复，这里着重介绍一、二维模型的严格解及三维模型中一些带根本性的问题。限于篇幅，对于重正化群也只能作初步的介绍。次章论述相变的晶格动力学理论，全面介绍软模理论，并应用于各种类型的结构相变（包括位移型、有序-无序型与马氏体型）之中。末章论述涉及电子的相变理论：首先讨论了绝热近似的适用范围；然后分别论述了杨-特勒转变与佩尔斯转变；最后全面讨论了金属-

非金属转变，着重介绍了莫特转变及安德森转变的基本物理图象.

本编所述的内容在物理学上的重要性，看来是毋庸置疑的.范德瓦耳斯、朗道、昂萨格、安德森、莫特与威耳孙都曾获得诺贝尔奖，这就很足以说明问题．但这些内容对于材料科学的实际问题是否也有其重要性呢？我们的答案也是肯定的：软模就和某些有实用价值的铁电及铁弹材料的物理性质有密切关系；佩尔斯转变也在近年来大力开发的低维导电材料(如链状分子或高分子材料)中起关键的作用；金属-非金属转变显然也在新近发现的高临界温度氧化物超导体中扮演重要的角色；至于临界现象的近代理论，如标度律与重正化群，除了本身的价值外，作为处理具有甚大关联长度涨落体系的一种理论方法，也在许多与材料有关的问题中得到了应用：高分子溶液中的构形问题和多孔介质中的渗流问题可以作为例证。

第十八章　统计模型与临界现象

I　统 计 模 型

在这一部分中，我们先给出一维伊辛模型的严格解，而后比较详细地介绍二维伊辛模型，讨论了其严格解，但略去了一些繁复的计算过程。最后，简单介绍三维伊辛模型的近似解（平均场理论与贝特近似）以及二维波茨（R. B. Potts）模型等伊辛模型的推广。本部分主要参考文献是[24，25，26，29]。

§18.1　一维伊辛模型[1]

设有一晶体点阵，它的第 i 个格点上粒子的状态可以用一自旋 σ_i 完全地表征出来。为了最简单地研究这一问题，作如下假设：

(a) 自旋仅可能采取两种状态，向上和向下，可分别以 $\sigma_i=+1$ 及 $\sigma_i=-1$ 表示之。

(b) 仅在最近邻间存在有相互作用。

(c) 在任何状态下系统的势能可以由最近邻对的相互作用能相加而得到。

显然，由于自旋间相互作用能的存在将使自旋倾向于在点阵中规则排列。而在一定温度下所存在的热运动又使自旋处于混乱状态。因而在某一温度以下，点阵中的自旋将有可能按一定方式规则排列，成为铁磁的或反铁磁的，决定于自旋平行和反平行那一种排列的能量比较低。亦即发生了自旋取向的有序化。这就是长期以来被广泛研究的所谓合作现象。上面的模型乃是著名的所谓伊辛模型。

不难看出，这一模型可以很容易地改变为用于讨论 AB 二元合金的位置有序-无序相变，只要把自旋向上改换为 A 原子，自旋

向下改换为 B 原子即可。同样，也可用于讨论格气系统，即若干个相同原子在晶格点阵(它的格点数大于原子数)上的分布问题。此时，只要把自旋向上取为有粒子占据，自旋向下取为空格即可。这一问题对于凝聚过程的理论研究是有用的。

首先考虑一种最简单的情况，即自旋在一线性链上的分布．这就是一维伊辛模型[40,41]．1925 年伊辛首先给出了它的严格解。

设有 N 个自旋等距排列成一线性链。第 i 个自旋的自旋坐标是 σ_i。设两相邻自旋 σ_i 和 σ_{i+1} 间的相互作用能为 $-J\sigma_i\sigma_{i+1}$。因而当其为平行的自旋对时，其对势能的贡献是 $-J$；而当其为反平行的自旋对时，则贡献 J 的能量。若 $J>0$，则自旋倾向于指向同一方向。于是得到在外磁场 H 中系统的总势能是

$$E=-\sum_{i=1}^{N-1}\sigma_i\sigma_{i+1}J-\sum_{i=1}^{N}\mu H\sigma_i, \tag{18.1}$$

其中，μ 是单个自旋的磁矩．而系统的配分函数为

$$Q_c=\sum e^{-E/k_BT}=\sum_{\sigma_i=\pm 1} e^{K\sum\limits_{i=1}^{N-1}\sigma_i\sigma_{i+1}+G\sum\limits_{i=1}^{N}\sigma_i}, \tag{18.2}$$

其中

$$K=\frac{J}{k_BT},\quad G=\frac{\mu H}{k_BT}, \tag{18.3}$$

$$\sum_{\sigma_i=\pm 1}\sim\sum_{\sigma_1=\pm 1}\sum_{\sigma_2=\pm 1}\cdots\sum_{\sigma_N=\pm 1}.$$

若能求出配分函数，则一切热力学函数都能得到．为此，我们先把求配分函数问题转换为求解本征值问题．当线性链为由 $N-1$ 个自旋组成时，其所有的 $N-1$ 个自旋有给定值的几率 $W(\sigma_1, \sigma_2,\cdots,\sigma_{N-1})$ 是

$$W(\sigma_1,\sigma_2,\cdots,\sigma_{N-1})=\alpha_{N-1}e^{K\sum\limits_{i=1}^{N-2}\sigma_i\sigma_{i+1}+G\sum\limits_{i=1}^{N-1}\sigma_i}, \tag{18.4}$$

α_{N-1} 是归一化常数．设在第 N 个位置上加上一自旋，则同样可以写出对此 N 个自旋组成的链中所有的自旋有给定值的概率，即

$$W(\sigma_1,\sigma_2,\cdots,\sigma_N)=\alpha_N e^{K\sum\limits_{i=1}^{N-1}\sigma_i\sigma_{i+1}+G\sum\limits_{i=1}^{N}\sigma_i}. \tag{18.5}$$

结合上二式,得到

$$W(\sigma_1, \sigma_2, \cdots, \sigma_N) = \frac{\alpha_N}{\alpha_{N-1}} W(\sigma_1, \sigma_2, \cdots, \sigma_{N-1}) e^{K\sigma_{N-1}\sigma_N + G\sigma_N}. \tag{18.6}$$

类似地,对于一$N-1$个自旋组成的链,它的第$N-1$个自旋有给定值,而其他$N-2$个自旋具有任意分布的几率是

$$W(\sigma_{N-1}) = \sum_{\sigma_1=\pm1}\sum_{\sigma_2=\pm1}\cdots\sum_{\sigma_{N-2}=\pm1} W(\sigma_1, \sigma_2, \cdots, \sigma_{N-1}). \tag{18.7}$$

同样可以给出加上了第N个自旋组成了N个自旋链后,其第$N-1$及第N两个自旋有给定值,而其他$N-2$个自旋有任意分布的几率是

$$\begin{aligned} W(\sigma_{N-1}, \sigma_N) &= \sum_{\sigma_1=\pm1}\sum_{\sigma_2=\pm1}\cdots\sum_{\sigma_{N-2}=\pm1} W(\sigma_1, \sigma_2, \cdots, \sigma_N) \\ &= \sum_{\sigma_1=\pm1}\sum_{\sigma_2=\pm1}\cdots \\ &\quad \cdot \sum_{\sigma_{N-2}=\pm1} \frac{\alpha_N}{\alpha_{N-1}} e^{K\sigma_{N-1}\sigma_N + G\sigma_N} W(\sigma_1, \sigma_2, \cdots, \sigma_{N-1}). \end{aligned} \tag{18.8}$$

由式(18.7),得到

$$\lambda W(\sigma_{N-1}, \sigma_N) = W(\sigma_{N-1}) e^{K\sigma_{N-1}\sigma_N + G\sigma_N}, \tag{18.9}$$

其中,$\lambda = \alpha_{N-1}/\alpha_N$。将上式对$\sigma_{N-1}$两个可能的自旋值求和,得到

$$\lambda W(\sigma_N) = \sum_{\sigma_{N-1}=\pm1} W(\sigma_{N-1}) e^{K\sigma_{N-1}\sigma_N + G\sigma_N}. \tag{18.10}$$

对于充分长的自旋链,即N充分地大,描述第N个自旋和第$N-1$个自旋的状态的函数应当是没有区别的,也就是说,几率$W(\sigma_N)$和$W(\sigma_{N-1})$应为同样形式的函数. 记其为$W(\sigma)$,则可将上式写成

$$\lambda W(\sigma) = \sum_{\sigma'=\pm1} W(\sigma') e^{K\sigma\sigma' + G\sigma}. \tag{18.11}$$

为使方程具有对称形式,令

$$\varphi(\sigma) = W(\sigma) e^{-\frac{1}{2}G\sigma}, \tag{18.12}$$

则上式化成:

$$\lambda\varphi(\sigma)=\sum_{\sigma'=\pm 1}\varphi(\sigma')e^{K\sigma\sigma'+\frac{G}{2}(\sigma+\sigma')},\tag{18.13}$$

或者写成矩阵形式

$$\boldsymbol{H}(\sigma,\sigma')\boldsymbol{\varphi}(\sigma')=\lambda\boldsymbol{\varphi}(\sigma),\tag{18.14}$$

其中,

$$\boldsymbol{H}(\sigma,\sigma')=\begin{pmatrix}H_{++} & H_{+-}\\ H_{-+} & H_{--}\end{pmatrix},\quad H(\sigma,\sigma')=e^{K\sigma\sigma'+\frac{G}{2}(\sigma+\sigma')},\tag{18.15}$$

$$\boldsymbol{\varphi}(\sigma)=\begin{pmatrix}\varphi(+1)\\ \varphi(-1)\end{pmatrix}.\tag{18.16}$$

于是得到本征值适合下列方程:

$$\begin{vmatrix}e^{K+G}-\lambda & e^{-K}\\ e^{-K} & e^{K-G}-\lambda\end{vmatrix}=0,\tag{18.17}$$

且有

$$\lambda_{1,2}=e^{K}\cosh G\pm(e^{2K}\sinh^2 G+e^{-2K})^{1/2}.\tag{18.18}$$

上式中,λ_1 对应右方取正号,λ_2 取负号. 设和 λ_1 及 λ_2 对应的本征向量是 $\boldsymbol{\varphi}_1(\sigma)$ 及 $\boldsymbol{\varphi}_2(\sigma)$,即

$$\boldsymbol{H}(\sigma,\sigma')\boldsymbol{\varphi}_i(\sigma')=\lambda_i\boldsymbol{\varphi}_i(\sigma),\quad i=1,2.\tag{18.19}$$

可以假定它们是正交归一的,即

$$\tilde{\boldsymbol{\varphi}}_i(\sigma)\boldsymbol{\varphi}_j(\sigma)=\delta_{ij}.\tag{18.20}$$

若将 $H(\sigma,\sigma')$ 按本征向量展开,即设

$$H(\sigma,\sigma')=\sum_{i,j=1}^{2}c_{ij}\varphi_i(\sigma)\varphi_j(\sigma'),\tag{18.21}$$

由式 (18.20),可得

$$c_{ij}=\tilde{\boldsymbol{\varphi}}_i(\sigma)\boldsymbol{H}(\sigma,\sigma')\boldsymbol{\varphi}_j(\sigma'),\tag{18.22}$$

于是得到

$$H(\sigma,\sigma')=\lambda_1\varphi_1(\sigma)\varphi_1(\sigma')+\lambda_2\varphi_2(\sigma)\varphi_2(\sigma').\tag{18.23}$$

同样地,利用正交归一条件式 (18.20),有

$$\sum_{\sigma_2=\pm 1}H(\sigma_1,\sigma_2)H(\sigma_2,\sigma_3)$$
$$=\lambda_1^2\varphi_1(\sigma_1)\varphi_1(\sigma_3)+\lambda_2^2\varphi_2(\sigma_1)\varphi_2(\sigma_3),$$

$$\sum_{\sigma_1=\pm 1}\sum_{\sigma_2=\pm 1} H(\sigma_1, \sigma_2)H(\sigma_2, \sigma_3)H(\sigma_3, \sigma_4)$$
$$= \lambda_1^3\varphi_1(\sigma_1)\varphi_1(\sigma_4) + \lambda_2^3\varphi_2(\sigma_1)\varphi_2(\sigma_4)。$$

依此类推,最后可得

$$\sum_{\sigma_2,\sigma_3,\cdots\sigma_N=\pm 1} H(\sigma_1, \sigma_2)H(\sigma_2, \sigma_3)\cdots H(\sigma_N, \sigma_{N+1})$$
$$= \lambda_1^N\varphi_1(\sigma_1)\varphi_1(\sigma_{N+1}) + \lambda_2^N\varphi_2(\sigma_1)\varphi_2(\sigma_{N+1}). \quad (18.24)$$

若取周期性边界条件,即认为 σ_N 之后为 σ_1,即线性链成环状,则上式化为

$$\sum_{\sigma_1,\sigma_2\cdots\sigma_N=\pm 1} H(\sigma_1, \sigma_2)H(\sigma_2, \sigma_3)\cdots H(\sigma_N, \sigma_1) = \lambda_1^N + \lambda_2^N. \quad (18.25)$$

由式 (18.15) 及式 (18.2) 可见,我们所要求的配分函数是

$$Q_c = \sum_{\sigma_i=\pm 1} H(\sigma_1, \sigma_2)H(\sigma_2, \sigma_3)\cdots H(\sigma_N, \sigma_1), \quad (18.26)$$

故得

$$Q_c = \lambda_1^N + \lambda_2^N. \quad (18.27)$$

由于 $\lambda_2 < \lambda_1$,故在 $N \to \infty$ 时,λ_2 可略去,可得

$$Q_c = [e^K \cosh G + (e^{2K} \sinh^2 G + e^{-2K})^{1/2}]^N. \quad (18.28)$$

上式给出的一维线性链的配分函数,因而自由能在 $0<T<\infty$ 的范围内都是解析的,不存在任何奇异性质. 这表明,在具有最近邻互作用的一维系统内不发生相变. 确实如此,我们知道,系统的磁化强度是 $\mathscr{M} = \mu \sum_{i=1}^{N} \sigma_i$ 的平均值 M,利用上式,可得

$$M = \mu \frac{\partial \ln Q_c}{\partial G} = \frac{N\mu \sinh G}{(\sinh^2 G + e^{-4K})^{1/2}}. \quad (18.29)$$

图 18.1 示出了在各个不同 $K = J/k_BT$ 值,即不同温度下,磁化强度作为 $\mu H/k_BT$ 的函数曲线. 我们看到,在所有情况下,在外磁场消失时,磁性消失,即在任何温度下都不表现有自发磁化,这正是伊辛的结论. 这也可由热容量的行为看出. 在外磁场为零时,系

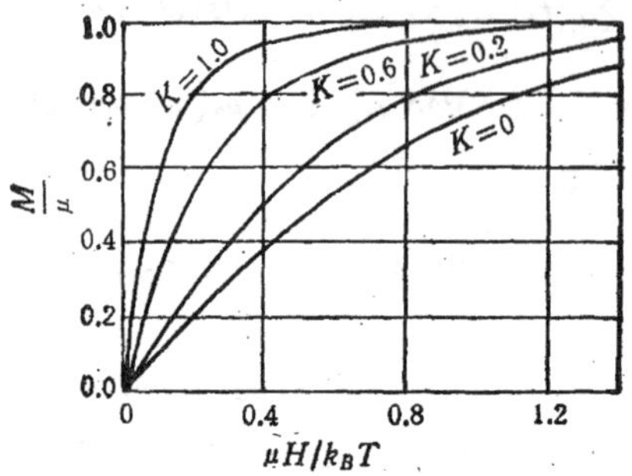

图 18.1 在不同温度下，一维伊辛模型给出的磁化强度和外场间的关系[42]

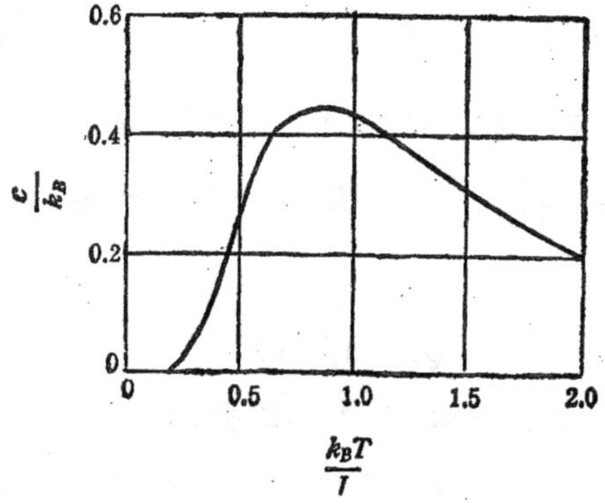

图 18.2 一维伊辛模型给出的比热和温度间的关系[42].

统的总能量可由 $E=-J\dfrac{\partial \ln Q_c}{\partial K}$ 求得，于是得到系统的热容量 $c=\dfrac{\partial E}{\partial T}=k_BK^2\dfrac{d^2\ln Q_c}{dK^2}$. c 和温度间的关系如图 18.2 所示，也不表现出任何特殊行为.

那么，线性自旋链不发生相变的结论是否与只存在最近邻互作用的假设有关呢？可以推广上述模型，假设自旋间的相互作用一直到第 k 级近邻间都存在着，于是可将式 (18.1) 改写为

$$E=-\sum_{i<j}^{N}\sigma_i\sigma_jJ(i-j)-H\mu\sum_{i=1}^{N}\sigma_i, \qquad (18.30)$$

其中

$$J(i-j)=J(n)=0,\quad (若\ n>l),\tag{18.31}$$

l 为有限值．不很复杂的计算表明，此时仍然不发生相变．假如力程是无限的，则给出很有兴趣的结果．设式(18.31)定义的 $J(n)$(相隔了 n 个自旋的两自旋间的相互作用)具有如下的简单形式：

$$J(n)=\frac{J}{n^{\alpha}},\tag{18.32}$$

J 为一常数．计算表明，若 $\alpha\leqslant 1$，则系统永远处于有序态．若 $\alpha>2$，则系统永远处于无序态．在这两种情况下，系统都不发生相变．若 $1<\alpha<2$，则可以存在相变，在相变点，磁化强度连续地由不等于零的值过渡到零，相变是二级的．若 $\alpha=2$，则也可以发生相变[43]，但在相变点磁化强度不连续地变化．相变可能是一级的，但这不是唯一的可能．

§18.2 二维伊辛模型

上面给出的一维空间的自旋排列不产生铁磁性的结论并不适用于二维空间的情形．二维伊辛模型的严格计算表明，自旋在二维网格上的分布在一定温度下可以形成有序排列．它的严格解要比一维问题复杂得多．现在已发展了多种计算方法，重要的有昂萨格[2]早先发展的代数法和六十年代发展起来的图形法．这种严格解现在仍然是统计物理中可以给出严格解的少数几个问题之一．下面我们分几点来讨论二维伊辛模型问题．

(a) 求本征值问题[40]　我们仍考虑一种最简单的情况：自旋在一二维的无限大的方形格点上的排列．先仿造上节方法把求配分函数

$$Q_c=\sum e^{-E/k_BT}=\sum e^{K\sum\limits_{nn}\sigma_r\sigma_{r'}+G\sum\limits_{r}\sigma_r}\tag{18.33}$$

转化为求本征值问题，其中 r' 是 r 的最近邻，指数上的第一项是关于所有的最近邻对求和，第二项关于所有格点上的自旋求和．设有一 n 行及 m 列的二维自旋排列(图 18.3)，我们把每一行自旋和一维空间中的一个自旋相对应．因而可以利用上节的结果，得

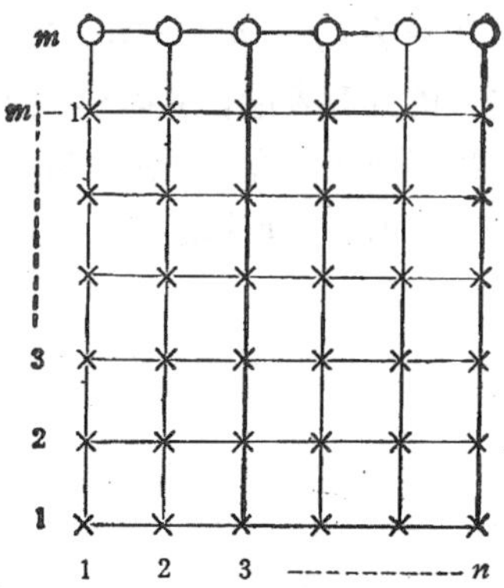

图 18.3　二维方形自旋排列．每次加上一列自旋．

到，在此 $n\times m$ 网格中的第 $m-1$ 及第 m 两列中的 $2n$ 个自旋有给定值，而其余 $m-2$ 列中所有自旋有任意值的概率 $W(\sigma_i^{(m-1)},\sigma_i^{(m)})$ 和在 $n\times(m-1)$ 网格中的第 $m-1$ 列的 n 个自旋有给定值，而其余 $m-2$ 列中所有自旋有任意值的几率 $W(\sigma_i^{(m-1)})$ 间存在有关系(与式 (18.9) 完全对应)

$$\lambda W(\sigma_i^{(m-1)},\sigma_i^{(m)})$$
$$=W(\sigma_i^{(m-1)})e^{K\sum\limits_{i=1}^{n-1}\sigma_i^{(m)}\sigma_{i+1}^{(m)}+K\sum\limits_{i=1}^{n}\sigma_i^{(m)}\sigma_i^{(m-1)}+G\sum\limits_{i=1}^{n}\sigma_i^{(m)}},\tag{18.34}$$

其中 $\sigma_i^{(m)}$ 表示第 m 列的 n 个自旋的组态。由于

$$W(\sigma_i^{(m)})=\sum_{\sigma_i^{(m-1)}}W(\sigma_i^{(m-1)},\sigma_i^{(m)}),$$

并在 m 是一很大的数时，$W(\sigma_i^{(m-1)})$ 与 $W(\sigma_i^{(m)})$ 有相同的函数形式，于是得到

$$\lambda W(\sigma_i^{(m)})$$
$$=\sum_{\sigma_i^{(m-1)}}W(\sigma_i^{(m-1)})e^{K\sum\limits_{i=1}^{n-1}\sigma_i^{(m)}\sigma_{i+1}^{(m)}+K\sum\limits_{i=1}^{n}\sigma_i^{(m)}\sigma_i^{(m-1)}+G\sum\limits_{i=1}^{n}\sigma_i^{(m)}},\tag{18.35}$$

作变换

$$\varphi(\sigma_i^{(m)})=W(\sigma_i^{(m)})e^{-[\frac{1}{2}K\sum\limits_{i=1}^{n-1}\sigma_i^{(m)}\sigma_{i+1}^{(m)}+\frac{1}{2}G\sum\limits_{i=1}^{n}\sigma_i^{(m)}]},\tag{18.36}$$

则上式化成

$$\lambda\varphi(\sigma_i^{(m)}) = \sum_{\sigma_i^{(m-1)}} H(\sigma_i^{(m-1)}, \sigma_i^{(m)})\varphi(\sigma_i^{(m-1)}), \quad (18.37)$$

其中

$$H(\sigma_i^{(m-1)}, \sigma_i^{(m)})$$

$$\exp\left\{K\sum_{i=1}^{n}\sigma_i^{(m-1)}\sigma_i^{(m)} + \frac{1}{2}K\sum_{i=1}^{n}\sigma_i^{(m)}\sigma_{i+1}^{(m)} + \frac{1}{2}K\sum_{i=1}^{n}\right.$$

$$\left.\sigma_i^{(m-1)}\sigma_{i+1}^{(m-1)} + \frac{1}{2}G\sum_{i=1}^{n}\sigma_i^{(m-1)} + \frac{1}{2}G\sum_{i=1}^{n}\sigma_i^{(m)}\right\}. \quad (18.38)$$

现在，$\boldsymbol{H}$ 矩阵是 2^n 维的，故有 2^n 个本征值 λ_p 和本征函数 φ_p. 像以前一样，设本征函数 φ_p 是正交归一的，即

$$\sum_{\sigma_i^{(m)}} \varphi_p(\sigma_i^{(m)})\varphi_q(\sigma_i^{(m)}) = \delta_{pq}. \quad (18.39)$$

将 $\boldsymbol{H}$ 的元按本征函数展开，容易证明有

$$H(\sigma_i^{(m-1)}, \sigma_i^{(m)}) = \sum_{p=1}^{2^n} \lambda_p\varphi_p(\sigma_i^{(m-1)})\varphi_p(\sigma_i^{(m)}). \quad (18.40)$$

设系统的第 m 列和第 1 列相邻，则配分函数为

$$Q_c = \sum_{\sigma_i^{(m)}} H(\sigma_i^{(1)}, \sigma_i^{(2)})H(\sigma_i^{(2)}, \sigma_i^{(3)})\cdots$$

$$H(\sigma_i^{(m-1)}, \sigma_i^{(m)})H(\sigma_i^{(m)}, \sigma_i^{(1)}). \quad (18.41)$$

由和上节相同的计算，可得

$$Q_c = \sum_{p=1}^{2^n} \lambda_p^m. \quad (18.42)$$

在 m 为一很大的数时，上式中除了最大的本征值 $\lambda_{\max}$ 外，都可略去. 这样，把求配分函数问题转化为求方程 (18.37) 的最大本征值问题了.

克喇末 (H. A. Kramers) 和瓦尼尔 (G. H. Wannier)[40] 还给出了另外一种类似的计算方法. 设想二维网格形成类似螺旋线式排列，即每一列的最后一个自旋与下一列的第一个自旋存在相互作用 (如图 18.4 所示). 因而在建造此无限大的二维点阵时，每一次只加上一个自旋. 而使得所得到的 $\boldsymbol{H}$ 矩阵虽仍为 2^n 阶的，

但得到了很大的简化，每一行和每一列中只有两个元不等于零。

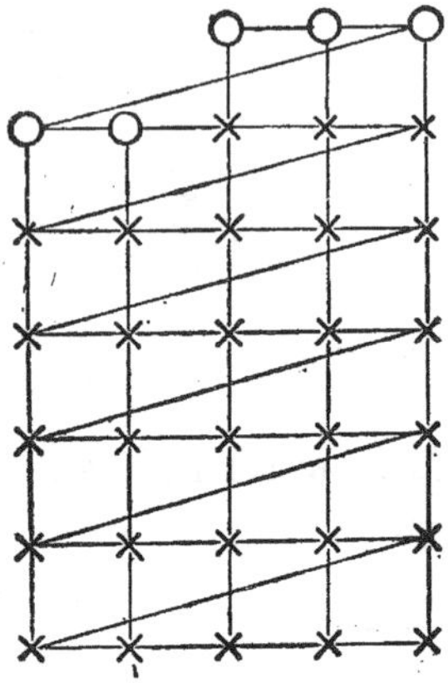

图 18.4 二维方形的自旋点阵，每次只加上一个自旋.

但是，本征值的计算仍然是很复杂的。昂萨格最早给出了结果，这里就不介绍了.

(b) 配分函数的高温及低温展开 六十年代以来，发展了一种借助于图形研究这一类问题的方法，并在统计理论的计算中发挥了很大的作用. 下面我们用图形法进行一些简单的计算.

对正方形格子，在外场为零时，式(18.33)可写成

$$Q_c = \sum_{\sigma=\pm 1} \prod_{n \cdot n} e^{K\sigma\sigma'}, \quad (18.43)$$

其中，求和号下的 σ 代表所有的网格上的自旋. 由于 $\sigma\sigma'$ 只能取 $+1$ 及 -1 两个值，因此，有

$$e^{K\sigma\sigma'} = \cosh K + \sigma\sigma' \sinh K, \quad (18.44)$$

从而得到

$$\begin{aligned} Q_c &= \sum_{\sigma=\pm 1} \prod_{n \cdot n} \cosh K(1 + \sigma\sigma' \tanh K) \\ &= (\cosh K)^{\frac{1}{2}NZ} \sum_{\sigma=\pm 1} \prod_{n \cdot n} (1 + \sigma\sigma' \tanh K), \end{aligned} \quad (18.45)$$

N 是网格上的总自旋数，Z 是配位数. 将上式展开，可得

$$\begin{aligned} Q_c = (\cosh K)^{\frac{1}{2}NZ} \sum_{\sigma=\pm 1} \{ & 1 + \tanh K(\sigma_1\sigma_2 + \sigma_2\sigma_3 + \cdots) \\ & + (\tanh K)^2[(\sigma_1\sigma_2)(\sigma_2\sigma_3) + \cdots] + \cdots \}. \end{aligned} \quad (18.46)$$

显然，在每一个由若干个 σ 组成的项中，只要有一个 σ_i 在乘积中出现奇数次，则该项在求和后必为零. 只有在所有的 σ_i 都出现偶数次时，它才有不等于零的值. 例如

$$\sum_{\sigma_i=\pm 1} \sigma_i^{2n_i} \cdots \sigma_k^{2n_k} \cdots \sigma_l^{2n_l} = \sum_{\sigma_j=\pm 1} \sigma_1^0\sigma_2^0 \cdots \sigma_{j-1}^0 \sigma_j^{2n_j} \sigma_{j+1}^0 \cdots \sigma_N^0 = 2^N$$

这些结果可以用所谓梅逸图（Mayer graph）进行讨论. 即将式(18.46)中的每一项，用在原来的二维网格中的一些短线表示出来，其中的每一根短线是该项中每一最近邻对的联线. 这样，我们得到了一些封闭的和不封闭的折线图形. 若某一项中某一 σ 出现了奇数次，则在梅逸图上相应的自旋上只有奇数根短线通过，因而这项所对应的折线图形一定是不封闭的. 若所有的 σ_i 都出现偶数次，则该折线图形一定是封闭的. 因此，所有的不封闭图形对应的项的值为零，而所有的封闭图形对应的项有值 2^N，并相应的 $\tanh K$ 有 n 次幂，n 是该封闭图形组成的短线的根数. 这样，我们可以在伊辛点阵上表示出式(18.46)所示的配分函数中所有不等于零的项，那就是，画出所有形状的封闭多边形及它们的所有组合. 于是，我们得到

$$Q_c = 2^N (\cosh K)^{\frac{1}{2}NZ} \sum p(n) (\tanh K)^n, \tag{18.47}$$

$p(n)$ 是网格中由 n 根短线组成的不完全重合的封闭的折线图形的数目，并由式(18.46)给出 $p(0)=1$. 最小的非零的封闭多边形的折线数是 $n=4$，显然，$p(4)=N$. 其次是 $n=6$，而 $p(6)=2N$，这是由于存在有两种不同位形的原故，如图18.5所示. 综上所述，我们把配分函数式(18.47)用图形在原点阵中表示了出来，封闭多边形的每一根短线提供 $\tanh K$ 的一次幂，这种图形在原点阵中的位形总数决定了 $p(n)$ 的值. 这样就建立了图形与表示式之间的对应关系. 于是得到

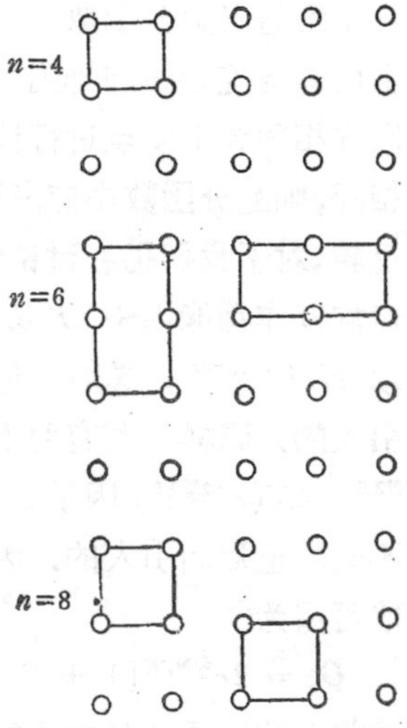

图 18.5　几种封闭多边形的位形.

$$Q_c = 2^N (\cosh K)^{\frac{1}{2}NZ}(1 + N (\tanh K)^4 + 2N (\tanh K)^6 + \cdots), \tag{18.48}$$

作为上式的一个特例，考虑N个自旋组成的是一维链的情形．此时，非零的封闭多边形只有一种，即所有的格点都联接起来而组成了封闭环．于是在式(18.47)中，$n=N$，$p(N)=1$，$Z=2$，而得

$$Q_c=2^N(\cosh K)^N(1+(\tanh K)^N),$$

这正是在零外场情形下，将(18.18)式代入(18.27)式后得到的结果．

式(18.48)给出了二维伊辛模型的精确解．主要的问题乃化成求级数

$$Y=1+N(\tanh K)^4+2N(\tanh K)^6+\cdots,$$

这一展开式可以用8-顶点模型与之对应，再化为 dimer 问题而求得结果．关于二维伊辛模型的严格解问题，我们下面再进行讨论．

由于 $K=J/k_BT$，在高温时，K很小，$\tanh K$也很小，故依$\tanh K$的幂展开的式(18.48)也可以视为是配分函数的高温展开．不难给出配分函数的低温展开．我们知道，在很低温度下，网格上所有自旋都同向排列($J>0$)，所以低温展开可以取所有自旋取向相同为出发点进行计算．按式(18.43)，如果所有自旋方向相同，则配分函数中应出现一项$e^{\frac{1}{2}NZK}$．假如有一个网格上的自旋反转，对于我们仍在讨论的正方形网格的情形，则它与周围最近邻自旋互作用能由$+4K$改变为$-4K$，因而在配分函数中应出现一项 $Ne^{\frac{1}{2}NZK-8K}$，式中N是由于反向自旋可能在N个网格上出现而引入的．同样，若有两个连在一起的反向自旋，则将出现一项$e^{\frac{1}{2}NZK}\cdot 2N(e^{-2K})^6$，因子2是由于两个连在一起的反向自旋有两种不同的位形而引入的．因此，二维方形网格的伊辛模型的配分函数可写为

$$Q_c=2e^{\frac{1}{2}NZK}[1+N(e^{-2K})^4+2N(e^{-2K})^6+\cdots]. \quad (18.49)$$

上式前面的因子2是由于同时可将各种位形的自旋全部反向．当T很小时，e^{-2K}的值很小，所以上式是配分函数的低温展开．

低温展开也可用图形来表示．凡在网格上出现一个反向自旋，便围绕它作与相邻正向自旋间联线的垂直平分线．这样便形

成一封闭多边形，把反向自旋包围在内，如图 18.6 所示. 设每根垂直平分线提供一个权重因子 e^{-2K}，则一个孤立的反向自旋提供一项 $(e^{-2K})^4$，两个相邻的反向自旋提供一项 $(e^{-2K})^6$. 这样就建立了图形和表示式之间的对应关系，也就是说，可以由自旋位形的图形给出配分函数的低温展开表示.

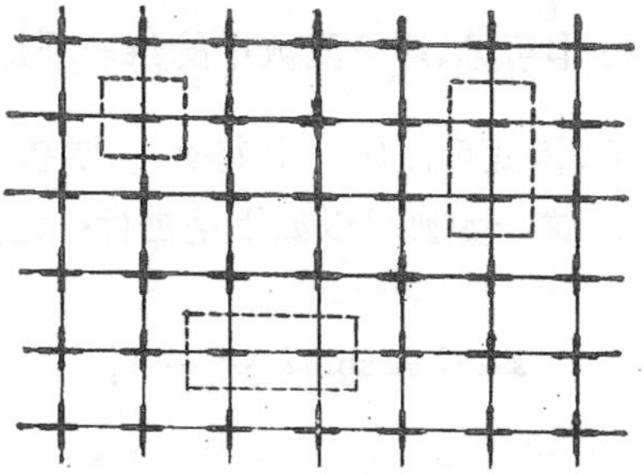

图 18.6 二维方形网格的配分函数的低温展开的图形表示.

(c) 相变点的严格计算 实际上，即使不给出配分函数的严格表示式，也可以严格求得二维伊辛模型的相变点. 只要假定这种相变点是存在的. 下面给出昂萨格给出的比较简单的计算方法[41].

先引入对偶点阵 (dual lattice) 的概念. 考虑自旋在二维的正方形及三角形网格上的两种排列，如图 18.7(a)，(b) 中的黑点所示. 它们间的联线可以视为自旋间存在的相互作用，它们又组成了元胞. 若在每一个元胞中心放进一新质点，用圆圈表示，并用

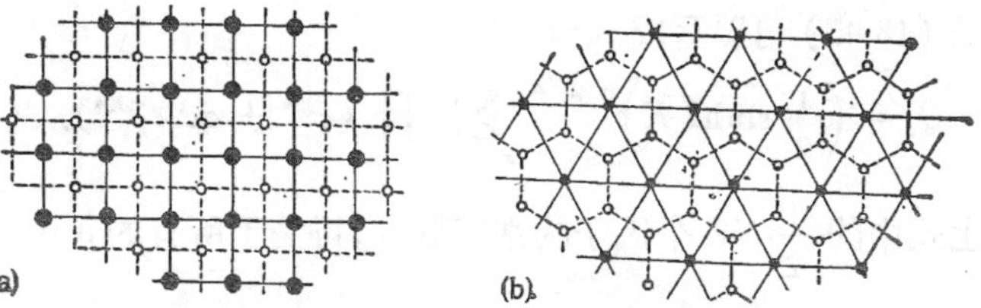

(a) (b)

图 18.7 原点阵和对偶点阵.

(a) 原点阵为正方形网格；(b) 原点阵为三角形网格.

虚线将它们联接起来，则形成了一个新点阵，它是原点阵的对偶点阵。显然，原点阵和对偶点阵是互为倒易的。虚线可以视为是对偶点阵格点间的相互作用，这两种点阵的相互作用线严格地只相交一次。从图还可以看出，这两种对偶点阵有一很大的不同，图 18.7(a) 的对偶点阵和原点阵相似，我们称其为自对偶点阵，图 18.7(b) 则二者不相同。我们先讨论自对偶点阵的情形。

从式 (18.43) 中可见，配分函数中的每一项是 $\frac{1}{2}NZ$ 个 e^{K} 或 e^{-K} 形式的项的积，因此可以作一个变换，只要新函数也只能取 e^{K} 或 e^{-K} 的值即可。这一变换可以如下地进行：定义一新对偶参数 K^*，它适合下式：

$$\sinh 2K \sinh 2K^* = 1, \tag{18.50}$$

并取

$$K^* = \frac{J}{k_B T^*}, \tag{18.51}$$

这样，对于每一个温度 T，有一个 T^* 相对应，当 T 从 0 增到∞时，T^* 由 ∞ 减小到 0。我们再取

$$e^{K} = \left(\frac{1}{2}\sinh 2K\right)^{1/2}(e^{K^*} + e^{-K^*}),$$

$$e^{-K} = \left(\frac{1}{2}\sinh 2K\right)^{1/2}(e^{K^*} - e^{-K^*}).$$

容易证明，它们满足 (18.50) 式。合并上二式，即取如下的变换：

$$e^{K\sigma\sigma'} = \left(\frac{1}{2}\sinh 2K\right)^{1/2}(e^{K^*} + \sigma\sigma' e^{-K^*}), \tag{18.52}$$

则式 (18.43) 可以写成

$$Q_c = \left(\frac{1}{2}\sinh 2K\right)^{\frac{1}{2}\cdot\frac{1}{2}NZ} \sum_{\sigma=\pm 1} \prod_{n\cdot n} (e^{K^*} + \sigma\sigma' e^{-K^*}). \tag{18.53}$$

将上式中的 $\frac{1}{2}NZ$ 个因子的乘积展开，再关于所有的 $\sigma = \pm 1$ 求和。与式 (18.45) 的运算完全相同，利用梅逸图，把每一项中所有的最近邻对 $\sigma\sigma$ 在原来的二维正方网格中用一连接它们的短线表

示出来，只有短线形成封闭多边形的那些项，在关于 $\sigma=\pm 1$ 求和后对配分函数才有贡献。而对于这样的项，由式(18.53)可见，有一根属于封闭多边形的短线就有一个因子 e^{-K^*}，不属于封闭多边形的边的每根联接最近邻自旋的互作用线则贡献一个因子 e^{K^*}。因而对于由 p 根短线所组成的多边形在配分函数中相应的项是

$$\left(\frac{1}{2}\sinh 2K\right)^{\frac{1}{4}NZ}\sum_{\sigma=\pm 1}e^{(\frac{1}{2}NZ-p)K^*}e^{-pK^*}$$

$$=\left(\frac{1}{2}\sinh 2K\right)^{\frac{1}{4}NZ}\sum_{\sigma=\pm 1}e^{\frac{1}{2}NZK^*-2pK^*}. \tag{18.54}$$

为求 Q_c，上式应关于各种位形(因而各种 p 的值)求和。

现在原点阵被分割成两部分，一部分被封闭的多边形所围绕，另一部分则否。再在原点阵中引入对偶点阵，并在对偶点阵的每个格点上引入另一组自旋 σ^*，并使被多边形所包围的那些格点的自旋向上(取 $\sigma^*=+1$，当然，也可以取为 -1)，未被包围的取自旋向下(即 $\sigma^*=-1$，当然，也可以取为 $+1$)。这样，对于对偶点阵上的每一互作用线，当其与原点阵的封闭多边形相交时，则有 $\sigma^*\sigma'^*=-1$，其余所有不相交的互作用线都有 $\sigma^*\sigma'^*=+1$。由于原点阵的互作用线和对偶点阵的互作用线相交一次，且仅相交一次，因而式(18.54)中的 p 也就是相交的互作用线的根数。取对偶点阵中自旋间的互作用为 K^*，则式(18.54)中的 $e^{\frac{1}{2}NZK^*-2pK^*}$ 与对偶点阵中相应位形下的形式为 $e^{K^*\sum_{n.n}\sigma^*\sigma'^*}$ 一项相对应。而该式中所有的各种形状的封闭多边形所对应的项相当于对偶点阵关于各种反向自旋位形取和。因此，利用式(18.54)，可将式(18.53)所给出的配分函数写为

$$Q_c=\left(\frac{1}{2}\sinh 2K\right)^{\frac{1}{4}NZ}\sum_{\sigma=\pm 1}\frac{1}{2}\sum_{\sigma^*=\pm 1}e^{K^*\sum_{n.n}\sigma^*\sigma'^*}. \tag{18.55}$$

上式中的因子 $\frac{1}{2}$ 是由于对偶点阵中自旋可以全部反向(即多边形内外自旋符号互换)而引入的。但对偶点阵的配分函数是

$$Q_c^*=\sum_{\sigma^*=\pm 1}e^{K^*\sum_{n.n}\sigma^*\sigma'^*}, \tag{18.56}$$

于是式 (18.55) 化成

$$Q_c(K)=2^{N-1-\frac{1}{4}NZ}(\sinh 2K)^{\frac{1}{4}NZ}Q_c^*(K^*),\qquad(18.57)$$

其中 2^N 来自于对所有的 $\sigma=\pm1$ 求和。利用平面多边形的欧勒(Euler) 关系

$$N+N^*=\frac{1}{2}NZ+2.\qquad(18.58)$$

N^* 是对偶点阵的格点总数，在 N 很大时，上式中 2 可略去，N 和 N^* 相等．再利用和式 (18.50) 等价的方程

$$\left.\begin{aligned}&\cosh 2K\tanh 2K^*=\cosh 2K^*\tanh 2K=1,\\&(e^{2K}-1)(e^{2K^*}-1)=2,\\&\tanh K^*=e^{-2K},\ e^{-2K^*}=\tanh K.\end{aligned}\right\}\qquad(18.59)$$

可将式 (18.57) 化成

$$\frac{Q_c(T)}{2^{N/2}(\cosh 2K)^{\frac{1}{4}NZ}}=\frac{Q_c^*(T^*)}{2^{N^*/2}(\cosh 2K^*)^{\frac{1}{4}N^*Z}},\qquad(18.60)$$

这给出了两个对偶点阵间的配分函数间的倒易关系．而对于自对偶点阵，$Q_c(K)$ 与 $Q_c^*(K^*)$ 具有相同的函数形式，即

$$Q_c(T^*)=Q_c^*(T^*),\qquad(18.61)$$

于是式 (18.60) 化成

$$\frac{Q_c(T)}{(\cosh 2K)^{\frac{1}{4}NZ}}=\frac{Q_c(T^*)}{(\cosh 2K^*)^{\frac{1}{4}NZ}}.\qquad(18.62)$$

式 (18.61) 及 (18.62) 表明了配分函数的对称性质以及 T 和 T^* 间的对应关系，同时也表明配分函数的奇点也是成对地发生的．如在 T_c 温度出现了热力学函数的奇点，则在 T_c^* 温度也必然出现奇点，T 和 T^* 之间由式 (18.50) 相联系．假如系统只有一个非解析点，则它必然出现于 $T_c=T_c^*$，即 $K_c=K_c^*$ 处，因此，由式 (18.50) 或其等价的式 (18.59)，有

$$\tanh K_c=e^{-2K_c},$$

或

$$\sinh 2K_c=1.\qquad(18.63)$$

对于正方形格子，当 $K>0$ 时，解得 $e^{-2K_c}=\sqrt{2}-1$，即

$$e^{-2K_c}=0.4142,\quad K_c=0.4407。\tag{18.64}$$

这样，我们得到了二维伊辛模型的相变温度的严格值．这正是二维伊辛模型严格解所得到的结论。

这里我们看到，若假设只存在一个相变点，并引入对偶点阵的概念，则不需要给出配分函数的严格表示，就可以得到临界温度的精确值。这一结果可作如下理解．

式(18.48)及式(18.49)分别给出了二维伊辛模型的配分函数的高温展开及低温展开，并已分别建立了高温展开及低温展开与图形之间的对应关系。我们还可以看出，在原点阵中对高温展开中的第二项有贡献的多边形是一联接四个格点最小的正四边形．而对于对偶点阵，我们在此四边形中设置了一反向自旋，而这一位形正是对应于低温展开中的第二项．因而高温及低温展开中的第二项分别由原点阵和对偶点阵中同一位形的图形所代表．第三项，第四项，……，也有同样的对应关系．因此，若关于对偶点阵的参量(也就是低温展开中的参量)加一"＊"号，则由高温展开及低温展开的表示式可见，若令

$$\tanh K=e^{-2K^*},$$

则有

$$\frac{Q_c(K)}{2^N(\cosh K)^{\frac{1}{2}NZ}}=\frac{Q_c^*(K^*)}{2e^{\frac{1}{2}N^*ZK^*}}。\tag{18.65}$$

前一式正是我们规定 K^* 所应满足的方程 (18.50)．而对于后一式，按欧勒关于多边形的拓扑关系，有 $N\simeq N^*$，故可化成更对称的形式，即

$$\frac{Q_c(K)}{2^{N/2}(\cosh 2K)^N}=\frac{Q_c^*(K^*)}{2^{N^*/2}(\cosh 2K^*)^{N^*}},$$

这正是式(18.60)．由于K与K^*间是一一对应的，故这里给出的对偶关系又表明，配分函数的高温展开与低温展开也存在有对应关系．如果高温展开在某个温度 T_c 处出现非解析性，则低温展开也必然在某个温度 T_c^* 处出现非解析性． 若系统只有一个不解析点，则它必出现在 $K_c=K_c^*$ 处．由此可以理解前面计算临界点精确值方法的实质所在。

我们这里讨论的是自对偶点阵，因而原点阵和对偶点阵的配分函数具有相同的形式． 故在确定其临界点时(如果只有一个)，令 $K_c = K_c^*$ 即可。对于非自对偶点阵，二者的配分函数不同，为了找到临界点，我们可以将对偶点阵的配分函数用一个等效点阵的配分函数来代替，使式(18.60)两边的配分函数都是同一种点阵的配分函数，仅其容量不同．用这样的方法，不难求得，例如对于三角形格子，临界点决定于 $\cosh 2K_c = 2$，即 $K_c = 0.6585$。

(d) **二维伊辛模型严格解的某些结果** 昂萨格首先用求本征值方法给出了二维伊辛模型的严格解．这一工作的重要性不仅在于它在数学方面的成就，还在于它对于最重要，最困难的统计热力学问题给出了精确的结果．虽然采用的是最简单的模型，但用它可以估计我们在统计理论中处理实际问题时不可避免地采用的近似方法的可靠程度．其后，这一计算被推广于其他类型点阵(如三角点阵和六角点阵)，但并没有给出什么新的结论．

现在，二维伊辛模型已经有了多种求解方法，由于篇幅所限，这里只给出结果，并进行简短的讨论．

二维伊辛模型的配分函数的严格解是

$$\lim_{N\to\infty}\frac{1}{N}\ln Q_c = \ln(2\cosh 2K) + \frac{1}{2\pi}\int_0^{\pi}\ln\left\{\frac{1}{2}\left[1+(1-k_1^2\sin^2\varphi)^{1/2}\right]\right\}d\varphi, \qquad (18.66)$$

其中

$$k_1 = \frac{2\tanh 2K}{\cosh 2K}. \qquad (18.67)$$

可以将上式展开并积分，但也可以直接进行求导运算而得到系统的热力学性质．如内能 E

$$E = k_B T^2\frac{\partial \ln Q_c}{\partial T} = -J\frac{\partial \ln Q_c}{\partial K} = -NJ\coth 2K\left[1+\frac{2}{\pi}(2\tanh^2 2K - 1)K_1(k_1)\right], \qquad (18.68)$$

其中

$$K_1(k_1)=\int_0^{\pi/2}(1-k_1^2\sin^2\varphi)^{-\frac{1}{2}}d\varphi \qquad (18.69)$$

是第一类椭圆积分。再关于 T 求导，得比热是

$$C=k_B(K\coth 2K)^2\frac{2}{\pi}\Big\{2K_1(k_1)-2E_1(k_1)$$

$$-2(1-\tanh^2 2K)\left[\frac{\pi}{2}+(2\tanh^2 2K-1)K_1(k_1)\right]\Big\}, \qquad (18.70)$$

其中

$$E_1(k_1)=\int_0^{\pi/2}(1-k_1^2\sin^2\varphi)^{1/2}d\varphi \qquad (18.71)$$

是第二类椭圆积分．所有这些热力学函数都在满足下式的温度有一奇点：

$$\sinh 2K_c=1, \qquad (18.72)$$

这个结果我们以前已推得了．对于满足上式的 K_c 值，式(18.67)定义的 $k_1=1$． 由式 (18.69) 及式 (18.71)，有 $K_1(1)=\infty$，$E_1(1)=1$．因而需要将 $K_1(k_1)$ 在 K_c 附近展开，以得到在临界点附近热力学函数的解析形式，而求得系统在临界点的行为．为此，可将式(18.69)中 $\sin\varphi$ 变换成 $\cos\theta$，并在 $\theta=0$ 处展开，而得到

$$K_1(k_1)\simeq\ln\frac{4}{|2\tanh^2 2K-1|}\ (\text{在 } K\to K_c \text{ 时})$$

$$=\ln\frac{2}{|\tanh^2 2K-\tanh^2 2K_c|}$$

$$\simeq\frac{\sqrt{2}}{|K-K_c|}, \qquad (18.73)$$

于是得到在相变点附近，内能及比热分别为

$$E\simeq -NJ\sqrt{2}\left(1\pm\frac{2^{5/2}}{\pi}\frac{T-T_c}{T_c^2}\ln\frac{J}{k_B\sqrt{2}}\frac{|T-T_c|}{T_c^2}\right), \qquad (18.74)$$

$$C\simeq -\frac{2k_B}{\pi}\left(\ln\operatorname{ctg}\frac{\pi}{8}\right)^2\left[\ln\left(\frac{J}{k_B\sqrt{2}}\frac{|T-T_c|}{T_c^2}\right)\right.$$

$$\left.+1+\frac{1}{4}\pi\right]. \qquad (18.75)$$

在相变点，内能保持有限、连续，这是由于 $K_1(k_1)$ 的系数(式(18.68))的值在相变点线性地趋于零，而比热则对数地发散，如图 18.8 及图 18.9 所示. 其中比热是对于各向异性二维网格给出的. J' 是同一行内两相邻自旋间的互作用能，J 是同一列内两相邻自旋间的互作用能. 在 $J=0$ 时，则成为一维伊辛模型. 在 $J=J'$ 时，乃为正方形二维点阵.

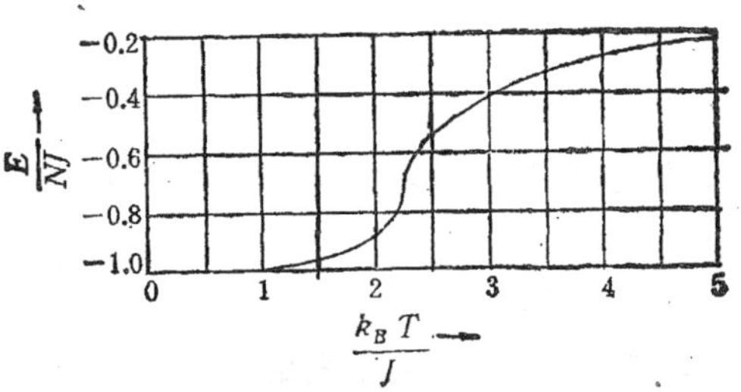

图 18.8 两维伊辛模型的内能和温度间的关系.

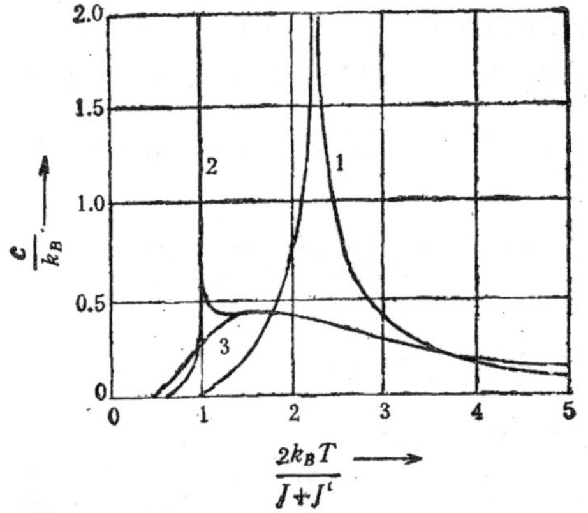

图 18.9 两维伊辛模型的比热. 曲线 1：$J=J'$；曲线 2：$J=100J'$；曲线 3：$J=0$.

由二维伊辛模型的严格解可以得到一个重要的结论：所有的关于合作现象的近似计算在关于相变的特征方面，至少在二维情形不能反映真实情况。图 18.10 给出了一部分关于二维点阵近似计算得到的比热与温度间关系的曲线。我们看到，虽然克拉默斯和瓦尼尔的变分法近似计算得到结果比贝特（Bethe）近似有较大的改进，但与图 18.9 中曲线 1 所示的严格计算结果仍有根本的差别，严格计算表明，比热在相变点对数地发散到无穷大，而近似计算认为在相变点只存在一有限的跳跃。

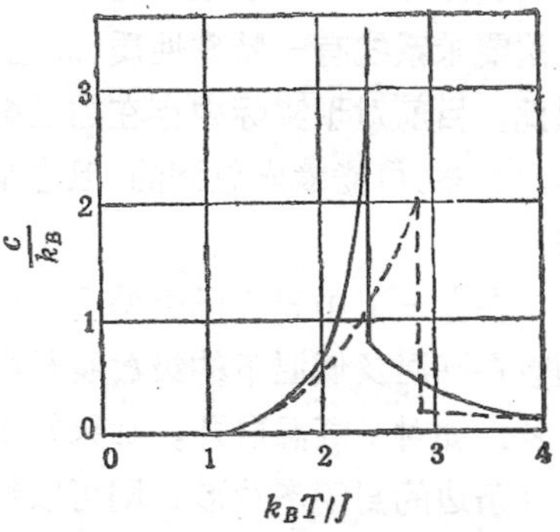

图 18.10 近似计算得到的比热与温度间的关系. 虚线：贝特近似；实线：变分法近似.

为了计算自发磁化，可以由计算在小磁场 H 下二维伊辛模型的配分函数而得到. 结果表明，和一维伊辛模型严格解给出的结论不同，二维伊辛点阵中可以出现自发磁化。我们知道，对于磁性相变，磁化强度就是热力学系统的序参量。图 18.11 示出了二维伊辛模型的计算结果。

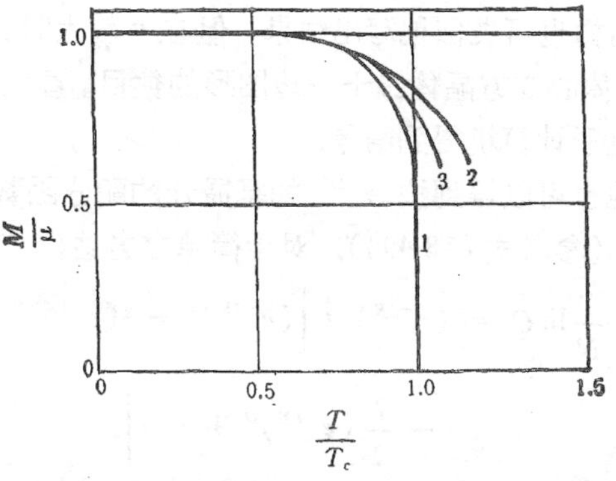

图 18.11 二维伊辛模型给出的序参量和温度间的关系. 曲线 1：严格解，曲线 2 及 3：级数展开.

§ 18.3 三维伊辛模型的近似解

对于二维伊辛模型的配分函数，可以将其化为本征值问题而成功地求得了它的严格解.但到目前为止,还不能把这种代数解法推广到三维空间给出三伊易辛模型的严格解，这是由于这种计算方法要求系统有一特殊性质,而这种性质只在二维情形下才具有.因此，目前对于实际中存在的三维系统，只有用近似方法进行计算.当然,可能最先想到的、但也是最重要的近似解法是级数展开法。

在上一节中我们已借助于图形方法给出了二维伊辛模型配分函数在高温及低温下的级数展开表示式.对于三维情形,则要复杂得多.如对于高温展开，如果知道了在三维点阵中能放下多少个有 n 条边的封闭多边形，则可以给出配分函数的高温展开表示式中 $(\tanh K)^m$ 项的系数(参考式(18.47)). 在 n 取较小的值时，可以直接计算图形的数目.如对于简单立方晶格，最小的 n 为 4，每个坐标平面可放一个正方形，故高温展开式中就有一项 $3(\tanh K)^4$. 六边形有 22 个,八边形有 11 类 207 个,……,于是得到

$$Q_c^{1/N} = 2\cosh^3 K[1 + 3(\tanh K)^4 + 22(\tanh K)^6 + 207(\tanh K)^8 + \cdots], \tag{18.76}$$

对于其他结构也可类似地写出结果.但在 n 较大时,计算很繁复.例如,对于体心立方晶体二十一边图形的数目,直到 1980 年才借助于大型电子计算机得到结果.

类似地也可以得到按 e^{-2K} 的幂展开的配分函数的低温级数展开表示式(参考式(18.49)).对于简单立方结构,它是

$$\frac{1}{N}\ln Q_c = (e^{-2K})^{-\frac{3}{2}}\left[(e^{-2K})^6 + 3(e^{-2K})^{10} - \frac{7}{2}(e^{-2K})^{12} + \cdots\right]. \tag{18.77}$$

由这些级数展开可以得到我们感兴趣的各种热力学函数，从而可

以研究三维点阵在相变点的行为。

但实际上，对于三维的真实系统，由于级数展开的计算工作量非常大，历史上曾设计了多种近似方法，如布喇格-威廉斯近似，贝特近似，准化学近似等。其中有的在本书第一册中已介绍过了。现在，我们从伊辛模型的角度出发研究这一问题[26]。

(a) 平均场理论(布喇格-威廉斯近似) 为给出三维情形下的配分函数

$$Q_c = \sum e^{K\sum_{nn}\sigma_i\sigma_j + G\sum\sigma_i}, \tag{18.78}$$

首先要写出系统的能量。为此，我们采取如下的所谓平均场近似。原先取作用在第 i 个自旋上的所有其他自旋的场是 $J\sum_j \sigma_j$，j 是关于 i 的 q 个最近邻求和。现在用所有的 $N-1$ 个自旋的平均场

$$qJ\left(\frac{1}{N-1}\sum_j^{N-1}\sigma_j\right)$$

来代替自旋 i 所受到的微观场。于是得到系统的总能量是

$$E = \frac{-qJ}{N-1}\sum_{i,j=1}^{N}{}'\sigma_i\sigma_j - \mu H\sum_{i=1}^{N}\sigma_i. \tag{18.79}$$

对于给定的一种自旋分布，系统的总磁化强度为

$$\mathscr{M} = \sum_{i=1}^{N}\sigma_i\mu. \tag{18.80}$$

由于 $\sigma_i^2 = 1$，记 $\mathscr{M}_1 = \mathscr{M}/\mu$，故得

$$\mathscr{M}_1^2 = N + \sum_{i,j}{}' 2\sigma_i\sigma_j, \tag{18.81}$$

因而有

$$E = -\frac{qJ}{(N-1)}\cdot\frac{\mathscr{M}_1^2 - N}{2} - \mu H\mathscr{M}_1. \tag{18.82}$$

这样，通过平均场近似，系统能量仅通过 $\mathscr{M}_1$ 与 N 个自旋的值相联系，这当然造成了很大的简化。 设系统中有 r 个自旋向下，$N-r$ 个自旋向上，因而

$$\mathscr{M}_1 = N - 2r \tag{18.83}$$

自旋这种组态的方式数是 $\binom{N}{r}$，故得到

$$Q_c = \sum e^{-E/kT} = \sum_{r=0}^{N} A_r, \tag{18.84}$$

$$A_r = \frac{N!}{r!(N-r)!} e^{\left[\frac{1}{2}qJ\frac{(N-2r)^2-N}{N-1}+\mu H(N-2r)\right]/k_BT}. \tag{18.85}$$

系统的序参量是每个位置上磁化强度的平均值，即

$$M = \frac{\langle \mathscr{M} \rangle}{N} = \mu \frac{\langle \mathscr{M}_1 \rangle}{N} = \mu M_1,$$

则

$$M_1 = \frac{\langle \mathscr{M}_1 \rangle}{N} = \left\langle 1 - \frac{2r}{N} \right\rangle = \frac{1}{Q_c} \sum_{r=0}^{N} \left(1 - \frac{2r}{N}\right) A_r. \tag{18.86}$$

为计算上式，定义一个新函数 B_r，

$$B_r = \frac{A_{r+1}}{A_r} = \frac{N-r}{r+1} e^{-\left(2qJ\frac{N-2r-1}{N-1}+2\mu H\right)/k_BT}. \tag{18.87}$$

设 N 值很大，由上式可见，在 r 由零增至 $N-1$ 时，B_r 由很大值减到很小值. 且若 qJ/k_BT 的值不是非常大，则这一减小应是单调的，因而在零和 $N-1$ 之间，r 值必存在某一值 r_0，使有

在 $r < r_0$ 时，$B_r > 1$，故 $A_{r+1} > A_r$，

$r > r_0$ 时，$B_r < 1$，故 $A_{r+1} < A_r$.

这样，在 $r = r_0$ 时，A_r 有极大值 A_{r_0}，当 N 及 r 都比 1 大很多时，记

$$x = 1 - \frac{2r}{N}, \tag{18.88}$$

则

$$B_r = \frac{1+x}{1-x} e^{-(2qJx+2\mu H)/k_BT} \equiv \varphi(x). \tag{18.89}$$

设与 r_0 对应的 x 值为 x_0，$x_0 = 1 - \frac{2r_0}{N}$，则 x_0 是下式的解

$$\varphi(x_0) = 1. \tag{18.90}$$

计算表明，A_r 在 r_0 处的峰宽为 $\sqrt{N}$，它比起 N 来小很多，因而近似地，Q_c 及 M_1 中关于 r 求和都可以用取 $r = r_0$ 的值代替，于是

得到

$$M_1 = 1 - \frac{2r_0}{N} = x_0。 \tag{18.91}$$

由式 (18.89) 及式 (18.90) 两式，可得

$$M_1 = \tanh \frac{qJM_1 + \mu H}{k_B T}, \tag{18.92}$$

这正是大家熟悉的布喇格-威廉斯近似下有序-无序相变的结果。

(b) 贝特近似　贝特设计了另外一种近似方法以计算三维立方点阵有序-无序相变，这被称为贝特近似. 在这里，我们考虑以一种特殊方式排成点阵的伊辛模型，从而使它成为严格可解的。它的一种特殊情形，就转化为贝特近似的结果。

这样构成一个点阵. 从一个中心点 O 开始，加 q 个等价的点作为它的第一壳层（第一近邻）. 然后对第一壳层上的每一个点作 $q-1$ 个等价的新的点作为它的近邻，构成了 O 点的第二壳层. 这样得到了如图 18.12 所示形状的结构. 这种结构不包含有回路，它被称为凯莱 (Cayley) 树. 第 r 壳层上的质点数是

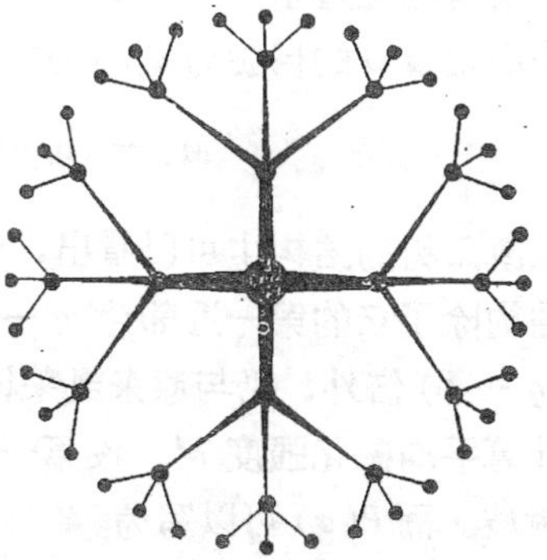

图 18.12　$q=4$ 的凯莱树.

$$N_r = q(q-1)^{r-1}, \tag{18.93}$$

而所有 n 个壳层上的总质点数是

$$N = N_0 + N_1 + \cdots + N_n = \frac{q[(q-1)^n - 1]}{q-2}。 \tag{18.94}$$

称最外层的第 n 壳层为边界壳层. 它上面的每个点只有一个近邻，这一点和内部壳层不同. 若边界壳层可以不考虑，则可以视其为配位数为 q 的规则点阵. 但这里有个问题，对于通常点阵，是在热力学极限情况下的大系统，应有边界上的原子数比内部原子数

少很多，但现在由式 (18.93) 及式 (18.94) 可以看出，两式都按 $(q-1)^n$ 随 n 增加。因此，我们仅考虑在此图形的很深的内部的局部区域，或在 $n\to\infty$ 时的远离边界的区域。这时，这些位置可以认为是等价的，从而构成了一个我们称之为贝特点阵.下面仅考虑在贝特点阵上的伊辛模型，因而可以忽略边界上的自旋对配分函数的贡献。

计算贝特点阵上的伊辛模型的配分函数

$$Q_c=\sum_{\sigma}P(\sigma)=\sum_{\sigma}e^{K\sum_{ij}\sigma_i\sigma_j+G\sum_i\sigma_i}.$$

显然，第一项是关于贝特点阵中的所有的"树干"求和，第二项是关于所有的位置求和。$P(\sigma)$ 可以视为是未归一化的几率分布。若中心位置 O 的自旋为 σ_0，则局域磁化强度 $M=M_1\mu$，而

$$M_1=\langle\sigma_0\rangle=\sum_{\sigma}\sigma_0\frac{P(\sigma)}{Q_c}. \tag{18.95}$$

从凯莱树的结构中可以看出，若截断一根"树枝"，则这凯莱树的结构除了它的第一近邻为 $q-1$，因而其各级近邻数都减小了 $(q-1)$ 倍外，仍与原来凯莱树一样。我们可以利用这个特点来计算平均磁化强度 M。设第一次在 O 处切断，则成为 q 段相同的树枝。而 $P(\sigma)$ 可以写为

$$P(\sigma)=e^{G\sigma_0}\prod_{k=1}^{q}Z_n(\sigma_0|s^{(k)}), \tag{18.96}$$

其中

$$Z_n(\sigma_0|s^{(k)})=e^{K\sum_{i,j}s_i^{(k)}s_j^{(k)}+Ks_1^{(k)}\sigma_0+G\sum_i s_i^{(k)}}, \tag{18.97}$$

$s_i^{(k)}$ 是在第 k 枝上位置 i 上的自旋，i 包括除了 σ_0 以外的所有壳层上的位置。$s_1^{(k)}$ 则为第一壳层上的自旋。等式左方的下角标 n 表示每枝中仍包含有 n 个壳层。上式 $Z_n(\sigma_0|s^{(k)})$ 是第 k 枝上全部"成分"的贡献，包括了 0—1 "树干" (但无 σ_0)。我们再作第二次切断，把 $s_1^{(k)}$ 割下，则第 k 枝又分成 $q-1$ 个分枝，每个分枝和作第一次切断后情形一样，只是现在只有 $n-1$ 个壳层。于是有

$$Z_n(\sigma_0|s^{(k)}) = e^{K\sigma_0 s_1^{(k)}+Gs_1^{(k)}} \prod_{l=1}^{q-1} Z_{n-1}(s_1|t^{(l)}), \qquad (18.98)$$

$t^{(l)}$ 是第 l 个分枝上除了 s_1 外的所有自旋。这样，我们得到了一个递推关系式。若记

$$\sum_{s(k)} Z_n(\sigma_0|s^{(k)}) = g_n(\sigma_0), \qquad (18.99)$$

则由 (18.96)，有

$$Q_c = \sum_{\sigma_0} e^{G\sigma_0} \prod_{k=1}^{q} \sum_{s(k)} Z_n(\sigma_0|s^{(k)}) = \sum_{\sigma_0} e^{G\sigma_0}[g_n(\sigma_0)]^q. \qquad (18.100)$$

类似地，式 (18.95) 给出

$$M_1 = \frac{1}{Q_c} \sum_{\sigma_0} \sigma_0 e^{G\sigma_0}[g_n(\sigma_0)]^q. \qquad (18.101)$$

由于 σ_0 只取 $+1$ 及 -1 两个值，若记

$$x_n = \frac{g_n(-1)}{g_n(+1)}, \qquad (18.102)$$

则得

$$M_1 = \frac{e^G - e^{-G}x_n^q}{e^G + e^{-G}x_n^q}. \qquad (18.103)$$

若 x_n 求得，则可以得到 M_1。为此，由式 (18.98) 及式 (18.99)，得

$$g_n(\sigma_0) = \sum_{s_1} e^{K\sigma_0 s_1 + Gs_1}[g_{n-1}(s_1)]^{q-1}, \qquad (18.104)$$

这里，由于各枝没有差别，我们把 s 的上角标 k 省略。由式 (18.104)，将式 (18.102) 化成

$$x_n = \frac{\sum_{s_1} e^{-Ks_1+Gs_1}[g_{n-1}(s_1)]^{q-1}}{\sum_{s_1} e^{Ks_1+Gs_1}[g_{n-1}(s_1)]^{q-1}}. \qquad (18.105)$$

可将上式写成

$$x_n = y(x_{n-1}), \qquad (18.106a)$$

其中

$$y(x)=\frac{e^{-K+G}+e^{K-G}x^{q-1}}{e^{K+G}+e^{-K-G}x^{q-1}}.\qquad(18.106b)$$

由于 $x_0=\frac{g_0(-1)}{g_0(+1)}$ 是边界上最外层分枝的贡献，但其外部已无自旋，由式(18.97)可以看出，$x_0=1$。因而，由式(18.106)，可以求得 x_n，而由式(18.103)得到 M_1，于是得到了问题的解。

现在考虑在 $n\to\infty$ 的极限情况下，如何得到 x_n。设 $K>0$，即对应于铁磁体的情形。此时，$y(x)$ 的最大值是 e^{2K}，最小值为 e^{-2K}。

设开始时有某一 x_n 值，代入式(18.106b)，算出 $y(x_{n-1})$，再由式(18.106a)得到了 x_n。将此过程反复进行，直到得到的 x_n 值与 $y(x_n)$ 相等为止。此时，对应于 x_n，因而 M_1 趋于一极限值。当 n 很大时，此 M_1 值即贝特点阵的局域磁化强度。这一计算过程表示在图 18.13(a)中，这是对应于 $y=y(x)$ 和 $y=x$ 只有一个交点的情形。若有三个交点，如图 18.13(b)中所表示的，可应用和上面所述相同的计算方法，并由图 18.13(b)可以看出，B 是不稳定点，A 和 C 是稳定点。B 对应于 $x=1$，$G=0$，A 和 C 分别对应于 $G>0$ 和 $G<0$ 两种情形。这些结论由式(18.106b)可以得到。

若记

$$z=e^{-2K},\ w=e^{-2G},\ w_1=wx^{q-1},\qquad(18.107)$$

则结合式(18.106a)及(18.106b)，有

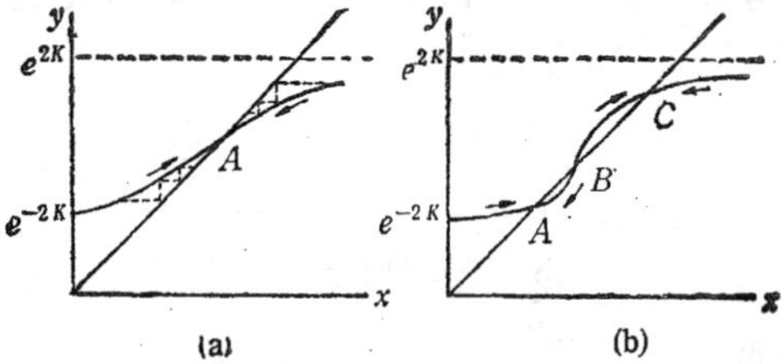

图 18.13 图示迭代法求解的过程. 在(a)中，极限点 A 是稳定解. 在(b)中，A 和 C 是稳定的，B 是不稳定的.

$$x = y(x) = \frac{z + w_1}{1 + w_1 z}, \tag{18.108}$$

$$\frac{w_1}{w} = \left(\frac{z + w_1}{1 + w_1 z}\right)^{q-1}, \tag{18.109}$$

$$M_1 = \frac{1 - w_1^2}{1 + w_1^2 + 2w_1 z}. \tag{18.110}$$

式 (18.109) 定义了 w_1，而式 (18.110) 决定了 M_1，这正是贝特近似给出的结果，应该指出，贝特近似获得了和第一卷中 § 5.2 所述的准化学近似相同的结果。

(c) "无限维"模型[26]　还可以从另一角度来理解上述的两种近似．为此，我们先来讨论一下点阵的维数问题．从一个典型格点出发，计算一下行走了 n 步所可能达到的格点数．设 q_1 为每一格点的近邻数，q_2 为其次邻数，其余可类推．那么，对于一个给定格点，n 步所能达到的格点总数就等于 $c_n = 1 + q_1 + q_2 + \cdots + q_n$．点阵的维数就定义为

$$d = \lim_{n\to\infty} \frac{\ln c_n}{\ln n}, \tag{18.111}$$

即 $c_n = n^d$．容易验证，上述定义对于通常的一维、两维或三维点阵都是适用的．现在来看，上节讨论的贝特点阵，其 c_n 正好由式 (18.94) 给出，代入式 (18.111)，即可得出 $d = \infty$ 的结论，即贝特点阵具有"无限维"点阵的特征．显然，近邻数愈大，则点阵的维数也愈高．如果进一步考虑在格点上粒子间的相互作用，则可以引入一有效维数来描述此系统的哈密顿量．如果粒子间相互作用都是短程的，则此有效维数就和上面定义的点阵维数毫无差异；如果存在有长程相互作用，情况就有所不同．三维伊辛模型的平均场近似的实质为将粒子间相互作用距离视为无限大．情况类似于具有无限多近邻的点阵，所以其哈密顿量的有效维数也是无限大．即使在一维模型中，如果相互作用距离也等于无限大，则根据 § 18.1 结尾处的讨论，也会出现有相变的解．这些"无限维"模型是具有共性的，都满足下面就要讲到的标度律，而且其临界指数的数值都

与朗道理论的经典值相同.

§18.4 伊辛模型的推广与变型

(a) 波茨模型[26] 作为伊辛模型的一种推广，1952 年波茨提出了一种模型，这后来被称为波茨模型.

设有一由N个"自旋"组成的点阵. 记第 i 个自旋为 σ_i，σ_i 可以取 q 个不同的值. 设两个相邻自旋 σ_i 及 σ_j 间的相互作用能是 $-J\delta(\sigma_i, \sigma_j)$，而

$$\begin{aligned}\delta(\sigma, \sigma') &= 1, \quad \sigma = \sigma', \\ &= 0, \quad \sigma \neq \sigma'.\end{aligned} \tag{18.112}$$

于是系统的能量是

$$E = -J\sum_{ij} \delta(\sigma_i, \sigma_j), \quad (i < j), \tag{18.113}$$

这就是波茨模型的定义. 若为最近邻近似，则 (i, j) 为整个点阵中所有的最近邻对. 系统的配分函数是

$$Q_c = \sum_{\sigma} e^{K\sum\limits_{i,j}\delta(\sigma_i,\sigma_j)} \tag{18.114}$$

其中

$$K = \frac{J}{k_B T}, \quad \sum_{\sigma} \sim \sum_{\sigma_1}\sum_{\sigma_2}\cdots\sum_{\sigma_N},$$

故求和中共有 q^N 项. 令 $v = e^K - 1$，则

$$\begin{aligned}Q_c &= \sum_{\sigma}\prod_{i,j} e^{K\delta(\sigma_i,\sigma_j)} = \sum_{\sigma}\prod_{ij}(v+1)^{\delta(\sigma_i,\sigma_j)} \\ &= \sum_{\sigma}\prod_{ij}[1 + v\delta(\sigma_i, \sigma_j)].\end{aligned} \tag{18.115}$$

在 $q = 2$ 时，乃成为伊辛模型. 此时，可令 σ_i 取 $+1$ 及 -1 值，而 $\delta(\sigma, \sigma') = \frac{1}{2}(1 + \sigma\sigma')$，乃化成以前得到的式(18.43)($K$ 的值差一倍).

由于篇幅的限制，我们将不给出关于波茨模型的详细的讨论. 计算结果表明[26]，在二维情形下，当 $0 < q \leqslant 4$，相变的潜热

为零，相变是连续的。在 $q>4$ 时，相变有潜热，发生的是一级相变。

实际上，波茨提出的还有矢量波茨模型，这通常被称为 Z_n 模型。他设想，在点阵的每一个位置，有一个二维单位向量。它可以指向 q 个等价的方向中的一个。两个相邻向量间的相互作用能正比于它们间的标量积，即

$$E=-\sum_{i,j}J\cos(\sigma_i,\sigma_j)=-\sum_{i,j}J\cos\theta_{ij},\quad(18.116)$$

θ_{ij} 是两个相邻点阵上自旋间的夹角。令 $\theta_{ij}=\frac{2\pi}{q}\sigma_i$，则在 $q=2$ 时，$\sigma_i=1,2$，$\theta_{ij}=0,\pi$，乃成为伊辛模型，这是显然的。在 $q=4$ 时，$\theta_{ij}=0,\frac{\pi}{2},\pi,\frac{3\pi}{2}$，由于 $\cos\frac{\pi}{2}=\cos\frac{3\pi}{2}=0$，因此，虽有四分量自旋，只有平行和反平行两种情况有相互作用，于是又成为伊辛模型。在 $q=3$ 时，$\theta_{ij}=0,\frac{2\pi}{3},\frac{4\pi}{3}$，三种取向互成 120° 角，而得相邻格点自旋间的互作用能为一定值。$q=3,5,\cdots$，成为 3 分量，5 分量……的矢量波茨模型。

(b) 阿什金-泰勒 (Ashkin-Teller) 模型[26] 阿什金-泰勒在 1943 年建立了另一种推广的伊辛模型。设在点阵中有四种原子 A,B,C,D 分别占据在每个格点上，因此 N 个原子组成的点阵共有 4^N 种位形。两个相邻原子间的相互作用能决定于原子的种类。设不同原子间的互作用能是

$$\begin{aligned}&AA,BB,CC,DD, && \varepsilon_0,\\&AB,CD, && \varepsilon_1,\\&AC,BD, && \varepsilon_2,\\&AD,BC, && \varepsilon_3.\end{aligned}\quad(18.117)$$

范因 (C. Fan)[44] 引入了阿什金-泰勒模型的伊辛表示。他设想每个格点上有两个自旋 (σ_i,τ_i)，且规定四种原子分别取如下的自旋值：

A 原子，$(\sigma,\tau)=(+,+)$，

B 原子，$(\sigma, \tau)=(+,-)$，

C 原子，$(\sigma, \tau)=(-,+)$，

D 原子，$(\sigma, \tau)=(-,-)$。

因此，能量 ε_0，ε_1，ε_2 和 ε_3 都可用相邻的一对自旋 (σ, τ) 和 (σ, τ') 之间的二体和四体自旋相互作用来表示。在伊辛表示中，阿什金-泰勒模型的相互作用能为

$$E(i,j)=-J_0-J_1\sigma_i\sigma_j-J_2\tau_i\tau_j-J_3\sigma_i\sigma_j\tau_i\tau_j, \quad (18.118)$$

最后一项是四个自旋的耦合相互作用。于是得到原子间的互作用能为

$$\begin{aligned}\varepsilon_0&=-J_0-J_1-J_2-J_3,\\ \varepsilon_1&=-J_0-J_1+J_2+J_3,\\ \varepsilon_2&=-J_0+J_1-J_2+J_3,\\ \varepsilon_3&=-J_0+J_1+J_2-J_3.\end{aligned} \quad (18.119)$$

而系统的配分函数为

$$Q_c=\sum_{\sigma}\sum_{\tau}e^{-\sum\limits_{ij}E(i,j)/k_BT}. \quad (18.120)$$

若 $J_3=0$，则为两个独立的伊辛模型，它们各有一个相变点。因此，系统有两个相变点，由于一般 $J_1\neq J_2$，故这两个相变点不相重合。

关于阿什金-泰勒模型相变的性质现在还知道得很少。但已证明，在 $\varepsilon_1=\varepsilon_2=\varepsilon_3$ 时，在二维情况下，相变是连续的。

(c) **轴向次近邻伊辛模型**[45,46] 近来关于长周期超晶格以及无公度相的研究比较活跃。它是在三维空间有序结构的基础上，再加上一维的调制后（浓度调制或位移调制）所形成的。调制波的周期可以是原点阵周期的整数倍或非整数倍（参见 § 12.8 及 § 13.13）。这种长周期调制结构的出现意味着存在有长程相互作用。因而需从微观理论上来研究这种结构的形成机制和论证它的稳定性。为此，人们建立了一种所谓轴向次近邻伊辛模型[45,46] (axial-next-nearest-neighbor-Ising-model)，简称 ANNNI 模型。

在 ANNNI 模型中，伊辛自旋 $\sigma_i=\pm1(+,-)$ 处于 d 维

点阵的每一格点上，而整个点阵可以视为由垂直于 z 轴的 $d-1$ 维的层堆垛起来，在层内格点的配位数等于 $q_\perp$。在每一层内，每一自旋只是由最近邻间铁磁性相互作用耦合起来的，即 $J_0>0$；而沿着 z 轴，自旋的耦合既有最近邻的铁磁性相互作用，即 $J_1>0$，也存在与之相竞争的次近邻间的反铁磁相互作用，即 $J_2=\kappa J_1$。相互竞争的得失是由参量 κ 来控制的。图 18.14 示意地示出了四方或简立方点阵中的 ANNNI 模型（$d=3$，$q_\perp=4$）[46]。

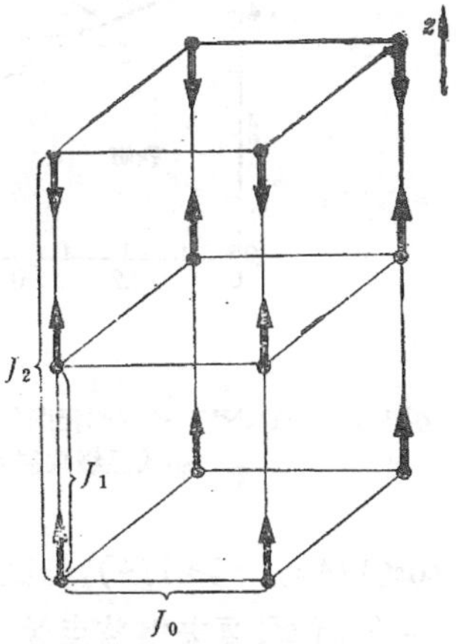

图 18.14　三维 ANNNI 模型

在基态中，每一层内自旋都是按铁磁性方式排列起来的。若 $\kappa<1/2$，所有的层的自旋都是平行排列的，构成了铁磁性结构；若 $\kappa>1/2$，将出现 ++−−++−−……的层状排列，被称为 (2，2) 或 ⟨2⟩ 反相 (antiphase) 态；当 $\kappa=1/2$，基态将是无限多简并的，其熵等于 $s=k_B[\ln(\sqrt{5}+1)/2]/N$（这里 N 为一层之内的自旋数）。这一结果表明对于 $d\geqslant 2$，在热力学极限，$s\to 0$。

对 ANNNI 模型求解可得到 (T,κ) 相图，大体上如图 18.15 所示，在低温的平衡相为铁磁相及 ⟨2⟩ 反相态；在高温，则为无序的顺磁相（对所有的 κ 值），但对于 $\kappa\geqslant 1/4$，与波矢有关的磁化率 $\chi(\kappa,T,q)$ 将对于非零值的 q 呈现极大值。这些极大值的位置，$\pm q_{\max}(\kappa,T)$ 将随 κ 与 T 作连续的变化，当温度下降，沿着任一轨迹 $q_{\max}=q_0$，$\chi_{\max}=\chi(q_{\max})$ 将于临界线 $T_c(\kappa)$ 上趋于无限大，其对应的 κ 值取决于 $q_c(\kappa)=q_0$。在栗夫雪兹点 L，$q_c=0$；而其 κ 值，$\kappa_L\simeq 0.27$（对于 $d=3$，$q_\perp=4$，$J_1=J_0$ 的系统），在平均场近似中，在 T_c 以下，假设为纯正弦式的磁化结构，将得出 $q_c(\kappa)=$

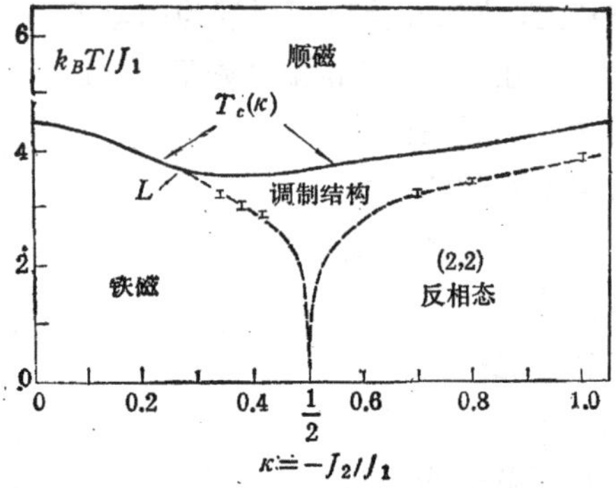

图 18.15 ANNNI 模型的相图(简立方点阵，$J_0=J_1$)，L 为栗夫雪兹点、高低温级数展开及蒙特卡罗计算结果.

arc $\cos(1/4\kappa)(\kappa\geqslant 1/4)$,与高温级数展开和蒙特卡罗计算结果相近。一般而言,栗夫雪兹点为多重临界点，在这一点上，调制结构的有序相(具有非常数值的波矢 q)，均匀有序相 ($q=q_u$ 为恒值)及无序相互相交接.

对于 $T<T_c(\kappa)$, $\kappa>\kappa_L$, 系统将进入一系列的调制结构相，即 $M(z)\simeq M_0\cos qz+\cdots$，这里的 $M(z)$ 为每层的磁化强度，而特征波矢为 $q(\kappa, T)\leqslant q_{\langle 2\rangle}=\pi/2$ (设 z 轴向的晶格参数为 1).对于 $d>2$, $q_\perp J_0>J_1$，按 $w=\exp(-2J_0/k_BT)$ 及 $(\kappa-1/2)$ 的幂次进行级数展开，可以求出这一系列调制结构相的性质. 分析表明,在 (κ, T) 平面上铁磁相 (或 $\langle\infty\rangle$) 与 $\langle 2\rangle$ 相之间的楔形区域之间由一系列无限多个离散的公度相所充满(见图 18.16)，其波矢满足关系式

$$q_j=j\pi/(2j+1),\quad j=1, 2, 3,\cdots.$$

第 j 相的特征图象为 $\langle 2^{j-1}3\rangle$ 的层状结构,例如 $\langle 2^33\rangle$ 即表示……++−−+++−−++−−−…….在特定温度下,将波矢对 κ 作图,即得到如图 18.17 所示的阶梯图象，类似于有些文献中所述的魔梯(devil's staircase).当 $j\to\infty$ 时，$q_{\langle 2\rangle}=q_\infty=\pi/2$; 对应的相界 $\kappa_j(T)$，将愈来愈密，粗略地估计 $\kappa_{j+1}-\kappa_j\sim w^{q_\perp}$. 这样当

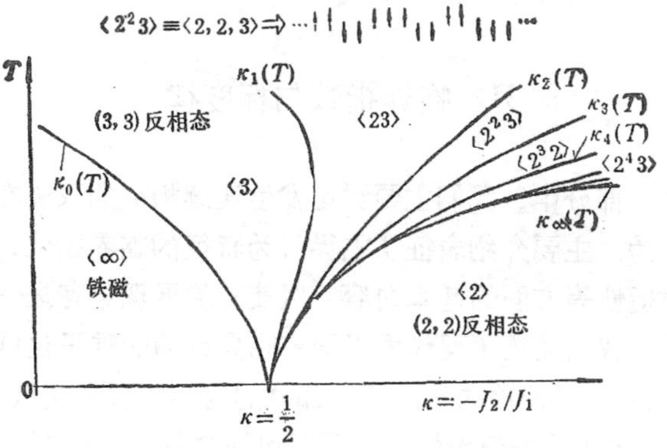

图 18.16 在多相点附近的 ANNNI 模型相图(示意图).

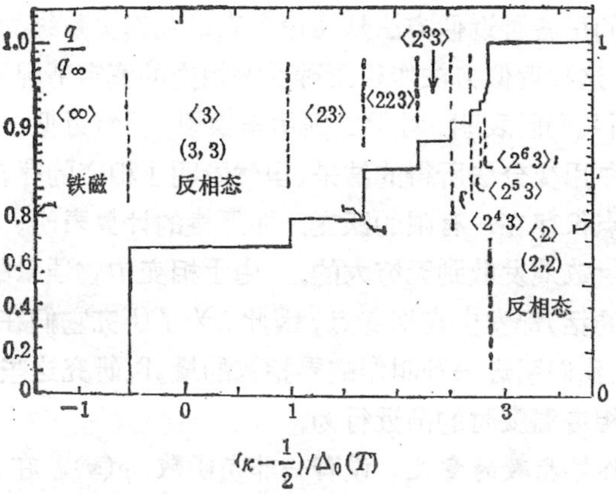

图 18.17，在低温调制结构相的平均波数 $q(T, \kappa)$ 对 $\kappa - 1/2$ 的作图.

$j \to \infty$，q 的变化也接近于连续

$$q_\infty - q(\kappa, T) \sim 1/\ln[\kappa_\infty(T) - \kappa]^{-1}.$$

当 κ 趋近于 $\langle 2 \rangle$ 相的相界 $\kappa_\infty(T)$。当 $T \to 0$ 时，所有的 $\langle 2^{j-1}3 \rangle$ 相都交接于 $\kappa = 1/2$，这一点被称为多相点 (multiphase point).

ANNNI 模型曾用以解释稀土金属与合金的调制磁性结构，铁电材料的无公度相，合金中的长周期超晶格以及层状结构材料

中的多型性（polytypism）等问题。

II 临界指数与标度律

在这一部分中，我们主要讨论发生连续相变的系统在相变点的临界行为。主要介绍表征了临界行为特征的临界指数、以及标度律，普适性等方面的基本内容，以使对临界现象有进一步的了解。最后，我们简述了现代用以研究临界行为的重正化群理论的基本精神，并举了简单的例。前一部分的内容可参考文献[24]和[25]，对于重正化群理论的深入了解可阅文献[27—31]。

§18.5 临界指数

当我们用各种近似方法从理论上来研究真实系统的相变问题时，常常对这种近似方法能否正确反映相变的真实情况感到担心。例如，上面我们已表明，对于二维伊辛模型，贝特近似以及克拉默斯和瓦尼尔用变分法所得的结果，虽然表明了相变的存在，但热容量在相变点仅存在一有限的跃变。而严格的计算表明，热容量在相变点是对数地发散到无穷大的。由于相变中物理量的奇点（假如它存在的话）都发生在相变点，因此，为了研究它们在相变点附近的情况，我们引进一种叫作临界指数的量，以研究这些物理量在温度趋于相变温度时的渐近行为。

(a) 临界指数的意义　设有一非负函数 $\varphi(x)$，在 x 从大于零值趋于零时，按 x 的 ε 次幂变化，则有

$$\varepsilon = \lim_{x\to 0^+} \frac{\ln \varphi(x)}{\ln x}. \tag{18.121}$$

当我们讨论的是某一物理量在临界点 T_c 的行为时，可以取 x 为 t

$$t = \frac{T - T_c}{T_c}, \tag{18.122}$$

或其他参量（如磁场强度 H），则 ε 称为临界指数。这里需要说明一下 $\varepsilon = 0$ 所对应的情况。此时 $\varphi(x)$ 可以是解析的，但有一

跳跃的不连续性，也可能是对数发散的，或是尖点状（cusp-like）的奇点。另外，由于在临界温度以上及临界温度以下，序参量取不同的值，故在计算临界指数时，还应分别从 $T \to T_c^+$ 及 $T \to T_c^-$ 两种情况来讨论该物理量的变化。

我们定义一些如下的重要的临界指数：

(i) 指数 α，它描述了比热 c 在临界点的行为。定义是

$$
\begin{aligned}
c \propto (T - T_c)^{-\alpha}, &\quad T > T_c, \\
(T_c - T)^{\alpha'}, &\quad T < T_c.
\end{aligned}
\tag{18.123}
$$

(ii) 指数 β，它描述了序参量 ζ 在临界点的行为。定义是

$$
\zeta \propto (T_c - T)^{\beta}, \quad T < T_c. \tag{18.124}
$$

对铁磁系统，取磁化强度 M 为序参量。

(iii) 指数 γ，它描述了广义极化率 $\varkappa$ 在临界点的行为。此广义极化率定义为吉布斯自由能关于某一强度参数的二阶导数。γ 的定义为

$$
\begin{aligned}
\varkappa \propto (T - T_c)^{-\gamma}, &\quad T > T_c, \\
(T_c - T)^{\gamma'}, &\quad T < T_c.
\end{aligned}
\tag{18.125}
$$

(iv) 指数 δ，它描述了等温线在临界点的行为。如对于铁磁系统，定义为

$$
H \propto M^{\delta}, \quad T = T_c. \tag{18.126}
$$

(v) 指数 η，在临界点附近出现的强的光散射表明系统中发生了强的密度涨落，故要研究在临界点附近密度涨落的情况。定义密度涨落关联函数为

$$
G(\boldsymbol{r}_1, \boldsymbol{r}_2) = \left\langle \frac{\rho(\boldsymbol{r}_1) - \rho}{\rho} \, \frac{\rho(\boldsymbol{r}_2) - \rho}{\rho} \right\rangle, \tag{18.127}
$$

其中，ρ 是系统中粒子数密度的平均值。$\rho(\boldsymbol{r})/\rho$ 是 $\boldsymbol{r}$ 处的相对密度。而 $G(\boldsymbol{r}_1, \boldsymbol{r}_2)$ 表示在 $\boldsymbol{r}_1$ 及 $\boldsymbol{r}_2$ 两点密度涨落的关联程度。它有这样一些重要的性质，例如，在 $\boldsymbol{r}_1 - \boldsymbol{r}_2 \to \infty$ 时，$G(\boldsymbol{r}_1, \boldsymbol{r}_2) \to 0$，表示不存在关联，以及 $G(\boldsymbol{r}_1, \boldsymbol{r}_2) = G(\boldsymbol{r}_1 - \boldsymbol{r}_2)$ 等。1966 年卡丹诺夫表明[10]，在临界点附近，二维伊辛模型的关联函数取如下的形式：

$$G(r) = \frac{1}{r^{1/4}} D_+(Kr), \quad D_+(Kr) = \frac{e^{-Kr}}{(Kr)^{1/4}}, \quad T > T_c,$$
$$= \frac{1}{r^{1/4}} D_-(Kr), \quad D_-(Kr) = \frac{e^{-Kr}}{(Kr)^{7/4}}, \quad T < T_c. \tag{18.128}$$

或者,更一般地,可以将上式写成

$$G(r) = \frac{1}{r^{d+\eta-2}} D_\pm(Kr), \quad r \to \infty, \ T = T_c^\pm, \tag{18.129}$$

其中, d 是空间维数, η 是一个临界指数,将式 (18.128) 及式 (18.129) 进行比较便可看出,它是一个小的正数。

(vi) 指数 ν, 上式中 K 的定义如下:

$$K^2 = \frac{1 + \rho \int G dr}{\frac{\rho}{6} \int r^2 G dr}. \tag{18.130}$$

G 即式 (18.129) 给出的关联函数。 由 $D_\pm(Kr)$ 的式子可见, K^{-1} 有长度的量纲,实际上,它和能发生一定程度关联的两点间的距离有关。这可由式 (18.130) 看出。于是定义

$$\xi = \frac{1}{K} \tag{18.131}$$

为关联长度。 在 $T \to T_c$ 时, $\xi \to \infty$, 即在临界点相隔无限远的两点仍是关联的。ξ 是发散的,故可定义一新的临界指数 ν:

$$\xi \propto (T-T_c)^{-\nu}, \quad T > T_c,$$
$$(T_c-T)^{-\nu}, T < T_c. \tag{18.132}$$

(b) 热力学不等式 上面我们定义了一部分临界指数以描述在临界点附近系统的热力学行为。当然我们还可以定义一些其他的临界指数。于是出现了这样一个问题:既然它们都是描述系统的临界行为,它们之间有无关系?下面我们以铁磁系统为例,表明它们之间存在着一些不等式。

(i) 拉什布鲁克 (G. S. Rushbrooke) 不等式[47]。 和热力学中推导 c_P-c_V 的式子类似,可以求得

$$c_H - c_M = T\left(\frac{\partial M}{\partial T}\right)_H^2 \Big/ \left(\frac{\partial M}{\partial H}\right)_T. \tag{18.133}$$

考虑$H=0$时的情形，$\left(\frac{\partial M}{\partial T}\right)_H$是磁性相界的斜率，在$T \to T_c^-$时，由$M(T) \propto (T_c - T)^\beta$给出。$\left(\frac{\partial M}{\partial H}\right)_T$是零场极化率$\chi$，在$T \to T_c^-$时，$\chi(T) \propto (T_c - T)^{-\gamma'}$。于是得到在$T \to T_c^-$时，上式右方正比于$(T_c - T)^{-\varepsilon}$，$\varepsilon = 2 - 2\beta - \gamma'$。$c_H$是零场比热，若$\varepsilon < 0$，则$c_H$及$c_M$可以有相同的奇点，但上式不能给出它们的发散情况。若$\varepsilon > 0$，则$c_H - c_M$发散。因$c_M > 0$，故c_H在T_c^-有一个奇点，且其发散度要比$(T_c - T)^{-\varepsilon}$为强。记$c_H \propto (T_c - T)^{-\alpha'}$，由于$\varepsilon$是$\alpha'$的最小值，因而有

$$\alpha' + 2\beta + \gamma' \geqslant 2, \tag{18.134}$$

这就是拉什布鲁克不等式。

(ii) 格里菲思 (R. B. Griffiths) 不等式[48]。设$\Phi(T, M)$为热力学势，则$H = \left(\frac{\partial \Phi}{\partial M}\right)_T$，$S = -\left(\frac{\partial \Phi}{\partial T}\right)_M$。考虑在某一温度$T < T_c$，$M_0$为该温度下的零场磁化强度(即自发磁化强度)，如图18.18所示。由于对所有的$M < M_0$，$H = \left(\frac{\partial \Phi}{\partial M}\right)_T = 0$，即对所有的$T < T_c$，$\Phi(T, M)$是一与$M$无关的常数，因此

$$\Phi(T, M) = \Phi(T, 0), \quad S(T, M) = S(T, 0),$$
$$\text{在 } H = 0,\ T < T_c \text{ 时}. \tag{18.135}$$

根据热力学稳定条件，$\Phi(T, M)$是T的凸函数。因此，对于一个固定的M值，作$A(T)$曲线上任一点$T < T_c$的切线，则$\Phi(T)$曲线总是在此切线之下，如图18.19所示。因此有

$$\Phi(T_c, M) \leqslant \Phi(T, M) + \left(\frac{\partial \Phi}{\partial T}\right)_M (T_c - T),$$

即

$$\Phi(T_c, M) \leqslant \Phi(T, 0) - S(T, 0)(T_c - T), \tag{18.136}$$

这里，我们应用了式(18.135)，由于$T < T_c$。同样，对于$M = 0$，在$T = T_c$处作一切线，有

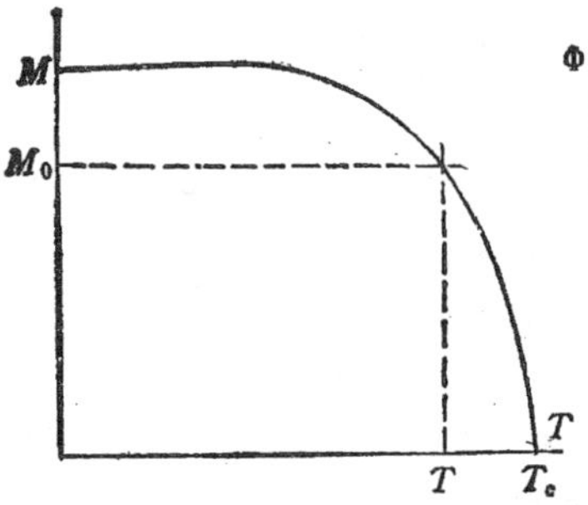

图 18.18 在温度 $T<T_c$ 下的零场磁化强度 M_0.

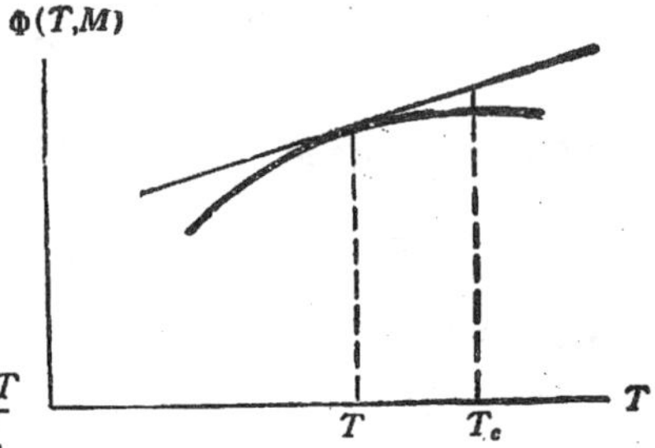

图 18.19 热力学势和温度间的关系曲线(示意图).

$$\Phi(T,0) \leqslant \Phi(T_c,0) - S(T_c,0)(T-T_c). \quad (18.137)$$

将上两式相加,得到

$$\begin{aligned}&\Phi(T_c,M) - \Phi(T_c,0)\\&\quad \leqslant (T-T_c)[S(T,0)-S(T_c,0)],\end{aligned} \quad (18.138)$$

即

$$\left(\frac{\partial \Phi}{\partial M}\right)_{T_c} M \leqslant \left(\frac{\partial S}{\partial T}\right)_{M=0}(T-T_c)^2. \quad (18.139)$$

由于 $M \propto H^{1/\delta}$,故上式左边与 $M^{1+\delta}$ 正比。再由 $M \propto (T_c - T)$,得其正比于 $(T_c-T)^{\beta(1+\delta)}$。而上式右方与$-(T_c-T)^{2-\alpha}$ 正比,故得

$$\beta(1+\delta) \geqslant 2 - \alpha' \quad (18.140)$$

这就是格里菲思不等式。此外,还有一些其他的不等式,如

$$(2-\eta)\nu \geqslant \gamma, \quad (18.141)$$

$$d\nu' \geqslant 2 - \alpha', \quad (18.142)$$

等等,不一一列举.

(c) 关于临界指数的理论和实验结果 上面定义了各种临界指数和它们应当遵守的不等式. 当然,我们有兴趣比较一下理论和实验所得到的结果. 首先,来看看平均场理论给出的结果.

范德瓦耳斯最早提出了临界现象的经典理论,并在导出汽-液相变的临界点的存在方面很成功. 其后,最重要的有朗道关于二

级相变所发展的唯象理论，我们在第十二章中已讨论过了。所有这些理论都忽略了在相变点的临界涨落，而用一种平均场的作用来代替其他粒子对某个粒子的作用，故称之为平均场理论。如§18.3所阐明的。

现在来看看平均场理论的结果。朗道理论给出，在临界点附近亥姆霍兹自由能可以写为

$$\Phi(T, \eta) = \Phi_0(T) + a(T - T_c)\eta^2 + B\eta^4 + \cdots, \tag{18.143}$$

其中，$a > 0$，$B(T) > 0$，η 是序参量。现在考虑铁磁系统，故 η 取为磁化强度 M。由此得到磁场 H 为

$$H = +\left(\frac{\partial \Phi}{\partial M}\right)_T = [2a(T - T_c)M + 4BM^3 + \cdots]。\tag{18.144}$$

在 $H = 0^+$ 时，得

$$\begin{aligned} M &= 0, \quad T > T_c, \\ M &= \pm\sqrt{\frac{a}{2B}}\,(T_c - T)^{1/2}, \quad T < T_c, \end{aligned} \tag{18.145}$$

故得到临界指数

$$\beta = \frac{1}{2}。\tag{18.146}$$

由式(18.144)及式(18.145)，又可得

$$\begin{aligned} \chi = \frac{1}{\left(\frac{\partial H}{\partial M}\right)_T} &\propto \frac{1}{T - T_c}, \quad T > T_c, \\ &\propto \frac{1}{T_c - T}, \quad T < T_c, \end{aligned} \tag{18.147}$$

故得

$$\gamma = \gamma' = 1。\tag{18.148}$$

由式(18.144)，有

$$H \propto M^3, \quad T = T_c, \tag{18.149}$$

故得

$$\delta = 3。\tag{18.150}$$

为求得临界指数 α 及 α'，要计算熵 S。对于 $H = 0$，在 $T > T_c$

时，由于 $M=0$，得

$$S=-\frac{\partial \Phi_0}{\partial T}, \tag{18.151}$$

从而得到

$$c_{H=0}=T\left(\frac{\partial S}{\partial T}\right)_{H=0}=-T\frac{\partial^2 \Phi_0}{\partial T^2},\quad T>T_c. \tag{18.152}$$

在 $T<T_c$ 时，由于 $M^2=\frac{a}{2B}(T_c-T)$，而得

$$c_{H=0}=-T\frac{\partial^2 \Phi_0}{\partial T^2}+T\frac{a^2}{B},\quad T<T_c, \tag{18.153}$$

由此可见，比热存在有不连续性。由定义 $c_{H=0}\propto(T_c-T)^{-\alpha'}$，故应取

$$\alpha=\alpha'=0. \tag{18.154}$$

因为此时才能使比热在 $T=T_c$ 时具有上面所示的有有限跃变的不定值行为(见式 (18.121) 的讨论)。

前面我们已经给出了二维伊辛模型的严格解，由此可以得到各个临界指数的值。对于三维伊辛模型，也可由高温及低温级数展开逐渐逼近而得到其近似值。下表列出了这些理论的计算结

表 18.1 临界指数的理论值

	α	α	β	γ	γ	η	ν	ν	δ
二维伊辛模型（严格解）	0(ln)	0(ln)	$\frac{1}{8}$	$\frac{7}{4}$	$\frac{7}{4}$	$\frac{1}{4}$	1	1	15
三维伊辛模型（级数解）	$\sim\frac{1}{8}$	$\sim\frac{1}{16}$	$\sim\frac{5}{16}$	$\sim\frac{5}{4}$	$\sim\frac{5}{4}$	0.041	0.638		$\sim$5.15
平均场近似	0（跃变）	0（跃变）	$\frac{1}{2}$	1	1	0	$\frac{1}{2}$	$\frac{1}{2}$	6

果。我们看到，平均场理论和严格的计算结果相差很大。从而表明，到目前为止广泛应用的平均场理论并不能真实反映系统的临界行为。

还有一个重要的情况。我们可以用上表列出的结果验算一下上面给出的关于临界指数的热力学不等式，简单的计算立刻可得，这些不等式都是以等式的方式成立的。这是又一个有待于解释的重要结果[1]。

再看看关于临界指数的实验结果。还是在 1945 年，哥根哈姆就发现，氧，氮，一氧化碳，甲烷，氖，氪，氙，氩等 8 种物质的气液共存条件的数据可以描绘在一条曲线上。用式

$$\rho-\rho_c \propto (T_c-T)^{\beta}$$

来拟合，并求得 $\beta=\frac{1}{3}$，这与平均场理论的结果不合，如图 (18.20) 所示。另外，对液氦超流转变点附近的比热曲线的测量，在温度精确到 10^{-6}K 的情形下，发现比热在相变点具有对数发散的性质，与平均场理论的有限跃变又不一致。后来对不同液体进

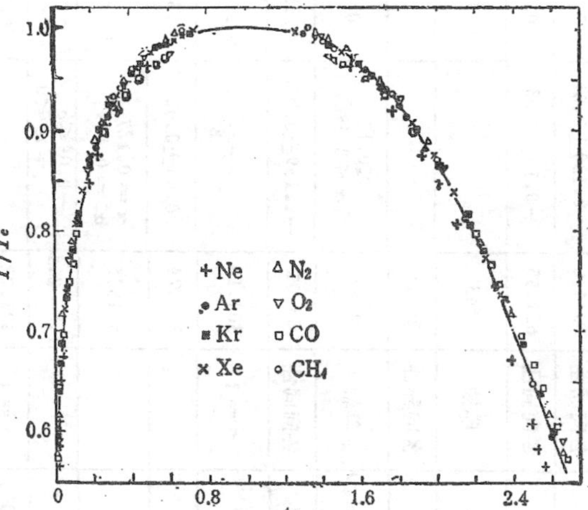

图 18.20 8 种物质的气液共存线[49]。

1) 附带说明一下，对于出现空间维数 d 的不等式 (18.142)，对于平均场理论，取 $d=4$ 时，等式成立。这表明，假如平均场理论可用，应在四维空间成立。这是又一个有趣的结论。实际上，简单的考虑表明[31]，平均场理论在四维以上的空间才是正确的，这一点，在建立了重正化群理论后，已逐渐为人们所理解。

表 18.2 各种临界现象的临界指数的实验结果[30]

临界现象	材料	对称性	T_c(K)	α, α'	β	γ, γ'	δ	η
铁磁	Fe	各向同性	1044.0	-0.120 ± 0.01	0.34 ± 0.02	$\gamma=1.333\pm0.015$		0.07 ± 0.07
	Ni	各向同性	631.55	-0.10 ± 0.03	0.33 ± 0.03	$\gamma=1.32\pm0.02$	4.2 ± 0.1	
	$YFeO_3$	单轴	643		0.354 ± 0.005	$\gamma=1.33\pm0.04$ $\gamma'=0.7\pm0.1$		
	Gd	各向异性	292.5			$\gamma=1.33$	4.0 ± 0.1	
反铁磁	$CoCl_2\cdot 6H_2O$	单轴	2.29	$\alpha\leqslant0.11$ $\alpha'\leqslant0.19$	0.23 ± 0.02			
	$RbMnF_3$	各向同性	83.05	-0.139 ± 0.007	0.316 ± 0.008	$\gamma=1.397\pm0.034$		0.067 ± 0.01
汽液	CO_2	$n=1$	304.16	$\alpha\sim\frac{1}{8}$	0.3447 ± 0.0007	1.20 ± 0.02	4.2	
	Xe		289.74	0.08 ± 0.02	0.344 ± 0.003	1.203 ± 0.002	4.4 ± 0.4	
	He^4		5.1885	$\alpha=0.127$ $\alpha'=0.159$	0.3554 ± 0.0028	1.17 ± 0.0005		
超流	He^4		1.8—2.1	$-0.04\leqslant\alpha$ $=\alpha'<0$				
二元混合物	CCl_4-C_7F_{14}	$n=1$	301.78		0.335 ± 0.02	$\gamma=1.2$	~4	
二元合金	Cu-Zn	$n=1$	739		0.305 ± 0.005	$\gamma=1.25\pm0.02$		
铁电	硫酸甘油酯	$n=1$	322.6			1.00 ± 0.05		

行测量，发现临界指数 β 在 1/3 左右，δ 接近 4.5，$\alpha \neq 0$，但数值很小。对许多铁磁系统的研究也表明临界指数明显地偏离平均场的结果。各种系统的实验结果列举在表 18.2 中。因而实验事实也清楚地表明平均场理论不能正确地反映在相变点物理系统的真实行为。

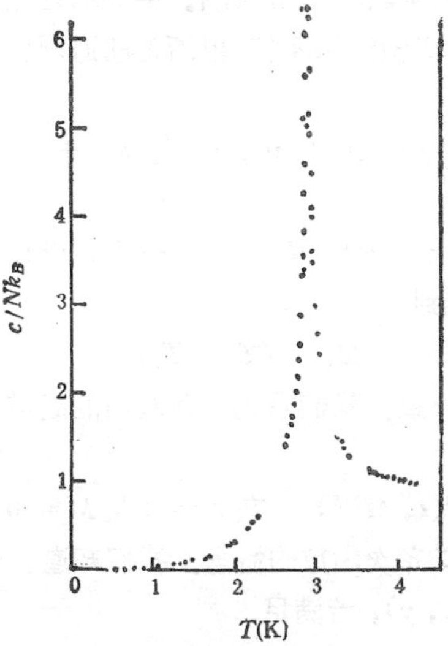

图 18.21 吸附在石墨表面上的氦单原子层的比热曲线[29]。

那么二维伊辛模型严格解给出的结论又如何呢？人们在石墨上先吸附一层氪原子，再在六角结构的氪原子膜上吸附一层氦原子。此时氦原子的有序-无序转变严格对应于二维伊辛模型。1980 年发表的比热的测量结果表明在相变点确实是 $\alpha=0$ 的对数尖峰，如图 18.21 所示。从而说明了严格解得到的结论是反映了实际情况的。

§18.6 标度律与普适性

上节的结果给出了两个重要的事实：(i) 平均场理论给出的

临界指数值与实验结果不符．而实验中所用的各种材料有着迥然不同的分子间作用力，但它们的临界指数值竟然相等．(ii) 经过严格证明得到的临界指数间存在的热力学不等式常常以等式的形式被满足．为了解释这两个问题，人们提出了标度假设，从而使关于临界现象的了解大大深入了一步．但需要指出，这些论证是基于一些直观的假定，因而其推导是不严格的．

(a) *广义齐次函数* 上节表明，平均场理论给出临界指数 β 的值是 1/2，与实验结果不符．但若把朗道理论的式 (18.143) 改写为

$$\Phi(T, M)=\Phi_0+a(T-T_c)M^2+BM^{2+\frac{1}{\beta}}, \tag{18.155}$$

则有

$$H=2aM[(T-T_c)+B'M^{1/\beta}]。 \tag{18.156}$$

在 $H=0$ 时，可得到

$$M_0\propto(T-T_c)^\beta, \tag{18.157}$$

则可与实验结果一致．我们看到，改写后的朗道方程给出的 H 具有如下的形式：

$$H=Mf(t, M^{1/\beta}),\quad 在\ t=0\ 及\ M=0\ 附近． \tag{18.158}$$

现在引入广义齐次函数的概念．我们知道，一个有两个变数 x 及 y 的函数 $\varphi(x, y)$，若满足

$$\varphi(\lambda x, \lambda y)=g(\lambda)\varphi(x, y), \tag{18.159}$$

对任意 λ 值，则称 φ 为 x, y 的齐次函数．齐次函数具有这样的性质：若 $g(\lambda)$ 的形式已给定，则由给出在任一点 (x_0, y_0) 的 φ 值，可推得在其他一点 $(\lambda x_0, \lambda y_0)$ 处的 φ 值．即函数在任意点的值可以由它在一参考点的值通过一简单的标度变化而得到．$g(\lambda)$ 称为标度函数．不难证明，$g(\lambda)$ 有性质

$$g(\lambda\mu)=g(\lambda)g(\mu), \tag{18.160}$$

因而 $g(\lambda)$ 可写成

$$g(\lambda)=\lambda^p, \tag{18.161}$$

p 为一常数，称为齐次函数的级．

可以推广式 (18.159) 的定义．若一函数 φ 满足下式：

$$\varphi(\lambda^a x, \lambda^b y) = \lambda\varphi(x, y), \tag{18.162}$$

a, b 是两个任意的实数,则称 φ 为广义齐次函数。不难证明,广义齐次函数有如下两个重要的性质:

(1) 若 $\varphi(x, y)$ 是一个广义齐次函数,则它的任意阶偏导数

$$\varphi^{(j,k)}(x, y) = \frac{\partial^j}{\partial x^j}\frac{\partial^k}{\partial y^k}\varphi(x, y) \tag{18.163}$$

也是一个广义齐次函数。

(2) 若 $\varphi(x, y)$ 是一个广义齐次函数,令 $u = \frac{\partial\varphi}{\partial x}$, 则新函数

$$f(u, y) = \varphi(x, y) - xu \tag{18.164}$$

也是广义齐次函数。$f(u, y)$ 称为 φ 的勒让德变换。

(b) 标度假设及标度关系　图 18.20 表明，使用了约化坐标，即进行了一种标度变换以后，不同材料可以用同一个物态方程描述其热力学行为。我们可以从这一事实中得到启示。

标度假设认为，在 T_c 附近，吉布斯势 $G(t, H)$ 是个广义齐次函数。即存在有两个参数 a 及 b, 使得对于任意的 λ 值，有

$$G(\lambda^a t, \lambda^b H) = \lambda G(t, H). \tag{18.165}$$

我们知道，亥姆霍兹自由能，内能等都能由吉布斯势作一个勒让德变换得到。因而，它们也是一个广义齐次函数。

下面我们来表明，所有的临界指数都可由标度参数 a 和 b 简单地表示出来。

对式 (18.165) 两边关于 H 求导，得

$$\lambda^b M(\lambda^a t, \lambda^b H) = \lambda M(t, H), \tag{18.166}$$

令 $H = 0$, 得

$$M(t, 0) = \lambda^{b-1} M(\lambda^a t, 0). \tag{18.167}$$

令 $T \to T_c^-$, 按临界指数 β 的定义，写 $M(t, 0) = M_0(-t)^\beta$, 代入上式，得

$$M_0(-t)^\beta = \lambda^{b-1} M_0(-\lambda^a t)^\beta, \tag{18.168}$$

从而得到

$$\beta = \frac{1-b}{a}. \tag{18.169}$$

在式 (18.166) 中，令 $t=0$ 及 $H\to 0$. 并由 δ 的定义 (18.126) 式，得

$$\delta=\frac{b}{1-b}. \tag{18.170}$$

将式 (18.166) 关于 H 求导，得

$$\lambda^{2b}\chi(\lambda^a t,\ \lambda^b H)=\lambda\chi(t,\ H). \tag{18.171}$$

令 $H=0$，$t\to 0^-$，并由 γ' 的定义式 (18.125)，得

$$\gamma=\frac{2b-1}{a}. \tag{18.172}$$

类似地，有

$$\gamma=\frac{2b-1}{a}. \tag{18.173}$$

若将 (18.165) 关于 t 求二阶导数，并令 $H=0$，得

$$\lambda c_{H=0}(t,\ 0)=\lambda^{2a}c_{H=0}(\lambda^a t,\ 0) \tag{18.174}$$

令 $t\to 0^-$，并由 α' 的定义式 (18.123)，得

$$\alpha'=2-\frac{1}{a}. \tag{18.175}$$

类似地，有

$$\alpha=2-\frac{1}{a}. \tag{18.176}$$

综合上面的结果，可以求得

$$\alpha'+2\beta+\gamma'=2, \tag{18.177}$$

$$\alpha'+\beta(1+\delta)=2, \tag{18.178}$$

$$\gamma=\gamma', \tag{18.179}$$

$$\alpha=\alpha'. \tag{18.180}$$

若再借助于关联函数，还可以求得其他方程式，如

$$\gamma=\nu(2-\eta), \tag{18.181}$$

$$\alpha=2-d\nu, \tag{18.182}$$

等. 上面列出的临界指数间的关系，我们称之为标度律. 而式 (18.182) 牵涉到维数 d，它仅在 $d\leqslant 4$ 的情况下有效.

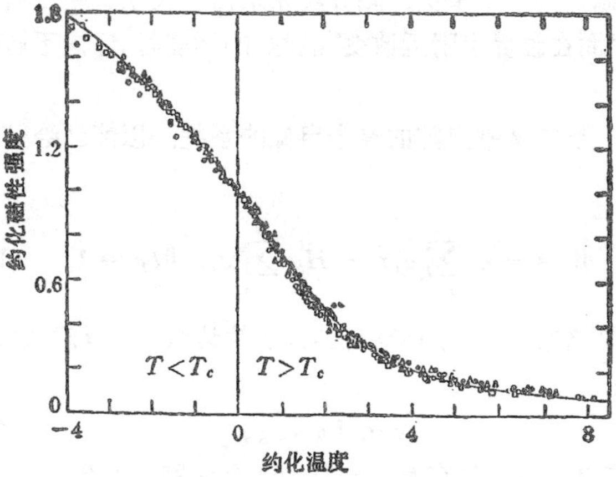

图 18.22　五种铁磁材料（△ $CrBr_3$，○ EuO，▲ Ni，● Pd_3Fe □ YIG）的磁化强度标度曲线[49]．

上面的结果表明，借助于标度假定，所有的临界指数都可以用 a 及 b 表示，因而它们只有两个是独立的．同时，以前推得的热力学不等式都是以等式的形式出现，这已被理论及实验所证实．还可以表明，由实验及理论计算得到 α 及 η 是小数，若设其为零，则由上面给出的方程，可以算出：$\gamma = 4/3$，$\beta = 1/3$，$\delta = 5$，$\nu = 2/3$。结果与平均场理论不同，但与实验结果很接近．另一方面，与图 18.20 一样，图 18.22 表示了另一种对应态原理的结果．它表明了五种性质很不相同的铁磁材料的磁化强度随温度的变化曲线，它们也完全叠合在一根曲线上．这些结果可以简单地由标度假设予以说明．例如，由朗道方程所得到的状态方程可以写成如下形式(参考式 (18.158))：

$$H = M^{\delta} h(t/M^{1/\beta}),$$

亦即，若磁场以 M^{δ} 来量度，即取 H/M^{δ} 为变量，相对温度以 $M^{1/\beta}$ 来量度，即以 $t/M^{1/\beta}$ 为变量，则磁场是相对温度的一个普适函数，即图 18.22 的结果。

(c) 卡丹诺夫的论证　标度假设成功地说明了临界指数的行为，但其物理实质是什么？卡丹诺夫给出了一个富有启发性的论证。他考虑这样一个事实：临界现象来自于关联长度在临界点趋于无穷，因而在临界点附近改变“晶胞”的标度时，应该不影响对问题的描述。

考虑一形成 d 维点阵的 N 个自旋的系统。以前已给出其相互作用能为

$$E = -J \sum_{i,j} \sigma_i \sigma_j - H\mu \sum_{i=1}^{N} \sigma_i. \text{ 取} \mu = 1. \qquad (18.183)$$

设点阵的晶格常数为 a，现在将其分成为边长为 La 的“元胞”，L 满足下式：

$$a \ll La \ll \xi, \qquad (18.184)$$

ξ 为关联长度，因而现在有 $n = N/L^d$ 个元胞，每个元胞内有 L^d 个自旋。再假设每个元胞内的自旋有一个净磁矩，它起着一个单一的自旋的作用，记作 $\tilde{\sigma}$，$\tilde{\sigma}$ 只能取 ± 1 的值。如图 18.23 所示，这实际上意味着假设元胞间的相互作用可以用伊辛模型中相应的式子表示出来，即

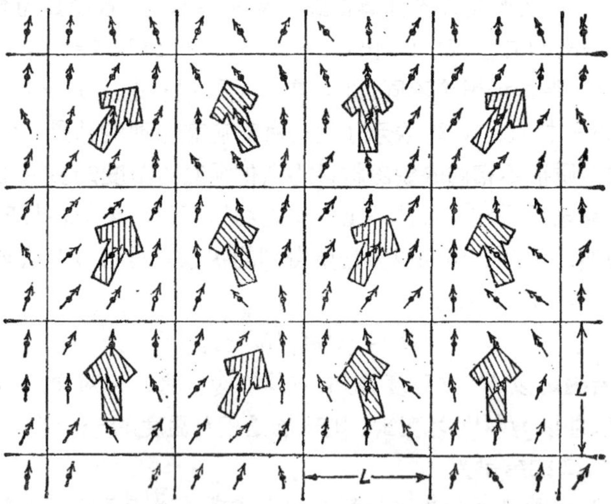

图 18.23　由自旋组成的元胞及元胞的自旋变数。

$$E = -\tilde{J}\sum_{\alpha,\beta}\tilde{\sigma}_\alpha\tilde{\sigma}_\beta - \tilde{H}\sum_{\alpha}\tilde{\sigma}_\alpha. \tag{18.185}$$

比较式(18.183)和式(18.185)，可以认为，在元胞表示中，吉布斯自由能作为元胞参数 $\tilde{H}$，$\tilde{t}$ 的函数具有与伊辛模型中吉布斯自由能作为 H，t 的函数有相同的形式。因而可以认为存在有下列关系式：

$$G(\tilde{t}, \tilde{H}) = L^d G(t, H), \tag{18.186}$$

我们还需要知道 t 和 $\tilde{t}$ 以及 H 和 $\tilde{H}$ 间的关系。进一步假设

$$\tilde{H} = L^x H, \quad \tilde{t} = L^y t, \tag{18.187}$$

x，y 为任意实数，故得

$$G(L^y t, L^x H) = L^d G(t, H), \tag{18.188}$$

写 $L^x = (L^d)^b$，$L^y = (L^d)^a$，以及 $\lambda = L^d$，则有

$$G(\lambda^a t, \lambda^b H) = \lambda G(t, H). \tag{18.189}$$

由此可见，卡丹诺夫论证及其假设导出了上面给出的标度假设及其全部结果。

可以表明，与关联函数有关的临界指数 ν，ν' 和 η 也和 $\alpha, \beta\cdots$ 等有关，因而上面讨论过的 9 个临界指数 α、α'、β、γ、γ'、δ、ν、ν'、η 中只有两个是独立的，它们间存在有 7 个关系式，这些关系式被称为标度律。

(d) **普适性** 可能已经注意到，朗道关于相变的平均场理论是和系统的具体特征无关的。例如，无论是伊辛铁磁体和超流体，朗道理论都可以应用。它既与系统中相互作用的类型无关，又和系统的空间维数无关，这是一种普适性。但是，已经表明，朗道的平均场理论的准确性是有问题的。另一方面，我们也讨论了描述物理系统在临界点行为的临界指数。它们的值与相互作用的强度和范围无关，二维伊辛模型的严格解证明了这一点。这也是一种普适性。为了说明关于临界指数得到的结论，我们提出了标度假设，得到了标度律。那么，这些假设和结论的普适性又有多大呢？

卡丹诺夫提出，各种物理系统可以分成若干个普适类，每个普适类的临界特性完全一样。而普适类是以空间维数 d 和内部自由

度的数目(亦即序参量的个数) n 来划分的，而与晶体结构的对称性无关。例如，伊辛铁磁体和液体属一个普适类，超导和超流属一个普适类。不同普适类可以在实验中清楚地分开，由于它们有不同的临界行为，决定于上述两个标度参数。

另外，需要指出，我们虽然常常把标度律和普适性结合在一起讨论，但它们是两个独立的假定。

§18.7 重正化群理论大意

上面关于标度律和普适性的简单介绍表明了人们关于临界行为的认识的深入，但还需要从更深的层次上来理解这一问题。实际上，它们包含了非常丰富的物理内容。自七十年代以来，人们把量子场论中的重正化群方法应用到连续相变的研究中来，为临界现象的研究开辟了一条新路，下面我们对重正化群理论的大意作一简单介绍[29]。

首先简单地描绘一下连续相变的物理图象。当温度降低时，自旋间关联的半径逐渐增大。逼近相变点，有利于新相的关联很大，以至系统中局部地出现具有新相特点的集团，它们没有明确的

图 18.24 某一时刻的临界涨落(示意图)。

位置和边界，而是时隐时现，互相嵌套．如图 18.24 所示．在临近 T_c 时，关联长度趋于无穷，于是某种取向的集团联成一片，形成新相。

正是由于在接近临界点时，关联长度趋于无穷，涨落的图样将和标度无关，也就是说，不管是在微观的尺度上或是在和关联长度几乎可以相比较的尺度上，观察到的图样大致相同．如上节已说明的，这就使我们可以组成边长为 La 的元胞，并以元胞中的总自旋代替个别自旋，而得到的配分函数具有原来的形式．这种结合可以再作下去，形成超元胞，超超元胞，……．在图 18.25 中画出

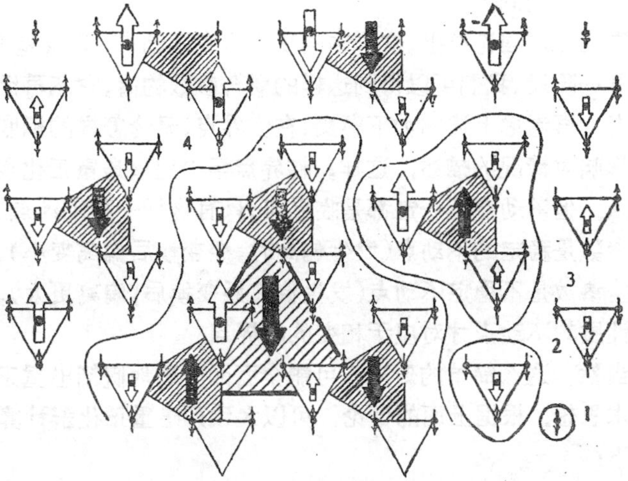

图 18.25　一三角点阵中的伊辛自旋结合成元胞，超元胞等的示意图．

了三角点阵作这样的结合的图形．但是，在作这种结合时，表示自旋间的相互作用的耦合系数 K 被元胞间的相互作用耦合系数 K_1 所取代，且显然有

$$K_1 = K_1(K), \tag{18.190}$$

这一变换称为重正化变换，它是改变元胞的尺度的操作．这种变换使得自旋间相互作用耦合系数变换为元胞间相互作用耦合系

数。当这种标度操作过程再一次进行时，得到了另一组耦合系数 K_2，且

$$K_2 = K_2(K_1). \qquad (18.191)$$

利用关联长度无穷长的性质，这种过程可以反复进行。所有这些变换构成了群(半群)，并被称为重正化群。

如式(18.183)，(18.185)等所表明的，K 是系统哈密顿中的一个参数，我们可以把这个参数在所谓"参数空间"里用一个代表点表示出来。假如耦合参数只有一个参数 K，如上面的最简单的模型所采用的，则参数空间是一维的。经过重正化群变换后，参数 K 转变为另一系列的值，这个代表点也在参数空间中画出了一轨迹，称之为"流向图"。

重正化群理论给出，这群中的变换具有不动点，也就是说，变换到某一阶段，我们可以得到这样的耦合参数的值，它不再因变换而改变。再考虑上述的如下事实，在临界点，无论怎样的标度变换都不影响对情况的描述。这样，临界点至少应该是重正化变换的不动点。但不动点不一定都是临界点，只有这样一种不动点，它对某些参数是稳定的不动点(发生偏离时，经变换后偏离变小)，而对另一些参数是不稳定不动点(发生偏离经变换后，偏离更大)，这种鞍点性质的不动点才对应于相变的临界点。

当然，这么简单的叙述不可能全面而准确地概括出重正化群的基本思想。根据上面的讨论，可以大致列出重正化群计算的步骤如下：

(i) 找出恰当的重正化变换，即标度变换。

(ii) 研究这个变换的不动点，找出和临界点有关的不动点和某些重要的参数。

(iii) 分析在这个不动点附近的变换性质，求出临界指数。

下面举两个例子来体现重正化群的基本思想和演示这一计算过程[51]。

先看一个最简单的例子，用重正化群方法研究一维伊辛模型。设外场为零，需要计算配分函数

$$Q_e = \sum e^{K(\sigma_1\sigma_2+\sigma_2\sigma_3+\sigma_3\sigma_4+\cdots)}. \quad (18.192)$$

取出配分函数中只包含有 σ_2 的部分，并将其关于 σ_2 的所有可能值求和，得

$$\sum_{\sigma_2} e^{K(\sigma_1\sigma_2+\sigma_2\sigma_3)} = e^{K(\sigma_1+\sigma_3)} + e^{-K(\sigma_1+\sigma_3)}. \quad (18.193)$$

设上式可以写成

$$f(K)e^{K_1\sigma_1\sigma_3} \quad (18.194)$$

的形式，则由于，令 σ_1 及 σ_3 同时为＋1及－1，有

$$e^{2K} + e^{-2K} = f(K)e^{K_1}. \quad (18.195)$$

令 σ_1 及 σ_3 分别为＋1及－1，有

$$2 = f(K)e^{-K_1}, \quad (18.196)$$

于是得到

$$f(K) = 2\cosh^{\frac{1}{2}}(2K), \quad (18.197)$$

$$K_1 = \frac{1}{2}\ln\cosh(2K). \quad (18.198)$$

对配分函数中各因子进行类似的计算，可得

$$\begin{aligned} Q_e &= \sum e^{K(\sigma_1\sigma_2+\sigma_2\sigma_3)} e^{K(\sigma_3\sigma_4+\sigma_4\sigma_5)}\cdots \\ &= \sum_{\sigma_1\sigma_3\cdots} f(K)e^{K_1\sigma_1\sigma_3} f(K)e^{K_1\sigma_3\sigma_5}\cdots \\ &= [f(K)]^{N/2} \sum e^{K_1(\sigma_1\sigma_3+\sigma_3\sigma_5+\cdots)}, \end{aligned} \quad (18.199)$$

这样，我们把耦合系数为 K 的 N 个自旋系统的配分函数 $Q_e(N, K)$ 与耦合系数为 K_1 的 $\frac{N}{2}$ 个自旋系统的配分函数 $Q_e\left(\frac{N}{2}, K_1\right)$ 联系起来了

$$Q_e(N, K) = [f(K)]^{N/2} Q_e\left(\frac{N}{2}, K_1\right). \quad (18.200)$$

对于大系统，我们知道，自由能 F 正比于系统尺寸，因而

$$\ln Q_e = N\lambda, \quad (18.201)$$

λ 是与系统有关但与系统尺寸无关的常数。于是式(18.200)化成

$$\lambda(K) = \frac{1}{2}\ln f(K) + \frac{1}{2}\lambda(K_1), \quad (18.202)$$

或者，可以写成

$$\lambda(K_1)=2\lambda(K)-\ln[2\cosh^{\frac{1}{2}}(2K)]. \qquad (18.203)$$

式(18.198)及式(18.203)给出了重正化群分析的结果。若对于某一K值（也就是对于某一温度值）配分函数已知，则由式(18.198)及式(18.203)，可以算得另一K值下的配分函数。现在反过来，将式(18.198)及式(18.203)写成

$$K=\frac{1}{2}\cosh^{-1}(e^{2K_1}), \qquad (18.204)$$

$$\lambda(K)=\frac{1}{2}\ln 2+\frac{1}{2}K_1+\frac{1}{2}\lambda(K_1), \qquad (18.205)$$

便可以如下地计算$\lambda(K)$。取K_1很小，例如0.01，此时自旋间的相互作用可以忽略，而成为自由自旋。故系统的配分函数就是自旋的排列方法数$Q_c=2^N$。于是得到$\lambda(0.01)=\ln 2$，由式(18.204)，及式(18.205)，得$K=0.100334$及$\lambda=0.698147$。如此重复运算，可以得到表18.3所示的结果。其中也给出了一维伊辛模型的严格解的值，由式(18.28)，它是由$Q_c=(2\cosh K)^N$算得的。由表可见，两者符合得很好，并随计算进行，符合不断改进。

表18.3 由重正化群技术及严格解算得的一维伊辛模型的λ值，而$\lambda=\ln Q_c/N$

K	λ	
	重正化群	严格解
0.01	ln2	0.693197
0.100334	0.698147	0.698172
0.327447	0.745814	0.745827
0.636247	0.883204	0.883210
0.972710	1.106299	1.106302
1.316710	1.386078	1.386080
1.662637	1.697968	1.697968
2.009049	2.026876	2.026877
2.355582	2.364536	2.364537
2.702146	2.706633	2.706634

图 18.26 一维伊辛模型的流向图. 黑点代表不动点. 箭头表示式(18.204)算出的流向.

这一结果用流向图表示在图 18.26 中，它表示了随重正化变换的进行，参数K的变化情况。从图中可看出，对此一维情形，仅有的不动点是$K=0$及$K=\infty$。前者由式(18.198)及式(18.203)，后者由式(18.204)及式(18.205)进行运算而得。

这一简单的例子体现了上面介绍的重正化群计算过程。但它没有显示临界点的情况．这不奇怪，严格计算已得到结论，一维伊辛模型是不发生相变的。

为了看出相变，我们把重正化群方法应用于二维伊辛模型。

与一维情形相似，首先要对二维伊辛模型的配分函数中的一半自旋变数求和。对于如图 18.27 所示的二维伊辛点阵，我们选取以圆圈为心的一组自旋，并关于圆圈所代表的那个自旋求和，则求和后配分函数中这一部分是

$$e^{K(\sigma_1+\sigma_2+\sigma_3+\sigma_4)}+e^{-K(\sigma_1+\sigma_2+\sigma_3+\sigma_4)}.$$

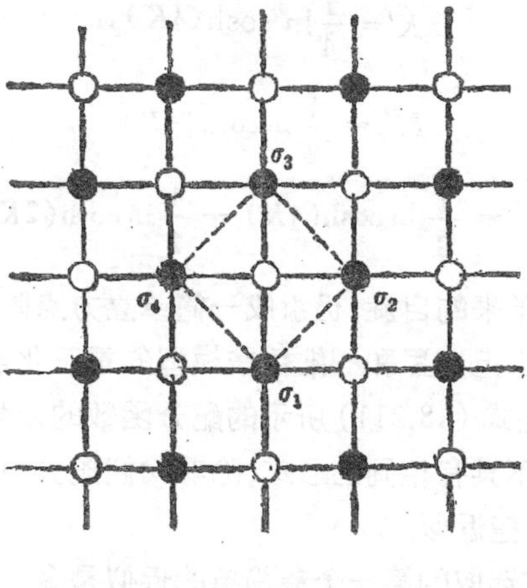

图 18.27 二维伊辛模型并关于圆圈所示的自旋求和.

设其可以写成如下的形式:

$$fe^{[K'(\sigma_1\sigma_2+\sigma_2\sigma_3+\sigma_3\sigma_4+\sigma_4\sigma_1)+K''(\sigma_1\sigma_3+\sigma_2\sigma_4)+K'''\sigma_1\sigma_2\sigma_3\sigma_4]}. \qquad (18.206)$$

由这个式子我们可以清楚地看出，耦合系数 K', K'', K''' 的意义. 取 σ_1, σ_2, σ_3 和 σ_4 为所有可能的各种值的组合，则可以决定 f 及 K', K'' 及 K''' 的形式。例如，取所有的自旋为 $+1$ 及 -1，则有

$$e^{4K}+e^{-4K}=fe^{4K'+2K''+K'''}. \qquad (18.207)$$

类似地有

$$2=fe^{-2K'+2K''+K'''} \qquad (18.208)$$

$$e^{2K}+e^{-2K}=fe^{-K'''}, \qquad (18.209)$$

$$2=fe^{-2K''+K'''} \qquad (18.210)$$

由此可以解得 f 及 K', K'' 和 K''' 的式子，并在关于所有的圆圈所代表的自旋求和后有

$$Q_e=[f(K)]^{N/2}\sum e^{K'\sum\limits_{nn}\sigma_p\sigma_q+K''\sum\limits_{nnn}\sigma_p\sigma_q+K'''\sum\sigma_p\sigma_q\sigma_r\sigma_s}. \qquad (18.211)$$

上式中指数上各项对应的自旋的组合情况由式(18.206)可以清楚地看出，并有

$$f(K)=2\cosh^{\frac{1}{2}}(2K)\cosh^{\frac{1}{8}}(4K), \qquad (18.212)$$

$$K'=\frac{1}{4}\ln\cosh(4K), \qquad (18.213)$$

$$K''=\frac{1}{8}\ln\cosh(4K), \qquad (18.214)$$

$$K'''=\frac{1}{8}\ln\cosh(4K)-\frac{1}{2}\ln\cosh(2K). \qquad (18.215)$$

而求和后保留下来的自旋，仍组成一简单立方点阵，只是关于原点阵旋转了 45°。但这里和一维伊辛模型的重正化群计算有一个根本不同点，现在式(18.211)所示的配分函数的求和与原来的配分函数的求和并不具有相同的形式，除非我们能去掉 K'' 和 K'''。为此，我们应取某些近似。

显然，可以选取的第一个最简单的近似是令

$$K''=K'''=0, \qquad (18.216)$$

于是得到

$$K_1 = K' = \frac{1}{4}\ln\cosh(4K), \tag{18.217}$$

$$\lambda(K_1) = 2\lambda(K) - \ln[2\cosh^{\frac{1}{2}}(2K)\cosh^{\frac{1}{8}}(4K)], \tag{18.218}$$

这些循环公式给出了和一维情况相同的流向图。因而在这种过分粗糙的近似下系统不发生相变。

较为精确一些，可以根据如下的考虑选取 K'' 及 K''' 值。K'' 是次近邻耦合系数，由式(18.213)及式(18.214)可见，K' 及 K'' 都取正值，所以它们都有使自旋有序度增加的倾向。因而，若我们去掉 K''，但同时增加 K' 到一个新的值 K_1，以使自旋排列的有序化倾向保持相同。由于对于 $\frac{N}{2}$ 个自旋的点阵，最近邻键数和次近邻键数相同，都为 N。故简单地，在式(18.211)中，取 K' 为 K' 及 K'' 之和即

$$K_1 = K' + K'' = \frac{3}{8}\ln\cosh(4K), \tag{18.219}$$

以及

$$K'' = K''' = 0, \tag{18.220}$$

于是又一次得到了式(18.218)。式(18.218)及式(18.219)为现在这种简单近似下的重正化群的结果。重复上面说明的计算，得到的结果有如下的新的特点：其流向图如图 18.28 所示。它被一

图 18.28　基于式(18.219)的二维伊辛模型的流向图.

个在 $K_c = 0.50698$ 的不动点分开成两部分。在小于 K_c 的任一点，重正化变换后都趋于 $K = 0$ 的点；在大于 K_c 的任一点，则趋于 $K = \infty$ 的点。对配分函数的仔细研究表明，在 K_c 点，λ 及 Q_c 都是奇点，所以这个不动点是临界点。考虑到所取的近似((18.219)及(18.220)两式)的粗糙性，此 K_c 值与二维伊辛模型严格解给出

的 $K_c = 0.44069$ (式 (18.64)) 比较，二者的符合应该认为是很好的了。

再由所得的结果来求系统的临界指数。假设式 (18.218) 中的 $\lambda(K)$ 中在 K_c 附近有一形式为 $a|K-K_c|^{2-\alpha}$ 的非解析项，a 为一常数。之所以考虑这种幂次的项，是由于比热 $c \propto K^2 d^2 \ln Q_c / dK^2$。因而，这里的 α 是描述了比热在相变点的临界行为的临界指数。将式 (18.218) 两边在 K_c 附近展开，并比较两边 $|K-K_c|^{2-\alpha}$ 幂次的项，则等式左边有一项 $a|K_1-K_c|^{2-\alpha}$，将 K_1 展开，有

$$K_1 = K_c + (K-K_c)\left.\frac{dK_1}{dK}\right|_{K=K_c}. \qquad (18.221)$$

于是得到等式左边的有关项是

$$a|K_1-K_c|^{2-\alpha} = a|K-K_c|^{2-\alpha}\left[\left.\frac{dK_1}{dK}\right|_{K=K_c}\right]^{2-\alpha}, \qquad (18.222)$$

而式 (18.218) 右方的第二项没有这种幂次的项，唯一的有关项是第一项给出的，它是

$$2a|K-K_c|^{2-\alpha}. \qquad (18.223)$$

结合 (18.222) 和 (18.223) 两式，得到

$$\alpha = 2 - \ln 2 / \ln\left(\left.\frac{dK'}{dK}\right|_{K=K_c}\right), \qquad (18.224)$$

由此得到

$$\alpha = 0.131, \qquad (18.225)$$

而二维伊辛模型的严格解给出 $\alpha = 0$，二者接近。

当然，重正化群对于三维实际问题的应用要比这里所举的例

表 18.4　三维伊辛模型的临界指数

指数	级数展开	重正化群
α	0.125 ± 0.020	0.110 ± 0.005
β	0.312 ± 0.002	0.325 ± 0.002
γ	1.250 ± 0.003	1.241 ± 0.002
ν	0.638 ± 0.002	0.630 ± 0.002
η	0.041 ± 0.006	0.031 ± 0.004

子复杂得多．我们只是希望通过这个例子能建立关于重正化群理论的初步的概念．这个例子也显示了重正化群理论的威力，深入学习可参考有关的专著。

在表 (18.4) 中，列出了三维伊辛模型的级数解和重正化群计算得到的关于临界指数的值。以供比较。

第十九章　软模理论与结构相变

1　软模导论

在这一部分中，我们将介绍进行软模相变的定量研究所需要的基础知识。我们将先介绍有关软模相变的一些简单理论，以建立软模相变机制的定性的物理图象。其后讨论软声子模的本征矢和相变的序参量问题。

§19.1　软模的基本概念

所谓软模相变，即由于某一种晶格振动模式的软化而导致了点阵结构不稳定而发生了结构相变。可以简单地引出软模的概念。里旦（R. H. Lyddane）等[17]针对简单立方碱卤化物晶体给出

$$\frac{\varepsilon(0)}{\varepsilon(\infty)}=\frac{\omega_{L0}^2}{\omega_{T0}^2}, \tag{19.1}$$

其中 $\varepsilon(0)$ 和 $\varepsilon(\infty)$ 分别是静电和高频介电常数，ω_{L0} 和 ω_{T0} 分别是晶格的某个纵向和横向光学振动的频率。这就是著名的 LST 关系。另一方面，我们知道，对于铁电体，居里-外斯定律给出

$$\varepsilon(0)=\frac{4\pi C}{T-T_c},\quad T>T_c, \tag{19.2}$$

T_c 是临界温度，C 是常数。结合此二式，得到

$$\omega_{T0}^2=\frac{\varepsilon(\infty)\omega_{L0}^2}{4\pi C}(T-T_c). \tag{19.3}$$

实验表明，$\varepsilon(\infty)$ 及 ω_{L0}^2 与温度间的关系不大，因而在 $T\to T_c$ 时，$\omega_{T0}^2\to 0$。这产生了两方面的效果。首先，某一横光学模振动频率趋于零，因而振动愈来愈慢。其次，这又意味着弹性恢复力趋于

零，于是振动振幅愈来愈大。到临界温度，振动的恢复力为零，振子以 $x = at + b$ 的方式运动，而出现了静态位移。这破坏了原有的晶体结构的对称性(当然，由于排斥力作用，这一过程进行到一定限度即停止)，于是发生了结构相变，而有新相形成。这就是结构相变的软模机制的最基本的，形象的描述。

实际上，很早就实验观察到软模现象。1940 年，喇曼等[52]在测量石英的喇曼谱随温度的变化中发现，低温时，α 石英的频移在 220cm^{-1} 处的谱线随温度向相变温度的趋近而不断减少其数值。但只是到 1959 年，科克伦[14,53,54]和安德森[15]分别提出了导致铁电相变的晶格不稳定与布里渊区中心的横光学振动模的软化有关的理论以后，才开始了这一方面的大量的实验和理论研究工作。

软模相变最重要的实验研究手段是测量中子散射谱和光散射谱随温度的变化，其他如磁共振，X 射线，超声测量等等。这里我

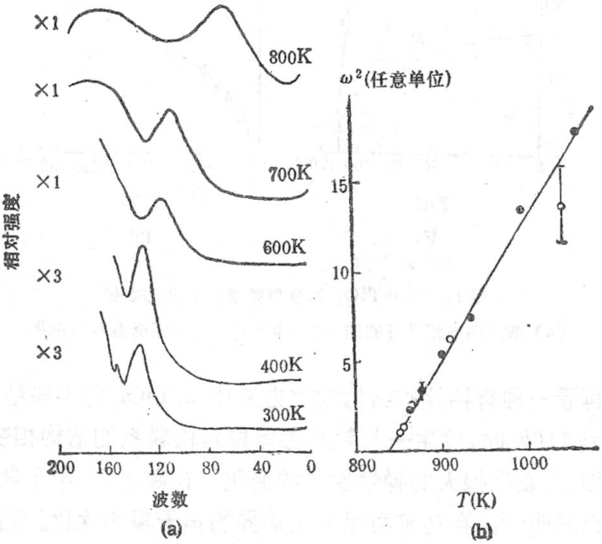

图 19.1　有关石英的软模的实验结果.

(a) α 石英的喇曼谱；(b) β 石英的中子散射的实验结果.

们给出用中子散射和喇曼散射方法得到的几个典型的软模实验结果。

我们知道，石英在846K发生$\alpha \rightarrow \beta$的结构相变。图19.1(a)给出了α相石英在温度变化时得到的喇曼谱[55]，图中清楚地显示了喇曼峰的频移随温度升高不断地减少。图19.1(b)[56]则给出了β相石英的软模频率平方随温度下降的变化情况。这种形式的直线关系在软模测量中是很典型的。

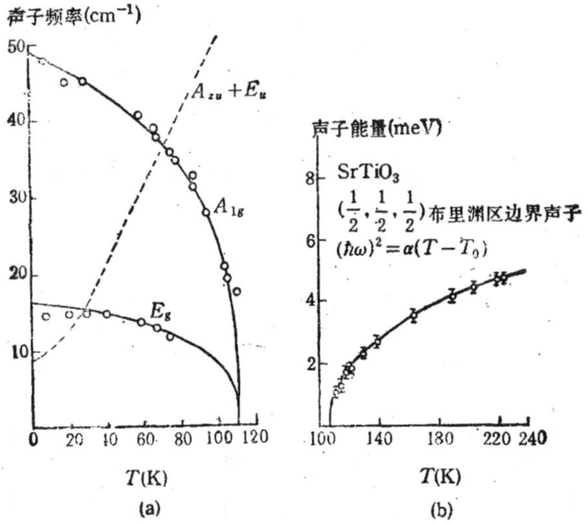

图19.2 $SrTiO_3$的软模频率随温度的变化.

(a) 低温四方相升温的结果；(b) 高温立方相降温时的结果.

再看一种有钙钛矿结构的立方晶体$SrTiO_3$的实验结果。它降温到110K时，发生一与氧八面体旋转相联系的结构相变，成为四方相，并发生很大的弹性性质的变化。在高温相，中子散射实验的结果表明[57]，存在有布里渊区边界的声子模的软化。而低温四方相的喇曼谱研究[58]表明，存在有两个软声子模。它是高温相的和氧八面体旋转相联系的区域边界声子模转换到低温相的振动模.

下面我们从几个方面介绍简单的软模理论，希望能由此建立比较清楚的物理图象．但需要说明的是，我们将要讨论的这种结构相变是由于晶胞中某些离子有一个小的自发的相对位移而产生了晶格畸变的结果，所以在研究相变的软模机制时，考虑铁畸变或反铁畸变特征即可．但由于这方面的研究工作大多是对于铁电体和反铁电体的结构相变作的，这就使本章关于软模机制的介绍也不得不以它们为主要对象．但实际上，我们知道，现已发现，在纯金属和合金，在分子晶体，在液晶等很多材料的多种类型的相变中，只要这种相变是以结构畸变为特征的，很多是软模机制在起作用[59]。

§ 19.2 软模相变的简单理论

上面已经看到，结合 LST 关系式及居里-外斯定律，可以得到在相变点 $\omega_T^2 \to 0$ 的结果．下面我们由热力学理论，晶格动力学理论和非简谐理论三个方面来说明这一问题．

(a) *朗道的热力学理论* 由朗道理论可以简单地得到软模的概念。按照朗道理论（§ 13.2），在相变点附近，自由能可以写成

$$\Phi = \Phi_0 + a(T - T_c)\eta^2 + B\eta^4 + \cdots. \tag{19.4}$$

另一方面，若采用简单的一维谐振子模型，则系统的自由能是

$$\Phi = \Phi_0 + \frac{1}{2}\omega^2 Q^2 + \text{非临界项}, \tag{19.5}$$

ω 为振子振动频率，Q 是简正坐标的平均值． 比较此两式，可见 $\eta = Q$，以及

$$\omega^2 = 2a(T - T_c) \text{ 或 } \omega = c|T - T_c|^{\frac{1}{2}}. \tag{19.6}$$

表明振动模频率在温度趋于临界温度时趋于零；这正是软模的结论。实际上，在 $T \to T_c$ 的过程中，自由能曲线在平衡位置附近的曲率逐渐趋于零，而成为一平坦的曲线，因而振动愈来愈慢，振幅愈来愈大．到温度 T_c，振动的恢复力为零，这导致点阵结构的不稳定，而有相变发生。

另一方面，在临界点，振动周期愈来愈长，这被称为临界变慢现象，也可以用弛豫过程表现出来.朗道和哈拉特利科夫[60]假设序参量趋近平衡的速度 $d\eta/dt$ 正比于热力学力 $\partial\Phi/\partial\eta$，于是得到不可逆热力学过程的最简单的方程(参阅 § 15.7)

$$\frac{d\eta}{dt} = -\Gamma\frac{\partial\Phi}{\partial\eta}, \tag{19.7}$$

其中 Γ 为与温度关系不大的动力学系数. 参照式(15.63)，我们得到

$$\frac{d\eta}{dt} = -2\Gamma a(T-T_c)\eta, \quad T\leqslant T_c, \tag{19.8}$$

于是有

$$\eta = \eta_0 e^{-t/\tau_0}, \quad T\leqslant T_c, \tag{19.9}$$

其中

$$\tau_0 = \frac{1}{2\Gamma a(T-T_c)}. \tag{19.10}$$

在 $T\to T_c$ 时，弛豫时间 τ_0 趋于无穷长，这就是序参量的动力学临界减慢.

上面的结果表明，平均场理论，因而无穷长程力的假设可以说明软模现象，因而是合理的，这是由于在铁电体等材料中，主要是库仑力起作用的缘故. 但当很接近临界温度时，由于临界涨落不再能忽略，平均场理论将不能应用.

(b) **科克伦的晶格动力学理论**[14,53,54]　科克伦最先由晶格动力学考虑得到了明确的软模相变的图象. 他表明，对于简单立方单原子点阵，稳定性要求弹性常数满足下列条件:

$$C_{11}>0,\ C_{44}>0,\ C_{11}^2-C_{12}^2>0,\ C_{11}+2C_{12}>0. \tag{19.11}$$

或者，更一般地，若对于所有的简正振动模的频率 ω_i，有 $\omega_i>0$，则晶体对于所有的小形变是稳定的. 而 $\omega_i\to 0$ 等价于某些广义的弹性系数变得很小，因而晶体对于某种切应变的恢复力很小，或者说，晶体“软化”了，而使晶体成为不稳定的.

考虑双原子立方晶体，应用壳层模型，为简单起见，设仅负离

子可以极化，并设晶格中所有正离子，负离子实及负离子壳层分别同相地振动，于是波矢 $\boldsymbol{q}=0$，并可分别写出此三者的运动方程是

$$m_1\ddot{u}_1=R_0(v_2-u_1)+\frac{4\pi}{3}pZe, \tag{19.12}$$

$$m_2\ddot{u}_2=k_1(v_2-u_2)+\frac{4\pi}{3}pXe, \tag{19.13}$$

$$0=k_1(u_2-v_2)+R_0(u_1-v_2)+\frac{4\pi}{3}pYe, \tag{19.14}$$

其中，m_1 及 m_2 是正离子和负离子实的质量，u_1，u_2 和 v_2 是正离子，负离子实和负离子壳层从其平衡位置的位移．Ze，Xe 和 Ye 是其相应的电量，故有 $X+Y+Z=0$．p 是电极化强度

$$p=\frac{e}{v}(Zu_1+Xu_2+Yv_2), \tag{19.15}$$

v 是单位晶胞体积．R_0 是负离子壳层和正离子间的短程力常数，k_1 是负离子壳层和实之间的力常数．设波矢在 [100] 方向，而离子位移在 [001] 方向，并写 u_1，u_2，v_2 及 p 都随时间作简谐变化，即 $u_1=U_1e^{-i\omega t}$，其余有类似的式子，代入式 (19.12)—(19.14)，可得

$$m_1\omega^2U_1=R_0(U_1-U_2)+R_0(U_2-V_2)-\frac{4\pi}{3}PZe, \tag{19.16}$$

$$m_2\omega^2U_2=R_0(U_2-U_1)+R_0(V_2-U_2)+\frac{4\pi}{3}pZe, \tag{19.17}$$

$$0=R_0(U_2-U_1)+(k_1+R_0)(V_2-U_2)-\frac{4\pi}{3}PYe, \tag{19.18}$$

消去 V_2-U_2，得到

$$m_1\omega^2U_1=R_0'(U_1-U_2)-\frac{4\pi}{3}PZ'e, \tag{19.19}$$

$$m_2\omega^2U_2=R_0'(U_2-U_1)+\frac{4\pi}{3}PZ'e, \tag{19.20}$$

$$P\left\{1-\frac{4\pi(Ye)^2}{3v(k_1+R_0)}\right\}=\frac{Ze}{v}(U_1-U_2), \tag{19.21}$$

其中

$$R'_0 = \frac{k_1 R_0}{k_1 + R_0} < R_0, \quad Z' = Z + \frac{Y R_0}{k_1 + R_0} < Z. \tag{19.22}$$

若有一有效场 $E = E_0 e^{-i\omega_1 t}$ 加在晶体上，且 ω_1 很高，以致离子实不发生可估计的运动，故在壳层平衡时，有

$$E_0 Y e = (k_1 + R_0) V_2, \tag{19.23}$$

且极化强度为

$$P = Y e \frac{V_2}{v}, \tag{19.24}$$

因而负离子的电子极化率 α_∞ 为

$$\alpha_\infty = \frac{P v}{E_0} = \frac{(Y e)^2}{(k_1 + R_0)}. \tag{19.25}$$

此极化率与高频介电常数之间关系由克劳修斯-莫索提公式决定

$$\frac{4\pi\alpha_\infty}{3v} = \frac{\varepsilon_\infty - 1}{\varepsilon_\infty + 2}, \tag{19.26}$$

因而式 (19.21) 化成

$$P = \frac{Z' e(\varepsilon_\infty + 2)(U_2 - U_1)}{3v}, \tag{19.27}$$

代入式 (19.19) 及式 (19.20) 中，令 U_1 及 U_2 的系数行列式为零，可得

$$\mu\omega_T^2 = R'_0 - \frac{4\pi(\varepsilon_\infty + 2)(Z' e)^2}{9v}, \tag{19.28}$$

其中 $\mu = \dfrac{m_1 m_2}{m_1 + m_2}$ 为约化质量. 波矢为零的纵光模频率可以类似地求得，但此时，局域场除了 $\dfrac{4\pi}{3} P$ 而外，还应加上一退极化场 $-4\pi P$. 因而得到

$$\mu\omega_L^2 = R'_0 + \frac{8\pi(\varepsilon_\infty + 2)(Z' e)^2}{9v\varepsilon_\infty}. \tag{19.29}$$

比较 (19.28) 及 (19.29) 两式可见，ω_L 决不会为零，但 ω_T 可以为零，若

$$R_0 = \frac{4\pi(\varepsilon_\infty + 2)(Z' e)^2}{9v}, \tag{19.30}$$

这就是说，由于短程力 R_0' 和参数 Z' 与温度有关，而可以在某一温度下导致有效力常数相互抵消．此时，晶体对于波数为零的横光模是不稳定的，也就是说，软的横光声子 $\omega_T \to 0$，这引起晶体发生结构相变。

(c) 考莱的非简谐晶格动力学理论 斯科特[55]（J. F. Scott）在考莱[61]（R. A. Cowley）关于非简谐晶格动力学所作的理论工作的基础上，以一种很浅显的方式，用非谐性振子模型说明了软模机制的出现．

考虑到晶格中原子间存在有高阶（非简谐的）相互作用，此简化为谐振子受有一复阻尼力． 对于一在简谐力作用下的阻尼振子，有

$$m\ddot{x} + \alpha\dot{x} + kx = e^* E_0 e^{i\omega t}, \tag{19.31}$$

阻尼 α 是复数 $\frac{\alpha}{m} = \Gamma + i\Delta$．$e^*$ 是谐振子的有效电荷．上式有解 $x = x_0 e^{i\omega t}$，而

$$x_0 = \frac{-\frac{e^*}{m}E_0}{\omega^2 + \omega(\Delta - i\Gamma) - \omega_0^2}, \tag{19.32}$$

其中 $\omega_0 = \sqrt{\frac{k}{m}}$．于是得到了极化率 $\chi(\omega) = \frac{x}{E}$ 的式子．而微分截面与极化率的虚部正比，于是有

$$\begin{aligned}\sigma(\omega) &\propto \operatorname{Im}\left(\frac{1}{\omega^2 + \omega\Delta - \omega_0^2 - i\omega\Gamma}\right)\\ &= \frac{\omega\Gamma}{(\omega^2 + \omega\Delta - \omega_0^2)^2 + \omega^2\Gamma^2},\end{aligned} \tag{19.33}$$

显然，它在

$$\omega^2 + \omega\Delta - \omega_0^2 = 0 \tag{19.34}$$

时有极大值，于是得到微分截面的极大值位置近似为

$$\omega_m^2 \simeq \omega_0^2 - \omega_0\Delta. \tag{19.35}$$

由于 Δ 及 Γ 都是谐振子方程的非简谐修正，因而它们都应与简谐声子最后衰变上去的终态密度成正比．对于最低级的过程，即一

个声子衰变成两个声子，并满足能量及动量守恒，则应有

$$\Delta = A(\bar{n}_1 + \bar{n}_2 + 1),$$

A 为常数，$\bar{n}_1$ 及 $\bar{n}_2$ 是衰变中产生的声子的布居数，它满足玻色-爱因斯坦统计 $\bar{n}_1 = (e^{\hbar\omega_1/k_BT} - 1)^{-1}$. 类似地，若过程是一个声子产生，一个声子湮灭，则有

$$\Delta = A(\bar{n}_1 - \bar{n}_2).$$

在任一种情形下，在高温时，$k_BT \gg \hbar\omega_1$，则近似地有 $\bar{n} \propto k_BT/\hbar\omega_1$. 因而可将 Δ 写成一与温度正比的函数. 而 ω_0 则为一常数，于是可将式 (19.35) 写成如下的形式:

$$\omega = C|T - T_c|^{\frac{1}{2}}, \tag{19.36}$$

这样我们从非简谐性的存在得到了软模相变的机制. 以后我们将要仔细考虑非谐相互作用引起的软模。

上面我们从三个不同角度导出了软模机制。朗道理论从热力学方面证实了软模机制是可能存在的，特别是它表明了平均场理论在非临界点附近的温度范围内对软模相变的可应用性。科克伦理论从分子动力学计算说明了软模的出现是由于作用在离子上的长程力和与温度有关的短程力抵消而使力常数趋于零的结果. 显然，这种非简谐运动是由于运动方程中出现了非简谐项。而基于考莱理论的计算正是由振子间存在有高阶相互作用这一非谐性的存在研究了这一问题，并得到了说明软模存在的式 (19.36)。因而，它是从更微观，更本质的角度得到了科克伦的软模方程. 另一方面，式 (19.36) 表明软模频率与 $|T - T_c|^{\frac{1}{2}}$ 正比，这里的 1/2 是临界指数 β 的值. $\beta = 1/2$ 是平均场理论的特征，所以考莱理论的处理仍属平均场理论的范畴。这是由于这里的理论实际上假定了每个声子和晶格中所有其他声子所产生的平均场处在相互平衡状态的缘故。

§ 19.3 软声子模的本征矢与相变序参量

上面已说明，某一特殊的晶格振动模的软化导致了结构相变. 这种晶格振动模具有多种形式，如对于立方的 ABO_3 钙钛矿结构

晶体，可能软化的振动模可以是氧八面体中心的B原子和氧原子相对位移，此之波矢 $\boldsymbol{q}=0$；也可以是氧八面体绕[001]轴的一种交错旋转，此之 $\boldsymbol{q}=\frac{2\pi}{a}\left(\frac{1}{2},\frac{1}{2},\frac{1}{2}\right)$，等等。

若我们限于考虑二级的或接近于二级的弱一级的结构相变，此时，可以用朗道的唯象理论进行讨论。由于低温相结构是高温相结构加上原子位移而成，所以高温相对称性和低温相对称性之间必然存在着联系，且这两相的对称性的改变必与原子静态位移的情况有关。对于二级相变，对称性的变化是不连续的，但相变过程又是连续进行的，所以，低温相的空间群必是高温相空间群的子群，其具体结构由高温相结构和原子位移矢量唯一地决定。表19.1给出了具有立方点群结构的晶体当原子在几个特殊方向位移而发生结构相变后得到的新相的对称性。详细的讨论见文献[30]。

表 19.1 原子位移引起的结构对称性的变化[30]

原子位移方向	初始态				
	$m3m(O_h)$	$432(O)$	$\bar{4}3m(T_d)$	$m3(T_h)$	$23(T)$
	可能的新相结构				
[100]	$4mm$	4	$mm2$	$mm2$	2
[111]	$3m$	3	$3m$	3	3
[110]	$mm2$	2			

单个晶胞内原子的各种振动模式可以用振动方向的单位矢量作为本征矢表示出来。本征矢有 $3r$ 个分量，r 是单胞内的原子数。当趋近相变温度时，某个振动模的力常数趋于零，这就是软声子模。软声子模的凝聚乃形成了原子的静态位移，从而形成新相。因而我们可以取这种原子相对于平衡位置的静态位移作为相变的序参量 η。对于高温相，$\eta=0$。而对于低温相，η 有不为零的值。振动模的本征矢描述了原子的位移图样，故软模在相变点附近的本征矢的静态分量就是序参量。高温相有软模，低温相也同样有

软模，但它们的本征矢可以略有不同[62]。

软模的本征矢是相对于 $\eta=0$ 的相定义的。当然，若两相的空间群已知，则容易求得本征矢变换的群理论表示。在同一表示中，可以有几种（例如说有 n 种）模式，决定于晶胞中的原子数。由于这 n 种模式是正交的，故每一本征矢中有 n 个参数，但这些参数不是由对称性决定的。另外，在 $\eta=0$ 的相中，软模的本征矢在所有温度下保持不变。而在 $\eta\neq0$ 的相中，软模的本征矢则随温度变化。

下面我们用石英的低温 α 相（D_3^4 结构）与高温 β 相（D_6^5 结构）之间的转变来说明相变软模的本征矢。图 19.3(a) 示出了 β 石英软模的本征矢[56]，它也表示了相变中结构的变形情况。在低温 α 相中，有 4 个 A_1 模和高温 β 相中 1 个 A_1 模和 3 个 B_1 模相对应。α 相的软模一般是 4 种 A_1 振动模的线性结合，而 β 相的软模是 3 种 B_1 模的线性结合，如图 19.3(b) 所示。实验测得，室温时，α 相中的第 4 个 A_1 模（它在 β 相中仍保留为 A_1 模）的贡献为其余的模的贡献的百分之二十，而当温度升高趋于相变温度 573℃时，第 4 个 A_1 模的耦合趋于零。所以，$\eta\neq0$ 的低温有序相软模的本征矢与温度有关，$\eta=0$ 的相则保持不变。格林（H. Grimm）和多纳

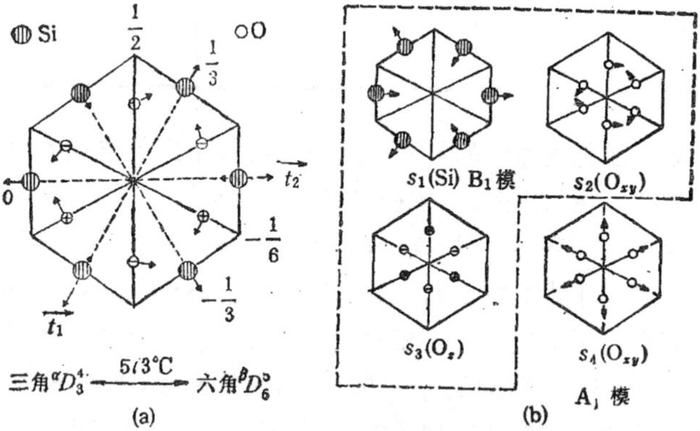

图 19.3(a) β 石英软模本征矢；(b) 用以描述软模本征矢的对称模矢量.

(B. Dorner)[63] 提出一模型，考虑石英的两种相为由刚性的 SiO_4 四面体构成，而相变的序参量取 SiO_4 四面体关于二次轴的旋转角. 也可以解释第 4 个 A_1 模的这种耦合情况，并且软模的本征矢随晶格畸变的变化而变化.

对于铁电和反铁电晶体，它们是顺电相结构加上原子的静态位移而形成电极化或亚晶格电极化的，所以可以把铁电体和反铁电体中的极化强度或亚晶格极化强度取作为序参量. 以前正是这样做的.

最后需要说明一点. 我们知道，一级相变及二级相变的一个重要差别是在相变点序参量的行为. 一级相变在相变点序参量有不连续的变化，这就造成一级相变的软模频率在相变点并不为零. 与二级相变的对比表示在图 19.4 中. 考虑到在第十二章给出的二级相变和一级相变自由能展开式中序参量的平方项的系数的差别，图中的结果是容易理解的.

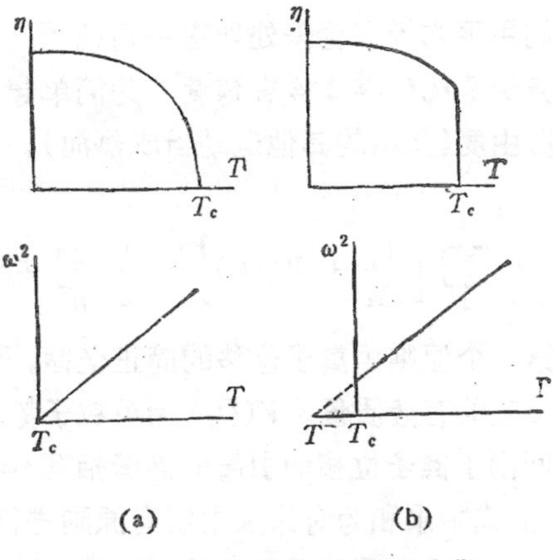

图 19.4 相变的软模频率随温度的变化.
(a) 二级相变；(b) 一级相变.

下面我们介绍软模相变的理论. 我们主要介绍铁畸变相变的情形，对于它 $q=0$，相变与布里渊区中心声子的软化相联系. 而对于 $q\neq 0$，相变与布里渊区边界声子的软化相联系的反铁畸变的情形，不加讨论。

II 结构相变的软模理论

以前已经说过，结构相变分为位移型和有序-无序型两种，决定于原子所处的势阱曲线的非谐性的大小。我们先分别介绍这两种类型的结构相变的软模理论，而后再简单讨论一下有关这两种类型的结构相变的统一理论问题。

§ 19.4 位移型结构相变的理论——软声子描述

对于位移型系统，其原子所处的势阱曲线的非谐性较小，因而其元激发可以用声子来描述。我们知道，当分子间无相互作用时，其本征频率不随温度变化，现在由于存在有非谐性，其本征频率具有临界的温度关系，于是我们得到了软声子的概念。而软声子模的凝聚就发生了位移型结构相变。

下面我们用平均场理论来处理这一问题[30]。

(a) 软声子系统的模型哈密顿量　为简单起见，设每个元胞中只有一个自由度(晶格的其他运动当成热池)，于是系统的哈密顿量是

$$\mathscr{H}=\sum_{l}\left[\frac{P_l^2}{2M}+V(Q_l)\right]-\frac{1}{2}\sum_{ll'}v_{ll'}Q_lQ_{l'},\quad(19.37)$$

其中，Q_l 为第 l 个原胞中离子位移的简正坐标，P_l 为与之共轭的动量，M 为相应的有效质量。$V(Q_l)$ 为单粒子势。最后一项表示原胞 l 和 l' 间由于离子位移而引起的简谐相互作用，$v_{ll'}$ 为相互作用系数。上式中求和为对体系中所有原胞进行的。设 $V(Q_l)$ 是包含了简谐的和四次非简谐贡献的单粒子势，即

$$V(Q_l)=\frac{1}{2}M\Omega_{s0}^2Q_l^2+\frac{1}{4}\gamma Q_l^4,\quad(19.38)$$

Ω_{s0} 为单粒子简谐频率，γ 为四次非谐力常数。设 $\Omega_{s0}^2>0$，$\gamma>0$，则单粒子势 $V(Q_l)$ 在 $Q_l=0$ 处有极小值，是单阱势。若相互作

用 $v_{ll'}Q_lQ_{l'}$ 足够大，则它能导致离子在 $Q_l=0$ 处的不稳定，而有位移相变发生。若单粒子简谐频率 $\Omega_{s0}^2<0$，则 $Q_l=0$ 位置本身就是不稳定的，此时为双阱势，而对应于有序-无序系统。下面将限于讨论 $\Omega_{s0}^2>0$ 的位移型系统的情形。

(b) **静态性质** 在平均场近似下，多体系统的密度矩阵 ρ 被设为是单粒子密度矩阵 ρ_l 的积

$$\rho=\prod_l \rho_l, \tag{19.39}$$

于是力学量 $A=\sum_l A_l$ 的平均值是

$$\langle A\rangle=\mathrm{Tr}\,(\rho A)=\sum_l \mathrm{tr}\,(\rho_l A_l), \tag{19.40}$$

而归一化条件是

$$\mathrm{Tr}\,\rho=\mathrm{tr}\,\rho_l=1, \tag{19.41}$$

Tr 表示矩阵迹.

下面我们计算系统的自由能，从而由它得到系统的平衡性质.

系统的位形自由能是系统中粒子分布的函数

$$F(\rho)=U(\rho)-TS(\rho), \tag{19.42}$$

其中 U 是系统的能量

$$U(\rho)=\langle\mathscr{H}\rangle=\mathrm{Tr}(\rho\mathscr{H}) \tag{19.43}$$

$$=\sum_l\left\{\frac{1}{2M}\mathrm{tr}\,(\rho_l P_l^2)+\mathrm{tr}\,(\rho_l V(Q_l))\right\}$$

$$-\frac{1}{2}\sum_{ll'}v_{ll'}\,\mathrm{tr}\,(\rho_l Q_l)\,\mathrm{tr}\,(\rho_{l'}Q_{l'}), \tag{19.44}$$

$v_{ll'}$ 是只与两原子相对位置有关，而与 l 及 l' 的序号无关的量。S 是系统的熵

$$S(\rho)=-k_B\langle\ln\rho\rangle=-k_B\sum_l \mathrm{tr}\,(\rho_l\ln\rho_l). \tag{19.45}$$

若系统处于平衡态，则 $F(l)$ 关于粒子分布 ρ_l 的变分必须为零，即

$$\delta(F_l)=\left\{\frac{1}{2M}P_l^2+V(Q_l)-\sum_{l'}v_{ll'}\langle Q_{l'}\rangle Q_l\right.$$

$$\left.+k_BT\ln\rho_l+k_BT\right\}\mathrm{tr}\,\delta\rho_l=0. \tag{19.46}$$

由此得到平衡时单粒子密度矩阵

$$\rho_l = \frac{e^{-\mathscr{H}_l/k_BT}}{\mathrm{tr}\, e^{-\mathscr{H}_l/k_BT}}, \tag{19.47}$$

其中

$$\mathscr{H}_l = \frac{1}{2M} P_l^2 + V(Q_l) - \sum_{l'} v_{ll'}\langle Q_{l'}\rangle Q_l \tag{19.48}$$

是准自由粒子系统的单粒子模型哈密顿在平均场近似下的值．这样，借助于平均场近似(式 (19.39))，我们将一多体问题简化成一个单粒子问题．但是，即使如此，我们还不能对上式给出的量子力学弱非谐振子问题给出解析解，而只能利用经典理论求解．

按经典统计理论，单粒子的几率密度由式 (19.47) 给出的 $\rho_l(P_l, Q_l)$ 描述．它是由动量空间的几率密度 $\rho_l(P_l)$ 和位形空间的几率密度 $\rho_l(Q_l)$ 的积给出的．而

$$\rho_l(P_l) = \frac{1}{\sqrt{2\pi MkT}} e^{-\frac{P_l^2}{2M}/k_BT}. \tag{19.49}$$

对于 $\rho_l(Q_l)$，我们近似地取其为位移简谐振子的几率密度作为试凑函数

$$\rho_l(Q_l) = \frac{1}{\sqrt{2\pi\sigma_l}} e^{-(Q_l-\langle Q_l\rangle)^2/2\sigma_l} \tag{19.50}$$

其中 σ_l 是 Q_l 的方差

$$\sigma_l = \langle (Q_l - \langle Q_l\rangle)^2\rangle, \tag{19.51}$$

$\langle Q_l\rangle$ 及 σ_l 是两个变分参数，用变分法即令自由能取极小来确定它们的值．为此，我们先来推求单粒子系统的自由能．

由 $\rho_l(P_l, Q_l)$，可以得到单粒子系统的能量．(18.48) 及 (19.38) 两式给出

$$\begin{aligned} U_l(\rho_l) &= \langle \mathscr{H}_l\rangle = \mathrm{tr}\,(\rho_l \mathscr{H}_l) \\ &= \frac{1}{2M}\langle P_l^2\rangle + \frac{1}{2} M\Omega_{\omega}^2\langle Q_l^2\rangle + \frac{1}{4}\gamma\langle Q_l^4\rangle \\ &\quad - \sum_{l'} v_{ll'}\langle Q_{l'}\rangle\langle Q_l\rangle. \end{aligned} \tag{19.52}$$

由式 (19.51)，可以算得

$$\langle Q_l^2\rangle = \langle Q_l\rangle^2 + \sigma_l, \tag{19.53}$$

$$\langle Q_l^4\rangle = \langle Q_l\rangle^4 + 6\sigma\langle Q_l\rangle^2 + 3\sigma_l^2, \tag{19.54}$$

代入式 (19.52)，得到

$$\begin{aligned} U_l(\rho_l) = &\frac{1}{2}k_BT + \frac{1}{2}(M\Omega_{s0}^2 + 3\gamma\sigma_l)\langle Q_l\rangle^2 \\ &+ \frac{1}{4}\gamma\langle Q_l\rangle^4 + \frac{1}{2}M\Omega_{s0}^2\sigma_l + \frac{3}{4}\gamma\sigma^2 \\ &- \sum_{l'} v_{ll'}\langle Q_{l'}\rangle\langle Q_l\rangle, \end{aligned} \tag{19.55}$$

并得熵

$$\begin{aligned} S_l &= -k_B\langle \ln\rho_l\rangle = -k_B\,\mathrm{tr}\,(\rho_l\ln\rho_l) \\ &= \frac{1}{2}k_B\ln\sigma_l + k_B(1+\ln 2\pi) + \frac{1}{2}\ln Mk_BT, \end{aligned} \tag{19.56}$$

这样，我们得到了 $F_l = U_l - TS_l$，由其关于 σ_l 和 $\langle Q_l\rangle$ 取极小，得

$$[M\Omega_{s0}^2 + \gamma\langle Q_l\rangle^2 + 3\gamma\sigma_l]\langle Q_l\rangle = \sum v_{ll'}\langle Q_{l'}\rangle, \tag{19.57}$$

$$\sigma_l = \frac{k_BT}{M\Omega_{s0}^2 + 3\gamma(\sigma_l + \langle Q_l\rangle^2)} = \frac{k_BT}{M\Omega_s^2}. \tag{19.58}$$

上二式决定了系统的平衡性质和状态．由它们可以解得 σ_l 和 $\langle Q_l\rangle$，它们是温度的函数。Ω_{s0} 是单粒子简谐频率，当出现非谐作用后，它被重正化了的频率 Ω_s 所代替

$$M\Omega_s^2 = M\Omega_{s0}^2 + 3\gamma(\sigma_l + \langle Q_l\rangle^2). \tag{19.59}$$

假如我们仅考虑对应于布里渊区中心 $q=0$ 的态，于是所有原子有相同的位移，即所有的 $\langle Q_l\rangle$ 相同，于是可以看出，(19.57) 及 (19.58) 两式有两组解，一组解 $\langle Q_l\rangle = 0$，对应于顺电相

$$\langle Q_l\rangle = 0, \tag{19.60}$$

$$\sigma_l = \frac{1}{6\gamma}\left[-M\Omega_{s0}^2 + \sqrt{(M\Omega_{s0}^2)^2 + 12\gamma k_BT}\right]. \tag{19.61}$$

另一组解 $\langle Q_l\rangle \neq 0$，对应于铁电相

$$\langle Q_l\rangle_{1,2}^2=\frac{1}{4\gamma}\Big[v_0-2M\Omega_{s0}^2$$
$$\pm\sqrt{(3v_0-2M\Omega_{s0}^2)^2-24\gamma k_BT}\Big],\qquad(19.62)$$
$$\sigma_{1,2}=\frac{1}{12\gamma}\Big[3v_0-2M\Omega_{s0}^2$$
$$\mp\sqrt{(3v_0-2M\Omega_{s0}^2)^2-24\gamma k_BT}\Big],\qquad(19.63)$$

其中

$$v_0=\sum_l v_{ll'}.$$

(c) **动态性质** 现在来确定上述模型系统的动态极化率和有效的简正模频率. 为此,应在式(19.37)中加上描述局域简正坐标与外加的随时间变化的弱电场 $E_le^{-i\omega t}$ 间的耦合项 $\sum\limits_l E_le^{-i\omega t}Q_l$,而得系统的哈密顿量是

$$\mathscr{H}(t)=\sum_l\left[\frac{1}{2M}P_l^2+V(Q_l)\right]-\frac{1}{2}\sum_{ll'}v_{ll'}Q_lQ_{l'}$$
$$-\sum_l E_lQ_le^{-i\omega t}.\qquad(19.64)$$

由此得到局域坐标的正则运动方程是

$$M\frac{d^2Q_l}{dt^2}=\frac{-\partial V(Q_l)}{\partial Q_l}+\sum_{l'}v_{ll'}Q_{l'}+E_le^{-i\omega t}$$
$$=-M\Omega_{s0}^2Q_l-\gamma Q_l^3+\sum_{l'}v_{ll'}Q_{l'}+E_le^{-i\omega t},\quad(19.65)$$

仍近似地用单粒子几率密度的积作为多体系统的几率密度,即

$$\rho(Q,t)=\prod_l\rho_l(Q_l,t).\qquad(19.66)$$

现在 ρ_l,因而 Q_l 的期待值成为与时间有关的函数了,记作 $\langle Q_l\rangle_t$. 仍取单粒子几率密度是

$$\rho_l(Q_l,t)=\frac{1}{\sqrt{2\pi\sigma_l}}e^{-(Q_l-\langle Q_l\rangle_t)^2/2\sigma_l},\qquad(19.67)$$

这里我们假设了 σ_l 不是时间的函数,因为即使 σ_l 随时间变化,但

在忽略了与其他模之间的耦合后，σ_l 仍将为常数。由上式，对式(19.65)求平均，得到

$$M\frac{d^2\langle Q_l\rangle_t}{dt^2}=-M\Omega_{s0}^2\langle Q_l\rangle_t-\gamma\langle Q_l\rangle_t^3-3\gamma\sigma\langle Q_l\rangle_t$$
$$+\sum_{l'}v_{ll'}\langle Q_{l'}\rangle_t+E_le^{-i\omega t},\tag{19.68}$$

这里，我们应用了

$$\langle Q_l^3\rangle=\langle Q_l\rangle^3+3\sigma\langle Q_l\rangle.\tag{19.69}$$

由式(19.68)可以看出，在无外场，即 $E_l=0$ 时，局域简正坐标的期待值是与时间无关的常数，即 $\frac{d^2\langle Q_l\rangle_t}{dt^2}=0$，则立即得到了式(19.57)。设 $\langle Q_l\rangle_t$ 为在 $\langle Q_l\rangle$ 附近变化，且对外场的响应是线性的，即

$$\langle Q_l\rangle_t=\langle Q_l\rangle+\delta\langle Q_l\rangle e^{-i\omega t},\tag{19.70}$$

代入式(19.68)，忽略 $\delta\langle Q_l\rangle$ 的二次方以上的项，并利用式(19.57)，可以得到

$$-M\omega^2\delta\langle Q_l\rangle=-[M\Omega_{s0}^2+3\gamma(\sigma_l+\langle Q_l\rangle^2)]\delta\langle Q_l\rangle$$
$$+\sum_{l'}v_{ll'}\delta\langle Q_{l'}\rangle+E_l.\tag{19.71}$$

对上式进行傅里叶变换，即令

$$\delta\langle Q_l\rangle=\frac{1}{\sqrt{N}}\sum_q\delta\langle Q_q\rangle e^{iq\cdot R_l}\tag{19.72}$$

$$E_l=\frac{1}{\sqrt{N}}\sum_q\delta E_qe^{iq\cdot R_l},\tag{19.73}$$

并记

$$v_q=\sum_{l'}v_{ll'}e^{-iq\cdot(R_l-R_{l'})},\tag{19.74}$$

则上式化成

$$-M\omega^2\delta\langle Q_q\rangle=-[M\Omega_{s0}^2+3\gamma(\sigma_l+\langle Q_l\rangle^2)$$
$$-v_q]\delta Q_q+\delta E_q,\tag{19.75}$$

而得到动态极化率

$$\chi(\omega, q) = \frac{\delta\langle Q_q\rangle}{\delta E_q}$$

$$= \frac{1}{M\Omega_{s0}^2 + 3\gamma(\sigma_l + \langle Q_l\rangle^2) - v_q - M\omega^2}$$

$$= \frac{1}{M\Omega^2(q) - M\omega^2}, \tag{19.76}$$

其中

$$M\Omega^2(q) = M\Omega_{s0}^2 + 3\gamma(\sigma_l + \langle Q_l\rangle^2) - v_q \tag{19.77}$$

$$= M\Omega_s^2 - v_q, \tag{19.78}$$

对于后一式，我们应用了式 (19.59). 上式表明，由于存在有非谐项及粒子间的相互作用，有效简正振动模频率多了来自于这两个因素贡献的项.

(d) **顺电相和铁电相的稳定性** 上面给出了顺电相及铁电相的解以及重正化有效简正频率式 (19.77). 由此可以讨论两相的稳定性问题.

对顺电相，(19.58) 及 (19.77) 两式给出有关的方程是:

$$\langle Q_l\rangle = 0,$$

$$\sigma_l = \frac{k_B T}{M\Omega_{s0}^2 + 3\gamma\sigma_l}, \tag{19.79}$$

$$M\Omega^2(q) = M\Omega_{s0}^2 + 3\gamma\sigma_l - v_q. \tag{19.80}$$

由于对任何相的稳定态都应有 $\Omega^2(q) \geqslant 0$，而 $\Omega^2(q) = 0$ 对应于该相的稳定极限. 设顺电相的稳定极限是 T_p，故顺电相的不稳定条件是在 $T \leqslant T_p$ 时，$M\Omega^2(q) \leqslant 0$，即

$$v_{q0} \geqslant M\Omega_{s0}^2 + 3\gamma\sigma_l, \quad T \leqslant T_p. \tag{19.81}$$

其中 v_{q0} 是 v_q 的极大值，它在 $q = q_0$ 时出现. 这表明，当原胞间的相互作用大于某一值时，则顺电相成为不稳定的. 即原胞间的相互作用是使顺电相的某一振动模软化的原因. 故得顺电相的稳定极限是

$$kT_p = \frac{1}{3\gamma} v_{q0}(v_{q0} - M\Omega_{s0}^2). \tag{19.82}$$

它是由 (19.79) 及 (19.81) 两式得到的. 而式 (19.80) 亦可写成

$$M\Omega^2(q) = 3\gamma(\sigma_l - \sigma^{(p)}) - (v_q - v_{q0}), \quad (19.83)$$

其中 $\sigma_l^{(p)}$ 是在顺电相稳定极限 T_p 时的 σ_l 的值。由上式可见，对于顺电相，它的重正化频率由两项组成。由于温度愈高，粒子坐标相对于期待值的方差 σ_l 的值愈大，所以第一项代表的热致涨落起着稳定顺电相的作用。而这个稳定作用，又是以 γ 的存在即四次非谐项的存在为前提的。另一方面，如上所述，晶胞间的相互作用 v_q 起作使顺电相不稳定的作用。因此，当 $T \to T_p$ 时，所发生的顺电相向铁电相的转变是以非谐作用引起的模的硬化和原胞间的相互作用引起的模的软化之间的竞争为特征的。

对于铁电相，由式 (19.57) 可以给出 $\langle Q_l\rangle^2$，并列出另外两个有关的式子。它们是

$$\langle Q_l\rangle^2 = \frac{1}{\gamma}(v_0 - M\Omega_{s0}^2 - 3\gamma\sigma_l), \quad (19.84)$$

$$\sigma_l = \frac{k_B T}{M\Omega_{s0}^2 + 3\gamma(\sigma_l + \langle Q_l\rangle^2)}, \quad (19.58)$$

$$M\Omega^2(q) = M\Omega_{s0}^2 + 3\gamma(\sigma_l + \langle Q_l\rangle^2) - v_q. \quad (19.77)$$

可以利用 (19.62) 及 (19.63) 两式把重正化的粒子的有效振动频率 $\Omega^2(q)$ 全部用已知参数 v_0, γ, T 等表示出来，但为了下面的讨论并不需要这样作。设铁电相的稳定极限是 T_F，故铁电相不稳定的条件是 $T \geqslant T_F$ 时，$M\Omega^2(q) \leqslant 0$。将上列三式相互迭代，可以得到 σ_l 和 $M\Omega^2(q)$ 的各种等价的表示式

$$\sigma_l = \frac{k_B T}{v_0 + 2\gamma\langle Q_l\rangle^2}, \quad (19.85)$$

$$M\Omega^2(q) = 2\gamma\langle Q_l\rangle^2 + v_0 - v_q, \quad (19.86)$$

$$= \frac{k_B T}{\sigma_l} - v_q, \quad (19.87)$$

$$= 3v_0 - v_q - 6\gamma\sigma_l - 2M\Omega_{s0}^2. \quad (19.88)$$

对铁电相变 $q = 0$，式 (19.74) 给出 $v_{q=0} = v_0$，由式 (19.86) 可见，软模频率正比于 $\langle Q_l\rangle$。对于二级相变，在 $T \to T_F$ 时，$\langle Q_l\rangle = 0$，故 $\Omega^2(q)$ 在相变点趋于零。而一级相变，在 T_F 点 $\langle Q_l\rangle$ 有一跃

变，故软模频率在 T_F 点趋于一不为零的有限值. 这一结论上节已经给出. 另外，对于二级相变，由式 (19.84) 求得 σ_l，代入式 (19.87)，并由 $\langle Q_l\rangle = \Omega(q) = 0$，可得$T_F$的值与式 (19.82) 给出的$T_p$值相同，故

$$T_F = T_p = T_c \tag{19.89}$$

T_c 是二级相变的临界点. 而对于一级相变，由于重正化频率在 T_F 不为零，故两个稳定极限 T_p 及 T_F 一般是不相同的. 软模发生在 T_p点，它是一级相变的过冷温度，与相变温度不同.

从式 (19.88) 还可以看出，若

$$3v_0 > v_q + 6\gamma\sigma_l + 2M\Omega_{s0}^2, \tag{19.90}$$

则低温有序相具有一种固有的稳定性. 此时，l 离子在 $\langle Q_l\rangle \neq 0$ 的位置上，势能有极小值. 与顺电相的情形恰恰相反，$3v_0$ 变成了使铁电相稳定的因素，即使模硬化. 所以，当 $T \to T_F$ 时，由铁电相到顺电相的位移相变是以非谐作用使模软化，原胞间的相互作用使模硬化为其特征的. 综合起来说，即非谐作用有利于顺电相稳定，原胞间的相互作用有利于铁电相稳定.

显然，式 (19.88) 又可以写成与式 (19.83) 类似的形式

$$M\Omega^2(q) = 6\gamma(\sigma_l^F - \sigma_l) - (v_q - v_0), \tag{19.91}$$

其中，$\sigma_l^{(F)}$ 是 σ_l 在 T_F 时的值，借助于式 (19.79) 的近似形式 $\sigma_l = k_BT/M\Omega_{s0}^2$，可将式 (19.83) 写成

$$M\Omega^2(q) = \frac{3\gamma k_B}{M\Omega_{s0}^2}(T - T_c) + (v_{q0} - v_q), \quad T \geqslant T_c. \tag{19.92}$$

借助于由 (19.84) 及 (19.58) 两式得到的方程的近似形式

$$\sigma_l = k_BT/[-2M\Omega_{s0}^2 + 3v_0],$$

可将式 (19.91) 写成

$$M\Omega^2(q) = \frac{6\gamma k_B}{-2M\Omega_{s0}^2 + 3v_0}(T_c - T) + (v_0 - v_q),$$

$$T \leqslant T_c. \tag{19.93}$$

(19.92) 及 (19.93) 两式就是我们要得到的关于位移型系统的软模的最后结果，它表示了软模频率有临界的温度关系. 上面我们

已得到了软模频率与序参量 $\langle Q_l\rangle$ 正比，于是得到了图 19.5 所示序参量和软模频率与温度间的关系曲线。这是对于二级相变成立的，因为在推导这两个方程的过程中，我们已假设了式 (19.89) 成立。当然，不难推导出应用于一级相变的关系式。

上面用平均场近似，用完全经典的处理，得到了软模的基本特性，由于近似程度较大，只能定性地对待给出的结果。此外，对于真实系统，还存在有高次非简谐作用，以及软模与其他模间的耦合，以及可能存在的软模的简并性质，等等。深入的研究都应包括在内。

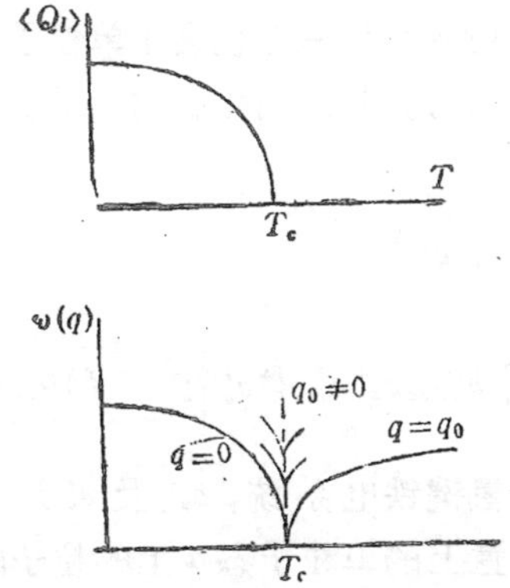

图 19.5　在平均场近似下，二级位移型相变的序参量与软模频率随温度的变化．
(a) 序参量；(b) 软模频率．

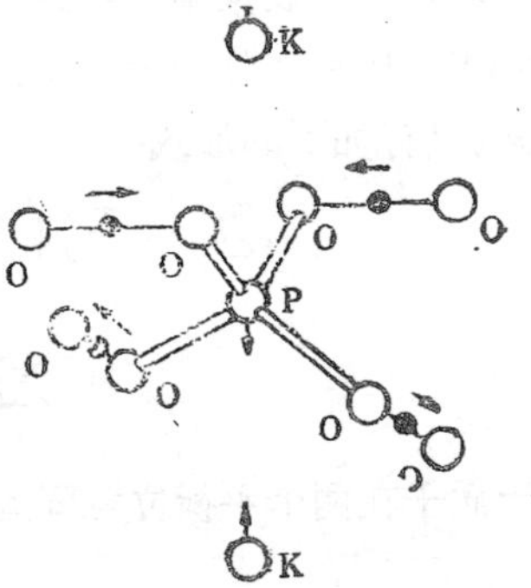

图 19.6　KH_2PO_4 中的铁电模运动．

§ 19.5　有序-无序型结构相变的理论——赝自旋模型描述

(a) 赝自旋系统的模型哈密顿量　有序-无序系统通常是由具有氢键结构的系统中的质子构成。质子可以在靠近的两个平衡位置之间运动，因而单粒子势可以用具有较大非谐性的双阱势描述之(参阅 § 12.7)。典型的如 KH_2PO_4，如图 19.6 所示。它的氢键中的质子在对称位置两边各有一个平衡位置，我们记其为 L 和 R 位置。在顺电相，每个氢键中的质子随机地处在两个平衡位置之一，正、反向的偶极矩相等而不显现极化．而在相变温度以下，所有质子都转到某一边的平衡位置上，显示有固有偶极矩的有序化而成为铁电相．在势阱相当陡峭时，可以忽略质子在某一势阱内的运动，此时势阱中的基态是双重简并的，但粒子穿越两势阱间势垒的量子力学隧道效应使基态退简并而分裂为双态，我们忽略较高的振动态，而限于处理二能级系统．

显然，粒子在二阱间的运动和磁性系统中电子的取向运动很相似。顺电相对应于磁性系统中电子向上、向下的自旋取向混乱，铁电相则对应于电子自旋采取有序的排列．因而在处理这种有序-无序型结构相变时，我们可以采用赝自旋模型[30]．

在占据数表象中，系统的哈密顿量可以写作包含了单粒子部分和相互作用部分两者之和．对于前者，用对角化后的形式表示出来，具有如下的形式：

$$\mathscr{H} = \sum_i \left(\sum_\alpha E_\alpha a_\alpha^{i+} a_\alpha^i \right) + \sum_{ij} \left[\sum_{\alpha\beta\gamma\delta} v_{\alpha\beta\gamma\delta}^{ij} a_\alpha^{i+} a_\beta^i a_\gamma^{j+} a_\delta^j \right]. \qquad (19.94)$$

对于质子在两个平衡位置间运动的氢键铁电系统，a_α^{i+} 及 a_α^i 为在 i 位置上的单粒子态 α 上的粒子的产生和湮灭算符，$a_\alpha^{i+}a_\alpha^i$ 就是 α 上的粒子数算符，故第一项表示了单个粒子的能量．第二项中的矩阵元 v^{ij} 表示第 i 个和第 j 个氢键之间的一般相互作用，它不仅与 i 和 j 氢键位置之间的距离有关，而且与它们的量子态也有关系．另外，现在单粒子量子态 α, β, γ, δ 仅取两个值记作＋及－，前者为对称态，后者为反对称态，如图 19.7 所示．显然，在每个氢键上有一个、且仅有一个质子的条件现在被表示成

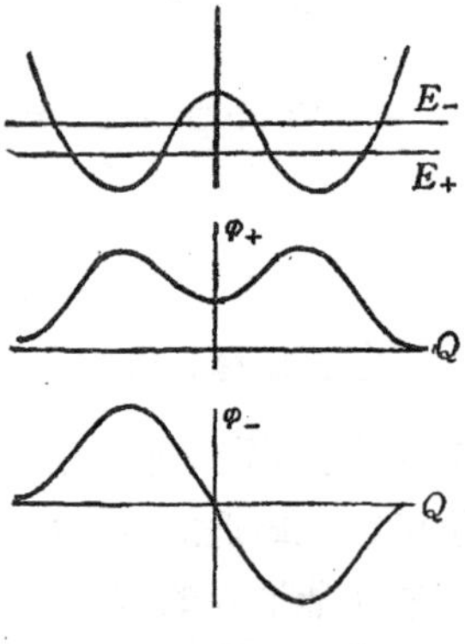

图 19.7 双阱势型的单粒子势的能量基态和本征函数．

$$a_+^{i+}a_+^i + a_-^{i+}a_-^i = 1。\tag{19.95}$$

我们知道，对于二能级系统，所有的算符都是 2 × 2 矩阵，因而可以用三个自旋 $\frac{1}{2}$ 泡利 (Pauli) 矩阵 S^x, S^y, S^z 和单位矩阵来表示，它们构成了完全集，并具有如下形式：

$$\left.\begin{aligned} &S^x = \begin{pmatrix} 0 & \frac{1}{2} \\ \frac{1}{2} & 0 \end{pmatrix}, \quad S^y = \begin{pmatrix} 0 & -\frac{i}{2} \\ \frac{i}{2} & 0 \end{pmatrix}, \\ &S^z = \begin{pmatrix} \frac{1}{2} & 0 \\ 0 & \frac{1}{2} \end{pmatrix}, \quad 1 = \begin{pmatrix} 1 & 0 \\ 0 & 1 \end{pmatrix}。 \end{aligned}\right\}\tag{19.96}$$

而相应的本征函数是

$$\varphi_+ = \frac{1}{\sqrt{2}}(\varphi_L + \varphi_R), \quad \varphi_- = \frac{1}{\sqrt{2}}(\varphi_L - \varphi_R), \tag{19.97}$$

是左、右平衡位置上局域波函数 φ_L 和 φ_R 的对称的和反对称的线性组合，而组成了二能级的赝自旋表象．于是可以把氢键上质子的产生和湮灭算符的积用自旋 1/2 算符表示出来，即

$$\left.\begin{aligned} S_i^x &= \frac{1}{2}(a_+^{i+}a_+^i - a_-^{i+}a_-^i), \\ S_i^y &= \frac{1}{2i}(a_+^{i+}a_-^i - a_-^{i+}a_+^i), \\ S_i^z &= \frac{1}{2}(a_+^{i+}a_-^i + a_-^{i+}a_+^i)。 \end{aligned}\right\}\tag{19.98}$$

由此不难证明，它们满足自旋分量算符间的对易关系

$$\left.\begin{aligned} [S_i^x, S_j^y] &= i\delta_{ij}S_i^z, \\ [S_i^y, S_j^z] &= i\delta_{ij}S_i^x, \\ [S_i^z, S_j^x] &= i\delta_{ij}S_i^y. \end{aligned}\right\}\tag{19.99}$$

由式 (19.98) 显然可见，S_i^x 的期待值量度了在两个能级上质子占据数之差．若把 a_α^+ 和 a_α 表示为在氢键左或右平衡位置上产生或

湮灭一个粒子的相应的算符的对称的(在 $\alpha = +$ 时)和反对称的(在 $\alpha = -$ 时)线性组合

$$\left.\begin{aligned} a_+^i &= \frac{1}{\sqrt{2}}(a_L^i + a_R^i), \quad a_+^{i+} = \frac{1}{\sqrt{2}}(a_L^{i+} + a_R^{i+}), \\ a_-^i &= \frac{1}{\sqrt{2}}(a_L^i - a_R^i), \quad a_-^{i+} = \frac{1}{\sqrt{2}}(a_L^{i+} - a_R^{i+}), \end{aligned}\right\} \tag{19.100}$$

则得到

$$\left.\begin{aligned} S_i^x &= \frac{1}{2}[a_L^{i+}a_R^i + a_R^{i+}a_L^i], \\ S_i^y &= \frac{1}{2i}[a_L^{i+}a_R^i - a_R^{i+}a_L^i], \\ S_i^z &= \frac{1}{2}[a_L^{i+}a_L^i - a_R^{i+}a_R^i]. \end{aligned}\right\} \tag{19.101}$$

由上式可见，S_i^z 的期待值量度了左、右平衡位置上粒子占据数之差. 因而 S_i^z 称为坐标占据算符(或偶极矩算符)，S_i^x 称为隧道穿透算符，而 S_i^y 则称为局域粒子流算符. 利用(19.95)，(19.98)和(19.99)等式，可将赝自旋模型哈密顿量表示为

$$\mathscr{H} = -\Omega\sum_i S_i^x - \frac{1}{2}\sum_{i,j} J_{ij}S_i^z S_j^z, \tag{19.102}$$

其中，$\Omega = E_- - E_+ + \sum_i v_{----}^{ij} - v_{++++}^{ij} \simeq E_- - E_+$，称为隧道穿透的本征频率或隧道穿透积分. $J_{ij} = -4v_{+-+-}^{ij}$ 是互作用常数，相当于磁交换系统中的交换能. 在上式中，我们忽略了 $-(1/2)\sum_{i,j}(2v_{++--}^{ij} - v_{++++}^{ij} - v_{----}^{ij})S_i^z S_j^z$ 形式的一项，由于它比 ΩS_i^x 小很多. 同时，由于 $S_i^z \to -S_i^z$ 时哈密顿量必须是不变的，故 $S_i^x S_j^z$ 等形式的项变为零. 因而可以看出，式(19.102)与处在横向场中的伊辛模型的哈密顿量相同.

从上面的推导可以看出赝自旋模型哈密顿方程中各项的意义，特别是现在为什么会有横向场 $-\Omega\sum_i S_i^x$ 一项出现$\left(\text{而不是上章给出的} -\mu H\sum_i S_i^z\right)$. 已经表明，它量度了在两个能级上质

子占据数之差。实际上，也可以直接写出哈密顿方程，而横向场一项表示了孤立的 KH_2PO_4 的基态的能量。这是由于，自旋 $\frac{1}{2}$ 的泡利矩阵作用在基态 $|\varphi_L\rangle$ 和 $|\varphi_R\rangle$ 上，可以定义

$$|\varphi_R^i\rangle = \begin{pmatrix}1\\0\end{pmatrix}, \quad S_i^z|\varphi_R^i\rangle = \frac{1}{2}|\varphi_R^i\rangle, \tag{19.103}$$

$$|\varphi_L^i\rangle = \begin{pmatrix}0\\1\end{pmatrix}, \quad S_i^z|\varphi_L^i\rangle = -\frac{1}{2}|\varphi_L^i\rangle. \tag{19.104}$$

不难验算，S_i^x 的本征函数正是 $|\varphi_R\rangle$ 和 $|\varphi_L\rangle$ 的对称的和反对称的线性结合，即式(19.97)所表示的函数。所以横向场一项是系统的未微扰哈密顿量[59]。

(b) 静态性质　现在用平均场近似来推导处在具有对称的双极小值势阱中的粒子在平衡态下的性质。

像上节一样，写多体系统的密度矩阵 ρ 为单粒子密度矩阵 ρ_i 的积

$$\rho = \prod_i \rho_i. \tag{19.105}$$

由于假设单粒子势中仅有两个能级，故 ρ_i 是 2×2 矩阵，设为

$$\rho_i = \frac{1}{Z_i} e^{\boldsymbol{F}_i\cdot \boldsymbol{S}_i/k_BT}, \tag{19.106}$$

其中

$$\begin{aligned} Z_i &= \mathrm{Tr}\, e^{\boldsymbol{F}_i\cdot \boldsymbol{S}_i/k_BT} = e^{\frac{1}{2}F_i/k_BT} + e^{-\frac{1}{2}F_i/k_BT} \\ &= 2\cosh\left(\frac{1}{2}F_i/k_BT\right), \end{aligned} \tag{19.107}$$

这里，$F_i = |\boldsymbol{F}_i|$，$\boldsymbol{F}_i$ 是由自由能极小的条件确定的变分参数。$\boldsymbol{S}_i = (S_i^x, S_i^y, S_i^z)$ 是矢量，其三个分量即式(19.96)给出的三个自旋 1/2 的泡利矩阵。自由能 G 为

$$\begin{aligned} G = U - TS &= \langle \mathscr{H} \rangle + k_BT\langle \ln\rho\rangle \\ &= \langle \mathscr{H} \rangle + k_BT\left\langle \sum_i \frac{1}{k_BT}\boldsymbol{F}_i\cdot \boldsymbol{S}_i\right\rangle \\ &\quad - k_BT\left\langle \sum_i \ln Z_i\right\rangle. \end{aligned} \tag{19.108}$$

由 $\frac{\partial G}{\partial\langle \boldsymbol{S}_i\rangle}=0$，得

$$\boldsymbol{F}_i=-\frac{\partial\langle\mathscr{H}\rangle}{\partial\langle\boldsymbol{S}_i\rangle}, \tag{19.109}$$

由此可见，$\boldsymbol{F}_i$ 是作用在位置 i 上的分子场.

在赝自旋空间中，$\boldsymbol{F}_i=(F_i^x, F_i^y, F_i^z)$ 形成了一个与自旋变量相互作用的矢量，由式 (19.102)，得到

$$\boldsymbol{F}_i=\left(\Omega, 0, \sum_i J_{ij}\langle S_i^z\rangle\right), \tag{19.110}$$

所以，在顺电相，因为单粒子的两个平衡位置被占据的几率相同，故有 $\langle S_i^z\rangle=0$. 因而，分子场指向 x 方向. 而在铁电相，质子进入有序态，$\langle S_i^z\rangle\neq 0$，分子场在 xz 平面的某一方向上。

在平均场近似下，单分子的有效哈密顿是：

$$\mathscr{H}_i=+\frac{\partial\langle\mathscr{H}\rangle}{\partial\langle\boldsymbol{S}_i\rangle}\cdot\boldsymbol{S}_i, \tag{19.111}$$

而系统的哈密顿

$$\mathscr{H}=\sum\overline{\mathscr{H}_i}. \tag{19.112}$$

现在来求在 i 位置上赝自旋的期待值，以求得有序-无序系统在各种温度下的平衡性质

$$\langle\boldsymbol{S}_i\rangle=\mathrm{Tr}(\boldsymbol{S}_i\rho_i)=\frac{\mathrm{Tr}(S_i e^{-\mathscr{H}_i/k_BT})}{\mathrm{Tr}e^{-\mathscr{H}_i/k_BT}}, \tag{19.113}$$

这里 $\mathscr{H}_i$ 由式 (19.111) 给出. 显然

$$\langle\boldsymbol{S}_i\rangle=\frac{d\ln Z_i}{d(\boldsymbol{F}_i/k_BT)}, \tag{19.114}$$

由式 (19.107)，得到

$$\langle\boldsymbol{S}_i\rangle=(1/2)\tanh\left(\frac{1}{2}F_i/k_BT\right)\frac{\boldsymbol{F}_i}{F_i}, \tag{19.115}$$

其中，由式 (19.110)，得到

$$F_i=\left(\Omega^2+\left(\sum_i J_{ij}\langle S_i^z\rangle\right)^2\right)^{1/2}. \tag{19.116}$$

所以，赝自旋期待值 $\langle\boldsymbol{S}_i\rangle$ 的方向与分子场的方向一致，式 (19.115)

给出

$$\left.\begin{aligned}
&\langle S_i^x\rangle=\frac{1}{2}\frac{\Omega}{F_i}\tanh\left(\frac{1}{2}F_i/k_BT\right),\\
&\langle S_i^y\rangle=0,\\
&\langle S_i^z\rangle=\frac{1}{2}\frac{\sum\limits_j J_{ij}\langle S_i^z\rangle}{F_i}\tanh\frac{1}{2}F_i/k_BT,
\end{aligned}\right\}\tag{19.117}$$

这是赝自旋分量平均值的 $3N$ 个方程组. 但仅使自由能为极小的那组解才是稳定的. 可以如下求得一组解. 即, 取 $\langle S_i^z\rangle=0$, 则由式 (19.116), 得 $F_i=\Omega$. 而得到一组解

$$\left.\begin{aligned}
&\langle S_i^x\rangle=\frac{1}{2}\tanh\left(\frac{1}{2}\Omega/k_BT\right),\\
&\langle S_i^y\rangle=0,\\
&\langle S_i^z\rangle=0,
\end{aligned}\right\}\tag{19.118}$$

它在所有温度下成立,显然,这是顺电相.

对于铁电相,$\langle S_i^z\rangle\neq 0$. 由于铁电相 $q=0$, 故有, $\langle S_i^z\rangle=\langle S_j^z\rangle=\langle S^z\rangle$. $F_i=F_j=F$. 而自发极化强度为

$$P=2N\mu\langle S^z\rangle,\tag{19.119}$$

μ 为偶极矩的大小. 记 $J_0=\sum\limits_j J_{ij}$, 则式 (19.117) 化为

$$\left.\begin{aligned}
&\langle S^x\rangle=\frac{1}{2}\frac{\Omega}{F}\tanh\left(\frac{1}{2}F/k_BT\right),\\
&\langle S^y\rangle=0,\\
&\langle S^z\rangle\neq 0,
\end{aligned}\right\}\tag{19.120}$$

以及

$$2F=J_0\tanh\left(\frac{1}{2}F/k_BT\right).\tag{19.121}$$

式 (19.120) 给出的解应在某一温度下使自由能取极小值, 这才是稳定的. 因而可由此决定临界温度 T_c 的值. 对于二级相变的情形,在 T_c 温度下,$\langle S^z\rangle=0$, 因而有 $F_i=\Omega$. 由式 (19.121) 给出

$$\frac{2\Omega}{J_0}=\tanh\frac{\Omega}{2k_BT_c},\tag{19.122}$$

这就是临界温度应满足的关系式。这是由于自由能 G 为

$$G=-k_BT\ln Z=-k_BT\sum_i\ln\left[2\cosh\frac{F_i}{2k_BT}\right],\qquad(19.123)$$

其中，我们应用于式(19.107). 将G关于$\langle S^z\rangle$求导，可以证明，式(19.122)确使G取极小值. 由式(19.122)还可以看出，若$2\Omega>J_0$，即横向隧道穿透场2Ω的值比纵向相互作用场J_0的值大，则式(19.122)无实数解，即在所有温度下，系统均为顺电相.

(c) **动力学性质** 在一与时间有关的弱场$E_i(t)$作用下，系统的哈密顿量为

$$\mathscr{H}=-\Omega\sum_i S_i^x-\frac{1}{2}\sum_{ij}J_{ij}S_i^zS_j^z-2\mu\sum_i E_i(t)S_i^z.\qquad(19.124)$$

它是一个与时间有关的量，因而自旋变量的期待值也与时间有关，记作$\langle \boldsymbol{S}_i\rangle_t$. 其运动方程为

$$\frac{d\langle \boldsymbol{S}_i\rangle_t}{dt}=-i\langle[\boldsymbol{S}_i,\mathscr{H}]\rangle_t,\qquad(19.125)$$

这里我们取$\hbar=1$的单位制. 由于假设了密度矩阵$\rho=\prod_i\rho_i$，此等价于假设

$$\langle S_i^\alpha S_j^\beta\rangle_t=\langle S_i^\alpha\rangle_t\langle S_j^\beta\rangle_t\quad i\neq j;\alpha,\beta=x,y,z\qquad(19.126)$$

再由式(19.111)，(19.112)及对易关系式(19.99)，得到

$$\frac{d\langle \boldsymbol{S}_i\rangle_t}{dt}=-i\langle[\boldsymbol{S}_i,-\boldsymbol{F}_i\cdot\boldsymbol{S}_i]\rangle_t=\langle \boldsymbol{S}_i\rangle_t\times\boldsymbol{F}_i(t),\qquad(19.127)$$

其中

$$\boldsymbol{F}_i(t)=-\frac{\partial\langle\mathscr{H}\rangle_t}{\partial\langle \boldsymbol{S}_i\rangle_t}=\left(\Omega,0,\sum_j J_{ij}\langle S_j^z\rangle_t+2\mu E_i(t)\right).\qquad(19.128)$$

由式(19.127)可见，若$\boldsymbol{S}_i$的期待值与时间无关，则它与$\boldsymbol{F}_i$平行，这是上面已得到的结论. 我们现在感兴趣的是赝自旋系统对外场

$$E_i(t)=E_ie^{i\omega t}\qquad(19.129)$$

的线性响应. 设

$$\langle \boldsymbol{S}_i\rangle_t=\langle \boldsymbol{S}_i\rangle+\delta\langle \boldsymbol{S}_i\rangle e^{i\omega t},\qquad(19.130)$$

$$\boldsymbol{F}_i(t)=\boldsymbol{F}_i+\delta\boldsymbol{F}_ie^{i\omega t},\qquad(19.131)$$

这里$\boldsymbol{F}_i$由式(19.110)给出，而

$$\delta\boldsymbol{F}_i=(0,\ 0,\ \Sigma J_{ij}\delta\langle S_j^z\rangle+2\mu E_i),\qquad(19.132)$$

这就是说，由于外场的存在，分子场也存在有一与时间有关的成分，赝自旋也发生了围绕分子场瞬时值的进动．将以上各式代入式(19.127)，得到

$$i\omega\delta\langle\boldsymbol{S}_i\rangle=\delta\langle\boldsymbol{S}_i\rangle\times\boldsymbol{F}_i+\langle\boldsymbol{S}_i\rangle\times\delta\boldsymbol{F}_i,\qquad(19.133)$$

写成三个分量的形式，即

$$\left.\begin{aligned}&i\omega\delta\langle S_i^x\rangle-\sum_j J_{ij}\langle S_j^z\rangle\delta\langle S_i^y\rangle=0,\\&\sum_j J_{ij}\langle S_j^z\rangle\delta\langle S_i^x\rangle+i\omega\delta\langle S_i^y\rangle-\Omega\delta\langle S_i^z\rangle\\&\qquad+\sum_j J_{ij}\langle S_i^x\rangle\delta\langle S_j^z\rangle=-2\mu E_i\langle S_i^x\rangle,\\&\Omega\delta\langle S_i^y\rangle+i\omega\delta\langle S_i^z\rangle=0.\end{aligned}\right\}\qquad(19.134)$$

此为 $3N$ 个方程的方程组，进行傅里叶变换，即令

$$\delta\langle\boldsymbol{S}_q\rangle=\sum_i\delta\langle\boldsymbol{S}_i\rangle e^{-i\boldsymbol{q}\cdot\boldsymbol{R}_i},\qquad(19.135)$$

$$E_q=\sum_i E_i e^{-i\boldsymbol{q}\cdot\boldsymbol{R}_i},\qquad(19.136)$$

并记

$$J_q=\sum_j J_{ij}e^{-i\boldsymbol{q}\cdot(\boldsymbol{R}_i-\boldsymbol{R}_j)},\qquad(19.137)$$

则上式化成 N 组方程，每组对应一个波矢 $\boldsymbol{q}$．对每个波矢，包含有如下的三个方程：

$$\left.\begin{aligned}&i\omega\delta\langle S_q^x\rangle-J_0\langle S_i^z\rangle\delta\langle S_q^y\rangle=0,\\&J_0\langle S_i^z\rangle\delta\langle S_q^x\rangle+i\omega\delta\langle S_q^y\rangle-[\Omega-J_q\langle S_q^x\rangle]\delta\langle S_q^z\rangle\\&\qquad=-2\mu\langle S_i^x\rangle\delta E_q,\\&i\omega\delta\langle S_q^z\rangle+\Omega\delta\langle S_q^y\rangle=0.\end{aligned}\right\}\qquad(19.138)$$

这里，我们认为空间各点序参量是均匀的，记作 $\langle S^z\rangle$．由上式消去 $\delta\langle S_q^x\rangle$ 及 $\delta\langle S_q^y\rangle$，得

$$\left[-\frac{J_0^2}{\Omega}\langle S^z\rangle^2+\frac{\omega^2}{\Omega}-(\Omega-J_q\langle S^x\rangle)\right]\delta\langle S_q^z\rangle$$
$$=-2\mu\langle S^x\rangle\delta E_q,\qquad(19.139)$$

从而得到动态极化率

$$\chi(q)=\frac{\delta\langle S_q^z\rangle}{\delta E_q}=\frac{2\mu\Omega\langle S^x\rangle}{\Omega(\Omega-J_q\langle S^x\rangle)+J_0^2\langle z^z\rangle^2-\omega^2}. \quad (19.140)$$

在赝自旋间无相互作用时，其本征频率是 Ω，而在有相互作用时，赝自旋模的本征频率为

$$\Omega^2(q)=\Omega(\Omega-J_q\langle S^x\rangle)+J_0^2\langle S^z\rangle^2 \quad . \quad (19.141)$$

(d) 顺电相和铁电相的稳定性 对于顺电相，$\langle S^z\rangle=0$，由式(19.141)，得到

$$\Omega^2(q)=\Omega(\Omega-J_q\langle S^x\rangle). \quad (19.142)$$

式(19.118)已给出顺电相的式子

$$\left.\begin{aligned}&\langle S^z\rangle=0,\\&\langle S^y\rangle=0,\\&\langle S^x\rangle=\frac{1}{2}\tanh\left(\frac{\Omega}{2k_BT}\right).\end{aligned}\right\} \quad (19.118)$$

由此，可将式(19.142)化为

$$\Omega^2(q)=\Omega\left[\Omega-\frac{1}{2}J_q\tanh\left(\frac{\Omega}{2k_BT}\right)\right], \quad (19.143)$$

所以，这是一种横向激发，是赝自旋围绕分子场的自由进动．在很高温度下，赝自旋的行为应当如同一自由粒子，由式(19.143)，有

$$\Omega^2(q)=\Omega^2, \quad 在 T\to\infty 时, \quad (19.144)$$

故高温时的进动频率即隧道穿透频率．而当温度降低时，由于粒子间相互作用的存在，进动频率降低，并在

$$2\Omega=J_{q_c}\tanh\frac{\Omega}{2k_BT} \quad (19.145)$$

时，最后变为零．此是顺电相的稳定极限，这时发生了向铁电相的转变．与软声子的情况相似，此处相变与软赝自旋波的凝结相联系．这里的临界波矢 q_0，应是温度降低时，使 $\Omega^2(q)$ 首先变为零的那一个 q 值，也就是使 J_q 取极大值的那个 q 值．这里有两种不同的情况：

(i) $J_{ij}>0$．由式(19.137)，在 $q=0$ 时，J_q 有极大值．因

而赝自旋波模在布里渊区中心 $q=0$ 处变软。因而低温相是铁电相。式(19.145)与式(19.122)一致，在那里也有 $q=0$。

(ii) $J_{ij}<0$。此时，J_q 的极大值出现在布里渊区的边界上，因而低温相是反铁电相。

对于铁电相，已经得到有关的式子是

$$\left.\begin{aligned}&\langle S^z\rangle \neq 0,\\&\langle S^y\rangle = 0,\\&\langle S^x\rangle = \frac{1}{2}\frac{\Omega}{F}\tanh\left(\frac{F}{2k_BT}\right).\end{aligned}\right\}\tag{19.120}$$

由式(19.120)中的最后式及式(19.121)，可将式(19.141)化为：

$$\Omega^2(q)=\Omega^2\left(1-\frac{J_q}{J_0}\right)+J_0^2\langle S^z\rangle^2.\tag{19.146}$$

由此可见，对于铁电相，仅在 $q=0$ 的情形下，赝自旋波模才是临界的。此时软模频率正比于自发极化

$$\Omega(q)=J_0\langle S^z\rangle=J_0P/2\mu N,\tag{19.147}$$

并仅在此种情况下，赝自旋波模才软化，这与顺电相的情况不同，它的赝自旋波模变软的临界波矢可以是从0到布里渊区边界上的波矢中任一个使 J_q 取极大值的 q 值。

根据上面给出的结果及讨论，可以得到图19.8所示的有序-无序型结构相变系统以赝自旋模型描述时得到的序参量和横向软模激发频率与温度 T 和波矢 q 的函数关系。

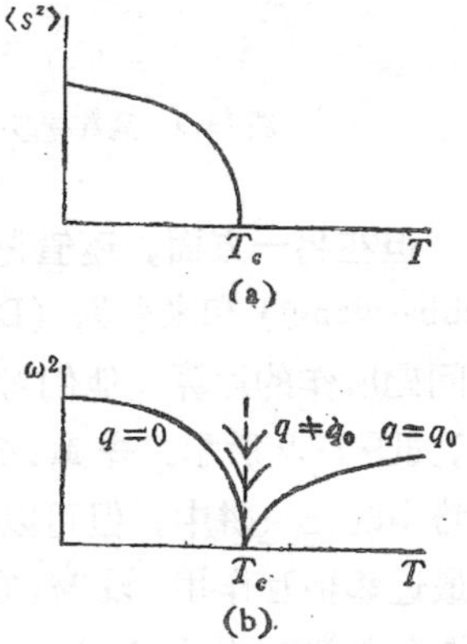

图19.8 赝自旋模型的序参量和软模频率与温度 T 的关系.
(a) 序参量; (b) 软模频率.

上面，我们比较详细地介绍了布林斯和契克兹关于有序-无序结构相变所作的赝自旋模型的计算。这一计算在平均场近似下，比较系统和全面地研究了具有横向场伊辛模型哈密顿量的系统的行为，得到了与实验事实大致相合的结果。

但在这里给出的部分，作了较多的简化和近似，例如，忽略了阻尼和在分子场方向的赝自旋运动，以及实际存在的四粒子间的相互作用，等等．此外，如对于罗谢耳盐等铁电材料，还应考虑单粒子势阱为非对称的双极小值的情形，有关这些内容，文献[30]作了深入的讨论．还有重要的一点，这里我们仅考虑了质子的运动，而把晶格支架看成是刚性的，即忽略了赝自旋-声子间的耦合，下节我们还要谈到这一问题．横向场赝自旋哈密顿量式(19.102)被很多人取为研究有序-无序结构相变的基本方程，尽管加上了各种修正和运用了各种计算方法．

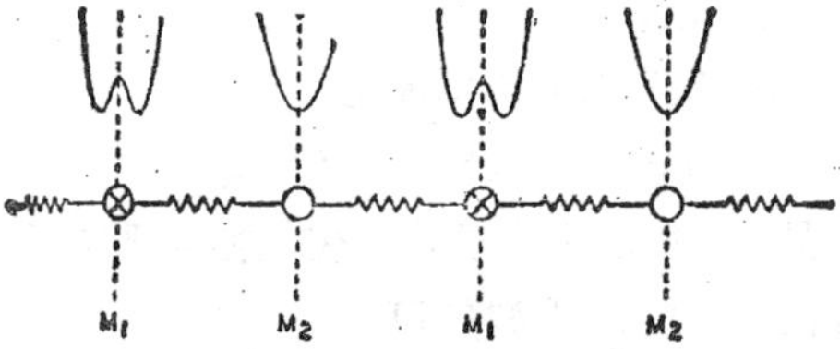

图 19.9　具有有序-无序结构相变的双原子线性链．

但在另一方面，还值得简单地介绍一下萨拜斯瓦迈 (K. R. Subbaswamy) 和米尔斯 (D.L. Mills)[64] 用分子动力学方法对这一问题所作的计算．他们考虑一简单的一维系统，即双原子线性链，如图 19.9 所示．令 M_2 分子处在单阱势中，而 M_1 分子处在双阱势中的任一阱中，但可以在两阱间作较慢的燧道运动．若仅考虑最近邻相互作用．设 M_1 在右边的阱中时，它与其右边的 M_2 间的耦合力常数为 $k_0+\Delta_0$，而与左边的 M_2 的则为 $k_0-\Delta_0$。这样，M_2 在左、右两个势阱中的无序分布将造成力常数的无序化．由晶格动力学关于双原子线性链的结果，可以立刻写出系统的哈密顿量是

$$\mathscr{H}=\frac{1}{2}\sum_{l,k}[\dot{\xi}(l,k)]^2$$

$$+\frac{1}{2}\sum_{l,k}\sum_{l',k'}\xi(l,k)D(l,k;l',k')\xi(l',k'),\quad(19.148)$$

其中，$\xi(l,k)=\sqrt{M_k}\,u(l,k)$，$u(l,k)$ 是第 l 个晶胞中第 k 个原子 $(k=1,2)$ 的位移，M_k 是它的质量．当 $u(l,k)$ 在左边的阱中时，记以 $\sigma_l=+1$，而在右边的阱中时，则记作 $\sigma_l=-1$. $D(l,k;l',k')$ 是动力学矩阵，它分成两部分

$$D(l,k;l',k')=D_0(l,k;l',k')+\Delta(l,k;l',k'),\quad(19.149)$$

D_0 是 $\Delta=0$ 时的动力学矩阵，它仅是 $l-l'$ 的函数．$\Delta(l,k;l',k')$ 描述了力常数无序化对晶格动力学的影响．D_0 和 $\Delta(l,k;l',k')$ 具有如下的形式：

$$D_0(l,k;l',k')=\frac{2k_0}{M_1}\delta_{ll'}\delta_{k_1}\delta_{k'_1}+\frac{2k_0}{M_2}\delta_{ll'}\delta_{k_2}\delta_{k'_2}$$

$$-\frac{k_0}{\sqrt{M_1M_2}}[\delta_{ll'}(\delta_{k_1}\delta_{k'_2}+\delta_{k_2}\delta_{k'_1})$$

$$+\delta_{l',l+1}\delta_{k_1}\delta_{k'_2}+\delta_{l',l+1}\delta_{k_2}\delta_{k'_1}],\quad(19.150)$$

$$\Delta(l,k;l',k')=\frac{\Delta}{M_2}(\sigma_l-\sigma_{l+1})\delta_{ll'}\delta_{k_2}\delta_{k'_2}$$

$$-\frac{\Delta}{\sqrt{M_1M_2}}[\sigma_l(\delta_{ll'}-\delta_{l',l-1})\delta_{k_1}\delta_{k'_2}$$

$$+\sigma_{l'}(\delta_{ll'}-\delta_{l',l+1})\delta_{k_2}\delta_{k'_1}].\quad(19.151)$$

由熟知的对于一维点阵的点阵动力学计算方法，立刻可以得到色散关系等有关知识．所以，其后的计算过程不是很困难的．但这里，我们只给出由此出发得到的结论．萨拜斯瓦迈和米尔斯用微扰理论计算了在出现力常数无序时引起了振动频率发生变化情形下的振动自由能，发现交换相互作用与温度有关．在温度上升时，J 很快下降，从而造成了序参量随温度变化，因而产生了一种类似反铁电相变的行为．

§ 19.6 关于结构相变的统一理论

上面，我们分别讨论了位移型及有序-无序型结构相变的软模机制。这是结构相变的两种极端的典型的情况，实际晶体中不少是二者的混合型。例如，对于通常作为典型处理的有序-无序型系统 KH_2PO_4，实际上，在质子有序化的过程中，K^+，P^{5+} 和 O^{2-} 离子也发生了位移，如图 19.6 所示。由这些离子的位移可以满意地解释观察到的 KH_2PO_4 铁电相的饱和极化的数值[65]。这表明质子系统和 K-PO_4 系统是强耦合的。关于 KH_2PO_4 的铁电相变，小林(K. K. Kobayashi)[66] 认为，质子隧道模和 [K-PO_4] 点阵沿 c 轴方向的光振动模互相耦合，并当温度趋于相变点时，有一个耦合模的频率趋于零。低于相变点，此模式凝聚而导致沿 c 轴的自发极化。虽然耦合模频率趋于零是质子有序化过程所引起的，与上面介绍的由于点阵振动中有非谐项的存在而导致的横光振动频率趋于零有所不同[66]，但他毕竟表明了 KH_2PO_4 是一个混合型铁电体，即质子的有序排列和沿 c 方向的点阵振动不稳定是同时发生的，故同时具有位移型及有序-无序型的特征[67,68]。对于 $NaNO_2$ 的结构相变也有类似的情况，相变中 NO_2 的有序化会引起 Na 离子的位移。所以，赝自旋运动和位移运动相结合的情况是比较普遍地存在着的；

另一方面，具有钙钛矿结构的，通常被认为是位移型的 $KNbO_3$ 和 $BaTiO_3$ 晶体，用透射电子显微镜对电畴结构的观察表明[69]，相变后有 Nb 或 Ti 离子沿立方〈111〉方向无序分布的有序化微畴存在。因而认为，Nb 离子或 Ti 离子，在相变后，一方面沿立方 [001] 方向产生由软模本征矢表征的软模位移，另一方面又由于 Nb 离子或 Ti 离子沿立方〈111〉方向的无序分布的有序化而产生沿〈111〉方向的有序位移。因而这一相变也同时具有位移型及有序-无序型的特征。这一特征来源于晶体结构。

因而在较严格的处理中，应同时考虑位移型及有序-无序型这两种机制的作用。实际上，人们也在寻求一种结构相变的统一理论，它既可把位移型及有序-无序型结构相变作为两个极端情况进行处理，又可对于同时包含有这两种机制的中间情况给予合理的解释。

从上面举的两个实际例子中又可以看出，实际中存在有两种形式的混合型结构相变，一种是有序-无序型机制和位移型机制分属于两种不同的质点所具有，如对于 KH_2PO_4 晶体，质子具有有序-无序型方式而 $[K-PO_4]$ 则具有位移型方式。另一种是这两种机制同时为一种离子所具有，如对于 $KNbO_3$ 及 $BaTiO_3$，Nb 及 Ti 离子在 [001] 方向有位移型运动，而在 $\langle 111 \rangle$ 方向则具有有序-无序型运动。

下面，我们对结构相变统一理论方面的工作作一简单介绍。我们将会看到，实际上也存在有两种类型的统一理论，和上述的两种情况相对应。

吉尔斯 (N. S. Gills) 和冠勒 (T. R. Koehler)[70-72] 详细地研究了一种非简谐声子系统模型，其模型哈密顿量取为

$$\mathscr{H} = \sum_l \left(-\frac{1}{2}\lambda^2 \frac{d^2}{dQ_l^2} + 4AQ_l^2 + 4BQ_l^4 \right) - \frac{1}{2}\sum_{ll'} C(l, l')Q_lQ_{l'}, \tag{19.152}$$

Q_l 是晶胞 l 中的质点位移，$C(l, l')$ 描述了晶胞间的耦合，$\lambda^2 \propto \hbar^2/2M$．$A = \pm 1$，显然，$A = +1$ 时，单质点势对应于单阱势，吉尔斯认为[72]，此时系统哈密顿量是用于描述位移型铁电体的 $A = -1$ 时，单质点势是双阱势，系统哈密顿量则用于描述有序无序型铁电体．当然，当 k_BT 足够大，超过双阱势中心的位垒高度时，系统可以具有位移型特征，质点不再局域在个别阱中．吉尔斯等用自符声子近似处理了具有上述模型哈密顿量的系统．并发现对于一定的 λ 和 C 的值，相变的级随晶胞间的耦合范围的大小而变化．对于具有式 (19.152) 作为其模型哈密顿量的系统，下面还要仔细研究．

奥布里 (S. Aubry)[73] 进行了类似的计算．他假设低温有序

相是通过两个次晶格 A 和 B 的相对位移而实现的，且位移时有两个能量极小位置． 设 A 是刚性的，B 次晶格中只有最近邻相互作用，于是系统的哈密顿量为

$$\mathscr{H}=\sum_{j=1}^{N}\frac{1}{2m}p_j^2+\sum_{j=1}^{N}V(u_j)+\sum_{j=1}^{N}\frac{1}{2}C(u_j-u_{j+1})^2,\qquad(19.153)$$

u_j 是 B 中 R_j 位置上的原子的位移，p_j 是其共轭动量． 奥布里取势能 $V(u_j)$ 为

$$V(u_j)=\frac{E_0}{a^4}(u_j^2-a^2)^2.\qquad(19.154)$$

显然，此为一双阱势，E_0 是势垒高度，$2a$ 是双阱的两底间的距离．与吉尔斯等的模型哈密顿量的比较可见，二者非常相似．只是奥布里取单粒子势恒为双阱势，故他划分系统性质的标准也与吉尔斯的标准不同．奥布里的模型的行为决定于两个独立参数：Ca^2/E_0 及 k_BT/E_0，并由比较粒子间互作用能和势垒高度的相对大小来划分系统的类型．当 $Ca^2\ll E_0$ 时，系统属于有序-无序型；而当 $Ca^2\gg E_0$ 时，则为位移型．这是由于在相互作用能甚大于势垒高度时，势阱不起作用，强相互作用使晶体成为位移型的了．对于不同参数值，系统在各种温度下的行为的仔细研究表明，对于有序-无序型，系统存在有两个特征温度，一个对应于有序-无序系统中所观察到的伊辛转变，另一个则对应于质点从其双阱的一个谷到另一个谷的光频振动，它联系于，例如，NH_4Cl 在 456K 发生的转变（CsCl 型结构向 NaCl 型结构的转变）．在位移型情形中，两个特征温度合而为一，低于此温度，单质点位置在 $\pm a$ 的附近有尖锐的极大值，而在此温度以上，此极大值向原点移动．得到了位移相变的图象．需要说明的是，对于一维系统，在有限的温度下，系统不表现有相变行为，但上述现象与在二维及三维系统中观察到的相似．

斯坦曼科维克（S. Stamenkovic）等[74]提出了另外一种与上

述模型略有差异的结构相变统一理论. 他们认为，铁电相变是晶格动力学不稳定性和隧道原子在晶格中的几个位置间统计无序的结果. 他们引入了两个序参数来表征系统的状态. 一个是粒子在两个平衡位置中的一个的平均占据数 $\sigma_\alpha(T)$, $\alpha = \pm 1$, 这是在赝自旋描述中引用的. 另一个是原子的平均位移 $\eta_\alpha(T)$, 此是在软声子描述中引用的. 在高温相，若系统为有序-无序型的，则 $\sigma_+(T) = \sigma_-(T)$. 若为位移型，则 $\eta_+(T) = \eta_-(T) = 0$, 当然，系统也可以有混合特征.

为了同时说明原子的统计无序分布和热涨落，在低于临界点，原子位置写成如下形式:

$$\boldsymbol{R}_i = \boldsymbol{l}_i + \sigma_i^+ \boldsymbol{S}_i^+ + \sigma_i^- \boldsymbol{S}_i^-, \tag{19.155}$$

$\boldsymbol{l}_i$ 是第 i 个晶胞的位矢. $\sigma_i^+ = 1$ 或 0, $\sigma_i^- = 0$ 或 1, 依赖于原子占据左边(取+号)还是右边(取一号)的平衡位置. $\boldsymbol{S}_i^\alpha$ 是原子位移，它可以写成静态位移 $\boldsymbol{b}_i^\alpha$ 和热涨落位移 $\boldsymbol{u}_i^\alpha$ 之和. 即

$$\boldsymbol{S}_i^\alpha = \boldsymbol{b}_i^\alpha + \boldsymbol{u}_i^\alpha, \quad \boldsymbol{b}_i^\alpha = \langle \boldsymbol{b}_i^\alpha \rangle = \langle \boldsymbol{S}_i^\alpha \rangle. \tag{19.156}$$

而位移系统的序参量

$$\eta_\alpha^2 = \frac{B}{A} b_\alpha^2. \tag{19.157}$$

对于这样的系统，斯坦曼科维克等把系统的哈密顿量写成

$$\mathscr{H} = \sum_{i,\alpha} \sigma_i^\alpha \left\{ \frac{1}{2m} (p_i^\alpha)^2 - \frac{A}{2} (S_i^\alpha)^2 + \frac{B}{4} (S_i^\alpha)^4 \right\}$$

$$+ \frac{1}{2} \sum_{i \neq j} \sigma_i^\alpha \sigma_i^\beta \varphi_{ij}'' \frac{1}{2} (\boldsymbol{S}_i^\alpha - \boldsymbol{S}_i^\beta)^2, \tag{19.158}$$

φ_{ij}'' 是力常数矩阵. 这里 A 和 B 分别定义了势垒高度 $U_0 = A^2/4B$ 和两个极小值间的距离 $2S_0 = 2\sqrt{\frac{A}{B}}$. 由上式可以看出，若只考虑自旋序参量(把其余各量看作系数)，它构成了伊辛模型哈密顿量，若只注意位移变量，则构成了非谐振子系统哈密顿量，与式(19.152)和式(19.153)有相似的形式.

这一模型的数值计数结果表明，系统的性质决定于耦合常

数 f_0

$$f_0 = \frac{1}{A}\sum_i \varphi''_{ij}. \tag{19.159}$$

当 $f_0 \ll 1$ 时,系统属有序-无序型. 图 19.10 示出了在 f_0 取不同值时计算得到的自旋序参量 σ 和位移序参量 η_+ 及 η_- 随温度的变化情况. 从图中可看出,在 $f_0 = 0.1$ 时,系统属有序-无序型,如图 19.10(a) 所示. 在 f_0 值较大,如 $f_0 \geqslant 0.2$ 时,σ 保持恒定,因为只有一个平衡位置(如 η_+)是稳定的,因而发生位移型相变,如图 19.10(c) 所示. 对于中间的 f_0 值,如 $f_0 \simeq 0.17$,相变有混合的特征,σ 及 $\eta_\pm$ 随温度上升同时趋于零,如图 19.10(b) 所示. 计算还表明,相变的级与 f_0 的值有关,大 f_0 值似乎表现为一级相变.

到此为止,我们给出的统一模型都是一种粒子同时负担了位移型及有序-无序型两种机制的. 下面我们简单地讨论另外一种模型,在这种模型中,这两种机制分别由两种离子承担.

上节已表明,对于例如 KH_2PO_4 晶体,考虑到 K-PO_4 点阵振动的影响,应采取赝自旋-声子耦合模型. 即系统的哈密顿为[30]

$$\mathscr{H} = \mathscr{H}_P + \mathscr{H}_I + \mathscr{H}_L, \tag{19.160}$$

其中 $\mathscr{H}_P$ 是裸质子系统的哈密顿量,用赝自旋算符来表示,即 § 19.5 所给出的

$$\mathscr{H}_P = -\Omega\sum_i S_i^x - \frac{1}{2}\sum_{i,j} J_{ij} S_i^z S_j^z. \tag{19.161}$$

$\mathscr{H}_L$ 是晶格振动哈密顿量

$$\mathscr{H}_L = \frac{1}{2}\sum_{q,p} P_{q,p}P_{-q,p} + \omega_{q,p}^2 Q_{q,p} Q_{-q,p}, \tag{19.162}$$

$Q_{q,p}$, $P_{q,p}$ 和 $\omega_{q,p}$ 为简正坐标,动量及波矢为 q 的第 p 个晶格模振动频率. $\mathscr{H}_I$ 是赝自旋-声子相互作用项,它可以包括如形式为 $S_i^x S_j^x$ 的耦合项及形式为 $S_i^z S_j^z S_k^z S_m^z$ 的四粒子互作用项等,一般只考虑描述赝自旋和极性光学声子的相互作用,即

$$\mathscr{H}_I = -\sum_{q,p} S_{-q}^z F_{q,p} Q_{q,p}. \tag{19.163}$$

假如用非简谐声子系统代替简谐声子系统,即取

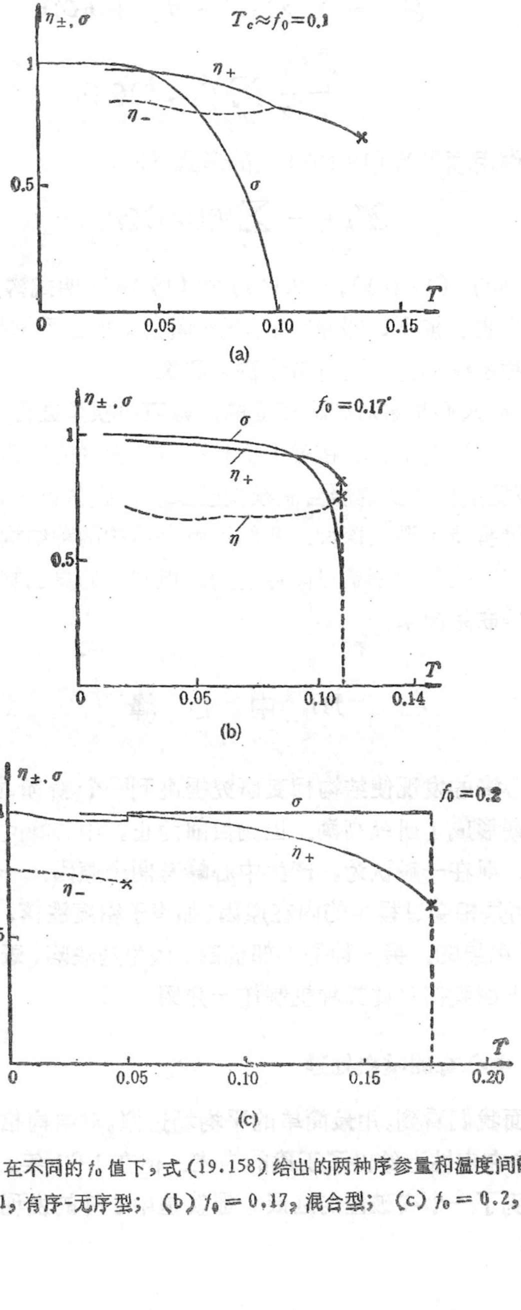

图 19.10 在不同的 f_0 值下，式 (19.158) 给出的两种序参量和温度间的关系.
(a) $f_0 = 0.1$，有序-无序型；(b) $f_0 = 0.17$，混合型；(c) $f_0 = 0.2$，位移型.

$$\mathscr{H}_L=\frac{1}{2}\sum_l(P_l^2+AQ_l^2+BQ_l^4)$$
$$-\frac{1}{2}\sum_{ll'}C(l,l')Q_lQ_{l'}, \qquad (19.164)$$

而相互作用项仍为(19.163)式的形式，即

$$\mathscr{H}_I=-\sum_{i,l}F(l,i)Q_lS_i^z, \qquad (19.165)$$

则(19.160)，(19.161)，(19.164)和(19.165)四式构成了另一种结构相变统一模型，即非简谐声子-赝自旋耦合系统模型哈密顿量．这种系统的行为还有待于深入研究．

此外，人们也曾对结构相变的严格可解模型进行过研究[75]．

最后应该说明，现在对于位移型结构相变的软声子模型和有序-无序型结构相变的赝自旋模型已没有什么争议了，但对于统一模型则仍有待于深入探讨．我们这里介绍的两种结构相变的统一模型在实际晶体中都是可能存在的．但问题的真正解决还应和中心峰问题联系起来．

III 中 心 峰

中心峰的发现使结构相变研究提高到一个新阶段，并在70年代中期形成了研究高潮．但到目前为止，中心峰问题仍没有完全解决．现在一般认为，产生中心峰有两个原因．一种是内禀机制，认为是相变过程中的内在原因(如声子密度涨落，畴墙运动等原因)所引起的．另一种是外部机制，认为是缺陷，表面等原因所引起．下面我们对此二种机制作一介绍．

§19.7 中心峰的唯象处理

上面我们看到，用最简单的平均场近似，对结构相变的软模机制，至少在定性上给出了正确的描述．但在1971年，结构相变的研究得到了一个突破性的进展，那就是中心峰的发现．它表明了

简单的软模理论对于结构相变的正确描绘是不完全的。

现在一般认为，中心峰是勒斯特（T. Riste），萨穆尔森（E. J. Samuelson）和奥特纳斯（K. Otnes）[76] 在1971年进行立方

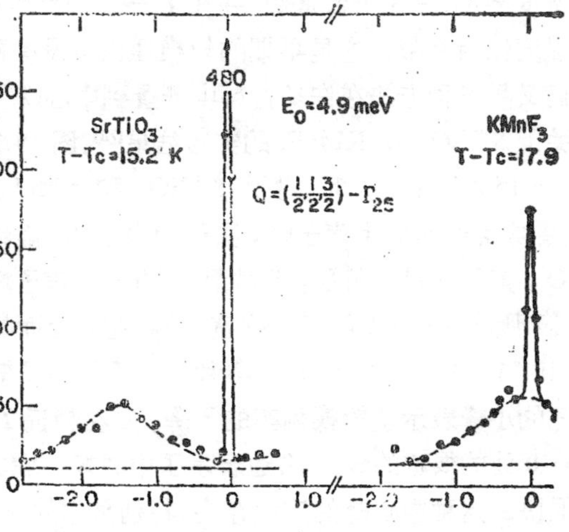

(a)

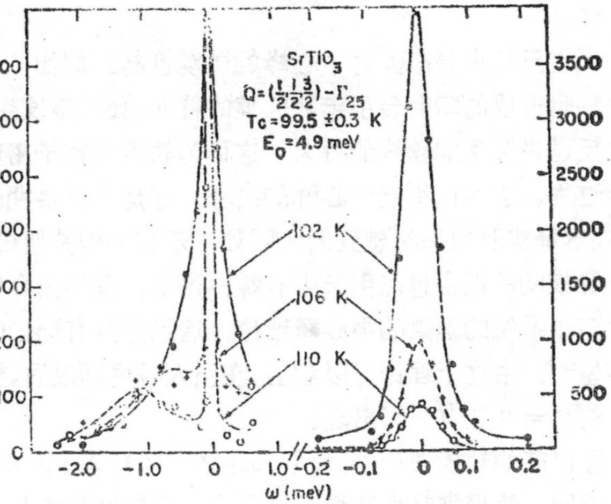

(b)

图 19.11 (a) $SrTiO_3$和$KMnF_3$在$T-T_c=15.2$及17.9K时的中子散射谱；(b) $SrTiO_3$在几个温度下的中子散射谱.

$SrTiO_3$ 的非弹性中子散射实验时发现的. 实验表明, 在温度趋于 $T_c=106K$ 时, 除了软模峰外, 还出现了一个低频散射峰, 其频率在 0 附近, 故称为中心峰或中心模. 中心峰的宽度非常窄, 一般比软模峰宽度要小 3—4 个数量级, 并在 $T\to T_c$ 时, 中心峰发散, 但软模的强度保持有限. 这是早期的软模理论所没有预料到的. 其后, 人们又用多种方法在许多材料中测量到中心峰[77]. 图 19.11 示出了关于 $SrTiO_3$ 及 $KMnF_3$ 的实验结果[78]. 图 19.11(a) 示出在 $T-T_c=15.2$ 和 17.9K 时, 对于 $SrTiO_3$ 和 $KMnF_3$ 得到的中子散射谱, 图中点线对应于声子峰, 实线为中心峰, 虚线为背景. 对于 $SrTiO_3$, 声子峰没有阻尼, 而对于 $KMnF_3$, 声子峰在此温度被阻尼了, 表现为在 $\omega=0$ 附近一很宽的峰, 在它上面的顶部是中心峰. 图 19.11(b) 示出 $SrTiO_3$ 在各种温度下的中子散射谱, 图左下角很宽的小峰表示了软模频率的下降, 并在趋近 T_c 时, 成为中心在 $\omega=0$ 处的很宽的峰. 右边表示了中心峰, 它在 $T\to T_c$ 时上升得很快. 这种中心峰的广泛存在, 特别是它的非常窄的宽度, 吸引了大量的理论研究工作, 特别是在软模动力学性质方面的研究工作.

现在已经设想出多种中心峰的微观机制. 例如, 点阵发生软模位移时造成的畸变会引起其他模的特性, 如频率发生变化, 这种变化反过来又影响软模的行为. 这称为软模与声子密度涨落间的耦合过程, 它可以引起中心峰的出现. 这是一种早期的中心峰理论, 在解释实验结果时碰到很大困难. 还有一些其他机制, 如软模和热导模间的耦合也能引起中心峰. 这里, 我们先介绍一个应用于软声子系统的唯象的中心峰理论, 这就是具有记忆的阻尼谐振子模型[30]. 由这个理论可以看出, 在引入阻尼项以后, 就可以在频谱中的 $\omega=0$ 处有一峰出现.

在以前的软模理论中, 我们都忽略了软光声子的阻尼, 而实验结果表明, 软模常常是被严重阻尼的. 把软模系统看成是一个简单的阻尼谐振子, 则其运动方程可以写为

$$\frac{\partial^2}{\partial t^2}Q(t) = -\bar{\omega}^2 Q(t) + Fe^{i\omega t} - \int_0^t M(t-t')\dot{Q}(t')dt', \quad (19.166)$$

其中，$Q(t)$ 是软模的简正坐标，$\bar{\omega}$ 为软模频率，以前已给出 $\bar{\omega}^2(t) = K(T - T_0)$。上式中的第一项是软模的回复力，第二项是作用在系统中频率为 ω 的外力，第三项则是考虑到声子间相互作用而引进的阻尼项。这里把通常的阻尼力推广到具有记忆效应的情形。若 $M(t-t') = \Gamma\delta(t-t')$，即不存在记忆效应，则式(19.166)中的阻尼项化成通常的形式 $-\Gamma\dot{Q}(t)$。

对式(19.166)进行拉普拉斯变换，即将其乘以 e^{-pt}，并在 $(0,\infty)$ 区间内对 t 积分，则可将该式化成一代数方程。对于阻尼项，利用卷积定理可化为：

$$\int_0^t M(t-t')\dot{Q}(t')dt' \doteqdot M(p)\int_0^\infty \frac{dQ(t)}{dt}e^{-pt}dt = M(p)pQ(p) \quad (19.167)$$

其中 $M(p)$ 及 $Q(p)$ 是原函数 $M(t)$ 及 $Q(t)$ 的像函数，即

$$M(t) \doteqdot M(p) = \int_0^\infty M(t)e^{-pt}dt. \quad (19.168)$$

于是式(19.166)化成

$$p^2Q(p) = -\bar{\omega}^2Q(p) + F(p) - M(p)pQ(p), \quad (19.169)$$

其中

$$F(p) = F(t) = Fe^{i\omega t}. \quad (19.170)$$

式(19.169)给出

$$Q(p) = \frac{F(p)}{p^2 + \bar{\omega}^2 + pM(p)}. \quad (19.171)$$

设记忆函数具有简单的指数形式，即

$$M(t) = \frac{\Gamma}{\tau}e^{-t/\tau}, \quad t > 0, \quad (19.172)$$

τ 是量度软模和其他模相互作用的持续时间，于是得到

$$M(p) = \frac{\Gamma}{\tau}\frac{1}{p + \frac{1}{\tau}}, \quad (19.173)$$

于是系统在像函数领域中的响应函数 $G(p)$ 是

$$G(p)=\frac{Q(p)}{F(p)}=\frac{1}{p^2+\bar{\omega}^2+\dfrac{\Gamma p}{1+p\tau}}. \tag{19.174}$$

令 $p=i\omega$，则上式成为

$$G(i\omega)=\frac{1}{\bar{\omega}_\infty^2-\omega^2+\dfrac{i\Gamma\omega}{1+\omega^2\tau^2}}, \tag{19.175}$$

其中 $\bar{\omega}_\infty$ 是重正化的软模频率

$$\bar{\omega}_\infty^2=\bar{\omega}^2+\frac{\omega^2\Gamma\tau}{1+\omega^2\tau^2}. \tag{19.176}$$

微分截面与响应函数虚部正比，故得

$$I(\omega)\propto\frac{1}{\omega}\operatorname{Im}G(i\omega)=\text{常数}\frac{\Gamma_e}{[\bar{\omega}_\infty^2-\omega^2]^2+\Gamma_e^2\omega^2}, \tag{19.177}$$

其中，$\Gamma_e=\dfrac{\Gamma}{1+\omega^2\tau^2}$ 为有效阻尼系数. 可分两种情况来讨论系统的响应. 设 $\omega\tau\ll 1$，是为快弛豫的情形，此时，由于频率相对较低，系统可以适应软模运动，而产生附加阻尼，现有 $\Gamma_e=\Gamma$，且由式 (19.175)，得到

$$G(i\omega)=\frac{1}{\bar{\omega}_\infty^2-\omega^2+i\Gamma\omega}, \tag{19.178}$$

即为简单的阻尼谐振子的情形. 但在慢弛豫时，$\omega\tau\gg 1$，此时频率相对说来较高，缓慢弛豫跟不上软模运动，阻尼与频率有关，而得到

$$I(\omega)\propto\frac{\Gamma}{\omega^2\tau^2}\,\frac{1}{(\bar{\omega}_\infty^2-\omega^2)^2+\Gamma^2/\omega^2\tau^2}, \tag{19.179}$$

因而在频谱中除了在 $\bar{\omega}_\infty$ 处有一软模峰外，在 $\omega=0$ 处，还有一强的峰，此即中心峰. 峰宽为 $1/\tau$.

应该指出，在上述理论中，中心峰并不是临界现象. 在系统的记忆函数含有一个慢弛豫分量时，则产生了与频率有关的阻尼，而总有中心峰出现. 但实际上，中心峰应与相变点附近的涨落有关.

上述理论应用于位移系统。对于有序-无序型系统，若计及阻尼以及在分子场方向赝自旋运动，再应用与 § 19.5 中相同的方法求解，则会发现，在频谱中也有中心峰出现，详见文献 [30]。

这样，我们看到，在引入慢弛豫的阻尼项后可以导致中心峰出现。但这一理论没有阐明中心峰出现的物理实质。

§ 19.8 运动畴壁理论

这是一种内禀机制的理论。基于分子动力学的计算结果表明，在 T_c 以上的一定温度范围内，晶体内形成了一些短程有序的集团或畴，相邻的集团中原子位移方向相反，中间以一畴壁分开。由于畴壁的存在，原子有两种运动方式，一种是在准平衡位置附近振动，对应于软模。另一种是原子在两集团之间跳动，相当于畴壁移动。这是一个慢过程，导致中心峰出现。

这种计算给出了清晰的物理图象，和一种可能的中心峰机制。同时，这种分子动力学计算有较广泛的应用范围，下面作一较详细介绍

(a) 克鲁姆汉斯尔和施里弗尔 (J. R. Schrieffer) 的理论[79]

克鲁姆汉斯尔和施里弗尔放弃了微扰和各种模之间相互作用的观点来研究这一强非线性系统。他们研究的虽然是一维连续系统，但全部是以解析的形式给出的，并给出了很有兴趣的结果。

取如下的最简单的模型哈密顿量

$$\mathscr{H}=\sum_i\left[\frac{Au_i^2}{2}+\frac{Bu_i^4}{4}-\sum C_{ij}\frac{(u_i-u_j)^2}{2}\right]+\sum_i m_i\frac{\dot{u}_i^2}{2}, \tag{19.180}$$

其中，i, j 为点阵位置。u_i 和 $\dot{u}_i$ 是位移离子关于参考点阵的位移和速度。A, B 和 C_{ij} 是位能系数。通常情况下，A 由吸引相互作用力决定，B 由短程排斥力决定，C_{ij} 则决定于位移离子间的相互作用力。前两项是离子关于参考点阵的势能曲线，第三项是位移离子间的相互作用能（"弹性能"）。设 $A<0$, $B>0$, $C_{ij}>0$。取一维点阵，并将式 (19.180) 以一连续表示代替之，则得

$$\mathscr{H} = \int \frac{dx}{l}\left[\frac{1}{2m}p^2(x) + \frac{A}{2}u^2(x) + \frac{B}{4}u^4(x) + \frac{1}{2}mc_0^2\left(\frac{du}{dx}\right)^2\right], \tag{19.181}$$

其中 l 是点阵间距，离子占据位置是 $x = x_j = jl$。c_0 是小振幅声波的速度，取 $A = -|A| < 0$ 为一与温度无关的常数。这样，并没有像通常唯象理论所作的那样，人为地引进一相变，并取 $B > 0$。于是单粒子处在双阱势中，如图 19.12 所示。其中

$$u_0 = \pm\sqrt{\frac{|A|}{B}}, \quad U = -\frac{1}{4}\frac{|A|^2}{B}. \tag{19.182}$$

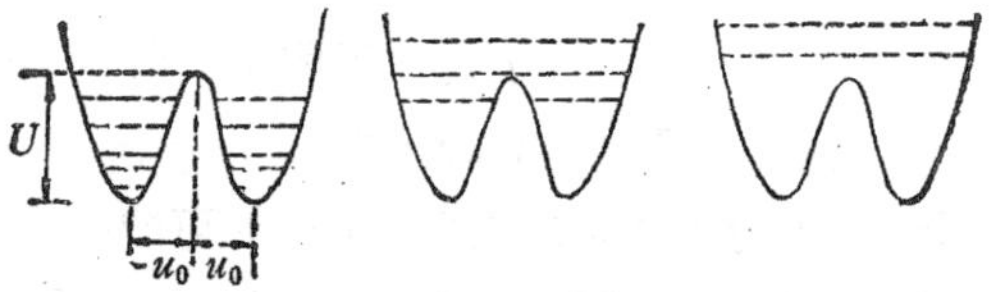

图 19.12 单粒子所处的双势阱.
(a) 低温；(b) 中间温度；(c) 高温.

由式 (19.181) 可以看出，在双阱势中，离子由一阱移动到另一阱所需的能量是 $mc_0^2(2u_0/l)^2$，若它不大得足以超过双阱势中间的位垒，则仅有个别的离子由于热涨落而能在两阱间跳跃，于是系统成为有序-无序型的。相反，存在有很强的位移离子间的相互作用，系统成为位移型的，即

$$\begin{aligned} &\frac{1}{4}\frac{|A|^2}{B} > 4mc_0^2u_0^2/l^2, \quad \text{有序-无序型}, \\ &\frac{1}{4}\frac{|A|^2}{B} < 4mc_0^2u_0^2/l^2, \quad \text{位移型}. \end{aligned} \tag{19.183}$$

下面只考虑满足后一条件的位移型结构相变。

将式 (19.181) 关于 t 求导，得到位移场 $u(x)$ 的运动方程是

$$m\ddot{u} + Au + Bu^3 - mc_0^2u'' = 0. \tag{19.184}$$

令 $u=f(x-vt)$，则得到 f 遵守的方程是

$$m(v^2-c_0^2)f''+Af+Bf^3=0。\tag{19.185}$$

引入无量纲变量

$$\frac{m(c_0^2-v^2)}{|A|}=\xi^2,\quad \frac{f}{u_0}=\eta=\frac{f}{\sqrt{\frac{|A|}{B}}},\quad \frac{x-vt}{\xi}=s,\tag{19.186}$$

则得到式(19.185)的无量纲形式

$$\frac{d^2\eta}{ds^2}+\eta-\eta^3=0,\tag{19.187}$$

此方程的形式非常简单。在小振幅的情形，即 $\eta^3\ll\eta\ll 1$，得到简谐解

$$u=u_0\sin\left(\frac{x-vt}{\xi}+\theta\right),\tag{19.188}$$

这是一波矢 $q=\frac{1}{\xi}$，频率为 $\frac{v}{\xi}$，相速度为 v 的声子，并有色散关系 $v^2q^2=c_0^2q^2-\frac{|A|}{m}=\omega_q^2$。当然，我们感兴趣的是有较大的非简谐效应即有大振幅的情形。

式(19.187)有一个解，$\eta=\pm 1$。我们当然对这种形式的解不感兴趣。但这是一种最低的能量状态，所有质点都静止在势阱底部，而上面的小振幅解是一种高于它的低能激发态。它还有一种特殊解是

$$\eta=\tanh\frac{S}{\sqrt{2}},\tag{19.189}$$

即

$$u=u_0\tanh\frac{x-vt}{\sqrt{2}\,\xi},\tag{19.190}$$

由这个方程，我们得到了如下的位移场分布。在 $x-vt<0$ 的半无限大空间中，位移是 $-u_0$，在 $x-vt>0$ 的半无限大空间中，位移是 $+u_0$。这样，我们得到了两个位移反相的畴，两畴间位移的变化是通过厚度为 $2\sqrt{2}\,\xi$ 的区域发生的，$\xi=\sqrt{m(c_0^2-v^2)/|A|}$，

如图 19.13 所示。我们称此过渡区域为畴壁，畴壁的移动速度是 v，显然，v 不能大于 c_0。

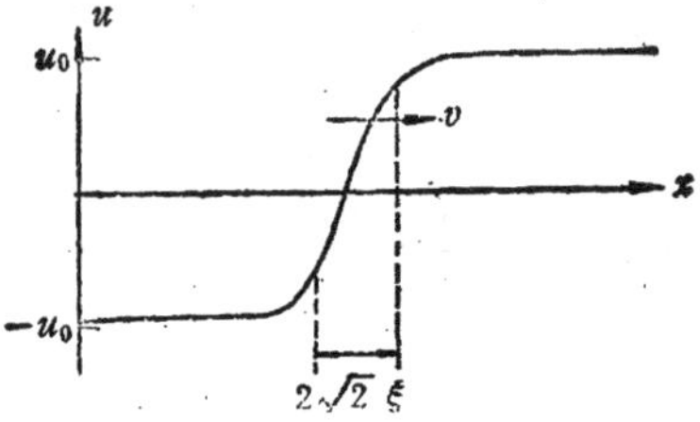

图 19.13 两相邻的反相位移区所形成的畴壁及其运动.

这样，我们看到，有两种形式的位移场存在。其一是在势能极小位置 $\pm u_0$ 附近的小振幅振动，另一是由于畴壁的出现，使位移场通过一厚为 $2\sqrt{2}\,\xi$ 的过渡区，由一个极小值位置变到另一个极小值位置。

可以注意到，畴壁的出现是强非线性系统的结果，在以上的计算中，没有采取平均场近似，也没有采取可以得到准简谐模型的哈特里 (Hartree) 近似。

现在来看根据这一模型可以得到怎样的结果。

考虑一特定的点 x，它在某一时刻的位移是

$$u(x, t) = \pm u_0 + a\cos\omega_0 t \tag{19.191}$$

后一项是小振幅振动，且 $\omega_0 \cong \sqrt{|A|/m}$。当有一畴壁通过，原子由一阱跳到另一阱中时，位移便成为 $\mp u_0 + a\cos\omega_0 t$。由此位移场，我们可以计算动力学关联函数 $\langle u(0, 0)u(x, t)\rangle$。它的傅里叶变换给出了如下结构因子：

$$S(q, \omega) = \frac{1}{(2\pi)^2}\iint dx dt e^{i(qx-\omega t)}\langle u(0, 0)u(x, t)\rangle. \tag{19.192}$$

现在还不可能严格计算出 $S(q, \omega)$，但对于在一关联长度内的两点，可以近似地以 $\langle u(0, 0)u(0, t)\rangle$ 代替 $\langle u(0, 0)u(x, t)\rangle$，从而得到

$$S(q, \omega) \propto \frac{\sigma_\lambda(q)}{2\pi}\int_{-\infty}^{\infty} dt e^{-i\omega t}\langle u(0, 0)u(0, t)\rangle, \quad (19.193)$$

其中 $\sigma_\lambda(q)$ 是在关联长度中进行近似的空间傅里叶变换后引进的因子。由卷积定理，关联函数的 ω 变换恰好是，$\langle u(0, \omega)u^*(0, \omega)\rangle$，即

$$S(q, \omega) \propto \frac{\sigma_\lambda(q)}{2\pi}\langle u(0, \omega)u^*(0, \omega)\rangle, \quad (19.194)$$

其中

$$u(0, \omega) = \frac{1}{2\pi}\int_{-\infty}^{\infty} dt e^{-i\omega t}u(0, t), \quad (19.195)$$

$u(0, t)$ 由式 (19.191) 给出。由于存在着畴壁运动，故将上积分式分为在若干个时间段内进行。于是得到

$$\begin{aligned} u(0, \omega) = \sum_i \Big[& \frac{\pm u_0}{2\pi} e^{-i\omega t_i} \frac{e^{-i\omega(t_{i+1}-t_i)} - 1}{-i\omega} \\ & + \frac{a}{2\pi} e^{-i(\omega-\omega_0)t_i} \frac{e^{-i(\omega-\omega_0)(t_{i+1}-t_i)} - 1}{-i(\omega-\omega_0)} \\ & + \frac{a}{2\pi} e^{-i(\omega+\omega_0)t_i} \frac{e^{-i(\omega+\omega_0)(t_{i+1}-t_i)} - 1}{-i(\omega+\omega_0)} \Big], \end{aligned} \quad (19.196)$$

t_i 是畴壁到达时间。取无规相近似，则有

$$\begin{aligned} \langle u(0, \omega)u^*(0, \omega)\rangle = \sum_i \Big[& \frac{u_0^2}{\pi^2}\left\langle \frac{\sin^2 \omega(t_i - t_{i+1})}{\omega^2}\right\rangle \\ & + \left\langle \frac{a^2}{\pi^2} \frac{\sin^2(\omega-\omega_0)(t_i - t_{i+1})}{(\omega-\omega_0)^2}\right\rangle \\ & + \left\langle \frac{a^2}{\pi^2} \frac{\sin^2(\omega+\omega_0)(t_i - t_{i+1})}{(\omega+\omega_0)^2}\right\rangle \Big]. \end{aligned}$$

(19.197)

上式平均是在畴壁到达的时间间隔内，关于畴壁的分布作的。由于在 $0 \to t$ 时间内到达 $x = 0$ 点的畴壁数是

$$N(t) = \int_0^{\infty} vt\bar{n}_\omega(v)dv, \quad (19.198)$$

其中 $\bar{n}_\omega(v)$ 是单位距离内速度为 v 的向 $x = 0$ 点运动的畴壁数，

并有

$$\bar{n}_\omega(v) = \frac{1}{n_\omega^0} e^{-E_p/k_BT} e^{-m^*v^2/2k_BT}, \qquad (19.199)$$

E_p 是位能，m^* 是畴壁的有效质量，n_ω^0 为归一化常数，于是得到 0 → t 之间从两边到达 $x = 0$ 点的畴壁数为

$$N(t) = \frac{2t}{n_\omega^0} e^{-E_p/k_BT} \int_0^\infty v e^{-m^*v^2/2k_BT} dv = \frac{t}{t_D}, \qquad (19.200)$$

其中

$$t_D^{-1} = \frac{2k_BT}{n_\omega^0 m^*} e^{-E_p/k_BT} \qquad (19.201)$$

于是得到单位时间内到达的畴壁数 $dN/dt = 1/t_D$。而直到 t 时间内到达一个畴壁的几率为 $p(t) = (1/t_D)e^{-t/t_D}$，由此几率分布对式 (19.197) 求平均，由于

$$\int_0^\infty \frac{dt}{t_D} e^{-t/t_D} \frac{\sin^2 \omega t}{\omega^2} = \frac{2t_D}{1 + 4\omega^2 t_D^2}, \qquad (19.202)$$

故有

$$S(q, \omega) \propto \frac{2\sigma_\lambda(q)}{\pi^2} \left[u_0^2 \frac{t_D}{1 + 4\omega^2 t_D^2} + \bar{a}^2 \left(\frac{t_D}{1 + 4(\omega - \omega_0)^2 t_D^2} + \frac{t_D}{1 + 4(\omega + \omega_0)^2 t_D^2} \right) \right], \qquad (19.203)$$

$\bar{a}^2$ 是具有频率 ω_0 的声子的平均平方热振动振幅。

这样，我们看到，不仅在声子频率 ω_0 处有预期的峰，而且在 $\omega = 0$ 处也有一峰，其高度随温度降低而升高。它是强的非线性位移所产生的畴壁在两个极小值间的位移所产生，而软声子峰则是原子在一极小值势阱内的振动所产生。克鲁姆汉斯尔和施里弗尔倾向于认为，$\omega = 0$ 的峰即实验中所看到的中心峰。当然，也可能提出疑问；一维点阵的相变点在 0K，所以最好在二维或三维空间讨论这一问题。

比较式 (19.153) 和式 (19.180) 可见，奥布里采用了和这里相同的模型哈密顿量。上面我们已介绍了奥布里由式(19.153)出发

得到了结构相变的软模机制，他同样也得到了位移畴的存在，并研究了畴壁模型。还由此考虑了位移系统的中心峰问题[80]。

(b) 施纳德尔 (T. Schneider) 和斯托尔 (E. Stoll) 的理论[81-83] 施纳德尔和斯托尔在二维及三维空间中以类似于克鲁姆汉斯尔和施里弗尔的模型哈密顿量，用数值计算方法，进行了大量的详细的结构相变的分子动力学研究。计算机是对较复杂问题求解的有力工具。下面我们对模型和结果作一介绍。

施纳德尔和斯托尔给出结构相变的二维晶格动力学模型哈密顿量是

$$\mathscr{H} = \frac{m}{2}\sum_{l,k}(\dot{X}_{lk}^2 + \dot{Y}_{lk}^2) + \frac{A}{2}\sum_{l,k}(X_{lk}^2 + Y_{lk}^2) + \frac{B}{4}\sum_{l,k}(X_{lk}^4 + Y_{lk}^4) + \sum_{ll'kk'} V_{lk,l'k'}X_{lk}Y_{l'k'}, \quad (19.204)$$

其中，l 是晶胞序数，k 是晶胞内质点序数。m 是质点质量，$\dot{X}_{lk}$，$\dot{Y}_{lk}$，X_{lk}，Y_{lk} 是相应的质点关于晶格常数为 a 的方形参考晶格的速度和位移。这里我们假设，一个给定质点仅可以在 X 或 Y 方向运动。A，B，$V_{lk,l'k'}$ 是模型参数，选择其数值使代表局域序参量的平均位移在低温时不为零，因而系统将发生一结构相变。它们的值如下:

(i) 铁畸变型。取

$$V_{lkl'k'} = \begin{cases} -C, & \text{最近邻,} \\ 0, & \text{其余近邻。} \end{cases} \quad (19.205)$$

在 $T=0$ 时，在经典范围内，令作用在质点上的力为零，即

$$\frac{\partial V}{\partial X_{lk}} = \frac{\partial V}{\partial Y_{lk}} = 0,$$

V 是哈密顿量式 (19.204) 中的势能部分。则求得质点的平衡位置为

$$\langle X_{lk}\rangle_{T=0}^2 = \langle Y_{lk}\rangle_{T=0}^2 = \frac{4C - A}{B}, \quad (19.206)$$

此位移为局域的零温序参量，得到的铁畸变型结构的原子排列如

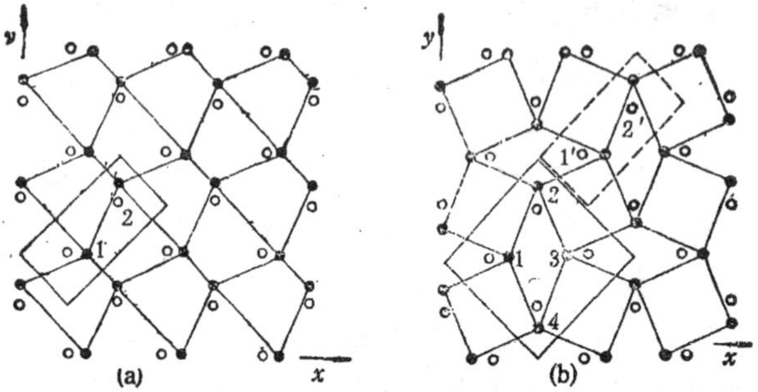

图 19.14 (a)铁畸变相原子排列图．圆圈为高温相的平均位置．晶胞中有两个原子；(b) 反铁畸变相原子排列，晶胞中有四个原子．

图 19.14(a) 所示。同时，为保证铁畸变相能量为极小，应有．

$$4C-A>0,\ B>0,\ C>0。\tag{19.207}$$

(ii) 反铁畸变型．反铁畸变型的低温相应有

$$V_{lk,l'k'}=\begin{cases}-C\cdot(-1)^{k-k'}, & \text{最近邻．}\\ 0, & \text{其余近邻．}\end{cases}\tag{19.208}$$

类似地，在 $T=0$ 时，有

$$\langle X_{lk}\rangle=(-1)^k\left(\frac{4C-A}{B}\right)^{1/2},\tag{19.209}$$

而得到反铁畸变型结构的原子排列如图 19.14(b) 所示。同样地，能量极小要求．

$$4C-A>0,\ B>0,\ C>0。\tag{19.210}$$

我们看到，在结构相变后，晶胞增大一倍．为由铁畸变结构得到反铁畸变结构．只要把偶序数晶胞的原子位移反向即可，即令

$$X_{lk}\to(-1)^kX_l,\tag{19.211}$$

X_l 是铁畸变局部位移．

对于式 (19.204) 所代表的系统，选取不同的参数，可以分别得到位移型及有序-无序型结构相变．

(1) 若 $A<0$, $B>0$, $C>0$，此时得到双阱势，结构相变是有序-无序型的．若令 $A\to-\infty$, $B\to+\infty$，但 $\frac{A}{B}=-1$，则

对应于自旋 1/2 的铁磁体和反铁磁体的情形。

(2)若 $A>0$, $B>0$, $C>0$, 此时单质点势有单个极小值，结构相变是位移型的。由于 $4C-A>0$, 故 A 的最大值为 $4C$。这是位移极限，此时的零温序参量为零。由此得到了图 19.15 所示的各种参数值所对应的相变类型，以及在进行具体数值计算时所选用的常数值及其所属类型。共选取了三种典型的情况进行研究，$M_{\rm I}$ 在有序-无序区，$M_{\rm II}$ 在位移区，$M_{\rm III}$ 为位移极限。

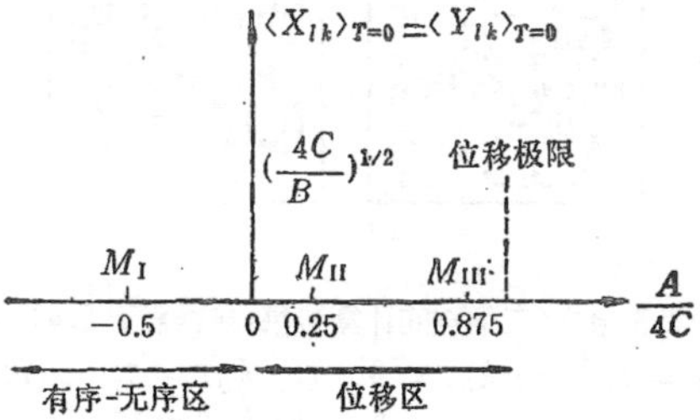

图 19.15 位移区及有序-无序区的范围和数值计算所取模型的位置.

由式 (19.204) 可以求得第 l, k 个质点的动力学方程为

$$-m\ddot{X}_{lk}=AX_{lk}+BX_{lk}^3+2\sum_{l'k'}V_{lk,l'k'}Y_{l'k'}, \qquad (19.212)$$

以及类似关于 Y_{lk} 的式子。取 3200 个质点组成二维方胞点阵，并受有周期性边界条件，给定位置及速度的初始值进行数值计算。计算得到的静态性质表明，系统发生了二级相变，求得临界指数 $\beta=\frac{1}{8}$, $\gamma=\frac{7}{4}$, 并 C_v 对数地发散，符合二维伊辛模型严格解的结果。

在动力学行为方面，计算结果表明，晶格中有集团(畴)形成。它的局域序参数与 0K 时晶格中的值反号，并在趋近 T_c 时，集团数增加。在 T_c 以上，正负序参数的集团数相等，且温度愈高，集团尺寸愈小，如图 19.16 所示，其中方块表示局域位移和 $T=0$ 时相反的区域。这些完全符合于预期的结果。集团及集团间的界面

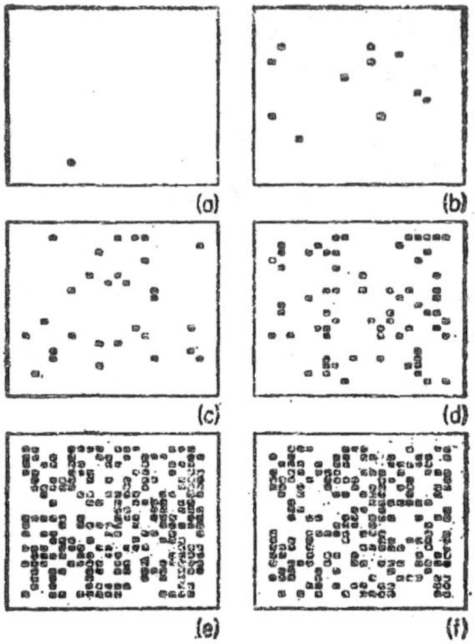

图 19.16 瞬时的集团组态(三维空间计算结果，在垂直于 [100] 的平面上的状态).
(a) $k_BT=2$; (b) $k_BT=4$; (c) $k_BT=5$; (d) $k_BT=6$;
(e) $k_BT=8$; (f) $k_BT=15$.

(畴壁)的形成，有着重要的结果。集团的存在表明，一个质点不仅在平均位置附近振动，而且这些平均位置本身也参与了集团动力学过程，这一情况显然是普通的晶格动力学难以处理的。

施纳德尔和斯托尔还计算了动力学结构因子 $S_{\rho\rho}(\boldsymbol{q},\omega)$，这是中子散射实验可以直接测得的。对于处在位移极限的 $M_{\rm III}$ 模型系统，在取波矢 $\boldsymbol{q}=\frac{\pi}{a}(3,1)$ 及其附近的值的情形下，当温度略低于临界点 $T/T_c=0.24/0.245$ 及略高于临界点 $T/T_c=0.26/0.245$ 时得到的结果分别示于图 19.17(a) 及图 19.17(b) 中，其中 $\boldsymbol{q}=\frac{\pi}{a}(3,1)$ 时，出现了中心峰，如图中的曲线 1，2 则为通常的软声子峰。当波矢发生小的偏离时，中心峰发生了分裂，图中的 2，4，6，7 为软声子峰。而 3 及 5 为新的激发谱。对于处于有序-无序区的 $M_{\rm I}$，取同样的波矢，当温度略高于相变点时，有中心峰出现。但当波矢发生偏离时，未发生中心峰分裂的情况。而当温度

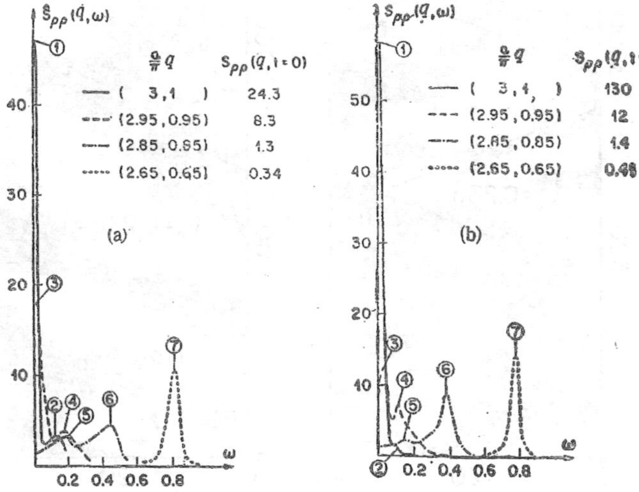

图 19.17 动力学结构因子的频率依赖性。1——中心峰，2，4，6，7——软模.
(a) $\frac{T}{T_c}=\frac{0.24}{0.245}$; (b) $\frac{T}{T_c}=\frac{0.26}{0.245}$.

更高时，仍出现了中心峰，但峰高下降。同时，波矢的偏离又出现了中心峰分裂，新激发谱出现的现象。

对于原子的局域位移 X_l 和时间的关系的数值计算，还显示了集团波的存在。如图 19.18 所示。这是对于位移极限的模型 M_{I} 的结果。图 19.18(a) 为在临界温度以下，$T/T_c=0.24/0.245$；图 19.18(b) 为在临界温度以上，$T/T_c=0.26/0.245$。图中的黑的程度表示位移的大小。由图可见，集团随时间发生了移动，V_0 表示集团波的传播速度。τ 是集团的寿命。对于有序-无序系统，有同样情况的集团波存在。计算结果并表明，愈趋近相变温度，集团波传播的速度愈小，并最后变为零，而寿命加长。由于集团波以一定速度进行传播，显然，对于小的波矢量 q，集团波的频率 $\omega=V_0q$ 也是小的。阻尼集团波变成过阻尼的，而导致中心峰的出现。因此，中心峰的半宽度正比于集团波寿命的倒数（$\Delta\omega=1/\tau$）。

以前已表明，要使理论计算在 $\omega=0$ 处有一中心峰并不很困

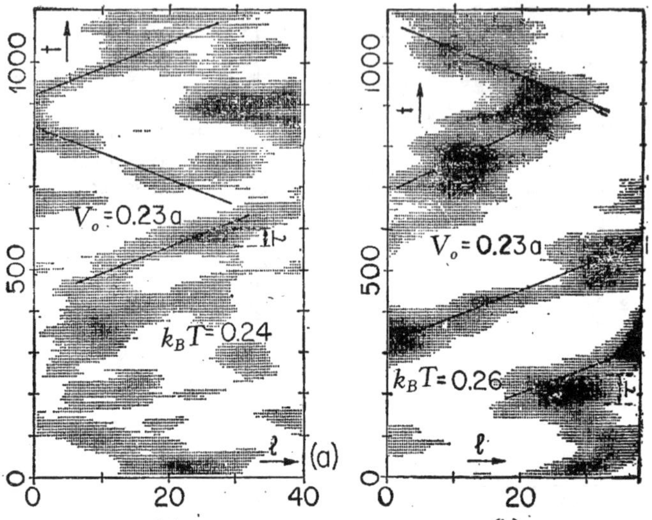

(a) (b)

图 19.18 原子的局域位移随时间的变化情况．黑的程度代表位移的大小．反向位移未在图中画出．

(a) $\frac{T}{T_c}=\frac{0.24}{0.245}$； (b) $\frac{T}{T_c}=\frac{0.26}{0.245}$．

难，主要的问题是要使所得的峰有如实验表明的那样非常窄的宽度．非简谐声子理论给出的中心峰常常和软模峰的宽度有相同的量级，因而是不成功的．而上面的畴壁运动模型给出的中心峰具有较窄的宽度，图像也合理，因而受到人们的重视．此外，布林斯对于有序-无序系统在横向场伊辛模型的基础上，考虑到相互作用的各向异性效应，也解释了 KH_2PO_4 的中心峰特别窄的原因[77]．总之，中心峰的内禀机制还值得进一步探讨．

§ 19.9 缺陷与软模耦合理论

由于早期内禀性机制还不能解释中心峰宽度非常窄的实验结果，于是有人提出了外因性机制，认为中心峰主要来源于缺陷和表面等因素．这方面的工作主要集中于研究稀点缺陷与软模间的耦合的过程．

哈尔勃林（B. I. Halperin）和瓦尔玛（C. M. Varma）研究了处在有位移型结构相变的晶格中的缺陷。他们认为，在晶体缺陷形成了破坏晶体原有对称性的局域晶格畸变，而它则造成了缺陷附近的双阱势。而缺陷可以在此双阱中来回跳跃，这种跃迁产生了中心峰。

设形成结构相变的原子位移为 η_i，i 是晶胞序号。设每个晶胞中有一定浓度的缺陷，于是系统的哈密顿量是

$$\mathscr{H} = \sum_i \left[\frac{1}{2} a_i\eta_i^2 + \frac{1}{4} b\eta_i^4 + \frac{m}{2} \dot{\eta}_i^2 - h_i\eta_i\right] - \frac{1}{2} \sum_{i,j} J_{ij}\eta_i\eta_j, \tag{19.213}$$

其中，h_i 是作用在第 i 个晶胞(原子)上的外场，m 是有效质量，由于点阵中有基体原子和缺陷，设 a_i 具有如下两种可能的值：

$$\begin{aligned} &\text{若为基体原子，} \quad a_i = a_n > 0, \\ &\text{若为缺陷，} \quad a_i = a_d < 0. \end{aligned} \tag{19.214}$$

为简单起见，假设质量 m，四次方系数 b 和耦合系数 J_{ij} 都与质点性质(是基体原子还是缺陷)无关。由此可见，对于基体原子，它处在单阱的单粒子势中。而对于缺陷，则处在双阱势中，并在此双阱谷中以

$$w_i = \nu_0 e^{-\Delta/k_BT} e^{-H_i\eta_i/k_BT} \tag{19.215}$$

的频率来回跳跃，其中 Δ 为双阱势垒的高度

$$\Delta = \frac{1}{4} a_d^2/b. \tag{19.216}$$

H_i 为局域场

$$H_i = h_i + \sum_j J_{ij}\eta_j, \tag{19.217}$$

这种跳跃产生了中心峰，与前面所讲的畴壁在双阱谷中的运动产生了中心峰相似。哈尔勃林和瓦尔玛在平均场近似下研究了这一问题，并得到了很狭的中心峰。

其后，赫克（K. H. Höck）和托马斯（H. Thomas）[85] 以及

施密特 (H. Schmidt) 和施瓦博 (F. Schwabl)[86] 都考虑了在发生位移型结构相变的晶体中杂质原子的作用。他们的研究结果表明,"软缺陷"可以局域地升高相变温度,因而在缺陷附近,可以在比基体点阵的相变温度高的温度下,发生局域软模推动的局域声子冻结。施密特和施瓦博表明,这样形成的集团和软声子相耦合并给出中心峰。

在位置 $\boldsymbol{r}$ 的缺陷和基体点阵相互作用哈密顿量可以表示为[77]

$$\mathscr{H}_1 = V_0 + \sum_{l} V_1(\boldsymbol{l}, \boldsymbol{r})\eta_l \tau_r + \sum_{l,l'} V_2(\boldsymbol{l}, \boldsymbol{l'}, \boldsymbol{r})\eta_l \eta_{l'} + \cdots, \quad (19.218)$$

τ_r 表示缺陷的不同的对称破缺取向,η_l 是序参量,V_1, V_2 等是描述局域缺陷的作用的量。由此可以根据缺陷所产生的晶格畸变的状态讨论缺陷在产生中心峰中的作用。可以将缺陷分成两类,即破坏晶体原有对称性的缺陷(如在非理想点阵位置上的填隙原子)和保持晶体原有对称性的缺陷(如替位式原子)。它们在晶体中产生不同分布的局域畸变,因而有不同的局域有序区,产生中心峰的微观机制也可能有差别。

(a) 缺陷在破坏对称性位置上,则缺陷的作用和序参量线性耦合,即 $V_1 \neq 0$。在这种情形下,若缺陷的对称破缺的取向动力学很快于序参量的改变,则序参量的有效耦合是二次方的,系统的行为就如缺陷在保持原有对称性的位置上那样。若缺陷的对称破缺的取向动力学很慢于序参量的变化,则缺陷动力学直接决定了中心峰的宽度。上面介绍的哈勃林和瓦尔玛的理论就是研究破坏了晶格原有对称性的缺陷的作用的。

(b) 缺陷在保持对称性的位置上,则缺陷的作用和序参量二次方耦合, 即 $V_1 = 0, V_2 \neq 0$。上面介绍的施密特和施瓦博的理论,就是研究的"软缺陷"处在保持原有点阵对称性的位置上时在产生中心峰中的作用。

有相当一部分的实验表明了缺陷与中心峰之间的关系。八木

(T. Yagi) 等[87]在 $KH_3(SeO_3)_2$ 的光散射实验中观察到，中心峰的强度在连续两次通过相变点的实验中有明显不同，第二次的强度显著地低于第一次。科坦斯 (E. Courtens)[88] 观察到 KH_2PO_4 的光散射中心峰在样品经过 T_c 以下温度 24 小时退火后几乎消失，这说明中心峰与晶体内存在的应力有关，而且退火后中心峰的强度随温度的变化可以用破坏对称性的缺陷来解释。哈斯廷斯 (J. B. Hastings) 等[89]在中子散射实验中发现，经氢还原后的样品，中心峰的强度随缺陷浓度的增加而增加，转变温度则随杂质浓度而线性下降，等等。当然，这并不说明中心峰仅仅来源于缺陷，因为在纯样品中也观察到中心峰。至少现在一般认为，中心峰的内禀性机制和外因性机制是同时存在的。有人倾向于认为，一般说来，缺陷为大部分很窄的中心峰负责，而畴壁的运动等为大部分较宽的中心峰负责。关于中心峰的机制的讨论，可阅参考文献[77]。

液体的中心峰(瑞利峰)早就为人们所熟知，它与熵的涨落相联系。当然，固体经历结构相变时的中心峰有完全不同的机制。中心峰是一个比较普遍的现象，现在不但在铁畸变和反铁畸变的晶体中。在位移型和有序-无序型结构相变的晶体中观察到，在无公度相变，马氏体型相变，合作杨-特勒转变，液晶相变以及金属-绝缘体转变中都观察到。由于实验上的困难，积累的数据还不充分，理论的研究也未完善，现在仍为人们研究的一个课题。

IV 声频支软模相变的理论

前面所述的软模理论都是光频支振动模的软化。在晶格振动中除了光频支外，还有声频支。声频支的振动模也可以发生软化，和软声频模对应的相变，就是马氏体型相变或 β-ω 型相变。这里着重讨论马氏体型相变的软模理论，包括晶格动力学方法的理论处理。

§ 19.10 马氏体型相变与弹性模量的软化

马氏体型相变是通过晶格发生切变而产生的一种无扩散型相变，所以相变过程中成分不改变，进行速度很快。同时，大部分马氏体型相变是一级相变，少量是弱一级相变，相变通过成核一生长过程进行(参阅 § 12.6，§ 13.14，§ 14.5 等节)。

既然相变是位移型的，我们当然预料软模机制会在相变中起作用。实际上，早在 1947 年，曾讷[90]就将马氏体型相变的发生和它的弹性性质联系起来了。考虑自由能作为应变 ε_i 的函数

$$F = F_0 + \frac{1}{2!}\sum_{ij} C_{ij}\varepsilon_i\varepsilon_j + \frac{1}{3!}\sum_{ijk} C_{ijk}\varepsilon_i\varepsilon_j\varepsilon_k + \cdots. \tag{19.219}$$

它关于应变的二阶偏导数构成了 6 × 6 阶矩阵

$$\frac{\partial^2 F(\varepsilon)}{\partial\varepsilon_i\partial\varepsilon_j} \equiv F_{ij}(\varepsilon), \quad i, j = 1, 2, \cdots, 6. \tag{19.220}$$

若此对称矩阵的六个本征值是正的，则按照玻恩的稳定判据，晶格关于小的任意的均匀形变是稳定的，且某一本征值的值愈大，晶格关于相应的形变方式愈稳定。但当温度，或压强或形变量改变时，一个或多个本征值可以变成零。此时，晶格关于某一特别的形变方式所产生的应变的恢复力为零，晶格成为不稳定的，从而导致相变发生。例如，对于很多体心立方晶体，它在某一温度附近 $C_{11} - C_{12} \to 0$，则对应于在 (100) [1$\bar{1}$0] 方向的切变的恢复力为零，当此切变足够大时，则发生了体心立方向面心立方转变的马氏体型转变。

这样，由弹性模量的变化，也可以得到有关软模的信息。而弹性模量又常常可以由弹性波的传播速度准确地推得。所以声速测定方法常在马氏体型相变的软模研究中应用[1)]。

对于立方晶体，波速和弹性常数间有如下关系[91]：

沿 [100] 方向的波，

---

1) 应当指出，在某些情况下，也可以用弹性模量的软化来研究光频支振动软模引起的相变，当弹性模量和这种软模间存在耦合时.

$$V=\sqrt{\frac{C_{11}}{\rho}},\ (纵波), \tag{19.221}$$

$$V=\sqrt{\frac{C_{44}}{\rho}},\ (横波,在垂直于[100]的任意方向偏振), \tag{19.222}$$

沿[110]方向的波,

$$V=\sqrt{\frac{C_{11}+C_{12}+2C_{44}}{2\rho}},\ (纵波), \tag{19.223}$$

$$V=\sqrt{\frac{C_{11}-C_{12}}{2\rho}},\ (横波,在垂直于[001]的方向偏振), \tag{19.224}$$

$$V=\sqrt{\frac{C_{44}}{\rho}},\ (横波,在[001]方向偏振), \tag{19.225}$$

沿[111]方向的波,

$$V=\sqrt{\frac{C_{11}+2C_{12}+4C_{44}}{3\rho}},\ (纵波), \tag{19.226}$$

$$V=\sqrt{\frac{C_{11}-C_{12}+C_{44}}{3\rho}},\ (横波,在垂直于[111]的任意方向偏振). \tag{19.227}$$

图19.19示出了[92] NiAl在300K时,在(100)平面上的横模T_1模及在(110)平面上的横模T_2模的波速表面截面,对T_1模,波速极小值在[011]方向,此对应于弹性常数$C'=(C_{11}-C_{12})/2$软化.

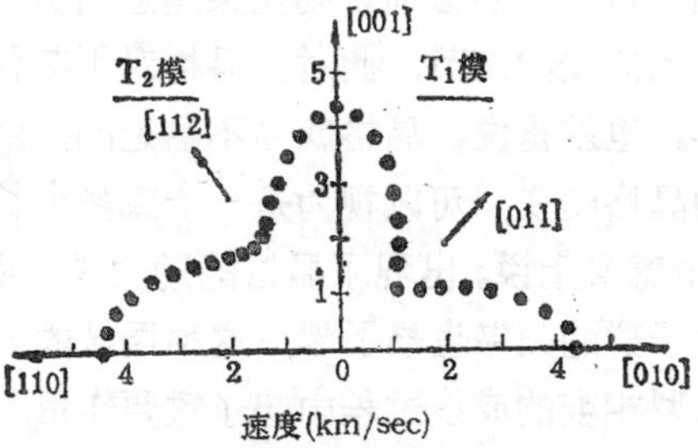

图19.19 NiAl在300K时β相的(100)平面的T_1模和(110)平面的T_2模的波速分布.

但是，需要指出，这种由声速测定得到的弹性常数的软化与前面讨论的横光学振动模式的软化是有区别的。现在的晶格振动模式是属于声频支的，而后者是属于光频支的.光频支振动对应于晶胞内部原子的相对运动，因而这种极化波是光学活性的，可以用光学方法，如红外吸收或喇曼散射来测定。而本节讨论的软模是声频支的，可用声学测量方法或布里渊散射方法测定。但是，假如某一横光模振动和弹性常数有耦合，则也能由声速等方法测定。

§19.11 马氏体型相变的软模理论

有三种把软模应用于马氏体相变的理论。

a）局域软模理论 马氏体型相变的成核过程的势垒很高，不可能借助于通常的热激活过程而形成。克纳勃（P. C. Clapp）[93,94]提出了局域软模理论，以说明马氏体相变开始的成核过程。

对于式（19.219）所示的包含了非简谐项的应变自由能的式子，随着晶格畸变的变化，稳定矩阵的本征值也要变化，在六维应变空间中，一个或多个本征值变为零的点的位置，对应于自由能的旋节点，一般说来，它是一个曲面，被称为应变失稳（参阅§12.10）。这相似于失稳分解的情形。根据失稳分解理论，将自由能作为组分的函数，在关于组分的二级微商等于零的位置，由于组分涨落而导致的自由能的变化为零，因而新相容易成核而发生相变。克纳勃借用了这一概念于马氏体相变的成核过程.他认为，若在弹性自由能中包括了非谐项，则在某些适当类型的缺陷附近的应变场可以形成应变的旋节。此时，晶格对于某种特殊的形变模的恢复力为零。也就是说，晶格成为不稳定的。由于任意的均匀形变所产生的晶格畸变，可以视为是一个或多个长波声子所产生的，所以在这个意义上说，出现了晶格的动力学不稳定性，与此相联系的长波声子群的频率也趋于零。这种局域的应变导致的软声子模在马氏体型相变的成核过程中起了重要作用。

看一个简单的例，对于立方晶体，由于对称性，式（19.219）的自由能密度直到三级项的具体形式是

$$F = F_0 + \frac{1}{2} C_{11}(\varepsilon_1^2 + \varepsilon_2^2 + \varepsilon_3^2) + C_{12}(\varepsilon_1\varepsilon_2 + \varepsilon_2\varepsilon_3 + \varepsilon_3\varepsilon_1)$$

$$+ \frac{1}{2} C_{44}(\varepsilon_4^2 + \varepsilon_5^2 + \varepsilon_6^2) + \frac{1}{6} C_{111}(\varepsilon_1^3 + \varepsilon_2^3 + \varepsilon_3^3)$$

$$+ \frac{1}{2} C_{112}(\varepsilon_1^2\varepsilon_2 + \varepsilon_2^2\varepsilon_1 + \varepsilon_1^2\varepsilon_3 + \varepsilon_3^2\varepsilon_1 + \varepsilon_2^2\varepsilon_3 + \varepsilon_3^2\varepsilon_2)$$

$$+ C_{123}\varepsilon_1\varepsilon_2\varepsilon_3 + \frac{1}{2} C_{144}(\varepsilon_1\varepsilon_4^2 + \varepsilon_2\varepsilon_5^2 + \varepsilon_3\varepsilon_6^2)$$

$$+ \frac{1}{2} C_{166}(\varepsilon_1\varepsilon_5^2 + \varepsilon_1\varepsilon_6^2 + \varepsilon_2\varepsilon_4^2 + \varepsilon_2\varepsilon_6^2 + \varepsilon_3\varepsilon_4^2 + \varepsilon_3\varepsilon_5^2)$$

$$+ C_{456}\varepsilon_4\varepsilon_5\varepsilon_6 。 \quad (19.228)$$

考虑一种贝茵应变

$$\varepsilon_1 = \varepsilon_2 = \frac{\tau}{2}, \quad \varepsilon_3 = \tau, \quad \varepsilon_4 = \varepsilon_5 = \varepsilon_6 = 0, \quad (19.229)$$

代入式(19.228)，得到

$$F - F_0 = \frac{3}{4}(C_{11} - C_{12})\tau^2$$

$$+ \frac{1}{4}\left(\frac{3C_{112}}{2} - C_{123} - \frac{1}{2} C_{111}\right)\tau^3, \quad (19.230)$$

于是得到对于贝茵应变方式的“恢复力常数”为

$$K_\beta = \frac{\partial^2 F}{\partial \tau^2} = \frac{3}{2}(C_{11} - C_{12})$$

$$+ \frac{3}{2}\left(\frac{3C_{112}}{2} - C_{123} - \frac{C_{111}}{2}\right)\tau 。 \quad (19.231)$$

用锂的弹性系数值代入，得到弹性自由能及恢复力系数与形变间的关系曲线，如图 19.20 所示。可以看出，在 $\tau = 0.03$ 处，恢复力为零，也就是在 $(\partial F^2/\partial \tau^2) = 0$ 的应变失稳点处，晶体变为不稳定的。而在这些位置容易形成马氏体相的核。图中也画出了对于 (110) $[1\bar{1}0]$ 型切变的力常数曲线 k_s，此时，我们取

$$\varepsilon_1 = \frac{\varepsilon}{2}, \quad \varepsilon_2 = -\frac{\varepsilon}{2}, \quad \varepsilon_3 = \varepsilon_4 = \varepsilon_5 = \varepsilon_6 = 0, \quad (19.232)$$

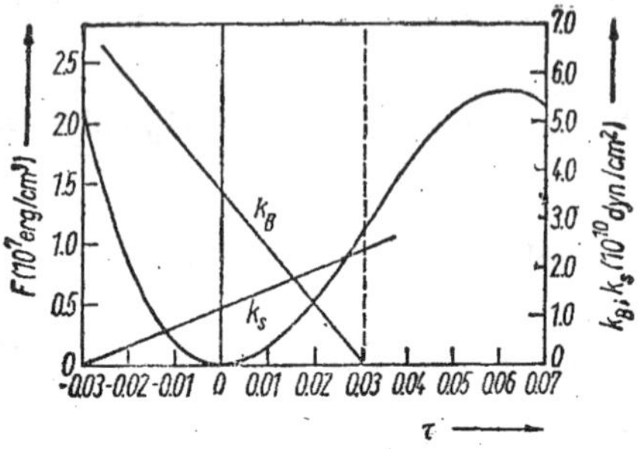

图 19.20 锂的应变自由能和恢复力常数作为应变的函数曲线.

而得

$$k_s = \frac{F_{11} - F_{12}}{2}, \qquad (19.233)$$

由图可见，k_s 在 $\varepsilon = -0.03$ 处为零。由上面的计算看出，应变感生软化是由于非谐的弹性效应的存在所致。

克纳勃计算了 Na，Li，Cu48.3%Zn 和 Cu44.3%Zn 等金属达到应变失稳点时的应变值，发现都小于 3%，因而他认为晶体的自由表面附近有很大的区域接近于满足应变失稳点的条件而容易成为马氏体核的位置。

(b) 予马氏体相变的软模理论 永泽耿 (A. Nagasawa) 关于 β 相一类合金提出了预马氏体相变的软模理论[95,96]。他首先指出，假如相变是由于某种声子振动模式的软化所引起的，则由群论考虑，不可能直接发生高温相到马氏体相的转变，而必须经过一个中间过渡相。

如对于 AgCd 合金，它的高温相是 CsCl 结构的 β_1 相。在 M_s 点 (－100℃)，发生了马氏体相变，成为 9R 型点阵。实验表明，在降温时切变模量 $(C_{11} - C_{12})/2$ 不断下降，因而可以认为，声学声子模的软化造成了晶格不稳定而引起了相变的发生。但是，点阵软化的温度甚高于 M_s 点，对 AgCd 约高出 100℃。其次切变模量并不下降到零，因而软化是不完全的。永泽耿认为，这是由于在马氏体相发生以前，先发生了局部小区域的向 β_2 相的转变，形成了 β_2 相畴，它是 β_1 点阵引入一周期性切变 $(110)[1\bar{1}1]/2$ 所形成，具有正交结构。电子衍射实验也观察到 β_2 相畴的衍射图样。软化是在 β_2 相畴中发生的，因而它是马氏体相的胚芽，其后的向马氏体相的转变是在 β_2 相中发生的。β_2 相畴在局部小区域中存在，故出现的软化不完全，而第一个 β_2 相畴出现的温度对应于点阵开始软化的温度。这种 β_2 相畴中局域声子模的冻结态造成了 β_2 相畴中的少量的点阵畸变，从而改变了 β_2 相畴的对称性，这是马氏体相变的先驱现象，随后的向马氏体转变并不进一步改变畸变点阵的对称性，这一过程如图 19.21 所示。

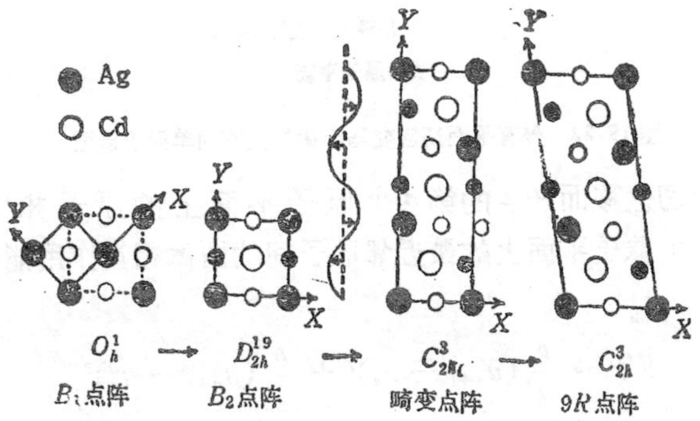

图 19.21 AgCd 中，9R 型马氏体的形成过程，图中的小圆对应于在 $z=\frac{1}{2}$ 平面上的原子。

(c) **晶格动力学理论** 实际上，上面两种机制都是说明在马氏体相变中软模的作用，并没有说明相变的微观机制，这一方面，铃木 (T. Suzuki) 和伍蒂格 (M. Wuttig) 给出了一有趣的计算[97]。

它们假设模型晶体中的原子和其近邻间有两种形式的相互作用力。一种是仅与原子间距离有关的键伸长相互作用力，存在于最近邻之间。另一种是与原子和其近邻间形成的键间的角度有关的键弯曲相互作用力，存在于次近邻之间．考虑原子排列在一点阵常数为 a 的简单立方点阵上，如图 19.22 所示．马氏体型相变伴有的切应变在图中用箭头表示出来．

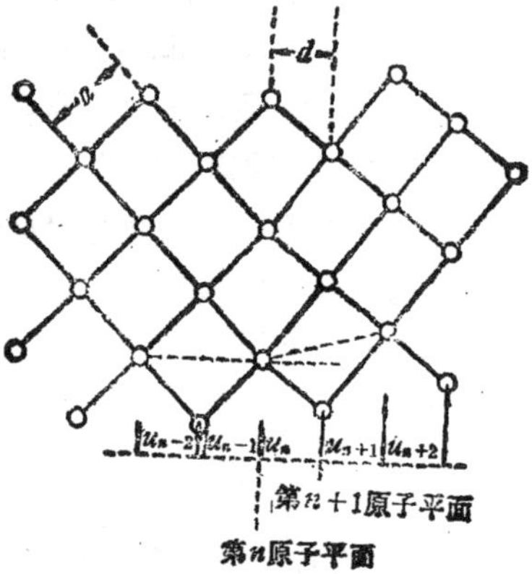

图 19.22　伴有平面切应变马氏体相变的简单原子模型．

由于切位移而产生的第 n 个原子平面上的原子和它在第 $(n+1)$ 个原子平面上的最近邻原子间的两体相互作用能的增加是

$$V_n^{(2)} = \frac{p}{2}(u_{n+1} - u_n)^2 + \frac{b}{3}(u_{n+1} - u_n)^3 + \frac{c}{4}(u_{n+1} - u_n)^4, \tag{19.234}$$

其中 p, b, c 是简谐的和三级、四级非简谐力常数．同一原子和其两个次最近邻间的三体相互作用能的增加是

$$V_n^{(3)} = \frac{q}{2}(u_{n+2} + u_{n-2} - 2u_n)^2, \tag{19.235}$$

q 是与二个次最近邻间的键弯曲相互作用能有关的力常数．而晶体由于平面切形变而产生的能量总增加是

$$V = \sum_n (V_n^{(2)} + V_n^{(3)}),$$

求和是关于单位未形变体积中所有原子进行的，当在长波极限，即

在空间各点形变是缓慢地变化时，上式中的位移差可以近似地用应变及其梯度表示出来

$$u_{n+1}-u_n \simeq \frac{\partial u}{\partial x} d+\frac{1}{2} \frac{\partial^2 u}{\partial x^2} d^2+\cdots$$

$$=sd+\frac{1}{2} \frac{\partial s}{\partial x} d^2+\cdots, \tag{19.236}$$

$$u_{n+2}+u_{n-2}-2u_n \simeq 4 \frac{\partial^2 u}{\partial x^2} d^2+\cdots=4 \frac{\partial s}{\partial x} d^2, \tag{19.237}$$

其中 d 表示最近邻原子平面间的距离，即 $d=a/\sqrt{2}$，因而得到在长波极限

$$V \simeq \int\left\{\frac{p^2}{2d} s^2+\frac{b}{3} s^3+\frac{c}{4} d \cdot s^4\right.$$

$$\left.+\frac{d}{2}\left(\frac{p}{4}+16q\right)\left(\frac{\partial s}{\partial x}\right)^2\right\} dv. \tag{19.238}$$

由此可以看出，此相互作用能是级数展开式和梯度项二者的和，正是以前给出的金兹堡-朗道唯象理论的形式(参阅 §13.6)。

由此得到第 n 个平面上的原子的横振动的运动方程是

$$m \frac{\partial^2 u_n}{\partial t^2}=p(u_{n+1}-2u_n+u_{n-1})\left[1+\frac{b}{p}(u_{n+1}-u_{n-1})\right.$$

$$+\frac{c}{p}\{(u_{n+1}-u_n)^2+(u_{n+1}-u_n)(u_n-u_{n-1})$$

$$\left.+(u_n-u_{n-1})^2\}\right]-q(u_{n+4}-4u_{n+2}$$

$$+6u_n-4u_{n-2}+u_{n-4}), \tag{19.239}$$

m 是模型晶体中原子的质量，取由 63 个原子平面组成模型点阵，并受有周期性边界条件。原子振动振幅对应于原子的最大位移，它等于二原子间的距离。使模型晶体起始时有一正弦点阵振动，用计算机每隔 1.3×10^{-12} 秒计算一次原子切位移和水平方向位置间的关系，得到的结果如图 19.23 所示。由图 19.23(a) 可见，即使有应变梯度能，但没有三级非简谐应变能时，对开始的正弦波形不产生可估计的变化。由图 19.23(b) 可见，没有梯度能，但有非

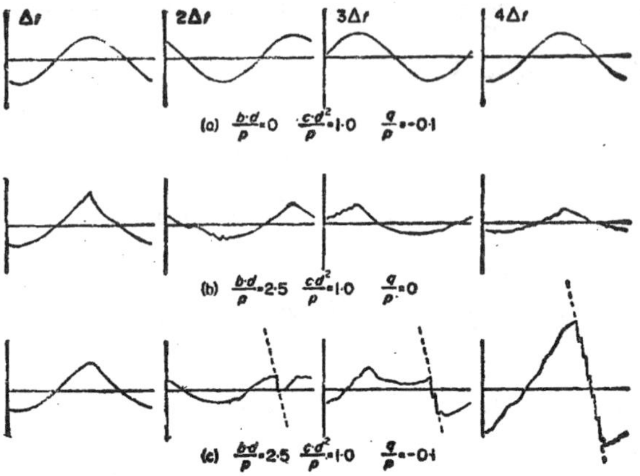

图 19.23　在各种情况下马氏体型相变的触发.

简谐应变能项,能破坏正弦波形的原子位移振动,但也不能触发马氏体型相变. 由图 19.23(c) 可见, 仅在非简谐应变能项和应变梯度能项同时存在时,马氏体型相变的触发才是可能的.由于现在模型中马氏体转变假定是伴有有限的简单的切变, 所以(*c*)中所示有倾斜线位移的原子群代表了马氏体型相变的胚芽. 特别值得注意的是计算还表明,若使原子的振动振幅较小(为图中的一半),取同样的非简谐项和应变梯度项,仍看不到马氏体胚芽形成的波形,这表明触发机构敏感地依赖于简正振动的振幅, 而此依赖于晶体中的缺陷或晶体表面的存在.

第二十章　电子-晶格耦合系统

I　电子-晶格相互作用

在前面有关章节进行金属电子论(第二章)和晶格动力学（第十九章)问题的论述时,曾经将电子和晶格的行为分开来单独处理．当然,从严格的意义上来说,既然认为电子处在一个离子点阵组成的周期势场中,实际上也就是一个电子-晶格的相互作用系统。不过在考虑到布洛赫定理和玻恩-冯卡门条件之后,电子和作为晶格振动量子的声子都实际上是以固体中元激发形式出现的独立粒子系统。而有关结构相变的问题往往要涉及这两个子系统通过电子晶格或电子-声子相互作用而发生的耦合。 本节讨论这种相互作用的理论基础。

§ 20.1　多粒子系统薛定谔方程与绝热近似

下面我们要引入能够统一处理电子和离子组成的多粒子系统动力学问题的理论方案[98,99]， 从而导出电子系统和离子系统可以分开处理的近似条件，即绝热近似．这种分开处理的优点无非是我们可以比较容易地研究多种物理现象，如用离子运动解释声传播和热传导，用电子状态来解释磁性等[100]。我们可以先作一些定性的考虑。问题的关键在于电子的质量远小于核质量，故电子的运动很快,能够相当准确地(即绝热地)跟上原子核的运动;而离子运动对于电荷分布改变的响应比较缓慢，可以近似地认为不受其影响。

这里我们稍微仔细地分析一下绝热近似成立的条件。薛定谔方程是所有固体物理性质定量计算的出发点，因此首先必须建立整个问题的哈密顿量。

让我们考虑一个由大量电子和离子组成的系统，电子的质量为 m,坐标为 $\boldsymbol{r}_i$,动量为 $\boldsymbol{p}_i$,离子的质量为 M,坐标为 $\boldsymbol{R}_\alpha$, 动量为 $\boldsymbol{P}_\alpha$. 原子实的紧束缚电子被想象为紧密地附着在它们的原子核上。这个系统的哈密顿算符为

$$\mathscr{H} = \mathscr{H}_e + \mathscr{H}_I + \mathscr{H}_{e-I}, \tag{20.1}$$

$$\mathscr{H}_e = \sum_i \frac{\mathscr{P}_i^2}{2m} + \frac{1}{2}\sum_{i\neq j} e^2/|\boldsymbol{r}_i - \boldsymbol{r}_j|, \tag{20.1a}$$

$$\mathscr{H}_I = \sum_\alpha \frac{\boldsymbol{P}_\alpha^2}{2M} + \frac{1}{2}\sum_{\alpha\neq\beta} V_I(\boldsymbol{R}_\alpha - \boldsymbol{R}_\beta), \tag{20.1b}$$

$$\mathscr{H}_{e-I} = \sum_{i,\alpha} V_{e-I}(\boldsymbol{r}_i - \boldsymbol{R}_\alpha), \tag{20.1c}$$

其中 H_e 代表电子的动能和电子间的库仑相互作用，H_I 代表离子的动能和离子间的互作用势，H_{e-I} 代表处于 $\boldsymbol{r}_i$ 处的电子与 $\boldsymbol{R}_\alpha$ 处的离子间的互作用势. 在坐标表象里，需要作代换 $\boldsymbol{p}_i \to -i\nabla_i$, $\boldsymbol{P}_\alpha \to -i\nabla_\alpha$. 由于是复杂的多体问题，精确地求解式(20.1)的本征方程是毫无希望的，因此，我们必须将问题简化。首先考虑的是把电子和晶格的运动区分开来进行处理。

当离子固定时，电子的薛定谔方程是

$$(\mathscr{H}_e + \mathscr{H}_{e-I})\phi_l(\boldsymbol{R},\boldsymbol{r}) = E_l(\boldsymbol{R})\phi_l(\boldsymbol{R},\boldsymbol{r}), \tag{20.2}$$

其中 l 是区别系统定态的一组量子数，$\boldsymbol{R}$ 和 $\boldsymbol{r}$ 是标记所有离子和电子坐标的集合。电子系统的能量和波函数均依赖于离子的位置，因为已假定离子固定，故暂时可以看作参量。$\phi_l(\boldsymbol{R},\boldsymbol{r})$ 由量子数 l 区别而构成一个完备集。

现在再来看电子和离子整个系统的波函数 $\Psi_g(\boldsymbol{R},\boldsymbol{r})$, g 是系统总状态的一组量子数。当利用电子态波函数展开时，有

$$\Psi_g(\boldsymbol{R},\boldsymbol{r}) = \sum_l \chi_{g,l}(\boldsymbol{R})\phi_l(\boldsymbol{R},\boldsymbol{r}). \tag{20.3}$$

整个系统的波函数必须满足薛定谔方程

$$\mathscr{H}\Psi_g(\boldsymbol{R},\boldsymbol{r}) = \varepsilon_g\Psi_g(\boldsymbol{R},\boldsymbol{r}). \tag{20.4}$$

为方便起见，认为 l 是分立的量；电子波函数对于 $\boldsymbol{R}$ 的一切数值

已经归一化，并且对固定的R关于 l 是彼此正交的，故有

$$\int \phi_l^*(\boldsymbol{R},\boldsymbol{r})\phi_{l'}(\boldsymbol{R},\boldsymbol{r})d\tau = \delta_{l,l'}. \tag{20.5}$$

将 Ψ_g 的表达式 (20.3)代入式(20.4)，并利用式(20.2)，然后以 $\phi_{l'}^*(\boldsymbol{R},\boldsymbol{r})$ 左乘并对 $\boldsymbol{r}$ 积分，结果得到关于函数 $\chi_{g,l}$ 的一组联立方程，形式如下：

$$\sum_l \{[\mathscr{H}_I + E_l(\boldsymbol{R})]\delta_{l',l} + c_{l',l}(\boldsymbol{R})\}\chi_{g,l}(\boldsymbol{R})$$
$$= \varepsilon_g \chi_{g,l'}(\boldsymbol{R}), \tag{20.6}$$

其中算符

$$c_{l',l}(\boldsymbol{R}) = -\int \phi_{l'}^*(\boldsymbol{R},\boldsymbol{r})\frac{\hbar^2}{2M}\sum_a [\nabla_a^2\phi_l(\boldsymbol{R},\boldsymbol{r})$$
$$+ 2\nabla_a\phi_l(\boldsymbol{R},\boldsymbol{r})\cdot\nabla_a]d\tau. \tag{20.6a}$$

在最低一级近似（绝热近似）下，略去耦合项 $c_{l',l}(\boldsymbol{R})$，式(20.6)成为对角形式，这时离子系统的薛定谔方程就是

$$[\mathscr{H}_I + E_l(\boldsymbol{R})]\chi_{g,l}(\boldsymbol{R}) = \varepsilon_g\chi_{g,l}(\boldsymbol{R}), \tag{20.7}$$

其中 $\mathscr{H}_I$ 由式 (20.1b) 给出，加上一项 $E_l(\boldsymbol{R})$ 构成离子系统的哈密顿算符。这里 $E_l(\boldsymbol{R})$ 可以看作对离子系统势能的一个贡献，它是与电子态有关的。

我们已经看出，绝热近似的关键在于方程 (20.6) 中忽略 $c_{l',l}(\boldsymbol{R})$ 项。容易证明，(20.6a) 中第一项在定态情况下可以忽略。考虑两个极端情况，即完全自由电子和完全束缚电子.第一种情况下单电子波函数为 $e^{i\boldsymbol{k}\cdot\boldsymbol{r}}$，即完全与核坐标无关，故微商使式(20.6a) 为零；相反情况，可以简单地假定单电子波函数仅与电子坐标和核坐标之差有关，即 $\phi(|\boldsymbol{r}_i - \boldsymbol{R}_\alpha|)$。现在有

$$\sum_a \nabla_\alpha\phi_l(\boldsymbol{R}_\alpha,\boldsymbol{r}_i) = -\sum_i \nabla_i\phi_l(\boldsymbol{R}_\alpha,\boldsymbol{r}_i),$$

这时式 (20.6a) 中第一项为

$$\frac{m}{M}\sum_i\int \phi_l^*\left(-\frac{\hbar^2}{2m}\nabla_i^2\right)\phi_l d\tau.$$

由于上式的量比例于 m/M 乘上电子的平均动能，$m/M \leqslant 1/1840$，

故可以忽略。式（20.6a）中第二项在定态情况下也可以忽略，这时 ϕ 可选择为实函数，故

$$\int \phi_l^* \nabla_\alpha \phi_l d\tau = \frac{1}{2} \nabla_\alpha \int |\phi_l|^2 d\tau = 0.$$

根据上面的讨论已经清楚，在适当的条件下，可以将整个电子和晶格系统的问题分为两个部分分别加以研究：一是研究平衡格点中电子的运动(前面的能带理论正是这样处理的)；而另一是研究在均匀电子电荷分布下的离子运动。这相当于整个系统的哈密顿量分别为

$$\mathscr{H}_{\text{电子系统}} = -\sum_i \frac{\hbar^2}{2m} \nabla_i^2 + \frac{1}{2} \sum_{i \neq j} \frac{e^2}{|\boldsymbol{r}_i - \boldsymbol{r}_j|} + H_+, \quad (20.8a)$$

$$\mathscr{H}_{\text{晶格系统}} = -\sum_\alpha \frac{\hbar^2}{2M} \nabla_\alpha^2 + \frac{1}{2} \sum_{\alpha \neq \beta} V_1(\boldsymbol{R}_\alpha - \boldsymbol{R}_\beta) + H_- \quad (20.8b)$$

其中 $\mathscr{H}_+$, $\mathscr{H}_-$ 分别代表正电荷或负电荷背景分布的贡献。在应用于能带理论时，对式（20.8a）还需利用哈特里-福克自洽场方法[101]，将多电子问题简化为单电子问题：即每个电子是在固体的离子势场和其它电子的平均场中运动，而且所有离子势场和其他电子的平均场是周期性势场。

必须指出的是，绝热近似虽然在广泛的具体应用上取得了巨大的成功，却仍缺乏牢靠的理论基础。六十年代前后，人们发展了一个用小参数的幂次来表示修正项的理论[102]。这对估价使用绝热近似的准确程度提供了一个适当的办法。然而，固体物理学中依然存在着许多不能利用绝热近似来圆满解答的问题，这就是本章即将讨论的主要对象。

§ 20.2 电子-晶格相互作用的各种表示

能带理论已经告诉我们，在理想的完整晶格中，离子处在严格周期排列的位置 $\boldsymbol{R}_\alpha = \alpha_1 \boldsymbol{a} + \alpha_2 \boldsymbol{b} + \alpha_3 \boldsymbol{c}$ 上。晶体中作共有化运

动的价电子是在离子产生的周期场中运动、电子的状态是由确定能量和确定波矢的布洛赫波所描述的稳定态，这种稳定态不会发生变化。但是当我们考虑到离子本身的热振动以及电子电荷涨落产生的影响时，离子偏离平衡位置，周期场受到破坏。这种附加的偏离周期性的势场成为一种扰动，它促使电子从一个稳定态跃迁到另一个稳定态，即出现散射。离子偏离格点的运动组成晶体中的格波，格波的能量是量子化的，格波的量子称为声子。所以电子-晶格相互作用就是电子-声子相互作用，其本质仍然是电子和离子之间的电磁作用。为了简便起见，讨论每个原胞只含一个原子的情况。

下面首先介绍电子-晶格相互作用的物理图象，然后给出互作用哈密顿量的各种具体表示[103,104]。

在能带模型的表述中，固体中的电子是占有某个单电子态的准粒子。它们可以用布洛赫函数

$$\psi_{\boldsymbol{k}}(\boldsymbol{r}) = u_{\boldsymbol{k}}(\boldsymbol{r})e^{i\boldsymbol{k}\cdot\boldsymbol{r}} \tag{20.9}$$

来表示，$\boldsymbol{k}$ 是电子的波矢。为了方便，下面用狄喇克符号 $|\boldsymbol{k}\rangle$来表示。这里省略了能量标号和自旋标号，因为我们主要关心的是导带电子，而且电子-声子相互作用不涉及到自旋的例转。另外声子是晶格系统的集体激发，晶格的振动态由大量处在各个谐振子状态的声子描述。这些谐振状态由波矢 $\boldsymbol{q}$ 和频谱分支 j 来标记，其色散关系由 $\omega_j(\boldsymbol{q})$ 决定。电子-声子相互作用过程实际上是由声子 $(\boldsymbol{q},j)$ 的消灭或产生，同时电子从状态$|\boldsymbol{k}\rangle$变换到 $|\boldsymbol{k}+\boldsymbol{q}\rangle$来完成的。这两个过程由图 20.1 中上面两图所示。这里我们用带向右箭头的实线表示电子线，用带向左箭头的实线表示空穴线，用波折线表示声子。我们可以利用声子的发射和吸收描述进一步的两个过程。这时电子和空穴可以复合而发射一个声子或者一个声子被吸收而激发出一个电子-空穴对。

上面四个基本过程可以用量子力学的一级微扰来计算。整个过程里有关元激发的总能量和总动量守恒。

高阶微扰计算的贡献可以描述为上述基本过程的重复组合。

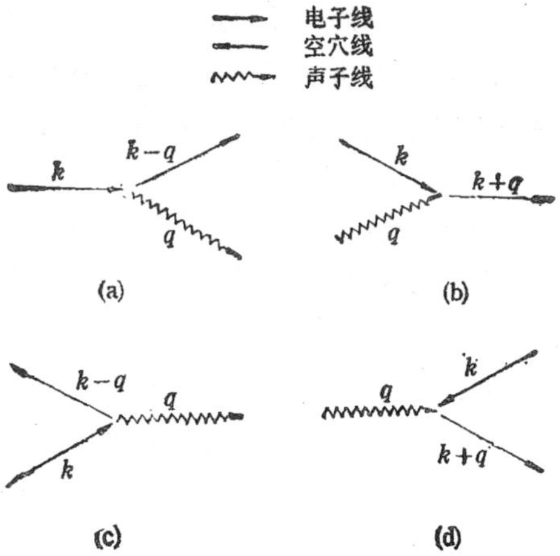

图 20.1　电子-声子相互作用的四种基本过程.
(a)声子发射；(b)声子吸收；(c)电子-空穴对复合而发射声子；
(d)声子激发电子-空穴对.

不同于初态和终态，中间态不是系统的"真实"(稳定)状态，而根据能量-时间的测不准关系，可以认为这些中间过程跨越极短的时间，以至于能量守恒律无须考虑，只要在初、终态保证能量守恒即可。可以说，这种态为"虚态"。这里列举了三个比较重要的二级过程如图 20.2 所示。电子传播过程中产生的声子的发射和吸收表示了电子-声子相互作用下电子的质量重正化；而由声子产生的虚的电子-空穴对相应于声子频率的重正化。另外，两个电子传播过程中虚声子的交换表示一种有效的电子-电子相互作用。在考虑固体中电子之间库仑作用时，这种有效相互作用必须同时考虑，它对于理解超导电性的微观机制是十分必要的。

下面我们将注意力集中于基本的相互作用过程，主要关心的是正常声子的发射和吸收，并由此而导致的布洛赫电子在不同状态间的跃迁。

采用算符的二次量子化形式常常给叙述问题和具体计算带来方便，在涉及到全同多粒子系统中粒子的产生和复合过程时尤其如此。哈密顿表式(20.1)包含了电子-晶格耦合系统的全部信息，

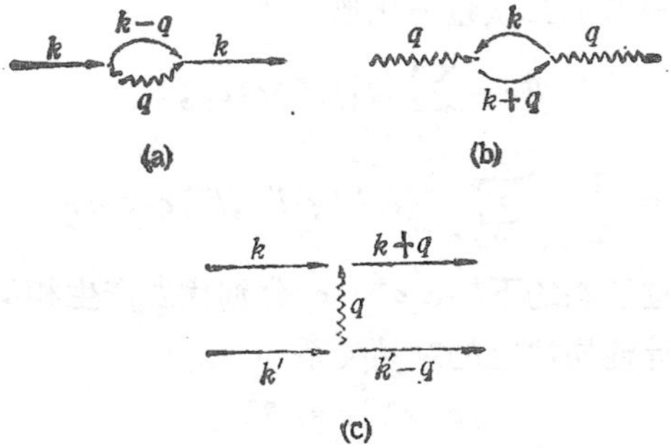

图 20.2　电子-声子相互作用的三种二级过程.
(a)虚声子的发射和吸收；（b)虚电子-空穴对的发射和吸收；
(c)交换虚声子的电子-电子相互作用.

但利用它们来研究问题是不方便的.因此现在稍作变化,采用粒子占有数表象，将式(20.1)变换到二次量子化形式上去。在粒子占有数表象中，全同粒子系的状态用各单粒子态上填布的粒子数来描述,基本算符是粒子的产生与消灭算符,体系的任何力学量均可用它们来表达。全同多粒子系统的二次量子化表述已成为一个通用的工具,这里采用直观的途径引入,详细的论证可参阅目前流行的量子力学教科书[105,106]。

一个多粒子系统的力学量一般分为如下两种类型:

(a) 单粒子型

$$F=\sum_i f(i),$$

如总动能

$$T=\sum_i \frac{\boldsymbol{p}_i^2}{2m}.$$

(b) 双粒子型

$$G=\frac{1}{2}\sum_{i\neq j} g(i,j),$$

如总互作用势能

$$V=\frac{1}{2}\sum_{i\neq j} V(\boldsymbol{r}_i,\boldsymbol{r}_j).$$

这两类算符的二次量子化形式为

$$F = \sum_{l,l'} \langle l|f|l'\rangle c_l^+ c_{l'}, \tag{20.10a}$$

$$G = \frac{1}{2} \sum_{l,l',l'',l'''} \langle l,l'|g|l''',l''\rangle c_l^+ c_{l'}^+ c_{l''} c_{l'''}, \tag{20.10b}$$

l,l' 等是单粒子态的下标，c^+，c 分别代表产生和消灭算符。它们满足由统计性质决定的对易关系

$$[c_l, c_{l'}^+]_\pm = \delta_{l,l'}, \tag{20.10c}$$

$\pm$号分别代表费密子和玻色子。

方程(20.1)已经包括了电子-晶格耦合系统的全部物理内容．这是一个多体问题的哈密顿量，如果求出其薛定谔方程(20.4)的解便可以说明固体的许多物理性质．但因为固体是由大量原子组成，每个原子又有原子核和电子，故要想完整地解出(20.1)和(20.4)实际上是不可能的，因此必须采取恰当的近似．一般来说，格点在平衡位置 R_α^0 附近作热振动，其位移 $\boldsymbol{u}_\alpha = \boldsymbol{R}_\alpha - \boldsymbol{R}_\alpha^0$ 为小量，故式(20.1c)可以展开为

$$\mathscr{H}_{e-I} = \sum_{i,\alpha} V_{e-I}(\boldsymbol{r}_i - \boldsymbol{R}_\alpha^0) - \boldsymbol{u}_\alpha \cdot \nabla_i V_{e-I}(\boldsymbol{r}_i - \boldsymbol{R}_\alpha^0),$$

这样式(20.1)可以改写为下面的形式·

$$\mathscr{H} = \mathscr{H}_e' + \mathscr{H}_{ph} + \mathscr{H}_{e-ph}, \tag{20.11}$$

$$\mathscr{H}_e' = \sum_i \frac{\boldsymbol{p}_i^2}{2m} + \frac{1}{2}\sum_{i\neq j} e^2/|\boldsymbol{r}_i - \boldsymbol{r}_j| + \sum_{i,\alpha} V_{e-I}(\boldsymbol{r}_i - \boldsymbol{R}_\alpha^0), \tag{20.11a}$$

$$\mathscr{H}_{ph} = \sum_\alpha \frac{\boldsymbol{P}_\alpha^2}{2M} + \frac{1}{2}\sum_{\alpha\neq\beta} V_1(\boldsymbol{R}_\alpha^0 - \boldsymbol{R}_\beta^0) + \frac{1}{4}\sum_{\mu,\nu}(\boldsymbol{u}_\mu\cdot\nabla_\mu)(\boldsymbol{u}_\nu\cdot\nabla_\nu)\sum_{\alpha\neq\beta} V(\boldsymbol{R}_\alpha - \boldsymbol{R}_\beta), \tag{20.11b}$$

$$\mathscr{H}_{e-ph} = -\sum_{i,\alpha} \boldsymbol{u}_\alpha \cdot \nabla_i V_{e-I}(\boldsymbol{r}_i - \boldsymbol{R}_\alpha^0), \tag{20.11c}$$

这就是一级近似下电子-声子耦合系统的哈密顿量．式(20.11a,b)

的意义和（20.8a,b）是一致的。根据那里的讨论，我们采用布洛赫表象下的二次量子化形式，将（20.11a）改写为

$$\mathscr{H}'_e=\sum_{k}E(\boldsymbol{k})c_{k}^{+}c_{k}, \tag{20.12}$$

其中 $E(k)=\frac{\hbar^2k^2}{2m^*}$ 是能带电子的能量，m^* 代表有效质量，$c_k^+c_k=n_k$ 是粒子数算符，电子是处在有确定能量的布洛赫态 $|\boldsymbol{k}\rangle$ 上。

方程（20.11b）代表独立的晶格系统的哈密顿量，其中第三项是由许多离子组成的耦合振动系统的弹性恢复力势能。利用分析力学中对耦合振动的标准处理方法，引入简正坐标

$$u_\alpha=\frac{1}{\sqrt{NM}}\sum_{q,j}Q_{qj}e_{qj}e^{iq\cdot R_\alpha}, \tag{20.13a}$$

$$P_\alpha=\sqrt{\frac{M}{N}}\sum_{q,j}P_{qj}e_{qj}e^{-iq\cdot R_\alpha}, \tag{20.13b}$$

可以求得

$$\mathscr{H}_{ph}=\frac{1}{2}\sum_{q,j}\{P_{-qj}P_{qj}+\omega_j^2(\boldsymbol{q})Q_{-qj}Q_{qj}\}, \tag{20.14}$$

这时耦合振动已经分解为 $3N$ 个独立的简正模式，$3N$ 是振动系统的自由度数目。其中 $\omega_j(\boldsymbol{q})$ 是简正频率，$\boldsymbol{q}$ 代表波矢，j 代表偏振方向，e_{qj}是单位矢量. 我们还可以进一步采用二次量子化形式

$$Q_{qj}=\sqrt{\frac{h}{2\omega_j(q)}}(b_{q,j}+b_{-qj}^+), \tag{20.15a}$$

$$P_{qj}=i\sqrt{\frac{h\omega_j(q)}{2}}(b_{qj}^+-b_{-qj}). \tag{20.15b}$$

将式(20.14)变为

$$\mathscr{H}_{ph}=\sum_{qj}\omega_j(\boldsymbol{q})\left(b_{qj}^+b_{qj}+\frac{1}{2}\right), \tag{20.16}$$

其中 $b_{qj}^+b_{qj}=n_{qj}$ 是声子数算符，可见声子系统也是各个声子处在定态 $|qj\rangle$ 上。

式(20.12)和(20.16)各自描述独立的能带电子和声子系统．电

子与电子，声子与声子及电子与声子之间都不存在相互作用。声子与声子的相互作用牵涉到式（20.1b）中离子相互作用势展开至三级以上的高阶项，这种非谐相互作用以及与相变的关系已在十九章介绍。电子与电子相互作用本章将在 §20.12 介绍莫特转变。至于电子与声子的相互作用则是本章的重点，它体现在式（20.11c）中，采用简正坐标时，有

$$\mathscr{H}_{e-ph} = -\sum_{\alpha qij} \xi_q Q_{qj} \boldsymbol{e}_{qj} \cdot \nabla_i V_{e-1}(\boldsymbol{r}_i - \boldsymbol{R}_\alpha^0), \quad (20.17)$$

而在二次量子化形式下可表示为

$$\mathscr{H}_{e-ph} = \sum_{kqj} M_{kqj} c_{k+q}^+ c_k (b_{-qj}^+ + b_{qj}), \quad (20.18)$$

其中 ξ_q, M_{kqj} 都是耦合常数，其具体表示不难推得。式(20.18)的直观图象已见于图 20.1 中，其确切的物理意义在于晶格的振动引起电子的散射。

在布洛赫表象中，电子采用了一种扩展态形式。利用这一形式对于研究输运过程(如电导和热导现象)十分方便。另一种有用的表象是瓦尼尔表象，它的波函数和算符恰巧是布洛赫表象中波函数和算符的傅里叶变换

$$\psi_k(\boldsymbol{r}) = \frac{1}{\sqrt{N}} \sum_\alpha e^{i\boldsymbol{k}\cdot\boldsymbol{R}_\alpha} a(\boldsymbol{r}, \boldsymbol{R}_\alpha), \quad (20.19a)$$

$$c_k = \frac{1}{\sqrt{N}} \sum_\alpha c_\alpha e^{-i\boldsymbol{k}\cdot\boldsymbol{R}_\alpha}, \quad (20.19b)$$

$$c_k^+ = \frac{1}{\sqrt{N}} \sum_\alpha c_\alpha^+ e^{i\boldsymbol{k}\cdot\boldsymbol{R}_\alpha}. \quad (20.19c)$$

或反过来

$$a(\boldsymbol{r}, \boldsymbol{R}_\alpha) = \frac{1}{\sqrt{N}} \sum_{k\in BZ} \psi_k e^{-i\boldsymbol{k}\cdot\boldsymbol{R}_\alpha}, \quad (20.20a)$$

$$c_\alpha = \frac{1}{\sqrt{N}} \sum_{k\in BZ} c_k e^{i\boldsymbol{k}\cdot\boldsymbol{R}_\alpha}, \quad (20.20b)$$

$$c_\alpha^+ = \frac{1}{\sqrt{N}} \sum_{k\in BZ} c_k^+ e^{-i\boldsymbol{k}\cdot\boldsymbol{R}_\alpha}, \quad (20.20c)$$

其中 BZ 代表第一布里渊区。

利用布洛赫函数的正交性，可以证明瓦尼尔函数的正交性。

$$\int a^*(r - R_\alpha)a(r - R_{\alpha'})d\tau = \delta_{\alpha,\alpha'}, \tag{20.21}$$

由此式可见，瓦尼尔函数具有局域特性。值得注意的是，布洛赫函数和瓦尼尔函数都独立地构成完备集。但布洛赫函数描述电子的扩展态，适用于完整晶格；瓦尼尔函数描述电子的局域态，适用于讨论含有杂质时的局域特性等。

利用式(20.19)和式(20.20)，我们可以将电子-声子耦合系统的哈密顿量从布洛赫表象换至瓦尼尔表象。

$$\mathscr{H} = \sum_{\alpha} E_\alpha c_\alpha^+ c_\alpha + \sum_{qi} \hbar\omega_i(q) b_{qi}^+ b_{qi}$$

$$+ \sum_{\alpha,\beta} V_{\alpha\beta} c_\alpha^+ c_\beta. \tag{20.22}$$

由于在求得上式的过程中采用了正则变换，故 E_α 已经是受到晶格振动影响的电子局域态重正化能量，而 $V_{\alpha\beta}$ 是考虑到两个局域电子重叠积分和电子-晶格耦合作用后得到的跃迁矩阵元。在适当的近似下，我们认为它仅是格点之间距离的函数，即

$$V_{\alpha\beta} = V(|R_\alpha - R_\beta|). \tag{20.22a}$$

§20.3 密度响应和科恩反常

本节主要介绍密度响应函数，以及它所反映出来的科恩(Kohn)反常。由于平均场理论在阐述和分析问题时简单明了(参阅第十三章)，研究相变过程也能给出定性的描述和初步的定量计算，故本章内容在很大程度上采用这一理论。

在研究电子-晶格相互作用时，我们可以采用一个简化的图象[37,107]。固体中离子的振动可看作使电子受到一个扰动势场作用。电子对此扰动的响应又将反过来屏蔽离子势，使离子间有效互作用减弱，并导致晶格振动频率的下降。这与上一章研究的软模理论是相似的，从而在适当的条件下，相变成为必然的结果。所

以一开始就研究电子系统受到扰动后的不稳定性是有意义的。

对于平移不变性系统引入一个外加的标势 $\phi(\boldsymbol{r})$. 在线性近似下密度改变为

$$\rho(\boldsymbol{r}) = -\int d\tau' \chi(\boldsymbol{r}-\boldsymbol{r}')\phi(\boldsymbol{r}'), \tag{20.23}$$

两边同时取傅里叶变换,得

$$\rho(\boldsymbol{q}) = -\chi(\boldsymbol{q})\phi(q), \tag{20.24}$$

其中 $\chi(\boldsymbol{r})$ 或 $\chi(\boldsymbol{q})$ 是传导电子系统的密度响应函数,它们互为傅里叶变换。

我们已经知道布洛赫表象中电子系统的哈密顿为

$$\mathscr{H}_c = \sum_{\boldsymbol{k}} E_{\boldsymbol{k}} c_{\boldsymbol{k}}^+ c_{\boldsymbol{k}}. \tag{20.12}$$

由于外势引入又附加一项哈密顿为

$$\mathscr{H}_{app} = \sum_i \phi(\boldsymbol{r}_i), \tag{20.25}$$

$\boldsymbol{r}_i$ 代表第 i 个电子坐标。上式可以改写为

$$\mathscr{H}_{app} = \int d\tau \phi(\boldsymbol{r}) \sum_i \delta(\boldsymbol{r}-\boldsymbol{r}_i), \tag{20.26}$$

其中

$$\rho(\boldsymbol{r}) = \sum_i \delta(\boldsymbol{r}-\boldsymbol{r}_i) \tag{20.27}$$

是电子数密度算符,它的傅里叶变换为

$$\begin{aligned}\rho(\boldsymbol{r}) &= \sum_i \sum_{\boldsymbol{q}} e^{i\boldsymbol{q}\cdot(\boldsymbol{r}-\boldsymbol{r}_j)} \\ &= \sum_{\boldsymbol{q}} \rho_{\boldsymbol{q}} e^{i\boldsymbol{q}\cdot\boldsymbol{r}},\end{aligned}$$

因此密度 $\rho(\boldsymbol{r})$ 的傅里叶分量为

$$\rho_{\boldsymbol{q}} = \sum_j e^{-i\boldsymbol{q}\cdot\boldsymbol{r}_j}, \tag{20.28}$$

这时式(20.26)可写为

$$\mathscr{H}_{app} = \sum_{\boldsymbol{q}} \rho_{\boldsymbol{q}} \phi_{-\boldsymbol{q}}. \tag{20.29}$$

采用二次量子化形式，电子数密度算符为

$$\rho(\boldsymbol{r}) = \sum_{\boldsymbol{k},\boldsymbol{q}} c_{\boldsymbol{k}}^{+} c_{\boldsymbol{k}+\boldsymbol{q}} e^{i\boldsymbol{q}\cdot\boldsymbol{r}},$$

即

$$\rho_{\boldsymbol{q}} = \sum_{\boldsymbol{k}} c_{\boldsymbol{k}}^{+} c_{\boldsymbol{k}+\boldsymbol{q}}. \tag{20.30}$$

在现在所研究的外场作用下的电子系统里，总的哈密顿量是

$$\begin{aligned}\mathscr{H} &= \mathscr{H}_e + \mathscr{H}_{app} \\ &= \sum_{\boldsymbol{k}} E_{\boldsymbol{k}} c_{\boldsymbol{k}}^{+} c_{\boldsymbol{k}} + \sum_{\boldsymbol{k},\boldsymbol{q}} \phi_{-\boldsymbol{q}} c_{\boldsymbol{k}}^{+} c_{\boldsymbol{k}+\boldsymbol{q}}.\end{aligned} \tag{20.31}$$

定义电子-空穴对的算符

$$\rho_{\boldsymbol{kq}} = c_{\boldsymbol{k}}^{+} c_{\boldsymbol{k}+\boldsymbol{q}}, \tag{20.32}$$

其动量为 $-\hbar\boldsymbol{q}$.

根据海森堡方程

$$i\hbar\dot{\rho}_{\boldsymbol{kq}} = [\rho_{\boldsymbol{kq}}, H], \tag{20.33}$$

将式(20.31)代入，并利用等式$[A,BC]=[A,B]_+C-B[A,C]_+$及反对易关系 (20.10c)，可以求得

$$\begin{aligned}i\hbar\dot{\rho}_{\boldsymbol{kq}} &= (E_{\boldsymbol{k}+\boldsymbol{q}} - E_{\boldsymbol{k}})\rho_{\boldsymbol{kq}} \\ &\quad + \sum_{\boldsymbol{q}'} \phi_{\boldsymbol{q}'}(c_{\boldsymbol{k}}^{+} c_{\boldsymbol{k}+\boldsymbol{q}-\boldsymbol{q}'} - c_{\boldsymbol{k}+\boldsymbol{q}'}^{+} c_{\boldsymbol{k}+\boldsymbol{q}}).\end{aligned} \tag{20.34}$$

为得到系统的平均响应，对上式的每一项取热力学平均。由于势是静态的，$\langle\dot{\rho}_{\boldsymbol{kq}}\rangle$为零。右边第二项在无规相近似（RPA）[104]下只保留 $\boldsymbol{q}'=\boldsymbol{q}$ 的项，这可以说是平移对称性要求动量守恒. 现在有

$$\langle\rho_{\boldsymbol{kq}}\rangle = \frac{(f_{\boldsymbol{k}} - f_{\boldsymbol{k}+\boldsymbol{q}})\phi_{\boldsymbol{q}}}{E_{\boldsymbol{k}} - E_{\boldsymbol{k}+\boldsymbol{q}}}, \tag{20.35}$$

这里

$$f_{\boldsymbol{k}} = \langle c_{\boldsymbol{k}}^{+} c_{\boldsymbol{k}}\rangle = [1 + \exp\{\beta(E_{\boldsymbol{k}} - E_F)\}]^{-1},$$

是电子的统计分布函数。又 $\rho_{\boldsymbol{q}} = \sum_{\boldsymbol{k}} \rho_{\boldsymbol{kq}}$，故平均密度改变为

$$\langle \rho_q \rangle = \sum_k \frac{f_k - f_{k+q}}{E_k - E_{k+q}} \phi_q . \tag{20.36}$$

至此已经求得电子系统对外场的线性密度响应为

$$\chi(\boldsymbol{q}) = \sum_k \frac{f_{k+q} - f_k}{E_k - E_{k+q}}. \tag{20.37}$$

若对上式作变量代换 $\boldsymbol{k} \to -\boldsymbol{k} - \boldsymbol{q}, \boldsymbol{k} + \boldsymbol{q} \to -\boldsymbol{k}$,并利用 $E_k = E_{-k}$,可得到

$$\chi(\boldsymbol{q}) = 2 \sum_k \frac{f_k}{E_{k+q} - E_k}. \tag{20.38}$$

分析式(20.37)或式(20.38)可知,密度响应函数 $\chi(\boldsymbol{q})$ 的大小与能量分母 $(E_{k+q} - E_k)$ 有关. 在绝对零度情况下,并取自由电子近似时,$\boldsymbol{k}$ 为费密球内已被占据态。只要 $|\boldsymbol{q}| < 2k_F$,总可以找到某些 $\boldsymbol{k}$, 使 $\boldsymbol{k}$ 和 $\boldsymbol{k}+\boldsymbol{q}$ 都落在费密面附近. 这时能量分母较小, 所以这些项对 $\chi(\boldsymbol{q})$ 的贡献较大, 也就是在 $|\boldsymbol{q}| < 2k_F$ 时, $\chi(\boldsymbol{q})$ 比较大。但在 $|\boldsymbol{q}| > 2k_F$ 后, 由于 $|\boldsymbol{q}|$ 已超过费密球直径 $2k_F$,式(20.37)或式(20.38)中能量分母都比较大,这时 $\chi(\boldsymbol{q})$ 明显下降。在自由电子近似下对不同维度的系统,密度响应函数 $\chi(\boldsymbol{q})$ 的计算结果示于图 20.3 中。 可以看出, 在不同维数的系统里, $\chi(\boldsymbol{q})$ 在 $|\boldsymbol{q}| = 2k_F$ 处的奇异行为是有显著差别的[108]。

密度响应函数在 $|\boldsymbol{q}| = 2k_F$ 处的奇异性对声子谱有重要影响。 实验上已经观察到三维金属 Pb 中 $|\boldsymbol{q}| = 2k_F$ 的声子频率有软化现象,这就是科恩反常[109]。对于一维系统, 在 $|\boldsymbol{q}| = 2k_F$ 处的奇异行为十分明显, 这是一种强科恩反常。它的直接结果是佩尔斯不稳定性,并最终将导致相变。

由于一维系统的特殊性, 这里再作一些进一步的计算。 图 20.3 表示的是在零温下 $|\boldsymbol{q}| = 2k_F$ 处的发散行为,有限温下也容易算出。这时由式(20.37)有

$$\chi(2k_F) = \sum_k \frac{f_{k-2k_F} - f_k}{E_k - E_{k-2k_F}}, \tag{20.39}$$

当 $|k| \to k_F$ 时,可以将 E_k, E_{k-2k_F} 在 k_F 附近展开至一级项

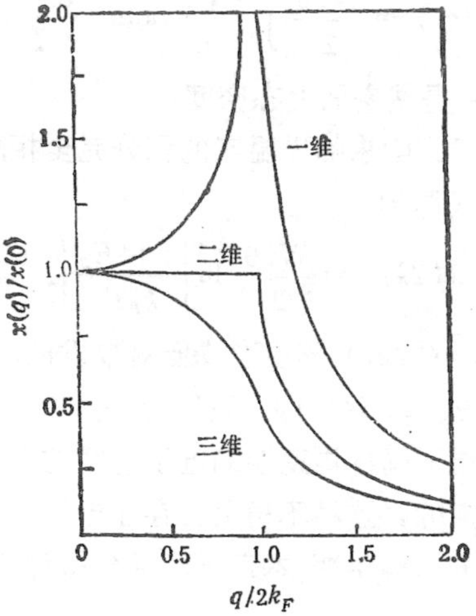

图 20.3 一维、二维和三维电子气体的密度响应函数.

$$E_k = E_F + \hbar v_F(|k| - k_F) \tag{20.40}$$

及

$$E_{k-2k_F} = E_F - \hbar v_F(|k| - k_F), \tag{20.41}$$

$v_F = \dfrac{\hbar k_F}{m}$ 为费密速度。即

$$E_{k-2k_F} - E_F = -(E_k - E_F). \tag{20.42}$$

利用固体物理中常用的代换

$$\sum_k \to \frac{L}{2\pi}\int dk,$$

其中 $L = Na$ 为一维链长，将式(20.39)的求和化为积分，并注意到自旋求和因子 2

$$\chi(2k_F) = 2\cdot\frac{L}{2\pi}\int dk\,\frac{f_{k-2k}-f_k}{E_k - E_{k-2k_F}}. \tag{20.43}$$

利用式(20.40)，将上式从波矢求和转至对能量求和，以费密能 E_F 作为能量零点，并规定能量取值范围在 $-E_B < E < E_B$ 之间。在此范围之外对 $\chi(2k_F)$ 的贡献很小，已被忽略。这时

$$\chi(2k_F)=\frac{N(0)}{2}\int_0^{E_B}\frac{dE}{E}\tanh\frac{E}{2k_BT},\qquad(20.44)$$

$N(0)=2L/\pi\hbar v_F$ 是费密面上态密度。

上式与超导理论中求临界温度的积分完全相同[104]。直接沿用那里的积分公式得到

$$\chi(2k_F)=\frac{N(0)}{2}\ln\left[\frac{1.14E_B}{k_BT}\right].\qquad(20.45)$$

从上式可以看出，$\chi(2k_F)$ 随温度降低对数发散。从密度响应的定义式(20.24)和式(20.37)可见，波矢为 $2k_F$ 的任意小的势场将产生一个在足够低温下同样周期性的电子密度的有限变化。这说明电子系统是不稳定的。这种不稳定当存在电子与晶格相互作用时有可能导致晶体的结构相变。本章第III部分将详细讨论这个问题。

II 杨-特勒效应

下面我们将转而讨论一些具体的电子-晶格相互作用引起的结构相变。有几种明确不同的相变类型都与电子-晶格相互作用有关，一般分为杨-特勒效应、佩尔斯相变，狭能带半导体中的失稳等[110]。

现在被称作杨-特勒问题的基本概念联系于电子与晶格的耦合完全是局域化的情况。电子束缚于某个原子的局域势场的附近，电子与原子核将发生特殊的量子力学相互作用，这就是杨-特勒效应。在大块固体中杨-特勒效应导致结构相变。

§20.4 杨-特勒定理以及对绝热近似的修正

在杨和特勒的原始论文[18]以及后来杨的另一篇论文[111]里，他们提出了由于电子-振动互作用引起多原子分子构形失稳的定理，可以这样表述：对处在简并电子态的多原子分子，其几何构形是不稳定的，除非分子中所有原子排成一直线或分子中含有奇数个电子，因而产生二重简并(克喇末简并)。电子态简并包括轨道简并

和自旋简并，前者对分子不稳定性的贡献一般大于后者，故以后提到简并时都是指轨道简并。克喇末简并被排除在杨-特勒定理之外，因为它基于时间反演对称性[104]，不受构形畸变的影响。

杨-特勒给出的结果代表了群论在分子物理和固体物理中的重要的和早期的应用。不考虑克喇末简并时，简并电子态当然来自原子核排列的对称性。但现在简并和分子构形的稳定性不能共存，这时分子构形发生畸变而简并电子态发生分裂，这给复杂的分子构形提供了一种可能性。

虽然杨-特勒效应最初是针对多原子分子情况提出的，它的许多重要的应用却表现在固体结构方面。这一点杨本人当初就已注意到[111]，以后得到逐步推广的研究[112]。对于固体而言，杨-特勒定理可这样来叙述：晶体中的离子的基态在没有微扰存在时，如果是轨道简并的，则晶体将畸变至低对称相以消除简并。

多粒子系统包括固体的结构和性质的理论，在很大范围内基于绝热近似，这在前面已经加以讨论。当所研究的系统的电子态在给定原子核构形下形成简并能级时，绝热近似是不正确的。这里我们给出简单的说明[35,112]。从量子力学的定态微扰理论来看，在非简并情况下获得的微扰公式不能用于简并情况。因为这时处于同一能级的状态不止一个，任意小的微扰都可能引起状态的大的变化，这时必须采用简并微扰论.这与我们现在遇到的情况是有相似性。§20.1 中发展的绝热近似是相对于非简并情况而言的，我们还记得当时为保证绝热近似成立，略去了式（20.6a)

$$c_{l',l}(R) = -\int \phi_{l'}^*(\boldsymbol{R},\boldsymbol{r}) \frac{\hbar^2}{2M} \sum_{\alpha} [\nabla_\alpha^2 \phi_l(\boldsymbol{R},\boldsymbol{r}) + 2\nabla_\alpha \phi_l(\boldsymbol{R},\boldsymbol{r}) \cdot \nabla_\alpha] d\tau, \quad (20.6a)$$

这对非简并情况是合理的。但是在存在简并态的时候，这种取舍对问题的研究是举足轻重的。

让我们参照一个耦合于单个振动坐标 Q 的二重简并态来形象地考察一下这个问题。如图 20.4 所示，我们假设当振动坐标 Q 变化时波函数属于两条截线 ACA' 和 BCB'。因为一般情况下

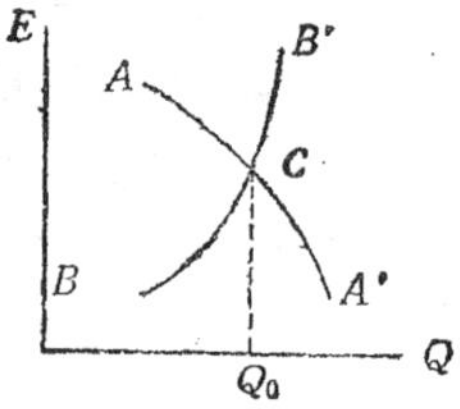

图 20.4 存在二重简并态时能量与振动坐标的关系.

非简并本征函数和本征值是参数 Q 的解析函数，故点 A 和 B 的本征函数将各自独立地跟踪它们的能量线。这直至交叉点 $C(Q=Q_0)$ 的邻域都是准确的。但在穿过点 $Q=Q_0$ 处波函数往 CB' 还是 CA' 去却是不明确的，也就是 $\partial\psi/\partial Q$ 在 $Q=Q_0$ 处存在奇异性。很清楚，在 Q 跨越 Q_0 时，波函数可能发生 ACB' 或 BCA' 的演化过程。在这种情况下，忽略 (20.6a) 是有问题的，绝热近似的条件不再能保证。杨-特勒系统正是最有代表性的"非绝热"系统。根本的问题是杨-特勒效应引起的修正可以与振动能量相比较，独立的电子或点阵模式不再具有严格的意义，故修正不能作为微扰而必须整体地来处理。这种情况在超导电性、电子自旋弛豫和超声衰减等现象中也是如此。这时将产生一类新的能谱和新的振动-电子 (Vibronic, 即 Vibrational-electronic) 模式来描述原子核和电子的耦合运动。振动-电子模式只是指局域系统中离子的振动和电子的轨道运动之间的耦合效应。

下面我们主要关心的是杨-特勒效应在固体物理中的应用，也就是所谓合作杨-特勒效应 (CJTE)[36,113].

在分子里杨-特勒效应是分子中，原子的振动模式和简并或近简并电子态耦合的结果。若看作杂质存在于晶体中，杨-特勒离子耦合于基质点阵的局域畸变。这些局域畸变实际上延伸至基质点阵的某个体积范围 v. 这就是说，局域畸变或缺陷产生于一个在 v 以内的"应变场"。只要杨-特勒离子浓度足够小，在 v 以内没有其他杂质离子，因而杨-特勒离子可独立地处理，没有合作行为或相变发生于此系统里。相反，在杨-特勒离子高浓度的极限，一个离子的应变场一定与其他离子位置交叠，产生其他离子感受得到的局域对称性的畸变。由于一个离子的畸变耦合于第二个离子的电子态，故两个离子之间就发生了耦合。这种通过晶格的静态或动力学畸变产生的间接离子-离子相互作用称之为“声子交换”或“虚声子”相互作用。值得注意的是，合作杨-特勒系统里离子间耦合的存在完全是由于单个离子与晶格的耦合，然后与其他离子发生耦合。这种间接离子-离子相互作用使系统出现合作行为。在足够高的温度，热运动能阻止晶格发生宏观畸变；低温下，间接离子-离子耦合使晶格整体发生宏观畸变至低对称相。这种相变可能是一级的，也可能是二级的，它同时涉及到电子态的分裂。

举例来说，在 Mn_3O_4 和 $CuFe_2O_4$ 中会发生立方相至四方相的转变[114]。Mn^{3+}和 Cu^{2+}都是过渡金属离子，含有未满的 d 轨道。在立方相时，它们位于氧八面体的当中。由于在这类化合物中电子是局域化的，可以近似地认为电子形成能级。在氧八面体晶场(立方)中，d 轨道分裂为一个三度简并的能级 t_{2g} 和一个二度简并的能级 e_g，因而造成相应的固有不稳定，在某一温度之下会发生由立方相过渡到四方相的转变。如图 20.5 所示，这时 t_{2g} 分裂为一个二度简并能级和一个非简并能级，e_g 分裂为两个非简并能级，晶体结构有了新的稳定位形。

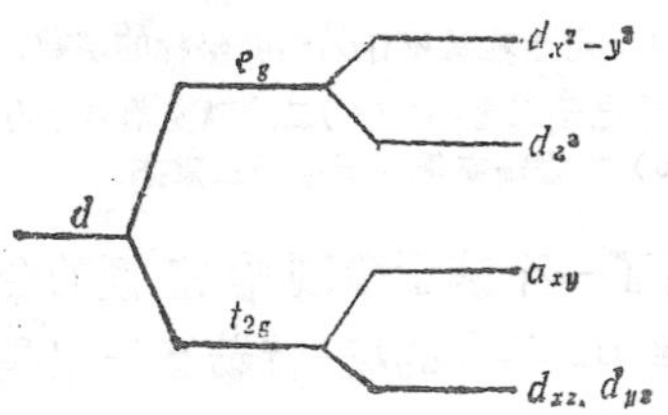

图 20.5　晶场中立方相至四方相转变时 d 电子能级示意图.

来自杨-特勒互作用的相变可以导致所有畸变的平行排列，即所谓铁畸变；或者更为复杂的几何排列，即所谓反铁畸变（参阅

§12.8)。在铁畸变情况下整个晶体将选择同一畸变方向，实际选择的畸变方向往往与不重要的偶然原因有关，如局域应变的存在．畸变方向在晶体的各个部分也可能有不同的选择，导致畴结构的形成(参阅§13.12)。所以在许多实验测量之前，往往需要将样品进行单畴化处理。

杨-特勒相互作用可以根据问题涉及到的电子态的简并度和畸变的维度性来分类。图 20.6 给出了三种电子能量作为畸变坐标的函数关系[34]。

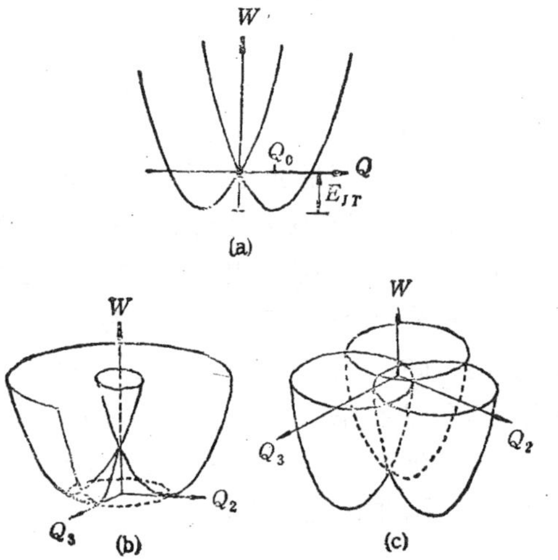

图 20.6　电子能量W作为畸变坐标的函数．
(a)一维畸变耦合于电子二重态；(b)二维畸变耦合于电子二重态；
(c) 二维畸变耦合于电子三重态．

金森顺次郎提出了一个基于微观哈密顿的合作杨-特勒效应理论[115]。在他的处理中，基本的杨-特勒互作用是杨-特勒离子的电子态和晶格的简正模或声子之间的线性耦合。引入“位移振子变换”，可以将单个离子-声子相互作用变换为离子对间的相互作用。位移振子变换不仅产生间接的离子-离子耦合，而且还有对哈密顿量的自能贡献。自能是单个离子和晶格的互作用，它对合作行为没有影响。

用上面提到的模型可以发现，杨-特勒离子和长波长声学声子之间的耦合导致在经历合作杨-特勒相变时材料弹性性质的反常行为，即弹性常数软化，也就是产生了联系于相变的软模。弹性常数与温度的依赖关系的定量测量可以确定杨-特勒离子和声频声子及光频声子之间耦合的相对重要性。经历合作杨-特勒相变的几类材料的弹性性质的研究指出，在大多数系统里，杨-特勒行为主要决定于杨-特勒离子与晶格声频声子的耦合。

A-15 结构的超导材料（V_3Si,Nb_3Sn 等电子形成能带的化合物）中存在能带杨-特勒效应，它与合作杨-特勒效应没有本质的区别，都是说明当存在电子态（能带或能级）简并时，化合物晶体要发生畸变，同时电子态要分裂。关于能带杨-特勒效应可参阅有关文章[116]，这里只限于讨论合作杨-特勒效应。

§20.5　基本理论模型和平均场结果

合作杨-特勒现象是杨-特勒离子耦合于晶格畸变的结果。虽然式(20.1)已经包括电子-晶格系统的完整信息，但对于具体的问题我们必须适当地改写哈密顿量的表式。现在碰到的这个耦合系统其哈密顿量可以写作[113]

$$\mathscr{H}=\mathscr{H}_{lat}+\mathscr{H}_{ion}+\mathscr{H}_{J-T},\qquad(20.46)$$

这里 $\mathscr{H}_{lat}$ 描述晶格从其平衡位形所有可能的静态和动力学畸变，$\mathscr{H}_{ion}$ 描述在平衡晶场中未满 d 壳层或 f 壳层电子的本征态，H_{J-T} 是杨-特勒离子的低激发简并或近简并电子态与晶格的所谓杨-特勒相互作用。在将式(20.46)具体化的过程中必须考虑晶体的对称性。现在我们用 Γ, m 来表示晶体空间群的某个不可约表示和第 m 个基函数（参阅 §13.5）。这时算符一般采用张量形式。

首先我们可以给出静态和动力学畸变产生的晶格哈密顿量

$$\mathscr{H}_{lat}=\frac{1}{2}\sum_{\Gamma m}c_{\Gamma}(e_{\Gamma}^{m})^2$$

$$+\frac{1}{2}\sum_{q}\sum_{\Gamma m}\{P_{\Gamma}^{m}(\boldsymbol{q})P_{\Gamma}^{m}(-\boldsymbol{q})$$

$$+\omega_{\Gamma}^{2}(\boldsymbol{q})Q_{\Gamma}^{m}(\boldsymbol{q})Q_{\Gamma}^{m}(-\boldsymbol{q}),\qquad(20.46\mathrm{a})$$

其中 $Q_{\Gamma}^{m}(\boldsymbol{q})$、$P_{\Gamma}^{m}(\boldsymbol{q})$ 是采用群表示的晶格振动简正坐标及其共轭动量，它们可以从式(20.13)定义的简正坐标和共轭动量进行线性组合而得。$\boldsymbol{q}$ 为声子波矢。 e_{Γ}^{m} 是考虑到可能存在的晶格宏观均匀应变后，由普通应变张量线性组合而得到的按 Γ 不可约表示的第 m 个基函数变换的对称性应变。 c_{Γ} 是弹性常数，$\omega_{\Gamma}(\boldsymbol{q})$ 是声子频率。将晶格畸变分离为三类，即均匀静态应变、光频声子和声频声子是完全必要的，因为均匀静态应变具有偶宇称，不能用有限尺寸下晶体在周期边界条件下的简正模来描述，而声子系统一般采用周期性边界条件。

其次处在平衡晶场[103]中的离子的电子态可用作用在第 l 个杨-特勒离子的电子态上的不可约张量算符 $O_{\Gamma}^{m}(l)$ 来描述，其哈密顿量为

$$\mathscr{H}_{ion}=\sum_{l}\sum_{\Gamma m}B_{\Gamma}^{m}O_{\Gamma}^{m}(l),\qquad(20.46\mathrm{b})$$

其中 B_{Γ}^{m} 是一个确定电子态在晶场下分裂大小的参数。

最重要的是描述晶格畸变和电子耦合的杨-特勒相互作用哈密顿量，它可以从式(20.1c)在群表示下进行级数展开[117]，只保留线性耦合项而得到

$$\mathscr{H}_{J-T}=-\sum_{l}\sum_{\Gamma m}V_{\Gamma}e_{\Gamma}^{m}O_{\Gamma}^{m}(l)$$

$$-\sum_{lq}\sum_{\Gamma m}\xi_{\Gamma}(\boldsymbol{q})Q_{\Gamma}^{m}(\boldsymbol{q})O_{\Gamma}^{m}(l),\qquad(20.46\mathrm{c})$$

其中 V_{Γ} 和 $\xi_{\Gamma}(\boldsymbol{q})$ 是耦合常数。l 代表离子位矢 $\boldsymbol{R}_{l}$。$\mathscr{H}_{J-T}$描述的是格点畸变和该格点上离子的电子态的局域耦合。

这里，我们不考虑非线性效应，即不考虑振动-电子模式中的高阶项，如振动坐标 Q 的二次项或高次项。在多数情况下，利用 Q 的线性项已足以讨论不稳定性问题，而且往往得到相当好的结果。

对于复杂的广义张量形式下的哈密顿量(20.46)，要求得其动力学问题的解以及有关相变的详尽知识是相当困难的。以往人们所做的也只是针对具体问题进行适当简化来进行研究。这里我们只准备处理一些最简单的合作杨-特勒系统[36]．考虑一个具有四方对称 D_{2d} 的高浓度杨-特勒离子的晶体。假定最低晶场分裂电子态是一个二重简并态，而且它在任何感兴趣的温度下与更高能级的间距 $\Delta_D \gg k_B T$．这种系统的一个很好的例子是四方稀土化合物 $TmVO_4$。这时可以方便地采用赝自旋方法，即含泡利算符的哈密顿来描写电子二能级系统。这个方法的好处在于这些算符的对易关系已知，而且这个问题和其他熟悉的问题(如磁性)的可类比性是明显的．关于赝自旋算符的理论十九章已有介绍。

如果为简化讨论，假定只存在一个不可约表示 Γ，并从式(20.46)中分离出均匀应变部分的哈密顿量

$$\mathscr{H}_s = -\sum_l V_\Gamma e_\Gamma O_\Gamma(l) + \frac{1}{2} N c_\Gamma e_\Gamma^2, \qquad (20.47)$$

N 为原胞数．应变是一个宏观变量，可从 H_s 的极小求得

$$e_\Gamma = \frac{1}{N c_\Gamma} \sum_l V_\Gamma O_\Gamma(l), \qquad (20.48)$$

将此式代回式(20.47)，可得到

$$\mathscr{H}_s = -\frac{1}{2} \cdot \frac{1}{N c_\Gamma} V_\Gamma^2 \sum_{nl} O_\Gamma(n) O_\Gamma(l). \qquad (20.49)$$

这样应变耦合在所有杨-特勒离子间产生无限程互作用． 我们定义平均场参数

$$\mu = V_\Gamma^2 / c_\Gamma. \qquad (20.50)$$

当我们将简正坐标 Q 换至声子数表象时，式 (20.46a) 和 (20.46c) 第二项分别为

$$\mathscr{H}_{ph} = \sum_q \hbar\omega(q)\left(b_q^+ b_q + \frac{1}{2}\right),$$

$$\mathscr{H}_{e-p} = \sum_{n,q} \xi(q) \exp(iq \cdot R_n) O_\Gamma(n)(b_q + b_{-q}^+), \qquad (20.51)$$

其中耦合常数

$$\xi(\boldsymbol{q}) = \xi_p(\boldsymbol{q})\sqrt{\hbar/2\omega(\boldsymbol{q})}.$$

从上两式可以求出离子-离子相互作用。从变换虚声子的过程(参阅图 20.2(c))用微扰论[20]可推得

$$\mathscr{H}_{i-i} = -\sum_{nl}\sum_{\boldsymbol{q}} \frac{|\xi(\boldsymbol{q})|^2}{\hbar\omega(\boldsymbol{q})} \exp[i\boldsymbol{q}\cdot(\boldsymbol{R}_n - \boldsymbol{R}_l)]O_\Gamma(n)O_\Gamma(l). \tag{20.52}$$

对于合作杨-特勒效应,我们需要一个形式,它同时给出声子谱改变的信息。最广泛运用的方法是位移振子算符法[115,118]。在晶场下的电子二重态系统,每个离子仅和一个非简并点阵模式互作用时,选择赝自旋空间 z 轴标记畸变方向,可以写出

$$\mathscr{H}_d = \sum_{\boldsymbol{q}} \hbar\omega(\boldsymbol{q})\left(b_{\boldsymbol{q}}^+ b_{\boldsymbol{q}} + \frac{1}{2}\right) + \sum_{n\boldsymbol{q}} \xi(\boldsymbol{q})\exp(i\boldsymbol{q}\cdot\boldsymbol{R}_n)S^z(n)(b_{\boldsymbol{q}} + b_{-\boldsymbol{q}}^+). \tag{20.53}$$

注意到傅里叶变换式

$$S^z(l) = \frac{1}{N}\sum_{\boldsymbol{q}} S_q^z \exp(-i\boldsymbol{q}\cdot\boldsymbol{R}_l),$$

并作下列变换

$$\boldsymbol{\gamma}_q^+ = b_{\boldsymbol{q}}^+ + \frac{\xi(\boldsymbol{q})}{\hbar\omega(\boldsymbol{q})} S_{\boldsymbol{q}}^z, \tag{20.54a}$$

$$\boldsymbol{\gamma}_q = b_{\boldsymbol{q}} + \frac{\xi(-\boldsymbol{q})}{\hbar\omega(\boldsymbol{q})} S_{-\boldsymbol{q}}^z. \tag{20.54b}$$

将上两式代入式(20.53),并保证对易关系

$$[\boldsymbol{\gamma}_{q'}, \boldsymbol{\gamma}_q^+] = [b_{\boldsymbol{q}'}, b_{\boldsymbol{q}}^+] = \delta_{q'q},$$

可得

$$\mathscr{H}_d = \sum_{\boldsymbol{q}} \hbar\omega(\boldsymbol{q})\left(\boldsymbol{\gamma}_q^+\boldsymbol{\gamma}_q + \frac{1}{2}\right) - \sum_q \frac{|\xi(\boldsymbol{q})|^2}{\hbar\omega(\boldsymbol{q})} S_{\boldsymbol{q}}^z S_{-\boldsymbol{q}}^z. \tag{20.55}$$

位移算符有简单的物理意义,考虑

$$\langle \gamma_{-q}^{+} + \gamma_{q} \rangle = \langle b_{-q}^{+} + b_{q} \rangle + \frac{2\xi(-q)}{\hbar\omega(q)} \langle S_{-q}^{z} \rangle. \tag{20.56}$$

在转变点之下 $\langle S^z \rangle \neq 0$,故对光频支[声频支 $\xi(q=0)=0$]有

$$\lim_{q\to 0} \langle \gamma_{-q}^{+} + \gamma_{q} \rangle = \left(\frac{2\omega(0)}{\hbar}\right)^{1/2} \langle Q \rangle + \frac{2\xi(0)}{\hbar\omega(0)} \langle S^z \rangle, \tag{20.57}$$

这里 $\langle Q \rangle$ 是在转变点之下振动模的平均位移。我们知道,γ_q, γ_{-q}^{+} 现在相当于经么正变换后的准粒子算符,它们是与局域矩有关的激发,而$\langle S^z \rangle$或$\langle Q \rangle$为序参数,代表赝自旋的有序化或晶格畸变的产生。由于热力学平均 $\langle \gamma_{-q}^{+} \rangle = \langle \gamma_{q} \rangle = 0$,式(20.57)表示晶格的畸变将伴随着有序化的形成。

现在我们定义

$$K(q) = \frac{2|\xi(q)|^2}{\hbar\omega(q)} \tag{20.58a}$$

及其傅里叶变换式

$$K(n-l) = \frac{1}{N}\sum_{q} \frac{2|\xi(q)|^2}{\hbar\omega(q)} \exp[iq\cdot(R_n - R_l)], \tag{20.58b}$$

两者都代表离子间的耦合作用。但对(20.58b)必须注意,当 $n \neq l$ 时,它是正常相互作用,并将驱动相变发生。而 $n = l$ 项一般称之为自能,它是单格点杨-特勒能量,它对相变无贡献,可以从哈密顿量中扣除。当每个原胞只有一个杨-特勒离子时,重新定义

$$J(n-l) = (1-\delta_{nl})K(n-l), \tag{20.59a}$$

$$J(q) = K(q) - \frac{1}{N}\sum_{q'} K(q-q'), \tag{20.59b}$$

可以将式(20.55)改写为

$$\mathscr{H} = \sum_{q} \hbar\omega(q)\left(\gamma_q^{+}\gamma_q + \frac{1}{2}\right) - \frac{1}{2}\sum_{q} J(q) S_q^z S_q^z, \tag{20.60}$$

或者变换至实空间去

$$\mathscr{H} = \sum_{q} \hbar\omega(q)\left(\gamma_q^{+}\gamma_q + \frac{1}{2}\right)$$

$$-\frac{1}{2}\sum_{nl}J(n-l)S^z(n)S^z(l). \qquad (20.61)$$

若根据式 (20.46b),考虑到晶场影响,则有

$$\mathscr{H}_{ion}=-\Delta\sum_n S^x(n). \qquad (20.62)$$

另一个较简单的晶场项是 $\Delta S^z(n)$,它使态分裂增加,但对畸变没有影响,故不作讨论.

现在我们对杨-特勒问题利用平均场近似给出最简单情况下的解,求出振动-电子态的能量、序参数、相变温度,磁化系数、比热和弹性常数等定量表式.

(a) 二重简并电子态和一维畸变[119] 这个解存在于 $TmVO_4$ 和 $TmAsO_4$ 中,其哈密顿为

$$\begin{aligned}\mathscr{H}&=\mathscr{H}_s+\mathscr{H}_d\\&=\sum_q\hbar\omega(q)\left(\gamma_q^+\gamma_q+\frac{1}{2}\right)-V_se\sum_n S^z(n)\\&\quad+\frac{1}{2}Nce^2-\frac{1}{2}\sum_{n,l}J(n-l)S^z(n)S^z(l),\end{aligned} \qquad (20.63)$$

这里 c 和 e 分别为弹性常数和应变. $J(n-l)$ 中同时包含着声频声子和光频声子效应,前面式(20.48)在这里简化为

$$e=V_s\langle S^z\rangle/c,$$

故有

$$\begin{aligned}\mathscr{H}&=\sum_q\hbar\omega(q)\left(\gamma_q^+\gamma_q+\frac{1}{2}\right)\\&\quad-\frac{1}{2}\sum_{n,l}\left(J(n-l)+\frac{\mu}{N}\right)S^z(n)S^z(l),\end{aligned}$$

其中 μ 由式(20.50)为

$$\mu=V_s^2/c.$$

上式的赝自旋部分是熟悉的伊辛哈密顿,由此可产生二级相变.平均场近似下它成为

$$\mathscr{H} = -(\lambda + \mu)\langle S^z\rangle \sum_n S^z(n), \tag{20.64}$$

这里已定义 $\lambda = \sum_n l(n-l)$. 它的能量本征值为 $\pm W$, 而

$$W = (\lambda + \mu)\langle S^z\rangle. \tag{20.65}$$

采用玻耳兹曼分布,序参数 $\langle S^z\rangle$ 的自洽解为

$$\langle S^z\rangle = \tanh(W/k_B T), \tag{20.66}$$

这时态分裂 $2W$ 由下式给出

$$W = (\lambda + \mu)\tanh\left(\frac{W}{k_B T}\right). \tag{20.67}$$

容易推得转变温度 T_D 和应变分别为

$$k_B T_D = \lambda + \mu, \tag{20.68}$$

$$e = \langle S^z\rangle\left(\frac{\mu}{c}\right)^{1/2} = \frac{W}{\lambda + \mu}\left(\frac{\mu}{c}\right)^{1/2}. \tag{20.69}$$

根据式(20.64),原则上可以求出比热表达式. 应变耦合常数 μ 和振动模耦合常数 λ 驱动了相变,因此如何独立地测量这些常数是重要的.

(b) 两个非简并电子态和一个一维畸变[119] 如果我们将晶场中轨道态的分裂式(20.62)包括进式(20.63),则问题的解稍有不同. 它可运用于 $DyVO_4$ 或存在外加磁场 Δ 时的 $TmVO_4$ 中. 这时平均场近似给出

$$\mathscr{H} = -(\lambda + \mu)\langle S^z\rangle \sum_n S^z(n) - \Delta \sum_n S^x(n), \tag{20.70}$$

可见这是一个横伊辛模型 (transverse Ising model). 它的解可用赝自旋空间中 xz 平面上旋转角度 θ 的变换求出,而

$$\tan\theta = \Delta/(\lambda + \mu)\langle S^z\rangle. \tag{20.71}$$

本征值为 $\pm W$,而

$$W=[(\lambda+\mu)^2\langle S^z\rangle^2+\Delta^2]^{1/2}. \tag{20.72}$$

$\langle S^z\rangle$是变换后的算符向 z 方向的投影

$$\langle S^z\rangle=\cos\theta\tanh(W/k_BT). \tag{20.73}$$

同样

$$\langle S^x\rangle=\sin\theta\tanh(W/k_BT). \tag{20.74}$$

在未畸变相 $(T>T_D)$

$$W=\Delta, \tag{20.75}$$

$$\langle S^z\rangle=0, \tag{20.76}$$

$$\langle S^x\rangle=\tanh(\Delta/k_BT). \tag{20.77}$$

而在畸变相 $(T<T_D)$

$$W=(\lambda+\mu)\tanh(W/k_BT), \tag{20.78}$$

$$\langle S^z\rangle=(W^2-\Delta^2)^{1/2}/(\lambda+\mu), \tag{20.79}$$

$$\langle S^x\rangle=\Delta/(\lambda+\mu), \tag{20.80}$$

这时畸变为

$$e=\frac{(W^2-\Delta^2)^{1/2}}{\lambda+\mu}\left(\frac{\mu}{c}\right)^{1/2}. \tag{20.81}$$

转变温度由下式的解给出:

$$\Delta=(\lambda+\mu)\tanh(\Delta/k_BT_D), \tag{20.82}$$

当 $\Delta>\lambda+\mu$ 时,才有相变发生.

各个参量 W,c_v 和 e 与温度关系,以及$\langle S^x\rangle$在 $T=0\text{K}$ 处与Δ的关系的理论结果如图 20.7 所示.

最后一图可用以解释 $TmVO_4$ 中磁化作为场的函数的行为.

(c) 弹性常数[113] 弹性常数是研究合作杨-特勒效应的十分重要的因素. 如果材料在 T_D 处发生出现畸变导致的相变,而且畸变涉及到晶体形状的改变.这样在 T_D 处一个任意小的应力将引起形状改变,换言之弹性常数为零.这是朗道二级相变思想的一个结果,即二级相变伴随着一个软模. 这里讨论的二级相变,即合作杨-特勒效应的软模是一个弹性激发模. 通常称为应变模.

现在写出哈密顿量为

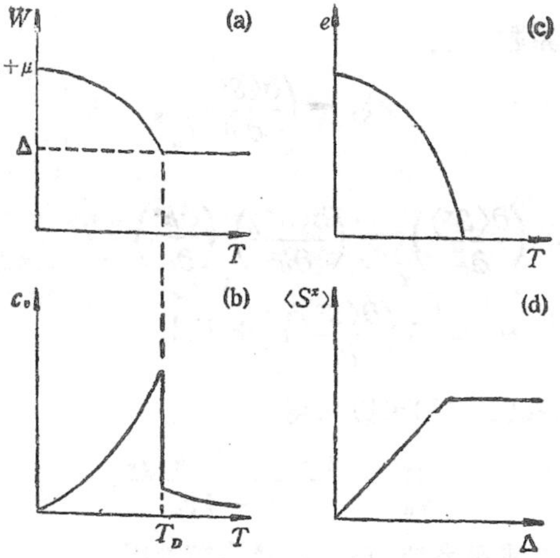

图 20.7 (a)能量 W，(b)比热 C_v 和(c)应变 e 与温度的关系；(d)$T=0$ 时，$\langle S^x\rangle$对Δ的依赖关系示意图.

$$\mathscr{H} = \mathscr{H}^0_{J-T} - V_s e\langle S^z\rangle + \frac{1}{2}Nc_0e^2, \qquad (20.83)$$

这里 c_0 是未微扰弹性常数，$\mathscr{H}^0_{J-T}$ 包括了杨-特勒离子和声子及晶场的相互作用，系统的自由能为

$$F = \langle\mathscr{H}\rangle - TS,$$

故系统的弹性常数为

$$\begin{aligned} c_\gamma &= \frac{1}{N}\left(\frac{\partial^2 F}{\partial e^2}\right)_\gamma \\ &= -\frac{V_s}{N}\left(\frac{\partial\langle S^z\rangle}{\partial e}\right)_\gamma + c_0, \end{aligned} \qquad (20.84)$$

这里 γ 代表一组热力学变量. 现在有

$$\frac{c_\gamma}{c_0} = 1 - \frac{\mu}{V_s}\left(\frac{\partial\langle S^z\rangle}{\partial e}\right)_\gamma, \qquad (20.85)$$

而 $\mu = V_s^2/c_0$。

从式(20.63)可知作用在赝自旋上 z 方向的有效分子场为

$$h^z = \lambda\langle S^z\rangle + V_s e \tag{20.86}$$

单离子磁化系数定义为

$$g_\gamma = \left(\frac{\partial\langle S^z\rangle}{\partial h^z}\right)_\gamma, \tag{20.87}$$

故

$$\left(\frac{\partial\langle S^z\rangle}{\partial e}\right)_\gamma = \left(\frac{\partial\langle S^z\rangle}{\partial h^z}\right)_\gamma \left(\frac{\partial h^z}{\partial e}\right)_\gamma$$

$$= g_\gamma\left[\lambda\left(\frac{\partial\langle S^z\rangle}{\partial e}\right)_\gamma + V_s\right]. \tag{20.88}$$

从式(20.85)和(20.88)可以求得

$$\frac{c_\gamma}{c_0} = \frac{1-(\lambda+\mu)g_\gamma}{1-\lambda g_\gamma}. \tag{20.89}$$

对于简单的二能级系统，玻尔兹曼分布给出

$$\langle S^z\rangle = \tanh(h^z/k_BT).$$

在绝热或等温过程中可求得

$$g_s = g_T = \frac{1}{k_BT}, \tag{20.90}$$

这导致常见的结果

$$\frac{c_s}{c_0} = \frac{c_T}{c_0} = \frac{T-T_D}{T-\theta}, \tag{20.91}$$

这里 $k_BT_D = \lambda + \mu$、$k_B\theta = \lambda$. T_D 是二级相变温度，θ 有时称为强迫转变温度. 在这个温度处，除应变耦合外，所有相互作用将引起相变. 式 (20.91) 的重要性在于它提供了独立地求出 λ 和 μ 的途径.

对本节(b)的情况可以推出

$$\langle S^z\rangle = \frac{h^z}{[(h^z)^2+\Delta^2]^{1/2}}\tanh\left[\frac{[(h^z)^2+\Delta^2]^{1/2}}{k_BT}\right], \tag{20.92}$$

并求得

$$g_s = g_T = \frac{1}{\Delta}\tanh\frac{\Delta}{k_BT}, \tag{20.93}$$

$$\frac{c_s}{c_0} = \frac{c_T}{c_0} = \frac{\Delta-(\lambda+\mu)\tanh(\Delta/k_BT)}{\Delta-\lambda\tanh(\Delta/k_BT)}. \tag{20.94}$$

§ 20.6 主要材料和实验结果

杨-特勒效应反映在晶体结构问题上是一些材料的未满 d 壳层(过渡金属)或 f 壳层(稀土族)电子态如何受到带有均匀应变和声子的周围点阵的晶场的畸变影响，通过与均匀应变或声频和光频声子的耦合，在许多系统中产生结构相变。这时晶体对称性的改变将降低系统能量。

在历史上，过渡金属离子化合物是最早显示杨-特勒效应的材料[121,122]。大量过渡金属化合物的化学式为 AB_2O_4，它们与立方尖晶石 (Spinel, $MgAl_2O_4$) 具有相同结构。其中 A^{2+}和 B^{3+} 是过渡金属离子。具体材料有 Fe_2TiO_4，$NiCr_2O_4$ 等。这一类有尖晶石结构的材料以及另一类具有能带杨-特勒效应的 A-15化合物本文不作讨论，可参阅附表 20.1 和有关文献[35]。

对于研究杨-特勒效应的现代发展有重大意义的是六十年代后期以来稀土族化合物的广泛利用。

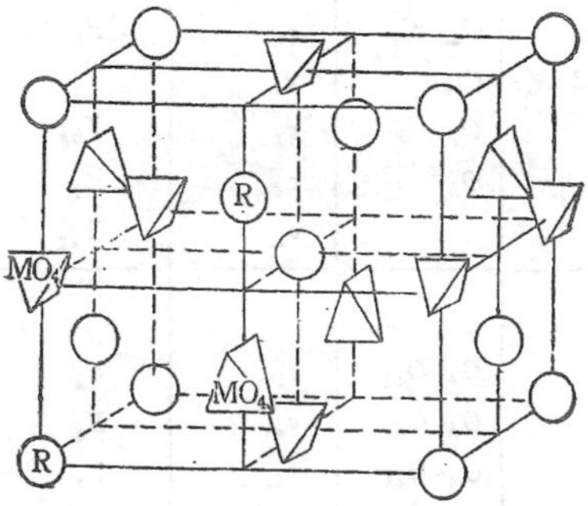

图 20.8 分子式为 RMO_4 的四方锆石结构. R 是三价稀土离子 (Tm^{3+},Dy^{3+},Tb^{3+}等),M 是 V,As 或 P.

主要稀土材料有两类：一类具有四方锆石 (zircon) 结构，包括稀土钒酸盐、砷酸盐和磷酸盐。它们有同一化学式 RMO_4，如图 20.8 所示。R 为三价稀土离子，如 Dy^{3+}，Tm^{3+}，Tb^{3+} 和Nd^{3+}，M是 V，As 和 P。低温下，这些晶体中有些会经历杨-特勒效应至低对称相，相变是二级的；另一类有意义的材料是稀土的磷属化合物(Pnictides)，其化学式为 AB，A 是稀土离子，B 是 N,P,As 或 Sb，其晶体具有立方 NaCl 结构．低温下（$T_D \sim 10K$）有几个材料会经历立方至四方或立方至三角的杨-特勒转变．研究得比较成熟的有 DySb,PrSb 等。

表 20.1 具有杨-特勒效应的部分材料及其特征

材料	T_c [K]	晶体类	自发应变	对称性	软 c_{mn}	相变级次
合作杨-特勒效应						
$Ni_xZn_{1-x}Cr_2O_4$	82-300 ($x=0.67$-1)	O_h^7-D_{4h}	e_{e2}	E_g	$c_{11}-c_{12}$	1
$CsCuCl_3$	423	D_{6h}-D_6	e_4	$E_1\left(g_0=\frac{1}{3}c^*\right)$	c_{44}	1
$DyVO_4$	13	D_{4h}-D_{2h}	e_1-e_2	B_{1g}	$c_{11}-c_{12}$	2
$TbVO_4$	34.7	D_{4h}-D_{2h}	e_6	B_{2g}	c_{66}	2
$TmVO_4$	2.15	D_{4h}-D_{2h}	e_6	B_{2g}	c_{66}	2
TmCd	3.16	O_h-	e_{e2}	E_g	$c_{11}-c_{12}$	1
TmZn	8.5	O_h-	e_{e1}	E_g	$c_{11}-c_{12}$	1
$PrAlO_3$	151	C_{2v}-C_s	e_1-e_2	B_1	$c_{11}-c_{12}$	2
$PrCu_2$	7.3	C_{2v}-	e_5		c_{55}	2
UO_2	65	O_h-	e_t	T_{2g}	c_{44}	1
Fe_2TiO_4	142	O_h-	e_{e2}	E_g	$c_{11}-c_{12}$	
Fe_3O_4	120		e_t	T_{2g}	c_{44}	1
能带杨-特勒效应						
Nb_3Sn	45	O_h-D_{4h}	e_{e2}	E_g	$c_{11}-c_{12}$	1
V_3Si	21	O_h-D_{4h}	e_{e2}	E_g	$c_{11}-c_{12}$	1
$LaAg_xIn_{1-x}$		O_h-D_{4h}	e_{e2}	E_g	$c_{11}-c_{12}$	1

此外，还有立方 CsCl 结构的稀土化合物(如 TmCd 以及钙钛矿结构晶体 $PrAlO_3$ 等)都具有杨-特勒转变行为。

对稀土锆石结构的材料进行的实验工作在理解合作杨-特勒效应的现代发展上有特殊作用．一方面，由于这些材料具有对可见光透明的特点，这样大量光学和光谱技术可用于获得能量移动和能级分裂的直接证据，这对于尖晶石结构材料是不可能的；另一方面，稀土锆石结构材料的杨-特勒转变发生在低温（$T_D\sim10K$）下，有利于观察比热反常或谱线特征。它们不会被热效应掩盖.这一低转变温度也意味着可以用外应力或磁场来产生电子能级的分裂，它们与相变产生的自发分裂有相同量级（参阅下面三种材料的能级图 20.9）。还有稀土锆石的四方对称是轨道电子二重态存在的最低对称性，这个二重态仅耦合于单个晶格振动模，这比尖晶石情况又大为简单。

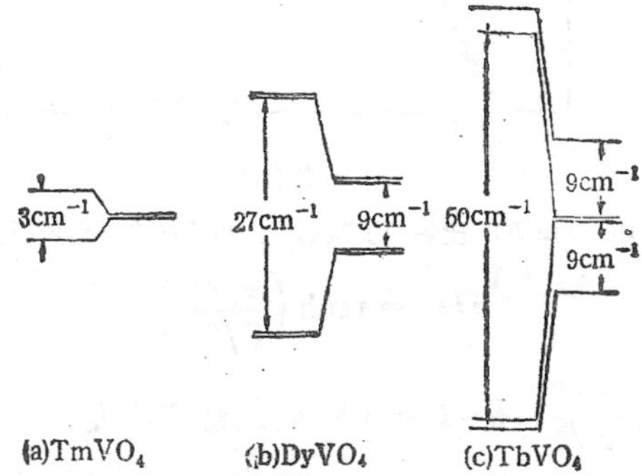

图 20.9 RVO_4 晶体中稀土离子的低激发电子能级.
左边低于 T_D，右边高于 T_D.

四方稀土钒酸盐中 $TmVO_4$，$DyVO_4$ 和 $TbVO_4$ 都曾被详细研究过。三者都经历从四方至正交的杨-特勒转变。表 20.1 中给出了三种材料在相变前后对称性的变化.

这里我们限于稀土族的 $TmVO_4$ 作略微详细的介绍。在§20.5节(a)中，我们已经用平均场理论对其物理性质作过理论上的分析，现在将给出一些实验结果以资比较.

(a) **热学性质** 比热测量[123]首先证实 $TmVO_4$ 中存在杨-特勒相变，图 20.10 示出实验结果与平均场理论的对比，两者符合得相当好，并证实了 $TmVO_4$ 中杨-特勒相变是二级的.

(b) **静态应变**[124] 为了理解合作杨-特勒效应，就需要知道在 $T<T_D$ 时，晶格静态应变的大小与温度的依赖关系.

从式(20.65)—(20.69)容易得到

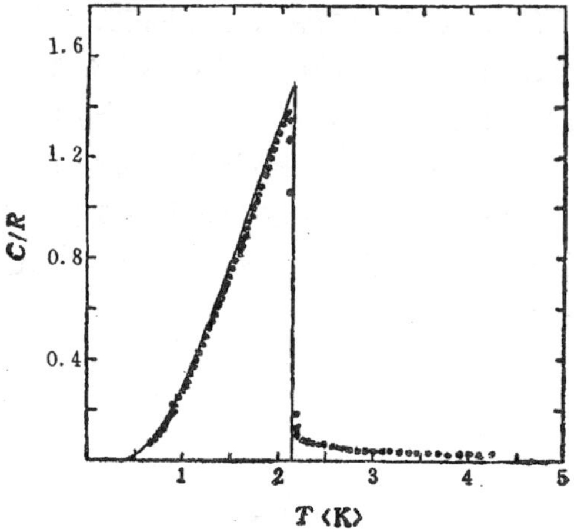

图 20.10 $TmVO_4$ 比热的实验结果. 实线代表平均场理论的结果

$$e/e^0 = \tanh\left(\frac{e/e^0}{T/T_D}\right), \tag{20.95}$$

其中 $e^0 = \left(\frac{\mu}{c}\right)^{1/2}$,是 $T = 0K$ 时的静态应变。

用单晶X光衍射可以从实验上得到 $TmVO_4$ 的静态应变与温度的关系。实验结果与平均场理论公式 (20.95) 的比较表示于图 **20.11**。

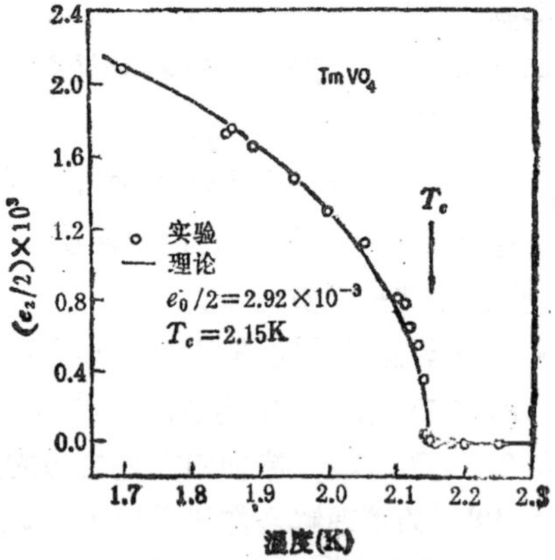

图 20.11 静态应变 $e_2/2$ 作为温度的函数. 实线是平均场理论结果式(20.81), $T_c = 2.15K$ $e_0/2 = 2.92\times10^{-3}$.

(c) 弹性常数[125] 弹性常数对系统相变的研究是一个普遍的方法，对它的测量不仅可以找到软模，还能找到直接驱动相变的电子态与应变模的耦合强度的直接信息。超声技术可提供在靠近相变温度时弹性常数软化的直接观察。图 20.12 示出用超声技术测量的无磁场时弹性常数与温度关系，以及平均场的理论结果。在相变温度 T_D 处附近，两者符合甚好。

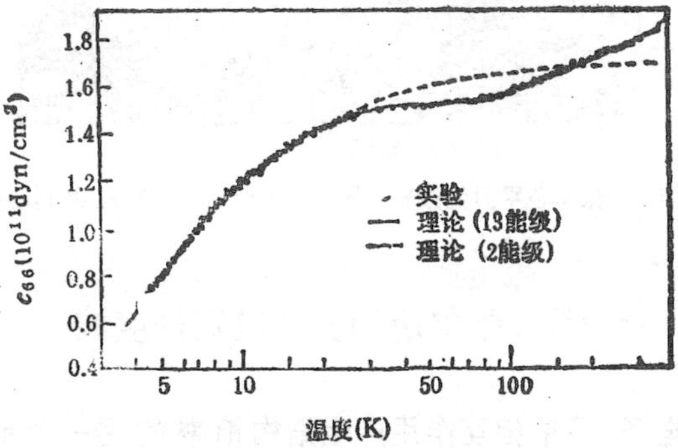

图20.12 $TmVO_4$ 的弹性常数 c_{66} 与温度的关系．两种理论曲线同时列出．

(d) 光学性质[126] 前面已经提到稀土族材料十分有利于光学研究。图 20.13 是用会聚单色平面偏振光沿[001]晶轴入射得到的。从图形可见，在 $T_D = 2.14K$ 附近，存在与杨-特勒效应直接联系的光学上从单轴至双轴的转变。这是最直接的结构相变的证据，因为四方结构是光学单轴的晶体，而正交结构是光学双轴的晶体。

杨-特勒效应目前已成为固体物理研究的重要课题之一。它之所以得到发展，除前面提到的稀土材料的广泛使用外，还因为许多现代实验手段和方法的采用，如光散射、超声技术、红外吸收、介电函数、热学测量、中子散射、电子自旋共振等[33,34,112]。

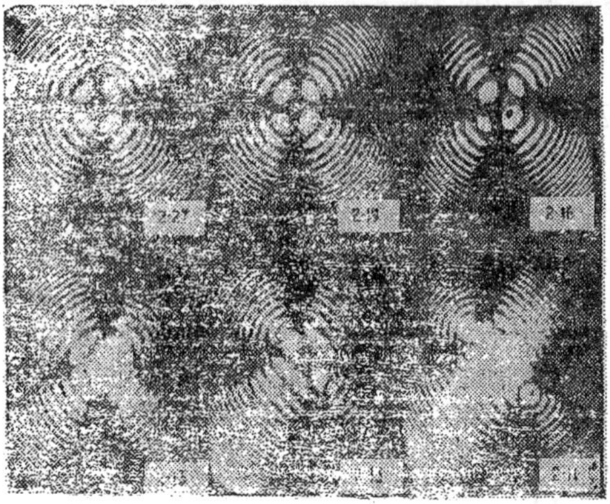

图 20.13 会聚单色平面偏振光沿晶轴 c 入射于 $TmVO_4$ 得到的图样.

III 佩尔斯相变和电荷密度波

作为电子-晶格相互作用产生结构相变的另一个重要实例是佩尔斯相变[37],不同于杨-特勒效应，佩尔斯相变是在扩展态电子与晶格相互作用的情况下发生的. 这在理论的处理上要容易些.

夫里德耳曾指出[34],固体中发生结构相变的一种途径,即由强的电子-晶格耦合引起固体中某个振动模式的软化. 这导致原来较简单结构的微弱调制,从而使完整晶体产生小幅度的相变.

§20.7 佩尔斯失稳的物理内容

佩尔斯相变的基本概念早在五十年代就被提出，但只是由于最近十几年来以一维或准一维形式存在的金属和聚合物研究的蓬勃开展[127,128]，方始得到人们的重视，同时也推动了低维凝聚态物理学的迅速发展[20].

依照热力学的理论,我们已经知道,物质形成某种晶体结构状态应该是满足能量极小条件的,也就是说,偏离这种特定的结构在能量上是不利的. 佩尔斯指出[19]，某些金属或合金从全同原子间直接相互作用力的考虑出发，应该取简单密集结构或体心立方，但实际上出现了比较复杂一些的结构。他认为，不妨把一维周期晶格作为研究这类问题的一个出发点。

设想一个一维周期晶格，有N个全同原子以等间距排成原子链。由于相互作用，价电子不再属于某个原子，而是在晶格中作共有化运动，即电子是在周期性的势场中运动。如果电子的势能同系统中电子能量的平均值相比是小量，那么就可以在自由电子模型的基础上作微扰，此即能带理论中的近自由电子近似（参看§2.5）。根据对这一模型的分析，周期场中电子的能量分布形成导带和禁带。

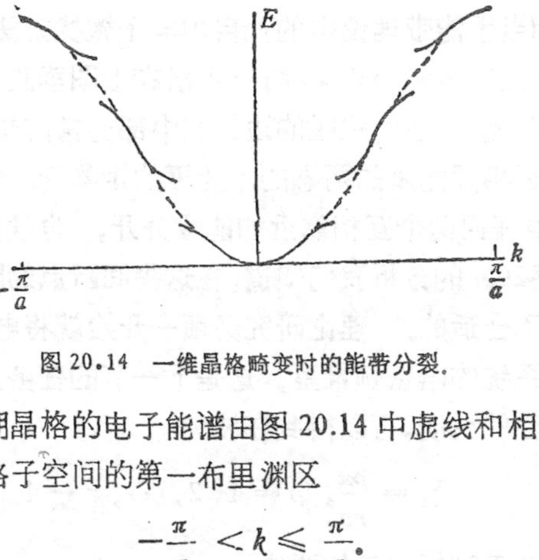

图 20.14 一维晶格畸变时的能带分裂.

一维周期晶格的电子能谱由图 20.14 中虚线和相连的实线所示。这是倒格子空间的第一布里渊区

$$-\frac{\pi}{a} < k \leqslant \frac{\pi}{a}. \tag{20.96}$$

假定原子链发生某种畸变，也就是每个原子有一些偏离平衡的位形，每相隔 r 个原子位移相同。这降低了原来的平移对称性。这时可以将 r 个原子的集合作为一个新的原胞，点阵矢量是 ra 的倍数。原来的能量曲线将由于畸变引起的修正而变为 r 个不同的带。譬如对于 $r=3$ 的情况，我们得到新的能量曲线，由图 20.14 实线所示，也可以采用简约区方案变为图 20.15。

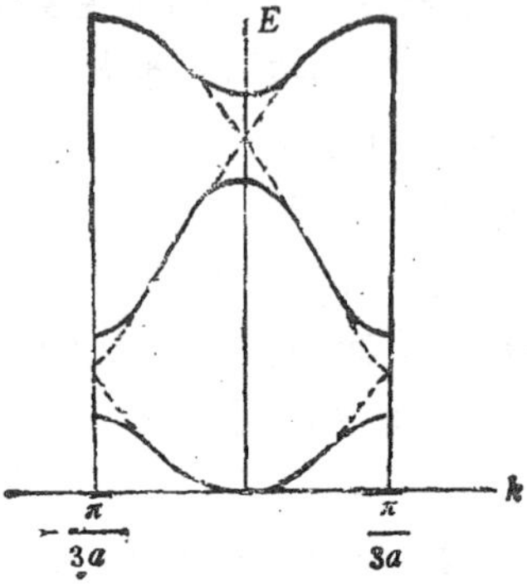

图 20.15　一维晶格三聚化后的简约区能带.

在这里作一个简单的说明，位移产生的效果可以用简并微扰处理。这相当于能带理论中的近自由电子微扰方法。必须注意到，位移产生的畸变势 $\delta V(x)$ 将产生出在上图垂直方向上不同态之间跃迁矩阵元。在约化区的边缘和中部通常的微扰理论失败，故存在连接近相同能量的两态的不为零的矩阵元。畸变的效果是使图 20.15 中任何两个互相靠近的能量分开，也就是产生了新的能隙。根据§20.4 的分析我们知道，在这些间断点的附近，绝热近似实际上是不合适的。理论研究必须一开始就将电子-晶格相互作用包括在系统的哈密顿量里，这是下一节的任务。现在我们暂时满足于定性的说明，可以得到在波矢

$$k_\rho = \frac{\rho\pi}{ra},\ \rho = 1, 2, \cdots, r - 1 \tag{20.97}$$

处能隙宽度为下列矩阵元的两倍

$$V_\rho = \int \psi^*_{k_\rho}(x)\delta V(x)\psi_{-k_\rho}(x)dx, \tag{20.98}$$

$\psi_{k_\rho}(x)$ 是畸变前原子链上的布洛赫波函数.

在图 20.14 上，如果能隙两边能带上都填满电子，则全部电子能量没有受到畸变影响。但如果能隙出现在费密面附近，能量下降的态全被填满而能量上升的态全部空着，结果电子系统存在净

的能量下降. 可以推想,对于能带部分填满的一维金属,周期晶格结构将是不稳定的. 因为我们总可以找到一个适当的 r 的畸变,这时晶格常数 $a' = ra$,布里渊区边缘 $k'_B = \frac{\pi}{a'}$ 恰与费密面 k_F 重合,电子系统能量下降最大,即

$$\begin{aligned} k'_B &= \frac{\pi}{a'} \\ &= k_F, \end{aligned} \tag{20.99}$$

或

$$a' = \frac{\pi}{k_F}, \tag{20.100}$$

这说明晶格畸变后,新周期间距 a' 决定于电子的费密波矢 k_F,与原晶格常数无关.

应该附带指出,晶格畸变会增加弹性能,但弹性能正比于原子位移 u 的平方. u 一般较小,故弹性能的增加将小于电子能量降低,也就是说,畸变有利于总能量的降低.

作为明确的例子,现在考虑每个原子恰好提供一个传导电子的情况. 自旋可以取两个不同方向,这时费密面位于 $k = \pm\pi/2a$ 处,而布里渊区边界在 $k = \pm\pi/a$ 处. 利用上面的讨论,即取 $r = 2$,这时畸变相当于原子两两成对,费密分布边缘上产生能隙. 能带分裂为两个较小的子带. 其中一个填满,另一个空着. 这个过程相当于金属到绝缘体或半导体的转变,具体视能隙大小而定、下一节将对 $r = 2$ 的情况进行定量的分析.

现在讨论一维或准一维导体的条件,并介绍一些实验结果[37,129].

理想的一维(实验上做得到的往往是准一维)导体应该满足许多要求. 但主要的考虑是,它应该是由原子或分子构成的平行链. 由于单链上的最高电子占有态强烈地相互作用形成导带,电子容易在给定的链上运动. 但是从一个链转移至另一个链的概率很小,必须通过激活或隧道过程. 这就是说导电性质存在很强的各向异

性，其差别可达 10^2—10^6 量级. 因此电导行为沿着链方向是金属性的，而不同链之间则是扩散性的. 由于平均自由程 ρ 与电导率 σ 成正比，用 $\rho_{\parallel}$ 和 $\rho_{\perp}$ 分别代表平行和垂直于传导链的电子平均自由程，条件 $\rho_{\parallel} \gg \rho_{\perp}$ 给出了平均自由程的相对尺寸，但尚不足规定一维导体，更强的条件是 $\rho_{\parallel} \gtrsim a, \rho_{\perp} \ll b$，$a$ 是沿着链方向原子的距离，b 是链间距离.

有几类物质形成弱耦合线性链的列阵，可以看作准一维导体，包括 (a) 铂链盐 KCP；(b) 有机电荷转移盐；(c) 过渡金属三硫化合物 AB_3；(d) 导电聚合物如聚乙炔 $(CH)_x$ 等[107,129,130]. 当温度降低时，一维导体可能发生佩尔斯相变，出现超晶格和电荷密度波 (CDW)，并变为绝缘体或半导体. 部分一维导体的电导率参数、相变温度、超晶格常数 (CDW 波长)等示于表 20.2 中.

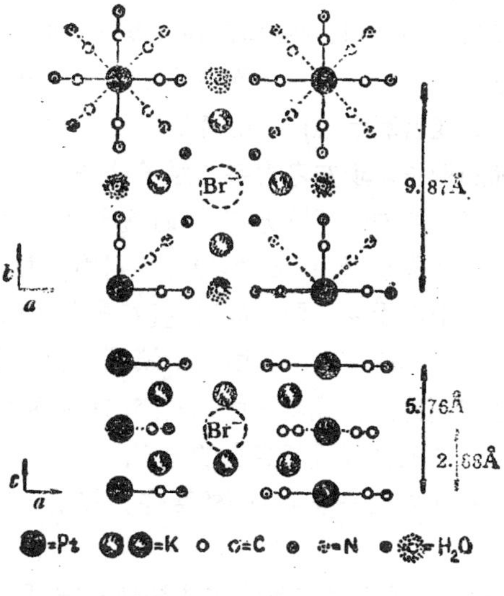

图 20.16 KCP 的结构.

KCP 的分子式为 $K_2Pt(CN)_4X_{0.3} \cdot 3H_2O$，X = Br 或 Cl，属于混合价平面过渡金属化合物. 这类化合物有许多种，但研究得最广泛的还是 KCP. 它可以长成很大的单晶，其基本单胞是平面

$Pt(CN)_4$ 复合物[131]，如图 20.16 所示。它的结构特征是线性多层堆积形式。沿着链方向 Pt 之间距离为 2.88 Å（比纯铂金属最近邻距离稍长），而链间距离约为 9.87 Å，各向异性十分明显。KCP 中导带由 Pt 原子的 d 轨道电子形成，有一维金属性质。室温下电导率在平行和垂直链方向差 10^5 量级[132,133]。 这个简单图象由光学测量进一步证明，光偏振平行于 c 轴有金属反射率，而垂直于 c 轴有一介电响应。 KCP 在 300K 处发生金属-绝缘体转变，直至低温下是一个绝缘体。 该物质的晶格动力学性质曾由 X 光散射[134]和中子非弹性散射[135]详细研究过。 测量证明声子谱上强科恩反常的存在，这将使声子频率软化而引起佩尔斯失稳。

表 20.2　一维导体的特性参数

材　料	TTF-TCNQ	TaS_3	$NbSe_3$	KCP
$\sigma_{\parallel}$	$10^{3}[\Omega cm]^{-1}$	10^{4}	10^{4}	10^{2}
$\sigma_{\perp}$	$5[\Omega cm]^{-1}$	10^{2}	10^{3}	10^{-2}
相变点 T_c	53K	215	144	~300
$\frac{\text{CDW 波长}}{\text{晶格常数}}$	3.76	4.0	4.16	6.0
佩尔斯相变	有	有	无	有

另一类满足准一维导体的基本要求的化合物是有机电荷转移盐 TTF-TCNQ（tetrathiafulvalene-tetracyanoquinodimethane）历史上“金属”一词曾被用于由一种或几种金属元素构成的固体，但现在合成有机化合物如 TTF-TCNQ 在宽广的温度范围内被证明有金属性质，但材料本身都是由非金属元素如碳、氮、硫、氢等构成，其基本结构如图 20.17 所示。 这些化合物由分离而且均匀的层状分子构成，每一层由 TTF 平面分子或 TCNQ 平面分子构成。 TCNQ 分子的一个重要性质是具有从其他分子夺取电子

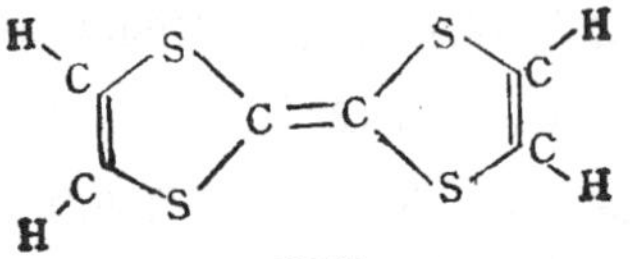

TTF

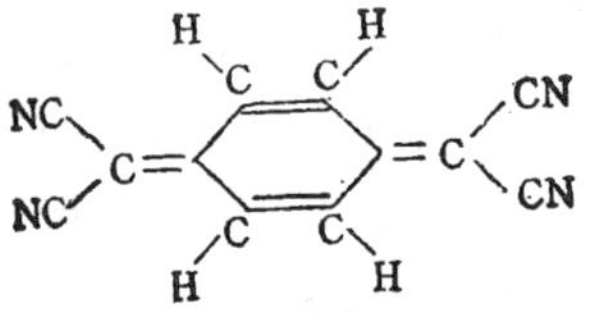

TCNQ

图 20.17 (a) TTF 和 TCNQ 的分子结构.

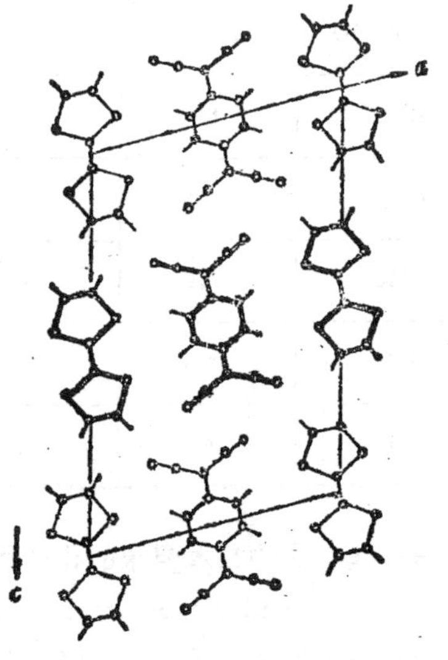

图 20.17 (b) TTF-TCNQ 的平行链晶体结构.

的强烈倾向，即它是一个很好的电子“受主”．许多令人感兴趣的有机导体由 TCNQ 构成． 图 20.17(b) 所示的是在 ac 平面上的投影，其晶格常数 $a = 12.30\,\text{Å}$，$b = 3.82\,\text{Å}$，$c = 18.47\,\text{Å}$，ac 间夹角 $\beta = 104.5^\circ$，结构是沿 b 轴堆积成柱．TCNQ 阴离子的最高

占有轨道是 π 轨道，正是这些 π 分子轨道的相互作用导致固体中导带的形成．TTF 是一个良好的电子"施主"，平均每个分子向 TCNQ 转移 0.6 个电子[136]．TTF 与 TCNQ 间距离十分短，波函数重叠，电子成为共有的．b 方向的电导率比 a 或 c 方向电导率大三个量级，形成准一维导体．TTF-TCNQ 的佩尔斯相变即金属至绝缘体的转变发生在 53K 附近[137]．

有关过渡金属硫化物和导电聚合物可参阅有关文献[20]，这里不作介绍．

§20.8 佩尔斯相变的定量理论

现在根据平均场理论对佩尔斯相变作一些微观基础上的定量讨论[107]．§20.3 中已经给出电子系统对外势的密度响应函数，并指出其中存在科恩反常．由于正离子的振动等价于在电子系统中提供一个扰动势，这种扰动势同样引起电子系统的不稳定性．在一维金属中，传导电子系统在波矢 $2k_F$ 处的密度响应趋于发散，同时相应的声子频率突然下降趋于零，这是一种强科恩反常．声子频率的软化将伴随着晶体结构之不稳定，从而发生佩尔斯相变．上一节对于佩尔斯相变在能量方面的得失已经讨论过，知道在合适条件下，佩尔斯相变在能量上是有利的．本节利用前面已经介绍过的电子-声子哈密顿量来推导声子软化频率 Ω_P，相变温度 T_P，晶格畸变量 u 和能隙宽度 E_g 等．

这里考虑的是一维无相互作用传导电子系统，它耦合于线性离子链的振动[37]，这样一个一维金属的哈密顿量可由式(20.12)，(20.16)，(20.18)改写而得到

$$\mathscr{H} = \sum_k E_k c_k^+ c_k + \sum_q \hbar\omega_q b_q^+ b_q + \frac{1}{\sqrt{N}} \sum_{kq} g_{kq} c_{k+q}^+ c_k (b_q + b_{-q}^+), \qquad (20.101)$$

其中第一项为一维电子系统．第二项为一维声子系统，第三项为前两者之耦合作用．这就是著名的夫留里希哈密顿量[138]．在凝

胶模型里点阵周期性对电子-声子耦合和对声子频率的影响都被忽略，此外 g_{kq} 往往被取作常数。

已经证明，电子系统对波矢 $2k_F$ 的外场是不稳定的。电子-声子相互作用相当于对电子提供一个力，包括所有的波矢，其中也有 $2k_F$ 项。因此，电子-声子相互作用是系统失稳的一个机制。为了求得存在电子-声子相互作用时声子频率的表达式，现在将式(20.101)改写为另一形式。由式(20.14)，晶格振动部分为

$$\mathscr{H}_{ph}=\frac{1}{2}\sum_{q}\{P_qP_{-q}+\omega_q^2Q_qQ_{-q}\}. \qquad (20.102a)$$

另外参阅式 (20.15a) 和(20.30)，相互作用部分写作

$$\mathscr{H}_{e-ph}=g\sqrt{\frac{2\omega_q}{N\hbar}}\sum_{q}\rho_{-q}Q_q, \qquad (20.102b)$$

而电子部分即式(20.101)中第一项不作任何变化。

由相互作用产生的不稳定性不仅影响电子系统，也影响晶格系统。为求晶格振动所受影响，可以计算简正坐标的运动方程

$$\hbar^2\ddot{Q}_q=-[[Q_q,H],H], \qquad (20.103)$$

用对易关系

$$[Q_q,P_{q'}]=i\hbar\delta_{qq'}$$

给出

$$\ddot{Q}_q=-\omega_q^2Q_q-g\left(\frac{2\omega_q}{N\hbar}\right)^{1/2}\rho_q. \qquad (20.104)$$

上式说明，晶格除受到恢复力 $-\omega_q^2Q_q$ 外，还有电子系统附加的一个力。电子-声子相互作用可以进行平均场近似处理。对照式(20.102b) 与(20.29)，并对 ρ_q 取其对有效势 $g(2\omega_q/N\hbar)^{\frac{1}{2}}Q_q$ 的平均响应代替，记得密度响应函数的定义式(20.24)，可得到

$$\begin{aligned}\ddot{Q}_q&=-\omega^2Q_q+(2g^2\omega_q/\hbar N)\chi(q)Q_q\\&=-\Omega_q^2Q_q, \qquad (20.105)\end{aligned}$$

$$\Omega_q^2=\omega_q^2-(2g^2\omega_q/N\hbar)\chi(q). \qquad (20.106)$$

式 (20.106) 是考虑到电子-声子相互作用后平均场近似下波矢 q 的声子频率。

ω_q^2 度量了简振模 Q_q 的恢复力，因此对于稳定的晶格必须在 q 为任何值时，满足 $\omega_q^2 > 0$。式(20.106)中右边第二项来自传导电子的密度响应：电子运动试图屏蔽离子位移而降低 Q_q 的恢复力。在足够低温时，$\chi(2k_F)$ 将任意大，故 Q_{2kF}^2 有可能成为负的，这时发生了晶格失稳。这从式(20.45)可知，温度降低时，$\chi(q)$ 在 $q = \pm 2k_F$ 处迅速增加，故在某个温度处，Ω_q 趋于零。换言之，在某个温度 $q = \pm 2k_F$ 模式的恢复力消失，这时晶格发生畸变。这就是§20.3 和§20.7 中提到的科恩反常。图 20.18 给出了中子非弹性散射对一维导体 KCP 中 LA 声子的测量结果以及和理论的比较[139]。同样的测量也曾在一维有机导体 TTF-TCNQ 中进行，也得到了令人满意的相同的结果[140]。

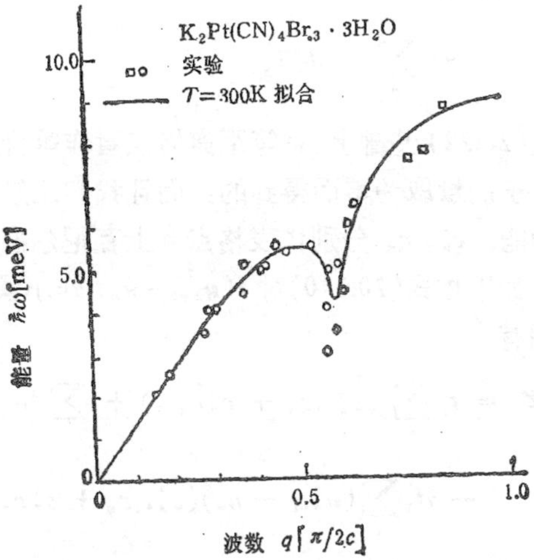

图 20.18 KCP 中电子-声子互作用产生的软模示意图。

方程(20.45)代入式(20.106)可以计算 $2k_F$ 声子频率

$$Q_{2k_F}^2 = \omega_{2k_F}^2 - \left(\frac{g^2 N(0)\omega_{2k_F}}{N\hbar}\right)\ln\left(\frac{1.14E_B}{k_B T}\right). \qquad (20.107)$$

Ω_{2k_F} 趋于零的温度是平均场近似下佩尔斯转变温度 T_P，可求得

$$k_BT_P = 1.14E_B\exp\left(-\frac{1}{\lambda}\right), \tag{20.108a}$$

$$\lambda = g^2N(0)/N\hbar\omega_{2k_F}. \tag{20.108b}$$

而 $2k_F$ 的声子频率又可改写为

$$\Omega^2_{2k_F} = \lambda\omega^2_{2k_F}\ln\left(\frac{T}{T_P}\right). \tag{20.109}$$

方程(20.109)明显地反映了科恩反常，温度降低时，$2k_F$ 附近声子软化，而在佩尔斯转变温度处，Ω_{2k_F} 趋于零。

下面对一维周期点阵每个原子只有一个传导电子的情况作一些深入的讨论[37,130,141]。这时一维电子-声子耦合系统哈密顿量可在紧束缚近似下用局域表示写作

$$\mathscr{H} = \sum_n t(u_{n+1} - u_n)(c^+_{n+1}c_n + c^+_nc_{n+1}) + \sum_q \hbar\omega_q b^+_q b_q. \tag{20.110}$$

上式是在式(20.22)基础上，将等距离格点看作等价格点，并且每个格点上电子能量取为零而得到的，而且我们还忽略了声子系统的零点振动能。c^+_n，c_n 分别代表格点 n 上瓦尼尔态电子的产生和湮灭算符。如果将式(20.110)对 $t(u_{n+1}-u_n)$ 作小量展开，并保留至一级项则有

$$\mathscr{H} = t_0\sum_n(c^+_{n+1}c_n + c^+_nc_{n+1}) + \sum_q\hbar\omega_q b^+_q b_q - \alpha t_0\sum_n(u_{n+1} - u_n)(c^+_{n+1}c_n + c^+_nc_{n+1}). \tag{20.111}$$

因为我们假设 $t(u) = t_0\exp(-\alpha u)$，故其零级和一级展开系数分别为 t_0 和 $-\alpha t_0$。

利用式 (20.13a)、(20.15a)、(20.20b) 和 (20.20c)，我们又可得到在一维布洛赫态里

$$\mathscr{H} = 2t_0\sum_k\cos ka\, c^+_k c_k + \sum_q\hbar\omega_q b^+_q b_q$$

$$+\frac{1}{\sqrt{N}}\sum_{kq} g_{kq}(b_q^+ + b_{-q})c_k^+ c_{k+q}, \qquad (20.112)$$

其中

$$g_{kq} = -\alpha t_0\sqrt{\frac{\hbar}{2\omega_q}}[(e^{iqa}-1)e^{ika}-(e^{-iqa}-1)e^{-ika}] \quad (20.112a)$$

注意电子-声子耦合在长波长声子、即 $q\to 0$ 时消失。

我们研究 $T=0$ 时的简单情况,即半满能带时的佩尔斯失稳. N个电子占有 $\frac{N}{2}$ 个 k 态，其中向上和向下自旋同等数量,最高占据态 $k=k_F=\pm\frac{\pi}{2a}$, 在费密面上造成能隙的声子为 $q_0=\pm 2k_F=\pm\frac{\pi}{a}$(注意$\pm\frac{\pi}{a}$是同样的波矢,因为它们仅差倒格矢 $\frac{2\pi}{a}$). 这个声子相应于一个畸变,近邻原子在相反方向上位移相同的量,引起原子配对或二聚化(可参阅图 20.19).

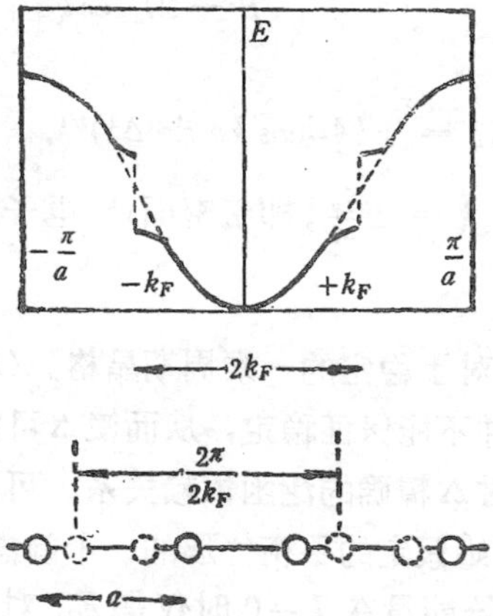

图 20.19 半满能带的佩尔斯相变 $E(k)$ 在$\pm k_F$ 处出现能隙，并且离子发生二聚化.

由于 $q_0=\pm 2k_F$ 时引起电子的强烈散射,故式(20.112)可近似为

$$\mathscr{H} = 2t_0 \sum_k \cos kac_k^+ c_k + \sum_q \hbar\omega_q b_q^+ b_q$$

$$+ \sum_{kq_0} \Delta c_k^+ c_{k+q_0}, \qquad (20.113)$$

其中 $\Delta = (1/\sqrt{N})|g|\langle b_{q_0}^+ + b_{-q_0}\rangle$，并且 g_{kq} 的值近似地取在 $q = q_0, k = \frac{\pi}{2a}$ 处，即

$$g = 4\alpha t_0 \sqrt{\frac{\hbar}{2w_{q_0}}}. \qquad (20.113a)$$

为了求解式(20.113)的本征值方程，可类似地利用能带理论中近自由电子简并微扰方法。因为 ε_k 与 ε_{k+q_0} 靠得很近，我们令波函数为

$$|\psi\rangle = c_1|k\rangle + c_2|k+q_0\rangle,$$

故求得二重简并的久期方程为

$$\begin{vmatrix} E - 2t_0\cos ka & \Delta \\ \Delta & E + 2t_0\cos ka \end{vmatrix} = 0,$$

即电子能量为

$$E_k^{\pm} = \pm(4t_0^2\cos^2 ka + \Delta^2)^{1/2}. \qquad (20.114)$$

容易看出，上式在 $k = \pm\frac{q_0}{2}$，即费密面处，电子能级产生 2Δ 的能隙。

应该注意到，对于稳定的一维周期晶格，$\langle b_q^+\rangle$、$\langle b_q\rangle$ 等量为零。但现在晶格并不能保证稳定，从而使 Δ 可能为有限值。Δ 取何值依赖于能量对 Δ 精确的泛函依赖关系。可以推得 Δ 的一个非零值，它相应于初始假定的平衡位形的一个静态畸变。

整个电子系统能量在 $T=0$ 时仅是 E_k^- 对占据态的求和

$$E_{el} = \sum_k E_k^-$$

$$= -2\frac{Na}{2\pi}\int_{-\pi/2a}^{\pi/2a} (4t_0^2\cos^2 ka + \Delta^2)^{1/2} dk. \qquad (20.115)$$

这是一个完全椭圆积分，若 $\Delta/t_0 \ll 1$，可以近似为

$$E_{el} \approx -\frac{4Nt_0}{\pi}\left[1+\frac{\Delta^2}{16t_0^2}\left(2\ln\left|\frac{8t_0}{\Delta}\right|+1\right)\right], \qquad (20.116)$$

整个系统能量是电子能量和晶格能量之和。晶格能量可这样近似求出

$$\begin{aligned} E_{latt} &= \sum_q \hbar\omega_q\langle b_q^+ b_q\rangle \\ &\approx \sum_{q_0}\hbar\omega_{q_0}\langle b_{q_0}^+\rangle\langle b_{q_0}\rangle \\ &\approx 2\hbar\omega_{q_0}\cdot\frac{N}{4}\left|\frac{\Delta}{g}\right|^2 \\ &= \frac{N}{2}\hbar\omega_{q_0}\left|\frac{\Delta}{g}\right|^2, \end{aligned} \qquad (20.117)$$

这里用了近似 $\langle b_{q_0}^+\rangle = \langle b_{q_0}\rangle = \frac{\sqrt{N}}{2}\frac{\Delta}{|g|}$。

这时已经清楚，自发畸变将在 $T=0$ 时发生，因为当 Δ 取小量时，$E_{el} \sim -\Delta^2\ln(t_0/\Delta)$ 将超过弹性能 $E/_{latt} \sim \Delta^2$，畸变大小可用对

$$E(\Delta) = E_{el} + E_{latt}, \qquad (20.118)$$

求极小

$$\frac{\delta E(\Delta)}{\delta\Delta} = 0$$

而得，结果是

$$\Delta = 8|t_0|e^{-1/\lambda} \qquad (20.119)$$

在紧束缚模型中

$$\begin{aligned} \lambda &= |g|^2/(\pi|t_0|\hbar\omega_{q_0}) \\ &= \frac{16}{\pi}|t_0|\frac{\hbar^2\alpha^2}{2M}/(\hbar\omega_{q_0})^2, \end{aligned} \qquad (20.120)$$

这样佩尔斯失稳随 α 和 $|t_0|$ 的增大及声子能量的减小而加强。

现在我们估计一个 TCNQ 分子链的 Δ，用分子轨道计算所得数据[142]

$$t_0 = -110\text{meV},$$

$$\frac{\hbar^2\alpha^2}{2M} = 0.024\text{meV},$$

并取近似 $\hbar\omega_{q_0} = k_B\theta_D = 7.7\text{meV}$，我们得到 $\lambda = 0.23$，$\Delta = 11.4$ meV（$\Delta/k_B \simeq 132\text{K}$）。再利用式（20.13a）、（20.15a）及 $\langle b_{q_0}\rangle$、$\langle b_{q_0}^+\rangle$ 的近似值，容易求得晶格间距的调制幅度

$$\begin{aligned}\langle u\rangle &= \frac{1}{2}\langle u_{n+1} - u_n\rangle \\ &= |\Delta/2\alpha t_0| \\ &= 0.035\,\text{Å}.\end{aligned}$$

对 $T > 0$ 的情况，其推导程序基本上与上述相同，不过用包含 $\Delta(T)$ 作为函数的电子自由能公式代替式(20.115)，即

$$F_{el} = -k_BT\frac{Na}{\pi}\int_{-\pi/2a}^{\pi/2a}\ln[(1 + e^{-\beta E_k^-})(1 + e^{-\beta E_k^+})]dk. \tag{20.121}$$

忽略小的声子熵并对整个自由能求 $\Delta(T)$ 的极小，可以发现能隙随增加温度而降低，就象 BCS 超导理论的结果那样，如图 20.20 所示。能隙在临界温度 T_P 处消失。

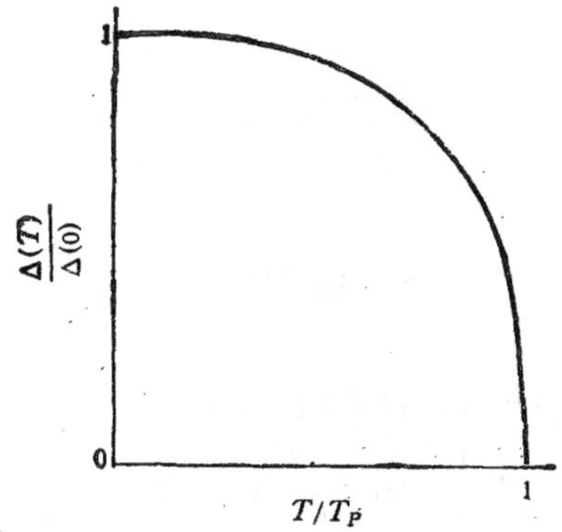

图 20.20 佩尔斯相变的有限温度下约化能隙函数.

$$k_BT_P = 0.57\Delta(0), \tag{20.122}$$

由此可求得

$$T_p \approx 75K,$$

与表 20.2 所列相接近。

苏式沛等在关于聚乙炔中孤子激发的著名论文[143,144]中，用正则变换方法处理哈密顿量(20.113)，并用聚乙炔的参数来确定原子畸变位移 u 和能隙 Δ 等，所得结果与上面所述大致相同。

§ 20.9 电荷密度波

在一维导体的佩尔斯相变过程中，晶格的畸变和电荷密度波的产生是一种共存的现象。前面我们集中注意力于佩尔斯失稳以及由之产生的晶格畸变，本节将介绍电荷密度波的基本概念和有关问题。在本卷的§12.8 中曾经介绍晶体的结构相变与调制波的关系，电荷密度波也是一种调制波。

在佩尔斯失稳导致的晶格畸变中，新的周期性引入新的布里渊区边界，并在单电子能带结构靠近边界处产生能隙。由于费密面与新的布里渊区边界是重合的，因此占据电子态，从而整个电子系统能量降低。当电子能量的降低超过了弹性能量的增加、畸变态将是基态。晶格畸变将对电子产生作用力，这时平均电子密度算符将有非零值 $\langle\rho_{2k_F}\rangle$ 和 $\langle\rho_{-2k_F}\rangle$。稳定性要求晶格恢复力应该和畸变与电荷密度波之间的相互作用力平衡[37]。

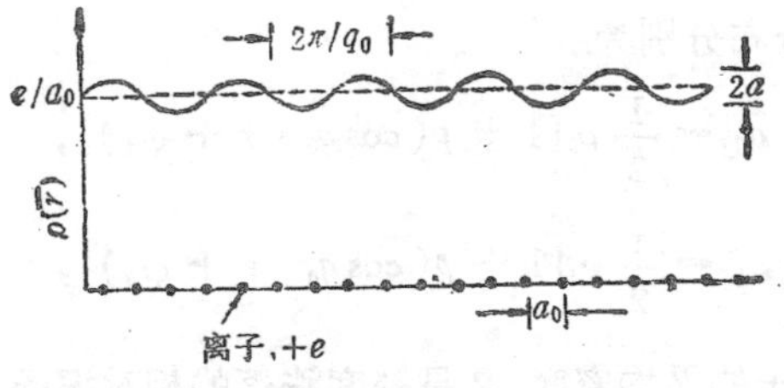

图 20.21 电荷密度波和点阵畸变关系的示意图.

电荷密度波和晶格畸变紧密联系着。我们可以换一种角度来看问题[34,145]。如图 20.21 所示，考虑正离子均匀排成一行，并且电子密度也均匀分布以保持电中性。如果传导电子有一正弦形微扰产生，净负电荷(已抵偿离子电荷后)出现在电荷密度波的极大处，而净正电荷出现在极小位置上。这种态的振荡库仑能较大，实际上这种激发是等离激元（plasmon)，能量～10eV. 但如果正离子离开极小位置靠近极大位置，库仑能将大为降低，即耦合畸变将是基态，也就是说电荷密度波在强的电子-声子耦合中更可能发生。

应该指出，不仅一维电子-声子相互作用系统会出现电荷密度波，某些二维和三维体系也可能出现电荷密度波以及自旋密度波(SDW). 在简单金属(如碱金属Na，K)中，假定背景正电荷没有力学刚度，而是可变形的均匀电荷凝胶，这个特殊的假定保证微观电场总为零。因为碱金属 Na 和K中作用到传导电子上的晶体势很小，电子的运动可以被看作各向同性的，其简并费密海是近自由电子状的。但如果取哈特里-福克近似来研究问题，可以证明，存在电荷密度波和自旋密度波的态比平面波态能量更低、更为稳定[146]。这时不同于一维系统考虑电子-声子相互作用引起佩尔斯失稳来得到电荷密度波，电子之间的交换能和关联能将直接导致电荷密度波或自旋密度波，这是各向同性金属中对称破缺的基础。许多实验研究似乎支持碱金属中存在电荷密度波的观点。

电荷密度波必须在某个温度之下形成。对一维导体来说，这个温度就是佩尔斯相变温度 T_P. 考虑到电子间可能存在的交换或关联作用，可以将自旋取向相反的电子分开处理[20]。这时两种电子的密度分布分别为

$$\rho_\uparrow = \frac{1}{2}\rho_0[1 + p(\cos q_0 \cdot r + \varphi_\uparrow)], \qquad (20.123a)$$

$$\rho_\downarrow = \frac{1}{2}\rho_0[1 + p(\cos q_0 \cdot r + \varphi_\downarrow)], \qquad (20.123b)$$

其中 ρ_0 是电子的平均密度、p 是密度涨落的相对振幅。可以区分下述三种情况讨论：

(a) $\varphi_\uparrow = \varphi_\downarrow = \varphi$. 这时自旋朝上和朝下的电荷密度同相位，两者相加形成总的电荷密度波。见图 20.22(a)

$$\rho = \rho_\downarrow + \rho_\uparrow$$

$$= \rho_0[1 + p\cos(q_0 \cdot r + \varphi)],$$

同时两者的自旋正好相互抵消，总自旋到处为零，即

$$S = \frac{\hbar}{2}\rho_{\uparrow} - \frac{\hbar}{2}\rho_{\downarrow} = 0,$$

这时空间只有电荷起伏而没有自旋起伏，也就是存在电荷密度波.电子电荷的起伏将引起空间出现电场，电场能量的增加是不利于电荷密度波形成的。而且一般情况下，正电背景不是刚性的，电子密度起伏会曳引晶格产生畸变，以抵消空间电场并降低能量。

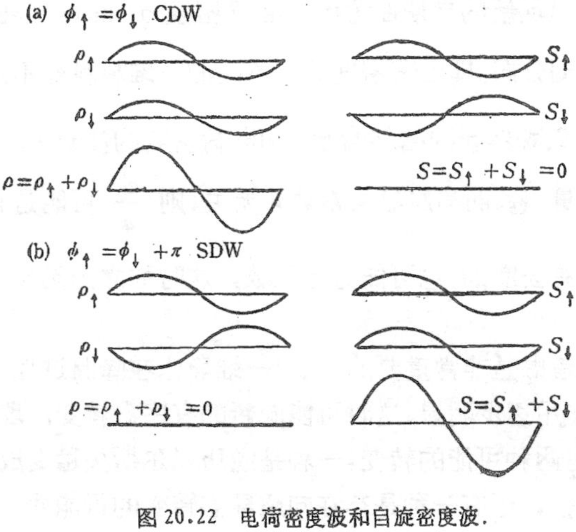

图 20.22　电荷密度波和自旋密度波.

(b) $\varphi_{\uparrow} = \varphi_{\downarrow} + \pi = \varphi$. 两个自旋取向相反的电子的电荷密度波反位相。这时总电荷密度是均匀的，有

$$\rho = \rho_{\uparrow} + \rho_{\downarrow} = \rho_0$$

但是自旋密度则相互叠加为

$$S = \frac{\hbar}{2}\rho_{\uparrow} - \frac{\hbar}{2}\rho_{\downarrow}$$

$$= \frac{\hbar}{2}\rho_0 p\cos(q_0 \cdot r + \varphi),$$

这时空间中电荷密度是均匀分布的，自旋密度出现了周期起伏，这就是自旋密度波。见图 20.22(b)。人们认为铬和某些其他材料中

的反铁磁性就是自旋密度波形成的。

(c) $0<|\varphi_\uparrow-\varphi_\downarrow|<\pi$. 这时将出现电荷密度波和自旋密度波的混合状态。

现在讨论一维导体中电荷密度波的集体激发问题[129]。 前面已经指出,发生佩尔斯相变后,离子发生位移,晶格常数从原来的 a 变为

$$a'=\frac{\pi}{k_F}, \tag{20.100}$$

这时晶格中出现新的周期性势场,电荷密度分布也出现波长为 $\lambda=\frac{\pi}{k_F}$的周期分布,即电荷密度波。不同的一维材料k_F不同,λ的数值见表20.2.既然新的晶格常数a'和电荷密度的波长λ决定于电子的费密动量 k_F,而与原晶格常数a无关,则 $\frac{a'}{a}$ 可能是有理数,这时称之为有公度的;也可能是无理数,这时称之为无公度的(参见§13.13)。

公度性考虑是非常重要的[130]。一维导体在降温过程中,电子-晶格耦合作用逐步明显,这时可能向新的有序态转变。理论和实验都指出,有两种可能的转变,一种是经历佩尔斯失稳变成绝缘态或半导体状态,还有一种是存在向超导态转变的可能性。这里采用形象的描述。

在考虑晶格畸变和电荷密度可能的集体运动问题时,图20.23示出四个可能性,情况(a)相当于半满能带的二聚化点阵,这个图象意味着正离子畸变以利用电荷密度波形成的负电荷密度区来降低系统的能量;情况(b)明确地等价于情况(a),电荷密度波仅平移一个距离a,离子被调整至新的平衡位置。如果我们考虑系统如何从(a)运动至(b),十分明显,必须跨越一个中间位形,也就是一个能量非常高的势垒。结果由于 a' 与a是有公度的,电荷密度波不能运动,它是已被锁定的一种相。这就是佩尔斯转变的情况。

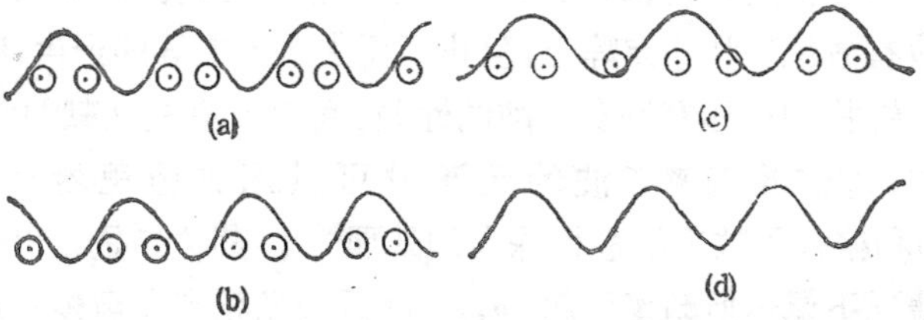

图 20.23 公度和无公度电荷密度波. (a)半满能带; (b)半满能带的一个等价位形; (c)无公度电荷密度波; (d)"凝胶"里的电荷密度波.

图 20.23(c) 说明另一种情况。这时电荷密度波与点阵无公度。这样某些离子受电荷密度波影响容易畸变,另一些则不然.如果平移电荷密度波至新的位置,它与点阵的关系在能量上没有影响。很显然,在无公度情况下,电荷密度不是钉扎在点阵上。相反,它是自由运动的,有如载流子那样运动。它的电荷与质量比如同单个电子那样,但是实际质量比例于链上的全部电子数。如果没有任何东西钉扎这样的载流子于点阵,换言之,它确是无公度的,并且杂质效应可以忽略,这时将产生超导态,因为电荷密度波质量太大,不至于被声子散射。图 20.23(d) 相当于夫留里希考虑的一维凝胶模型[138],它是无公度情况 (c) 的一个极限情况。可以期望,低温态是一个由 $q_0 = 2k_F$ 畸变调制的正电荷弹性媒质,以及受正电荷分布响应调制的电子电荷密度波的状态。晶格畸变的位置即电荷密度波的相位不影响其能量。忽略弹性振动的阻尼,电子电荷密度自由而无衰减地通过固体运动,即电子形成超电流.

这些初步分析说明,虽然 T_P 以下存在能隙,但较低温度相不一定是绝缘体。在实验室坐标系中,点阵畸变的运动和电荷密度波凝聚将形成电流。对于一个完全平移不变的系统,夫留里希证明这时可能形成超导态。对这一超导机制,夫留里希曾在零温下分析,并被柯柏 (Kuper) 推广至有限温度[147]。这个一维超导理论在 BCS 理论[148]问世后已沉默多年,近年来又引起人们的兴趣,尽管其适用程度依然有疑问。实际上线性点阵是分立的,而且杂质中心和邻近链的存在都将破坏理想的平移不变性。因此电荷密度波将被有效地钉扎在点阵上，阻止了无限直流电导的产生.电荷密度波的钉扎和迁移有许多有趣的性质，可参阅有关文献[146,149]。

一维系统中电荷密度波的元激发可以用夫留里希哈密顿(20.101)和格林函数方法进行深入地处理[150]。其结果是，求得在无公度情况下佩尔斯畸变引起 $\omega_{\pm q_0}$ 附近的光频支和声频支声子频率分别为

$$\Omega_+(q) = \omega_{q_0}\sqrt{\lambda\left[1 + \frac{1}{3}\left(\frac{v_F q}{\Delta}\right)^2\right]} \qquad (20.124a)$$

和

$$\Omega_-(q) = \omega_{q_0}\frac{v_F q}{2\Delta}\sqrt{\lambda}\,, \qquad (20.124b)$$

它们分别代表电荷密度波的振幅运动(振幅子)和相位运动（相位子).其中 λ 为无量纲电子-声子耦合常数，其形式与式(20.120)大致相同。

§20.10 佩尔斯相变的产生条件

从§20.7开始我们较为系统地研究了一维导体的佩尔斯相变问题，但是可否将这一问题推广至二维或三维呢？这就涉及到凝聚态物理学中的维度性[20]。一、二维凝聚态物质中的基本相互作用与三维系统是相同的，仍是电子-电子、电子-晶格、晶格-晶格之间的相互作用。但是低维系统可以具有某些三维系统所没有的宏观现象，其原因是空间的维度性可以通过运动学或动力学过程决定凝聚态的物理性质。

我们知道，对于三维晶格，布里渊区的边界是由平面组成的，而其费密面是个曲面；对于二维晶格，布里渊区的边界是由直线组成的，费密面是条曲线；对于一维晶格，布里渊区的边界只是两点，而且费密面也是两点，参阅图20.24。

将布里渊区和费密面比较一下，可以看出，对于三维和二维系统，一般情况下，平直的布里渊边界和弯曲的费密面都只能相交或

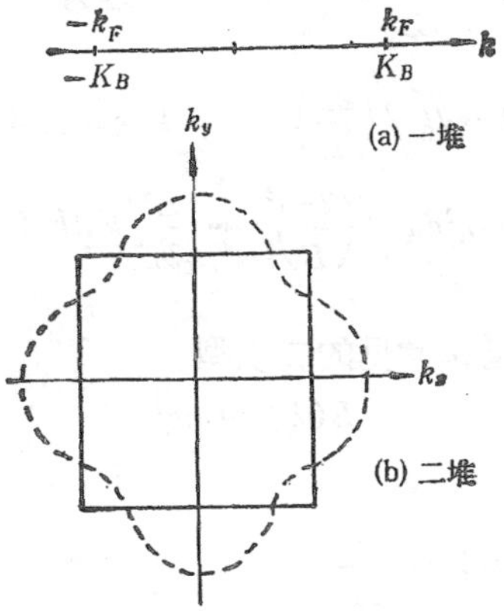

图 20.24 一维和二维晶格的布里渊区和费密面.

相切,不能完全重合;但是,对于一维晶格,布里渊区边界和费密面都退化为两点,两者有可能完全重合.这个差别使得一维晶格容易发生佩尔斯相变,二、三维晶格则可能性很小。

维度性的另一个重要影响是低能激发态的状态密度,这使得各种维数的系统具有不同的序和相变.

温度在绝对零度以上时,热运动使系统以一定的几率处于激发态,其中主要考虑低能激发态。在这些热激发的干扰下,系统的有序化程度降低.系统能否保持有序在很大程度上决定于低能激发态的状态密度 $N(E)=dn/dE$,即单位能量间隔中的状态数目.低激发态密度越大,则热涨落的干扰越强.下面计算一下各种维度的 $N(E)$。设系统的边长为 L,周期性边界条件要求

$$k_{x,y,z}=\frac{2\pi n}{L},\ n=0,\ \pm1,\ \pm2,\cdots. \tag{20.125}$$

相邻两波矢之间的间隔为 $\frac{2\pi}{L}$,在倒格矢空间中,壳层 $k\to k+dk$ 范围内的状态数目是

$$dn=\begin{cases} dk\Big/\dfrac{2\pi}{L}=\dfrac{L}{2\pi}dk,\ (\text{一维}),\\ 2\pi k dk\Big/\left(\dfrac{2\pi}{L}\right)^2=\dfrac{L^2}{2\pi}k dk,(\text{二维}),\\ 4\pi k^2 dk\Big/\left(\dfrac{2\pi}{L}\right)^3=\dfrac{L^3}{2\pi^2}k^2 dk,(\text{三维}). \end{cases} \tag{20.126}$$

若系统的激发能谱是常见的二次型

$$E(k)=\alpha k^2$$

于是态密度

$$\begin{aligned} N(E)&=\frac{dn}{dE}\\ &=\frac{dn}{dk}\cdot\frac{1}{dE/dk}\\ &\sim\begin{cases}\dfrac{1}{\sqrt{E}},(\text{一维}),\\ \text{常数},(\text{二维}),\\ \sqrt{E},(\text{三维}).\end{cases}\end{aligned} \tag{20.127}$$

从式(20.127)中容易看出，对于三维系统，低能激发态的态密度趋向于零，因而在低温下热涨落很小，可保持有序，只有在温度足够高时，热涨落才能破坏有序，发生相变；对于一维系统，低能激发态的态密度趋向无限，低温热激发引起的涨落十分强烈，于是在非绝对零度时，一维系统不能保持有序，也就没有相变；对于二维系统，其情况介于一维和三维之间，态密度为常数，总存在着一定的热涨落，故二维系统不能在大范围（$V\to\infty$）内保持有序，只能在一定的小范围内有序，即没有长程序，只有准长程序。

其实，完全根据直观我们也很容易理解，为什么系统的维数越低，涨落就显得越发重要。因为降低维数起了减少绕过局域涨落的路径的作用。在一维系统中，任何局域涨落都把系统分割为不相连通的两部分。正如第十八章所指出的，只有当维数增高时，平均场理论的适用性方始得到改善。而在低维系统中采用平均场理论，就需要认真考虑其可靠性问题。

前面介绍佩尔斯相变的平均场理论时没有考虑热力学涨落效应。现在知道，严格地讲，一维系统在没有长程力时不存在有限温度下发生相变的可能，而电子-声子相互作用不属于长程作用。但实验上却证实许多一维系统中确实存在佩尔斯相变，另外一些一维系统中仅产生电荷密度波，没有从金属至绝缘体或半导体的转变。这些问题的存在说明上述的理论虽有其成功之处，但也存在严重的不足。

一维系统平均场理论计算结果表明存在相变的理由非常简单，所有的点阵位移分量除 $2k_F$ 之外都已被忽略，故短程的电子-声子相互作用已有效地转变为长程的波矢 $2k_F$ 的正弦型力，如果将所有其他傅里叶分量包括进来，力的短程特征将变得明显，相变受到抑制。

从实际的材料(如 KCP 和 TTF-TCNQ 等)来看，由于电导率的强烈的各向异性，因此可以近似地认为是一维导体。但链间的耦合虽然很弱却依然存在，并且这未尝不是一件好事。只有考虑到链与链之间的耦合，也就是包含了三维效应后才能抑止热涨落的干扰而获得相变。但三维效应如果太强，则会导致一维佩尔斯失稳的现象消失。

有许多不同的方法描述单个线性链受到的三维环境的影响[37]。一个自然的延拓是在式(20.112)中引入电子在两个垂直于链方向上附加的扩散，即

$$\mathscr{H}_{\perp}=2t_{\perp}\sum_{k}[\cos(k_x b)+\cos(k_y b)]c_k^{+}c_k, \qquad (20.128)$$

其中 $t_{\perp}$ 是电子在相邻链最近邻离子间的跃迁矩阵元，产生算符和消灭算符也推广至三维。可以证明，平均场理论下推得的佩尔斯相变温度 T_P 受到 $t_{\perp}$ 的影响而降低[151-153]。在 $t_{\perp}\sim t_0$ 时，佩尔斯相变消失，而在 $0<t_{\perp}<t_0$ 时，佩尔斯相变是可能的。

根据上面的描述，我们知道发生佩尔斯相变的实际上是考虑到链间弱耦合的准一维导体。电子沿链方向是近自由电子，其电

子波矢用k_z表示，近似理想情况下，能量不依赖于垂直方向的电子波矢 k_x，k_y，能级将仅在垂直于k_z的平面上被占据，费密面由 $k_z = \pm k_F$ 的两平面构成. k_F 是沿链方向的费密波矢，而且平面在 $k_x = k_y = \pm \frac{\pi}{b}$ 处截止. 这个近似平面状的费密面可作为一维导体的判据. 附带说，杂质和无序会抑止佩尔斯相变.

佩尔斯相变的概念原则上可以推广到高维的情况. 这时要求联系于畸变的波矢必须跨接费密面上大态密度区，即费密面是平行平面情况或者是叠套(nesting) 情况，如图 20.25，结果使费密面局部出现能隙，并伴随着一种结构畸变.

前面已经指出，二维和三维情况下费密面和布里渊区一般是不重合的，至多在 k 空间的某些部分相切(该处产生能隙压低原来的能带)，但不会处处重合，因而不会使导带变为满带，所以尽管在某个方向可以产生超晶格，但不会发生佩尔斯相变.

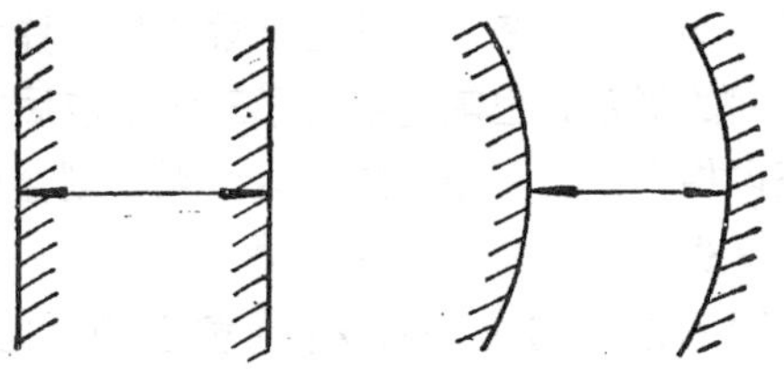

图 20.25 平行费密面和叠套费密面以及产生佩尔斯畸变的跨接波矢.

在准二维的层状过渡金属双硫化合物(如 $TaSe_2$ 和 NbS_2 等)中，已观察到周期点阵畸变、电荷密度波和科恩反常[154]. 这里同样存在由电子-声子相互作用产生的结构相变，因为中子非弹性散射研究证实在出现电荷密度波态的起始点的波矢处 LA 声子存在科恩反常.

传导电子费密面存在平行部分或叠套部分产生的效果正引起人们的关注. 它除能导致佩尔斯相变或电荷密度波之外，往往也是特定的材料在特定的条件下产生自旋密度波、稀土金属螺旋状自旋（spiral spin）结构，合金中某些特殊的有序化的原因[155]。

另一种有趣的准二维情况是，在大多数晶体表面，即使处在最清洁情况下也不保留大块材料本身的周期性，而是出现了新的周期排列，一般称此现象为表面的重构（reconstruction）（参阅§8.2）。理解表面重构目前有几种不同的途径，其中在 W，MO，Si 中发生与电荷密度波有关的表面超晶格畸变，是一种表面原子位移型的结构相变，也可以说是一种电子-晶格相互作用的结果。表面问题至今还是有待深入开拓的研究领域[156]。

IV　金属-非金属转变

我们已经研究过的杨-特勒效应和佩尔斯相变都是在电子-晶格相互作用下发生的结构相变。所谓结构相变都涉及到晶体对称性的破缺。下面所要研究的问题，包括窄能带强关联下的莫特转变和无序系统中的安德森转变却主要是考虑到电子系统本身在特定条件下发生的导电性质的突变。正如本章开始时所指出的，从广义上讲，电子在固体中的运动是受到晶格的制约的，并且电子的关联参数或能量分布也是直接与晶格构形有关的。 在这些意义上，我们将固体材料的金属-非金属转变安排在本章介绍。

§ 20.11　金属-非金属转变的几种类型

不同的凝聚态材料在导电行为上表现出金属性或非金属性（包括绝缘性和半导体性）这种质的差异，还有在适当的条件下发生金属和非金属性质之间的转变是金属物理学研究的重要对象之一。能带理论可以帮助我们理解为什么不同材料会表现出金属性还是非金属性。传导电子的能量-波矢关系形成能带，不同的能带之间由能隙隔开。如果每一个能带或者被电子全部填满，或者全部空着，材料就是绝缘体（或半导体）；当存在电子部分填充的能带时，材料显示出金属性。

能带理论虽然在解释固体的电子结构及其导电性质时取得了相当的成功，但并不是在所有的场合都能够提供恰当解释的．在电子-晶格相互作用足够强时，譬如在离子晶体中就不能采用能带理论，而必须建立小极化子的跳跃电导理论[103,104]． 参与导电过程的并不是作共有化运动的能带电子，而是受到激活作用的局域电子．又如过渡金属氧化物中形成窄能带[157]，电子关联作用十分重要．3*d* 氧化物 MnO 有5个 *d* 电子，*d* 带是不满的，按照能带理论，它是金属，实际上是绝缘体；反之，另一氧化物 ReO_3，能带理论认为它是绝缘体，实验上被证实是良导体；一些过渡金属氧化物，当温度升高时会发生从绝缘体至金属的转变．还有无序系统中的电子行为，由于不存在晶格周期性，更难以不加修改地使用能带理论． 在这里，我们把金属-非金属转变的三种主要机制汇列入表20.3[158]

表 20.3　三种金属-非金属转变的主要特征对照表

转变类型	电子波函数状态		特征能量	金属-非金属转变时的特点	局域化判据
	金属方面	非金属方面			
布洛赫	扩　展	扩　展	能带宽度Δ	部分填充能带⟶所有能带或者填满或者空着	——
莫　特	扩　展	局　域	电子-电子相关能U	相关导致局域化	$U>\Delta$
安德森	扩　展	局　域	无规格点能量分布宽度W	无规导致局域化	$W>\Delta$

布洛赫型的金属-非金属转变可以用图 20.26 来说明． 一块由碱土元素如 Mg，Ca，Ba 等组成的材料、每个原子具有偶数个价电子，整个电子系统恰可占据整数个能带．按照能带理论，它们应该是绝缘体．但是价带和导带有可能在费密面处交叠(如图 20.26(a))，也有可能分开(如图 20.26(b))．温度或压力等参量的改变，可以引起能带结构在两者之间变换． §20.7 中讨论过的佩尔斯相变即是典型的能带图象下与温度变化有关的金属-非金属转变的例子．在金属 Yb 中，已经观察到因压力变化引起的类似于从图

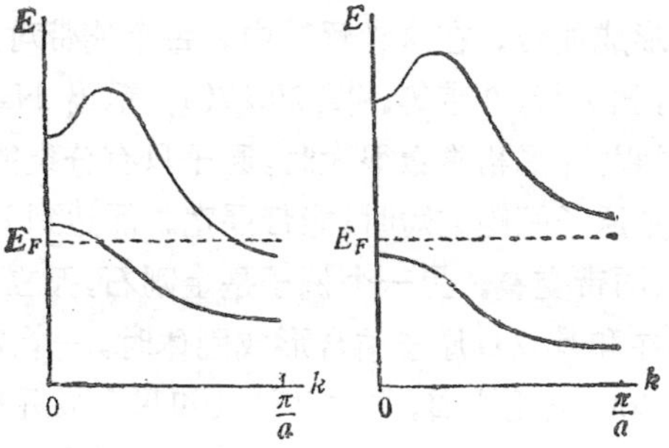

图 20.26　布洛赫理论下晶体中电子的能带结构的改变，使满带和空带重叠程度改变以引起金属-非金属转变.

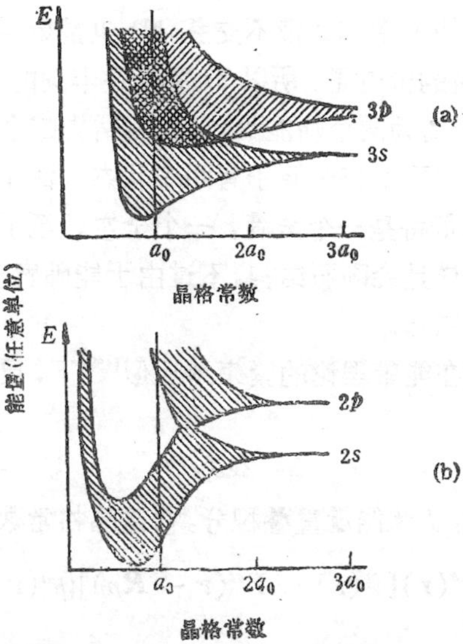

图 20.27　孤立原子聚集成晶体时分裂能级形成能带结构. (a) 钠原子的 s 能级和 p 能级在晶体中变成 s 带和 p 带；(b) 金刚石中 s 能级和 p 能级杂化为 sp_3 态，形成两个 sp_3 能带.

20.26(a)到(b) 的金属-绝缘体转变[38]. 实际上这种压力效应反映出能带结构形成的一种直观解释。这种解释对于判定材料是金属或非金属是非常有益的。假定一群具有分立能级的全同原子从无限远处聚集以形成规则排列的晶格，这时相互作用造成简并原子能级的分裂以形成能带。在这种解释中，每个能带对应于孤立原子的一个能级，如 s 带，p 带等。图 20.27(a) 示出 Na 的 $3s$ 带和 $3p$ 带的形成过程.在晶格常数很大时，原子只有分裂能级，在晶格常数减小也就是原子间距缩短时，能带展宽。而达到 Na 晶体的实际晶格常数时，两带交叠。另一个例子是金刚石，孤立C原子的外层电子 $2s^2 2p^2$ 在和其它C原子结合形成固体时，一个 $2s$ 电子激发到 $2p$ 态，形成 sp_3 杂化轨道，这时它可以和四个最近邻C原子结合。在晶格常数较大时 s 带和 p 带保持分离，而在某个晶格常数时能带开始交叠，并通过杂化它们在更小的晶格常数时又分离为混合 s 和 p 特征的两带。由上面的分析可知，Na 是金属。而金刚石是绝缘体。即使 s 带和 p 带不交叠，Na 也是金属，因为Na 原子只有一个 $3s$ 能级的价电子，所以 $3s$ 带总是半满的，而金刚石 $2s$-$2p$ 带由交叠又分离为两个新能带，金刚石结构每个原胞具有两个C原子，每个能带平均每个原子有四个状态，四个价电子正好填满。故两个新能带将是一个全满，一个全空。至于 Si 和 Ge 元素形成的晶体同样是金刚石结构，不过由于能隙宽度较窄，故形成半导体而不是绝缘体。

实际上我们在能带理论的紧束缚近似[159]下，已经知道能带宽度

$$\Delta = 2zJ, \tag{20.129}$$

其中 z 是配位数，J 为能量重叠积分，它是晶格常数 a 的函数，即

$$J = \int_V \phi^{at*}(\boldsymbol{r})[V(\boldsymbol{r}) - V^{at}(\boldsymbol{r} - \boldsymbol{R}n)]\phi^{at}(\boldsymbol{r} - \boldsymbol{R}n)d\tau, \tag{20.129a}$$

其中 $V(\boldsymbol{r})$ 是周期势场，$V^{at}(\boldsymbol{r})$ 是原子势场，$\phi^{at}(\boldsymbol{r})$ 是原子波函数。现在我们可以清楚地知道，能带宽度 Δ 是晶格常数 a 的函数。在 $a\to\infty$ 时，原子波函数无交叠，$\Delta = J = 0$，只有在 $a \to a_0$（某个恰当的值）波函数开始交叠、能带逐步展宽，故能带模型下的金属或非金属性质直接与晶格常数有关。当然，布洛赫转变并不

是金属-非金属转变的唯一机制，因此，我们下面将讨论莫特转变和安德森转变。

§20.12 窄能带强关联下的电子态：莫特转变

晶体中电子运动偏离能带理论的一个明显现象是莫特转变[38]. 虽然能带理论曾经成功地解释许多晶体的电学和光学性质，但在下面我们将要讨论的窄能带晶体中却是无能为力的，或者定性上会给出错误的结论。这时单电子或者独立粒子的图象不再能使用，而电子之间的相互作用变得十分重要。用量子力学计算固体中多电子系统的电子态时，一种标准的办法是假定原子核固定于晶格的平衡位置上，也就是不考虑电子与晶格的耦合作用，这相当于采用§20.1 所讨论的绝热近似。这样由式 (20.8a)，我们写出周期晶格场中多电子系统的合密顿量为

$$\mathscr{H}=\sum_{i}h(\boldsymbol{r}_i)+\frac{1}{2}\sum_{i\neq j}v_{ij}, \tag{20.130}$$

$$h(\boldsymbol{r}_i)=-\frac{\hbar^2}{2m}\nabla_i^2+V(\boldsymbol{r}_i), \tag{20.130a}$$

$$v_{ij}=e^2/|\boldsymbol{r}_i-\boldsymbol{r}_j|. \tag{20.130b}$$

这时在布洛赫表象中哈密顿量的二次量子化形式为

$$\mathscr{H}=\sum_{k\sigma}E_k c_{k\sigma}^{+}c_{k\sigma}+\frac{1}{2}\sum_{k_1k_2\sigma}\sum_{k_1'k_2'\sigma'}\langle \boldsymbol{k}_1\boldsymbol{k}_2|v|\boldsymbol{k}_1'\boldsymbol{k}_2'\rangle c_{k_1\sigma}^{+}c_{k_2\sigma}c_{k_2'\sigma'}^{+}c_{k_1'\sigma'}, \tag{20.131}$$

其中 E_k 是能带电子的能量，$c_{k\sigma}^{+}, c_{k\sigma}$ 分别代表布洛赫表象中 σ 自旋电子的产生和消灭算符，而

$$\langle \boldsymbol{k}_1\boldsymbol{k}_2|v|\boldsymbol{k}_1'\boldsymbol{k}_2'\rangle=e^2\int\frac{\phi_{k_1}^{*}(\boldsymbol{r})\phi_{k_2}(\boldsymbol{r}')\phi_{k_1'}(\boldsymbol{r})\phi_{k_2'}(\boldsymbol{r}')}{|\boldsymbol{r}-\boldsymbol{r}'|}d\tau d\tau'. \tag{20.131a}$$

由于下面涉及到泡利原理，故自旋标号 σ 明确写出。

莫特曾经强调指出了能带理论计算中蕴含着的不同晶格常数 a 这个基本问题。这在上一节我们已经初步讨论过，现在仍以钠为例[160]。假定一开始我们取 Na 原子形成的固体，其原子间距非常大(譬如 1 米) 来进行计算。因为存在平移对称性，故单电子解应是布洛赫函数式(20.9)。在 $T = 0K$ 时，单价原子的固体能带是半满的。因此材料应该是金属。但这并不符合实际，现在碰到的只不过是一群孤立原子，也就是中性无相互作用的 Na 原子，其中我们感兴趣的只是最外层 $3s$ 电子。每个原子有一个，且只有一个 $3s$ 电子。这时电子都是局域化的。上面的讨论说明，在原子极限 ($a \to \infty$) 能带理论失效。这种失效的理由在于独立电子图象是采用平均场近似，把电子系统不同的构形看作具有相同能量。实际上，在适当的晶格常数，两个原来属于不同原子的价电子有可能聚集在一个原子周围，这种电荷分布形式用局域态描述更为有利。如果在一对孤立中性原子间发生电子的转移

$$Na + Na \to Na^+ + Na^-$$

将需要相当大的能量

$$U = I - A,$$

其中 I 是从一个中性原子上转移一个电子 ($Na \to Na^+ + e^-$) 时的电离能，而 A 是一个电子附着于另一个原子时小量的亲和能。图 20.28 描述了这种孤立原子系统电子转移引起的能量增益。由于两个电子靠近时的库仑作用，图 20.28(b) 示出的势能应该大于图 20.28(a)。这种由于电子非均匀聚集而产生的能量增益，是一种多体效应。它在单电子理论中是用哈特里-福克近似来抹平的，这时单电子理论对 a 构形和 b 构形能量上的差异不加区别。

在实际的固体中，电子运动明显地相关，库仑作用和泡利原理都尽量避免电子之间的靠近。电子之间的相关能对固体的性质是有明显影响的。在莫特转变的基本概念里包含着电子的相关能。在适当的条件下，固体具有绝缘性的基态，而在忽略这种相关能的能带图象里可能错误地认为是金属。这种固体(如 NiS_2) 被称之为莫特绝缘体[161]。

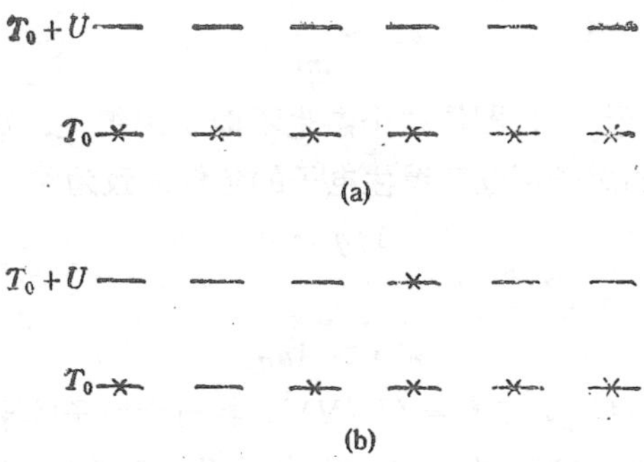

图 20.28 相邻原子之间无交叠的能级图.（a）基态;(b)第一激发态.

莫特曾经采用如研究合金理论时(参阅§ 5.9)相同的电子屏蔽模型来处理金属-非金属转变与晶格间距的关系[162].

假定从固体中一个原子的局域轨道上取走一个电子，放到另一个原子的附近,这时留下一个带正电荷的离子,或者说产生一个空穴。电子和空穴间相互吸引，有可能形成束缚,或称作“激子”,这时就不可能由于自由电子或自由空穴的移动在晶体中形成电流。但是假定有大量这种离域的电子存在,它们将屏蔽离子电荷,这时电子与空穴之间的互作用势是屏蔽势,也就是汤川势,其形式为

$$V(r) = -\frac{e^2}{r} e^{-qr}, \tag{20.132}$$

而

$$q^2 = 4\pi e^2 N(E_F), \tag{20.132a}$$

其中 $N(E_F)$ 是费密面处的态密度,在自由电子近似下可以写为

$$N(E_F) = \frac{3mn^{1/3}}{\hbar^2(3\pi^2)^{2/3}}, \tag{20.132b}$$

这时求得托马斯-费密屏蔽常数 q 为

$$q^2 \approx \frac{4me^2}{\hbar^2} n^{1/3}. \tag{20.132c}$$

屏蔽形式的吸引势式 (20.132)能否束缚电子，在于屏蔽半径 $1/q$ 的大小,最低情况下是氢原子的基态,其半径为玻尔半径，即

$$a_H = \frac{\hbar^2}{me^2}.$$

如果 $1/q$ 小于 a_H，即使这个态也不能被束缚住。这样带有屏蔽势(20.132)的离子可以束缚住电子的条件大致为

$$1/q > a_H, \tag{20.133a}$$

或

$$n^{-\frac{1}{3}} > 4a_H. \tag{20.133b}$$

因为 $n = N/V$，故 $n^{-\frac{1}{3}} = (V/N)^{\frac{1}{3}}$，相当于原子的平均间距。式(20.133b) 告诉我们，在晶格常数大于四个原子单位时，材料不能保持金属态，而变成绝缘态，而且这是一个合作效应，因为电子密度的变化直接影响金属-绝缘态之间的转变。上式中数值因子 4 并不一定十分精确，不过现在至少在原则上说明了金属-绝缘态之间的转变可能是十分陡峭的。

自莫特之后，赫伯德曾经详细地研究了这一多电子系统的问题[164—165]。利用式(20.130)来研究问题，数学处理非常困难，因此必须适当地简化。这里简单地给出赫伯德哈密顿量的推导[104]。

由于窄能带关联问题与电子的局域态有关，应该采用瓦尼尔表象讨论问题。利用式(20.19)，可以容易地把式(20.131)变为下式：

$$\begin{aligned}\mathscr{H} = &\sum_i \sum_\sigma T_{ij} c_{i\sigma}^+ c_{j\sigma} \\ &+ \frac{1}{2} \sum_{ijlm} \sum_{\sigma\sigma'} \langle ij|v|lm\rangle c_{i\sigma}^+ c_{j\sigma'}^+ c_{m\sigma'} c_{l\sigma},\end{aligned} \tag{20.134}$$

其中 $c_{i\sigma}^+$ 和 $c_{i\sigma}$ 是 i 格点上 σ 自旋电子的产生及消灭算符。单粒子项中，有

$$\begin{aligned}T_{ij} &= \int a^*(\boldsymbol{r} - \boldsymbol{R}_i) h(\boldsymbol{r}) a(\boldsymbol{r} - \boldsymbol{R}_j) d\tau \\ &= N^{-1} \sum_{\boldsymbol{k}} e^{i\boldsymbol{k}\cdot(\boldsymbol{R}_i - \boldsymbol{R}_j)} E_{\boldsymbol{k}},\end{aligned} \tag{20.134a}$$

相互作用项中，有

$$\langle ij|v|lm\rangle = e^2\int \frac{a^*(\boldsymbol{r}-\boldsymbol{R}_i)a^*(\boldsymbol{r}'-\boldsymbol{R}_j)a(\boldsymbol{r}-\boldsymbol{R}_l)a(\boldsymbol{r}'-\boldsymbol{R}_m)}{|\boldsymbol{r}-\boldsymbol{r}'|}d\tau d\tau'. \tag{20.134b}$$

式 (20.134b) 一般涉及到不同格点的积分． 由于我们只关心窄带电子的相关问题，不同格点的电子波函数交叠可以忽略，故只取同一格点上电子库仑作用

$$U = \langle ii|v|ii\rangle = e^2\int \frac{a^*(\boldsymbol{r}-\boldsymbol{R}_i)a^*(\boldsymbol{r}'-\boldsymbol{R}_i)a(\boldsymbol{r}-\boldsymbol{R}_i)a(\boldsymbol{r}'-\boldsymbol{R}_i)}{|\boldsymbol{r}-\boldsymbol{r}'|}d\tau d\tau'. \tag{20.134c}$$

在紧束缚近似下，$a(\boldsymbol{r})$ 可以用原子在单格点上波函数代替．从自由原子的电离势可以估计对 d 电子，U 的数量级约为 10eV，比最近邻、次近邻格点上电子之间相互作用项要大得多．作为一个简单的模型，略去这些不同格点电子之间的相互作用积分，只保留单格点上两电子相互作用项，这就是赫伯德模型．这时

$$\mathscr{H} = \sum_{ij\sigma} T_{ij}c^+_{i\sigma}c_{j\sigma} + U\sum_i n_{i\uparrow}n_{i\downarrow}, \tag{20.135}$$

其中

$$n_{i\sigma} = c^+_{i\sigma}c_{i\sigma}, \tag{20.135a}$$

代表在 i 格点上 σ 自旋的电子数算符。而 $n_{i\uparrow}$ 与 $n_{i\downarrow}$ 的自旋恰好相反，这是考虑到泡利原理，在同一格点上两个电子自旋不能相同．正是在赫伯德模型中计入的自旋相反两电子的排斥势 U 对于金属-非金属相变有重要影响．根据式 (20.134a)，单粒子项中 $j=i$ 时的系数为

$$T_{ii} = N^{-1}\sum_k E_k = T_0. \tag{20.136}$$

它代表能带电子的平均能量；当 $\boldsymbol{R}_j - \boldsymbol{R}_i = \boldsymbol{R}_l$ 为最近邻格点位矢差时，$T_{ij} \equiv T_1$。在式(20.135)中，$U=0$ 时，我们得到

$$\mathscr{H}_0 = \sum_{ij\sigma} T_{ij} c_{i\sigma}^+ c_{j\sigma}. \tag{20.137}$$

再利用式(20.20)将 $\mathscr{H}_0$ 变回布洛赫表象去，则有

$$\begin{aligned}\mathscr{H}_0 &\approx \sum_{k\sigma}\left(T_0 + T_1 \sum_{i}^{(n\cdot n)} e^{-i\boldsymbol{k}\cdot\boldsymbol{R}_i}\right) c_{k\sigma}^+ c_{k\sigma} \\ &= \sum_{k\sigma} E_{\boldsymbol{k}} c_{k\sigma}^+ c_{k\sigma},\end{aligned} \tag{20.138}$$

其中

$$E_{\boldsymbol{k}} = T_0 + T_1 \sum_{i}^{(n\cdot n)} e^{-i\boldsymbol{k}\cdot\boldsymbol{R}_i}, \tag{20.138a}$$

这就是紧束缚近似下能带电子能量，(n,n) 代表最近邻格点．当 z 为晶格配位数时，能带宽度

$$\Delta = 2z|T_1|.$$

$U \neq 0$ 时将引入新的物理内容．这里 T_0，Δ(或 T_1) 和 U 是赫伯德模型的三个重要参数．

利用已经求得的系统的哈密顿量 (20.135)，可以按照标准的双时格林函数方法来求出系统的能级、态密度以及金属-非金属转变的条件等．具体运算并不难，只是稍繁些．这里为清楚理解电子相关的基本物理过程，宁愿采取物理图象的描述．

现在讨论一下莫特转变的条件．如图 20.29 所示，原子位置用势阱来表示．每个原子有一个价电子，在孤立原子极限下占有一个束缚能级，这在每个原子阱中用一短水平线表示．在 N 个原子组成的晶体中，N 重简并能级受到晶体势场的影响而产生宽度 Δ 的能带．取孤立原子价电子能级为能量零点，晶体能带的能量分布范围从 $-\Delta/2$ 到 $\Delta/2$．因为能带是半满的，故晶体中价电子的平均能量大致为

$$\begin{aligned}\langle E\rangle &= 1\Big/\frac{\Delta}{2}\int_{-\frac{\Delta}{2}}^{0} E\,dE \\ &= -\frac{\Delta}{4},\end{aligned} \tag{20.139}$$

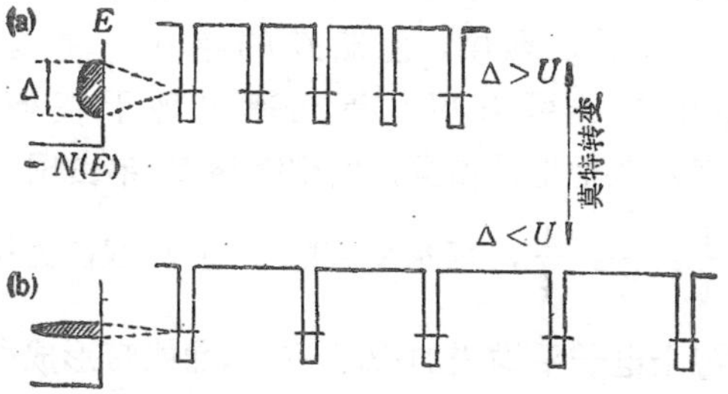

图 20.29　莫特转变示意图．当原子间距增加时电子能带宽度Δ下降，当Δ降至小于同格点电子-电子相互作用能 U 时，相关引起局域化．

这个能量低于孤立原子中价电子能量，它是由于大量原子的凝聚过程引起的，因为动能在电子从局域变为扩展态时降低．电子在从局域态变成扩展态的过程中，其波函数将从振荡变得平缓，而动能项比例于 $\nabla^2\psi$，所以相邻原子间轨道交叠越大，波函数变得越平缓，则能量降低就越大；相反，如果增加晶格常数，则波函数重叠减少，能带宽度Δ就减少．图 20.29(a) 和(b) 示出这种区别．带宽在原子极限在 $a\to\infty$ 时消失．

现在我们考虑在能带理论中忽略的相关能．一个原子占有一对价电子的能量变化用符号 U 表示．它等于电子 1 和电子 2 在同一原子轨道上的平均库仑能 $\langle e^2/r_{12}\rangle$．它的意义可参阅图 20.28．在图 20.29(a) 和 (b) 中，每个阱里单个水平线标出孤立原子价电子的能级，这个能级是二重简并的，能够容纳自旋相反的两个电子．同一能级可以空着，或占据一个电子，还可以占据两个电子．但这种看法忽略了库仑相互作用．在同一原子里占据两个价电子的情况下，我们知道存在排斥相互作用 $\langle e^2/r_{12}\rangle$，并提高能量．这就形成了图 20.28 中的二能级图形．同一位置上存在两个能级，较低的能级必定先被占据，而上面的能级必须在低能级填充后方能被占据．两个电子占据同一原子两个能级后提高能量 U．图 20.28 示出基态和第一激发态的电子分布情况．当然，区分第一和第二电子仅为叙述方便，因为能量贡献 U 代表的是它们的相互作

用 $\langle e^2/r_{12}\rangle$. 如前面已经提到，在原子极限里，$U = I - A$.

在独立电子处理中，忽略 U 的存在，波函数是布洛赫函数，故每个电子可以用同等几率出现于任何格点，不管这一格点上有无其他电子占据. 出现空格点，单占据和双占据的几率分别为 $\frac{1}{4}$，$\frac{1}{2}$，$\frac{1}{4}$，考虑到实际上每个双占据状态增加能量 U，故将使每个电子平均增加势能 $U/4$，而能带形成引起的平均动能降低为 $\Delta/4$. 可以想象得到，电子究竟处于局域态还是扩展态，应该与平均能量改变

$$\langle E\rangle = \frac{U}{4} - \frac{\Delta}{4} \tag{20.140}$$

有关. 如果 $\Delta > U$，则固体形成能带而成为金属，能量上有利；相反，$\Delta < U$，则固体倾向于成为绝缘体. 这就是电子相关引起的局域化. 我们可以引入比例参数 $(\Delta/U)_c$，即

$$\left(\frac{\Delta}{U}\right)_c < 1. \tag{20.141}$$

只要这不等式判据满足，电子是局域的. 从图 20.29 (a) 和 (b) 可以看到，电子系统两个特征参量，即带宽 Δ 和电子相关能 U 在原子间距改变时相对比重的变化.

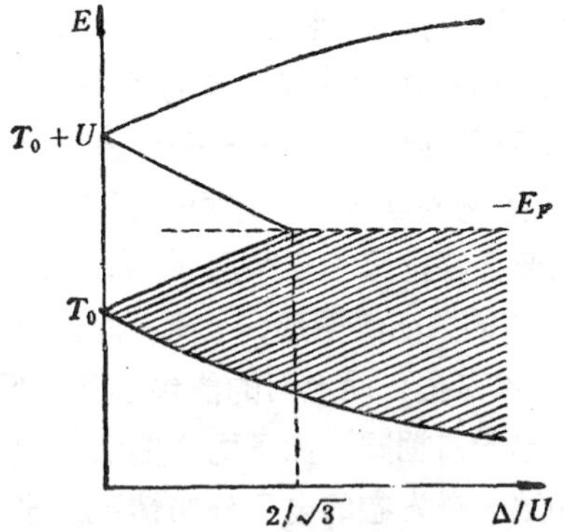

图 20.30 赫伯德模型里局域态-扩展态的转变.

用赫伯德哈密顿量直接进行严格的数学计算所得的结果示于下图，金属-绝缘体转变判据为

$$\left(\frac{\Delta}{U}\right)_c < \frac{2}{\sqrt{3}}. \tag{20.142}$$

从图 20.30 中可以看出，在 $(\Delta/U) < 2/\sqrt{3}$ 时存在两个子带，一个填满，一个空着，系统表现出绝缘特性；相反当 $(\Delta/U) > 2/\sqrt{3}$ 时，能带不分裂，并且半满，故系统出现金属性。定性描述的结果式(20.141)和(20.142)是相符的。

莫特转变是凝聚态物理学中一个传统的定理的例证。在低密度极限，势能超过动能时，电子发生局域化。一个早期的例子是维格纳晶格。维格纳（Wigner）提出，在低温低密度情况下，存在库仑相互作用的电子气体经过局域化形成电子晶格，在相反的高密度极限，动能超过势能，电子波函数平滑化而形成扩展态。理论上高压下氢可能形成金属固体，虽然至今实验上尚未实现，但金属氢仍然是高压下研究高密度状态物理性质及可能的金属-绝缘体转变的一个激动人心的课题[166]。

§ 20.13　无序系统的电子态：安德森转变

理想晶体由原子排列成规则点阵构成，也就是具有严格周期性。它反映出等价格点的物理环境存在平移不变性。这种长程序对于能带理论是相当重要的。当这种严格周期性被破坏时，系统成为无序的。自然界中广泛存在的各种玻璃或非晶材料都属于无序系统。图 20.31 表现出二维正方点阵畸变时所可能具有的几种无序排列形式。

无序系统大致有两类：

(a) 成分无序(或替代无序)　基本规则点阵依然存在，但两种或更多种不同的原子在这些格点上统计分布。可以想象从图 20.31(a) 的理想二维正方点阵出发，用不同的原子去随机地置换基质的原子而得到一种二维合金系统。

(b) 拓扑无序(或位置无序、结构无序)　规则的晶格已不复

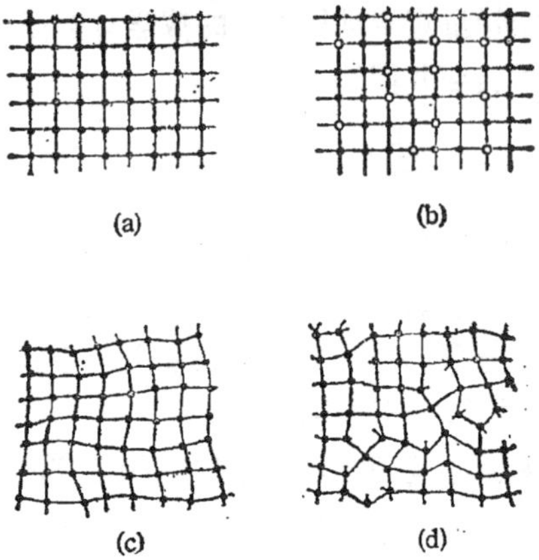

图 20.31 二维点阵可能的无序类型. (a)有序晶格; (b)两种不同原子在格点上无规分布而得到的成分无序; (c)点阵畸变而得的位置无序(拓扑无序); (d)形成悬挂键的结构无序(拓扑无序).

存在，也就是原子的排列有一定的随机性，甚至出现配位数的变化，形成悬挂键等．可以想象，从图 20.31(a) 经过晶格畸变而变成位置无序的图 20.31(c)，或者同时经过晶格畸变和价键的改变而形成结构无序的图 20.31(d).

顺便指出，固态无序系统虽然长程序被破坏，但在几个原子的尺度内，短程序还是存在的，这主要表现在原子之间的键长，键角和配位数大致接近.

无序系统物理学包含着崭新而引人注目的广泛物理内容，无论是实验上或理论上都在继续发展之中[167-170]．特别是金属玻璃[171,172]更与金属物理学关系密切．在本书的第一卷中的 §1.6 及 §4.11 中曾讨论过非晶态金属及合金的问题[171,172]，这里限于介绍无序系统的电子局域化和金属-非金属转变，即安德森转变[158,167].

如表 20.3 第一行所指出，在布洛赫型的金属-非金属转变的两边，能量在费密面 E_F 附近的电子波函数都是扩展态．它的波函数以明显空间周期重复的振幅展布在固体中，其形状示于图 20.32(a) 中．其中实线代表 ψ 的实部，而破折线标明了波矢 $\boldsymbol{k}$ 的平面波包络.

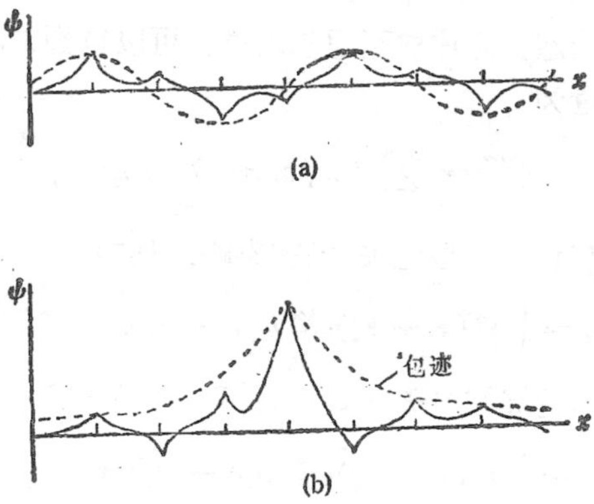

图 20.32 扩展态和局域态电子波函数的比较. (a)扩展态; (b)局域态.

对于无序系统，波矢 $\boldsymbol{k}$ 不是一个标志电子态的好量子数，因为布洛赫函数的适用条件依赖于晶体长程序，而现在缺少这种长程序. 因此能带理论对于无序系统的电子态是显然不完全适用的。虽然在这种材料中扩展态可能仍然存在，并有重要作用.

无序系统中发生的金属-非金属转变被称之为安德森转变[173]. 参阅表 20.3 中最后一行. 转变的非金属一方并非如晶体中布洛赫型转变那样是能带填满的扩展态，而是局域化的电子态. 局域态的意义示于图 20.32(b). 波函数集中于几个原子范围内，在固体的其他地方，振幅以指数衰减，即距离某个局域中心 R 的地方有 $\psi \sim e^{-R/\xi}$，其中量 ξ 被称为局域长度. 这样几率积分 $\int |\psi^2| d\tau$ 集中于一个小区域，其他地方的贡献可忽略不计.

晶态中的局域态一般是由化学杂质引入的，一个熟悉的例子是磷原子以施主杂质掺入晶体硅中. 这时在基质晶体能隙中可能形成分立能级的杂质态. 这时基质晶体依然存在布洛赫函数的本征态. 但是，无序系统与此不同，无序产生的局域态是系统的内禀特性.

无序系统电子态的经典性工作是安德森的紧束缚近似下能量

无序单电子模型[23]，其单电子哈密顿量由式（20.130a）表示。因为涉及到局域态，应该取瓦尼尔表象，可以得到二次量子化形式下的哈密顿量为

$$\mathscr{H} = \sum_i E_i c_i^+ c_i + \sum_{i \neq j} T_{ij} c_i^+ c_j, \tag{20.143}$$

自旋标号因与讨论问题无关，已被省略。其中

$$E_i = \int a^*(\boldsymbol{r} - \boldsymbol{r}_i) \mathscr{H} a(\boldsymbol{r} - \boldsymbol{r}_i) d\tau \tag{20.143a}$$

代表 i 格点附近局域电子能量。而 T_{ij} 是交叠积分

$$T_{ij} = \int a^*(\boldsymbol{r} - \boldsymbol{r}_i) \mathscr{H} a(\boldsymbol{r} - \boldsymbol{r}_j) d\tau \tag{20.143b}$$

在紧束缚情况下，有

$$T_{ij} = T_i \delta_{j, i+l},$$

T_i 就是 i 格点处的近邻交叠积分，而 l 是近邻格点标号。

当系统为有序晶格时，由于平移对称性可以引入波矢$\boldsymbol{k}$描述电子状态，并利用式(20.20)，将式(20.143)换至布洛赫表象去。由于平移对称性，各格点上的 E_i 和 T_i 与 i 无关，故可令 $E_i = E_0$，$T_i = T$。这时得到对角形式的哈密顿量为

$$\mathscr{H} = \sum_{\boldsymbol{k}} E_{\boldsymbol{k}} c_{\boldsymbol{k}}^+ c_{\boldsymbol{k}}, \tag{20.144}$$

其中

$$E_{\boldsymbol{k}} = E_0 + T \sum_l^{(n,n)} e^{-i\boldsymbol{k}\cdot\boldsymbol{R}_l}, \tag{20.144a}$$

这就是紧束缚能带电子能量，形式与式(20.138)是一样的，其能带宽度为

$$\Delta = 2z|T|. \tag{20.145}$$

z 为配位数。若取能带中心能量 $E_0 = 0$，则有序晶格电子态能量为

$$E_{\boldsymbol{k}} = T \sum_l^{(n\cdot n)} e^{-i\boldsymbol{k}\cdot\boldsymbol{R}_l}.$$

对于无序系统，E_i 随格点位置作随机变化，这时就不能令 E_i

=0. 安德森假定 E_i 在宽度W内连续均匀分布，各格点上 E_i是独立无规变量，它反映了系统中原子环境随格点而不同，其分布几率为

$$P(E_i)=\begin{cases}\dfrac{1}{W}, & -\dfrac{W}{2}\leqslant E_i\leqslant\dfrac{W}{2},\\ 0, & \text{其他值。}\end{cases} \tag{20.146}$$

对于有序晶格和无序系统电子能量在格点上的分布示于图20.33中。

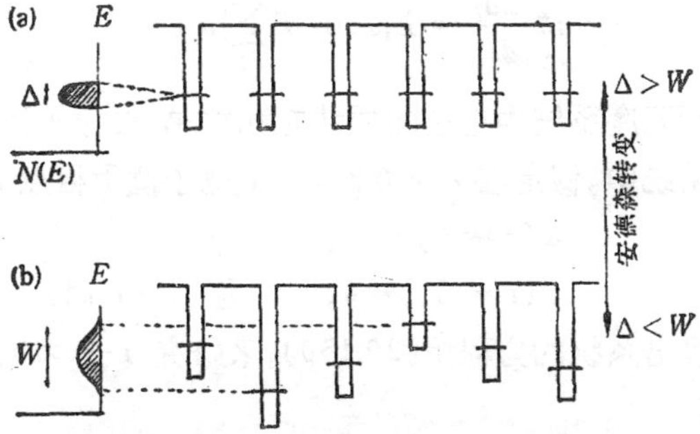

图 20.33 安德森转变的单电子紧束缚图象，当无序宽度W超过能带宽度 Δ，带宽度Δ时，无序引起局域化.

为讨论问题的方便，对于近邻交叠积分，仍假定它与 i 无关，这就是安德森设计的无序模型。在安德森模型中哈密顿量成为

$$\mathscr{H}=\sum_i E_i c_i^+ c_i+T\sum_{il}^{(n.n)} c_i^+ c_{i+l}, \tag{20.147}$$

这个模型概括了无序系统的主要特点，其中变化宽度为W的无规变量 E_i 反映了系统的无序程度，而各格点近邻交叠积分取相同值反映了无序系统的短程有序特征。

利用哈密顿量式(20.147)，根据标准的双时格林函数方法可以推导出局域化条件和迁移率边缘等无序系统的重要特征参量[23,168]。这里如上节一样，仍不准备循此较繁复的数学推导过程，而仅从量子力学考虑给出简明的物理图象[158]。

讨论无序模型的最简单办法是对电子波函数采用紧束缚展开

$$\psi = \sum_i a_i \phi_i, \tag{20.148}$$

ϕ_i 是在 i 格点上的原子轨道．若 ψ 是能量为 E 的本征函数，满足

$$\mathscr{H}\psi = E\psi,$$

其中 $\mathscr{H}$ 由式(20.147)表示，则可推出几率幅 a_i 的矩阵方程

$$Ea_i = E_i a_i + T\sum_l^{(n,n)} a_{i+l}, \tag{20.149}$$

这是定态解．含时的运动方程应是

$$i\hbar \frac{da_i}{dt} = E_i a_i + T\sum_l^{(n,n)} a_{i+l}. \tag{20.150}$$

安德森对于无序系统中电子的局域态和扩展态作了严格的定义．在无限大系统中，假定在 $t=0$ 时，一个电子位于格点 i

$$a_i(t=0) = 1,$$

$$a_j(t=0) = 0, \qquad 当\ j \neq i\ 时.$$

如果可以解出系统的方程组(20.150)，来研究 $t\to\infty$ 极限时 $a_i(t)$ 的行为，若

$$a_i(t\to\infty) = 0,$$

说明电子已离开此格点在系统中传播；若

$$a_i(t\to\infty) = 有限值,$$

则电子在此格点的邻近运动，电子处于稳定的局域态．

从式(20.147)中我们知道，无序系统的重要参量是 E_i 和 T，或者更明确一些是无规势宽度 W 和不考虑无序时的能带宽度 Δ．这两个特征能量参数已经示于图 20.33 中．在两个极端情况，即 (i) $W=0$，这相当于有序晶格，电子处于扩展态；(ii) $\Delta=0$，也就是 $T=0$，相当于电子处于完全局域态．从式(20.150)也可得到 $|a_i|=1$ 或 0，不随时间演化．下面来分析一下 Δ 和 W 都不为零时电子处于金属或绝缘态的条件．

如同在上节提到的莫特转变或维格纳晶格一样，安德森转变时的电子局域化也表示电子经受的势能超过其动能，从而影响到

波函数的形式。在图 20.29 中电子从扩展态至局域态的转变是由于在低密度时动能降低，能带宽度减少，而在图 20.33 反映的安德森转变中，它是由于无序产生的足够强的势能叠加引起的。

在图 20.33(b) 中，代表原子位置的势阱的深度是不同的，其变化幅度为W。动能和势能之间竞争对电子态的影响表现在

$$\delta = W/\Delta \tag{20.151}$$

上。这里对无序参数 δ 的临界值作一粗略的讨论。我们从强无序极限$W \gg \Delta$ 出发，在$\Delta = 0$ 的完全局域态上加上交叠积分 T 的影响，然后用微扰理论来处理这个耦合参数问题。考虑一个局域于 i 格点（$a_i = 1, a_j = 0, j \neq i$）的未微扰态。一级微扰理论[105]使这个态混合了相邻格点的态，其比例因子为$T/(E_i - E_j)$，而高阶微扰相应于这个基本比例因子的高次幂。问题在于：T 或者说 Δ 达到多大时系统将发生局域态的破坏和扩展态的形成。

因为格点能量 E_i 和 E_j 以宽度W分布，假定 E_i 位于分布的中心，而 z 个最近邻格点能量 E_j 以能量间隔 W/z 等间距分布．这样微扰因子$T/(E_i - E_j)$的最小能量分母是$|E_i - E_j| = W/2z$，故它的最大值是 $2z|T|/W$。对于波函数的微扰展开，相当于存在一个 $2z|T|/W$ 的幂级数，其收敛条件应为$(2z|T|/W) < 1$。我们可以认为扩展态产生于收敛条件开始破坏的地方，也就是说

$$\begin{aligned} W &= 2z|T| \\ &= \Delta \end{aligned} \tag{20.152}$$

是发生局域-扩展的转变条件。这样我们求得了无序参数 δ 的临界值

$$\begin{aligned} \delta_c &= W/\Delta \\ &= 1, \end{aligned} \tag{20.153}$$

而安德森的局域化判据成为

$$\delta > 1. \tag{20.154}$$

用格林函数进行严格数学推导得到的临界值大约在 2～3 之间[23,168]。但近年来在新发展的局域化的标度理论中所求得的 δ_c值

大致为 1[174]，同时计算机模拟的数值计算也给出相近的结果[175]. 人们认为这个值可能更为合理，故以上的初步讨论还是得到了可信的结果。

无序导致局域的概念由莫特等人进一步发展[176-178]，它对当代非晶半导体电子态的理论研究有重要影响。在无序足够强以致满足安德森判据时，三维系统中所有的态都是局域态。而在 $\delta < \delta_c$ 时，莫特指出，这时在系统中既存在扩展态，又存在局域态。扩展态在紧束缚能带中心部分，局域态在带尾部分，并有一个划分扩展态与局域态的能量分界 E_c。如图 20.34 所示。阴影区表示的局域态相当于价带顶或导带底的尾部，而每个能带的主体仍旧是扩展态。莫特称 E_c 为迁移率边缘（mobility edge）。于是安德森转变就涉及到由成分、压力和外场等因素改变引起费密面越过迁移率边缘而导致的局域-扩展态转变。

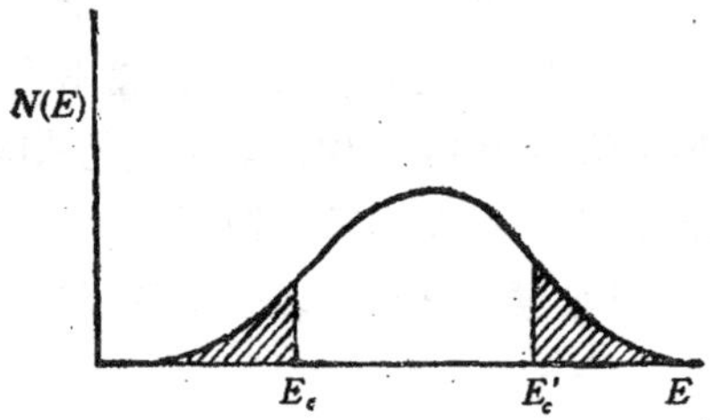

图 20.34　安德森模型里的态密度，能带中部是扩展态，阴影区是局域态. E_c 和 E_c' 划分了局域和扩展态的能量界限.

安德森转变的概念可以在经典极限下用渗流图象来得到说明[103]。这相当于一个给定能 E 的粒子在如图 20.35 描绘的二维无规势场 $V(\boldsymbol{r})$ 中运动。这时不考虑粒子的隧道过程。可以形象地将势场 $V(\boldsymbol{r})$ 比作湖泊、陆地和山峰，而粒子漂浮在高度为 E 的水面上运动。$V(\boldsymbol{r}) < E$ 是粒子的运动区域，而 $V(\boldsymbol{r}) > E$ 是粒子的禁止区域。在水面较低时，只有湖泊存在，粒子是局域化的；水面上升时，湖泊开始连通起来直至形成大洋，粒子运动区域

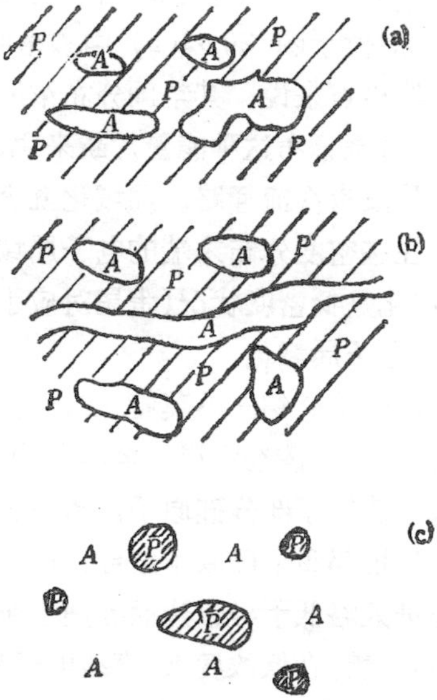

图 20.35 无规势场中经典粒子运动的渗流图象. 能量增加将使粒子从局域态转变至扩展态。(a) $E<E_c$,粒子在局域范围;(b) $E\gtrsim E_c$,粒子开始出现扩展态;(c) $E\gg E_c$,粒子处在扩展态.

延伸至无限。在粒子从局域态转变为扩展态的过程中,能量 E 将经过某个临界值 E_c,此即迁移率边缘。严格地说,电子运动遵循量子力学规则,它可以用隧道过程透入 $V(\boldsymbol{r})>E$ 区域,故不会像经典粒子那样存在尖锐的运动区域和禁止区域的分界。但上面经典形式的分析还是合理的,只要势场 $V(\boldsymbol{r})$ 变化的平滑部分的特征长度大于电子的德布罗意波长。

在图 20.33(b) 中,态分布的两翼对局域化特别敏感,其原因可以用现代渗流理论[179]来给出适当的解释。 当我们考虑无序格点间电子的迁移性质时,可以想象得出,一个电子只有在它所在格点和邻近格点能级差小于能带宽度的某个分量,譬如说 Δ/z 时,它才容易在两格点间进行转移。假如我们用 Δ/z 作为能量尺度来分割无规参数 W,并标明每个格点上电子所属的能量范围(相当于着色)。每个格点易于和具有同样能量范围 (相当于同色)的近邻格点建立联系，而不和能量悬殊的格点交往．这种情况相当于多色渗流过程。 对位于图 20.33(b) 中态密度丰厚的中心部分这一能量片断上的格点来说，其空间分布浓度也是高的，故渗流就很容易,但对于带尾分布这种能量片断来说，同色格点很少，空间上散布很远，故没有渗流通路，局域化就容易形成．这就说明无序最容易使处在态密度分布末端的电子局域化。由此可以明确地说,安德森局域化是低密度状况(带尾对应于低浓度的格点分布)下无规势场强迫电子局域化。

作为本节结尾，简单介绍一下莫特-安德森转变问题[180]。图 20.36 是晶体硅中掺入杂质磷在低温下电导率的实验结果[181]。在 Si:P 系统中,磷原子替代了部分硅原子。磷原子的五个外层电子中的四个以共价键与相邻四个硅原子结合。第五个电子不能进入晶体价带，而只能进入略低于导带边缘的施主能级上。这时电子与 P^+离子松散地结合着.在低浓度下,束缚电子是孤立的,系统为绝缘体。增加掺杂浓度,由波函数之交叠,电子态成为扩展的，整个杂质系统出现“金属性”。 其临界浓度为 $n_c = 3.7 \times 10^{18}\mathrm{cm}^{-3}$，相应于 $Si_{1-x} \cdot P_x$ 中，$x = 7.5 \times 10^{-5}$。

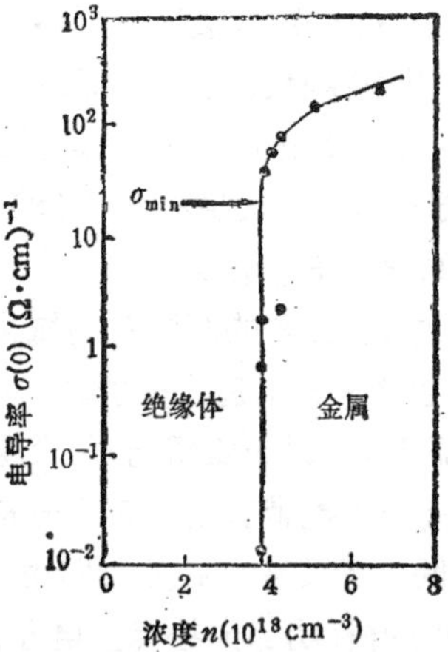

图 20.36 Si:P 系统随掺磷浓度增加发生金属-非金属转变。

应该指出，掺杂硅中的金属-绝缘体转变是兼有安德森和莫特转变特征的。虽然安德森转变和莫特转变在物理图象上是完全不同的，但在实验过程中往往纠缠在一起。这并不奇怪。当涉及到非晶系统中的多电子问题时，无序将导致安德森局域化，而电子-电子存在相互作用，也会附加上莫特形式的影响。在低密度状态，两个效应会合作产生局域化。在 Si:P 系统里，莫特转变的特点反映在金属-绝缘体的转变是浓度的函数，而安德森局域化来自施主杂质上的电子运动受到掺杂引起的无规势场分布的影响。我们可以定义莫特-安德森转变是，存在电子相互作用的无序系统里的金属-非金属转变。

§20.14 金属氧化物中的金属和非金属态

金属特别是过渡金属氧化物在进行固体材料导电性质的研究中有其特殊的重要地位[39,182]。这一节我们准备联系实验事实来简单介绍几种氧化物的金属或非金属特性，以及两者之间在特定条件下的转变。

过渡金属除具有一般金属原子的 s 电子和 p 电子之外，它们的原子占有 1 至 9 个 d 电子。当一种过渡金属元素形成固体时，d 电子轨道扩展为比较窄的 d 能带。电子在 d 带上部分填充。另外高一级的 s 带较宽、和 d 带发生交叠，故 s 带也是部分填充，结果产生金属导电性。至于它的氧化物，在简单的未饱和情况下，过渡金属离子总存在未配对的 d 电子，晶体由 O^{2-} 阴离子以及金属 M^{n+} 离子组成。这时外层 s 和 p-轨道形成填满的价带和空的导带，两者之间是大的能隙（～5—10eV）。费密能级附近是较窄的 d 带，它对材料的电和磁性质起重要作用。

氧化物是研究金属-非金属转变的一个内容丰富的对象。由于它们结构性质决定了原子波函数交叠比较弱，这时一些参量（如温度、压力、成分上的）看来微不足道的改变，足以对费密面附近的电子能量状态产生显著影响，从而使许多物理性质发生改变。这里给出几个例子：

(i) 压力效应 一个熟知的材料是 NiO，在外加压强达兆巴时，它从绝缘态变为金属态；

(ii) 成分效应 VO_x 在 x 从小于 1 增大到超过 1 时，从金属变为半导体。这个实验事实一般解释为，当 x 增加时 V^{4+}离子数增加、引起势场的涨落、从而感生安德逊局域化；

(iii) 温度效应 TiO_3 和 VO_2 在温度变化时引起金属-非金属转变。

除此之外，影响金属-非金属转变的因素还有二维效应，离子变价，正离子自旋改变以及铁磁性等。

下面我们准备分别介绍简单氧化物 V_2O_3 系统和具有钙钛矿结构的复杂氧化物材料的金属-非金属性质。

(a) 倍半氧化钒 (V_2O_3) 人们长期对 V_2O_3 系统感兴趣，是因为它包含着丰富的金属-非金属转变的内容。利用压力的改变，可以获得 V_2O_3 系统的相图，如图 20.37(a) 所示。如果将压力换至赫伯德参数，则可以和理论结果进行比较。

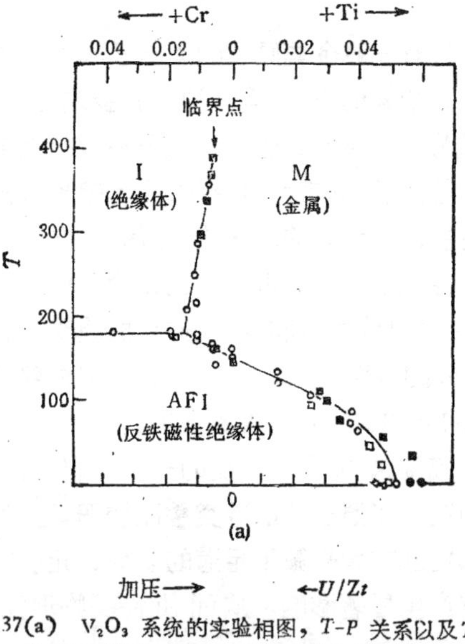

图 20.37(a) V_2O_3 系统的实验相图，T-P 关系以及 T 与 C_{r9} T_i 掺杂关系。压强可以换至赫伯德参数。

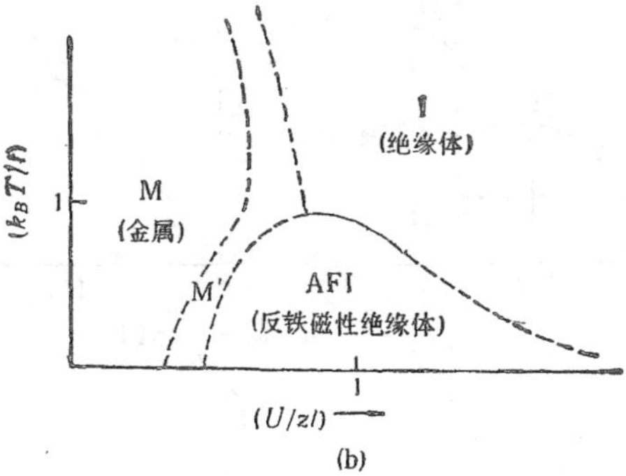

图 20.37(b) 赫伯德模型在自洽场近似下的理论相图，T-U 关系相变除在实线处外均是连续的.

对赫伯德哈密顿式(20.135)取平均场近似，即

$$Un_{i\downarrow}n_{i\uparrow} \simeq U\langle n_{i\uparrow}\rangle n_{i\downarrow} + U\langle n_{i\downarrow}\rangle n_{i\uparrow} - U\langle n_{i\uparrow}\rangle\langle n_{i\downarrow}\rangle, \quad (20.155)$$

其中 $\langle n_{i\sigma}\rangle$ 是在 i 格点 σ 自旋的热平均电子数，这时单体哈密顿与安德森模型是相似的，可以采用相干势近似来求出理论相图.它表示在图 20.37(b)。它与实验相图是大致吻合的。

图 20.38 同时给出了成分和温度对 V_2O_3 系统导电性质的影响。ρ 为电阻率，T 为绝对强度。

图 20.38 (a) 是 V_2O_3(98.5%)-Cr_2O_3(1.5%) 合金系统，在温度从致冷区至 1000K 之间，系统经过三次相变。低温下材料是反铁磁绝缘体(AFI)；在 150K 处经过一级相变成为顺磁金属(PM)；在 $T > 250$K 的更高温区系统变至顺磁绝缘体 (PI)；继续加温，系统逐渐转换至高温金属态 (PM')。合金成分稍作变化，这些转变过程可以发生相当大的改变。如图 20.38(b) 所示，这时系统是 V_2O_3(97%)-CrO_3(3%)。中间 PM 相已完全消失。 而对于强的 V_2O_3 系统的图 20.38(c)，我们只能见到低温的 AFI-PM 转变。

从上面的介绍中可看出，系统随温度变化发生相变的次数与特征是与成分细节有关的。曾有几种不同的解释对上面的现象进行过分析，一个比较成功的解释是莫特转变.但是并不是所有的

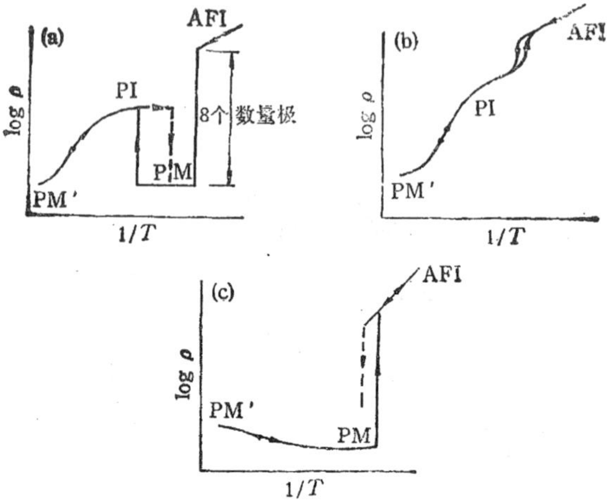

图 20.38 V_2O_3 系统电阻和温度关系示意图.
(a) $(V_{1-x}Cr_x)_2O_3$, $0.005<x<0.018$; (b)同上，但 $0.018<x<0.1$; (c) V_2O_3.

实验都支持这种观点，譬如说，在 AFI-PM 和 PM-PI 转变时，大约有 70K 的温区存在滞后效应。因为莫特相变只依赖于电子密度效应，转变应该发生在某个确定的温度。强的滞后效应说明晶格振动影响了相变过程。所以单纯利用莫特转变可能不足以解释相变的特征，而必须参照多种因素，才能得到合理的解释。

(b) 复杂氧化物 一大类具有钙钛矿结构或钨青铜结构的多元氧化物提供了大量金属-非金属转变的实例。

基本的布洛赫型的电导理论对于过渡金属以及复杂氧化物不适用，这个问题在§20.12 中已经仔细讨论过。但是必须注意到，在讨论金属-非金属转变时，无论是莫特转变还是安德森转变，虽然布洛赫型的能带理论不能给出正确的解释，但是我们并没有完全摒弃能带论的方法，而是对它作了适当的修正。研究金属-非金属转变的另一条被广泛采用的途径是量子化学的方法[157]。为解释金属氧化物的性质，古德伊纳夫 (J. B. Goodenough) 考虑到晶体对称性和离子共价键特征，提出由原子键合来构造氧化物的能带图[183]。这些能带图的一个共同特征是在氧原子的 $2p$ 轨道和正离子的 ns,np 轨道间有大的能隙（~5—10eV）。由这个方法给出的具有图 20.39 所示的钙钛矿结构的 ReO_3 的能带结构示于图 20.40。必须注意的是，ReO_3 是一种约化的钙钛矿结构，因为实际上缺少 A 离子。ReO_3 的研究是有基本意义的。譬如说，钨青铜 M_xWO_3 可以描述为用金属离子 M 掺入 WO_3 点阵中去而得.

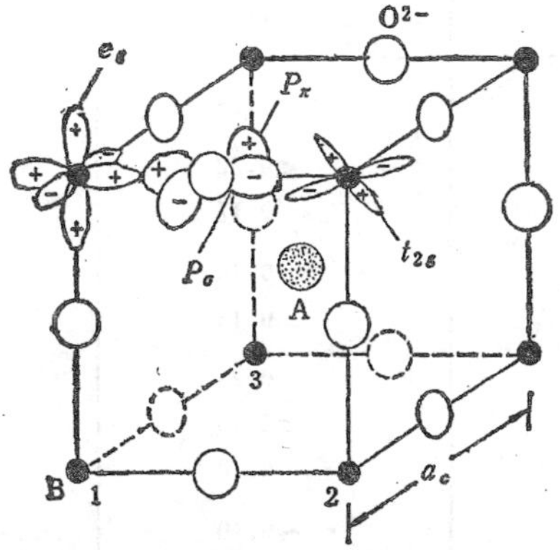

图 20.39 钙钛矿结构 ABO_3。同时画出 B 离子和氧离子的键合示意图。

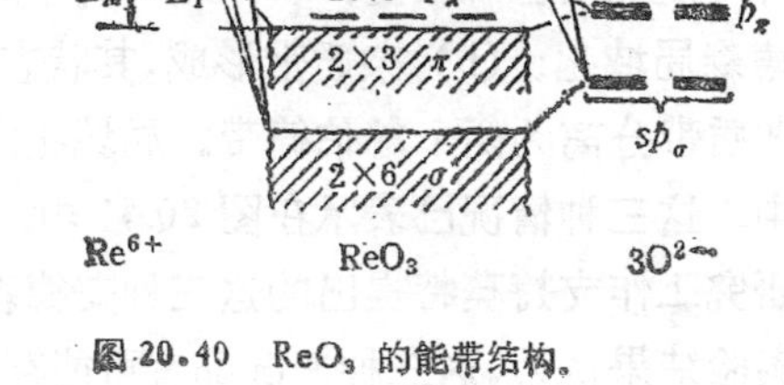

图 20.40 ReO_3 的能带结构。

WO_3 可从图 20.39 所示的结构(注意少 A) 进行变换而得. 钨青铜中一个主要的研究对象是 Na_xWO_3，它的晶体结构属畸变钙钛矿型的. 这里最关键的参量是 x. 当 x 达到某个临界浓度 x_c时，发生金属-非金属的转变. 其它氧化物也有类似特征,一些实验结果列入表 20.4.

表 20.4 钙钛矿结构和钨青铜结构材料金属-非金属转变的临界成分

系　　统	x_c	每个单胞的 d 电子数
Na_xWO_3	0.25	0.25
	<0.22	<0.22
	0.17	0.17
	0.16	0.16
	0.12	0.12
Li_xWO_3	0.25	0.25
Ba_xWO_3	<0.10	<0.20
H_xWO_3 (非晶)	0.10	0.10
WO_{3-x}	~0.10	~0.20
$WO_{3-x}F_x$	0.09	0.09
$Na_xWO_{3-x}F_x$	0.02	~0.40
$Na_xTa_yW_{1-y}O_3$	$(x-y)_c=0.30$	0.30
	0.18	0.18
$La_{1-x}Sr_xVO_3$	0.22	0.22
$NaNb_{1-x}W_xO_3$	0.44	0.44
$Na_{1-x}Sr_xNbO_3$	>0.50	>0.50

一般认为,在钨青铜结构的材料中,主要存在安德森转变. 莫特考虑了三种可能的安德森转变: (a) Na^+ 离子的随机分布在导带尾产生安德森局域化; (b) 杂质带形成,其状态在 $x=x_c$处局域化; (c) 杂质带分离为两个赫伯德带. 局域化发生于两个赫伯德的赝能隙中. 这三种情况已表示在图 20.41 中.

最近的研究工作支持莫特提出的这三种安德森转变的基本设想. 理论和实验结果认为,这三种情况都有可能存在,从而影响金

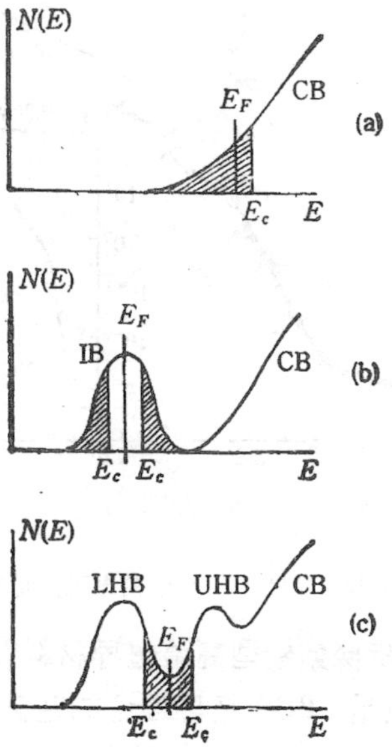

图 20.4 Na_xWO_3 中三种可能的安德森局域化.

属-非金属的转变。

另一种具有钙钛矿结构 ABO_3 的重要氧化物 $LaCoO_3$，它的电阻 ρ-温度 T 关系可参阅图 20.42。电阻在400—650K 之间迅速下降。

其他钙钛矿结构材料还有 $LaSrCoO_3$，$La_{1-x}SrVO_3$，$LaNi_{1-x}M_xO_3$(M = Cr,Mn,Fe,Co) 等。它们都在适当的条件下表现出金属-非金属的转变。

由于$(La_{1-x}Ba_x)_2CuO_{4-y}$ 和 $YBa_2Cu_3O_{7-x}$ 等化合物在 30K以上乃至于液氮温区超导电性的新近进展[184—186]，这些具有层状或畸变钙钛矿结构的三元、四元甚至五元氧化物的研究前景是非常吸引人的。可以相信，研究氧化物材料的金属-非金属转变过程以及其结构相变（可能和佩尔斯相变、杨-特勒相变或有序无序相变有关），

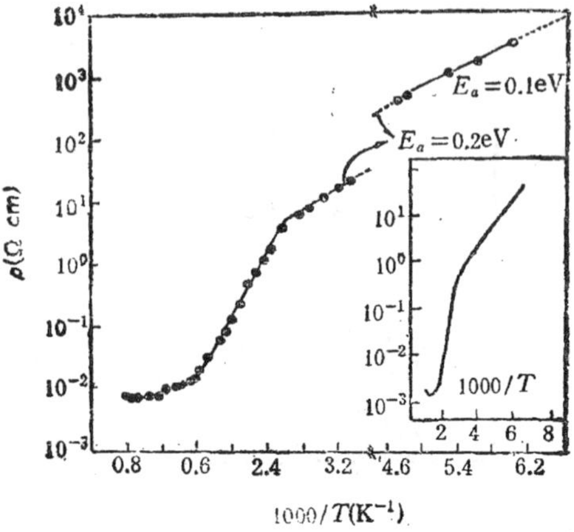

图 20.42 多晶 $LaCoO_3$ 的电阻温度关系.

将有助于进一步探索新型高温超导材料.还应该指出的是,电子-声子相互作用也是 BCS 超导理论的基础[148]. 用这一理论来解释新近发现的高临界温度超导体的超导电性，还存在有一定的困难. 1987 年以来， 科学家已经提出了许多不同的理论模型和新的机制,但目前实验工作所达到的水平,尚不足以判断它们的优劣. 不过它们之间还存在有共同点,即都是建立在电子-晶格相互作用的框架内的，因而与本章所涉及的许多问题密切相关. 关于超导电性及其有关的材料物理学方面的问题，将留待本书第三卷中进行讨论.

第九编 参考文献

[1] Ising, E., *Z. Physik*, **31**, 253(1925).

[2] Onsager, L., *Phys. Rev.*, **65**, 117(1944).

[3] Bragg, W. L. and Williams, E. J., *Proc. Roy. Soc.*, **A145**, 699(1934).

[4] Weiss, P. J., *J. de Phys.*, **6**, 667(1907).

[5] van der Waals, Over de Continuiteit Van den Gas-en Vloeistand, A. W. Sijthoff, Leiden (1873).

[6] Bethe, H. A., *Proc. Roy. Soc.*, **A150**, 552(1935).

[7] Kikuchi, R. and Brush, S. G., *J. Chem. Phys.*, **28**, 802, (1963).

[8] Domb, C. A., *Adv. Phys.*, **9**, 149(1960).

[9] Fisher, M. E., *Repts. Progr. Phys.*, **30**, 310(1967).
[10] Kadanoff, L. P., *Physics*, **2**, 263(1966).
[11] Wilson, K. G., *Phys. Rev. Lett.*, **26**, 584(1972).
[12] Born, M. and Oppenheimer, R., *Ann. Phys.*, **84**, 457(1927).
[13] Born, M. and Huang, K. (黄昆), Dynamical Theory of Crystal Lattices. Clarendon Press, Oxford (1954).
[14] Cochran, W., *Phys. Rev. Lett.*, **3**, 412(1959).
[15] Anderson, P. W., in "Fizika Dielektrikov" (ed. Skavani, G. I., Akad. Nauk SSSR, Moskow (1959).
[16] Fröhlich, H., Theory of Dielectrics, Clarendon Press, Oxford (1949).
[17] Lydanne, R. H., Sachs, R. G. and Teller, E., *Phys. Rev.*, **59**, 673(1941).
[18] Jahn, H. A. and Teller, E., *Proc. Roy. Soc.*, **A161**, 220(1937).
[19] Peierls, R. E., Quantum Theory of Solids, Clarendon Press, Oxford, (1955).
[20] 孙鑫,低维凝聚态物理的进展,物理学进展,**5**,467(1985).
[21] Wigner, E. P., *Trans. Faraday Soc.*, **34**, 678(1938).
[22] Mott, N. F., *Proc. Phys. Soc.*, **A62**, 416(1949).
[23] Anderson, P. W., *Phys. Rev.*, **109**, 1492(1958).
[24] Münster, A., Statische Thermodynamik, vol. I-II., Springer, Berlin (1974).
[25] 伍法岳,杨展如,相变与临界现象,物理学进展,**1**,100(1981).
[26] Baxter, R. J., Exactly Solved Models in Statistical Mechanics, Academic Press, New York (1982).
[27] Ma, S. K. (马上庚), Modern Theory of Critical Phenomena, Benjamin (1976).
[28] Fisher, M. E., *Rev. Mod. Phys.*, **46**, 597(1974).
[29] Amit, D. J., Field Theory, The Renormalization Group and Critical Phenomena McGraw-Hill, New York (1978).
[30] Domb, C. and Green, M. S., Phase Transitions and Critical Phenomena, vol. 1—11, Academic Press, New York (1972—1987).
[31] 于渌,郝柏林,相变与临界现象,科学出版社,北京(1984).
[32] Blinc, R. and Zeks, B., Soft Modes in Ferroelectrics and Antiferroelectrics, North Holland, Amsterdam, (1974).
中译本:铁电体和反铁电体中的软模,刘长乐等译 科学出版社,北京(1981).
[33] Müller, K. A. and Thomas, H. (ed.), Structural Phase Transitions, Vol. 1; 2. Springer, Berlin (1981).
[34] Riste, T., Electron-Phonon Interactions and Phase Transitions, Plenum (1977).
[35] Engelman, R., Jahn-Teller Effect in Molecules and Crystals, John Wile, New York (1972).
[36] Gehring, G. A. and Gehring, K. A., *Rcpt. Prog. Phys.*, **38**, 1(1975).
[37] Toombs, G. A., *Phys. Rep.*, **40c**, 181(1978).
[38] Mott, N. F., Metal-Insulator Transitions, Taylor & Francis, London (1974).
[39] Edwards, P. P., and Rao, C. N. R., The Metallic and Nonmetallic States of Matter, Taylor & Francis, London (1985).
[40] Kramers, H. A. and Wannier, G. H., *Phys. Rev.*, **60**, 252, 263(1941)
[41] Wannier, G. H., *Rev. Mod. Phys.*, **17**, 50(1945).
[42] Newell, G. F. and Montroll, E. W., *Rev. Mod. Phys.*, 25, 353(1953).

[43] Thouless, D. J., *Phys. Rev.*, **187**, 732(1969).
[44] Fan, C., *Phys. Lett.*, **39A**, 136(1972).
[45] de Fontaine, D. and Kulik, J., *Acta Met.*, **33**, 145(1985).
[46] Selke, W., in "Modulated Structure Materials" (ed. Tsakalakos, T.) M. Nijhoff, Dordrecht (1984).
[47] Rushbrooke, G. S., *J. Chem. Phys.*, **39**, 842(1963).
[48] Griffiths, R. B., *J. Chem. Phys.*, **43**, 1958(1965).
[49] Stanley, H. E., Chang, T. S., Harbus, F. and Liu, L. L., in "Local Properties at Phase Transitions", (ed. Muller, K. A. and Rigamonti, A.), North-Holland, Amsterdam (1976).
[50] 史美伦,固体统计力学,科学技术文献出版社,重庆,(1984).
[51] Maris, H. J. and Kadanoff, L. P., *Amer. J. Phys.*, **46**, 652(1978).
[52] Raman, C. V. and Nedungadi, T. M. K., *Nature* (*Lond.*), **145**, 147(1940).
[53] Cochran, W., *Adv. Phys.*, **9**, 387(1960).
[54] Cochran, W., *Adv. Phys.*, **10**, 401(1961).
[55] Scott, J. F., *Rev. Mod. Phys.*, **46**, 83(1974).
[56] Axe, J. D. and Shirane, G., *Phys. Rev.*, **B1**, 342(1970).
[57] Shirane, G. and Yamada, Y., *Phys. Rev.*, **177**, 858(1969).
[58] Worlock, J. M., Scott, J. F. and Fleury, P. A., in "Light Scattering Spectra of Solids", (ed. Wright, G. B.), Springer-Verlag, New-York, (1969).
[59] Blinc, R., *Ferroelectrics*, **16**, 33(1977).
[60] Ландау, Л. Д. и Халатников, И. М., *Док, Акад. Наук*, СССР, **96**, 469(1954).
[61] Cowley, R. A., *Adv. Phys.*, **12**, 421(1963).
[62] Dorner, B. and Comes, R., in "Dynamics of Solids and Liquids by Neutron Scattering", p. 127, (ed. Lovesey, S. W. and Springer, T., Springer-Verlag (1977)).
[63] Grimm, H. and Dorner, B., *J. Phys. Chem. Solids*, **36**, 407(1975).
[64] Subbaswamy, K. R. and Mills, D. L., *Phys. Rev.*, **B18**, 1446(1978).
[65] Frazer, B. C. and Pepinsky, R., *Acta Cryst.*, **6**, 273(1953).
[66] Kobayashi, K. K., *J. Phys. Soc. Japan.*, **24**, 497(1968).
[67] Kobayashi, K. K., Blinc, R., Cevc, P. and Shara, M., *Phys. Rev.*, **159**, 411 (1967).
[68] Blinc, R., Pinter, M. and Zupancic, I., *J. Phys. Chem. Solids*, **28**, 405(1967).
[69] Chen, Jun (陈峻), Fan, Chan-gao (范成高), Li, Qi (李齐) and Feng, Duan (冯端), *J. Phys. C*, **21**, 2255(1988).
[70] Gills, N. S. and Koehler, T. R., *Phys. Rev.*, **B7**, 4980(1973).
[71] Gills, N. S. and Koehler, T. R., *Phys. Rev.*, **B9**, 3806(1974).
[72] Gills, N. S., *Phys. Rev.*, **B11**, 309(1975).
[73] Aubry, S., *J. Chem. Phys.*, **62**, 3216(1975).
[74] Stamenkovic, S., Plakide, N. M., Aksienov, V. L. and Siklos, T., *Ferroelectrics* **14**, 635(1976).
[75] Schneider, T., Stoll, E. and Beck, H., *Physica*, **79A**, 201(1975).
[76] Riste, T., Samuelson, E. J. and Otnes, K., in "Structural Phase Transitions aud

Soft Modes", ed. Samuelson, E. J., Anderson, E. and Feder, J., (Universitetsforlaget, Oslo, 1971).
[77] Blinc, R., *Ferroelectrics*, **20**, 121(1978).
[78] Shapiro, S. M., Axe, J. D. and Shirane, G., *Phys. Rev.*, **B6**, 4332(1972).
[79] Krumhansl, J. A. and Schrieffer, J. R., *Phys. Rev.*, **B11**, 3535(1975).
[80] Aubry, S., *J. Chem. Phys.*, **64**, 3392(1976).
[81] Schneider, T. and Stoll, E., *Phys. Rev.*, **B10**, 2004(1974).
[82] Schneider, T. and Stoll, E., *Phys. Rev.*, **B13**, 1216(1976).
[83] Schneider, T. and Stoll, E., *Phys. Rev.*, **B17**, 1302(1978).
[84] Halperin, B. I. and Varma, C. M., *Phys. Rev.*, **B14**, 4030(1976).
[85] Höck, K. -H. and Thomas, H., *Z. Phys.*, **B27**, 267(1977).
[86] Schmidt, H. and Schwabl, F., *Phys. Lett.*, **61A**, 476(1977).
[87] Yagi, T., Tanaka, H. and Tatsuzaki, I., *Phys. Rev. Lett.*, **38**, 609(1977).
[88] Courtens, E., *Phys. Rev. Lett.*, **41**, 1171(1978).
[89] Hastings, J. B., Shapiro, S. M. and Frazer, B. C., *Phys. Rev. Lett.*, **40**, 237 (1978).
[90] Zener, C., Elasticity and Anelasticity of Metals, Univ. of Chicago Press, Chicago, (1956),中译本：金属的弹性和滞弹性,孔庆平等译,科学出版社,北京(1965).
[91] Nakanishi, N., *Prog. Mater. Sci.*, **24**, 145(1979).
[92] Nagasawa, A. and Ueda, Y., *J. Phys. Soc. Japan*, **45**, 1249(1978).
[93] Clapp, P. C., *Phys. Stat. Sol.*, (b)**57**, 561(1973).
[94] Clapp, P. C., *Ferroelectrics*, **16**, 89(1977).
[95] Nagasawa, A., *J. Phys. Soc. Japan*, **40**, 93(1976).
[96] Nagasawa, A., *J. Phys. Soc. Japan*, **40**, 1021(1976).
[97] Suzuki, T. and Wuttig, M., *Acta Met.*, **23**, 1069(1975).
[98] Seitz, F., The Modern Theory of Solids, Mc Graw-Hill, New York (1940).
[99] Ziman, J. M., Electron and Phonons, Clarendon, Oxford (1960).
[100] Callaway, J., Quantum Theory of the Solid State, Academic Press, New York (1976).
[101] Thouless, D. J., The Quantum Mechanics of Many-Body Systems, 2nd ed., Academic Press, New York (1972).
[102] Grimvall, G., The Electron-Phonon Interaction in Metals, North-Holland, Amsterdam (1981).
[103] Madelung, O., Introduction to Solid-State Theory, Springer (1978).
[104] 李正中,固体理论,高等教育出版社,北京(1985).
[105] 曾谨言,量子力学,科学出版社,北京(1981).
[106] Schiff, L., Quantum Mechanics, 3rd ed., McGraw-Hill, New York (1968).
[107] Keller, H. J. (ed.), Low-Dimensional Cooperative Phenomena, Plenum Press (1975).
[108] March, N. H. and Parrinello, M., Collective Effects in Solids and Liquids, Adam Hilger, London (1982).
[109] Kohn, W., *Phys. Rev. Lett.*, **2**, 393(1959).
[110] Yamada, Y., in Dynamical Properties of Solids 5, ed. by Horton, G. K. and Maradudin, A. A., North-Holland, Amsterdam (1984).

[111] Jahn, H. A., *Proc. Roy. Soc.*, **164**, 117 (1938).
[112] Perlin, Y. E. and Wagner, M., The Dynamical Jahn-Teller Effect in Localized Systems, North-Holland (1984).
[113] Melcher, R. L., in Physical Acoustics XII, ed. by Mason, W. P. and Thurston, R. N., Academic Press (1976).
[114] Dunitz, J. D. and Orgel, L., *J. Phys. Chem. Solids*, **3**, 20(1957).
[115] Kanamori, J., *J. Appl. Phys.*, **31**, 14s(1960).
[116] Testardi, L. R., *in Physical Acoustics*, **10**, ed. by Mason, W. P. and Thurston, R. N., Academrc Press (1973).
[117] Sturge, M. D., *in Solid State Physics*, **20**, ed. by Seitz, F., Turnbull, D. and Ehrenreich, H. (1967).
[118] Elliott, R. J., Gehring, G. A., Malozemoff, A. P., Smith, S. R. P., Staude, W. S., and Tyte, R. N., *J. Phys. C: Solid State Phys.*, **4**, L179(1971).
[119] Stinchcomb, R. B., in Polymers, Liquid Crystals, and Low-Dimensional Soids, ed. by March, N. and Tosi, M., Plenum Press (1984).
[120] Stinchcomb, R. B., in Ref. [34].
[121] Bleaney, B. and Bowers, K. D., *Proc. Phys. Soc.*, **A65**, 667(1952).
[122] Abragam, A. and Pryce, M. H. L., *Proc. Phys. Soc.*, **A63**, 409(1950).
[123] Cooke, A. H., Swithenby, S. T. and Wells, M. R., *Solid State Comm.*, **10**, 265 (1972).
[124] Segmüller, A., Melcher, R. L. and Kinder, H., *Solid State Comm.*, **15**, 101 (1974).
[125] Melcher, R. L., in Proc. IEEE, Ultrasonic Symp., 293(1973).
[126] Becker, P. J., Leask, M. J. M. and Tyte, R. N., *J. Phys., C: Solid State Phys.*, **5**, 2027(1972).
[127] Pál, L., Grüner, G., Jánossy, A. and Sólyom, J. (ed.), Organic Conductors and Semiconductors, Springer, Berlin (1977).
[128] Barišić, S., Bjeliš, A., Cooper, J. R. and Leontic (ed.), Quasi One-Dimensional Conductors I, II, Springer Berlin (1979).
[129] Berlinsky, A. J., *Rep. Prog. Phys.*, **42**, 1241(1979).
[130] Berlinsky, A. J., *Contem. Phys.*, **17**, 331(1976).
[131] Heger, G., Renker, B., Deiseroth, H. J., Schulz, H. and Scheiber, G., *Mat. Res. Bull.*, **10**, 217(1975).
[132] Minot, M. J. and Perlstein, J. H., *Phys. Rev. Lett.*, **26**, 371(1971).
[133] Zeller, H. R. and Beck, A., *J. Phys. Chem. Solids*, **35**, 77(1974).
[134] Comès, R., Lambert, M., Launois, H. and Zeller, H. R., *Phys. Rev.*, **B8**, 571 (1973).
[135] Renker, B., Rietschel, H., Pintschovius, L., Gläser, W., Brüesch, P., Kuse, D. and Rice, M. J., *Phys. Rev. Lett.*, **30**, 1144(1973).
[136] Kistenmacher, T. J., *Solid State Comm.*, **19**, 319(1976).
[137] Stemad, S., *Phys. Rev.*, **B13**, 2254(1976).
[138] Fröhlich, H., *Proc. Roy. Soc.*, **A223**, 296(1954).
[139] Renker, B., *Phys. Rev. Lett.*, **30**, 1141(1973).
[140] Mook, H. and et al, *Phys. Rev. Lett.*, **36**, 801, (1976).

[141] Inkson, J., Many-Body Theory of Solids, Plenum Press (1984).
[142] Berlinsky, A. J. and et al, *Solid State Comm.*, **15**, 795(1974).
[143] Su, W. P. (苏武沛), Schrieffer, J. R. and Heeger, A. J., *Phys. Rev.*, **B22**, 2099(1980).
[144] Schrieffer, J. R., in Highlights of Condensed-Matter Theory, ed. by Bassani, F., Fumi. F. Tosi, M., North-Holland (1985).
[145] Disalvo, F. J., *Sur. Sci.*, **58**, 301(1976).
[146] Bassani, F., Fumi, F. and Tosi, M. (ed), Highlights of Condensed-Matter Theory, North-Holland, Amsterdam (1985).
[147] Kuper, C. G., *Proc. Roy. Soc.*, **A227**, 214(1955).
[148] Bardeen, J., Cooper, L. N. and Schrieffer, J. R., *Phys. Rev.*, **106**, 162(1957).
[149] Schuster, H. G. (ed), One-Dimensional Conductors, Springer (1975).
[150] Lee, P. A., Rice, T. M. and Anderson, P. W., *Solid State Comm.*, **14**, 703(1974).
[151] Rice, M. J. and Strässler, *Solid State Comm.*, **13**, 1389(1973).
[152] Horovitz, B, Gutfreund and Weger, M., *Phys. Rev.*, **B12**, 3174(1975).
[153] Wang, Z., Wu, C. and Sun, X., *Chin. Phys. Lett.*, **2**, 141(1985).
[154] Wilson, J. A., Disalvo, F. J. and Mahajam, S., *Adv. Phys.*, **24**, 117(1975).
[155] Chan, S. K. and Heine, V., *J. Phys. F: Metal Phys.*, **3**, 795(1973).
[156] Tosatti, E., in Modern Trends in the Theory of Condensed Matter, ed. by Pekalski, A., and Przyátawa, J., Springer-Verlag, Berlin(1980).
[157] Rao, C. N. R. and Rao, K. J., Phase Transitions in Solids, McGraw-Hill (1978).
[158] Zallen, R., The Physics of Amorphous Solids, John Wiley & Sons (1983).
[159] 方俊鑫、陆栋，固体物理学，上册，上海科学出版社(1981).
[160] Adler, D., in Handbook on Semiconductors, I, ed. by Paul, W., North-Holland, Amsterdam (1982).
[161] Adler, D., *Rev. Mod. Phys.*, **40**, 714(1968).
[162] Mott, M. F., *Proc. Phys. Soc.*, **A62**, 416(1949).
[163] Hubbard, J., *Proc. Roy. Soc.*, **A276**, 238(1963).
[164] Hubbard, J., *Proc. Roy. Soc.*, **A277**, 237(1964).
[165] Hubbard, J., *Proc. Roy. Soc.*, **A281**, 401(1964).
[166] Metz, W. D., *Science*, **180**, 398(1973).
[167] Mott, N. F. and Davies, E. A., Electronic Processes in Non-crystalline Materials, Clarendon, Oxford (1971).
[168] Ziman, J. M., Models of Disorder, Cambridge (1979).
[169] Brodsky, M. H., (ed), Amorphous Semiconductors Springer-Verlag (1979).
[170] Böttger, H., Principles of the Theory of Lattice Dynamics, Akademie-Verlag, (1983).
[171] Güntherodt, H.-J. and Beck, H. (ed.), Glassy Metals I, Springer, Berlin, (1981).
[172] Beck, H. and Güntherodt, H. J. (ed.), Glassy Metals II, Springer-Berlin (1983).
[173] Mott, N. F., *Proc. Roy. Soc.*, **A 345**, 169(1975).
[174] Abrahams, E., Anderson, P. W., Licciadello, D. C. and Ramakrishnan, T. V., *Phys. Rev. Lett.*, **42**, 673(1979).
[175] Weaire, D. and Srivastava, V., *J. Phys. C: Solid State Phys.*, **10**, 4309(1977).
[176] Mott, N. F., *Adv. Phys.*, **16**, 49(1967).

[177] Mott, N. F., *Phil. Mag.*, **17**, 1259(1968).
[178] Cohen, M. H., Fritzsche, H. and Ovshinky, S. R., *Phys. Rev. Lett.*, **22**, 1065 (1969).
[179] Deutscher, G., Zallen, R. and Alder, J. (ed.), Percolation Structure and Processes, Adam Hilger, London (1983).
[180] Efros, A. L. and Pollak, M. (ed.), Electron-Electron Interactions in Disordered Systems, North-Holland, Amsterdam (1985).
[181] Rosenbaum, T. F., Andres, K., Thomas, G. A. and Bhatt, R. N., *Phys. Rev. Lett.*, 45, 1723 (1980).
[182] Adler, D., in Solid State Physics, 21, ed. by Seitz, F.; Turnbull, D. and Ehrenreich, H., Academic Press, New York 1(1968).
[183] Goodenough, J. B., *Prog. Solid State Chem.*, **5**, 145(1971).
[184] Bednorz, J. G. and Müller, K. A. *Z. Phys* **B64**, 189(1986).
[185] Zhao, Z. X. (赵忠贤) and et al., *Kexue Tongbao*, **32**, 661(1987) **(In English)**.
[186] Chu, C. W. (朱经武) et al., *Phys. Rev. Lett.*, **58**, 405(1987).

人 名 索 引

二至三画

八木 T. Yagi 426
于渌 5,305
马上庚 S.K.Ma 6,305
马丁 J.W.Martin 180
小林 K.K.Kobayashi 402

四 画

丹尼尔 V. Daniel 188
贝克 R. Becker 2,111
贝茵 E.C.Bain 3,20
贝特 H.A.Bethe 303,323
夫兰克 F.C.Frank 2,149
夫伦克耳 Я. И. Френкель 2
夫里德耳 J. Friedel 472
夫留里希 H. Fröhlich 304,479
瓦达万 V.K.Wadhawan 5
瓦尼尔 G.H. Wannier 315,447
瓦尔玛 G.M.Varma 425
瓦格纳 C.Wagner 112,170
巴克斯脱 R.J. Baxter 306
巴什 G.R. Barsch 84
中谷 U.Nakaya 221
厄任费斯特 P.Ehrenfest 8
切尔诺夫脱 A. A. Чернов 257

五 画

布拉格 W.L.Bragg 302
布林斯 R. Blinc 4,305
布洛赫 F. Bloch 418,498
布尔旦 M.H. Burden 274
布厄格 M.J. Buerger 14
布鲁斯 A.D.Bruce 4
布拉德莱 A.J. Bradley 188
卡恩 J.W.Cahn 2,132,234
卡恩 R.W. Cahn 113
卡丹诺夫 L.Kadanoff 303,355
皮帕德 A.B.Pippard 12
外斯 P. Weiss 3
永泽耿 A. Nagasawa 432
史密斯 S.Smith 161
古斯特 W.Gust 166
古德伊纳夫 J.B.Goodenough 522
尼古尔斯 F.A.Nichols 175
约翰逊 W.A.Johnson 180,182
龙德曼 K.B.Rundman 201

六 画

伍法岳 305
西山 403
吉尔斯 N.S. Gills 403
吉布斯 J.W. Gibbs 2,31,112
托马斯 G. Thomas 202
托马斯 H. Thomas 425
考莱 R.A. Cowley 4,375
伊辛 E.Ising 302
安德森 P.W. Anderson 4,304,498
多尔蒂 R.D. Doherty 180
多纳 B. Dorner 378
米尔斯 D.L. Mills 400
伍尔曼 D.R. Uhlmann 186
伍蒂格 M. Wuttig 433
亨特 J.D. Hunt 274,285

亚历山大 S. Alexander 102
纪尼埃 A. Guinier 123
迈尔 R.F.Mehl 2,180
则尼克 F. Zernicke 67

七 画

克喇末 H.A. Kramers 315,327,452
克纳勃 P.L. Clapp 430,432
克鲁姆汉斯尔 J.A. Krumhansl 84
克里斯青 J.W. Christian 4,222
克莱因 H. Cline 175,285
苏武沛 W.P. Su 487
希拉特 M. Hillert 2,112,155
希利阿德 J.E. Hilliard 137,188
库兹 W. Kurz 274
库尔久莫夫 Г.В. Курдюмов 5,25
库克 H. E.Cook 135,204
麦克塔格 J.P. McTaque 102
伯格 W.F. Berg 267
伯格斯 W.G. Burgers 25
利文斯顿 J.D. Livinston 173
利普森 H. Lipson 188
阿朗森 H.I. Aaronson 113
阿德尔 A.J. Adell 171,172
阿什比 M.F. Ashby 179
阿弗拉密 M. Avrami 180
阿什金 J. Ashkin 333
阿布拉汉 F.F. Abraham 142
纳巴罗 F.R.N.Nabarro 122
里旦 R.H. Lyddane 368
沃特 C.Wert 152
李 J.K. Lee 122
杜林 W. Döring 111

八 画

拉什布鲁克 G.S. Rushbrooke 344
拉马克里什南 T·V. Ramakrishnan 107
拉奥 C.N.R.Rho, K.J.Rho 4
范德默夫 J.H.Van der Merwe 120
范德瓦耳斯 J.D.Van der Waals 306
范因 C.Fan 337
昂萨格 L.Onsager 302,306
坦布尔 D. Turnbull 111,135
杨 H.A. Jahn 304,452
金森顺次郎 J.Kanamoi 456
明斯脱 A. Münster 305
杰克逊 K.A. Jackson 285
杰姆金 E.TemkNH 261,262
波茨 R.B.Potts 307
法尔克 F.Falk 95,79
法因 M.E.Fine 4
刻卜勒 J.Kepler 221
居里 P.Curie 3
勃顿 J.A. Burton 228
泽克斯 B.Zeks 4,305
佩尔斯 R.E.Peirls 304,472
奈尔 L.Néel 44
金兹堡 Б.Л. Гинзбург 62
罗素 K. C. Russell 119
罗埃 R.Roy 40
庞德 G.M.Pound 138,142

九 画

威尔逊 K.G.Wilson 4,306
威廉斯 E.J.Willians 302
威登 T.A.Witten 223,291
拜罗 G.Büro 158
玻恩 M.Born 303
郝柏林 5,305
莱戈斯 F.K.LeGoues 125,139
哈尔勃林 B.I.Halperin 425
哈拉特利科夫 И.М. Халатников 313,372
哈姆 F.S.Ham 152,155
哈斯廷斯 J.B.Hastings 427

哈恰图良　A.Г. Хачатурян　4,29
哈森　P.Haasen　113
查斯　C.Chase　215
查尔默斯　B.Chalmers　3,222
查卡拉科斯　T.Tsakalakos　201
施密特　H.Schmidt　426
施瓦博　F. Schwabl　426
施里弗尔　J.R.Schrieffer　413
施纳德尔　T.Schneider　419
科克伦　W.Cochran　4,305
科坦斯　E.Courtens　427
科恩　W.Kohn　447,479
柯亨　M.Cohen　135,136
柯柏　C.G.Kuper　491
柯耳莫戈罗夫　A.H.Колмогоров　2
费休　J.C.Fisher　111
费休　J.D.Fisher　274
柏克　P.Bak　103

十　画

哥根哈姆　E.A.Guggenheim　349
朗道　Л.Д. Ландау　3,42,372
朗格　J.S.Langer　201,237
特勒　E.Teller　304,452
特里维迪　R.Trivedi　157,274
铃木　T.Suzuki　433
桑德　L.M. Sander　223,291
莫拉尔　J.E.Morral　179
莫特　N.F.Mott　305,481
莫林斯　M.M.Mullins　3,222
栗夫雪兹　E.M. Лифшиц　59,503
栗夫雪兹　I. M. Lifshitz　111,170
格林伍德　G.W.Greenwood　168
格林　H.Grimm　378
格利克曼　M.E.Glicksman　222,225
格罗尔德　V. Gerold　123
格赖特　H. Gleiter　158
爱伦　S.M.Allen　80

十 一 画

寇勒　T.R.Koehler　403
维格纳　E.P.Wigner　304,509
维赛克　T.Vicsek　297
维莱特　L.Verlet　107
勒斯特　T.Riste　409
曼德尔布罗特　B.B.Mandelbrot　291
傅里叶　J.B.Fourier　221
培刻　M.Baker　225,234
萨克斯　Sachs　25
萨拜斯瓦迈　K.R.Subbaswamy　400
萨穆尔森　E.J.Samuelson　407
琼斯　G.J.Jones　159

十 二 画

黄昆　303
斯坦莱　H.E.Stanley　5
斯科特　J.F. Scott　375
斯里沃佐夫　V. V. Slyozov　111,170
斯坦曼斯维克　S.Stamanhovic　404
斯托尔　E.Stoll　419
斯忒藩　J.Stefan　222,223
普赖斯顿　G.D.Preston　123
蒲凡　W.G.Pfann　230
蒂勒　W.A.Tiller　232
塔曼　G.Tammann　2
曾讷　C. Zener　2,39,166

十 三 画

塞格　A.Seeger　267
塞尔多维奇　J. B. Zeldovich　118
塞克卡　R.F.Sekerka　3,261
奥特纳斯　K.Otnes　409

奥布里　S. Aubry　403,418
奥恩斯坦　L.S. Ornstein　67
奥尔森　G.B. Olson　136
豪洛蒙　J.H. Hollomon　135
楞次　W. Lenz　302
瑞利　L. Rayleigh　175
谬勒-克鲁姆哈尔　H. Muller-Krümbhaar　222,237

十四画以上

赫克　K.H Höck　425
赫伯德　J. Hubbard　504
福塞克　J. Fousek　88
德丰泰纳　D. de Fontaine　199,204
德让　P.G. de Gennes　54
德冯谢亚　A.F. Devonshire　50,52
德尔夫斯　R.T. Delves　253
喇曼　C. V. Raman　3,369

内 容 索 引

一 画

一级相变 3,8,11
一维导体 472,477,488
一维周期晶格 473,484
一维伊辛模型 307—313
~的本征值问题 310
~的磁化强度 311
~的比热 312
~的最近邻相互作用 313
~的长程相互作用 335

二 画

二级相变 3,8,469
二维成核 39,149
二维伊辛模型 313—327
~的梅逸图 317
~的本征值问题 313
~的高温展开 316
~的低温展开 318
~的严格解 319—327
~的内能 325
~的比热 326
~的序参量 327

三 画

三维伊辛模型 325—336
~的高温展开 328
~的低温展开 328
~的布喇格-威廉姆斯近似 329
广义齐次函数 350
马氏体 20
马氏体型相变
~的晶体学 19—25
~的成核 134—136
~的局域软模理论 430
~的晶格动力学理论 427—436
~的预相变软模理论 432
~的朗道理论 93—98

四 画

元激发 437,492
无公度相 89,341
无序系统 509
无分凝凝固 234—236
无限维模型 335
瓦尼尔表象 446
乌耳夫法则 120,265
不动点 360
不连续相变 11
反相态 339
反应前沿 161
反常共晶 283,284
匀相转变 31,188—216
幻想核 181
化学势 237,238
分形结构 223
分形生长 291—299
分形生长判据 296
气相 150
公度-无公度相变 89,493
贝茵对应关系 20
贝茵应变 20,37,431
贝特点阵 332

贝特近似 330
厄任费斯脱关系式 8

五 画

电子-晶格相互作用 400,437
电子-声子相互作用 441
电荷密度波 487,496
布洛赫表象 446,501
布洛赫转变 498
平均场理论 447,494
平均场近似 462
四方锆石结构 467
立方 CsCl 结构 30,468
石英 13,14
孕育时间 119
生长 144—166
生长螺线 149
台阶机制 159
矢量波茨模型（Zn 模型） 337
失稳分解 2,31,112
失稳有序化 34,35
失配度 193
卡恩-希利阿德方程 195,200
边缘稳定性判据 222,262
区域熔化 230
正常共晶 283
艾登模型 295,296
皮帕德关系式 14
对称破缺 42,488
对偶点阵 319
对应态原理 96

六 画

成核 114—144
成核功 117
成分无序 509
吉布斯-汤姆逊参量 250
吉布斯-汤姆逊关系 239
吉布斯-汤姆逊定理 150
约翰孙-迈尔-阿弗拉密（JMA)方程 180—184
长程序 509
长程扩散控制型生长 152—157
共格畸变 193,197
共格畸变能 193,197
共析分解 161
共格亚稳-失稳界限 196
共晶凝固 283—291
扩展体积 181,280
扩散限制的聚集（DLA）模型 223,291—299
亚稳-失稳界限 188,196
亚稳相 35,36
弛豫时间 214
有序畴 211
有序无序相变 25—27
有序无序相变的朗道判据 74
有序无序型结构相变 26—27
～的模型哈密顿 389
～的静态性质 393
～的动态性质 396
～的软模频率-温度曲线 399
～的点阵动力学计算 400
～的相稳定性 398
多型性 341
多相点 342
多粒子系统薛定谔方程 437
多粒子聚集 295
合作杨-特勒效应 454
伊辛哈密顿 462
关联长度 69,359
尖晶石结构 467
自对偶点阵 319
自旋密度波 489
安德森转变 509,519,524
迁移率边缘 516
传热模型 238
传质模型 238

西山关系 25
西尔宾斯基箭头 294
光滑界面生长 148,149
纪尼埃-普赖斯顿区 123

七 画

应变模 464
位移型相变 15—19,27—30
位移型结构相变 15—19,368—389
~的模型哈密顿 380
~的平衡性质 381
~的动态性质 384
~的相稳定性 386
~的软模频率-温度曲线 388
局域态 514
沉淀反应 161
沉淀相的生长 152
亨利定律 115
均匀成核 116—119
邻位面 39
时间-温度-转变（TTT）图 183—187
序参量 42,72,104
序参量的弛豫 273—216
连续相变 11
连续性条件 238
连续相变的朗道判据 59
伯格效应 267
库尔久莫夫-萨克斯型 25
库兹-费休的简化的边缘稳定性理论 274
形态稳定性动力学理论 237—253
克拉珀龙-克劳修斯关系式 11
低熵相 283

八 画

规则固溶体 139
凯莱树 330
非均匀成核 128—134
非均匀连续介质模型 137
非晶态金属 509
非自对偶点阵 319
佩尔斯相变 472—496
佩尔斯失稳 472
奇异面 148
拓扑缺陷 178,179
拓扑无序 509
组分调制 188
组分过冷 2,230—233
组分过冷判据 222,232
软模的一般理论 368—376
软模的热力学理论 371
软模的科克伦理论 372
软模的非谐的点阵动力学理论 375
软模本征矢 376—379
枝晶生长 254—270
波茨模型 336
定向凝固 226
阿什金-特勒模型 337
金属-非金属转变 306,497—526
固相线 226
范德瓦耳斯方程 2,96
林德曼方程 106
居里原理 84
金兹堡-朗道方程 62
空间群 56,84
杨-特勒效应 452—471
杨-特勒离子 454
杨-特勒定理 452

九 画

绝热近似 437,453
哈特里-福克近似 440,488
标度律 351
标度假设 353
科恩反常 447
结构相变 437,398—427,452,472

～的混合特征　402
～的统一理论　402—408
欧拉-拉格朗日条件　138
轴向次近邻伊辛模型(ANNNI 模型)
338—341
钙钛矿结构 16,370,522
胚芽　114
相位子　492
相变驱动力　114—116
流向图　360
重构型相变　14
重正化群　358—367
重正化变换　360
临界指数　342—351
～的定义　342
～的理论值　348
～的实验结果　350
临界核心　117,118
临界乳光　2
临界变慢　213
弥散界面　137
界面稳定性　221
界面绝对稳定性判据　252
界面控制型生长　144—150
界面失稳的线性动力学理论
237—253
界面响应函数　225
界面形态失稳　237
界面形态失稳判据　242
胞区分解　161
胞区沉淀　161
胞区粗化　172
逆扩散　190,238
准周期结构　89,106
夏耳方程　230
复相合金的界面形态　282—290

十　画

核心　114
珠光体　162
铁电体　72
铁磁体　72
铁弹体　72
铁素体　164
铁畸变　455
铁弹相变　72,73
铁电相变　70—73
铁磁相变　70—73
离散格点模型　112,139,204
调制结构　188,340
倒易关系　320
莫特转变　501
莫特-安德森转变　518
朗道理论　3,42—107
朗道-栗夫雪兹条件　73,74
朗道-德让理论　54,55
朗道-德冯谢亚理论　50—55,95
格气系统　308
格兰宁-特罗依诺型　25
栗夫雪兹点　339
栗夫雪兹不变式　61
栗夫雪兹条件　62
诺埃曼原理　70
能带理论　440
能带杨-特勒效应　457,467
振幅子　492
振动-电子模式　454
钨青铜结构　523
热传导　238
热力学势　617
热力学函数　6—8
球形界面的失稳判据　247
原位复合材料　283
高熵相　283
高级相变　8

十 一 画

密度响应　447

密度涨落关联函数 344
弹性常数 464
弹道式聚集 295
蒙特卡罗方法 141
普适性 351,357
粗化 166—179
惯态面 22,25
雪花 221,298
康托尔杠 293
集团波 423
维莱特判据 107
液相线 226
脱溶固溶体的失稳分解 2,188
旋节点(线) 36,52,430
曾讷-希拉特方程 157

十二画

超晶格 341
短程序 510
晶核 120,140
晶界成核 131
奥氏体 162
奥斯瓦尔德熟化 167
梯度能 205
梯度能系数 205
斯忒藩问题 221,226
最大生长速率假设 222
最小自由能递减率"原则" 222
最小熵增长率"原则" 222
普遍沉淀(连续沉淀) 40
彭罗斯拼砌 103

十三画

瑞利-贝纳对流 2,222
瑞利失稳 175
溶质分凝 224,236
溶质分布系数 225
溶质拘陷 234
辊轧退火 224
豪斯道夫维数口 293
新相的成核 2,114
塞尔多维奇因子 118
叠套 496

十四画

熔化熵 283
稳定相 35,36
稳态成核率 118
聚乙炔 476,487
赫伯德模型 504

十五画

增幅因子 195,209
潜热 9
横伊辛模型 463
赝自旋 30,389,459

十六画

激光退火 224
激活能 165

十六画以上

魏氏组织 270
螺型位错 149
魔梯 340

希腊字母

α-β 相变 16,18
β-ω 相变 18,2)
βCuZn 75,77
$\beta Gd_2(MO_4)_3$ 88
λ相变 11
λ点 11

拉丁字母

AgCd 75
$Ag_2H_3IO_6$ 82
Al-Cu 合金 122
Al_3Ti 79
ANNNI 模型 338—341
AuCu 78
$AuCu_3$ 78,82
$BaMnF_4$ 89
$Ba_2NaNb_5O_{15}$ 89
$BaTiO_3$ 39,382.
$Bi_4Ti_3O_{12}$ 82
Ce 82
CsCl 29,198,468
$CsH_3(SeO_3)_2$ 82
Cu-Co 合金 125
$CuFe_2O_4$ 455
CuPt 78
$DyVO_4$ 463
FeAl 80
Fe_3Al 76,80
Fe-C 合金 25
Fe-Cr-C 合金 25
Fe-Ni 合金 25
FeO_2 82
In-Tl 合金 25
GP 区 123
GPI 区 123
GPII 区 123
KCN 27,82
KCP 476
KDP 25
KH_2AsO_2 82
KH_2PO_4 25
$KH_3(SeO_3)_2$ 83,427
$KMnF_3$ 409,410
$KNbO_3$ 17,86,88
$KSeO_4$ 89
$KTa_{0.65}Nb_{0.35}O_3$ 25
Mg_3Cd 82
$(La_{1-x}Ba_x)_2CuO_4$ 525
$LaCoO_3$ 82
Mn_3O_4 82,455
$LiNbO_3$ 82
$LiTaO_3$ 304,368
LST 关系 304 368
NaN_3 85
$NaNO_2$ 89
$NaNO_3$ 82
Na_xWO_3 524
NH_4Cl 89
NH_4BeF_4 89
$NiCrO_4$ 82
$PrAlO_3$ 83
$RbAg_4I_5$ 84
Rb_2CdCl_3 82
Rb_2ZnCl_4 89
ReO_3 523
SbSI 82
SmS 82
$Sr_2Ta_2O_7$ 82
$SrTiO_3$ 17,18,410
$TbVO_4$ 469
TeO_2 83
TGS 82
$TmVO_4$ 459,462
TTF-TCNQ 447
V_3Si 82
VO_2 82
V_2O_3 520
$YBa_2Cu_3O_{7-x}$ 525
ZrO_2 25